DU MÊME AUTEUR

Modèles Mathématiques en Sciences de la Gestion, Montréal, Les Presses de l'Université du Québec, 1973, xiv et 338 pages (épuisé).

La statistique et l'ordinateur, Montréal, Les Presses de l'Université du Québec, 1973, xvi et 228 pages (épuisé).

Programmation linéaire, aide à la décision économique et technique, 2e éd., Trois-Rivières, Les Éditions SMG, 1976, xviii et 372 pages.

Modélisation et Optimisation, 2e éd., Trois-Rivières, Les Éditions SMG, 1977, xiv et 188 pages.

Introduction à la programmation linéaire, 3e éd., Trois-Rivières, Les Éditions SMG, 1977, xv et 189 pages.

Introduction aux méthodes statistiques en contrôle de la qualité avec applications industrielles, Trois-Rivières, Les Éditions SMG, 1980, xiv et 151 pages.

Introduction à la statistique descriptive, Trois-Rivières, Les Éditions SMG, 1981, xii et 130 pages.

Introduction au calcul des probabilités, Trois-Rivières, Les Éditions SMG, 1981, xiv et 208 pages.

Introduction à l'inférence statistique, Trois-Rivières, Les Éditions SMG, 1982, xiii et 244 pages.

Méthodes Statistiques, volume 1, Trois-Rivières, Les Éditions SMG, 1984, xviii et 600 pages.

En collaboration

Introduction à la statistique appliquée, 5e éd., par Gérald Baillargeon et Jacques Rainville, Trois-Rivières, Les Éditions SMG, 1976, xvii et 538 pages.

Statistique appliquée, tome I, Calcul des probabilités et statistique descriptive, 5e éd., par Gérald Baillargeon et Jacques Rainville, Trois-Rivières, Les Éditions SMG, 1979, xvii et 257 pages.

Statistique appliquée, tome 2, Tests statistiques, régression et corrélation, 6e éd., par Gérald Baillargeon et Jacques Rainville, Trois-Rivières, Les Éditions SMG, 1980, xvii et 450 pages.

Statistique appliquée, tome 3, Régression multiple, 2e éd., par Gérald Baillargeon et Jacques Rainville, Trois-Rivières, Les Éditions SMG, 1979, xv et 450 pages.

Introduction au calcul différentiel et intégral, 3e éd., par Raymond Leblanc, Gérald Baillargeon et Jacques Rainville, Trois-Rivières, Les Éditions SMG, 1979, xix et 454 pages.

Laboratoires d'applications en Probabilités et Statistique par Louise Martin et Gérald Baillargeon, Trois-Rivières, Les Éditions SMG, 1984, x et 135 pages.

À
Céline,
Steve
et
Christian

TECHNIQUES STATISTIQUES

LOGICIEL MICROSTAT 1

Les programmes de cet ouvrage sont disponibles sur disquette pour les micro-ordinateurs IBM PC et APPLE II.

```
            ** MENU PRINCIPAL **




   1   STATHIS     STATISTIQUE DESCRIPTIVE
   2   BINOM       LOI BINOMIALE
   3   HYPERG      LOI HYPERGEOMETRIQUE
   4   POISSON     LOI DE POISSON
   5   NORMALE     LOI NORMALE
   6   TTEST       TEST SUR UNE MOYENNE
   7   COURBEF     COURBE D'EFFICACITE
   8   TEST2       TEST SUR DEUX MOYENNES
   9   CORREL      CORRELATION LINEAIRE
  10   CORREG      CORRELATION-REGRESSION



   VOTRE CHOIX (NUMERO)?
```

On peut se procurer ce logiciel chez l'éditeur.

TECHNIQUES STATISTIQUES

avec
applications en informatique,
techniques administratives et
sciences humaines

par

Gérald Baillargeon
Département de Mathématiques et d'Informatique
Université du Québec à Trois-Rivières

• Statistique descriptive • Calcul des probabilités • Modèles probabilistes • Échantillonnage et estimation de paramètres • Tests d'hypothèses • Comparaison de distributions de fréquences • Corrélation linéaire et corrélation de rangs • Ajustement linéaire

Programmes Basic par Roger Blais

LES ÉDITIONS SMG
Sciences - Mathématiques - Gestion
Trois-Rivières, P.Q.

Composition: Jacqueline Hayes
Vérification et cadrage: Denise Rompré

Techniques statistiques
Copyright © 1984, Les Éditions SMG

Bibliothèque nationale du Québec
Bibliothèque nationale du Canada

Dépôt légal, 4e trimestre 1984

Les Éditions SMG, C.P. 1954, Trois-Rivières, Qué., G9A 5M6

*Imprimé sur les presses de
l'Imprimerie Saint-Patrice Enr. de Trois-Rivières.*

ISBN 2-89094-027-6

AVANT-PROPOS

Cet ouvrage s'adresse à des futurs practiciens(nes) qui devront apporter des éléments pratiques de solution aux problèmes de nature statistique auxquels ils pourront être confrontés.

Le but premier de cet ouvrage consiste à développer des aptitudes à l'analyse statistique de problèmes concrets, à permettre la réflexion sur l'utilité pratique des concepts présentés et à susciter chez le lecteur un esprit de synthèse sur différents aspects du raisonnement statistique. L'exposé des différents sujets se veut systématique et intégré à diverses applications que l'on peut retrouver dans divers secteurs de l'informatique, des techniques administratives et des sciences humaines tout en assurant une continuité et une synthèse des notions présentées.

Structure pédagogique de l'ouvrage

La conception pédagogique de cet ouvrage se caractérise par les points suivants:

a) La présentation structurée de diverses méthodes statistiques avec une approche volontairement pratique, intuitive et très visuelle facilite l'apprentissage et la compréhension.

b) La diversité et les contextes des applications en font un ouvrage utilitaire à caractère professionnel.

c) Tous les concepts importants sont définis avec clarté et précision et sont cadrés pour en dégager l'importance, susciter la réflexion et faciliter la révision.

d) Les nombreuses remarques font ressortir, soit certains points importants, soit certains points complémentaires, soit une réflexion sur certaines notions qui seront présentées ultérieurement.

e) Tous les exemples qui sont présentés sont titrés pour donner une idée immédiate du concept que nous voulons traiter.

f) Le sommaire de chaque chapitre de l'ouvrage ainsi que les objectifs pédagogiques qui y sont précisés donnent une vue d'ensemble et très détaillée des notions à acquérir.

g) Chaque chapitre se termine par de nombreux problèmes d'applications diverses et par un test d'auto-évaluation des connaissances.

h) Pour assurer une certaine efficacité et une évaluation du travail effectué, le lecteur trouvera à la fin de l'ouvrage, les réponses aux problèmes ainsi que le corrigé des tests d'auto-évaluation.

i) On trouvera également, soit sous forme d'exemples, soit en annexe, certaines justifications mathématiques des résultats importants.

Traitement de données sur micro-ordinateur

Nous avons également inclus dans cet ouvrage de nombreux exemples d'exécution de programmes BASIC associés à la statistique descriptive, au calcul de probabilités à l'aide de certains modèles probabilistes (binomiale, Poisson, normale), à l'inférence statistique (tests d'hypothèses, courbe d'efficacité) et à l'analyse de corrélation et de régression.

Les listages des instructions BASIC des divers programmes sont présentés à la fin de l'ouvrage et peuvent s'adapter à la plupart des micro-ordinateurs actuellement sur le marché.

On peut également se procurer chez l'éditeur la disquette contenant tous les programmes de cet ouvrage pour les micro-ordinateurs IBM PC, APPLE II et autres micro-ordinateurs compatibles. Ils sont groupés dans le logiciel MICROSTATI.

Principaux sujets traités

Ce volume comporte quatre grands sujets:

1. Statistique descriptive.
2. Calcul des probabilités, variables aléatoires et modèles probabilistes.
3. Inférence statistique.
4. Liaison entre deux variables quantitatives.

Ils sont subdivisés en treize chapitres dont le détail apparait dans la table des matières.

Ouvrage d'accompagnement

Nous avons également élaboré (en collaboration avec la professeure Louise Martin) un ouvrage intitulé "Laboratoires d'applications en probabilités et statistique" consistant en une série d'une centaine d'exercices à compléter et qui, pour la plupart, requièrent au plus une dizaine de minutes à résoudre. Ces exercices ont comme principal objectif de vérifier immédiatement la compréhension des concepts traités lors du déroulement du cours.

Remerciements

Durant la préparation de cet ouvrage, l'auteur a bénéficié de conseils et suggestions de la part de nombreuses personnes. Qu'il me soit permis d'exprimer ma gratitude aux professeurs suivants: mesdames Louise Martin et Andrée Gendron-Bellerive, messieurs Louis Dupont, Claude Rodrigue et Jean-François Deschamps. Messieurs Daniel Rivard du Cégep de Joliette et Normand Fréchette du Cégep de Trois-Rivières; mon collègue Jacques Rainville qui a relu la majorité de l'ouvrage et dont les suggestions sont toujours précieuses. Finalement, je tiens à remercier madame Jacqueline St-Hilaire pour son travail soigné de composition

Gérald Baillargeon

TABLE DES MATIÈRES

CALCUL DES PROBABILITÉS, VARIABLES ALÉATOIRES ET MODÈLES PROBABILISTES

Chapitre 3

CALCUL DES PROBABILITÉS

Chapitre 4

VARIABLES ALÉATOIRES ET LOIS DE PROBABILITÉ

Chapitre 5

LA LOI BINOMIALE

Chapitre 6

LA LOI DE POISSON

Chapitre 7

LA LOI NORMALE ET APPLICATIONS

L'INFÉRENCE STATISTIQUE: ÉCHANTILLONNAGE, ESTIMATION DE PARAMÈTRES ET TESTS D'HYPOTHÈSES

Chapitre 8

ÉCHANTILLONNAGE ET ESTIMATION DE PARAMÈTRES

Chapitre 9

TESTS SUR UNE MOYENNE ET UNE PROPORTION

Chapitre 10

TESTS SUR DEUX MOYENNES ET DEUX PROPORTIONS

Chapitre 11

COMPARAISON DE DISTRIBUTIONS DE FRÉQUENCES
TEST DU KHI-DEUX

LIAISON ENTRE DEUX VARIABLES QUANTITATIVES

Chapitre 12

CORRÉLATION LINÉAIRE SIMPLE ET CORRÉLATION DE RANGS

Chapitre 13

AJUSTEMENT LINÉAIRE: RÉGRESSION
APPROCHE DESCRIPTIVE

LA STATISTIQUE DESCRIPTIVE

CHAPITRE 1

Analyse descriptive des observations dépouillement et représentations graphiques

───────── SOMMAIRE ─────────

- Objectifs pédagogiques
- La statistique descriptive
- Quelques notions fondamentales
- Présentation des données recueillies
- Dépouillement des observations et distribution de fréquences
- Distribution de fréquences: cas où le caractère étudié est discret
- Distribution de fréquences avec classes ouvertes
- Principales représentations graphiques d'une distribution de fréquences
- Courbe de fréquences cumulées
- Diagramme à secteurs et diagramme à rectangles horizontaux
- Problèmes
- Problème de synthèse
- Auto-évaluation des connaissances - Test 1

Lorsque vous aurez complété l'étude du chapitre 1, vous pourrez:

1. préciser ce qu'on entend par population, unité statistique, caractères, modalités, variable statistique, échantillon, fréquence,...;

2. ranger les observations d'une série statistique par valeurs non décroissantes et en établir la distribution de fréquences;

3. tracer les principales représentations graphiques associées aux distributions de fréquences, notamment le diagramme en bâtons, l'histogramme et le polygone de fréquences;

4. dresser le tableau des fréquences cumulées croissantes et décroissantes et en tracer les courbes correspondantes;

5. tracer un diagramme à secteurs circulaires et un diagramme à rectangles horizontaux.

## CHAPITRE 1

ANALYSE DESCRIPTIVE DES OBSERVATIONS
DÉPOUILLEMENT ET REPRÉSENTATIONS GRAPHIQUES

LA STATISTIQUE DESCRIPTIVE

On peut définir la statistique descriptive comme l'instrument statistique qui permet de donner un sens, une expression à l'information recueillie. Elle rend plus intelligible une série d'observations en permettant de dégager les caractéristiques essentielles qui se dissimulent dans une masse de données. Nous obtenons donc par la statistique descriptive une image concise et simplifiée de la réalité: un résumé statistique qui caractérise l'essentiel.

QUELQUES NOTIONS FONDAMENTALES

Avant d'aborder l'analyse descriptive des observations et les conventions qui s'y rattachent, nous voulons préciser certains termes qui seront utilisés subséquemment. Nous ne donnons ici qu'un vocabulaire de base; d'autres termes associés à la statistique seront définis au moment opportun.

ENSEMBLES STATISTIQUES. POPULATION STATISTIQUE. UNITÉ STATISTIQUE.

Un des objectifs de la statistique est d'étudier les propriétés numériques **d'ensembles** comportant de nombreux **individus** ou **unités statistiques**. Ainsi la réunion de toutes les unités statistiques possibles (ou éléments ou individus) constitue **l'ensemble statistique** ou **la population statistique**. Ce sont sur les unités statistiques (ou individus au sens large) que sont recueillies les observations.

Il est important que la population étudiée soit définie correctement pour que l'on puisse dire si une unité statistique appartient ou non à la population. Voici quelques exemples de populations et d'unités statistiques.

EXEMPLE 1. Description de population statistique et d'unités statistiques.

a) Une association professionnelle regroupe 1000 membres. On veut dresser un rapport statistique concernant la rémunération des membres. Les 1000 membres constituent la population statistique; chaque membre est une unité statistique de cette population.

b) La directrice des ressources humaines de l'entreprise Mecanex veut dresser un tableau descriptif du personnel d'après l'ancienneté exprimée en année. L'ensemble du personnel de l'entreprise constitue la population statistique et les membres du personnel, les unités statistiques.

De ces deux exemples, on constate qu'une population présente des caractères propres qui se retrouvent chez toutes les unités statistiques qui la composent. Ainsi les membres de l'association professionnelle se caractérisent par leur rémunération; les membres du personnel de l'entreprise Mécanex par leur ancienneté. La population est donc constituée d'un ensemble d'unités statistiques satisfaisant à une définition commune et constituant la collectivité à laquelle on s'intéresse.

Remarque. On pourrait également interpréter la population comme étant l'ensemble des mesures observées mais il semble plus pratique et compréhensible de se référer à l'ensemble des unités statistiques (tels qu'individus) au lieu de mesures (valeurs) prises par ces unités statistiques bien que l'intérêt fondamental est toujours sur les valeurs prises par les unités statistiques et non sur les unités elles-mêmes.

CARACTÈRES

Dans une étude spécifique, on peut s'intéresser à certaines particularités des unités statistiques (ou des individus). Ces particularités que nous appelons **caractères** seront également celles de la population statistique.

Dans les secteurs des sciences humaines, ces caractères peuvent être le poids d'individus, la taille, l'âge, le taux de cholestérol, le sexe, la couleur des yeux, le quotient intellectuel, l'état matrimonial, le lieu d'habitation,... . La même unité statistique peut donc posséder divers caractères.

Dans les secteurs techniques, les caractères peuvent être le diamètre d'une tige, la dureté d'une pièce mécanique, la résistance à la compression du béton, la teneur en % d'une substance déterminée, l'intensité lumineuse, le diamètre d'un trou, le temps d'exécution d'une tâche répétitive, le niveau de responsabilité des cadres d'entreprises, le nombre de pièces défectueuses, la couleur d'un tissu, le chiffre d'affaires, le nombre de travaux exécutés par un service d'informatique, la résistance à la rupture d'une tige,... . Dans cette liste, on remarque que certains caractères sont mesurables, d'autres non. Ceci nous amène à apporter la distinction suivante.

CARACTÈRE QUANTITATIF. CARACTÈRE QUALITATIF.

Les résultats de l'observation d'un **caractère** pourront s'exprimer d'une manière **quantitative** ou **qualitative** selon qu'ils sont mesurables ou non.

MODALITÉS DES CARACTÈRES

Les caractères peuvent présenter plusieurs modalités c.-à-d. des spécificités qui leur sont propres. Les modalités d'un caractère doivent être définies de telle sorte que toute unité statistique appartienne à une modalité et une seule. Il est donc nécessaire que les modalités que peut présenter un caractère soient incompatibles et exhaustives.

EXEMPLE 2. Modalités de différents caractères.

Voici quelques exemples de modalités pour les caractères mentionnés précédemment.

a) Pour la taille des individus, on pourrait envisager les modalités suivantes: petit, moyen, grand. Puisque ce caractère est mesurable, on pourrait toutefois préciser les modalités d'une manière quantitative: de 1,4 m mais moins de 1,6 m; de 1,6 m mais moins de 1,8 m; de 1,8 m mais moins de

2,0 m. Dans ce cas, nous avons trois modalités.

b) Le niveau de responsabilité de cadres d'entreprises pourrait se distinguer de la façon suivante: cadre junior, cadre intermédiaire, cadre supérieur. Donc trois modalités.

Remarque. On pourrait donc préciser qu'un caractère est quantitatif si ses modalités sont mesurables et qualitatif si elles ne le sont pas.

VARIABLE STATISTIQUE. VARIABLE DISCONTINUE. VARIABLE CONTINUE.

Un caractère qui fait le sujet d'une étude est également connu sous le nom de **variable statistique.** Lorsque cette variable n'est pas susceptible d'une mesure, elle est dite **qualitative.** Lorsque, au contraire, cette variable peut être exprimée numériquement, elle est dite **quantitative** (ou mesurable).

Dans le cas d'une variable quantitative, son intensité peut être soit mesurée, soit repérée par un nombre qu'on appelle **valeur** de cette variable.

Dans le cas d'une variable qualitative, on ne peut qu'identifier sa nature; toutefois la nature de la variable peut être définie par un **code** (une valeur numérique arbitraire).

Une variable quantitative peut être discontinue ou continue. Elle est **discontinue** si elle ne peut prendre qu'un **nombre limité** de valeurs. Une variable discontinue est dite **discrète** si elle prend seulement des valeurs **entières.**

Lorsque la variable quantitative peut prendre **toutes les valeurs d'un intervalle fini ou infini,** elle est alors dite **continue.**

Remarque. A la rigueur, on pourrait dire qu'une variable n'est jamais absolument continue. En effet, le degré de précision des appareils de mesure et l'arrondissement des résultats imposent toujours des discontinuités.

ÉCHANTILLON. ÉCHANTILLON ALÉATOIRE.

Un **échantillon** est un groupe restreint (ou sous-ensemble) d'unités statistiques tirées de la population (dite également population mère ou parente) préalablement définie. Le nombre d'unités détermine la **taille** de l'échantillon.

Un **échantillon aléatoire** est un sous-ensemble d'unités statistiques recueilli d'une manière telle que les résultats de l'analyse pourront être étendus (on emploie également le terme inférer) à la population. Nous traiterons, d'une façon plus approfondie, de cet aspect important de la statistique dans la partie «inférence statistique» de cet ouvrage. Mentionnons toutefois qu'une méthode d'échantillonnage très répandue consiste à obtenir un échantillon en prélevant au **hasard** un sous-ensemble d'unités statistiques de la population. Diverses méthodes sont utilisées pour construire un échantillon, entre autres une table de nombres aléatoires (ou d'un programme d'ordinateur conçu à cet effet) ou encore par tirage systématique.

UNITÉ DE MESURE

L'intensité de la variable qui se retrouve à des niveaux différents chez toutes les unités statistiques qui constituent la population (ou l'échantillon) est appréciée avec la même **unité de mesure,** c.-à-d. avec une grandeur finie servant de base à la mesure de toutes les unités statisti-

ques de même espèce. Par exemple, le mètre peut servir comme unité de longueur, le kilogramme comme unité de masse, la seconde comme unité de temps.

FRÉQUENCE. FRÉQUENCE RELATIVE.

La **fréquence** associée à une valeur d'une variable statistique est le
nombre de fois que cette valeur se rencontre dans l'échantillon observé (ou
dans la population). On utilise également les termes «effectif» ou «fréquence absolue» pour identifier cette fréquence. Dans le cas d'une distribution par classe, la fréquence d'une classe correspondra au nombre de mesures dont les résultats appartiennent à cette classe particulière (nous
traitons de cette notion dans une section subséquente).

La **fréquence relative** associée à une valeur d'une variable statistique est le rapport entre la fréquence correspondant à cette valeur et le
nombre total de valeurs qui ont été observées sur les unités statistiques.
Dans le cas d'une distribution par classe, la fréquence relative sera le
rapport entre la fréquence d'une classe et la somme des fréquences de toutes les classes (le nombre total d'observations).

CONVENTION

Nous adopterons comme convention (sauf avis contraire) d'identifier
une variable statistique par une lettre majuscule (X, Y, Z,...) et les observations de cette variable par une lettre minuscule. Il est fréquent
d'employer X pour identifier une variable statistique et x_1, x_2, ...,x_n
pour identifier les n observations de cette variable.

EXEMPLE 3. Identification de différents types de variables.

Pour les cas suivants, spécifier l'unité statistique, identifier la variable
statistique sur laquelle porte l'étude, mentionner le type de variable
(quantitative ou qualitative) et préciser, dans le cas où la variable est
quantitative, si elle est continue ou discontinue.

Etude	Unité statistique	Variable statistique	Type de variable		Variable quantitative	
			Quantitative	Qualitative	Continue	Discontinue
Longueur en mm d'une série de tiges	Tiges	Longueur	✔		✔	
Salaires an- nuels d'une main-d'oeuvre spécialisée	Employés	Salaires	✔		✔	
Contrôle vi- suel d'un lot de tubes de verre	Tubes de verre	Nombre de tubes défectueux	✔			✔
Type de logement	Logement	Type		✔		
Nombre d'en- fants à char- ge dans 100 familles	Familles	Nombre d'enfants	✔			✔

PRÉSENTATION DES DONNÉES RECUEILLIES

A partir d'un ensemble d'observations associé à un caractère, communément appelé **série numérique,** on veut être en mesure d'effectuer une présentation succincte et intelligible: c'est la première phase d'une analyse descriptive des observations.

On veut donc, à partir d'un ensemble d'observations,

a)   ranger ces observations par valeurs non décroissantes (ce qui facilitera l'étape suivante);

b)   les dépouiller suivant une distribution de fréquences;

c)   visualiser ce dépouillement à l'aide d'un histogramme (variable continue) ou d'un diagramme en bâtons (variable discontinue).

A ceci pourra s'ajouter la courbe des fréquences cumulées (croissantes
ou décroissantes).

DÉPOUILLEMENT DES OBSERVATIONS ET DISTRIBUTION DE FRÉQUENCES

Donnons immédiatement quelques définitions.

Rangement des observations

(Valeurs non décroissantes)

La façon dont les observations de la série numérique sont
rangées par valeurs non décroissantes (ordre croissant)
s'appelle rangement des observations.

Série numérique						Observations rangées par valeurs non décroissantes					
78	83	90	88	89	60	56	60	60	65	67	70
75	88	92	73	73	76	71	73	73	74	75	76
60	67	84	70	94	97	77	77	78	78	80	83
92	80	77	77	74	84	84	84	84	88	88	89
93	78	65	56	71	84	90	92	92	93	94	97

(lire de gauche à droite)

On utilise ici «valeurs non décroissantes» au lieu de «ordre croissant» puisque la série peut posséder plusieurs valeurs identiques.

Dépouillement des observations et distribution de fréquences

Le groupement des observations en classes dans lequel on indique par un trait vertical chaque observation appartenant à sa
classe respective s'appelle **dépouillement des observations.** Il
est également de pratique courante de dépouiller les observations par bloc de 5 (s'il y a lieu) en marquant d'un trait o-
blique (ou horizontal) un ensemble de 4 traits verticaux déjà
notés. La somme du nombre de traits appartenant à chaque
classe donne la fréquence de cette classe (ce qui correspond
au nombre d'observations appartenant à cette classe). La répétition des observations dans les classes accompagnées des
fréquences respectives s'appelle la **distribution de fréquences.**

Le dépouillement de la série d'observations de la page précédente pourrait donc se présenter comme suit. Nous donnerons par la suite la façon de déterminer le nombre de classes d'une distribution de fréquences ainsi que l'amplitude de chaque classe pour donner une appréciation assez juste de la répartition des observations.

Classes	Dépouillement	Fréquences
$55 \leq X < 65$	|||	3
$65 \leq X < 75$	++++ ||	7
$75 \leq X < 85$	++++ ++++ |	11
$85 \leq X < 95$	++++ |||	8
$95 \leq X < 105$	|	1
		30

Les nombres entre lesquels sont classées les observations s'appellent **limites des classes**. Nous remarquons que l'intervalle de classe $55 \quad X \quad 65$ a une **amplitude** de 10 (l'écart qui existe entre les limites de la classe) et comprend les valeurs du caractère, que nous avons notées X, variant de 55 à moins de 65. La fréquence de cette classe est 3, c.-à-d. qu'il y a 3 observations dans la série dont les valeurs varient de 55 à moins de 65. De plus les classes sont définies en ordre croissant. En regroupant ainsi les valeurs de la série numérique, nous obtenons une **série classée.**

La **valeur centrale d'une classe** ou **centre de classe** (on utilise également point milieu) est simplement la somme des limites de chaque classe divisée par 2. Ainsi la valeur centrale de la classe $65 \leq X < 75$ est $\frac{65 + 75}{2} = 70$.

CONSIDÉRATIONS PRATIQUES DANS L'ÉLABORATION D'UNE DISTRIBUTION DE FRÉQUENCES

Lorsqu'on veut grouper une série numérique suivant une distribution de fréquences, l'on doit fixer au préalable le nombre de classes dans lesquelles les observations sont réparties. Un peu d'expérience et les quelques conseils qui suivent peuvent faciliter la tâche.

a) **Détermination du nombre de classes.**

Mentionnons d'abord que le nombre de classes ne devrait, en général, être ni inférieur à 5 ni supérieur à 20. De préférence, il variera entre 6 et 12 classes.

Ce choix est fonction évidemment du nombre d'observations à dépouiller et de l'éparpillement de ces observations. En pratique, on peut utiliser une formule pour déterminer le nombre de classes, c'est la formule de Sturges. Soit n, le nombre d'observations à dénombrer, alors d'après la règle de Sturges, le nombre k de classes à utiliser est donné par la formule: $k \cong 1 + 3{,}322 \log_{10} n$.

Nombre d'observations à dépouiller: n	Nombre de classes : k
10	4
$10 < n \leq 22$	5
$22 < n \leq 44$	6
$44 < n \leq 90$	7
$90 < n \leq 180$	8
$180 < n \leq 360$	9
$360 < n \leq 720$	10
$720 < n \leq 1\,000$	11

Encore là, le choix définitif du nombre de classes sera dicté par un souci de clarté dans la présentation. Cette formule, qui peut paraître rébarbative, a permis d'obtenir le tableau de la page précédente qui indique le nombre de classes que l'on pourrait utiliser pour différents nombres d'observations à dépouiller.

b) **Détermination de l'amplitude de chaque classe.**

Ici pour éviter toute confusion dans la présentation des résultats ainsi que dans les représentations graphiques qui peuvent suivre,

> on s'assurera dans la mesure du possible, que chaque classe est présentée avec la même amplitude.

Pour trouver l'amplitude des classes, on peut procéder comme suit:

i) Noter, à l'aide du tableau 1, le nombre k de classes souhaitable d'après le nombre d'observations à dépouiller.

ii) A l'aide du tableau que vous obtenez en rangeant les observations par valeurs non décroissantes, noter la plus grande (x_{max}) et la plus petite valeur (x_{min}) de la série. On calcule par la suite l'étendue de la série comme suit:

Etendue d'une série

L'écart entre la plus grande et la plus petite valeur dans une série détermine l'étendue que nous notons E:

$$E = x_{max} - x_{min}.$$

---

iii) On divise alors l'étendue de la série par le nombre de classes souhaité: E/k. Ceci nous donne une idée de l'amplitude que devrait avoir chaque classe. Comme ce résultat sera rarement un nombre entier, nous l'arrondissons au plus grand ou au plus petit entier. Le choix définitif de l'amplitude de chaque classe s'effectuera dans le but d'assurer le plus de clarté possible et de faciliter la présentation et la compréhension de la distribution de fréquences.

Remarques. a) Le choix raisonné de l'amplitude de chaque classe peut modifier le nombre de classes retenu avec la formule de Sturges mais sera toutefois très voisin de ce nombre.

b) Une amplitude de classe trop grande aura comme effet de donner un petit nombre de classes et une amplitude trop petite amènera un nombre de classes trop élevé par rapport au nombre souhaité.

Appliquons cette démarche à l'exemple suivant.

EXEMPLE 4. Tableau descriptif du personnel cadre de l'entreprise INFOTEK selon l'ancienneté.

Le responsable des ressources humaines de l'entreprise INFOTEK a relevé, du fichier informatisé, la variable statistique «ancienneté en années» du

personnel cadre de l'entreprise. Soixante personnes sont dans cette catégorie et leur ancienneté est présentée dans le tableau suivant:

Ancienneté du personnel cadre en années									
9,4	8,4	12,0	16,3	11,9	16,8	9,8	7,0	11,5	12,6
8,3	8,0	9,5	12,1	11,0	14,1	13,1	7,1	12,6	12,1
11,0	12,2	14,0	9,4	10,2	13,4	7,3	14,6	11,1	10,3
11,2	11,0	11,4	15,4	12,5	10,5	10,0	11,9	13,2	15,6
16,3	11,2	11,1	12,8	10,6	10,5	15,0	10,2	13,1	12,0
13,8	10,3	9,8	12,4	11,4	10,4	8,2	9,3	11,6	9,4

On désire dépouiller ces observations suivant une distribution de
fréquences. Pour faciliter ce dépouillement, rangeons d'abord les observations par valeurs non décroissantes.

a)   Présentation des observations par valeurs non décroissantes.

C'est probablement la tâche la plus laborieuse dans la préparation
d'une distribution de fréquences. Ce travail est grandement facilité
si vous avez accès à un ordinateur avec un programme conçu à cette
fin. Si vous procédez manuellement, il n'y a pas de méthode de travail particulière si ce n'est de repérer d'abord la plus petite valeur dans la série et d'ordonner les autres en conséquence en barrant
du tableau de la série chaque valeur repérée.

On obtient alors le tableau suivant:

Ancienneté par valeurs non décroissantes									
7,0	7,1	7,3	8,0	8,2	8,3	8,4	9,3	9,4	9,4
9,4	9,5	9,8	9,8	10,0	10,2	10,2	10,3	10,3	10,4
10,5	10,5	10,6	11,0	11,0	11,0	11,1	11,1	11,2	11,2
11,4	11,4	11,5	11,6	11,9	11,9	12,0	12,0	12,1	12,1
12,2	12,4	12,5	12,6	12,6	12,8	13,1	13,1	13,2	13,4
13,8	14,0	14,1	14,6	15,0	15,4	15,6	16,3	16,3	16,8

b)   Détermination du nombre de classes et de l'amplitude de chaque classe.

  i)   Puisque nous avons 60 observations (n = 60), le nombre de clas-
        ses suggéré dans le tableau 1 est k = 7.

  ii)   D'après le tableau 3, la plus grande valeur dans la série est
        x_{max} = 16,8 et la plus petite est x_{min} = 7,0, ce qui donne:

$$E = 16,8 - 7,0 = 9,8$$

  iii) Pour avoir une idée de l'amplitude de chaque classe, on calcule
        E/k = 9,8/7 = 1,4 $\simeq$ 1,5. Chaque classe aura donc une amplitude
        de 1,5.

c)   Fixation des limites des classes, dépouillement des observations or-
      données et compilation.

      Il s'agit d'abord de préciser la limite inférieure de la première
      classe. Celle-ci peut être la valeur minimale de la série ou une
      plus petite mais voisine de la valeur minimale.

La plus petite valeur de la série est 7,0; puisque l'ancienneté est évaluée
au dixième près, on pourrait fixer à 6,5 la limite inférieure de la première

classe. La limite supérieure de la première classe sera donc 8,0 (6,5 +
l'amplitude de chaque classe qui est 1,5). En dénotant par X, l'ancienneté
du personnel cadre, on obtient alors la répartition suivante:

Classes	Dépouillement	Fréquences
$6,5 \le X < 8,0$	|||	3
$8,0 \le X < 9,5$	++++ |||	8
$9,5 \le X < 11,0$	++++ ++++ ||	12
$11,0 \le X < 12,5$	++++ ++++ ++++ ||||	19
$12,5 \le X < 14,0$	++++ ||||	9
$14,0 \le X < 15,5$	++++	5
$15,5 \le X < 17,0$	||||	4

Remarque. Dans le cas d'une variable continue, il arrive fréquemment que
la distribution de fréquences s'apparente à des distributions de forme et
d'expression mathématique connues. Une de ces distributions est la **distribution normale** que nous étudierons dans une partie subséquente sur le calcul des probabilités.

DISTRIBUTION DE FRÉQUENCES: CAS OÙ LE CARACTÈRE ÉTUDIÉ EST DISCRET

Lorsque le caractère étudié ne prend que des valeurs discrètes (nombres entiers), le dépouillement, dans ce cas, ne s'effectue pas par classes
mais habituellement à même les valeurs du caractère. Ceci s'appliquerait,
par exemple, pour le nombre de pièces défectueuses, le nombre d'enfants par
famille, le nombre de personnes par ménage, le nombre d'arrivées de clients
à un comptoir d'emballage,... .

EXEMPLE 5. Dépouillement de résultats observés lors d'un contrôle visuel.

A la sortie d'une chaîne d'assemblage, on a prélevé vingt échantillons
successifs comportant chacun 10
pièces. Un contrôle visuel a été
effectué sur chacune des pièces et
on a noté le nombre de pièces présentant une défectuosité mineure.
Les résultats sont présentés dans
le tableau ci-contre. (Lire de
gauche à droite).

Nombre de pièces présentant une défectuosité mineure				
0	1	0	2	0
0	1	2	0	0
1	0	1	3	0
1	2	1	0	0

La distribution de fréquences peut donc se présenter comme suit:

N. de pièces défectueuses	N. d'échantillons	Fréquences relatives
0	10	0,50
1	6	0,30
2	3	0,15
3	1	0,05
	Total 20	

Les fréquences relatives s'obtiennent en divisant chaque fréquence par le
nombre total d'échantillons observés, soit 20.

Ainsi, dans dix échantillons sur vingt (soit dans une proportion de 0,50),
on n'a observé aucune pièce présentant une défectuosité mineure.

Remarques. a) La somme des fréquences relatives de toutes les classes est toujours égale à l'unité.

b) Comme dans le cas de distribution continue, certaines distributions de fréquences de variable discrète s'apparentent à des distributions connues, en particulier les distributions **binomiale** et de **Poisson** que nous traitons subséquemment.

DISTRIBUTION DE FRÉQUENCES AVEC CLASSES OUVERTES

Les cas traités jusqu'à présent permettaient d'obtenir des distributions de fréquences avec des classes fermées. Il se peut toutefois, à cause de l'étalement des observations, qu'on ait recours à une distribution de fréquences avec classes ouvertes pour présenter la répartition des observations.

EXEMPLE 6. Tableau descriptif du revenu des vendeurs de l'entreprise MLP.

Le directeur du marketing de MLP, entreprise engagée dans la conception, la fabrication et la vente de mini-ordinateurs modulaires et de logiciels de gestion a dressé un tableau descriptif du revenu de ses vendeurs pour l'année qui vient de se terminer. La répartition des revenus des quarante vendeurs se présente comme suit.

Revenus (classes)	Nombre de vendeurs (fréquences)	Fréquences relatives (%)
moins de $15 000	2	5%
$15 000 à moins de $20 000	5	12,5%
$20 000 à moins de $25 000	9	22,5%
$25 000 à moins de $30 000	14	35,0%
$30 000 à moins de $35 000	7	17,5%
$35 000 et plus	3	7,5%

Ainsi, 2 vendeurs ont gagné moins de $15 000, 14 ont des revenus allant de $25 000 à moins de $30 000 et 3 ont des revenus de $35 000 et plus.

Dans le cas de présentation d'une distribution de fréquences avec classes ouvertes, nous ne donnons aucune information ni sur le plus bas revenu ni sur le plus haut si ce n'est que l'un est inférieur à $15 000 et l'autre supérieur à $35 000.

PRINCIPALES REPRÉSENTATIONS GRAPHIQUES D'UNE DISTRIBUTION DE FRÉQUENCES

Les représentations graphiques permettent de visualiser le résumé statistique que nous donne la distribution de fréquences. On obtient alors une vue d'ensemble de la série statistique. Les représentations graphiques facilitent également la comparaison de séries différentes.

Les plus usuelles sont le diagramme en bâtons et l'histogramme; on utilise également le polygone de fréquences et les courbes de fréquences cumulées. Nous traiterons également du diagramme à secteurs circulaires et du diagramme à rectangles horizontaux.

DIAGRAMME EN BÂTONS

Lorsque la variable quantitative est **discontinue,** la représentation graphique de la distribution de fréquences s'effectue à l'aide d'un **diagramme en bâtons.**

> ### Diagramme en bâtons
>
> Le diagramme en bâtons est constitué en portant en abscisse les valeurs de la variable discontinue ou en traçant parallèlement à l'axe des ordonnées un bâton (un trait plein) de longueur proportionnelle à la fréquence (absolue ou relative) de chaque valeur de la variable.

L'exemple suivant met en évidence la représentation des fréquences (absolues) au moyen d'un diagramme en bâtons.

EXEMPLE 7. Tracé d'un diagramme en bâtons: nombre d'erreurs d'assemblage dans un appareil complexe.

L'entreprise Sangamex vérifie régulièrement si l'assemblage d'un appareil complexe a été effectué correctement. Le responsable du contrôle a effectué une compilation du nombre d'erreurs d'assemblage pour chaque appareil contrôlé depuis une certaine période de temps. La compilation est résumée dans le tableau ci-contre. A partir de cette information, traçons le diagramme en bâtons.

Nombre d'erreurs	Nombre d'appareils
0	101
1	140
2	92
3	42
4	18
5	3

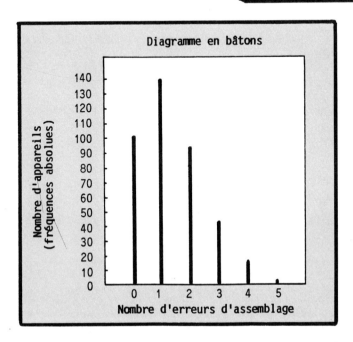

Remarque. Dans cet exemple, on aurait pu également calculer les fréquences relatives; l'avantage d'un diagramme en bâtons par fréquence relative réside dans le fait que les nombres en ordonnée sont compris entre 0 et 1.

HISTOGRAMME ET POLYGONE DE FRÉQUENCES

Histogramme

Lorsque la variable quantitative est **continue**, les valeurs observées sont généralement dénombrées suivant une distribution en **classes**; la représentation graphique prendra alors la forme d'un **histogramme**.

> **Histogramme**
>
> L'histogramme est une représentation graphique de la distribution de fréquences et est constitué de rectangles juxtaposés dont chacune des bases est égale à l'intervalle de chaque classe et dont la hauteur est telle que la surface soit proportionnelle à la fréquence (absolue ou relative) de la classe correspondante.

L'histogramme permet de visualiser rapidement l'allure de la série d'observations.

Considérations pratiques pour la détermination des hauteurs des rectangles.

a) Lorsque les classes ont la même amplitude (qui est le cas le plus fréquent), chaque rectangle aura comme hauteur le nombre correspondant à la fréquence (absolue ou relative).

b) Si les amplitudes de certaines classes sont inégales, il faut rectifier les fréquences pour que la surface de chaque rectangle soit toujours proportionnelle à la fréquence.

c) La surface de chaque rectangle est: S = amplitude de la classe × hauteur du rectangle.

Ainsi dans le cas d'amplitude de classe égale, hauteur = fréquence. Dans le cas d'amplitude de classe inégale, il faut rectifier les fréquences comme suit: si l'amplitude d'une classe de fréquence f_i est ℓ fois plus grande (ou plus petite) que l'amplitude de base, son rectangle aura pour hauteur $\frac{f_i}{\ell}$ (ou ℓf_i). Il est donc nécessaire de diviser (ou de multiplier) par 2 la fréquence de la classe quand l'amplitude de la classe est doublée (ou lorsqu'elle est la moitié de l'amplitude de base).

Polygone de fréquences

La seule utilité du polygone de fréquences est de présenter l'allure générale de la distribution du phénomène étudié.

> **Polygone de fréquences**
>
> Le polygone de fréquences permet de représenter la distribution de fréquences sous forme de courbe. Il est obtenu en joignant les milieux des sommets de chaque rectangle de l'histogramme par des segments de droite.

Pour constituer le polygone de fréquences, il s'agit donc de joindre les points ayant respectivement pour coordonnées les centres des classes et les fréquences correspondantes. Il est également d'usage courant d'ajouter de part et d'autre de l'histogramme une classe de fréquence nulle, ce qui permet de fermer le polygone et de rendre égale la surface contenue à l'intérieur du polygone avec celle de l'histogramme.

Remarques. a) Dans le cas où la représentation est un diagramme en bâtons, la notion de polygone de fréquences n'a pas de sens réel, puisque nous sommes en présence d'une variable statistique qui présente un caractère de discontinuité.

b) Le nombre de côtés d'un polygone de fréquences sera toujours:

nombre de côtés = nombre de classes + 1

EXEMPLE 8. Histogramme et polygone de fréquences de l'ancienneté du personnel cadre de INFOTEK.

Utilisons la distribution de fréquences de l'exemple 4 et visualisons l'allure générale de la série d'observations concernant l'ancienneté du personnel cadre de l'entreprise INFOTEK. On veut tracer l'histogramme et le polygone de fréquences. La répartition de l'ancienneté selon une distribution de fréquences, un histogramme et un polygone de fréquences se présentent comme suit.

Distribution de fréquences

Classes	fréquences
$6,5 \le X < 8,0$	3
$8,0 \le X < 9,5$	8
$9,5 \le X < 11,0$	12
$11,0 \le X < 12,5$	19
$12,5 \le X < 14,0$	9
$14,0 \le X < 15,5$	5
$15,5 \le X < 17,0$	4

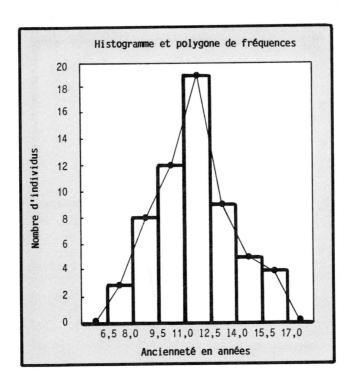

Histogramme et polygone de fréquences

Les centres des classes sont localisés à 7,25, 8,75, ..., 16,25. Le polygone est fermé à 5,75 et 17,75. L'histogramme nous indique qu'il y a une concentration du personnel cadre entre 11,0 et 12,5 années d'ancienneté. Le polygone de fréquences nous indique l'allure générale de la variable observée «ancienneté»; ici elle semble s'apparenter à une distribution en forme de cloche.

Remarques. a) Dans le tracé d'un histogramme, il est conseillé de ne pas confondre sur le dessin l'axe des ordonnées (fréquences absolues ou relatives) et le premier rectangle de l'histogramme. Il y a donc lieu de séparer l'origine des abscisses de l'origine des ordonnées.

b) Il faut également préciser que le mode de représentation d'une série d'observations (variable continue) à l'aide d'une distribution de fréquences et d'un histogramme admet comme hypothèse simplificatrice, la répartition uniforme des observations à l'intérieur de chaque classe. En définitive, les valeurs regroupées dans la même classe se verront attribuer la même valeur, soit celle du centre de la classe.

c) Si on veut comparer des histogrammes constitués à partir d'échantillons de tailles différentes, il sera alors préférable d'utiliser en ordonnée, les fréquences relatives au lieu des fréquences absolues.

EXEMPLE 9. Distribution avec classes ouvertes: Salaires annuels des finissants(es) en Sciences Administratives.

Cet exemple indique comment rectifier les fréquences et réaménager la distribution de fréquences pour conserver le sens donné à l'histogramme.

Une enquête effectuée par le bureau du Service aux Etudiants auprès de finissants(es) dans le secteur des Sciences Administratives d'une institution de la région donna la répartition suivante pour les salaires annuels offerts. La distribution est basée sur deux cent répondants(es).

Salaire annuel en $	Nombre de répondants(es)
Moins de $12 000	10
$12 000 \le X < $14 000	24
$14 000 \le X < $16 000	34
$16 000 \le X < $18 000	52
$18 000 \le X < $20 000	60
$20 000 \le X < $22 000	10
$22 000 \le X < $26 000	8
$26 000 et plus	2

De cette distribution, nous remarquons les choses suivantes:

a)   La distribution est présentée avec des classes ouvertes. En l'absence d'autre renseignement sur la première et la dernière classe, on représentera ces classes, dans le tracé de l'histogramme, avec une amplitude égale à l'amplitude de base, soit $2000.

b)   La 7e classe ($22 000 \le X < $26 000) présente une amplitude de $4000 soit le double de l'amplitude de base; elle vaut deux intervalles de classes. On divisera donc la fréquence de la 7e classe par 2, ce qui donnera une fréquence de 4.

Tenant compte de ces remarques, la distribution de fréquences est alors la suivante:

Classes	Fréquences rectifiées
$\$10\ 000 \leq X < \$12\ 000$	10
$\$12\ 000 \leq X < \$14\ 000$	24
$\$14\ 000 \leq X < \$16\ 000$	34
$\$16\ 000 \leq X < \$18\ 000$	52
$\$18\ 000 \leq X < \$20\ 000$	60
$\$20\ 000 \leq X < \$22\ 000$	10
$\$22\ 000 \leq X < \$26\ 000$	$8 \div 2 = 4$
$\$26\ 000 \leq X < \$28\ 000$	2

Le tracé de l'histogramme se présente alors comme suit:

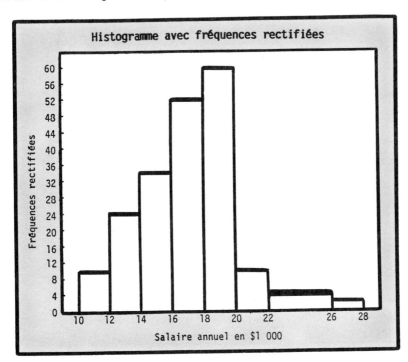

Remarque. Une hauteur de 4 pour la classe $22\ 000 \leq X < 26\ 000$ équivaut à répartir les 8 observations de cette classe en deux classes,

$$22\ 000 \leq X < 24\ 000 \quad \text{et} \quad 24\ 000 \leq X < 26\ 000$$

ayant chacune une fréquence de 4.

COURBE DE FRÉQUENCES CUMULÉES

Les courbes de fréquences cumulées croissantes (ou décroissantes) permettent de faire correspondre à une valeur de la série, le nombre d'observations qui lui sont inférieures (ou supérieures). Ces courbes permettent de répondre à des questions du genre: Combien d'employés ont moins de 10 ans d'ancienneté? Combien, parmi le personnel cadre, ont 20 ans et plus d'ancienneté? Combien d'individus ont un résultat supérieur ou égal à 72 mais inférieur à 90 à un test d'aptitude en informatique de gestion?

Définissons comme suit ces courbes.

Courbe cumulative croissante

La courbe cumulative croissante d'une série continue s'obtient à partir des fréquences cumulées croissantes (absolues ou relatives). Pour ce faire, on détermine une succession de points dont les abscisses correspondent aux limites supérieures des classes et dont les ordonnées sont égales aux fréquences cumulées croissantes correspondant aux classes, sauf pour le premier point dont la valeur de l'ordonnée est zéro. Cette courbe permet d'obtenir le nombre (ou la proportion) d'observations inférieures à la borne supérieure des diverses classes de la distribution de fréquences.

Courbe cumulative décroissante

La courbe cumulative décroissante d'une série continue s'obtient à partir des fréquences cumulées décroissantes (absolues ou relatives). Pour ce faire, on détermine une succession de points dont les abscisses correspondent aux limites inférieures des classes et dont les ordonnées sont égales aux fréquences cumulées décroissantes correspondant aux classes, sauf pour le dernier point dont la valeur de l'ordonnée est zéro. Cette courbe permet d'obtenir le nombre (ou la proportion) d'observations supérieures ou égales à la borne inférieure des diverses classes de la distribution de fréquences.

Dans chaque cas, on n'a qu'à joindre les points par des segments de droite pour obtenir les courbes correspondantes.

EXEMPLE 10. **Tableaux des fréquences cumulées croissante et décroissante et tracés des courbes correspondantes.**

La répartition du poids (X) en grammes de cinquante tubes en matière céramique est résumée dans la distribution de fréquences ci-contre.

a) Dresser un tableau des fréquences cumulées croissantes et tracer la courbe cumulative correspondante.

Répartition du poids

Classes (Poids en grammes)	Fréquences (nombre de tubes)
$1,30 \leq X < 1,45$	5
$1,45 \leq X < 1,60$	8
$1,60 \leq X < 1,75$	10
$1,75 \leq X < 1,90$	15
$1,90 \leq X < 2,05$	9
$2,05 \leq X < 2,20$	2
$2,20 \leq X < 2,35$	1

Pour obtenir les courbes de fréquences cumulées, on opère de la même façon que dans le cas d'un polygone de fréquences. Pour la courbe cumulative croissante, on ajoute une classe de fréquence nulle antérieure à la première classe (ici $1,15 \leq X < 1,30$). Ceci nous permettra d'obtenir le premier point de la courbe cumulative croissante. Le tableau des fréquences cumulées croissantes se présente alors comme suit.

Bornes supérieures des classes	Fréquences cumulées croissantes
Moins de 1,30	0
Moins de 1,45	5
Moins de 1,60	13
Moins de 1,75	23
Moins de 1,90	38
Moins de 2,05	47
Moins de 2,20	49
Moins de 2,35	50

Les coordonnées des points de la courbe cumulative croissante sont donc:

Abscisse	1,30	1,45	1,60	1,75	1,90	2,05	2,20	2,35
Ordonnée	0	5	13	23	38	47	49	50

Le tracé de la courbe cumulative croissante est indiqué sur la figure suivante.

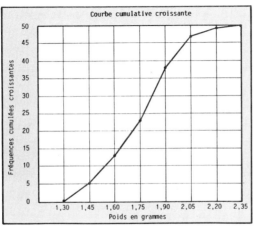

De cette courbe, on peut dire que 23 tubes ont un poids inférieur à 1,75 gramme.

b)   Dresser un tableau des fréquences cumulées décroissantes et tracer la courbe cumulative correspondante.

Dans ce cas, il faut ajouter une classe de fréquence nulle, postérieure à la dernière classe de la distribution de fréquences (ici $2,35 \leq X < 2,50$). Le tableau des fréquences cumulées décroissantes se présente alors comme suit:

Bornes inférieures des classes	Fréquences cumulées décroissantes
1,30 ou plus	50
1,45 ou plus	45
1,60 ou plus	37
1,75 ou plus	27
1,90 ou plus	12
2,05 ou plus	3
2,20 ou plus	1
2,35 ou plus	0

Les coordonnées des points de la courbe cumulative décroissante sont alors:

Abscisse	1,30	1,45	1,60	1,75	1,90	2,05	2,20	2,35
Ordonnée	50	45	37	27	12	3	1	0

La figure suivante illustre le tracé de la courbe cumulative décroissante.

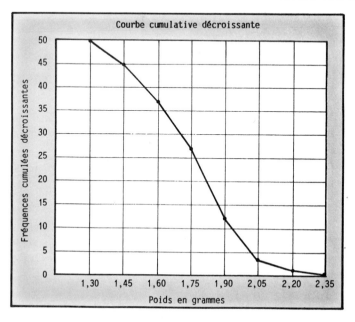

De cette courbe, on peut dire que 37 tubes ont un poids supérieur ou égal à 1,60 gramme.

Remarques. a) Les résultats qu'on obtient avec les courbes cumulatives pour des valeurs autres que les limites des classes, sont entachées d'une erreur d'approximation due à l'interpolation linéaire à l'intérieur des classes.

b) Pour chaque valeur de la variable, la somme des fréquences cumulées croissantes et décroissantes correspondantes est toujours égale au nombre total d'observations de la série.

c) Dans le cas de distributions de fréquences à classes inégales, on ne rectifie jamais les fréquences (absolues ou relatives) pour tracer les courbes cumulatives.

d) Si nous traçons sur le même graphique les deux courbes cumulatives (croissante et décroissante), le point d'intersection des deux courbes donne la valeur médiane (en abscisse) de la série, caractéristique de tendance centrale que nous traitons dans le prochain chapitre.

e) Le concept probabiliste équivalent à la notion de courbe cumulative croissante est celui de **fonction de répartition** que nous traitons subséquemment.

f) Dans le cas d'une série où la variable statistique est discontinue, les courbes de fréquences cumulées prendront la forme d'un diagramme «en escalier».

DIAGRAMME À SECTEURS ET DIAGRAMME À RECTANGLES HORIZONTAUX

Nous terminons ce chapitre en présentant deux autres formes de représentations graphiques qui sont fréquemment utilisées pour donner une vue d'ensemble des résultats d'un sondage ou d'une étude descriptive. Ce sont le **diagramme à secteurs** (diagramme circulaire) et le **diagramme à rectangles horizontaux.**

Diagramme à secteurs

Le diagramme à secteurs circulaires consiste en un cercle dont l'aire est décomposée en secteurs circulaires représentant respectivement la proportion de chacune des composantes d'un tout. Pour obtenir cette configuration, il faut déterminer l'angle au centre de chaque secteur circulaire, angle qui est proportionnel aux fréquences (absolues ou relatives en %). Si x est la part de chacune des composantes du phénomène étudié, alors

$$\text{angle au centre de chaque secteur} = \frac{x \times 360°}{n}$$

si x est exprimé en fréquences absolues et n représentant le nombre total d'observations ou encore

$$\text{angle au centre de chaque secteur} = \frac{x \times 360°}{100}$$

si x est exprimé en fréquences relatives en %.

Remarques. a) Rappelons que l'angle au centre d'un secteur circulaire est un angle dont le sommet est le centre du cercle.

b) Avant de tracer le diagramme circulaire, vérifier que la somme des angles au centre est bien égale à 360°.

c) Un rapporteur d'angles est nécessaire pour le tracé de ce genre de diagramme.

Diagramme à rectangles horizontaux

Le diagramme à rectangles horizontaux consiste en une représentation graphique indiquant en ordonnée la répartition des diverses modalités du caractère étudié et en abscisse, des rectangles, de même largeur dont les longueurs sont proportionnelles aux fréquences (absolues ou relatives).

L'exemple suivant permet d'illustrer l'application de ces représentations graphiques.

EXEMPLE 11. Tracé d'un diagramme à secteurs circulaires et d'un diagramme à rectangles horizontaux: Répartition de l'utilisation de l'ordinateur par les professeurs d'université selon le domaine d'utilisation.

Au cours de l'année 1974-75, le Service de développement de la technologie éducative du Ministère de l'Education du Québec procédait à une vaste enquête auprès de plus de sept mille huit cents professeurs d'université. Cette enquête visait, entre autres, à établir les taux d'utilisation de l'ordinateur comme support à l'enseignement et à la recherche.

Pour cette partie de l'enquête, les réponses regroupées selon les diverses fonctions des professeurs se présentent comme suit:

Fonction	Nombre d'utilisateurs	Pourcentage
Enseignement seulement	98	3,5%
Recherche seulement	339	12,0%
Direction de thèses seulement	60	2,1%
Enseignement et recherche	175	6,2%
Enseignement et dir. de thèses	10	0,4%
Recherche et dir. de thèses	210	7,5%
Ens., recherche et dir. de thèses	234	8,3%
Aucune utilisation	1688	60,0%
TOTAL	2814	100,0%

On veut représenter graphiquement, à l'aide d'un diagramme à secteurs circulaires et d'un diagramme à rectangles horizontaux, la ventilation du pourcentage d'utilisateurs de l'ordinateur selon les diverses fonctions.

Diagramme à secteurs circulaires

Calculons d'abord l'angle au centre correspondant à chaque secteur circulaire identifiant respectivement les modalités de la fonction.   On utilise la répartition suivant le pourcentage d'utilisateurs.

Calcul des angles au centre

Enseignement seulement   : $\dfrac{3,5 \times 360}{100} = 12,6^o$

Recherche seulement   : $\dfrac{12 \times 360}{100} = 43,2^o$

Dir. de thèses seulement   : $\dfrac{2,1 \times 360}{100} = 7,6^o$

Enseignement et recherche   : $\dfrac{6,2 \times 360}{100} = 22,3^o$

Enseignement et direction
de thèses   : $\dfrac{0,4 \times 360}{100} = 1,4^o$

Recherche et direction
de thèses   : $\dfrac{7,5 \times 360}{100} = 27^o$

Enseignement, recherche
et dir. de thèses   : $\dfrac{8,3 \times 360}{100} = 29,9^o$

Aucune utilisation   : $\dfrac{60 \times 360}{100} = 216^o$

Il s'agit maintenant, à l'aide d'un rapporteur d'angles, de subdiviser un cercle en secteurs circulaires avec les angles au centre tels qu'obtenus précédemment.

Dans chaque secteur, on indiquera le pourcentage correspondant à chaque modalité.

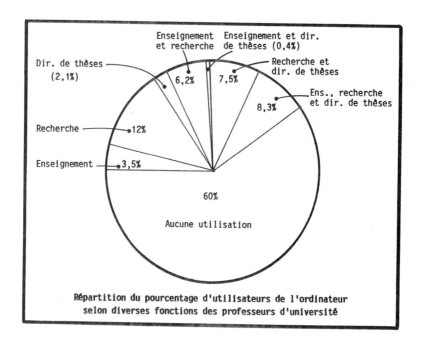

Répartition du pourcentage d'utilisateurs de l'ordinateur
selon diverses fonctions des professeurs d'université

Diagrammes à rectangles horizontaux.

En utilisant les résultats de l'enquête d'après le pourcentage d'utilisateurs (on pourrait également utiliser le nombre d'utilisateurs) réparti selon les diverses fonctions, on obtient le diagramme à rectangles horizontaux suivant.

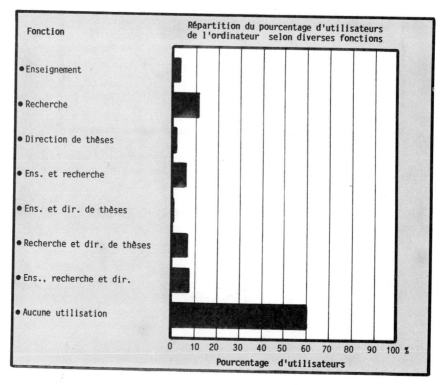

PROBLÈMES

1. Le comptable de l'entreprise Camtek a effectué un relevé de 36 comptes-clients. Les montants sont résumés dans le tableau suivant:

Comptes-clients					
327,88	272,26	326,98	303,73	283,50	278,37
314,90	312,71	338,88	356,46	369,10	281,26
325,69	347,90	376,09	348,21	259,87	291,88
309,74	319,76	331,72	273,29	284,19	296,46
257,32	358,93	374,37	340,16	334,95	286,69
354,34	295,55	370,77	339,47	365,81	319,56

a)   Identifier la variable statistique sur laquelle porte cette étude?

b)   Ranger les observations par valeurs non décroissantes.

c)   Quelle est l'étendue de la série?

d)   D'après la règle de Sturges, quel est le nombre souhaité de classes pour la distribution de fréquences? Quelle sera alors l'amplitude des classes?

e)   En utilisant 250 comme limite inférieure de la première classe et 25 comme amplitude de classe, dépouiller les observations selon une distribution de fréquences.

f)   Dans quelle classe trouve-t-on la plus forte concentration de comptes-clients?

2.   Le service informatique d'une institution d'enseignement a relevé le nombre de travaux exécutés (en lots) durant les vingt-cinq derniers jours de la session (considérée comme période très achalandée) pour des travaux de programmation en langage FORTRAN et en langage COBOL. Le nombre de travaux traités par jour pour chaque type de langage est présenté dans les tableaux suivants:

Nombre de travaux/jour (FORTRAN)				
889	845	800	948	913
906	851	907	902	905
895	950	931	869	954
877	821	904	958	972
881	900	887	902	790

Nombre de travaux/jour (COBOL)				
593	736	775	660	647
723	664	620	647	674
755	747	753	775	633
699	705	689	707	746
756	681	813	663	763

a)   Dépouiller le nombre de travaux/jour traités par le service de l'informatique pour chaque type de langage selon une distribution de fréquences. Dans le cas du langage FORTRAN utilisez 790 comme limite inférieure de la première classe et une amplitude de classe égale à 35; pour les travaux exécutés en langage COBOL, on utilisera 590 comme limite inférieure de la première classe et 45 comme amplitude de chaque classe.

b)   Tracer dans chaque cas l'histogramme et le polygone de fréquences.

c)   Pour chaque distribution, dans quel intervalle de classe se situe le plus grand nombre de travaux traités par jour?

d)   D'après le dépouillement effectué, est-ce que le nombre de travaux traités par jour a tendance à se grouper autour de la même valeur pour **chaque type de langage?**

3. Les ventes mensuelles, basées sur une période de quatre années, d'un certain appareil ménager de l'entreprise Multiflex sont présentées dans le tableau suivant.

		Année			
		1979	1980	1981	1982
	Janvier	145	104	122	158
	Février	170	210	184	205
	Mars	225	240	214	262
	Avril	260	284	302	295
	Mai	425	440	490	435
Mois	Juin	360	380	396	478
	Juillet	204	235	212	245
	Août	310	290	276	285
	Septembre	355	340	330	364
	Octobre	158	190	220	170
	Novembre	215	230	225	256
	Décembre	304	285	324	276

a) Ranger ces observations par valeurs non décroissantes.

b) Quelle est l'étendue de cette série?

c) D'après la règle de Sturges, quel devrait être le nombre de classes pour effectuer le dépouillement de ces observations?

d) Quelle devrait être l'amplitude de chaque classe?

e) Déterminer la distribution de fréquences. Utiliser 100 comme limite inférieure de la première classe et 50 comme amplitude de chaque classe.

f) Tracer sur le même graphique l'histogramme et le polygone de fréquences.

g) Dans quelle classe trouve-t-on les ventes mensuelles les plus élevées?

4. Le chef de service d'étude du travail de l'entreprise Sigmex veut analyser le temps requis par sa main-d'oeuvre spécialisée pour effectuer la même opération dans les mêmes conditions et en employant les mêmes méthodes. L'agent d'étude du travail a chronométré cette opération et a recueilli soixante observations.

a) Identifier la variable statistique sur laquelle porte cette étude.

b) Est-ce que cette variable est continue ou discontinue?

Temps en centiminutes									
61	67	63	63	63	66	66	62	65	65
66	69	67	62	61	65	64	64	65	67
59	62	66	64	64	63	65	68	64	59
66	63	65	62	64	66	67	64	64	66
64	63	65	60	66	68	62	64	65	66
66	62	66	64	65	67	61	60	62	68

c)   Quelle est l'unité de mesure utilisée par l'agent d'étude du travail?

d)   Ranger les temps observés par valeurs non décroissantes.

e)   Quel est le temps le plus court qu'on a observé? Le plus long?

f)   Quel est l'écart entre le temps le plus long et le temps le plus court pour effectuer cette opération?

g)   L'agent d'étude veut classer les temps observés dans un tableau de distribution de fréquences comportant six classes et dont la limite inférieure de la première classe serait 58 cmn. Quelle devrait être en complétant au plus grand entier, l'amplitude de chaque classe?

h)   Dénombrer ces observations suivant la distribution de fréquences que veut utiliser l'agent d'étude en indiquant également les fréquences relatives.

i)   Dans quelle classe se situe les temps les plus fréquents?

j)   D'après la distribution de fréquences, pourriez-vous donner une estimation approximative du temps moyen réalisé par la main-d'oeuvre pour effectuer l'opération?

5. Dans une bibliothèque universitaire, on a effectué une étude sur l'affluence des usagers aux terminaux donnant accès à une banque de données. On a effectué un relevé sur deux journées (considérées comme étant des journées de pointe) du nombre d'arrivées d'usagers dans un intervalle de 2 minutes ainsi que le temps d'occupation de ce service d'information pour la communauté universitaire. Trois terminaux sont disponibles aux usagers. Les données concernant le nombre d'arrivées par intervalle de 2 minutes sont présentées dans le tableau suivant.

Nombre d'arrivées par intervalle de 2 minutes									
0	0	2	1	1	1	4	2	0	0
1	1	1	2	2	3	0	4	3	0
0	2	2	2	3	0	1	1	1	1
2	2	1	3	2	2	5	4	3	2
1	4	4	3	3	2	3	1	2	2
3	3	0	1	4	3	2	1	2	2

a)   Dans cette étude, quelle est l'unité statistique?

b)   Pour les données présentées dans le tableau ci-haut, est-ce que la variable statistique qui fait l'objet de cette étude est continue ou discontinue?

c)   Ranger les observations du tableau par valeurs non décroissantes.

d)   Dénombrer par valeurs de la variable statistique, les observations selon une distribution de fréquences.

e)   Tracer le diagramme en bâtons.

f)   Quel est le nombre d'arrivées par intervalle de 2 minutes qui revient le plus fréquemment dans la distribution?

g) Les observations concernant le temps d'occupation du service (en secondes) sont résumées dans la distribution de fréquences ci-contre. Tracer l'histogramme et le polygone de fréquences.

h) Tracer la courbe cumulative croissante des fréquences relatives (%).

i) Quel pourcentage d'usagers ont un temps d'occupation inférieur à 600 sec.? à 1200 sec.?

j) 50% des usagers ont un temps d'occupation inférieur à quelle valeur?

Temps d'occupation du service en sec.	Nombre d'usagers
$0 \leq X < 300$	25
$300 \leq X < 600$	10
$600 \leq X < 900$	9
$900 \leq X < 1200$	3
$1200 \leq X < 1500$	2
$1500 \leq X < 1800$	1

6. Un contrôle visuel est effectué pour repérer des défectuosités possibles sur des chemises de qualité supérieure produites par un grand couturier français. Les résultats de l'inspection de 100 chemises apparaissent dans le tableau suivant:

Nombre de défectuosités observées sur chaque chemise

```
0  0  0  1  1  2  0  0  0  0  3  1  0  2  2  0  0  1  0  2
1  1  0  3  1  0  0  0  1  1  0  0  2  4  1  0  0  1  1  1
1  1  1  0  0  1  3  2  0  1  1  1  0  3  0  1  1  0  1  1
0  0  1  0  1  1  2  2  0  2  1  2  1  3  4  2  1  0  2  2
0  0  1  1  1  2  1  2  0  3  1  0  2  2  2  0  0  0  0  0
```

a) Quelle est l'unité statistique?

b) Identifier la variable statistique et en préciser la nature.

c) Peut-on qualifier la variable statistique que l'on observe dans ce contrôle, de discrète? Pourquoi?

d) Compiler cette série en complétant la distribution suivante:

Nombre de défectuosités X	Nombre de chemises ayant X défectuosités
0	——
1	——
2	——
3	——
4	2

e) Calculer également les fréquences relatives exprimées en %.

f)   Tracer le diagramme en bâtons pour représenter graphiquement la distribution du nombre de défectuosités; utiliser, en ordonnée, les fréquences relatives en %.

g)   Quel pourcentage de chemises ont une défectuosité ou moins?

h)   Quel pourcentage de chemises ont plus de 3 défectuosités?

i)   Les chemises ayant 2 défectuosités ou plus sont vendues à rabais à un grossiste de la rue St-Laurent à Montréal. Quel pourcentage de chemises seront expédiées à ce grossiste?

j)   Dresser un tableau des fréquences relatives cumulées croissantes (en %).

k)   Tracer la courbe cumulative croissante en utilisant, en ordonnée, les fréquences cumulées (en %). La courbe cumulative donnera, à cause du caractère discret de la variable en cause, des pourcentages cumulés pour des valeurs plus petites ou égales de la variable discrète. Elle aura la forme d'un escalier.

ℓ)   Quel pourcentage de chemises ont 2 défectuosités ou moins?

m)   Quel pourcentage de chemises ont moins d'une défectuosité?

7. L'agence de service de personnel SEDEC offre un service professionnel dans le choix d'emplois pour secrétaires et en particulier au niveau de secrétaires de direction. La directrice de l'agence veut effectuer une compilation des salaires annuels qui ont été obtenus par les personnes qui ont fait appel à son agence de placement. Elle a également noté le laps de temps, en jours, nécessaire pour l'obtention d'un emploi à partir du moment où l'on a fait appel à ses services. Les valeurs de ces deux variables sont présentées dans les tableaux ci-dessous, par valeurs non décroissantes.

Laps de temps pour l'obtention d'un emploi (jours)							
3	4	4	5	6	6	7	7
7	7	8	8	8	8	9	9
9	9	9	10	10	10	10	10
10	10	10	10	10	11	11	12
12	12	13	13	13	13	13	14

Salaires annuels en dollars				
12 875	13 105	13 469	13 626	13 944
14 200	14 329	14 557	14 593	14 758
14 952	15 026	15 065	15 210	15 256
15 394	15 406	15 452	15 506	15 552
15 568	15 619	15 627	15 647	15 673
15 729	15 826	15 994	16 178	16 245
16 384	16 675	16 704	16 807	16 898
16 910	16 996	17 234	18 217	19 067

a)   Préciser la nature de chaque variable quantitative qui fait l'objet de cette analyse.

b)   Dépouiller la variable «laps de temps» par valeurs entières 3,4,5,...

c)   Quel est le laps de temps le plus court qui a été observé? Le plus long?

d)   Quel est le laps de temps qui revient le plus férquemment?

e)   Tracer le diagramme en bâtons de la variable «laps de temps».

f)   Grouper en classes les valeurs notées pour le laps de temps en uti-
      lisant 3 comme limite inférieure de la première classe et 2 comme am-
      plitude de chaque classe. Calculer les fréquences relatives (en %)
      de chaque classe.

g)   Tracer l'histogramme correspondant en utilisant, en ordonnée, les
      fréquences relatives en %.

h)   Quel pourcentage des secrétaires ont obtenu un emploi en moins de 9
      jours?

8. a) En utilisant les valeurs notées pour le salaire annuel dans les
quarante dossiers de la directrice de SEDEC, dresser une distribution de
fréquences de cette variable en utilisant $12 500 comme limite inférieure
de la première classe et $1000 comme amplitude de chaque classe.

b)   Calculer également les fréquences relatives (en %) de chaque classe.

c)   Tracer l'histogramme correspondant et le polygone des fréquences re-
      latives en %.

d)   Quel pourcentage de cas ont un salaire annuel supérieur ou égal à
      $14 500 mais inférieur à $16 500?

e)   D'après vous, en examinant la distribution de fréquences (ou l'histo-
      gramme) est-ce que les secrétaires ont, en moyenne, un salaire annuel
      autour de $15 500, $16 000 ou $16 500?

f)   Dans le dépliant publicitaire que la directrice vient de préparer,
      on mentionne qu'au-delà de 50% des personnes qui ont fait appel aux
      services de l'agence ont trouvé un emploi en 10 jours ou moins et
      qu'également plus de 50% ont obtenu un salaire supérieur ou égal à
      $15 500/an. D'après les données en présence, est-ce que cette af-
      firmation pourrait être qualifiée de «publicité trompeuse»? Discuter.

9. a) A l'aide de la distribution par classes obtenue au problème 8 (l'a-
gence SEDEC), dresser le tableau des fréquences relatives cumulées (en %)
croissantes et décroissantes.

b)   Tracer les courbes cumulatives croissantes et décroissantes.

c)   Evaluer le pourcentage de secrétaires qui ont obtenu un salaire su-
      périeur ou égal à $14 000; à $16 000; à $18 000.

d)   Environ quel pourcentage de secrétaires ont obtenu un salaire infé-
      rieur à $14 500?

e)   Interpréter la valeur du salaire situé à l'intersection des deux
      courbes cumulatives.

10. La directrice des ressources humaines de l'entreprise Giscom a dressé
le tableau suivant sur la répartition du personnel de l'entreprise classé
suivant le salaire annuel pour différentes catégories d'employés.

Salaire annuel en $	Main-d'oeuvre spécialisée	Employés de bureau	Cadres
moins de $14 000	1	4	-
$14 000 ≤ X < $16 000	5	8	-
16 000 ≤ X < 18 000	12	16	6
18 000 ≤ X < 20 000	25	29	14
20 000 ≤ X < 22 000	38	19	18
22 000 ≤ X < 24 000	16	8	26
24 000 ≤ X < 26 000	9	3	17
26 000 ≤ X < 30 000	2	-	12
30 000 ≤ X < 34 000	-	-	8
34 000 et plus	-	-	6

a)   Sommes-nous en présence d'une distribution de fréquences à classes ouvertes ou à classes fermées?

b)   Est-ce que chaque classe présente la même amplitude?

c)   On veut tracer l'histogramme pour chaque catégorie d'emploi, doit-on ou non rectifier les fréquences?

d)   Pour chaque catégorie d'emploi, tracer l'histogramme correspondant ainsi que le polygone de fréquences.

e)   Dresser pour chaque catégorie d'emploi, le tableau des fréquences relatives (en %) cumulées croissantes et construire les courbes cumulatives croissantes correspondantes.

f)   Déterminer, pour chaque catégorie, le pourcentage d'employés dont le salaire annuel est inférieur à $20 000; à $24 000.

11.   Dans une étude préparatoire qui vise à adapter le poste de conduite de camions aux dimensions des conducteurs, on a mesuré dans un laboratoire de recherche, entre autres, la taille d'un certain nombre de conducteurs de camions.   Les tailles mesurées sur 80 conducteurs sont présentées dans le tableau suivant:

Tailles des conducteurs en cm							
186	168	168	174	166	165	181	164
174	171	177	165	163	172	169	165
157	161	169	161	167	151	176	173
178	168	164	169	175	159	163	169
181	174	166	160	164	180	173	152
160	170	173	179	172	172	167	170
175	172	179	167	170	164	179	164
165	173	173	175	181	162	176	169
160	174	175	177	168	178	173	174
168	181	169	177	175	164	180	187

La plus petite taille observée est de 151 cm et la plus grande est de 187 cm.

a)   Dépouiller ces observations suivant une distribution de fréquences dont la limite inférieure de la première classe sera 150 cm et dont l'amplitude de chaque classe sera 5 cm.   Indiquer également les fréquences relatives de chaque classe.

b)   Tracer l'histogramme correspondant.

c)   Quelles sont les deux classes où l'on trouve le plus grand nombre de camionneurs?

d)   Combien de camionneurs ont une taille inférieure à 180 cm?

e)   Quel pourcentage de conducteurs de camions se situe dans la classe 165 ≤ X < 170 cm?

f)   Dresser le tableau des fréquences relatives cumulées croissantes (en %) et tracer la courbe correspondante.

g)   On veut adapter le poste de conduite pour qu'environ 90% des camionneurs s'y sentent à l'aise.   Quelles seraient les tailles limites (on omet 5% des plus petits et 5% des plus grands)?

12. Les responsables de l'activité physique et sportive du collège veulent évaluer la puissance ascensionnelle des jambes des joueurs d'équipes de hockey de calibre AAA à l'aide d'un dynamomètre.   Pour ce test, trois essais sont effectués, avec un repos intermédiaire d'une trentaire de secondes; le meilleur des trois résultats est retenu.   Cinquante-quatre joueurs ont subi cette épreuve et les résultats sont présentés dans le tableau suivant:

Puissance des jambes en kg					
438	581	620	505	492	568
509	465	492	519	600	592
598	620	478	544	550	534
552	591	601	526	658	508
608	545	464	415	431	580
567	641	533	476	521	527
545	565	623	596	408	602
482	484	596	574	536	517
536	546	490	626	558	454

a)   Ranger ces observations par valeurs non décroissantes.

b)   Dépouiller les observations suivant une distribution de fréquences en utilisant 400 kg comme limite inférieure de la première classe et 40 kg comme amplitude de chaque classe.

c)   Tracer, sur le même graphique, l'histogramme et le polygone de fréquences.

d)   Dresser le tableau des fréquences cumulées croissantes et tracer la courbe cumulative correspondante.

e)   Combien de joueurs ont une puissance des jambes inférieure à 500 kg? à 600 kg?

13. Le chef de police de la municipalité St-Jacques sur le Roc, monsieur C. Sanschagrin, décide par un beau dimanche après-midi de se familiariser avec le radar détecteur de vitesse, cadeau que le conseil municipal lui avait offert le 1er avril, jour de sa nomination comme directeur des forces de l'ordre de la municipalité.

Se plaçant en un lieu stratégique, avec une voiture banalisée, aux limites de la municipalité (juste au début de la limite de vitesse de 50 km/heure), il mesure avec le radar la vitesse des promeneurs du dimanche. La vitesse de cinquante véhicules est ainsi enregistrée. Une observation a été rejetée, 10 km/h., celle d'un tracteur avec un voyage de fumier.

Ayant déjà complété avec succès un cours de statistique à l'Institut de Police de Nicolet, il décide de faire un résumé statistique de cette information.

Vitesse en km/heure				
42	55	48	62	35
37	60	44	68	47
53	50	47	51	62
65	42	37	55	76
54	81	44	30	52
58	36	35	42	55
50	65	60	30	58
55	50	56	65	42
46	62	31	68	50
46	51	50	52	72

a)   Ranger ces observations par ordre croissant.

b)   Quelle est la vitesse la plus faible qui a été enregistrée? La plus élevée?

c)   Le chef de police décide de dépouiller ces vitesses suivant une distribution de fréquences en utilisant 30 km/heure comme limite inférieure de la première classe et 5, comme amplitude de chaque classe. Dresser cette distribution de fréquences. Combien de classes obtenez-vous?

d)   Quel est le nombre de classes souhaitable d'après la règle de Sturges?

e)   En passant devant le bureau du chef, le sergent J. Pointilleu jette un coup d'oeil sur la distribution obtenue et trouve qu'elle est un peu plate. Il suggère au chef de modifier l'amplitude des classes pour obtenir une distribution plus raisonnable; 10 km/heure semble un choix judicieux. Dépouiller à nouveau ces observations avec une amplitude de 10 pour chaque classe.

f)   Tracer l'histogramme et le polygone de fréquences de la distribution obtenue en e).

g)   Dans quel intervalle de vitesse se situe le plus grand nombre de véhicules?

h)   Voici la politique qui a été proposée par monsieur le Maire (appuyé par son bras droit, le conseiller Jean Suiveux): "C'est marqué 50 km/h., ça veut dire 60 km/h. et à partir de 70 km/h., on fesse". Selon cette politique, quel aurait été le pourcentage approximatif de contrevenants?

14. Les recettes d'exploitation des entreprises canadiennes de transport interurbain par autocar se sont chiffrées à 229,3 millions de dollars en 1978. La répartition des revenus d'exploitation durant cette période selon divers services d'autocars se présente comme suit:

Transport interurbain par autocar	Revenus d'exploitation ($)
Service d'autocars nolisés et excursions	22,47 millions
Service d'autocars régulier et supplémentaire	150,88 millions
Service d'autocars à contrat	1,83 million
Autres (messagerie, transport du courrier..)	54,12 millions
TOTAL:	229,3 millions

Source: Statistique Canada.

Déterminer pour chaque type de transport interurbain par autocar le pourcentage des revenus d'exploitation et présenter sous forme d'un diagramme circulaire la ventilation de ces divers pourcentages.

15. Une enquête auprès de 200 entreprises a permis d'obtenir la répartition du tableau suivant selon les départements qui assument la tâche «estimation des coûts»:

Département	Nombre d'entreprises
Fabrication	86
Ingénierie	34
Comptabilité	40
Ventes	24
Autres	16

a)   Déterminer le pourcentage d'entreprises appartenant à chaque catégorie départementale.

b)   Présenter sous forme d'un diagramme à secteurs, la répartition du pourcentage selon chaque département.

PROBLÈME DE SYNTHÈSE

16. Etude descriptive sur la durée de service d'un centre informatique.
Dans le but d'obtenir de l'information sur l'efficacité du service de l'informatique de l'institution, une étude pilote a été effectuée concernant le temps écoulé, en minutes, depuis la soumission d'un travail de programmation FORTRAN (sur cartes) au service de traitement jusqu'au retour du travail traité. Cent cinquante observations ont été obtenues, observations recueillies selon un choix au hasard de diverses périodes de travail du centre de traitement. Les observations sont présentées dans le tableau suivant par valeurs non décroissantes.

Durée de service en minutes									
10	10	10	10	10	10	11	11	11	11
11	11	12	12	12	12	13	13	13	13
13	13	13	14	14	15	16	16	16	17
17	17	18	18	19	19	19	19	20	21
21	21	22	22	22	22	23	23	23	23
24	24	24	24	25	25	25	26	26	26
27	27	27	27	28	28	30	30	31	31
31	31	31	32	34	34	34	35	36	37
37	37	38	38	39	39	40	41	41	42
42	42	43	44	44	45	46	46	46	47
47	49	50	50	51	51	51	52	52	52
54	54	56	58	60	61	62	62	62	64
65	68	70	70	73	74	77	78	79	82
82	85	88	91	94	94	94	95	101	103
108	108	111	113	124	132	146	162	166	166

a) Dans cette étude, quelles sont les unités statistiques?

b) Identifier la variable statistique qui fait le sujet de cette étude.

c) Quelle est l'étendue de la série d'observations?

d) D'après la règle de Sturges, quel devrait être le nombre de classes requises pour le dépouillement de ces observations?

e) En utilisant 10 comme limite inférieure de la première classe et 20 comme amplitude de chaque classe, établir la distribution des fréquences (absolues).

f) Sommes-nous en présence d'une distribution de fréquences à classes fermées ou à classes ouvertes?

g) Dans quelle classe observe-t-on le plus grand nombre de travaux?

h) Tracer, sur le même graphique, l'histogramme et le polygone de fréquences.

i) Dans le tracé de l'histogramme, est-il nécessaire de rectifier les fréquences? Expliquer.

j) Dresser le tableau des fréquences relatives cumulées croissantes (en %) et tracer la courbe cumulative correspondante.

k) Quel pourcentage de travaux ont une durée de service inférieure à 30 min? à 90 min? à 120 min?

ℓ) 50% des travaux ont une durée de service inférieure à quelle valeur?

m) Parmi les travaux qui ont fait l'objet de cette étude, 60% provenaient d'étudiants(es) du secteur «informatique», 25% du secteur «administration», 10% du secteur «sciences humaines» et le reste de divers secteurs noté «autres disciplines». On veut ventiler selon un diagramme à secteurs, la répartition du pourcentage des usagers selon les diverses disciplines mentionnées.

   i) Calculer les angles au centre pour chaque discipline.

   ii) Tracer le diagramme à secteurs circulaires correspondant.

—— AUTO-ÉVALUATION DES CONNAISSANCES ——

Test 1

Répondre par Vrai ou Faux ou compléter s'il y a lieu. Dans le cas où c'est faux, indiquer la bonne réponse.

1. Les éléments sur lesquels porte une étude statistique sont appelés variables.   V   F

2. Les particularités que peut présenter une unité statistique sont appelés
   caractères.   V   F

3. Une même unité statistique peut comporter plusieurs caractères.   V   F

4. Comment appelle-t-on les spécificités propres à un caractère?_____

5. Un caractère est également connu sous le nom de _____ .

6. Une variable qui peut être exprimée numériquement est dite quantitative ou
   qualitative? _____

7. Une variable quantitative qui ne peut prendre que des valeurs entières est
   dite _____ .

8. Un groupe restreint d'unités statistiques tirées d'une population s'appelle _____ .

9. Donner deux autres termes utilisés pour identifier la fréquence avec laquelle on rencontre la même valeur dans l'échantillon. _____

10. Pour les sujets d'étude qui suivent, spécifier l'unité statistique, identi-
    fier la variable statistique sur laquelle porte l'étude ainsi que le type
    de variable. Préciser, dans le cas où la variable est quantitative, si
    elle est continue ou discontinue.

Sujet de l'étude	Unité statistique	Variable statistique	Type de variable	Continue ou discontinue
Temps d'exécution en sec. d'un pro-gramme BASIC				
Absentéisme des ouvriers (en jours)				
Classification de la tâche d'un employé				

11. Un ensemble d'observations associé à un caractère s'appelle série numéri-
    que.   V   F

12. La répartition des observations en classes accompagnées des fréquences res-
    pectives s'appelle distribution de fréquences.   V   F

13. L'écart entre la plus grande et la plus petite valeur dans une série s'ap-
    pelle _____ .

_____ test 1 (suite) _____

14. La représentation graphique d'une distribution de fréquences se présente, dans le cas d'une variable discontinue, sous forme d'un _____ ; dans le cas d'une variable continue, on utilise un _____ .

15. Lorsque les classes ont même amplitude, chaque rectangle de l'histogramme aura comme hauteur le nombre correspondant à la fréquence de chaque classe. V   F

16. Une distribution de fréquences se présente toujours avec des classes fermées. V   F

17. La somme des fréquences relatives de toutes les classes égale 1.   V   F

18. Dans quel cas doit-on rectifier les fréquences pour que la surface de chaque rectangle soit toujours proportionnelle à la fréquence? _____ _____

19. Si l'on veut comparer des histogrammes constitués à partir d'échantillon de tailles différentes, il est préférable d'utiliser en ordonnée, les fréquences_____ au lieu des fréquences absolues.

20. Les résultats qu'on obtient avec les courbes cumulatives comportent une erreur d'approximation. Quelle en est la cause? _____ _____

21. A chaque valeur de la variable, la somme des fréquences cumulées croissantes et décroissantes correspondantes est toujours égale au nombre total d'observations dans la série.   V   F

22. Quel est le concept probabiliste équivalent à la notion de courbe cumulative croissante? _____

23. Pour visualiser les résultats d'un sondage, on peut utiliser deux types de diagrammes. Quels sont-ils? _____

24. Dans un diagramme circulaire, la somme des angles au centre est toujours égale à 360°. V   F

LA STATISTIQUE DESCRIPTIVE

CHAPITRE 2

Caractéristique de tendance centrale et de dispersion

Lorsque vous aurez complété l'étude du chapitre 2, vous pourrez:

1. faire la distinction entre les caractéristiques de tendance centrale, de dispersion et de forme;

2. calculer, avec les différentes formules qui sont présentées, la moyenne arithmétique, la variance, l'écart-type et le coefficient de variation et donner la signification concrète de chacune de ces mesures statistiques;

3. énoncer les principales propriétés de la moyenne arithmétique et de la variance et citer les conséquences sur ces caractéristiques d'un changement d'origine ou d'échelle dans les observations de la série;

4. estimer l'écart-type à l'aide de l'étendue de la série;

5. manipuler correctement l'opérateur somme ($\sum$) et en connaître les principales propriétés;

6. calculer, lorsque la série est groupée en classes, la moyenne et la variance avec les formules simplifiées;

7. localiser dans une série, groupée ou non, la médiane et en donner sa signification;

8. déterminer le mode ou la classe modale d'une série;

9. identifier ce que représentent les mesures de position comme les quartiles, déciles et centiles;

10. préciser ce qu'on entend par asymétrie et aplatissement d'une distribution.

CHAPITRE 2
CARACTÉRISTIQUES DE TENDANCE CENTRALE
ET DE DISPERSION

INTRODUCTION

Nous voulons, suite à l'examen qualitatif d'une série d'observations à l'aide de tableaux et des diverses représentations graphiques, caractériser la distribution des valeurs observées pour une variable statistique. Cette caractérisation sera obtenue par certains nombres représentatifs qui pourraient résumer d'une façon suffisamment complète l'ensemble des valeurs de la distribution.

Ces nombres représentatifs que nous nommons **caractéristiques des séries statistiques,** permettront d'ajouter une signification concrète à l'interprétation des résultats et faciliteront la comparaison de deux ou plusieurs séries.

On distingue trois types de caractéristiques.

1. Les caractéristiques (ou mesures) de **tendance centrale:** elles permettent d'obtenir une idée de **l'ordre de grandeur** des valeurs constituant la série et indique également la **position** où semblent se rassembler les valeurs de la série.

2. Les caractéristiques (ou mesures) de **dispersion:** elles quantifient les **fluctuations** des valeurs observées **autour de la valeur centrale.** Elles permettent d'apprécier **l'étalement de la série,** c.-à-d. de préciser dans quelle mesure les valeurs observées s'écartent les unes des autres ou s'écartent de leur valeur centrale.

3. Les caractéristiques de **forme:** elles donnent une idée de la symétrie et de l'aplatissement d'une distribution. Ces dernières sont toutefois d'usage moins fréquent.

LA MOYENNE ARITHMÉTIQUE, LA VARIANCE, L'ÉCART-TYPE ET LE COEFFICIENT DE VARIATION

Nous débutons l'étude de ces caractéristiques en abordant deux mesures très importantes en statistique, soit:

- une mesure de tendance centrale: **la moyenne arithmétique**
- une mesure de dispersion : **l'écart-type.**

Pour faciliter la comparaison de séries, particulièrement celles dont les variables statistiques sont exprimées en unités de mesure différentes, on utilise un coefficient de dispersion relatif, soit le **coefficient de variation** qui se définit à partir des deux mesures précitées.

Groupant ainsi ces caractéristiques de types différents, le lecteur pourra saisir rapidement les notions de tendance et de variabilité d'un ensemble d'observations et pourra, lorsque le besoin se fera sentir, repérer rapidement ces concepts et leur utilité. Elles sont les plus répandues et les plus pratiques. En définitive, toute la statistique prend un sens concret lorsqu'on réalise ce que représente la valeur centrale et la dispersion d'un ensemble d'observations et l'usage que l'on peut en faire dans divers domaines d'application.

Définissons ces mesures pour ensuite les appliquer à différentes situations.

Lorsqu'on veut apprécier la valeur centrale d'une série numérique, celle qui pourrait résumer la série, on utilise la moyenne arithmétique.

Moyenne arithmétique

La moyenne arithmétique, que nous notons $\overline{x}$, d'une série numérique x_1, x_2, x_3, ..., x_n est la somme des valeurs de la série divisée par leur nombre n:

$$\overline{x} = \frac{x_1 + x_2 + x_3 + ... + x_n}{n} = \frac{\sum_{i=1}^{i=n} x_i}{n}$$

Le symbole $\overline{x}$ se lit «x barre», $\sum$ (grand sigma) désigne la somme de. Nous donnons plus loin certaines propriétés de l'opérateur-somme. La définition que nous venons de donner s'applique évidemment dans le cas où les observations ne sont pas groupées en classes.

Utilité de la moyenne arithmétique

La caractérisation de la tendance centrale d'une série d'observations permet d'identifier la quantité autour de laquelle les observations sont réparties. La moyenne permet de résumer par un seul nombre l'ensemble des observations de la série.

Donnons maintenant une définition de la principale mesure de dispersion, soit l'écart-type. La valeur de l'écart-type s'obtient en évaluant d'abord la variabilité d'une série (c.-à-d. la fluctuation des observations autour de la moyenne arithmétique) à l'aide du calcul de la variance; on en déduit ensuite l'écart-type.

Variance et écart-type

La dispersion des valeurs x_i de la série autour de leur moyenne $\overline{x}$ est obtenue en calculant la somme des carrés des écarts des valeurs x_i par rapport à $\overline{x}$, divisée par (n-1). Cette mesure s'appelle la **variance** de la série de valeurs (ou de l'échantillon) et s'écrit:

$$s^2 = \sum_{i=1}^{i=n} \frac{(x_i - \overline{x})^2}{n-1}$$

La racine carrée de s^2 donne l'écart-type:

$$s = \sqrt{\sum_{i=1}^{i=n} \frac{(x_i - \overline{x})^2}{n-1}}$$

L'écart-type exprime donc l'idée de variation des observations autour d'une valeur centrale, en occurence, la moyenne arithmétique.

La moyenne arithmétique et l'écart-type s'expriment dans la même unité que celle des valeurs x_i de la variable observée.

Remarques. a) Si le nombre n d'observations est assez grand, on peut remplacer (n-1) par n dans les expressions données en définition.

b) La raison pour laquelle nous divisons par (n-1) dans l'expression de la variance repose sur une notion (estimation sans biais d'un paramètre de la population) que nous traitons dans un chapitre subséquent sur l'estimation et les tests statistiques. Cette définition de la variance sera donc compatible avec les notions ultérieures qui seront traitées.

Utilité de l'écart-type

L'écart-type permet de caractériser la dispersion (l'étalement) d'une série d'observations. Une série qui est peu dispersée c.-à-d. présentant des observations qui sont très regroupées autour de la moyenne arithmétique, conduit à une valeur d'écart-type plutôt faible. Un faible écart-type permettra d'indiquer avec une plus grande précision entre quelles valeurs peuvent varier les observations d'une variable statistique.

Précisons maintenant comment obtenir une mesure de dispersion relative.

Coefficient de variation ●

Le coefficient de variation, que nous notons CV, est obtenu en divisant l'écart-type par la moyenne arith-$\overline{x}$. Exprimé sous forme d'un pourcentage, il s'écrit:

$$CV = \frac{s}{\overline{x}} \times 100.$$

Il est indépendant de l'unité de mesure de la variable observée.

Il est évident que si la moyenne $\overline{x}$ a une valeur nulle, le coefficient de variation n'a aucun sens. Si $\overline{x}$ est négative, on retiendra alors la valeur absolue de CV.

Utilité du coefficient de variation

Le coefficient de variation permet d'apprécier la représentativité de la moyenne arithmétique par rapport à l'ensemble des observations. En effet $\overline{x}$ sert à résumer l'ensemble des observations. Ce "résumé" sera d'autant plus exact que les données ne seront pas trop dispersées autour de $\overline{x}$. La grandeur relative de s par rapport à $\overline{x}$ permet d'apprécier cette représentativité. De plus, le coefficient de variation permet de comparer les dispersions de séries d'observations qui ne sont pas exprimées dans les mêmes unités de mesure ou des séries ayant des moyennes très différentes. Il donne une très bonne idée du degré d'homogénéité d'une distribution. Plus le coefficient de variation est faible, plus la série d'observations est homogène. Un coefficient de variation inférieur à 15% semble être, dans bien des cas, une indication d'une bonne homogénéité de la distribution des observations.

EXEMPLE 1. **Calcul du temps moyen d'exécution d'une opération d'empaquetage.**

Le responsable du département d'Organisation et Méthodes de l'entreprise Provipak a mandaté un technicien de son département pour effectuer une étude préliminaire sur le temps d'exécution de l'opération d'empaquetage effectué à l'extrémité du convoyeur no 2. L'opération, s'effectuant dans les mêmes conditions et employant les mêmes méthodes d'empaquetage par la main-d'oeuvre, a fourni les temps suivants en secondes:

$$21, 20, 23, 20, 22, 25, 24, 25, 27, 22, 26, 21.$$

On veut calculer le temps moyen d'exécution de cette opération, la variabilité du temps d'exécution et la dispersion relative.

**Tableau des calculs préliminaires
pour la moyenne et la variance des temps**

Temps relevés x_i	Ecarts $(x_i - \overline{x})$	Carrés des écarts $(x_i - \overline{x})^2$
21	-2	4
20	-3	9
23	0	0
20	-3	9
22	-1	1
25	+2	4
24	+1	1
25	+2	4
27	+4	16
22	-1	1
26	+3	9
21	-2	4
$\sum_i x_i = 276$	$\sum_i (x_i - \overline{x}) = 0$	$\sum_i (x_i - \overline{x})^2 = 62$

On obtient, en utilisant les calculs préliminaires du tableau, les valeurs suivantes.

Temps moyen d'exécution: $\overline{x} = \dfrac{\sum\limits_{i}^{n} x_i}{n} = \dfrac{276}{12} = 23$ sec.

La somme des carrés, $\sum (x_i - \overline{x})^2 = 62.$

La variance est donc: $s^2 = \dfrac{\sum\limits_{i}^{n} (x_i - \overline{x})^2}{n-1} = \dfrac{62}{12-1} = 5,64$ sec^2.

L'écart-type s'obtient de s^2 : $s = \sqrt{5,65} = 2,37$ sec.

Le coefficient de variation est:

$$CV = \frac{s}{\overline{x}} \times 100 = \frac{2,37}{23} \times 100 = 10,3\%.$$

Conclusion pratique. On peut donc résumer les temps observés, en disant, qu'en moyenne, le temps d'exécution de cette opération est de 23 secondes et que la dispersion des temps autour de la valeur moyenne est mesurée par un écart-type de 2,37 sec. Cette dispersion comparée au temps moyen, donne un coefficient de variation de 10,3% ce qui indique une homogénéité raisonnable des temps d'exécution de cette opération. (Les personnes effectuant cette opération ont une cadence de travail similaire, ni trop lente, ni trop vite). On pourrait également dire que le temps moyen ainsi calculé est bien représentatif du temps nécessaire à l'exécution de cette opération.

EXEMPLE 2. Indicateur de l'homogénéité de deux distributions.

Une réunion est tenue dans le bureau du directeur de l'Assurance de la Qualité de l'entreprise Luminex dans le but de discuter avec les différents chefs de service de certains problèmes associés à la qualité des fabrications. Le responsable de la production des lampes au sodium (utilisées particulièrement pour l'éclairage des autoroutes) mentionne à son collègue responsable de la production des lampes à vapeur de mercure que, d'après les statistiques compilées pour le mois de mars par le département d'Assurance de la Qualité, son département a présenté une production d'une qualité plus homogène que celui des lampes à vapeur de mercure.

Son intervention est basée sur les données suivantes (qui étaient incluses dans le rapport du mois du directeur).

	Lampes au sodium	Lampes à vapeur de mercure
Nombre d'essais	35	30
Puissance	400 watts	400 watts
Rendement énergétique moyen	115 lumens/watt	40 lumens/watt
Ecart-type	5,8 lumens/watt	3,2 lumens/watt

Ceci a fait sursauter le responsable de la production des lampes à vapeur de mercure et il s'empresse de faire remarquer à son collègue que l'écart-type du rendement énergétique de sa production est pratiquement deux fois moins élevé que celui correspondant aux lampes au sodium. Les esprits s'échauffant, le directeur a dû trancher.

D'après vous, laquelle des deux productions présente un rendement énergétique le plus homogène?

SOLUTION

On obtient une idée du degré d'homogénéité d'une distribution en calculant le coefficient de variation.

Pour la production de lampes au sodium, on obtient:

$$CV_{sodium} = \frac{5,8}{115} \times 100 = 5,04\%.$$

Pour la production de lampes à vapeur de mercure, on obtient:

$$CV_{mercure} = \frac{3,2}{40} \times 100 = 8\%.$$

La distribution du rendement énergétique des lampes au sodium est-elle plus homogène ou moins homogène que celle des lampes à vapeur de mercure?

La production des lampes au sodium est plus homogène.

PROPRIÉTÉS ET REMARQUES SUR LA MOYENNE ARITHMÉTIQUE, LA VARIANCE, L'ÉCART-TYPE ET L'ÉTENDUE

MOYENNE ARITHMÉTIQUE

La moyenne arithmétique tient compte de toutes les observations dans la série et est facile à calculer. Elle a toutefois l'inconvénient d'être affectée par les valeurs extrêmes de la série et il est parfois préférable sous certaines réserves, pour préserver la signification de la moyenne, d'éliminer un certain nombre de valeurs qui sont trop grandes ou trop petites par rapport aux autres (ces valeurs sont dites **aberrantes**) dans le calcul de la moyenne. La moyenne est la statistique de tendance centrale la plus utilisée dans tous les domaines d'application; elle sera d'une grande utilité dans les autres sujets que nous traiterons.

Propriétés de la moyenne arithmétique

1. **La somme des écarts entre les valeurs x_i d'une série et leur moyenne arithmétique $\overline{x}$ est nulle:** $\sum(x_i - \overline{x}) = 0$.

   Ce résultat est général et s'applique, quelle que soit l'identification que nous donnons aux valeurs de la série (y_i, z_i, u_i,...). Ce résultat permet fréquemment de nombreuses simplifications dans l'élaboration de certaines expressions que nous pourrons rencontrer subséquemment.

2. **Changement d'origine.** Si à chaque valeur x_i de la série, on ajoute une constante c, alors la moyenne arithmétique des ($x_i + c$) est $\overline{x} + c$. Si on retranche une constante c, on obtient $\overline{x} - c$.

3. **Changement d'échelle.** Si chaque valeur x_i de la série est multipliée par la même constante a, alors la moyenne des x_i est également multipliée par cette constante: $a\,\overline{x}$.

4. **Changements d'origine et d'échelle.** Des propriétés 2 et 3, on déduit que si $y_i = ax_i - c$, alors $\overline{y} = a\overline{x} - c$ et inversement $\overline{x} = \dfrac{\overline{y} + c}{a}$. De même, si $y_i = \dfrac{x_i - c}{a}$, alors $\overline{y} = \dfrac{\overline{x} - c}{a}$ et $\overline{x} = a\overline{y} + c$.

VARIANCE ET ÉCART-TYPE

La variance, et par conséquent l'écart-type, nous permet de caractériser de quelle façon les valeurs observées se répartissent en grandeur autour de la moyenne. Elle tient compte de toutes les observations et c'est la meilleure caractéristique de dispersion: on en fera un usage fréquent dans les notions que nous traiterons dans les chapitres subséquents.

La signification concrète de cette mesure de dispersion nous est donnée par l'écart-type qui est facile à comprendre et qui nous sera d'une grande utilité lorsqu'on voudra préciser, par exemple, quel pourcentage de valeurs se situe dans un intervalle défini à partir de la moyenne et de l'écart-type. En effet, on pourrait dire, que dans le cas d'une distribution symétrique, pratiquement toutes les valeurs observées se situent dans l'intervalle $\overline{x} - 3s$, $\overline{x} + 3s$. Nous reviendrons sur cet aspect dans la deuxième partie de cet ouvrage où nous traiterons de distributions très particulières.

Mentionnons enfin que plus les valeurs observées s'écartent les unes des autres, plus ces caractéristiques (variance et écart-type) auront des valeurs élevées; plus elles seront rapprochées les unes des autres, plus ces caractéristiques auront des valeurs faibles.   On dira qu'une série d'observations est très homogène si elle présente une faible dispersion. Cette affirmation est toutefois conditionnée par l'ordre de grandeur des données.

Le calcul de la variance peut s'avérer toutefois fastidieux particulièrement si les observations sont nombreuses.   Les propriétés suivantes vont faciliter la tâche.

Propriétés de la variance et de l'écart-type

1. **Changement d'origine.**   Le changement d'origine n'a aucune influence sur l'écart-type.   En effet, ajouter une constante c à chaque valeur x_i de la série n'affecte pas la variance et l'écart-type de la série.

$$s^2_{X+c} = s^2_X \; ; \; s_{X+c} = s_X.$$

2. **Changement d'échelle.**   Un changement d'échelle modifie l'écart-type. Ainsi, multiplier chaque valeur x_i de la série par la même constante a, augmente la variance par le facteur a^2 et l'écart-type par a.

$$s^2_{aX} = a^2 \cdot s^2_X \; ; \; s_{aX} = a \cdot s_X.$$

3. **Changements d'origine et d'échelle.**   Des propriétés 1 et 2, on déduit que si $y_i = ax_i + c$, alors

$$s^2_Y = a^2 \cdot s^2_X \quad \text{et} \quad s_Y = a \cdot s_X.$$

4. La somme des carrés des écarts entre les valeurs x_i de la série et leur moyenne arithmétique $\overline{x}$ est toujours plus petite que la somme des carrés des écarts entre ces mêmes valeurs x_i et toute valeur a, autre que $\overline{x}$.

    La quantité $\sum\limits_{i}^{n} (x_i - a)^2$ est minimum lorsque $a = \overline{x}$.

    C'est pour cette raison que nous utilisons $\sum\limits_{i} (x_i - \overline{x})^2$ dans le calcul de la variance pour caractériser la dispersion.

5. **Calcul simplifié de la variance.**   En développant l'expression $\sum\limits_{i}(x_i - \overline{x})^2$, on peut simplifier le calcul de la variance.

$$s^2 = \frac{\sum\limits_{i} (x_i - \overline{x})^2}{n - 1} \quad \frac{\sum\limits_{i} x^2_i - n\overline{x}^2}{n - 1} \quad \frac{\sum\limits_{i} x^2_i - \dfrac{(\sum\limits_{i} x_i)^2}{n}}{n - 1}$$

où n est le nombre d'observations.

Remarque.   Les résultats que nous mentionnons dans les diverses propriétés sur la moyenne et la variance s'obtiennent après quelques manipulations algébriques et en utilisant certaines propriétés de l'opérateur somme ($\sum$) que nous traitons dans la prochaine section.

ÉTENDUE

Nous avons déjà défini **l'étendue** d'une série dans la première partie de cet ouvrage: c'est la différence entre la plus grande et la plus petite valeur dans une série (ou un échantillon).

L'étendue est donc une mesure de dispersion facile à calculer, toutefois elle ne tient compte que des valeurs extrêmes de la série. Elle est peu utilisée pour des échantillons dont la taille dépasse 10. Nous constatons également qu'elle est indépendante du nombre d'observations dans l'échantillon.

Domaine d'application de l'étendue

On doit préciser par contre que l'étendue est couramment employée en contrôle industriel. En effet, le contrôle des fabrications s'effectue dans la majorité des cas en prélevant des procédés de fabrication des échantillons de taille n = 4 ou n = 5. Dans ce cas, l'étendue donne une appréciation assez juste de la dispersion du procédé; elle exige peu de calculs et est facile à comprendre.

Toutefois si l'on veut mettre en application un mode de contrôle qui est très sensible aux petites variations, on prélèvera dans ce cas des échantillons constitués de 10 ou 20 observations. Il est alors recommandé d'utiliser l'écart-type comme mesure de dispersion.

Relation entre l'écart-type et l'étendue

On peut obtenir une estimation de l'écart-type de l'échantillon d'une précision acceptable en se servant de l'étendue et d'un facteur de multiplication:

$$s \simeq d \cdot E$$

Pearson et Hartley ont développé une table qui permet d'obtenir directement le facteur d pour différentes tailles d'échantillons dont nous reproduisons ici un certain nombre.

Table de Pearson et Hartley

Taille de l'échantillon n	Facteur de multiplication d	Taille de l'échantillon n	Facteur de multiplication d
3	0,591	20	0,268
4	0,486	25	0,254
5	0,430	30	0,245
6	0,395	40	0.227
8	0.351	50	0,222
10	0,325	60	0.216
12	0,307	80	0,206
15	0,288	100	0.199

EXEMPLE 3. Estimation de l'écart-type avec l'étendue.

Utilisons les données de l'exemple 1 et calculons l'étendue du temps d'exécution de l'opération d'empaquetage. On trouve.

$$E = 27 - 20 = 7 \text{ sec.}$$

De la table de Pearson et Hartley, on trouve, pour $n = 12$,

$$d = 0,307.$$

On en déduit l'estimation de l'écart-type avec

$$s \simeq d \cdot E = (0,307)(7) = 2,15 \text{ sec.}$$

On avait obtenu $s = 2,37$ sec. à l'aide de la formule de l'écart-type. Nous constatons que les deux valeurs sont tout à fait comparables. D'une manière générale, elles seront toujours assez voisines, sinon il y a erreur de calcul.

NOTATION INDICÉE ET L'OPÉRATEUR SOMME ($\sum$)

Il est très fréquent en statistique de travailler avec des variables indicées ou encore de faire usage de l'opération «somme». Ceci facilite l'écriture et réduit la manipulation algébrique.

VARIABLE A INDICE SIMPLE

Un indice est une lettre ou un nombre placé à la droite d'une variable (que nous notons habituellement par x,y,z,...) et légèrement en-dessous de la variable: x_i, y_i, A_2, x_4.

Cet indiçage est normalement accompagné du domaine de variation de l'indice: x_i avec $i = 1, 2,..., n$;
A_j avec $j = 0, 1, 2, 3$.

Si le domaine de variation n'est pas précisé, on le suppose habituellement infini.

En écrivant x_i avec $i = 1, 2,...,10$, on veut dire que l'on écrit l'une quelconque des valeurs x_1, x_2, ..., x_{10}.

L'OPÉRATEUR «SOMME»

Le signe $\sum$ (grand sigma), qui veut dire «la somme de» permet de réduire d'une façon appréciable les efforts d'écriture.

Ainsi, on peut désigner la somme de tous les x_i, depuis $i = 1$ jusqu'à $i = n$, soit $x_1 + x_2 + x_3 + ... + x_n$ par

$$\sum_{i=1}^{i=n} x_i = \underbrace{x_1 + x_2 + x_3 + ... + x_n}_{n \text{ termes}}$$

Remarque. Il arrive fréquemment que l'on présente cette sommation sans indiquer les bornes de variation de l'indice. Ainsi, au lieu de

$$\sum_{i=1}^{i=n} x_i, \text{ on écrit } \sum_i x_i.$$

Nous faisons usage fréquemment de cette pratique, s'il n'y a aucune ambiguïté sur i.

Propriétés importantes de l'opération <somme>

1. Si $x_1 = x_2 = x_3 = x_n = k$, une constante, alors $\sum\limits_{i=1}^{i=n} k = n \cdot k$; la sommation d'une constante (de $i = 1$ à $i = n$) est égale à n fois cette constante.

2. Si chaque valeur d'une série est multipliée par la même constante k, alors $kx_1 + kx_2 + kx_3 + \ldots + kx_n = \sum\limits_{i=1}^{i=n} k \cdot x_i = k \cdot \sum\limits_{i=1}^{i=n} x_i$, k se met en facteur.

3. Si l'on retranche (ou l'on ajoute) une même constante k à chaque valeur x_i, alors

$$\sum\limits_{i=1}^{i=n} (x_i - k) = \sum\limits_{i=1}^{i=n} x_i - \sum\limits_{i=1}^{i=n} k = \sum\limits_{i=1}^{i=n} x_i - n \cdot k$$

$$\sum\limits_{i=1}^{n} (x_i + k) = \sum\limits_{i=1}^{i=n} x_i + n \cdot k.$$

4. Soit $x_1, x_2, \ldots, x_n$, une série de valeurs et $y_1, y_2, \ldots, y_n$, une autre, alors

$$\sum\limits_{i=1}^{i=n} (x_i + y_i) = \sum\limits_{i=1}^{i=n} x_i + \sum\limits_{i=1}^{i=n} y_i.$$

On notera toutefois que les opérations sur des signes $\sum$ se font seulement lorsque les bornes du domaine de variation des indices sont respectivement identiques.

5. La somme des carrés des valeurs $x_1, x_2, \ldots, x_n$ d'une variable s'écrit:

$$\sum\limits_{i=1}^{i=n} x_i^2 = x_1^2 + x_2^2 + \ldots + x_n^2.$$

A ne pas confondre: $\sum\limits_{i=1}^{i=n} x_i^2 \neq \left(\sum\limits_{i=1}^{i=n} x_i \right)^2$, la somme des carrés est différente du carré de la somme.

6. La somme du produit de chaque valeur x_i, $i = 1, \ldots, n$ par chaque valeur y_i, $i = 1, \ldots$, s'écrit:

$$\sum\limits_{i=1}^{i=n} x_i \cdot y_i = x_1 \cdot y_1 + x_2 \cdot y_2 + \ldots + x_n \cdot y_n.$$

A ne pas confondre $\sum\limits_{i=1}^{i=n} x_i y_i \neq \left(\sum\limits_{i=1}^{i=n} x_i \right) \cdot \left(\sum\limits_{i=1}^{i=n} y_i \right)$, la somme du produit est différente du produit des sommes respectives.

7. Toute quantité qui est indépendante de l'indice de sommation est considérée comme une constante dans l'application de l'opérateur somme.

EXEMPLE 4. Développement algébrique de l'expression de la variance.

Il s'agit de développer l'expression du numérateur de la variance, soit $E(x_i - \overline{x})^2$.

Développons $(x_i - \overline{x})^2 = x_i^2 - 2x_i \overline{x} + \overline{x}^2$. Appliquons l'opérateur somme:

$$\sum_i (x_i^2 - 2x_i \overline{x} + \overline{x}^2) = \sum_i x_i^2 - 2\overline{x} \sum_i x_i + \sum_i \overline{x}^2$$

$$= \sum_i x_i^2 - 2\overline{x} \cdot n \frac{\sum x_i}{n} + n \overline{x}^2$$

$$= \sum_i x_i^2 - 2\overline{x} \cdot n \cdot \overline{x} + n \overline{x}^2$$

$$= \sum_i x_i^2 - 2n \overline{x}^2 + n \overline{x}^2$$

$$= \sum_i x_i^2 - n \overline{x}^2$$

Par conséquent,

$$s^2 = \frac{\sum_i (x_i - \overline{x})^2}{n - 1} = \frac{\sum_i x_i^2 - n \overline{x}^2}{n - 1}$$

$$= \frac{\sum_i x_i^2 - \frac{(\sum x_i)^2}{n}}{n - 1} \qquad \text{puisque } n \overline{x}^2 = \frac{(\sum_i x_i)^2}{n}$$

EXEMPLE 5. Calcul de la variance avec l'expression développée.

Les données suivantes (x_i) représentent le nombre d'instructions utilisées par dix étudiants(es) pour effectuer le même travail de programmation.

Calculons le nombre moyen d'instructions, la variance et l'écart-type.

$\sum x_i = 4472,$ $\overline{x} = \frac{4472}{10} = 447,20$

$\sum x_i^2 = 2\ 003\ 666.$ Par conséquent,

$\sum x_i^2 - \frac{(\sum x_i)^2}{n} = 2\ 003\ 666 - \frac{(4472)^2}{10}$

$= 2\ 003\ 666 - 1\ 999\ 878,4$
$= 3\ 787,6.$

La variance $s^2 = \frac{3787,6}{9} = 420,84$

et l'écart-type $s = 20,51.$

x_i	x_i^2
412	169 744
440	193 600
475	225 625
438	191 844
465	216 225
468	219 024
458	209 764
420	176 400
444	197 136
452	204 304

CALCUL DE LA MOYENNE ET DE LA VARIANCE: OBSERVATIONS INDIVIDUELLES ET OBSERVATIONS GROUPÉES.

OBSERVATIONS INDIVIDUELLES

On suppose que la variable statistique prend les valeurs distinctes x_i, i = 1,...,k présentant un certain nombre de répétitions f_i (qui est la fréquence absolue de la valeur x_i). Les formules nécessaires au calcul de la moyenne et de la variance sont alors les suivantes:

Moyenne arithmétique	Variance
$$\bar{x} = \dfrac{\sum\limits_{i=1}^{i=k} f_i \cdot x_i}{\sum\limits_{i=1}^{i=k} f_i}$$	$$s^2 = \dfrac{\sum\limits_{i=1}^{i=k} f_i (x_i - \bar{x})^2}{\sum\limits_{i=1}^{i=k} f_i - 1}$$

L'effectif total de la série est $n = \sum\limits_{i=1}^{i=k} f_i$.

k représente dans ce cas le nombre de valeurs distinctes de la variable statistique.

OBSERVATIONS GROUPÉES EN CLASSES

Comme nous l'avons déjà précisé en remarque à la suite de l'exemple 6 (chap. 1), on admet que la répartition des observations à l'intérieur de chaque classe est uniforme. Le calcul de la moyenne et de la variance va s'effectuer en utilisant le **centre de classe** (point milieu) de chaque classe comme valeur x_i de la variable et f_i, la fréquence absolue correspondant à chaque classe respective.

Les formules de calcul sont celles ci-haut mentionnées.

Remarques. a) La moyenne arithmétique que l'on obtient de ce calcul pour une variable statistique continue dont les valeurs sont groupées en intervalles de classes ne sera qu'une valeur approximative à cause de l'hypothèse simplificatrice mentionnée ci-haut.

b) Sous forme développée, l'expression de la variance s'écrit:

$$s^2 = \frac{\sum f_i (x_i - \bar{x})^2}{n-1} = \frac{\sum f_i x_i^2 - (\sum f_i x_i)^2 / n}{n-1}$$

$$= \frac{\sum f_i x_i^2 - n \cdot \bar{x}^2}{n-1}$$

EXEMPLE 6. **Evaluation de l'absentéisme dans une entreprise locale.**

Le bureau chef de l'entreprise Gescom a demandé à la directrice des ressources humaines de lui faire parvenir quelques statistiques sur le taux d'absentéisme depuis environ les six derniers mois. Chaque contremaître (au nombre de 4) a fait parvenir à la directrice un relevé indiquant le nombre (x_i) de personnes absentes durant une journée quelconque et le nombre de fois (f_i) qu'on a observé ce nombre x_i durant la période étudiée. Le tableau suivant résume l'information recueillie.

Contremaîtres							
A. L.		J. R.		G. B.		S. B.	
x_i	f_i	x_i	f_i	x_i	f_i	x_i	f_i
0	24	0	15	0	75	0	90
1	56	1	30	1	78	1	70
2	58	2	48	2	30	2	27
3	30	3	46	3	12	3	6
4	15	4	34		195 jrs	4	2
5	7	5	22				195 jrs
	190 jrs	6	5				
			200 jrs				

Le contremaître A. L. a noté, par exemple, que 3 personnes ont été absentes en une journée quelconque et que ceci a été observé 30 fois sur une période de 190 jours ou encore qu'il s'est produit à 30 reprises (30 jours) que 3 personnes ne se sont pas présentées au travail. Si le nombre de jours n'est pas le même pour chaque contremaître, c'est que certains départements ont été fermés durant un certain nombre de jours pour la période couvrant ce relevé.

a) Calculer le taux moyen d'absentéisme dans chaque département.

Contremaître A. L.

$$\overline{x}_1 = \frac{(0)(24) + (1)(56) + (2)(58) + (3)(30) + (4)(15) + (5)(7)}{190}$$

$$= \frac{0 + 56 + 116 + 90 + 60 + 35}{190} = \frac{357}{190} = 1,88/\text{jour}$$

Contremaître J. R.

$$\overline{x}_2 = \frac{(0)(15) + (1)(30) + (2)(48) + (3)(46) + (4)(34) + (5)(22)+(6)(5)}{200}$$

$$= \frac{0 + 30 + 96 + 138 + 136 + 110 + 30}{200} = \frac{540}{200} = 2,77/\text{jour}$$

Contremaître G. B.

$$\overline{x}_3 = \frac{(0)(75) + (1)(78) + (2)(30) + (3)(12)}{195}$$

$$= \frac{0 + 78 + 60 + 36}{195} = \frac{174}{195} = 0,89/\text{jour}$$

Contremaître S. B.

$$\overline{x}_4 = \frac{(0)(90) + (1)(70) + (2)(27) + (3)(6) + (4)(2)}{195}$$

$$= \frac{0 + 70 + 54 + 18 + 8}{195} = \frac{150}{195} = 0,77/\text{jour}$$

b)   Dans quel département trouve-t-on, en moyenne, le plus grand nombre de personnes absentes en une journée?

Départements	Taux moyen d'absentéisme (Personnes/jour)
Contremaître A. L.	1,88
Contremaître J. R.	2,70
Contremaître G. B.	0,89
Contremaître S. B.	0,77

Le taux moyen d'absentéisme le plus élevé correspond à 2,7 personnes/jour, soit celui du contremaître J. R.

c)   On a demandé également de fournir une statistique globale pour l'ensemble de l'usine. On suggère deux façons de calculer le taux moyen d'absentéisme.

i)   Calculer la moyenne des taux moyens d'absentéisme obtenus en b) comme suit:

$$\bar{X} = \frac{\bar{X}_1 + \bar{X}_2 + \bar{X}_3 + \bar{X}_4}{4}$$

soit

$$\bar{X} = \frac{1,88 + 2,7 + 0,89 + 0,77}{4} = \frac{6,24}{4} = 1,56/\text{jour}$$

ii)   Calculer une moyenne pondérée selon le nombre de jours compilé pour chaque département. Notons ce nombre de jours par w_i; la moyenne pondérée se calcule alors comme suit:

$$\bar{X} = \frac{w_1\bar{X}_1 + w_2\bar{X}_2 + w_3\bar{X}_3 + w_4\bar{X}_4}{w_1 + w_2 + w_3 + w_4} = \frac{\sum w_i\bar{X}_i}{\sum w_i}$$

soit

$$\bar{X} = \frac{(190)(1,88) + (200)(2,7) + (195)(0,89) + (195)(0,77)}{190 + 200 + 195 + 195}$$

$$= \frac{357,2 + 540 + 173,55 + 150,15}{780} = \frac{1220,9}{780}$$

$$= 1,5652/\text{jour}.$$

Laquelle des deux quantités est la valeur exacte? i) ou ii)?

CALCUL SIMPLIFIÉ DE LA MOYENNE ET DE LA VARIANCE: CHANGEMENTS D'ORIGINE ET D'ÉCHELLE

Dans le cas d'une série groupée en classes, les valeurs des centres des classes peuvent être parfois trop grandes ou encore difficiles à manier; on peut réduire largement la complexité des calculs en adoptant une nouvelle origine et une nouvelle échelle. Pour faciliter l'exposé, traitons du cas le plus fréquent où la série est groupée en classes de même amplitude.

Changement d'origine

Soit x_i le centre de la classe i, de fréquence absolue f_i. Au lieu de calculer directement avec les centres de classe, on choisit une nouvelle origine x_0, que l'on fixe habituellement au centre de la classe ayant la fréquence absolue la plus élevée. On retranche ensuite à chaque centre de classe x_i la valeur x_0 : $x_i - x_0$.

Changement d'échelle (ou d'unité)

On peut modifier l'ordre de grandeur des écarts $(x_i - x_0)$ en adoptant une nouvelle échelle (plus petite ou plus grande que l'échelle initiale).

On pourrait choisir comme nouvelle échelle toute grandeur qui permettrait de simplifier le volume des calculs. Toutefois dans le cas d'une série classée avec amplitude constante a, il est fréquent d'utiliser la valeur de l'amplitude comme nouvelle unité de mesure.

On écrit alors $\dfrac{(x_i - x_0)}{a}$, ce qui permet d'obtenir des nombres entiers aussi petits que possible.

Variable auxiliaire

On définit une variable auxiliaire d_i par la transformation suivante:

$$d_i = \frac{x_i - x_0}{a} .$$

(De façon équivalente, on a : $x_i = a \cdot d_i + x_0$).

On constate donc qu'à chaque valeur x_i (centre de classe) correspond une valeur de la variable auxiliaire d_i:

transformation

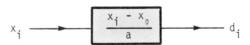

$$x_i \longrightarrow \boxed{\frac{x_i - x_0}{a}} \longrightarrow d_i$$

En tenant compte des fréquences absolues f_i associées aux différents centres de classe, la variable auxiliaire aura comme moyenne:

$$\overline{d} = \frac{\Sigma f_i \cdot d_i}{\Sigma f_i}$$

On obtient la moyenne arithmétique $\overline{x}$ à l'aide de la relation:

$$\overline{x} \simeq a \cdot \overline{d} + x_0$$

On peut également calculer la variance de la variable auxiliaire d_i:

$$s_d^2 = \frac{\Sigma f_i (d_i - \overline{d})^2}{\Sigma f_i - 1} = \frac{\Sigma f_i d_i^2 - (\Sigma f_i d_i)^2 / n}{n - 1}$$

Toutefois, d'après les propriétés sur la variance, on a, puisque $x_i = a \cdot d_i + x_0$, la relation suivante:

$$s^2_x = a^2 \cdot s^2_d.$$

Donc la variance des observations groupées en classes est

$$s^2 \simeq a^2 \cdot s^2_d.$$

Résumons les principales quantités à employer.

Calcul simplifié de la moyenne et de la variance d'une série classée

Moyenne	Variance

Choisir une nouvelle origine: x_0

Déterminer les valeurs de la variable

auxiliaire: $d_i = \dfrac{x_i - x_0}{a}$

Moyenne des d_i:

$$\overline{d} = \frac{\sum f_i d_i}{n} \quad \text{où } n = \sum f_i.$$

Variance des d_i:

$$s^2_d = \frac{\sum f_i d^2_i - (\sum f_i d_i)^2 / n}{n - 1}$$

La moyenne arithmétique des x_i est:

$$\overline{x} \simeq a \cdot \overline{d} + x_0.$$

La variance des x_i est:

$$s^2 \simeq a^2 \cdot s^2_d.$$

Remarque. Mentionnons à nouveau que le calcul de la moyenne et de la variance pour des observations groupées en intervalles de classes ne donne que des valeurs approximatives pour ces mesures. La seule façon d'obtenir les valeurs exactes de la moyenne et de la variance d'un échantillon est d'utiliser les expressions données en début de chapitre, le calcul s'effectuant à l'aide des observations spécifiques de l'échantillon.

Un exemple de calcul va permettre d'éclairer les esprits perplexes face à de telles formules qui doivent simplifier les calculs. Mais comme vous allez le constater, la mise en application de ces expressions est d'une simplicité désarmante.

EXEMPLE 7. Calcul, à l'aide des formules simplifiées, de la moyenne et de la variance: nombre moyen de lignes imprimées.

Dans un centre de traitement informatique, on a relevé le nombre de lignes imprimées sur un échantillon de 200 travaux exécutés au cours de la deuxième semaine de décembre. La compilation de ces observations est présentée sous forme de distribution de fréquences où X représente le nombre de lignes imprimées par travail exécuté.

A partir de ces observations groupées en classes, calculons la moyenne, la variance, l'écart-type et le coefficient de variation.

Utilisons les formules simplifiées et servons-nous du tableau suivant.

Nombre de lignes imprimées	Nombre de travaux
$100 \leq X < 170$	6
$170 \leq X < 240$	13
$240 \leq X < 310$	21
$310 \leq X < 380$	46
$380 \leq X < 450$	49
$450 \leq X < 520$	42
$520 \leq X < 590$	14
$590 \leq X < 660$	6
$660 \leq X < 740$	3

Intervalles de classes	Centre de classe(x_i)	Fréquences absolues(f_i)	$d_i = \dfrac{x_i - 415}{70}$	$f_i d_i$	d_i^2	$f_i d_i^2$
$100 \leq X < 170$	135	6	-4	-24	16	96
$170 \leq X < 240$	205	13	-3	-39	9	117
$240 \leq X < 310$	275	21	-2	-42	4	84
$310 \leq X < 380$	345	46	-1	-46	1	46
$380 \leq X < 450$	415 ⬅ x_0	49	0	0	0	0
$450 \leq X < 520$	485	42	$+1$	42	1	42
$520 \leq X < 590$	555	14	$+2$	28	4	56
$590 \leq X < 660$	625	6	$+3$	18	9	54
$660 \leq X < 740$	695	3	$+4$	12	16	48
		$n = \sum f_i = 200$		$\sum f_i d_i = -51$		$\sum f_i d_i^2 = 543$

L'amplitude de chaque classe est a = 70. Choisissons comme nouvelle origine (moyenne arbitraire), le centre de classe dont la fréquence est 49, soit x_0 = 415.

On peut maintenant calculer facilement les mesures de tendance centrale et de dispersion qui sont requises. A l'aide des calculs du tableau, on obtient:

$$\overline{d} = \frac{\sum f_i d_i}{\sum f_i} = \frac{-51}{200} \text{ , } a = 70, \quad \sum f_i d_i^2 = 543, \quad (\sum f_i d_i)^2 = (-51)^2 = 2601.$$

Moyenne arithmétique: $\overline{x} = a \cdot \overline{d} + x_0 = (70)(\frac{-51}{200}) + 415$

$$= -1785 + 415 = 397,15 \text{ lignes}$$

Variance: $s^2 \simeq \left[\dfrac{\sum f_i d_i^2 - (\sum f_i d_i)^2 / n}{n - 1} \right] \cdot a^2$

$$\simeq \left[\frac{543 - (2601)/200}{200 - 1} \right] (70)^2 = \left[\frac{543 - 13,005}{199} \right] \cdot (4900)$$

$$s^2 \simeq 13\ 050,13.$$

Ecart-type: $s = \sqrt{s^2} = \sqrt{13\ 050,13} = 114,24 \text{ lignes.}$

Coefficient de variation: $CV = \dfrac{s}{\overline{x}} \times 100 = \dfrac{114,24}{397,15} \times 100 = 28,76\%$

Remarque. Il existe d'autres moyennes que nous n'utilisons pas dans cet ouvrage, soient:
- la **moyenne géométrique** (sert surtout au calcul de certains indices économiques, taux de croissance);
- la **moyenne harmonique** (utile en économique et en physique);
- la **moyenne quadratique** (surtout utilisée en physique). Elle conduit toutefois à la notion d'écart-type.

AUTRE MESURE DE TENDANCE CENTRALE: LA MÉDIANE

La moyenne arithmétique est sans contredit la mesure de tendance centrale la plus utilisée. D'ailleurs, dans les prochaines parties de cet ouvrage, notre intérêt se portera principalement sur cette mesure statistique (ou le paramètre équivalent au niveau de la population) ainsi que sur la variance. Les autres mesures nous seront donc moins utiles mais il est bon de les connaître et de savoir quand il est souhaitable de les utiliser.

LA MÉDIANE

Contrairement à la moyenne arithmétique qui est considérée comme une moyenne de grandeur, la médiane est plutôt considérée comme une moyenne de position.

La médiane

La médiane, notée M_e, est la valeur (observée ou possible) de la variable statistique, dans la série d'observations ordonnée en ordre croissant ou décroissant, qui partage cette série en deux parties, chacune comprenant le même nombre d'observations de part et d'autre de M_e.

---

a) Les observations ne sont pas groupées par classes

Il faut d'abord **ranger** les observations par **ordre de grandeur croissant** (ou décroissant).

Nombre impair d'observations: La médiane est alors parfaitement déterminée, elle correspond à la $\frac{(n+1)^e}{2}$ observation dans la série ordonnée. Il y a donc $\frac{n-1}{2}$ observations de chaque côté de M_e.

Nombre pair d'observations: Dans ce cas, la médiane sera généralement la moyenne arithmétique des deux observations centrales dans la série ordonnée. Ainsi si $n = 2k$, M_e est la moyenne de la k^e et $(k+1)^e$ observations.

Remarques. a) La médiane, contrairement à la moyenne arithmétique, n'est pas influencée par les valeurs extrêmes éventuellement très grandes ou très petites. Elle est toutefois influencée par le nombre d'observations; elle ne dépend pas de la valeur des observations, ce qui la rend inutilisable subséquemment lorsque nous traiterons d'estimation et de tests statistiques.

b) Si la variable statistique est discontinue, il se peut qu'il n'y ait pas de valeur médiane. La médiane doit correspondre à une valeur possible de la variable statistique.

EXEMPLE 8. **Essai de fiabilité: Détermination de la durée de vie médiane.**

On a soumis à un essai de fiabilité 12 dispositifs identiques, pour lesquels on a trouvé les durées de vie suivantes en heures.

76	157	116	85	120	285	211	159	184	138	92	101

Comme la durée de vie varie largement, la moyenne arithmétique ne sera pas tellement représentative. Déterminons plutôt la valeur médiane. Rangeons la série en ordre croissant:

76	85	92	101	116	120	138	157	159	184	211	285

Puisque le nombre d'observations est pair, $n = 12 = 2k$, la médiane est la moyenne de la 6e et 7e observation dans la série ordonnée.

$M_e = \dfrac{120 + 138}{2} = 129$ heures. On peut donc dire qu'il y a six dispositifs qui ont une durée de vie inférieure à 129 heures et 6 qui ont eu une durée de vie supérieure à 129 heures.

b)   Les observations sont groupées par classes

Dans le cas d'une variable statistique continue groupée en classes, on peut obtenir la médiane,

i)   en effectuant une interpolation linéaire à l'intérieur de la classe médiane afin de trouver la valeur de l'observation centrale;

ii)   en utilisant la courbe des fréquences relatives cumulées croissantes (ou décroissantes). Il s'agit de localiser l'intersection de la courbe avec la droite horizontale d'ordonnée égale à 0,50 (ou 50%), le point d'abscisse correspondant est M_e. Nous avons déjà mentionné en remarque que l'abscisse du point d'intersection des courbes cumulatives croissante et décroissante donne la médiane.

Dans le cas d'interpolation linéaire à l'intérieur de la classe médiane, la formule requise pour déterminer M_e est la suivante:

Calcul de la médiane

$$M_e \simeq B_I + \frac{(\frac{n}{2} - F)}{f_{M_e}} \cdot a$$

où B_I : borne inférieure de la classe médiane

n : le nombre total d'observations dans la série

F : la somme des fréquences absolues de toutes les classes précédant la classe médiane

f_{M_e} : la fréquence absolue de la classe médiane

a : l'amplitude de la classe médiane

Pour déterminer la classe médiane, il s'agit de déterminer la quantité $n/2$ (ce qui correspond à 50% des observations) et on compare cette valeur

avec les fréquences cumulées. La classe médiane sera celle dont la fréquence cumulée englobe la n/2 ième observation (celle dont la fréquence cumulée
lui est immédiatement supérieure ou égale mais non inférieure). L'exemple
suivant illustre l'application de cette formule.

**EXEMPLE 9. Détermination de l'âge médian de la main-d'oeuvre spécialisée de
l'entreprise Prolab.**

Le directeur de la gestion des ressources humaines de l'usine Prolab, chef
de file dans la conception d'appa-
reils complexes d'applications bio-
médicales, a présenté au directeur
général de l'usine un rapport statistique sommaire sur la répartition
de l'âge de la main-d'oeuvre spécialisée. La répartition des employés
classés d'après leur âge se présentait comme suit.
Malheureusement, le feuillet donnant
les principales caractéristiques de
cette distribution a été égaré (ou
expédié par erreur à un autre chef
de service). Le directeur de l'usine peut-il quand même obtenir une
idée, d'après cette distribution, de
l'âge moyen?

Age de la main-d'oeuvre spéc.	Nombre d'employés
moins de 25 ans	18
$25 \leq X < 30$	54
$30 \leq X < 35$	72
$35 \leq X < 40$	84
$40 \leq X < 45$	36
$45 \leq X < 50$	22
50 ans et plus	14

Il peut quand même obtenir une idée de la tendance centrale de cette distribution statistique en calculant la médiane. La moyenne arithmétique
étant ici, peu appropriée, puisque nous sommes en présence d'une distribution de fréquences avec classes ouvertes.

Pour faire usage de la formule spécifiée précédemment, dressons d'abord le
tableau suivant.

Classes	Fréquences absolues	Fréquences cumulées croissantes
Moins de 25 ans	18	18
$25 \leq X < 30$	54	72
$30 \leq X < 35$	72	144
$35 \leq X < 40$	84	228
$40 \leq X < 45$	36	264
$45 \leq X < 50$	22	286
50 ans et plus	14	300

Déterminons la classe médiane. L'âge médian sera celui de la $\frac{n}{2} = \frac{300}{2} = 150$e
personne dans le classement par ordre croissant. La fréquence cumulée immédiatement supérieure (ou égale) à cette quantité est 228. La classe médiane est donc:

$$35 \leq X < 40 \text{ ans}$$

Il s'agit de trouver dans cette classe, l'âge (possible) de la 150e personne. On aura donc:

$$B_I = 35, \quad n = 300, \quad F = 144, \quad f_{M_e} = 84, \quad a = 5.$$

Substituant dans la formule, on trouve

$$M_e \simeq B_I + \frac{(\frac{n}{2} - F)}{f_{M_e}} \cdot a = 35 + \frac{(\frac{300}{2} - 144)}{84}(5) = 35 + \frac{(150-144)}{84}(5)$$

$$= 35 + (\frac{6}{84})(5) = 35,36 \quad \text{soit environ 35 ans et 4 mois.}$$

L'interpolation à l'intérieur de la classe médiane peut se schématiser comme suit:

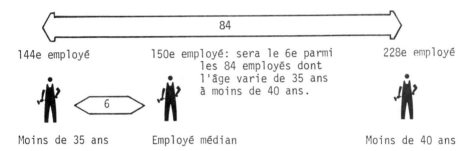

144e employé   150e employé: sera le 6e parmi   228e employé
                      les 84 employés dont
                      l'âge varie de 35 ans
                      à moins de 40 ans.

Moins de 35 ans   Employé médian   Moins de 40 ans

Remarque. L'expression utilisée pour déterminer la valeur médiane suppose que les valeurs dans la classe médiane y sont uniformément distribuées.

LE MODE

Le mode, bien qu'il soit identifié comme une mesure de tendance centrale, n'est ni une moyenne de grandeur, ni une moyenne de position, mais plutôt une moyenne de fréquence.

> ### Le mode
>
> Le mode, noté M_o, (ou valeur dominante) est la valeur de la variable statistique la plus fréquente que l'on observe dans une série.

C'est donc la valeur qui a été observée le plus grand nombre de fois.

Dans un magasin de chaussures, on ne dira pas que la pointure moyenne que l'on vend est 9 1/2 mais plutôt, la pointure la plus fréquemment achetée est 9 1/2.

Dans le cas d'une variable discontinue, la détermination du mode est immédiate.

Dans le cas d'une variable continue dont les observations ont été groupées par classes, la détermination du mode est peu objective et est plutôt laissée à l'arbitraire. Dans ce cas, on parle plutôt de **classe modale.** La classe modale est la classe à laquelle correspond la fréquence la plus élevée. Par convention, on pourrait dire que le mode est alors la valeur qui correspond au centre de classe modale.

Remarques. a) Une série d'observations peut ne comporter aucune valeur modale. Si le mode existe, il peut être unique (distribution uni-modale) comme il peut être multiple (distribution bimodale dans le cas où il y a deux modes),...

b) Si par un choix judicieux du nombre de classes dans le groupage des observations par classes, on se retrouve avec une distribution statistique comportant plusieurs modes, ceci peut être une indication de mélanges de populations différentes ayant leurs caractéristiques propres. En contrôle industriel, ceci peut indiquer par exemple un mélange de matières premières ou d'un déréglage soudain d'une machine,... Il est bien évident dans ce cas, que la moyenne arithmétique n'est plus représentative comme mesure de tendance centrale.

EXEMPLE 10. Détermination du nombre le plus fréquent de travaux exécutés par jour.

Le service informatique de votre institution a compilé le nombre de travaux par jour qui a été exécuté en langage BASIC au cours de la session d'automne. Cette compilation est résumée dans la distribution de fréquences suivante:

Nombre de travaux exécutés par jour	Nombre de jours pour lesquels ces quantités ont été constatées
$60 \leq X < 68$	3
$68 \leq X < 76$	5
$76 \leq X < 84$	15
$84 \leq X < 92$	27
$92 \leq X < 100$	17
$100 \leq X < 108$	12
$108 \leq X < 116$	1

La classe modale est celle correspondant à la fréquence la plus élevée, soit 27.

Le nombre de travaux exécutés par jour le plus fréquent que l'on a observé se situe donc entre 84 et 92.

Si on lui attribue le centre de classe, on pourrait dire que $M_0 \simeq 88$ travaux/jour.

AUTRES MESURES DE POSITION: LES QUANTILES

Ces autres mesures sont peu utilisées dans les domaines d'application technique. Elles jouissent d'une plus grande popularité en sciences humaines puisqu'elles permettent de situer, de diverses manières, un individu par rapport à un groupe.

Les quantiles (ou percentiles) sont des caractéristiques de position puisqu'ils correspondent à des valeurs de la variable statistique qui partagent la série statistique ordonnée (ordre croissant) en ℓ parties égales.

QUARTILES

Si $\ell = 4$, les quantiles sont appelés **quartiles**. Il y a donc trois quartiles, que l'on désigne par Q_1, Q_2 et Q_3.

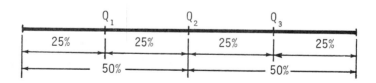

Ce schéma indique que chaque partie contient 25% de l'ensemble des observations de la série ordonnée. On dira, par exemple, que 25% des valeurs prises par la variable statistique sont inférieures à Q_1, ou encore les 25% des individus les "plus faibles" sont dans le premier quartile. Les 25% les "plus forts" sont supérieurs au 3e quartile.

Puisque Q_2 partage la série en deux parties égales, par conséquent $Q_2 = M_e$. Notons également que $Q_3 - Q_1$ est appelé **l'intervalle interquartile** et comporte 50% des observations.

Les quartiles peuvent s'obtenir directement de la courbe cumulative croissante des fréquences relatives.

Les quartiles sont également utiles dans le calcul de certaines caractéristiques de forme comme les coefficients d'asymétrie et d'aplatissement.

DÉCILES

Si $\ell = 10$, les quantiles sont appelés **déciles**. Il y a 9 déciles, chacun contenant 10% du total des observations. On les note:

$$D_1 \quad D_2 \quad D_3 \quad ... \quad D_5 \quad ... \quad D_8 \quad D_9.$$

10% des observations sont inférieures à D_1, 20% à D_2, ..., 50% à $D_5 = M_e$.

CENTILES

Si $\ell = 100$, les quantiles sont appelés **centiles**. Il y a 99 centiles, chacun contenant 1% du total des observations. On les note $C_1 ... C_{99}$.

99% des observations sont inférieures à C_{99}.

De la même manière que les quartiles, on peut déterminer les déciles et les centiles avec la courbe (tracée avec précision) cumulative croissante des fréquences relatives (en %).

EXEMPLE 11. Détermination de différentes mesures de position avec la courbe cumulative croissante: Personnel cadre de l'entreprise INFOTEK.

Utilisons les données de l'exemple 4 du chapitre 1, ancienneté du personnel cadre de l'entreprise INFOTEK. De la distribution de fréquences, on en déduit le tableau ci-contre des fréquences cumulées croissantes (en %).

Classes	Fréquences relatives cumulées croissantes (%)
Moins de 6,5	0
Moins de 8,0	5%
Moins de 9,5	18,33%
Moins de 11,0	38,33%
Moins de 12,5	70%
Moins de 14,0	85%
Moins de 15,5	93,33%
Moins de 17,0	100%

Répondons aux questions suivantes en utilisant la courbe cumulative.

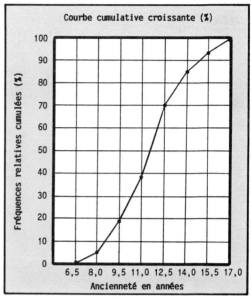

Courbe cumulative croissante (%)

a)   25% du personnel cadre ont un nombre d'années d'ancienneté inférieur (approximativement) à 9,9. En termes de quartiles, ceci représente Q_1.

b)   50% du personnel cadre ont une ancienneté inférieure à 11,4 ans. Cette valeur peut être notée par diverses mesures de position, soit Q_2, M_e, D_5 ou C_{50}.

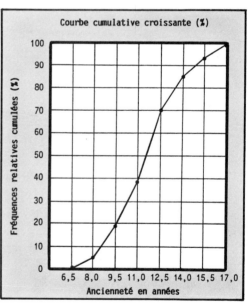

Courbe cumulative croissante (%)

c)   90% du personnel cadre ont un nombre d'années d'ancienneté inférieur à 14,8 années. En termes de déciles, cette valeur représente D_9 ; en termes de centiles, elle représente C_{90}.

d)   Quel est le rang centile du cadre ayant 12,5 années d'ancienneté? De la courbe cumulative, on trouve C_{70}, ce qui signifie qu'il y a environ 70% du personnel cadre qui ont moins de 12,5 années d'ancienneté.

e)   L'intervalle interquartile de la distribution de l'ancienneté est environ 13,2 - 9,9 = 3,3 ans.

Remarque. On peut également se servir d'une expression générale pour calculer les diverses caractéristiques de position, expression qui a une forme semblable à celle servant au calcul de la médiane dans le cas où les observations sont groupées en classes. L'interpolation linéaire à l'intérieur de la classe contenant la caractéristique de position désirée (que nous avons appelée **quantile**) s'obtient à l'aide de l'expression suivante:

$$C_p \simeq B_I + \frac{(p \cdot n - F)}{f_{C_p}} \cdot a$$

où C_p : quantile désiré.

    B_I : borne inférieure de la classe contenant le quantile désiré.

    p   : pourcentage (sous forme décimale) des observations de la série à laquelle correspond le quantile.

    n   : nombre total d'observations dans la série.

    F   : somme des fréquences absolues de toutes les classes précédant la classe contenant le quantile. Si le quantile désiré se situe dans la première classe, F = 0.

    f_{C_p} : fréquence absolue de la classe contenant le quantile.

    a   : amplitude de la classe contenant le quantile.

Le quantile (C_p) ainsi obtenu par interpolation linéaire représente la valeur approximative à laquelle p% des observations de la série sont inférieures à C_p. D'après l'expression ci-haut, nous constatons que le quantile C_{50} correspondra à la valeur approximative, dont 50% des observations de la série lui sont inférieures:

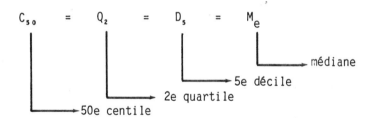

CARACTÉRISTIQUES DE FORME: ASYMÉTRIE ET APLATISSEMENT

Nous terminons cette étude descriptive des distributions statistiques en traitant de deux mesures qui caractérisent la forme des courbes représentatives de ces distributions. Plusieurs coefficients sont utilisés pour traduire ces notions; nous n'allons employer que les plus courants. Mais précisons d'abord ce qu'on entend pas distribution symétrique.

> **Distribution symétrique**
>
> Une distribution est symétrique si les valeurs de la variable statistique sont également dispersées de part et d'autre d'une valeur centrale.

Dans une distribution parfaitement symétrique, la moyenne, la médiane et le mode sont confondus.

Moyenne = médiane = mode.

Distribution symétrique

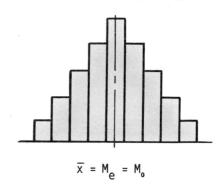

$$\overline{x} = M_e = M_o$$

COEFFICIENT D'ASYMÉTRIE

Une mesure descriptive qui permet de caractériser le degré de symétrie est le **coefficient d'asymétrie** (ou de dissymétrie) dit coefficient de Pearson:

Coefficient d'asymétrie: ou

$$S_k \simeq \frac{3(\overline{x} - M_e)}{s}$$

$$S_k \simeq \frac{\overline{x} - M_o}{s}$$

Le coefficient d'asymétrie est généralement compris entre -1 et +1. Les distributions peuvent présenter les formes suivantes:

Distribution avec asymétrie positive

$$S_k > 0$$

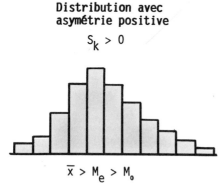

$$\overline{x} > M_e > M_o$$

Les observations présentent un étalement prononcé sur le côté supérieur de la distribution.

Distribution avec asymétrie négative

$$S_k < 0$$

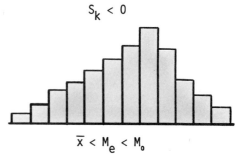

$$\overline{x} < M_e < M_o$$

Les observations présentent un étalement prononcé sur le côté inférieur de la distribution.

Pour une distribution parfaitement symétrique, $S_k = 0$.

Si la distribution n'est pas trop asymétrique, la relation empirique suivante existe entre la moyenne, le mode et la médiane:

$$\overline{x} - M_o = 3(\overline{x} - M_e),$$

ce qui nous permet de déterminer l'une ou l'autre des quantités lorsque l'on connaît les deux autres. Ainsi

$$M_o = \overline{x} - 3(\overline{x} - M_e)$$

APLATISSEMENT

Précisons maintenant ce qu'on entend par aplatissement d'une distribution.

> ### Aplatissement d'une distribution
>
> Une distribution est plus ou moins aplatie selon que les fréquences des valeurs voisines des valeurs centrales diffèrent peu ou beaucoup les unes par rapport aux autres.

Le coefficient de Pearson qui sert à déterminer le degré d'aplatissement est plutôt laborieux à calculer. Une expression que l'on pourrait utiliser est la suivante:

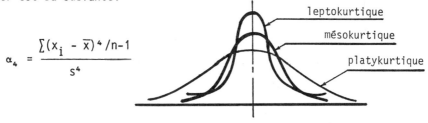

$$\alpha_4 = \frac{\sum (x_i - \overline{x})^4 / n-1}{s^4}$$

Pearson a démontré que pour une distribution normale (que nous traitons dans la deuxième partie de cet ouvrage), le degré d'aplatissement $\alpha_4 = 3$. Selon le degré d'aplatissement, les courbes ont été classées comme suit:

Si $\alpha_4 > 3$, la courbe est leptokurtique (courbe aigue)

Si $\alpha_4 = 3$, la courbe est mésokurtique (courbe normale)

Si $\alpha_4 < 3$, la courbe est platykurtique (courbe aplatie).

La notion d'aplatissement d'une distribution s'applique dans le cas de distributions qui présentent une asymétrie peu prononcée. Nous ferons peu usage de cette caractéristique.

EXEMPLE 12. Détermination du coefficient d'asymétrie d'une distribution: Résultats à un examen de statistique.

La compilation des résultats à un examen de statistique permet d'en déduire les caractéristiques suivantes:

Moyenne = 76,5   Ecart-type = 8,4   Médiane = 78.

Calculons le coefficient d'asymétrie. Puisque

$$s_k = \frac{3(\overline{x} - M_e)}{s} , \text{ on obtient}$$

$$s_k = \frac{3(76,5 - 78)}{8,4} = \frac{-4,5}{8,4} = -0,54$$

La distribution des résultats présenterait par conséquent une asymétrie négative. Dans ce cas, l'étalement des résultats est-il sur le côté inférieur ou supérieur de la distribution?

UTILISATION DU PROGRAMME STATHIS

EXEMPLE 13. Traitement de données sur micro-ordinateur: exemple d'exécution du programme STATHIS à l'aide des données de l'entreprise INFOTEK.

Le traitement descriptif d'une série d'observations peut être facitité en faisant usage d'un micro-ordinateur. Nous en donnons ici une illustration à l'aide du programme STATHIS .

Nous nous servons des données de l'entreprise INFOTEK (exemple 4, page 9) pour en illustrer le fonctionnement.

```
********** PROGRAMME STATHIS **********

CALCUL DE STATISTIQUES DESCRIPTIVES ET
DISTRIBUTION DE FREQUENCES.

IDENTIFICATION DU TRAVAIL EN COURS :
? EXEMPLE 13

COMBIEN D'OBSERVATIONS VOULEZ-VOUS
TRAITER? (MAX. 100)   ? 60

AVEZ-VOUS FAIT UNE ERREUR DANS LE NOM-
BRE D'OBSERVATIONS?
<OUI> OU <NON>  ? NON

CHOISSISSEZ MAINTENANT LA FACON DE LIRE
VOS DONNEES :

      AU CLAVIER..................1
      SUR FICHIER.................2
? 1

VOUS POUVEZ FAIRE LIRE VOS DONNEES.
OBS NO.   1   ? 9.4
OBS NO.   2   ? 8.4
OBS NO.   3   ? 12
OBS NO.   4   ? 16.3
OBS NO.   5   ? 11.9
OBS NO.   6   ? 16.8
OBS NO.   7   ? 9.8
OBS NO.   8   ? 7.0
OBS NO.   9   ? 11.5
OBS NO.  10   ? 12.6
OBS NO.  11   ? 8.3
OBS NO.  12   ? 8.0
OBS NO.  13   ? 9.5
OBS NO.  14   ? 12.1
OBS NO.  15   ? 11.0
OBS NO.  16   ? 14.1
OBS NO.  17   ? 13.1
OBS NO.  18   ? 7.1
OBS NO.  19   ? 12.6
OBS NO.  20   ? 12.1
OBS NO.  21   ? 11.0
OBS NO.  22   ? 12.2
OBS NO.  23   ? 14.0
OBS NO.  24   ? 9.4
OBS NO.  25   ? 10.2
OBS NO.  26   ? 13.4
OBS NO.  27   ? 7.3
OBS NO.  28   ? 14.6
OBS NO.  29   ? 11.1
OBS NO.  30   ? 10.3
```

```
OBS NO.  31 ? 11.2
OBS NO.  32 ? 11.0
OBS NO.  33 ? 11.4
OBS NO.  34 ? 15.4
OBS NO.  35 ? 12.5
OBS NO.  36 ? 10.5
OBS NO.  37 ? 10.0
OBS NO.  38 ? 11.9
OBS NO.  39 ? 13.2
OBS NO.  40 ? 15.6
OBS NO.  41 ? 16.3
OBS NO.  42 ? 11.2
OBS NO.  43 ? 11.1
OBS NO.  44 ? 12.8
OBS NO.  45 ? 10.6
OBS NO.  46 ? 10.5
OBS NO.  47 ? 15.0
OBS NO.  48 ? 10.3
OBS NO.  49 ? 13.1
OBS NO.  50 ? 12.0
OBS NO.  51 ? 13.8
OBS NO.  52 ? 10.3
OBS NO.  53 ? 9.8
OBS NO.  54 ? 12.4
OBS NO.  55 ? 11.4
OBS NO.  56 ? 10.4
OBS NO.  57 ? 8.2
OBS NO.  58 ? 9.3
OBS NO.  59 ? 11.6
OBS NO.  60 ? 9.4

DESIREZ-VOUS CORRIGER UNE OBSERVATION?
<OUI> OU <NON>  ? OUI

QUEL EST LE NUMERO DE L'OBSERVATION A
CORRIGER?   ? 48

QUELLE DOIT ETRE LA NOUVELLE VALEUR DE
CETTE OBSERVATION?   ? 10.2

DESIREZ-VOUS CORRIGER UNE AUTRE OBSER-
VATION?
<OUI> OU <NON>  ? NON

POUR CONSERVER VOS DONNEES SUR FICHIER
FAITES <REPLACE,DONNEES> LORSQUE VOUS
AUREZ TERMINE.
```

Résultats avec STATHIS

```
*****************************************
*        OBSERVATIONS UTILISEES        *
*****************************************


   9.4        8.4       12        16.3
  11.9       16.8        9.8       7
  11.5       12.6        8.3       8
   9.5       12.1       11        14.1
  13.1        7.1       12.6      12.1
  11         12.2       14         9.4
  10.2       13.4        7.3      14.6
  11.1       10.3       11.2      11
  11.4       15.4       12.5      10.5
  10         11.9       13.2      15.6
  16.3       11.2       11.1      12.8
  10.6       10.5       15        10.2
  13.1       12         13.8      10.3
   9.8       12.4       11.4      10.4
   8.2        9.3       11.6       9.4


*****************************************
*   CALCUL DE DIVERSES STATISTIQUES    *
*****************************************

TRAVAIL : EXEMPLE 13

NOMBRE D'OBSERVATIONS     =     60
MOYENNE ARITHMETIQUE      =     11.4867
VARIANCE                  =     5.21711
ECART-TYPE                =     2.2841
COEF. DE VARIATION (%)    =     19.8848
COEF. D'ASYMETRIE         =     .269215
MEDIANE                   =     11.3
MINIMUM                   =     7
MAXIMUM                   =     16.8
ETENDUE                   =     9.8


VOULEZ-VOUS UN TABLEAU DES OBSERVA-
TIONS PAR VALEUR NON DECROISSANTES?
<OUI> OU <NON>  ? OUI

*****************************************
*     TABLEAU DES OBSERVATIONS PAR     *
*       VALEURS NON DECROISSANTES      *
*****************************************


   7          7.1        7.3       8
   8.2        8.3        8.4       9.3
   9.4        9.4        9.4       9.5
   9.8        9.8       10        10.2
  10.2       10.3       10.3      10.4
  10.5       10.5       10.6      11
  11         11         11.1      11.1
  11.2       11.2       11.4      11.4
  11.5       11.6       11.9      11.9
  12         12         12.1      12.1
  12.2       12.4       12.5      12.6
  12.6       12.8       13.1      13.1
  13.2       13.4       13.8      14
  14.1       14.6       15        15.4
  15.6       16.3       16.3      16.8
```

Résultats avec STATHIS
(suite)

```
DESIREZ-VOUS UN RESUME DES OBSERVA-
TIONS SOUS FORME D'UNE DISTRIBUTION
DE FREQUENCES?
<OUI> OU <NON>  ? OUI

VOULEZ-VOUS LE NOMBRE DE CLASSES SOU-
HAITE PAR LA FORMULE DE STURGES?
<OUI> OU <NON>  ? OUI

        D'APRES LA FORMULE DE STURGES
(K = 1 + 3.222 LOG(N)), LE NOMBRE DE
CLASSES SOUHAITABLES POUR LES  60
OBSERVATIONS QUE VOUS VOULEZ DEPOUIL-
LER SELON UNE DISTRIBUTION DE FREQUEN-
CES PAR INTERVALLE DE CLASSES EST:  7

        DANS CE CAS L'AMPLITUDE DE CHAQUE
CLASSE DEVRAIT ETRE ENVIRON DE :  1.399

        ATTENTION!  VOUS DEVEZ MAINTENANT
FIXER LA LIMITE INFERIEURE DE LA PRE-
MIERE CLASSE.
NOUS VOUS RAPPELONS QUE LA PLUS PETITE
VALEUR DANS VOTRE SERIE D'OBSERVATIONS
EST :  7
QUEL EST VOTRE CHOIX?   ? 6.5

VOUS DEVEZ MAINTENANT FIXER L'AMPLITU-
DE (L'ETENDUE) DE CHAQUE CLASSE.
QUEL EST VOTRE CHOIX?   ? 1.5

******************************************
*        DISTRIBUTION DE FREQUENCES      *
*             ET HISTOGRAMME             *
******************************************


LIMITE     LIMITE     POINT
INFER.     SUPER.     MILIEU      FREQ
 6.5        8          7.25        3
 8          9.5        8.75        8
 9.5        11         10.25       12
 11         12.5       11.75       19
 12.5       14         13.25       9
 14         15.5       14.75       5
 15.5       17         16.25       4


   %       % CUM     HISTOGRAMME
  5          5       I ***
 13.33      18.33    I ********
 20         38.33    I ***********
 31.67      70       I ********************
 15         85       I *********
 8.33       93.33    I *****
 6.67       100      I ****


VOULEZ-VOUS RECOMMENCER LA DISTRIBUTION
DE FREQUENCES?
<OUI> OU <NON>  ? NON

FIN NORMALE
```

PROBLÈMES

1. Dans un collège de la région de Montréal, on a mesuré certaines variables du système cardio-respiratoire chez les filles faisant partie de l'équipe de basketball. Ces observations permettent d'apprécier, dans une certaine mesure, la résistance physique, le degré d'entraînement et de déceler la fatigue ou le surentraînement. Les tableaux ci-contre présentent les mesures de la consommation maximale d'oxygène et du rythme cardiaque maximum atteint lors d'un exercice sur le tapis roulant.

Consommation maximale d'oxygène (mℓ/kg.min)				
43,6	42,0	43,3	43,5	44,0
44,5	46,2	45,4	40,6	45,6
42,2	42,2	45,4	44,8	43,7

Fréquence cardiaque max. (Pulsations/minute)				
190	189	190	191	192
189	194	188	192	190
187	186	185	195	192

a) Pour chaque variable mesurée, déterminer la valeur moyenne.

b) Calculer la variance et l'écart-type de chaque variable.

c) Déterminer la dispersion relative de chaque variable.

d) Déterminer, pour chaque variable, les valeurs de l'intervalle $\bar{x} \pm s$. D'après les observations obtenues, déterminer, pour chaque variable observée, la proportion de filles qui se situent dans l'intervalle $\bar{x} \pm s$.

2. Le directeur des ressources humaines de l'entreprise Electrotek a mis au point, avec la collaboration d'un spécialiste en psychologie industrielle, un test permettant de mesurer la dextérité manuelle des employés affectés à l'assemblage de montages transistorisés. Avant de généraliser l'emploi de ce test à tous les employés de l'entreprise, on veut effectuer un pré-test pour corriger, s'il y a lieu, cet instrument d'évaluation. On a donc sélectionné au hasard vingt employés de l'entreprise affectés à l'assemblage et on leur a fait subir le test. Les résultats obtenus sont indiqués dans le tableau ci-contre.

Résultats au test de dextérité manuelle				
72	79	70	88	76
83	77	73	74	72
82	79	84	73	81
80	75	79	82	81

a) Calculer le résultat moyen.

b) Déterminer la variance et l'écart-type.

c) Quelle proportion d'employés ont un résultat variant entre $\bar{x}$ - 2s et $\bar{x}$ + 2s?

d) D'après l'expérience et le rendement des employés qui ont subi le test, le psychologue industriel mentionne que si le test mesure bien leur dextérité, la distribution des résultats devrait indiquer une bonne homogénéité. D'après lui, le coefficient de variation ne devrait pas excéder 12%. Est-ce le cas ici?

3. L'entreprise ASA utilise une matière isolante dans l'assemblage de certains appareils de mesure de contrôle industriel. Ces composantes isolantes sont achetées d'un fournisseur américain et doivent respecter une certaine épaisseur. Lors d'un contrôle de réception, on a mesuré l'épaisseur d'un échantillon de vingt composantes:

a) Calculer l'épaisseur moyenne de cet échantillon.

b) Quelle est l'étendue des observations?

c) Calculer la variance et l'écart-type de l'épaisseur des composantes isolantes.

Epaisseur en mm
5,6 5,9 6,2 6,1 6,6
5,9 5,9 5,6 6,2 5,8
5,5 5,6 6,0 6,3 6,2
5,9 6,2 6,0 6,2 6,3

d) Un lot est considéré comme acceptable si l'épaisseur moyenne observée dans un échantillon de 20 n'est pas inférieure à 5,8 mm, ni supérieure à 6,2 mm. Devrait-on retourner ce lot au fournisseur?

4. Utiliser les données du service informatique du problème 2, chapitre 1, et répondez aux questions suivantes:

a) Calculer le nombre moyen de travaux/jour traités par le service informatique pour chaque type de langage.

b) Calculer la variance et l'écart-type du nombre de travaux/jour pour chaque type de langage.

c) Calculer le coefficient de variation pour chaque distribution.

d) Est-ce exact de dire que la dispersion relative du nombre de travaux/jour traités en FORTRAN est moindre que celle des travaux en COBOL?

5. Les salaires offerts à 12 nouveaux gradués en techniques administratives sont résumés dans le tableau suivant:

a) Calculer le salaire annuel moyen qui a été offert à ces gradués.

b) On veut calculer la variance et l'écart-type. Compléter d'abord le tableau suivant:

Salaires annuels
14 500   15 400   16 200   15 000
13 750   15 500   16 000   15 200
17 000   15 800   14 950   15 740

Salaires annuels	Ecarts	Carrés des écarts
14 500	_____	_____
15 400	_____	_____
16 200	_____	_____
15 000	_____	_____
13 750	_____	_____
15 500	_____	_____
16 000	_____	_____
15 200	_____	_____
17 000	_____	_____
15 800	_____	_____
14 950	_____	_____
15 740	_____	_____

c) Vérifier, en utilisant les écarts obtenus, que $\sum(x_i - \overline{x}) = 0$.

d) Quelle est la somme des carrés des écarts?

e) Déterminer la variance et l'écart-type. Quelle est l'unité de mesure associée à l'écart-type?

f) Quel est le coefficient de variation?

g) Transformer les observations originales x_i d'après $y_i = \dfrac{x_i - 15\,000}{100}$ et déterminer, en utilisant les propriétés de la moyenne, de la variance et de l'écart-type, les valeurs correspondantes de ces statistiques pour les observations transformées.

h) Exprimer maintenant x_i en fonction de y_i et déduire les relations entre $\overline{x}$ et $\overline{y}$, entre s_x^2 et s_y^2, entre s_x et s_y.

6. Dans un atelier mécanique, on veut vérifier le diamètre de pièces circulaires. D'un lot de 500 pièces, on a prélevé 40 pièces et les mesures de diamètre (en cm) sont présentées dans le tableau suivant. Les calculs préliminaires conduisent à $\sum x_i = 197,2$, $x_{min} = 4,5$ et $x_{max} = 5,4$.

a) Calculer le diamètre moyen des pièces de cet échantillon.

b) Quelle est l'étendue?

c) Estimer l'écart-type à l'aide du facteur de multiplication de la table de Pearson et Hartley.

d) Le diamètre moyen d'un échantillon de 40 pièces doit se situer dans l'intervalle $4,88 \le \overline{x} \le 5,12$ pour qu'un lot de production soit acceptable. Quelle conclusion peut-on tirer?

Diamètres de pièces circulaires				
4,9	5,0	5,2	4,7	4,8
5,1	4,5	5,2	4,9	4,8
4,9	4,9	4,9	5,3	5,0
4,8	4;8	4,9	5,1	5,3
5,4	4,9	4,9	5,0	4,8
4,8	5,3	4,8	5,1	5,0
5,1	4,8	4,7	5,0	4,9
4,8	4,6	4,7	4,9	4,7

e) On considère également que la dispersion du diamètre des pièces circulaires doit présenter une certaine stabilité. En effet, l'écart-type d'un échantillon de 40 pièces doit se situer dans l'intervalle suivant pour admettre que la production présente une qualité homogène: $0,13 \le s \le 0,27$. Est-ce que l'estimation de l'écart-type que vous avez obtenue permet d'affirmer que la dispersion du processus de fabrication est stable?

7. Un laboratoire indépendant a effectué, pour le compte du service de recherche d'une émission de télévision pour le consommateur, une étude sommaire sur la durée des lames de trois marques de couteaux de bouchers. Plus la durée est élevée, meilleure est la qualité de la lame. La dureté de cinq couteaux de ces trois marques a été enregistrée comme suit:

Marque A $\left(\begin{smallmatrix}\text{Fabrication}\\\text{allemande}\end{smallmatrix}\right)$	Marque B $\left(\begin{smallmatrix}\text{Fabrication}\\\text{canadienne}\end{smallmatrix}\right)$	Marque C $\left(\begin{smallmatrix}\text{Fabrication}\\\text{française}\end{smallmatrix}\right)$
53,3	62,0	53,5
52,2	57,0	52,5
54,5	58,3	50,8
54,0	57,5	49,8
50,9	56,8	52,7

a)   Calculer, pour chaque marque, la dureté moyenne et l'étendue.

b)   Estimer, en utilisant le facteur de multiplication de la table de Pearson et Hartley, l'écart-type de la dureté des couteaux de chaque marque.

c)   Quel est, pour chaque marque, le coefficient de variation?

d)   Quelle marque semble offrir la meilleure qualité?

8.   Il est fréquent dans les entreprises ou dans les services publics de voir de nombreux documents circuler (revues spécialisées, rapports, communiqués,...) entre différents services. La liste des personnes que le (ou les) document(s) peuvent intéresser est habituellement brochée à chaque document. Lorsque le document a été lu par une des personnes sur la liste, il raye son nom et le document est acheminé au nom suivant de la liste. Le directeur d'une grande entreprise décide par un beau lundi matin de demander au responsable du bureau d'Organisation et Méthodes de l'entreprise d'effectuer une étude sur les délais de circulation de différents documents au sein de l'entreprise. D'un commun accord, on convient d'examiner la situation pour trois types de documents: revues spécialisées, rapports internes, communiqués d'intérêt général. Les mesures des délais de circulation, pour chaque type de document, ont donné les résultats suivants:

Délais (en jours ouvrables)	Revues Fréquences	Rapports Fréquences	Communiqués Fréquences
$1 \leq X < 5$	3	2	8
$5 \leq X < 9$	5	4	10
$9 \leq X < 13$	2	7	6
$13 \leq X < 17$	1	5	2
$17 \leq X < 21$	1	1	-

a)   Quel est, pour chaque type de document, le temps moyen de circulation? Utiliser les formules simplifiées.

b)   Calculer la variance et l'écart-type du délai de circulation pour chaque type de document.

c)   Déterminer également la dispersion relative du délai de circulation pour chaque type de document.

d)   Quel document, en moyenne, a le délai de circulation le plus long?

e)   Pour quel document peut-on dire que le temps moyen de circulation est le plus représentatif du délai encouru?

9.   Une entreprise se spécialisant dans la vente d'articles de sports possède de 70 points de vente répartis au Québec (40 points de vente) et en Ontario (30 points de vente). Le service de comptabilité de l'entreprise dont le siège social est à Montréal a en main le chiffre d'affaires de chaque point de vente pour le mois de décembre. Les données ont été compilées, dans chaque cas, suivant une distribution de fréquences donnant la répartition du chiffre d'affaires des différents points de vente.

| Québec | | | Ontario | | |

<table>
<tr><td colspan="2" align="center">Québec</td><td></td><td colspan="2" align="center">Ontario</td></tr>
</table>

Classes	Nombre		Classes	Nombre
\$7700 ≤ X < \$7900	1		\$8100 ≤ X < \$8300	2
7900 ≤ X < 8100	2		8300 ≤ X < 8500	3
8100 ≤ X < 8300	8		8500 ≤ X < 8700	6
8300 ≤ X < 8500	12		8700 ≤ X < 8900	9
8500 ≤ X < 8700	7		8900 ≤ X < 9100	6
8700 ≤ X < 8900	8		9100 ≤ X < 9300	3
8900 ≤ X < 9100	2		9300 ≤ X < 9500	1

a) Calculer, en utilisant les formules simplifiées, le chiffre d'affaires moyen au cours du mois de décembre dans chaque province.

b) Déterminer la variance et l'écart-type du chiffre d'affaires réalisé dans chaque province.

c) Est-ce que la distribution du chiffre d'affaires présente sensiblement le même étalement dans chaque province?

d) Déterminer, pour chaque région, le chiffre d'affaires médian.   Quelle est l'interprétation de cette quantité?

e) N'ayant pas les données brutes en main, peut-on quand même donner une idée de l'ordre de grandeur du chiffre d'affaires total réalisé dans les deux provinces.

10. a) En utilisant les données de l'entreprise SEDEC, problème 7, chapitre 1, déterminer le laps de temps requis, en moyenne, pour obtenir un emploi.

b) Déterminer la valeur médiane du laps de temps.

c) Quel est le mode de cette série?

La compilation des salaires annuels obtenus par les personnes qui ont fait appel aux services de l'entreprise SEDEC est présentée dans le tableau suivant:

Classes	Fréquences
\$12 500 ≤ X < \$13 500	3
13 500 ≤ X < 14 500	4
14 500 ≤ X < 15 500	11
15 500 ≤ X < 16 500	13
16 500 ≤ X < 17 500	7
17 500 ≤ X < 18 500	1
18 500 ≤ X < 19 500	1

d) A l'aide des formules simplifiées, calculer le salaire annuel moyen, la variance et l'écart-type.

e) Déterminer la valeur médiane des salaires annuels.

f) Est-ce que ces différents calculs confirment les différentes affirmations mentionnées dans le dépliant publicitaire de l'entreprise (question f, du problème 8, chapitre 1).

11. Le service des études et projets de la Direction générale de l'Education des Adultes a évalué les cours d'informatique suivis par les adultes dans les cégeps en 1971-72. Dans cette étude, une des questions (parmi 54) posées aux étudiants sélectionnés pour participer à cette évaluation était la suivante:

"Combien de temps avez-vous été en chômage avant le cours depuis votre dernier emploi?"

Examiner attentivement les classes présentées dans le questionnaire; si vous étiez un des étudiants sélectionnés pour participer à cette enquête et que vous étiez en chômage avant le cours, disons, depuis l'une ou l'autre des périodes suivantes, dans quelle classe auriez-vous coché?

i) 2 semaines.

ii) 4 semaines (1 mois).

iii) 10 semaines.

Commentez le choix de l'amplitude de ces classes.

Durée	
Moins d'une semaine	☐
1 à 2 semaines	☐
3 à 4 semaines	☐
1 à 2 mois	☐
3 à 4 mois	☐
5 à 6 mois	☐
7 à 8 mois	☐
9 à 10 mois	☐
11 à 12 mois	☐
1 à 2 ans	☐

12. Un chef d'entreprise a remarqué une affluence au guichet du magasin de l'usine où les ouvriers s'approvisionnent en pièces détachées servant à la réparation et à l'entretien de différentes unités de production. Cette affluence semble conduire à une perte de productivité importante attribuable à l'attente de ses employés au guichet. Il a donc demandé au responsable du département de génie industriel d'étudier ce phénomène d'affluence durant la période de travail allant de 9 à 12 heures, période qui semblait stationnaire.

Une étude statistique a donc été effectuée par deux analystes du service de génie industriel. Placés à proximité du guichet, l'un notait le nombre de personnes arrivant au guichet pendant des intervalles de cinq minutes (9 h. à 9:05 h; 9:05 h. à 9:10 h...), l'autre chronométrait la durée du service. On a répété ce processus d'observation pendant quinze jours. La compilation est présentée dans les tableaux suivants:

Arrivées

Nombre d'ouvriers arrivant au guichet par intervalle de 5 min. (x_i)	Fréquences relatives (p_i)
0	0,24
1	0,32
2	0,23
3	0,11
4	0,06
5	0,03
6	0,01

Services

Durée des services en minutes (x_i)	Nombre de personnes (f_i)
$0 \leq X < 1$	60
$1 \leq X < 2$	40
$2 \leq X < 3$	25
$3 \leq X < 4$	22
$4 \leq X < 5$	14
$5 \leq X < 6$	10
$6 \leq X < 7$	10
$7 \leq X < 8$	8
$8 \leq X < 9$	5
$9 \leq X < 10$	3
$10 \leq X < 11$	2
$11 \leq X < 12$	1

On utilise ici p_i pour fréquence relative, ce qui permet de la distinguer de la fréquence absolue f_i.

a) Comment interprétez-vous la fréquence relative 0,32 dans le tableau du nombre d'arrivées?

b) Comment interprétez-vous le nombre 25 (fréquence absolue) dans le tableau de la durée des services?

c) Calculer le nombre moyen d'arrivées par intervalles de 5 minutes.

d) Déterminer la variance et l'écart-type du nombre d'arrivées. On doit, dans ce cas, utiliser l'expression $s^2 = \sum p_i (x_i - \overline{x})^2$.

e) Comparer le nombre moyen obtenu en c) et l'écart-type obtenu en d). Que constatez-vous?

f) Quel est le taux moyen des arrivées par minute?

g) Déterminer, à l'aide des formules simplifiées, la durée moyenne du service, c.-à-d. évaluer le temps requis, en moyenne, pour servir un ouvrier.

h) Calculer la valeur médiane de la durée des services.

i) Déterminer le coefficient d'asymétrie de la distribution de la durée des services. Identifier le type d'asymétrie et préciser de quel côté sont étalées les observations.

j) Le chef d'entreprise aimerait connaître, pour la période étudiée, le nombre total de minutes que tous les employés observés ont passé au guichet. Que pourriez-vous lui répondre?

13. Un fabricant de jeans a distribué dans un collège de la région un questionnaire sommaire permettant de cerner certaines caractéristiques qui lui semblaient appropriées pour la mise en marché de son produit. Les questions et la compilation des résultats se présentent comme suit, en distinguant garçons et filles.

Questions

- Quel âge avez-vous?

a) Pour chaque groupe, quel est l'âge moyen des personnes interrogées?

- Dans votre famille, combien de personnes portent des jeans?

b) Quel est, en moyenne, le nombre de personnes, par famille, portant des jeans?

- Depuis les 12 derniers mois, quel montant d'argent avez-vous, vous-même dépensé pour l'achat de jeans?

c) Quel est le montant dépensé, en moyenne, par l'ensemble des deux catégories?

d) 50% des personnes interrogées (garçons et filles) ont dépensé un montant supérieur à quelle valeur?

- Quelle taille de jeans portez-vous? (sur cette question, il semble que quelques jeunes filles ont hésité à répondre).

e) Serait-il utile pour le fabricant de calculer la taille moyenne? Discuter.

f) De quelle façon pourrait-il utiliser cette information pour planifier sa production selon les tailles?

Compilation

Ages	Nombre (garçons)	Nombre (filles)
17	12	14
18	56	62
19	67	66
20	34	31
21	21	18
22	10	9

Nombre de personnes portant des jeans	Nombre de familles
0	30
1	82
2	98
3	86
4	51
5	24

Montant	Nombre (garçons)	Nombre (filles)
$ 0 ≤ X < $ 20	16	15
20 ≤ X < 40	34	12
40 ≤ X < 60	93	87
60 ≤ X < 80	51	80
80 ≤ X < 100	6	6

Taille (cm)	Nombre (garçons)	Nombre (filles)
61	-	10
66	13	21
71	29	34
76	35	45
81	43	42
86	47	30
91	28	16
96	5	2

g) Tous ceux (et celles) qui ont une taille supérieure à 91 cm sont classés "taille balloune" par le fabricant. Quel pourcentage de personnes
interrogées sont dans cette situation peu enviable? La question suivante a été posée par le fabricant pour orienter son choix dans la répartition de son stock dans divers points de vente.

- Quel type de magasins
  fréquentez-vous   pour
  l'achat de vos jeans?

Type de	Proportion	
magasins	Garçons	Filles
Magasins à rayons	32%	28%
Magasins à succursales multiples	16%	21%
Magasins de lingerie	-	5%
Boutiques spécialisées	52%	46%

h) Pour chaque catégorie,
   quel type de magasins
   est fréquenté le plus
   souvent?

i) Globalement, quel type
   de magasins est le plus
   fréquenté?

j) En émettant l'hypothèse que les personnes interrogées sont représentatives des différents collèges de la province, et avec une clientèle étudiante à l'échelle de la province d'environ 110 000 personnes (garçons
et filles), quel montant d'argent (approximatif) s'est-il dépensé depuis
les douze derniers mois pour l'achat de jeans?

k) En supposant que les personnes interrogées sont représentatives et que
l'ensemble de la clientèle étudiante à l'échelle provinciale se répartit
en 80 000 familles, quelle serait une estimation raisonnable du marché
potentiel de paires de jeans?

14. Deux revues mensuelles traitant d'actualité économique et de gestion
des affaires sont distribuées dans les mêmes régions du Québec. Le tarif
pour réclames publicitaires est le même dans chaque cas. Chacune a un tirage mensuel d'environ 10 000 exemplaires. Toutefois la répartition des lecteurs de ces revues suivant leur âge est un peu différente comme nous l'indiquent les histogrammes suivants:

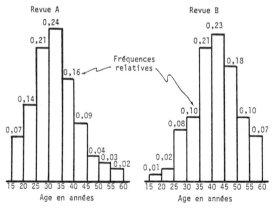

a) A partir de ces histogrammes, reconstituer les distributions de fréquences de l'âge de la clientèle de chaque revue.

b) En utilisant les formules simplifiées, déterminer l'âge moyen du lecteur
de chaque revue.

c) Quel est l'âge médian des lecteurs de chaque revue?

d) D'après vous, dans quelle revue un fabricant de jeans s'adressant à une
clientèle de moins de 35 ans devrait-il placer sa réclame publicitaire,
son budget de publicité ne lui permettant d'annoncer que dans une seule
revue?

15. On a relevé, dans les dossiers de deux sociétés de courtage immobilier, les montants de prêts hypothécaires consentis depuis quelques mois.

	Société A	Société B
Nombre de prêts :	75	82
Montant moyen :	$38 500	$42 300
Médiane :	$40 400	$41 200
Ecart-type :	$ 3 080	$ 3 375

a) Caractériser le degré de symétrie de la distribution des prêts hypothécaires de chaque société? Présente-t-elle le même type d'asymétrie?

b) Déterminer, à l'aide de la relation empirique entre ces statistiques, la valeur modale approximative de chaque distribution.

c) Un agent immobilier de la société A mentionne que la distribution des montants des prêts consentis par la société B est moins homogène que celle de la société A. Acceptez-vous cette affirmation?

16. La compilation de l'ensemble des résultats obtenus par 350 étudiants(es) en techniques administratives et en informatique pour un cours de statistique est résumée dans les histogrammes suivants. Le nombre d'étudiants(es) appartenant à chaque classe est indiqué au sommet de chaque rectangle des histogrammes.

Techniques administratives

(n = 180)

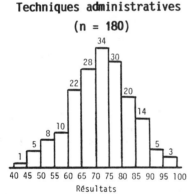

Informatique

(n = 170)

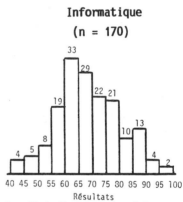

a) A partir de ces histogrammes, reconstituer la distribution de fréquences pour chaque catégorie.

b) Calculer, à l'aide des formules simplifiées, la moyenne, la variance, l'écart-type et le coefficient de variation de chaque distribution.

c) Est-ce que les distributions présentent une concentration des résultats sensiblement autour de la même valeur?

d) Est-ce que chaque catégorie présente à peu près la même homogénéité dans la distribution des résultats?

e) Calculer pour chaque catégorie, la valeur médiane des résultats. Quelle interprétation peut-on donner à cette statistique?

f) Caractériser la symétrie de chaque distribution.

g) Déterminer, approximativement, la valeur modale de chaque distribution à partir des valeurs de $\overline{x}$ et M_e.

On a tracé, pour chaque distribution, la courbe des fréquences relatives
(%) cumulées croissantes. On utilisera ces courbes pour répondre aux questions suivantes:

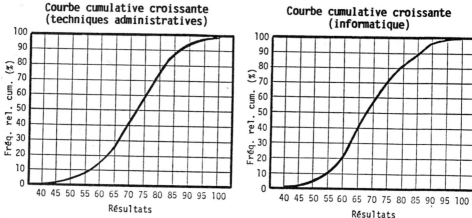

h) Déterminer, pour chaque distribution, le premier et le troisième quartiles.

i) Déterminer, dans chaque cas, l'intervalle interquartile.

j) L'intervalle semi-interquartile est $Q = \dfrac{Q_3 - Q_1}{2}$. Déterminer, pour
chaque groupe, la proportion d'étudiants qui se situent entre les valeurs $M_e - Q$ et $M_e + Q$.

k) Déterminer, dans chaque cas, le 5e décile; le 9e décile.

ℓ) Déterminer, à l'aide des courbes cumulatives respectives, les résultats
correspondants aux rangs centiles suivants: C_{25} ; C_{50} ; C_{75} ; C_{90}.

PROBLÈME DE SYNTHÈSE

17. Etude descriptive sur le taux de cholestérol de 100 sujets. Sur 100
sujets d'âges différents (variant entre 35 et 45 ans), on a mesuré le taux
de cholestérol séreux en mg par 100 cc. Les observations sont consignés
dans le tableau suivant (par valeurs non décroissantes).

Taux de cholestérol en mg/100 cc									
113	119	122	129	132	133	134	135	137	139
142	145	145	150	150	153	153	154	155	160
160	161	164	166	167	168	169	173	173	174
175	175	176	177	177	178	178	179	179	181
181	182	182	183	185	186	187	189	191	193
197	197	197	198	198	199	199	200	201	202
202	202	204	204	205	205	207	208	208	208
210	211	211	213	215	215	218	218	218	220
221	227	228	230	231	231	234	236	237	238
238	240	240	241	242	244	250	256	269	271

a) Dépouiller ces observations suivant une distribution de fréquences dont
la limite inférieure de la première classe est 110, et dont l'amplitude
de chaque classe est de 20. Indiquer également les fréquences relatives
cumulées croissantes (en %).

b) Tracer l'histogramme correspondant.

c) Tracer la courbe cumulative des fréquences relatives (en %).

d) En utilisant la série classée suivant une distribution de fréquences, déterminer à l'aide des formules simplifiées, le taux moyen de cholestérol, la variance et l'écart-type.

e) Déterminer à l'aide de la courbe cumulative, le taux médian de cholestérol. Que représente cette mesure de tendance centrale?

f) En utilisant la courbe cumulative, quelle proportion de sujets ont un taux de cholestérol entre $\overline{x} - 2s$ et $\overline{x} + 2s$?

g) Le docteur Vadeboncoeur mentionne qu'un taux de cholestérol anormalement élevé est un des facteurs de risque qui peut influencer le développement de maladies cardiovasculaires (signes d'athérosclérose, angine de poitrine, insuffisance coronarienne, infarctus du myocarde). Les intervalles suivants du taux de cholestérol donnent différents niveaux de risque pouvant causer certaines maladies cardiovasculaires.

Classification du risque	Intervalle de cholestérol
Aucun risque	Moins de 175 mg
Faible risque	175 à moins de 225 mg
Risque modérément élevé	225 à moins de 275 mg
Risque élevé	Plus de 275 mg

En utilisant la courbe cumulative, déterminer le pourcentage de sujets observés se situant dans chacune de ces catégories.

h) Toutefois le docteur Auguste Sirois considère comme élevé un taux de cholestérol supérieur à 240 mg par 100 cc. Quel pourcentage de sujets dépasse ce taux? A propos, dans quelle catégorie vous situez-vous?

_____ AUTO-ÉVALUATION DES CONNAISSANCES _____

Test 2

Répondre par Vrai ou Faux ou compléter s'il y a lieu. Dans le cas où c'est faux, indiquer la bonne réponse.

1. Les caractéristiques qui permettent d'obtenir une idée de l'ordre de gran-
    deur des valeurs constituant la série sont appelées caractéristiques_____
    _____.

2. Les caractéristiques qui permettent d'apprécier l'étalement d'une série
    s'appellent caractéristiques_____ et celles qui donnent une idée
    de la symétrie et de l'aplatissement d'une série sont appelées caractéris-
    tiques _____.

3. Le calcul de la somme des valeurs de la série divisée par leur nombre donne
    la_____ de la série; elle est notée_____.

4. La principale mesure de dispersion qui est utilisée en statistique est la
    _____; sa signification concrète est donnée par_____.

5. Une mesure statistique qui permet d'apprécier le degré d'homogénéité d'une
    distribution de valeurs ou la représentativité de la moyenne d'une série
    est le coefficient d'asymétrie.   V   F

6. La moyenne arithmétique et l'écart-type s'expriment dans la même unité de
    mesure que celle de la variable observée.   V   F

7. Est-il exact de dire que $\sum_i (y_i - \overline{y}) = 0$?   V   F

8. La quantité $\sum_i (x_i - a)^2$ est minimum lorsque $a = \overline{x}$.   V   F

9. Est-il exact d'écrire que $\sum_{i=1}^{n} (x_i + k) = \sum_i^n x_i + k$?   V   F

10. L'expression $\sum_{i=1}^{n} x_i y_i$ est égale à

    i) $(\sum x_i) \times (\sum y_i)$;

    ii) $x_1 y_1 + x_2 y_2 + \dots + x_n y_n$;

    iii) $x_i \cdot \sum y_i$.

    Laquelle des trois affirmations est exacte? _____

11. La moyenne arithmétique d'une série de valeurs distinctes x_i présentant un
    certain nombre de répétitions f_i se calcule à l'aide de la formule suivante:

    i) $\dfrac{\sum f_i x_i}{f_i}$ ii) $\dfrac{\sum f_i x_i}{\sum f_i}$ iii) $\dfrac{1}{f_i} \sum f_i x_i$

    Laquelle des trois formules est exacte? _____

12. La seule manière d'obtenir les valeurs exactes de la moyenne arithmétique
    et de la variance est d'utiliser toutes les valeurs de la série.   V   F

_____test 2 (suite) _____

13. La valeur de la variable statistique qui partage une série en deux parties égales s'appelle la médiane.   V   F

14. La médiane est influencée par les valeurs extrêmes d'une série.   V   F

15. Il existe toujours une valeur médiane dans une série dont la variable étudiée est discontinue.   V   F

16. Laquelle des trois caractéristiques suivantes est affectée par les valeurs très grandes ou très petites d'une série d'observations?

    i) la médiane   ii) la moyenne arithmétique   iii) le mode

17. Dans une série d'observations, le mode correspond à la plus grande valeur de la série.   V   F

18. Les valeurs de la variable qui subdivisent une série ordonnée en quatre parties égales s'appellent centiles.   V   F

19. 75% des observations d'une série ordonnée sont inférieures à Q_3?   V   F

20. Le quartile Q_2 équivaut à M_e.   V   F

21. L'intervalle interquartile $Q_3 - Q_1$ encadre 75% des observations d'une série ordonnée.   V   F

22. Dans une série ordonnée, 60% des observations sont inférieures à D_6.   V   F

23. Dans une série ordonnée, 40% des observations sont inférieures à C_{60}.   V   F

24. Dans une distribution symétrique, la moyenne, la médiane et le mode sont confondus.   V   F

25. Dans une distribution présentant une asymétrie négative, les observations présentent un étalement prononcé sur le côté inférieur de la distribution.   V   F

CALCUL DES PROBABILITÉS, VARIABLES ALÉATOIRES ET MODÈLES PROBABILISTES

CHAPITRE 3

Calcul des probabilités

SOMMAIRE

- Objectifs pédagogiques

- Introduction

- Notions d'épreuve, de résultat, d'espace échantillonnal et d'événement

- La notion de probabilité

- Axiomes régissant le calcul des probabilités

- Résumé sur le vocabulaire des événements

- Probabilités totales: événements ne s'excluant pas

- Evénements liés, probabilités conditionnelles, probabilités composées et événements indépendants

- Probabilités des causes: Formule de Bayes

- L'analyse combinatoire, l'échantillonnage et les probabilités

- Problèmes

- Auto-évaluation des connaissances - Test 3

Lorsque vous aurez complété l'étude du chapitre 3, vous pourrez:

1. préciser ce qu'on entend par les notions d'épreuve, d'espace échantillonnal et d'événement et les appliquer dans divers contextes;

2. faire la distinction entre la définition classique de la probabilité et la définition fréquentiste;

3. énoncer les principaux axiomes régissant le calcul des probabilités;

4. évaluer correctement les probabilités associées à des événements compatibles, à des événements liés et à des événements indépendants;

5. appliquer la formule de Bayes;

6. appliquer le principe de multiplication;

7. énoncer ce qu'on entend par un arrangement, une permutation et une combinaison;

8. utiliser l'analyse combinatoire dans le calcul des probabilités.

CHAPITRE 3
CALCUL DES PROBABILITÉS

INTRODUCTION

Plusieurs phénomènes ou processus industriels auxquels on peut s'intéresser comportent l'effet du hasard. De tels phénomènes sont caractérisés
par des observations qui varient d'une expérience à l'autre (même sous des
conditions identiques). En d'autres termes, un phénomène particulier com-
portera des observations variant à l'intérieur d'un certain domaine et certaines valeurs apparaîtront plus fréquemment que d'autres. Comme nous l'a-
vons traité dans les chapitres précédents, les observations de divers phénomènes se résument et se visualisent facilement à l'aide d'un histogramme ou
d'un diagramme en bâtons. Nous avons précisé (en remarque) à plusieurs occasions que l'allure générale de certains phénomènes pouvait s'apparenter à
certaines distributions dites **distributions** ou **lois de probabilité.**

Avant d'aborder certaines distributions particulières, nous allons
traiter de la notion de probabilité, non pas d'une manière rigoureuse mais
plutôt intuitive. Nous ne voulons également donner que les notions les plus
utilitaires qui nous permettront de progresser dans les autres chapitres de
ce livre.

NOTIONS D'ÉPREUVE, DE RÉSULTAT, D'ESPACE ÉCHANTILLONNAL ET D'ÉVÉNEMENT

Lorsqu'on prélève au hasard de la production une tige et que l'on mesure son diamètre ou bien lorsqu'on mesure le temps requis pour effectuer
l'assemblage d'un montage transistorisé ou encore que l'on interroge un citoyen sur son intention de vote aux prochaines élections, on réalise une é-
preuve. (On utilise également les termes **expérience aléatoire**).

Ainsi, la tige peut avoir un diamètre de 40 mm; l'assemblage du montage peut exiger 10 minutes; le citoyen favorise tel candidat. Ces caractéristiques observables constituent le **résultat** de l'épreuve. On peut déterminer
à l'avance l'ensemble des résultats possibles. On peut prévoir par exemple,
lorsque nous prélevons une tige de la production et que nous mesurons son
diamètre, qu'il peut varier entre, disons 35 et 45 mm; mais on ne connaît
pas à l'avance le diamètre exact qui nous sera fourni par cette tige. Effectivement, l'ensemble de tous les résultats possibles d'une expérience
aléatoire (ou épreuve) s'appelle **l'espace échantillonnal** que nous notons
par S.

A ces divers termes s'ajoute celui **d'événement.** Un événement peut ê-
tre composé de un ou plusieurs résultats de l'expérience; il est donc un
sous-ensemble de S.

Remarque. /Une expérience est aléatoire si elle est uniquement régie par le hasard.

Résumons comme suit ces concepts et appliquons-les à diverses situations.

> ### Epreuve, espace échantillonnal, événement
>
> **Epreuve (expérience aléatoire):** Tout processus qui fait intervenir le hasard et qui est susceptible d'aboutir à un ou plusieurs résultats.
>
> **Espace échantillonnal S:** L'ensemble de tous les résultats possibles (on dit également «résultats élémentaires») qui peuvent se produire dans l'expérience aléatoire.
>
> **Evénement:** Partie de l'ensemble des résultats (sous-ensemble de l'espace échantillonnal). Il peut contenir un ou plusieurs résultats élémentaires de l'épreuve.

EXEMPLE 1. Diverses expériences permettant de préciser les notions d'espace échantillonnal et d'événement.

Expérience	Evénement	Espace échantillonnal
Prélever une pièce d'une fabrication	Pièce est bonne (B) ou défectueuse (D)	S = {B,D}
Chronométrer une opération manuelle	Temps requis	S = [0, ∞)
Vérifier le taux de compactage d'un sol	Densité maximale en %	S = [0, 100%]
Vérifier l'affluence à un comptoir	Nombre de personnes arrivant par intervalle de 5 minutes	S = {0,1,2,...}

Remarque. L'espace échantillonnal peut être

fini; Ex.: S = {B,D}

infini dénombrable; Ex.: S = {0,1,2,...}

infini non dénombrable; Ex.: S = {0,∞}.

EXEMPLE 2. Tirage de pièces d'une fabrication et application des notions d'espace échantillonnal et d'événement.

Une expérience consiste à prélever au hasard trois pièces d'une fabrication et à observer si chaque pièce est défectueuse ou non.

Dénotons par A, «pièce acceptable» et par D, «pièce défectueuse».

a) Faire la liste de tous les résultats possibles pour cette expérience, c.-à-d. définir l'espace échantillonnal.

Ce travail est facilité en effectuant un diagramme en arbre comme suit.

Schématisation des résultats possibles du contrôle

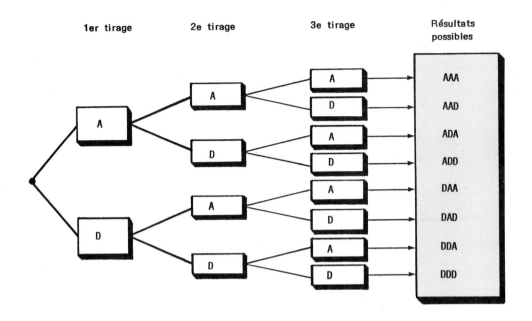

| 1er tirage | 2e tirage | 3e tirage | Résultats possibles |

Il y a donc 8 résultats élémentaires possibles et l'espace échantillon est:

S = {AAA, AAD, ADA, ADD, DAA, DAD, DDA, DDD}.

b) Dans la liste des éléments de S, à quoi correspond l'événement B: les trois pièces sont acceptables.

B = {AAA}.

c) Décrire en mots à quoi correspond l'événement suivant:

C = {AAD, ADA, DAA}.

Cet événement correspond à obtenir, comme résultat du prélèvement de trois pièces, exactement deux pièces acceptables ou exactement une pièce défectueuse.

d) On s'intéresse à l'événement suivant:

X: observer au plus une pièce défectueuse.

Faire la liste des éléments de S qui correspondrait à cet événement.

X = {AAA, AAD, ADA, DAA}.

Remarque. Chaque résultat ou élément de S est un **événement simple.** Un événement comportant deux ou plusieurs événements simples est dit **événement composé.** Ici l'événement B est un événement simple alors que les événements C et X sont des événements composés.

EXEMPLE 3. Analyse du trafic à une intersection particulière: événement et espace échantillonnal.

Un responsable du Service de la Circulation de la ville de Montréal observe si un véhicule s'approchant d'une certaine intersection effectuera un virage à gauche, un virage à droite ou poursuivra sur l'artère considéré. Il y a donc trois événements possibles:

E_1 : virage à gauche

E_2 : virage à droite   et $S = \{E_1, E_2, E_3\}$.

E_3 : poursuivre sur l'artère

Comment pourrait-on associer à chacun de ces événements une probabilité, c.-à-d. préciser les chances sur 100 que se réalisent l'un ou l'autre de ces événements. Il s'agira d'obtenir un grand nombre d'observations et de noter à chaque fois l'événement qui se réalise. Le rapport entre le nombre de fois qu'on a observé tel événement et le nombre total d'observations serait une indication de cette probabilité. C'est cette notion de probabilité que nous voulons aborder dans la prochaine section.

LA NOTION DE PROBABILITÉ

La notion de probabilité est le résultat d'un raisonnement dans lequel on évalue le nombre de chances d'obtenir la réalisation d'un événement. Il est facile de constater que le hasard intervient continuellement dans la vie courante. Il est fréquent d'entendre dans un bulletin de météo que la probabilité d'orages électriques est de 30% cette nuit, 70% dans la matinée. Les numéros gagnants à Loto-Québec dépendent du hasard. Lorsqu'un événement dépend du hasard, on peut avoir le sentiment qu'il est plus ou moins probable. La probabilité est un rapport de possibilité. Comment définir la probabilité d'un événement?

Définition classique de la probabilité

La probabilité d'un événement E est le rapport entre le nombre de cas favorables (n_E) à cet événement et le nombre total de cas possibles (N), tous également vraisemblables:

$$P(E) = \frac{n_E}{N}.$$

Cette définition de la probabilité, dite également **probabilité a priori**, s'applique lorsque le décompte des cas favorables et des cas possibles est réalisable comme les jeux de hasard en particulier lancer un dé, tirer une carte, ...

Remarques. a) La probabilité d'un **événement impossible** est nulle.

b) La probabilité d'un **événement certain** est égale à 1.

c) Entre ces deux extrêmes se situe toute une série d'événements probables.

   La probabilité d'un événement
   est donc toujours comprise entre 0 et 1: $0 \leq P(E) \leq 1$.

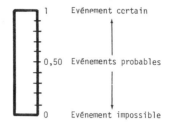

1   Evénement certain

0,50   Evénements probables

0   Evénement impossible

Le décompte des cas favorables et des cas possibles n'est pas toujours facile à effectuer. Pour le practicien, une autre définition s'impose, celle basée sur des résultats expérimentaux.

Définition «fréquentiste» de la probabilité

Une épreuve est répétée N fois. A chaque essai, on
note le résultat de l'épreuve. Soit n_E, le nombre
d'apparitions de l'événement E, alors la valeur limite de la fréquence relative $\frac{n_E}{N}$, lorsque N tend
vers l'infini, est la probabilité que l'événement E
se réalise: $\lim_{N \to \infty} \frac{n_E}{N} = P(E)$.

Remarque. Cette définition, à caractère statistique, nous permet d'imaginer
qu'il existe un nombre P(E) et que la fréquence relative en donne une approximation d'autant meilleure que N est grand.

**EXEMPLE 4. Application de la définition fréquentiste de la probabilité à
l'âge de la clientèle d'une revue de micro-informatique.**

Une revue mensuelle traitant de micro-systèmes et de micro-informatique a
effectué un sondage auprès de sa clientèle. Divers caractères socio-écono-
miques ont été mesurés lors de ce sondage, entre autres l'âge des lecteurs.

Le résumé de la compilation de 800
questionnaires selon l'âge des
lecteurs apparaît dans le tableau
ci-contre.

Si on choisit au hasard un de ces
lecteurs, quelle est la probabilité que son âge soit supérieur
ou égal à 30 ans mais inférieur à
35 ans?

Appliquons ici la notion fréquentiste de probabilité pour évaluer
les possibilités que l'âge de ce
lecteur se situe dans l'intervalle mentionné précédemment.

Age en années	Nombre de lecteurs
$15 \leq X < 20$	44
$20 \leq X < 25$	67
$25 \leq X < 30$	82
$30 \leq X < 35$	187
$35 \leq X < 40$	179
$40 \leq X < 45$	102
$45 \leq X < 50$	95
$50 \leq X < 55$	33
$55 \leq X < 60$	9
$60 \leq X < 65$	2

$$P(30 \leq X < 35) = \frac{\text{Nombre de lecteurs appartenant à cette classe}}{\text{Nombre total}}$$

$$= \frac{187}{800} = 0,23375.$$

Il y a pratiquement 23 chances sur 100 pour que l'âge de ce lecteur soit supérieur ou égal à 30 ans mais inférieur à 35 ans.

Abordons maintenant les axiomes qui régissent le calcul des probabilités.

AXIOMES RÉGISSANT LE CALCUL DES PROBABILITÉS

Que la probabilité résulte d'un raisonnement objectif ou qu'elle résulte d'un très grand nombre d'essais, elle doit satisfaire à certains axiomes que nous énonçons comme suit.

Axiomes régissant le calcul des probabilités

Soit S un ensemble fini d'événements élémentaires associé à une expérience aléatoire (épreuve) et soit A, un événement de S.

A1.   La probabilité de l'événement A est un nombre positif ou nul: $P(A) \geq 0$.

A2.   La probabilité associée à l'ensemble des événements (S) est égale à 1: $P(S) = 1$.

A3.   Si A et B sont deux événements incompatibles[1] (ils ne peuvent se réaliser simultanément), alors la probabilité de réalisation de l'un ou l'autre est égale à la somme des probabilités de A et de B: $P(A \text{ ou } B) = P(A \cup B) = P(A) + P(B)$.

Donnons quelques conséquences immédiates qui nous seront utiles.

i)   Si pour une certaine épreuve, on considère seulement 2 événements possibles et incompatibles, A et B, B est dit «événement contraire» de A ou «événement complémentaire» de A et sa probabilité est $P(B) = 1 - P(A)$. Dans ce cas l'événement B est parfois noté A' (A prime) ou encore $\overline{A}$ (non A).

> On prélève une pièce au hasard de la fabrication. A l'inspection, elle peut s'avérer soit bonne (B), soit défectueuse (D). Deux résultats seulement sont possibles et ils sont également incompatibles: $S = \{B, D\}$. Si $P(B) = 0,90$, alors la probabilité d'observer une pièce défectueuse sera, puisque $P(S) = 1$,
>
> $$P(D) = P(S) - P(B) = 1 - P(B) = 1 - 0,90 = 0,10.$$

---

[1]   Deux événements incompatibles sont également appelés événements mutuellement exclusifs.   On dit également que les ensembles correspondants sont disjoints: $P(A \cup B) = P(A) + P(B)$.

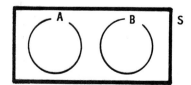

ii)   Pour tout événement A: $0 \leq P(A) \leq 1$.

iii)   Si A_1, A_2 ,..., A_n sont des événements incompatibles deux à deux, alors la probabilité de réalisation de l'un quelconque de ces événements est:

$P(A_1$ ou A_2 ou ... ou $A_n) = P(A_1 \cup A_2 \cup ... \cup A_n) = P(A_1)+P(A_2)$ $+ ... + P(A_n)$.

EXEMPLE 5. Événements incompatibles deux à deux.

Une compilation de statistiques sur les vols d'automobiles donne l'âge X des voitures volées en années et la proportion de toutes les voitures volées appartenant à chaque catégorie d'âge.

On peut symboliser l'espace échantillonnal comme suit:

$S = \{A_1, A_2, A_3, A_4, A_5\}$ où A_1: voiture de moins de 1 an,..., A_5: voiture ayant 7 ans et plus. De plus, $P(A_1) = 0,40,..., P(A_5) = 0,02$.

Age	Proportion
moins de 1	40%
$1 \leq X < 3$	30%
$3 \leq X < 5$	16%
$5 \leq X < 7$	12%
7 et plus	2%

Déterminer la probabilité qu'une voiture volée ait un an et plus.

Cet événement «un an et plus» se symbolise de la manière suivante:

$$E = A_2 \cup A_3 \cup A_4 \cup A_5$$

La probabilité est:

$P(E) = P(A_2 \cup A_3 \cup A_4 \cup A_5) = P(A_2) + P(A_3) + P(A_4) + P(A_5)$
$= 0,30 + 0,16 + 0,12 + 0,02 = 0,60$

puisque A_2, A_3, A_4 et A_5 sont des événements incompatibles deux à deux.

On remarque toutefois que l'événement complémentaire E' qui correspond à «moins de 1 an» permet de calculer rapidement P(E) puisque

$P(E) = 1 - P(E')$
$= 1 - P(A_1)$
$= 1 - 0,40 = 0,60.$

RÉSUMÉ SUR LE VOCABULAIRE DES ÉVÉNEMENTS

Pour faciliter le calcul de probabilités d'événements, nous résumons dans le tableau suivant le vocabulaire et les principales opérations sur les événements (ce sont les lois de l'algèbre des ensembles).

Vocabulaire	Notes explicatives associées au concept probabiliste
Evénement S	Evénement certain (il est toujours réalisé).
Evénement Φ	Evénement impossible (il n'est jamais réalisé).
Evénement A	Evénement quelconque.
Evénement A' (ou A̅)	Evénement contraire de A (c'est l'événement complémentaire de A par rapport à S).
Evénement A ∪ B (réunion)	Evénement qui est réalisé lorsque A **ou** bien B (éventuellement les deux) se produit.
Evénement A ∩ B (intersection)	Evénement qui est réalisé lorsque A **et** B se produisent tous les deux.
Evénement A ∩ B = Φ	L'intersection de A et B est vide. Les événements A et B sont incompatibles; ils s'excluent mutuellement.

Opérations sur les événements

1 a) A ∪ A = A	(loi idempotente)	1 b) A ∩ A = A		
2 a) A ∪ Φ = A	(loi d'identité)	2 b) A ∩ Φ = Φ		
3 a) A ∪ S = S	"	3 b) A ∩ S = A		
4 a) A ∪ A' = S	(loi de complémentarité)	4 b) A ∩ A' = Φ		
5 a) (A')' = A	"	5 b) (S)' = Φ, Φ' = S		
6 a) A ∪ B = B ∪ A	(loi commutative)	6 b) A ∩ B = B ∩ A		
7 a) A ∪ (B ∪ C) = (A ∪ B) ∪ C	(loi associative)	7 b) A ∩ (B ∩ C) = (A ∩ B) ∩ C		
8 a) A ∪ (B ∩ C) = (A ∪ B) ∩ (A ∪ C)	(loi de distributivité)	8 b) A ∩ (B ∪ C) = (A ∩ B) ∪ (A ∩ C)		
9 a) (A ∪ B)' = A' ∩ B'	(loi de Morgan)	9 b) (A ∩ B)' = A' ∪ B'		

EXEMPLE 6. Justification de certains résultats utilisés dans le calcul des probabilités.

a) Soit A un événement et A' son complément (la non-réalisation de A), alors P(A') = 1 - P(A).

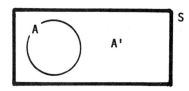

L'espace échantillonnal se décompose en deux événements incompatibles comme suit:

A ∪ A' = S. Alors P(A ∪ A') = P(S), ce qui donne P(A) + P(A') = 1 d'après A2 et A3, d'où le résultat cherché P(A') = 1 - P(A).

b) **Si Φ est l'ensemble vide, alors P(Φ) = 0.**

Considérons un événement quelconque A. les événements A et Φ (événement impossible) sont incompatibles (disjoints) et A ∪ Φ = A. Alors, d'après A3, P(A) = P(A ∪ Φ) = P(A) + P(Φ). Retranchant P(A) des deux membres de l'équation, on obtient P(Φ) = 0.

c) **Soient A et B deux événements de S tels que A ⊂ B, alors P(A) ≤ P(B).**

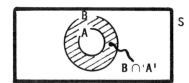

D'après le schéma, on peut décomposer B en deux événements incompatibles A et B ∩ A': B = A ∪ (B ∩ A').

P(B) = P[A ∪ (B ∩ A')] = P(A) + P(B∩A') d'après A3.

Or d'après A1, P(B ∩ A') ≥ 0, par conséquent P(B) ≥ P(A). A noter que B ∩ A' s'écrit également B - A.

d) **La probabilité d'un événement A se situe entre 0 et 1 (bornes incluses): 0 ≤ P(A) ≤ 1.**

D'après A1, on a P(A) ≥ 0. Puisque A ⊂ S, alors P(A) ≤ P(S) d'après c). Puisque P(S) = 1, il en résulte qu'on a toujours 0 ≤ P(A) ≤ 1.

e) **Soient deux événements A et B de S, alors P(A ∩ B') = P(A) - P(A ∩ B).**

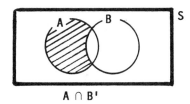

On peut décomposer l'événement A en deux événements incompatibles:

A = (A ∩ B') ∪ (A ∩ B). D'après A3, on obtient alors:

P(A) = P(A ∩ B') + P(A ∩ B), d'où le résultat cherché:

$$P(A ∩ B') = P(A) - P(A ∩ B).$$

Remarque. L'on constate qu'il s'agit toujours dans l'élaboration de ces preuves de se ramener à des événements incompatibles et d'appliquer l'axiome A3.

EXEMPLE 7. Calcul de diverses probabilités sur des événements incompatibles.

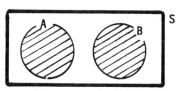

Diagramme de Venn

Soient A et B deux événements incompatibles de S avec:

P(A) = 0,28 et P(B) = 0,45.

Déterminer les probabilités suivantes:

a) P(A'). Sur le schéma, la partie grise représente l'événement A', c.-à-d. l'événement complémentaire de A. La probabilité de l'événement complémentaire A' est donc:

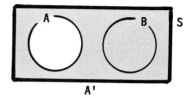

$$P(A') = 1 - P(A) = 1 - 0,28 = 0,72.$$

b) P(B'). La partie grise du schéma représente l'événement B', l'événement complémentaire de B. La probabilité de l'événement complémentaire B' est alors:

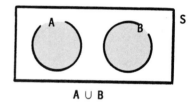

$$P(B') = 1 - P(B) = 1 - 0,45 = 0,55.$$

c) P(A ∩ B). Puisque A et B sont deux événements incompatibles, ils ne peuvent se réaliser simultanément: A ∩ B = Φ. La probabilité de se voir réaliser à la fois (simultanément) les deux événements A et B est donc nulle:

$$P(A \cap B) = P(\Phi) = 0.$$

d) P(A ∪ B). L'événement A ∪ B est représentée par la partie grise du schéma. Puisque A et B sont des événements incompatibles, on a

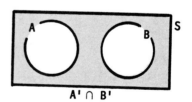

$$P(A \cup B) = P(A) + P(B) = 0,28 + 0,45 = 0,73.$$

C'est la probabilité que se réalise l'un ou l'autre des deux événements A et B.

e) P(A' ∩ B'). L'événement A' ∩ B' se lit à la réalisation à la fois des deux événements complémentaires A' et B'. Cet événement est représenté par la partie grise du schéma. D'après la propriété 9 a) des opérations sur les ensembles,

$$A' \cap B' = (A \cup B)', \text{ d'où } P(A' \cap B') = P(A \cap B)' = 1 - P(A \cup B) = 1 - 0,73 = 0,27.$$

PROBABILITÉS TOTALES: ÉVÉNEMENTS NE S'EXCLUANT PAS

Considérons maintenant le cas de la réalisation dans une épreuve de l'un ou l'autre de deux événements ne s'excluant pas mutuellement.

Calcul des probabilités totales

La probabilité de se voir réaliser dans une épreuve l'un ou l'autre de deux événements A et B ne s'excluant pas mutuellement est égale à la somme des probabilités de A et de B diminuée de la probabilité d'avoir à la fois A et B:

$$P(A \text{ ou } B) = P(A) + P(B) - P(A \text{ et } B)$$

$$P(A \cup B) = P(A) + P(B) - P(A \cap B).$$

Illustrons l'application de cette règle du calcul des probabilités.

EXEMPLE 8. Sondage effectué auprès des étudiants par l'association générale des étudiants (AGE): Calcul des probabilités totales.

Une enquête effectuée par l'AGE auprès de 400 étudiants portant sur la lecture de deux publications hebdomadaires, soit le journal "La Semaine" (publié par l'université) et le journal "Les affaires étudiantes" (publié par l'AGE) donna les résultats suivants:

165 lisent "La Semaine" (A)

240 lisent "Les affaires étudiantes" (B)

 90 lisent les deux (A et B: A ∩ B)

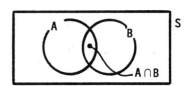

a) Si un de ces étudiants est choisi au hasard, quelle est la probabilité qu'il lise l'un ou l'autre de ces journaux?

C'est l'application directe de la formule des probabilités totales:

$$P(A \cup B) = P(A) + P(B) - P(A \cap B) = \frac{165}{400} + \frac{240}{400} - \frac{90}{400} = \frac{315}{400} = 0{,}7875.$$

b) Quelle est la probabilité qu'il lise uniquement "Les affaires étudiantes"?

Lire uniquement "Les affaires étudiantes" correspond à l'événement «lire Les affaires étudiantes et ne pas lire La Semaine» soit B ∩ A' = B - (A ∩ B). On peut déduire facilement le nombre d'étudiants correspondant à cette catégorie soit 240 - 90 = 150 et la probabilité cherchée est

$$P(B \cap A') = \frac{150}{400} = 0{,}375.$$

c) Symboliser en notation ensembliste l'événement "Ne lire, ni la Semaine, ni Les affaires étudiantes". On obtient alors A' ∩ B' qui peut également s'écrire selon la loi de Morgan A' ∩ B' = (A ∪ B)'. Quelle est la probabilité correspondante? _____

EXEMPLE 9. Justification de la règle du calcul des probabilités totales.

Soient A et B deux événements de S ne s'excluant pas mutuellement, alors

$$P(A \cup B) = P(A) + P(B) - P(A \cap B).$$

Pour obtenir ce résultat, il s'agit de se
ramener à des événements incompatibles.
Du schéma, on note que les régions
R_1 , R_2 , R_3 représentent des ensembles
disjoints:

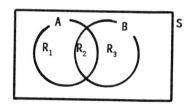

R_1 représente l'événement $A \cap B'$

R_2 représente l'événement $A \cap B$

R_3 représente l'événement $A' \cap B$.

L'événement $A \cup B$ peut se décomposer en deux événements incompatibles:

$$A \cup B = A \cup (A' \cap B)$$

L'événement B peut se décomposer également en deux événements incompatibles:

$$B = (A \cap B) \cup (A' \cap B).$$

On peut donc écrire d'après A3,

$$P(A \cup B) = P(A) + P(A' \cap B)$$
$$P(B) = P(A \cap B) + P(A' \cap B).$$

On peut donc écrire

$$P(A' \cap B) = P(B) - P(A \cap B)$$

et finalement
$$P(A \cup B) = P(A) + P(A' \cap B)$$
$$= P(A) + P(B) - P(A \cap B).$$

Remarques. a) Dans le cas où A et B sont incompatibles, l'événement «A et
B» est impossible, alors $P(A \cap B) = 0$ et la formule des probabilités totales
se réduit à $P(A \cup B) = P(A) + P(B)$.

b) La règle du calcul des probabilités totales se généralise au
cas de plusieurs événements. Dans le cas de trois événements A,B,C, on é-
crit:

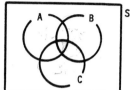

$$P(A \cup B \cup C) = P(A) + P(B) + P(C)$$

$$- P(A \cap B) - P(A \cap C) - P(B \cap C)$$

$$+ P(A \cap B \cap C).$$

Pour obtenir ce résultat, il s'agit d'utiliser deux fois la règle du calcul
des probabilités totales:

$$P(A \cup B \cup C) = P(A \cup B) + P(C) - P[(A \cup B) \cap C]$$

$$= P(A) + P(B) - P(A \cap B) + P(C) - P[A \cup B) \cap C].$$

Toutefois,

$$P(A \cup B) \cap C) = P(A \cap C) \cup (B \cap C) \quad \text{d'après 8 b)}$$
$$= P(A \cap C) + P(B \cap C) - P(A \cap B \cap C),$$

d'où le résultat

$$P(A \cup B \cup C) = P(A) + P(B) + P(C) - P(A \cap B) - P(A \cap C) - P(B \cap C) + P(A \cap B \cap C).$$

EXEMPLE 10. Application de la règle du calcul des probabilités totales à trois événements.

Soient A, B et C, trois événements de S ne s'excluant pas mutuellement avec

$$P(A) = 0,60, \quad P(B) = 0,50, \quad P(C) = 0,50, \ P(A \cap B) = 0,30, \ P(B \cap C) = 0,20,$$
$$P(A \cap C) = 0,30, \quad P(A \cap B \cap C) = 0,10.$$

Déterminer les probabilités suivantes:

a) P(A $\cup$ B $\cup$ C). C'est l'application directe de la formule:

$$P(A \cup B \cup C) = P(A) + P(B) + P(C) - P(A \cap B)$$
$$- P(A \cap C) - P(B \cap C) + P(A \cap B \cap C)$$
$$= 0,60 + 0,50 + 0,50 - 0,30$$
$$- 0,30 - 0,20 + 0,10$$
$$= 0,90.$$

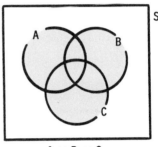

A $\cup$ B $\cup$ C

b) P(B $\cap$ C $\cap$ A') c.-à-d. la probabilité de réalisation de B et C mais non de A.

Du schéma, on peut écrire

$$B \cap C = (A \cap B \cap C) \cup (B \cap C \cap A')$$

d'où

$$P(B \cap C) = P(A \cap B \cap C) = P(B \cap C \cap A')$$

ce qui donne

$$P(B \cap C \cap A') = P(B \cap C) - P(A \cap B \cap C)$$
$$= 0,20 - 0,10 = 0,10.$$

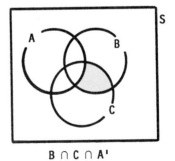

B $\cap$ C $\cap$ A'

ÉVÉNEMENTS LIÉS, PROBABILITÉS CONDITIONNELLES, PROBABILITÉS COMPOSÉES ET ÉVÉNEMENTS INDÉPENDANTS

ÉVÉNEMENTS LIÉS

Les probabilités, telles que définies précédemment l'ont toutes été par rapport à l'ensemble de tous les résultats possibles (espace échantillonnal). On peut également s'intéresser à évaluer la probabilité d'un événement B, non pas par rapport à l'espace échantillonnal S, mais par rapport à un autre événement A de S, qui s'est déjà réalisé. Dans ce cas, la réalisation de l'événement B est conditionnée par la réalisation de l'événement A que nous notons B|A. Cet événement est dit **événement lié** (B lié par A).

Dans l'exemple 8, on peut s'intéresser à évaluer la probabilité qu'un étudiant, choisi au hasard, lise "Les affaires étudiantes" sachant qu'il lise "La Semaine".

Probabilité conditionnelle

Pour évaluer cette probabilité, il est nécessaire de connaître la définition de la probabilité conditionnelle d'un événement.

Probabilité conditionnelle

Soient A et B deux événements de S tels que A est un événement de probabilité non nulle ($P(A) \neq 0$). On appelle probabilité conditionnelle de B par rapport à A, la probabilité de réalisation de l'événement B, sachant que l'événement A s'est réalisé et se note $P(B|A)$. Sa valeur est donnée par:

$$P(B|A) = \frac{P(A \cap B)}{P(A)}$$

De même, $$P(A|B) = \frac{P(A \cap B)}{P(B)} , \quad p(B) \neq 0.$$

Probabilités composées

A partir de la définition de la probabilité conditionnelle, on peut en déduire une relation intéressante qui porte le nom de formule des **probabilités composées** ou règle de multiplication.

Formule des probabilités composées

Soient A et B deux événements de probabilité non nulle. La probabilité de se voir réaliser à la fois (simultanément) deux événements A et B est égale au produit de la probabilité de A par la probabilité de B sachant que A s'est réalisé:

$$P(A \cap B) = P(A) \cdot P(B|A).$$

Remarque. On peut également écrire: $P(A \cap B) = P(B) \cdot P(A|B)$.

Illustrons l'application de ces formules avec les exemples suivants.

EXEMPLE 11. Calcul de diverses probabilités: Dossier d'un employé d'une multinationale.

Le responsable des ressources humaines d'une multinationale a sur microfiche les dossiers de 16 000 employés. Le dénombrement de ces dossiers en fonction de l'âge et du sexe est le suivant:

AGE - ans	SEXE		TOTAL
	MASCULIN (M)	FEMININ (F)	
Moins de 30 ans (A)	1200	1700	2 900
30 - 40 (B)	2600	4200	6 800
Plus de 40 ans (C)	4000	2300	6 300
TOTAL	7800	8200	16 000

a) Si un dossier est sélectionné au hasard, quelle est la probabilité que ce soit celui d'un employé de moins de 30 ans (A)?

Il s'agit de calculer le rapport entre le nombre de dossiers appartenant à la catégorie (A) soit 2900 et le nombre total de dossiers (le nombre d'éléments dans l'espace échantillonnal) soit 16 000:

$$P(A) = \frac{2900}{16\ 000} = 0,1813.$$

b) Quelle est la probabilité que ce soit celui d'un employé de moins de 30 ans (A), sachant que l'employé est de sexe féminin (F)?

On veut donc calculer la probabilité du même événement qu'en a), soit que le dossier soit celui d'un employé de moins de 30 ans, toutefois sous la condition de la réalisation préalable de l'événement (F), employé de sexe féminin. Ceci aura pour effet de réduire le nombre de dossiers à considérer (on obtient alors un sous-ensemble de S) pour évaluer cette probabilité puisque nous avons seulement 8200 dossiers de sexe féminin à considérer au lieu des 16 000 dossiers.

D'après la définition de la probabilité conditionnelle, on veut:

$$P(A|F) = \frac{P(A \cap F)}{P(F)}$$

Le nombre de dossiers dans la catégorie "moins de 30 ans et de sexe féminin" est 1700.
Donc la probabilité de réalisation de A|F est $\frac{1700}{8200}$, soit

$$P(A|F) = \frac{P(A \cap F)}{P(F)} = \frac{1700/16\ 000}{8200/16\ 000} = 0,2073.$$

La probabilité de réalisation de l'événement A sachant que F s'est réalisé, P(A|F), est plus élevée que P(A).

c) Quelle est la probabilité que ce soit un employé masculin (M) de plus de 40 ans (C)?

$$P(M \cap C) = \frac{4000}{16\ 000} = 0,25.$$

qui peut aussi s'écrire, en utilisant la formule des probabilités composées:

$$P(M \cap C) = P(M) \cdot P(C|M)$$

$$= \frac{7800}{16\ 000} \cdot \frac{4000}{7800} = \frac{4000}{16\ 000} = 0,25.$$

d) Quelle est la probabilité que ce soit un employé féminin (F) ayant 40 ans ou moins (A   B)?

$$P(F \cap (A \cup B) = P(F \cap A) \cup (F \cap B) \quad \text{d'après 8 b)}$$

$$= P(F \cap A) + P(F \cap B)$$

$$= \frac{1700}{16\ 000} + \frac{4200}{16\ 000} = \frac{5900}{16\ 000} = 0,36875.$$

e) Quelle est la probabilité que le dossier représente un employé féminin au-dessus de 40 ans (F $\cap$ C), sachant que le dossier est celui d'un employé au-dessus de 40 ans (C)?

$$P[(F \cap C)|C] = \frac{P[(F \cap C) \cap C]}{P(C)}$$

$$= \frac{P(F \cap C)}{P(C)}$$

Or $P(F \cap C) = \dfrac{2300}{16\ 000}$ et $P(C) = \dfrac{6300}{16\ 000}$, d'où

$$P[(F \cap C)|C] = \frac{P(F \cap C)}{P(C)} = \frac{2300}{16\ 000} \quad \frac{6300}{16\ 000}$$

$$= \frac{2300}{6300} = 0,3651.$$

Nous constatons que nous n'avons besoin que d'une partie de l'ensemble des dossiers pour évaluer cette probabilité: ceux des employés âgés de plus de 40 ans et ceux des employés de sexe féminin ayant plus de 40 ans, d'où 2300/6300.

EXEMPLE 12. Application de la notion de probabilités composées: Bris d'un dispositif électronique et arrêt d'une chaîne d'empaquetage.

L'ingénieur d'usine de l'entreprise Electropak a noté, se basant sur une évaluation de plusieurs années, qu'un dispositif électronique complexe, installé sur une chaîne d'empaquetage a une probabilité 0,20 de tomber en panne. Notons l'événement «dispositif électronique tombé en panne» par A: P(A) = 0,20. Lorsque ce dispositif tombe en panne, la probabilité d'être obligé d'arrêter complètement la chaîne d'empaquetage (à cause de l'importance du bris) est de 0,50. Notons par B|A, l'événement «arrêt complet de la chaîne d'empaquetage étant donné un bris dans le dispositif électronique», d'où P(B|A) = 0,50.

Quelle est la probabilité d'observer que le dispositif tombe en panne et que la chaîne d'empaquetage soit complètement arrêtée?

On veut

$$P(A \cap B) = P(A) \cdot P(B|A)$$

$$= (0,20)(0,50) = 0,10.$$

Remarque. La formule des probabilités composées (règle de multiplication), dans le cas de trois événements A, B, C s'écrit:

$$P(A \cap B \cap C) = P(A) \cdot P(B|A) \cdot P(C|A \cap B).$$

Evénements indépendants

Deux événements compatibles sont dits **indépendants**, si la réalisation de l'un n'est pas influencée par la réalisation de l'autre. L'indépendance de deux événements A et B se définit comme suit.

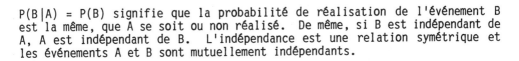

Indépendance d'événements

Deux événements A et B sont indépendants si

$$P(B|A) = P(B)$$

ou $$P(A|B) = P(A).$$

Dans ce cas d'indépendance, la formule des probabilités composées devient: $P(A \cap B) = P(A) \cdot P(B)$.

$P(B|A) = P(B)$ signifie que la probabilité de réalisation de l'événement B est la même, que A se soit ou non réalisé. De même, si B est indépendant de A, A est indépendant de B. L'indépendance est une relation symétrique et les événements A et B sont mutuellement indépendants.

Remarques. a) Cette notion peut se généraliser à n événements. Dans le cas de trois événements A, B, C, ils sont indépendants si

$$P(A \cap B) = P(A) \cdot P(B), \; P(A \cap C) = P(A) \cdot P(C), \; P(B \cap C) = P(B) \cdot P(C)$$

et

$$P(A \cap B \cap C) = P(A) \cdot P(B) \cdot P(C)$$

b) Dans le cas de deux événements indépendants A et B, on peut également écrire

$$P(A \cap B) = P(A) \cdot P(B), \quad P(A' \cap B) = P(A') \cdot P(B),$$

$$P(A \cap B') = P(A) \cdot P(B'), \quad P(A' \cap B') = P(A') \cdot P(B').$$

EXEMPLE 13. Vérification si deux événements sont indépendants.

A partir du tableau des dossiers d'une multinationale (exemple 11), vérifions si les événements M (employé de sexe masculin) et A (âgé de moins de 30 ans) sont indépendants.

Si les événements M et A sont indépendants, alors $P(M|A) = P(M)$ ou encore, $P(M \cap A) = P(M) \cdot P(A)$. Calculons séparément $P(M \cap A)$ et $P(M) \cdot P(A)$. On obtient

$$P(M) = \frac{7800}{16\ 000}, \quad P(A) = \frac{2900}{16\ 000}.$$

Ce qui donne

$$P(M) \cdot P(A) = \frac{7800}{16\ 000} \cdot \frac{2900}{16\ 000} = 0,0883.$$

D'autre part,

$$P(M \cap A) = \frac{1200}{16\ 000} = 0,075.$$

Par conséquent $P(M \cap A) \neq P(M) \cdot P(A)$, les événements M et A ne sont pas indépendants.

Remarque. Dans le cas de deux événements A et B, l'expression, évaluée séparément $P(A \cap B) = P(A) \cdot P(B)$ permet d'obtenir un critère de vérification d'indépendance d'événements dans le cas où l'intuition ne suffit pas.

EXEMPLE 14.   Probabilité que 2 pièces sélectionnées au hasard dans une fabrication soient défectueuses.

D'après les données recueillies jusqu'à ce jour, 2% de la production de l'unité # 12 est défectueuse.

a) Quelle est la probabilité que 2 pièces choisies au hasard de la production de l'unité # 12 soient défectueuses?

On suppose ici que le fait d'observer une pièce défectueuse n'affecte pas la qualité d'une autre pièce. Notons par

A: la première pièce est défectueuse ; $P(A) = 0,02$

B: la seconde pièce est défectueuse ; $P(B) = 0,02.$

P(Première pièce défectueuse et seconde pièce défectueuse) =
$P(A \cap B) = P(A) \cdot P(B) = (0,02)(0,02) = 0,0004.$

b) Quelle est la probabilité que la première pièce soit défectueuse et que la seconde soit bonne?

Soit B': la seconde pièce est non défectueuse; par conséquent

$P(B') = 1 - P(B) = 1 - 0,02 = 0,98.$ On veut:

$$P(A \cap B') = P(A) \cdot P(B') = (0,02)(0,98) = 0,0196.$$

EXEMPLE 15.   Evénements indépendants: Evaluation de la fiabilité d'un système.

Supposons le système parallèle suivant où le système fonctionne si l'une ou l'autre ou les deux composants fonctionnent correctement.

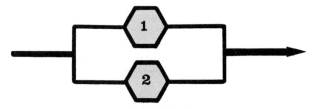

Identifions par A_1: le composant 1 fonctionne, par A_2: le composant 2 fonctionne et par F, le système fonctionne correctement. Ainsi

$$F = A_1 \cup A_2 .$$

a) Quelle est l'expression de la probabilité, en termes d'événements, que le système fonctionne?

$P(F) = P(A_1 \cup A_2) = P(A_1) + P(A_2) - P(A_1 \cap A_2)$.

Puisque chaque composant fonctionne indépendamment, on peut écrire

$P(F) = P(A_1) + P(A_2) - P(A_1) \cdot P(A_2)$.

b) Si la probabilité que chaque composant fonctionne est 0,9, quelle est la probabilité que le système fonctionne correctement?

$P(A_1) = 0,9$; $P(A_2) = 0,9$.

$P(F) = 0,9 + 0,9 - (0,9)(0,9) = 1,8 - 0,81 = 0,99$.

c) Quelle est la probabilité que le système soit défaillant?

Le système est défaillant si les deux composants ne fonctionnent pas.

Notons par D: le système est défaillant. L'événement D s'écrit:

$$D = (A_1' \cap A_2').$$

La probabilité correspondante est:

$$P(D) = P(A_1') \cdot P(A_2') = 1 - P(A_1) \cdot (1 - P(A_2)$$
$$= (0,1) \cdot (0,1) = 0,01,$$

ce qui correspond également à

$$P(F') = 1 - P(F) = 1 - 0,99 = 0,01.$$

Remarque. Evénements incompatibles et événements indépendants. Il importe de ne pas confondre événements incompatibles et événements indépendants. Incompatibilité signifie que les deux événements ne peuvent se réaliser simultanément $(P(A \cap B) = 0)$ et indépendance signifie que la probabilité de réalisation de l'un n'est pas modifiée par la réalisation de l'autre: $(P(B|A) = P(B)$. Si $P(B|A) \neq P(B)$, A et B sont des événements dépendants.

PROBABILITÉS DES CAUSES: FORMULE DE BAYES

Il arrive parfois qu'une épreuve puisse être décomposée en deux étapes successives:

- Dans un premier temps, on obtient un groupe d'événements incompatibles E_1, E_2,...., E_i,...., E_n. A chacun de ces événements correspond une information initiale permettant d'évaluer les probabilités $P(E_1)$, $P(E_2)$, $P(E_i)$,...., $P(E_n)$.

- Dans un deuxième temps, on obtient un événement A issu du groupe précédent pour lequel on connaît les probabilités conditionnelles $P(A|E_1)$, $P(A|E_2)$,...., $P(A|E_i)$,...., $P(A|E_n)$.

On demande alors de calculer $P(E_i|A)$ c.-à-d. d'évaluer les probabilités des diverses causes de A, sachant que A s'est produit.

L'exemple suivant permettra de mieux assimiler ces notions.

EXEMPLE 16. Détermination de la formule de Bayes: approche intuitive.

Chez Simco, 20% des employés ont un diplôme en gestion des affaires. Parmi ceux-xi, 70% ont des postes de cadre. Toutefois, parmi ceux qui n'ont pas de diplôme en gestion des affaires, 15% occupent un poste de cadre. Si un cadre de cette entreprise est sélectionné au hasard, quelle est la proba- bilité qu'il soit un diplômé en gestion des affaires?

Les employés sont divisés en deux catégories disjointes:

E_1 : employé ayant un diplôme en gestion des affaires.

E_2 : employé n'ayant pas de diplôme en gestion des affaires.

D'après l'information initiale,

$P(E_1) = 0,20$, $P(E_2) = 0,80$, soit $1 - P(E_1)$.

Notons par A, l'événement «l'employé choisi est un cadre». On sait égale- ment que: $P(A|E_1) = 0,70$ et $P(A|E_2) = 0,15$.

On cherche à déterminer, pour un événement observé («l'employé choisi est un cadre»), la probabilité qu'une cause donnée («l'employé diplômé en gestion des affaires») en soit l'origine: $P(E_1|A)$.

Déterminons l'expression de cette probabilité.

Par définition de la probabilité conditionnelle, $P(E_1|A) = \dfrac{P(E_1 \cap A)}{P(A)}$.

Par la formule des probabilités composées, $P(E_1 \cap A) = P(E_1) \cdot P(A|E_1)$.

D'autre part, l'événement A «l'employé est un cadre» est composé de deux é- vénements incompatibles soit $A = (E_1 \cap A) \cup (E_2 \cap A)$ qui peut se lire l'em- ployé est un cadre si «l'employé est un diplômé en gestion des affaires et est un cadre» ou «l'employé n'est pas un di- plômé en gestion des affaires et est un cadre». Par conséquent, on peut écrire:

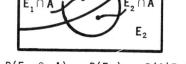

$P(A) = P(E_1 \cap A) + P(E_2 \cap A)$.

Puisque $P(E_1 \cap A) = P(E_1) \cdot P(A|E_1)$ et que $P(E_2 \cap A) = P(E_2) \cdot P(A|E_2)$, alors la probabilité

$$P(E_1|A) = \frac{P(E_1 \cap A)}{P(A)} \quad \text{devient}$$

$$P(E_1|A) = \frac{P(E_1) \cdot P(A|E_1)}{P(E_1) \cdot P(A|E_1) + P(E_2) \cdot P(A|E_2)} .$$

Ce résultat constitue la formule de Bayes.

On peut alors déterminer la probabilité demandée précédemment:

$P(E_1|A) = P(\text{l'employé soit diplômé en gestion des affaires sachant qu'il est cadre})$

$$= \frac{(0,20)(0,70)}{(0,20)(0,70) + (0,80)(0,15)} = \frac{0,14}{0,26} = 0,5384.$$

Pour cet exemple, on peut visualiser comme suit la décomposition des étapes successives de l'épreuve que nous avons mentionnées au début de cette section.

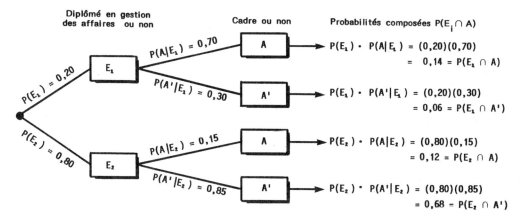

On remarque que l'événement A peut être causé soit par E_1, soit par E_2. La probabilité que E_1 soit la cause de A s'évalue comme suit.

$$P(E_1|A) = \frac{\text{Probabilité composée du parcours reliant } E_1 \text{ et } A}{\text{Somme des probabilités composées de tous les parcours dont l'issue est A}} = \frac{0,14}{0,14+0,12} = 0,5384.$$

On note également sur ce schéma que $P(E_1) = 0,14 + 0,06 = 0,20$, $P(E_2) = 0,12 + 0,68 = 0,80$ puisque $E_1 = (E_1 \cap A) \cup (E_1 \cap A')$ et que $E_2 = (E_2 \cap A) \cup (E_2 \cap A')$.

Remarques. a) L'expression générale de la formule de Bayes est:

$$P(E_i|A) = \frac{P(E_i) \cdot P(A|E_i)}{\sum_{i=1}^{n} P(E_i) \cdot P(A|E_i)}$$

Les probabilités $P(E_i)$ sont dites probabilités «a priori» alors que les probabilités $P(E_i|A)$ sont dites probabilités «a posteriori».

b) L'expression du dénominateur $P(A) = P(E_1 \cap A) + P(E_2 \cap A)$ $+ \ldots + P(E_n \cap A) = \sum_{l=n}^{n} P(E_i) \cdot P(A|E_i)$ est aussi connue sous le nom de **règle d'élimination.** Elle donne un moyen très efficace de calculer la probabilité d'un événement quelconque A de l'espace échantillonnal lorsque celui-ci est conditionné par une série exhaustive d'événements incompatibles deux à deux E_1, E_2,...,E_n et dont la réunion est l'espace échantillonnal tout entier. Cette règle est visualisée sur le schéma ci-haut ou par le diagramme en arbre dans l'exemple précédent où l'espace échantillonnal (les employés) était partitionné en deux sous-ensembles disjoints E_1 et E_2.

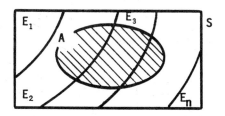

EXEMPLE 17. Justification de la formule de Bayes.

Pour établir la formule de Bayes, posons d'abord les conditions suivantes:

a) L'espace échantillonnal S est partitionné en n événements incompatibles,

E_1, E_2,..., E_n tels que $P(E_i) > 0$ pour $i = 1,...,n$ et $\sum_{i=1}^{n} P(E_i) = 1$.

A chacun de ces événements correspond une information initiale qui permet d'évaluer les probabilités a priori $P(E_1)$, $P(E_2)$,..., $P(E_n)$.

b) Soit A un événement de S pour lequel on connaît les probabilités conditionnelles $P(A|E_i)$, $i = 1,...,n$.

Modifions maintenant les probabilités a priori $P(E_i)$ pour déterminer les probabilités a posteriori $P(E_i|A)$.

Par définition, la probabilité conditionnelle $P(E_i|A)$ s'écrit:

$$P(E_i|A) = \frac{P(E_i \cap A)}{P(A)} .$$

Toutefois, par la formule des probabilités composées, le numérateur s'écrit:

$$P(E_i \cap A) = P(E_i) \cdot P(A|E_i).$$

Par la règle d'élimination (voir la remarque b) précédente), le dénominateur s'écrit:

$$P(A) = \sum_{i=1}^{n} P(E_i) \cdot P(A|E_i).$$

Substituant ces expressions dans la formule de $P(E_i|A)$, on trouve

$$P(E_i|A) = \frac{P(E_i) \cdot P(A|E_i)}{\sum_{i=1}^{n} P(E_i) \cdot P(A|E_i)} = P(E_i) \cdot \frac{P(A|E_i)}{\sum_{i=1}^{n} P(E_i) \cdot P(A|E_i)}$$

C'est la formule de Bayes qui permet de déterminer la probabilité pour qu'un événement qui est supposé déjà réalisé (A), soit dû à une certaine cause (E_i) plutôt qu'à une autre.

EXEMPLE 18. Application de la règle d'élimination et de la formule de Bayes.

On suppose que 3 types de microprocesseurs utilisés dans la fabrication de micro-ordinateurs se partagent le marché à raison de 25% pour le type X, 35% pour le type Y, 40% pour le type Z. Les pourcentages de défauts de fabrication sont: 5% pour les microprocesseurs de type X, 4% pour ceux de type Y et 2% pour ceux de type Z.

Dans un lot constitué de microprocesseurs dans les proportions indiquées par les types X, Y et Z, on prélève un microprocesseur.

a) Quelle est la probabilité qu'il soit défectueux?

Identifions les événements de cette expérience comme suit.

A: le microprocesseur est défectueux.

E_1 : le microprocesseur est de type X

E_2 : le microprocesseur est de type Y

E_3 : le microprocesseur est de type Z

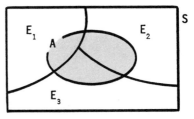

On veut déterminer P(A). Sur le schéma, on constate que A est un sous-ensemble de S, que la réunion des événements E_1, E_2 et E_3 constitue l'espace échantillonnal S et qu'ils sont mutuellement exclusifs ($E_i \cap E_j = \Phi$, $i \neq j$). On peut donc écrire: A = ($E_1 \cap$ A) $\cup$ ($E_2 \cap$ A) $\cup$ ($E_3 \cap$ A). Puisque ces événements sont mutuellement exclusifs, P(A) = P($E_1 \cap$ A) + P($E_2 \cap$ A) + P($E_3 \cap$ A) et par la formule des probabilités composées, on obtient:

$$P(A) = P(E_1) \cdot P(A|E_1) + P(E_2) \cdot P(A|E_2) + P(E_3) \cdot P(A|E_3).$$

D'autre part,

$$P(E_1) = 0,25, \quad P(E_2) = 0,35, \quad P(E_3) = 0,40$$

et les probabilités conditionnelles

$$P(A|E_1) = 0,05, \quad P(A|E_2) = 0,04, \quad P(A|E_3) = 0,02.$$

En substituant ces valeurs dans l'expression de P(A), on trouve

$$P(A) = (0,25)(0,05) + (0,35)(0,04) + (0,40)(0,02)$$
$$= 0,0125 + 0,014 + 0,008 = 0,0345.$$

b) Sachant que le microprocesseur présente un défaut de fabrication, quelle est la probabilité qu'il soit de type X?

Cette probabilité conditionnelle s'exprime de la manière suivante:

$$P(E_1|A) = \frac{P(E_1 \cap A)}{P(A)} = \frac{P(E_1) \cdot P(A|E_1)}{P(A)} .$$

C'est l'application immédiate de la formule de Bayes.

On obtient alors

$$P(\text{Type X}|\text{Défaut}) = P(E_1|A) = \frac{(0,25)(0,05)}{0,0345}$$
$$= 0,3623.$$

Ainsi une fois que l'on sait que le microprocesseur présente un défaut de fabrication, la probabilité qu'il soit de type X passe de 0,25 (partage du marché) à 0,3623.

Bien que le type X ne représente que le quart du marché, il n'en représente pas moins 36,23% des microprocesseurs présentant un défaut de fabrication sur le marché.

On veut visualiser ces événements à l'aide du diagramme en arbre.

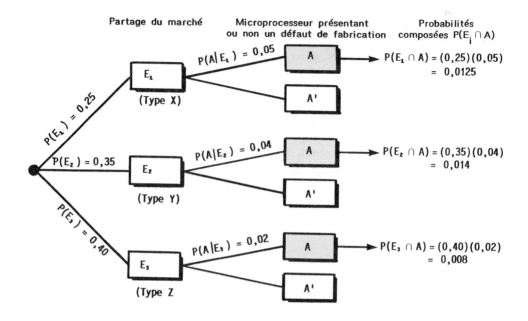

Ainsi la probabilité que le microprocesseur de type X (événement E_1) soit la cause de A (microprocesseur présentant un défaut de fabrication)est:

$$P(E_1|A) = \frac{\text{Probabilité composée du parcours reliant } E_1 \text{ à A}}{\substack{\text{Somme des probabilités composées de tous les} \\ \text{parcours dont l'issue est A}}} = \frac{0,0125}{0,0345}$$

$$= 0,3623$$

On peut en déduire facilement que le microprocesseur de type Y (événement E_2) soit la cause de A:

$$P(E_2|A) = \frac{0,014}{0,0345} = 0,4058.$$

De même, la probabilité que le microprocesseur de type Z (événement E_3) soit la cause de A est:

$$P(E_3|A) = \frac{0,008}{0,0345} = 0,2319.$$

L'ANALYSE COMBINATOIRE, L'ÉCHANTILLONNAGE ET LES PROBABILITÉS

Nous voulons traiter brièvement certaines notions de l'analyse combinatoire et en particulier celles de permutations et de combinaisons. Elles peuvent être utiles dans le calcul de certaines probabilités où le nombre de possibilités de réalisation d'un événement est élevé (ce qui rend inutilisable le diagramme en arbre vu en début de chapitre pour construire l'espace échantillonnal).

Les probabilités combinatoires sont aussi particulièrement utiles dans l'étude de certaines lois de probabilité entre autres, la loi binomiale et la loi hypergéométrique.

Principe de multiplication

Enonçons d'abord le principe de multiplication qui est à la base de presque toutes les formules de dénombrement.

Principe de multiplication

Si un événement A_1 peut se produire de n_1 façons différentes et si, suivant cet événement, un second événement A_2 peut se produire de n_2 façons différentes et ainsi de suite jusqu'au k ième événement A_k qui peut se produire de n_k façons différentes, alors le nombre de façons dont les événements peuvent se produire dans l'ordre mentionné est:

$$n_1 \cdot n_2 \cdot \ldots \cdot n_k.$$

EXEMPLE 19. Application du principe de multiplication

Un montage transistorisé est assemblé en trois étapes. A la première étape, il y a trois chaînes d'assemblage possibles, à la deuxième étape, il y en a deux et à la troisième étape, il y en a quatre. De combien de façons différentes le montage peut-il être acheminé à travers ce processus d'assemblage?

Solution

C'est l'application directe du principe de multiplication. On a $n_1 = 3$, $n_2 = 2$ et $n_3 = 4$, d'où le nombre de façons possibles est:

$$n_1 \cdot n_2 \cdot n_3 = 3 \cdot 2 \cdot 4 = 24.$$

EXEMPLE 20. Application du principe de multiplication en échantillonnage: tirage avec remise.

Considérons une population de $N = 20$ individus. On veut prélever un échantillon de taille $n = 5$ de cette population. De plus, on considère que l'échantillonnage s'effectue avec remise (chaque individu choisi est remis dans la population avant d'en choisir un autre).

a) Déterminer le nombre possible d'échantillons de taille $n = 5$.

On a 20 choix pour le tirage du premier individu. Puisqu'après chaque tirage, l'individu est remis dans la population, il y a 20 choix possibles pour le second tirage, pour le troisième, quatrième et également pour le cinquième. Il y a donc

$$20 \cdot 20 \cdot 20 \cdot 20 \cdot 20 = 20^5 = 3\ 200\ 000 \text{ échantillons possibles.}$$

D'une façon générale, le nombre d'échantillons possibles de taille n prélevés d'une population de N individus et dont le tirage s'effectue avec remise est:

$$N \cdot N \cdot N \cdot \ldots \cdot N = N^n$$
$$\underbrace{}_{\text{n fois}}$$

b) Quelle est la probabilité de choisir un échantillon quelconque de tail-le n = 5 dans une population de N individus si le tirage s'effectue a-vec remise?

Appliquons la définition classique de la probabilité

$$\text{Probabilité} = \frac{\text{Nombre de cas favorables}}{\text{Nombre de cas possibles}} \quad, \quad \text{ce qui donne}$$

$$\frac{1}{3\ 200\ 000} \quad (\text{soit } \frac{1}{N^n}).$$

Remarque. Lorsque chaque échantillon de même taille prélevé dans la popula-tion a la même probabilité d'être choisi, l'échantillon est alors qualifié **d'échantillon aléatoire simple.** Cet aspect sera traité à nouveau dans la partie sur l'inférence statistique.

Combinaisons et permutations

Qu'advient-il maintenant si l'échantillonnage s'effectue sans remise?

On doit distinguer deux cas:

i) l'échantillon est ordonné c.-à-d. que l'on tient compte de l'ordre dans lequel les individus (éléments, unités statistiques) sont préle-vés de la population;

ii) l'échantillon n'est pas ordonné.

Dans le premier cas, on a recours à la notion de permutations, dans le second, à celle de combinaisons. Précisons d'abord ce qu'on entend par ar-rangement.

Arrangement

Le processus qui consiste à grouper de différentes façons n éléments (individus) différents s'appelle arrangement. Tous les éléments ou seulement une partie de ceux-ci peuvent figurer dans les arrange-ments.

Combinaisons

Une combinaison est un arrangement où l'ordre de présentation des éléments n'est pas pris en consi-dération. Le nombre de combinaisons (sans répéti-tions) de x éléments choisis parmi n éléments dis-tincts est le nombre de choix possibles de x élé-ments distincts (chacun figure au plus une fois) parmi n. Ce nombre, noté $C(n,x)$ ou $\binom{n}{x}$ ou C_n^x est donné par

$$\binom{n}{x} = \frac{n!}{x!(n-x)!} \quad, \quad x \le n.$$

Remarques. a) $\binom{n}{x}$ représente donc le nombre de sous-ensembles différents de x éléments d'un ensemble de n éléments. Il est aussi appelé combinaison de n éléments pris x à x.

b) $\binom{n}{x}$ constitue également les coefficients binomiaux. En effet dans le développement du binôme de Newton, les coefficients des différents termes sont des combinaisons:

$$(p+q)^n = \binom{n}{0} q^n p^0 + \binom{n}{1} q^{n-1} p^1 + \ldots + \binom{n}{x} q^{n-x} p^x + \ldots + \binom{n}{n} q^0 p^n$$

$$= \sum_{x=0}^{n} \binom{n}{x} q^{n-x} p^x.$$

c) **Notation factorielle.** Rappelons que le produit des entiers positifs de 1 à n inclus est appelé factorielle n que nous notons n!:

$$n! = n \cdot (n-1) \cdot (n-2) \cdot \ldots \cdot 3 \cdot 2 \cdot 1.$$

De plus,

$$0! = 1 \text{ par définition.}$$

Définissons maintenant le concept de permutations.

Permutations

Une permutation est un arrangement d'éléments dans lequel leur ordre de présentation est pris en considération. Le nombre de permutations de x éléments choisis parmi n correspond à déterminer le nombre de manières différentes de ranger x éléments distincts dans n cases avec au plus un élément par case. Ce nombre noté $P(n,x)$ ou P_n^x ou A_n^x est donné par

$$P(n,x) = n\ (n-1)(n-2)\ \ldots\ (n-x+1) = \frac{n!}{(n-x)!}.$$

Dans le cas où x = n, $P(n,n) = n!$

Remarque. $P(n,x)$ s'appelle également arrangement de n éléments pris x à x.

EXEMPLE 21. Détermination du nombre de combinaisons et de permutations.

Considérons un ensemble constitué des nombres suivants: 1,2,3,4,5.

a) Déterminer le nombre de combinaisons de ces cinq nombres lorsqu'ils sont pris 2 à 2.

On a n = 5, x = 2, d'où

$$\binom{5}{2} = \frac{5!}{2!3!} = 10 \text{ combinaisons possibles.}$$

b)   Déterminer le nombre de permutations de ces cinq nombres lorsqu'ils sont pris 2 à 2.

$$P(5,2) = \frac{5!}{3!} = \frac{5 \cdot 4 \cdot 3!}{3!} = 20 \text{ permutations.}$$

c)   Faire la liste de toutes les permutations et de toutes les combinaisons.

	Permutation		Combinaison	
1.	(1,2)	....	(1,2)	1.
2.	(2,1)			
3.	(1,3)	....	(1,3)	2.
4.	(3,1)			
5.	(1,4)	....	(1,4)	3.
6.	(4,1)			
7.	(1,5)	....	(1,5)	4.
8.	(5,1)			
9.	(2,3)	....	(2,3)	5.
10.	(3,2)			
11.	(2,4)	....	(2,4)	6.
12.	(4,2)			
13.	(2,5)	....	(2,5)	7.
14.	(5,2)			
15.	(3,4)	....	(3,4)	8.
16.	(4,3)			
17.	(3,5)	....	(3,5)	9.
18.	(5,3)			
19.	(4,5)	....	(4,5)	10.
20.	(5,4)			

On tient compte de l'ordre   On ne tient pas compte de l'ordre

d)   Si une population est constituée de ces 5 nombres, quelle est la probabilité de choisir un échantillon ordonné de taille n = 2? (Tirage sans remise).
Dans ce cas, P(5,2) = 20 échantillons sont possibles et la probabilité est 1/20.

e)   Quelle est la probabilité de choisir un échantillon non-ordonné de taille n = 2? (Tirage sans remise).

Il y a $\binom{5}{2}$ = 10 échantillons possibles, ce qui donne $\frac{1}{10}$ comme probabilité.

Remarques. a) Dans les applications pratiques d'entreprise, l'échantillon ordonné est de peu d'intérêt. C'est donc la formule de combinaisons qui est utilisée.

b) $\binom{n}{x} = \dfrac{P(n,x)}{P(x,x)} = \dfrac{n!}{x!(n-x)!}$ puisque les arrangements constitués par les mêmes x objets ne diffèrent que par l'ordre; ils constituent alors une seule combinaison. Il y a donc x! moins de combinaisons que de permutations de x éléments choisis parmi n.

EXEMPLE 22. Table de nombres aléatoires.

Une table de nombres aléatoires peut s'avérer particulièrement utile pour construire un échantillon aléatoire. Ces nombres aléatoires sont constitués à partir d'un ensemble de 10 chiffres: 0, 1, 2, 3, 4, 5, 6, 7, 8, 9.

a)   A partir de cet ensemble de chiffres, combien peut-on constituer de nombres de deux chiffres (00 à 99), répétitions permises.

Ceci revient à déterminer le nombre d'arrangements avec répétitions de n objets pris dans un ensemble de N objets, qui s'obtient directement à l'aide du principe de multiplication, soit N^n. On obtient donc $10^2 = 100$ nombres possibles.

b)   Combien peut-on constituer de nombres de trois chiffres (000 à 999)? De quatre chiffres (0000 à 9999)?

On trouve dans le premier cas, $10^3 = 1000$ nombres et dans le second, $10^4 = 10\ 000$ nombres.

c)   Dans une table de nombres aléatoires constituée de deux chiffres, quelle est la probabilité de tirer au hasard le nombre

i)   48?

ii) 99?

Pour chacun de ces nombres, la probabilité est la même soit 1/100.

Remarque. Dans une table de nombres aléatoires, chaque nombre constitué de n chiffres a la même probabilité d'être choisi soit $\dfrac{1}{10^n}$.

EXEMPLE 23. Calcul de probabilités combinatoires.

Le responsable de l'entretien d'un grand édifice à bureaux doit remplacer deux lampes fluorescentes dans un bureau situé au 9e étage. Les lampes sont stockées au sous-sol de l'édifice dans des boîtes contenant 24 lampes. Il doit ouvrir une boîte neuve dans laquelle se trouve, à son insu, 2 lampes fluorescentes défectueuses.

Comme il est cinq heures moins dix et qu'il veut en finir au plus tôt, il choisit au hasard 2 lampes fluorescentes de la boîte et monte, deux par deux, les marches jusqu'au 9e étage (l'ascenseur était défectueux cette journée-là).

Quelles sont les chances sur 100 pour qu'il soit obligé de retourner au sous-sol pour se procurer d'autres lampes?

Solution

Déterminons d'abord le nombre de façons de choisir 2 lampes fluorescentes parmi 24 (tirage sans remise et l'ordre de présentation des lampes n'est pas pris en considération).

Ceci revient à déterminer le nombre de façons que l'on peut remplir 2 cases avec 24 objets distincts (tirage sans remise).

Nous avons 24 choix possibles pour la première et 23 pour la seconde, soit

Disposition des lampes dans la boîte

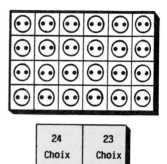

| 24 | 23 |
| Choix | Choix |

24 · 23 = 552 (principe de multiplication). Puisque l'ordre n'est pas pris en considération, il faut diviser par 2, ce qui donne 276. Ce nombre s'obtient également de:

$$\binom{24}{2} = \frac{24!}{2!22!} = \frac{24 \cdot 23}{2} = 276.$$ Il représente effectivement le nombre d'échantillons différents possibles de 2 lampes fluorescentes choisis parmi un lot de 24.

Notons que le responsable de l'entretien devra retourner au sous-sol de l'édifice si au moins une des deux lampes sélectionnées s'avère défectueuse. Il y a donc deux événements mutuellement exclusifs à envisager:

et

    Celui correspondant à 1 lampe bonne et 1 lampe défectueuse   (E_1)

    celui correspondant à 0 lampe bonne et 2 lampes défectueuses (E_2).

Déterminons le nombre de cas favorables à la réalisation de chacun de ces événements.

Le nombre de façons de choisir 1 lampe bonne parmi 22 est : $\binom{22}{1} = 22$

alors que le nombre de façons de choisir 1 lampe défectueuse parmi 2

est $\binom{2}{1} = 2$, alors selon le principe de multiplication, le nombre de cas favorable à l'événement E_1 est:

$$\binom{22}{1} \cdot \binom{2}{1} = 22 \cdot 2 = 44.$$

Le nombre de cas favorables à l'événement E_2 s'obtient de la même manière, ce qui donne

$$\binom{22}{0} \cdot \binom{2}{2} = 1.$$

En notant par E l'événement «au moins une lampe défectueuse», on a

$$E = E_1 \cup E_2$$

et d'après la définition classique de la probabilité, on obtient

$$P(E) = P(E_1) + P(E_2) = \frac{44}{276} + \frac{1}{276}$$

$$= 0,15942 + 0,00362$$

$$= 0,16304.$$

Ainsi sur les 276 combinaisons possibles d'échantillons de taille n = 2, 45 sont favorables à l'événement envisagé, soit pratiquement 16 chances sur 100 pour que le responsable de l'entretien soit dans l'obligation de retourner au sous-sol de l'édifice.

Remarque. Ce genre de probabilité est régi par une loi bien spécifique qui est la **loi hypergéométrique** que nous traitons subséquemment.

CHEMINEMENT DE RÉFLEXION POUR RÉSOUDRE LES PROBLÈMES SUR LES PROBABILITÉS

L'évaluation des probabilités peut être simplifiée en utilisant le cheminement suivant, si ce cheminement s'applique.

1. Suite à l'énoncé du problème, faire, si possible, la liste des événements élémentaires associés à l'expérience ou décrire le contenu de l'espace échantillonnal S. Un diagramme en arbre peut, dans certains cas, faciliter ce travail.

2. Associer, s'il y a lieu, à chaque événement élémentaire, sa probabilité correspondante de manière à ce que $\sum_S P(E_i) = 1$.

3. Identifier correctement le (ou les) événements(s) (simple ou composé) spécifié dans l'énoncé du problème.

4. Appliquer la formule appropriée permettant de calculer la probabilité de l'événement requis. La question suivante peut faciliter l'identification de la formule qui permet d'évaluer la probabilité demandée: Doit-on calculer la probabilité d'un événement élémentaire, d'un événement complémentaire, d'événements ne s'excluant pas (probabilités totales), d'événements liés (probabilité conditionnelle, probabilités composées), d'événements indépendants ou une probabilité bayesienne.

PROBLÈMES

1. Une expérience consiste à composer un nombre de deux chiffres à partir des nombres 0, 1, 2, 3, 4, répétition non permise.

a) Définir l'espace échantillonnal de cette expérience. Un diagramme en arbre peut être utile.

b) Quelle est la probabilité d'obtenir le nombre 30?

c) Quelle est la probabilité d'obtenir le nombre 22?

d) Quelle est la probabilité d'obtenir un nombre dont la somme des chiffres est 3?

e) Quelle est la probabilité d'obtenir un nombre dont le premier chiffre est plus petit que le second?

f) Quelle est la probabilité d'obtenir un nombre inférieur à 30?

2. D'après une enquête effectuée par une maison de sondage auprès de la population de la rive sud de Montréal, sur 500 répondants ayant un revenu supérieur à $40 000, 400 possèdent deux voitures, 155 possèdent un yacht. Parmi ces répondants 150 possèdent deux voitures et un yacht.

Supposons que ce sondage est représentatif de la population échantillonnée. Une personne est sélectionnée au hasard de cette population.

a) Quelle est la probabilité qu'elle possède uniquement deux voitures?

b) Quelle est la probabilité qu'elle possède deux voitures et un yacht?

c) Quelle est la probabilité qu'elle possède soit deux voitures, soit un yacht?

d) Quelle est la probabilité qu'elle ne possède ni deux voitures, ni un yacht?

3. Au Ministère de la Justice, dans la catérorie d'emploi "gérance inter-médiaire", on note la répartition suivante, selon l'âge, pour les employés de sexe masculin. Une personne de sexe masculin est choisie au hasard parmi ce groupe.

a) Quelle est la probabilité que son âge soit entre 30 et 34 ans?

b) Quelle est la probabilité qu'elle soit âgée de moins de 40 ans?

c) Quelle est la probabilité qu'elle soit âgée de 50 ans et plus?

d) Quelle est la probabilité qu'elle soit âgée de moins de 25 ans?

Répartition des effectifs selon l'âge	Nombre de personnes
Entre 25 et 29 ans	25
Entre 30 et 34 ans	100
Entre 35 et 39 ans	156
Entre 40 et 44 ans	105
Entre 45 et 49 ans	90
Entre 50 et 54 ans	62
Entre 55 et 59 ans	59
Entre 60 et 64 ans	45
65 ans et plus	1
Total:	643

4. La répartition de la clientèle (d'après le bulletin statistique de la Direction générale de l'enseignement collégial) d'un collège de la région des Cantons de l'Est dans le secteur professionnel, selon l'année du cours et le sexe, se présente comme suit:

Année du cours

Sexe	Collège 1	Collège 2	Collège 3	Total
Masculin	416	343	350	1109
Féminin	532	393	337	1262
Total	948	736	687	2371

Une personne est sélectionnée au hasard parmi cette clientèle.

a) Quelle est la probabilité que cette personne soit en collège 2?

b) Quelle est la probabilité qu'elle soit de sexe féminin?

c) Si cette personne est de sexe masculin, quelle est la probabilité qu'elle soit en collège 1?

d) Si cette personne est de sexe féminin, quelle est la probabilité qu'elle soit en collège 2 ou collège 3?

5. Un certain composant électronique peut être classé défectueux selon qu'il présente un ou l'autre des types de défauts suivants: défaut critique, défaut majeur ou défaut mineur. Le tableau suivant résume la compilation effectuée par le département d'Assurance Qualité sur une période de plusieurs mois. Tous les types de défauts peuvent se présenter sur un même composant.

Pourcentage de composants	Types de défauts
46%	Critique (A)
40%	Majeur (B)
36%	Mineur (C)
10%	Critique et majeur
20%	Critique et mineur
15%	Majeur et mineur
4%	Critique, majeur et mineur

Dans un lot de 1000 composants, on prélève au hasard un composant du lot.

a) Indiquer sur un diagramme de Venn la répartition du pourcentage de composants présentant les différents types de défauts.

b) Quelle est la probabilité que le composant présente uniquement un défaut critique? Uniquement un défaut mineur?

c) Quelle est la probabilité que le composant présente un défaut majeur et un défaut mineur mais aucun défaut critique?

d) Quelle est la probabilité que le composant présente un défaut critique ou un défaut mineur?

e) Sur 1000 composants, combien de composants peut-on espérer trouver sans aucun type de défauts?

6. D'après le registraire d'une institution d'enseignement de la région de Montréal, parmi les 5000 personnes inscrites, 2800 sont de sexe masculin et 2200 de sexe féminin.

a) Si une personne de cette institution est sélectionnée au hasard, quelle est la probabilité que ce soit une personne de sexe féminin?

b) Parmi les 5000 personnes inscrites, 1600 ont un emploi à temps partiel dont 700 de sexe masculin et 900 de sexe féminin.

   i)   Quelle est la probabilité qu'une personne sélectionnée au hasard occupe un emploi à temps partiel?

   ii)   Si la personne sélectionnée est de sexe féminin, quelle est la probabilité qu'elle occupe un emploi à temps partiel?

   iii) Si la personne sélectionnée est de sexe masculin, quelle est la probabilité qu'elle n'occupe pas un emploi à temps partiel?

7. Dans une enquête effectuée auprès de 200 clients d'un magasin à rayons du centre ville, 120 ont indiqué qu'ils se sont rendus au magasin à cause d'une réclame publicitaire. Les autres n'avaient pas pris connaissance de cette réclame. Parmi les 200 clients interrogés, 60 ont acheté un article quelconque et de ces 60, 20 avaient vu la réclame.

a) Les résultats de cette enquête peuvent se résumer d'après le tableau suivant. Compléter le tableau.

	Vu la réclame	Pas vu la réclame	Total
Achat au magasin	___	___	___
Pas d'achat au magasin	___	___	___
Total	120	___	___

b) Quelle est la probabilité qu'un client qui n'avait pas vu la réclame publicitaire ait acheté un article quelconque au magasin?

c) Quelle est la probabilité qu'un client qui avait vu la réclame ait effectué un achat au magasin?

d) Quelle est la probabilité qu'un client n'ait ni vu la réclame ni effectué un achat au magasin?

8. Une enquête réalisée auprès d'entreprises à caractère industriel de la région de Montréal indique que

50% d'entre elles reçoivent la revue "Gestion".
56% d'entre elles reçoivent la revue "Informatique et bureautique".
20% d'entre elles reçoivent les deux.

Quelle est la probabilité qu'une entreprise

a) reçoive la revue Gestion mais non la revue Informatique et bureautique?

b) reçoive au moins une des deux revues?

c) reçoive seulement une des deux revues?

d) ne reçoive aucune des deux revues?

e) reçoive la revue Gestion sachant qu'elle ne reçoit pas la revue Informatique et bureautique?

9. 60 étudiants(es) sont inscrits(es) à un cours d'informatique. Parmi ces étudiants(es), 25 ont déjà suivi un cours d'introduction au calcul différentiel, les autres n'ont aucune notion de ce passionnant sujet. Parmi ceux qui n'ont aucune notion de calcul différentiel, 14 ont échoué le cours d'informatique alors que 2 ayant déjà des notions de calcul différentiel l'ont également échoué.

Si un étudiant, choisi au hasard parmi ce groupe, a réussi le cours, quelle est la probabilité qu'il ait des notions de calcul différentiel?

10. Le responsable du contrôle de la qualité de l'entreprise Mecanex a cumulé depuis un certain temps les résultats du contrôle au calibre du diamètre d'une tige métallique par fournisseur. Le diamètre doit se situer à l'intérieur de certaines limites pour que la tige soit jugée acceptable. Si le diamètre est inférieur à la valeur minimale permise, la tige est jugée défectueuse par défaut (diamètre trop petit) d'autre part, une tige est jugée défectueuse par excès (diamètre trop grand) si son diamètre dépasse la limite maximale permise. Les résultats du contrôle se résument comme suit:

		Fournisseur A	Fournisseur B	Fournisseur C	Total
Classification des tiges	Défectueux par défaut (E_1)	125	154	121	400
	Acceptable (E_2)	1920	1900	1480	5300
	Défectueux par excès (E_3)	155	46	99	300
	Total	2200	2100	1700	6000

Si une tige est prélevée au hasard de ces 6000 contrôlées, quelle est la probabilité

a) que cette tige soit défectueuse?

b) que cette tige provienne du fournisseur B?

c) que cette tige soit défectueuse par défaut ou acceptable?

d) que cette tige provienne du fournisseur A et qu'elle soit acceptable?

e) que cette tige provienne du fournisseur A et/ou qu'elle soit défectueuse par excès?

f) que cette tige provienne du fournisseur C sachant qu'elle est défectueuse par défaut?

g) que cette tige soit acceptable sachant qu'elle provient du fournisseur B?

11. Il y a 85 chances sur 100 que la construction d'un édifice à bureaux soit terminée pour la date requise; d'autre part, il y a 30 chances sur 100 que les travailleurs de la construction déclenchent la grève durant la construction de l'édifice. Toutefois, les chances de terminer l'édifice à la date requise, en autant qu'il n'y aura pas de grève, sont de 90 sur 100.

a) Quelle est la probabilité que l'édifice à bureaux soit terminé à la date requise et qu'il n'y ait pas de grève?

b) Quelle est la probabilité qu'il n'y ait pas de grève, sachant que la construction de l'édifice sera complétée pour la date requise?

12. Un prix de $200 est remis à quiconque réussit à amener un 1 et un 3 dans l'ordre sur deux lancers successifs d'un dé. Quelles sont les chances sur 100 de recevoir le prix?

13. L'équipe féminime de ballon-panier de votre institution a organisé un tournoi invitation qui se déroulera la fin de semaine prochaine. Cette équipe doit jouer trois matches durant ce tournoi. Dans un match quelconque, les chances de remporter une victoire (G) sont de 3 contre 1, de subir la défaite (D) 1 contre 4 et de faire match nul (N), 1 contre 19.

a) Quelles sont les probabilités associées à chacun de ces événements?

b) Quelle est la probabilité que votre équipe gagne les trois matches?

c) Quelle est la probabilité que votre équipe gagne un match et en perde deux?

d) Quelle est la probabilité de faire match nul aux trois rencontres?

e) Quelle est la probabilité que votre équipe ne perde pas un seul match?

14. A l'Hôtel de Ville de St-Jacques sur le Roc, on a installé, sur recommandation du chef de police, trois détecteurs de fumée. La probabilité que chaque détecteur déclanche un signal d'alarme lorsqu'il y a présence de fumée (M. le Maire a dû cesser de fumer le cigare aux séances du
conseil) est 0,95. Les trois détecteurs fonctionnent indépendamment. Un
contribuable a laissé tomber par négligence une cigarette allumée dans une
corbeille à papier et il s'en dégage une fumée assez dense. Quelle est la
probabilité qu'au moins un détecteur émette un signal d'alarme?

15. La semaine dernière, le directeur général du collège a mentionné à
un haut fonctionnaire du Ministère de l'Education qu'une bonne partie des
accidents scolaires est attribuable à des accidents de laboratoire. En
effet, il semble que 40% des étudiants ne lisent pas les avis de mise en
garde qui accompagnent les produits qu'ils manipulent. On observe tout
de même que,parmi ceux qui lisent les avis, 12% ont des accidents par manque de précautions. Quelle est, pour un étudiant qui ne lit pas l'avis,
la probabilité d'avoir un accident si la probabilité pour qu'un accidenté
n'ait pas lu l'avis est de 0,75?

16. Une population humaine comprend 3 groupes d'individus.

Groupe A: Gros fumeurs (30% de la population) et contient 65% d'hommes et
        35% de femmes.

Groupe B: Fumeurs modérés (55% de la population) contient 60% d'hommes et
        40% de femmes.

Groupe C: Non fumeurs (15% de la population) contient 20% d'hommes et 80%
        de femmes.

On tire au hasard un individu dans la population.

a) Quelle est la probabilité qu'il fasse partie du groupe B et soit de
    sexe féminin?

b) La population comprend-elle une proportion plus élevée d'hommes que
    de femmes?

c) Si l'individu sélectionné dans la population est de sexe féminin,
    quelle est la probabilité qu'elle provienne du groupe A?

17. La ville de Trois-Rivières envisage d'émettre des obligations pour
financer la construction d'un centre culturel. Toutefois la population
doit d'abord donner son approbation par voie référendaire. Les questions
suivantes furent posées:

a) Etes-vous favorable à la construction d'un centre culturel?

                □   oui   □   non

b) Avez-vous un niveau d'instruction supérieur à celui du niveau secon-
    daire?

                □   oui   □   non

Le dépouillement du vote indique que 80% des personnes ayant un niveau
d'instruction supérieur au niveau secondaire favorisent la construction
d'un centre culturel et seulement 25% des personnes n'ayant pas ce niveau d'instruction se sont prononcées en faveur de la construction. Si
70% de la population votante n'a pas un niveau d'instruction supérieur au ni-

veau secondaire, quelle est la probabilité qu'une personne choisie au hasard parmi les personnes votantes favorisant la construction du centre culturel ait un niveau d'instruction

a) supérieur au niveau secondaire?

b) non supérieur au niveau secondaire?

18. Une importante firme d'informaticiens recherche fréquemment des personnes expérimentées étant en mesure d'oeuvrer efficacement dans des systèmes d'envergure. D'après le responsable des ressources humaines de cette firme, 80% des candidatures sont en mesure de combler efficacement les postes disponibles alors que 20% ne peuvent le faire adéquatement. Pour assurer une meilleure sélection, un test d'aptitude a été préparé par la firme de manière telle qu'une personne pouvant oeuvrer efficacement au sein de la firme a 85 chances sur 100 de réussir ce test alors qu'une personne ne pouvant combler un poste efficacement, n'a que 20 chances sur 100 de réussir ce test.

a) Quelle est la probabilité de réussir le test d'aptitude?

b) Quelle est la probabilité que cette personne passe avec succès le test d'aptitude et ne puisse oeuvrer efficacement au sein de la firme?

c) Cette personne n'a pas réussi le test d'aptitude. Quelle est la probabilité qu'elle aurait été quand même efficace au sein de l'entreprise?

19. Belmont Construction vient d'obtenir le contrat d'un tronçon d'une voie rapide. La direction de Belmont envisage d'acquérir une sablière pour s'approvisionner en agrégats. D'après une étude préliminaire déjà effectuée par une société d'experts conseils dans cette région pour le compte du Ministère des Transports, les chances sur 100 de trouver dans cette sablière une bonne qualité d'agrégats est de 75%. On envisageait toutefois d'acquérir cette sablière après échantillonnage si la probabilité d'obtenir une bonne qualité d'agrégats était de l'ordre de 0,85. Avant de prendre une décision définitive, un technicien de Belmont a échantillonné la sablière. Toutefois la méthode d'essai de tamisage de Belmont n'est pas totalement fiable. En effet, il y a 80 chances sur 100 qu'un agrégat de bonne qualité passe l'essai alors qu'un agrégat de mauvaise qualité a 10% de chances de passer l'essai.

L'échantillon prélevé a passé avec succès l'essai de tamisage; Belmont Construction devrait-elle se porter acquéreur de la sablière?

20. Lors d'une réunion des cadres supérieures de l'entreprise Microtel, il a été décidé de former un «cercle de qualité» dont le but premier serait d'apporter suggestions et correctifs aux divers problèmes de qualité qui pourraient survenir. ce comité sera formé du directeur de l'usine, des chefs de service «fabrication» ainsi que 4 autres personnes, choisies au hasard parmi une liste de 15 employés provenant de divers secteurs de l'entreprise. Cette liste comporte 9 hommes et 6 femmes et les chances de chacun des 15 employés de cette liste de faire partie du ce comité sont considérées comme équivalentes.

Répondre aux questions suivantes en utilisant les formules de l'analyse combinatoire.

a) Calculer la probabilité que les quatre postes qui restent à combler soient occupés par quatre femmes

b) Déterminer la probabilité que les quatre postes soient comblés par quatre hommes.

c) Quelle est la probabilité que les quatre postes soient comblés par quatre personnes de même sexe?

d) Quelle est la probabilité que 2 postes soient comblés par deux hommes et les deux autres par des femmes?

───────── AUTO-ÉVALUATION DES CONNAISSANCES ─────────

Test 3

Répondre par Vrai ou Faux ou compléter s'il y a lieu. Dans le cas où c'est faux, indiquer la bonne réponse.

1. Tout processus qui fait intervenir le hasard et qui est susceptible d'aboutir à un ou plusieurs résultats s'appelle épreuve ou _____.

2. L'ensemble de tous les résultats possibles qui peuvent se produire dans une expérience aléatoire s'appelle _____.

3. Chaque résultat ou élément de l'espace échantillonnal est un événement composé. V   F

4. La probabilité d'un événement est toujours comprise entre____et____.

5. Lorsqu'un événement est certain, sa probabilité est____ ; lorsqu'un événement est impossible, sa probabilité est____.

6. Si, lorsque l'événement A se réalise, B ne peut se réaliser et inversement, A et B sont dits deux événements _____ ; dans le cas contraire, ce sont des événements _____.

7. Si la réalisation d'un événement A n'est pas influencée par la réalisation d'un événement B, et inversement, A et B sont deux événements incompatibles. V   F

8. La probabilité de l'événement «A et B» est symbolisée par_____.

   a) Si A et B sont mutuellement exclusifs, alors cette probabilité a pour valeur____.

   b) Si A et B sont indépendants, cette probabilité a pour expression _____

9. La probabilité de réalisation de l'événement B, sachant que l'événement A s'est réalisé est symbolisée par_____ et a pour expression _____.

10. La probabilité de l'événement «A ou B» est symbolisée par_____ .

    a) L'expression de cette probabilité est: _____.

    b) Si A et B sont deux événements incompatibles, cette expression se réduit à _____ puisque $P(A \cap B) =$____.

11. Si l'événement A est inclus dans l'événement B, la probabilité de A est supérieure à celle de B. V   F

12. Lorsque deux événements sont complémentaires, la somme de leurs probabilités vaut 1. V   F

13. Dans le cas de deux événements A et B qui sont compatibles, $P(A \cap B') = P(A) -$ _____ ; $P(A \cup B) = P(A' \cap B) +$_____.

14. Dans le cas où les événements A et B sont indépendants, $P(A \cap B) =$_____ ; $P(A' \cap B) =$ _____ ; $P(B|A) =$_____.

_____ test 3 (suite) _____

15. Supposons que les probabilités de divers événements se présentent selon le tableau ci-contre:

a) Indiquer sur le tableau les probabilités manquantes.

b) Déterminer P(C);   P(A ∩ D);   P(C ∩ D).

c) Evaluer P(E);   P(D|C);   P(C|D);   P(A ∪ D).

	A	B	C	
D	___	___	0,16	0,60
E	0,32	___	0,04	___
	0,40	0,40	___	

16. Evaluer la probabilité qu'une cause donnée soit à l'origine d'un événement observé requiert l'utilisation de la _____ .

17. Le processus qui consiste à grouper de différentes façons n éléments différents s'appelle _____ .

18. Un arrangement où l'ordre de présentation des éléments n'est pas pris en considération s'appelle permutation.   V   F

19. Un jeu de hasard consiste d'abord à choisir une boîte parmi trois puis à sélectionner dans la boîte choisie un petit disque identifié G (gagnant) ou P (perdant). La boîte A contient 2 disques gagnants et 8 disques perdants; la boîte B contient 3 disques gagnants et 7 disques perdants; la boîte C contient 4 disques gagnants et 6 disques perdants.

a) Quelle est la probabilité qu'un concurrent tire au hasard la boîte B?

b) Quelle est la probabilité de gagner sachant que le concurrent a tiré la boîte C?

c) Quelle est la probabilité de gagner à ce jeu de hasard?

d) Un concurrent vient d'être déclaré gagnant. Quelle est la probabilité qu'il ait choisi la boîte A?

CALCUL DES PROBABILITÉS, VARIABLES ALÉATOIRES ET MODÈLES PROBABILISTES

CHAPITRE 4

Variables aléatoires et lois de probabilité

SOMMAIRE

- Objectifs pédagogiques

- Généralités sur les notions probabilistes et les notions statistiques

- Notions de variable aléatoire et de loi de probabilité

- Représentation graphique de la loi de probabilité (cas discret)

- Loi de probabilité d'une variable continue

- Espérance mathématique et variance d'une variable aléatoire

- Propriétés de l'espérance mathématique et de la variance

- Inégalité de Tchebycheff

- Problèmes

- Auto-évaluation des connaissances - Test 4

Lorsque vous aurez complété l'étude du chapitre 4, vous pourrez:

1. préciser ce qu'on entend par variable aléatoire et par loi de probabilité;

2. distinguer entre variable aléatoire discrète et variable aléatoire continue;

3. représenter graphiquement la loi de probabilité d'une variable aléatoire discrète ainsi que sa fonction de répartition;

4. identifier les principales propriétés d'une densité de probabilité d'une variable aléatoire continue;

5. calculer les principaux paramètres d'une loi de probabilité;

6. donner la signification de l'espérance mathématique, de la variance et de l'écart-type d'une variable aléatoire;

7. connaitre les principales propriétés associées à l'espérance mathématique et à la variance d'une variable aléatoire;

8. calculer certaines probabilités avec l'inégalité de Tchebycheff.

CHAPITRE 4
VARIABLES ALÉATOIRES
ET
LOIS DE PROBABILITÉ

GÉNÉRALITÉS SUR LES NOTIONS PROBABILISTES ET LES NOTIONS STATISTIQUES

Dans ce chapitre, nous voulons traiter de certaines notions qui seront très importantes pour les sujets étudiés dans les chapitres subséquents, soient les notions de variable aléatoire, de lois de probabilité, d'espérance mathématique d'une variable aléatoire, et de variance d'une variable aléatoire. Toutefois ces notions ne nous sont pas totalement inconnues puisqu'elles ont été abordées, d'une certaine manière, sous l'angle pratique qu'est la statistique descriptive.

L'étude des lois de probabilité permet de caractériser d'une manière conceptuelle une population hypothétique et infinie. On peut se résumer ainsi en disant que le calcul des probabilités est l'aspect théorique des notions pratiques déjà traitées en statistique descriptive. On pourrait présenter l'équivalence entre ces concepts comme suit:

Notions probabilistes (concepts théoriques)	Notions statistiques (concepts pratiques)
Probabilité d'un événement	Fréquence relative
Variable aléatoire	Variable statistique
Loi de probabilité	Distribution statistique (empirique)
Espérance mathématique d'une variable aléatoire	Moyenne arithmétique d'une variable statistique
Variance d'une variable aléatoire	Variance d'une variable statistique

Ce qui permet de donner une interprétation concrète à la notion de probabilité et d'établir pour ainsi dire un pont entre les notions probabilistes (aspect théorique) et les notions statistiques (aspect pratique) est la **loi des grands nombres** qui précise que la fréquence relative d'un événement tend vers sa probabilité lorsque le nombre d'épreuves n croît indéfiniment.

Les notions probabilistes sont associées à une population hypothétique (ensemble de tous les résultats possibles d'une expérience aléatoire) alors que les notions statistiques sont associées à un nombre restreint d'observations (échantillon).

LES NOTIONS DE VARIABLE ALÉATOIRE ET DE LOI DE PROBABILITÉ

Les notions de variable aléatoire et de loi de probabilité peuvent s'aborder comme suit. Nous savons que les résultats (événements élémentaires) d'une épreuve peuvent se présenter de deux façons.

a) L'épreuve peut consister à mesurer un ou plusieurs caractères de sorte que les résultats s'expriment par des nombres. Par exemple, longueur d'une tige, durée de vie en heures d'une lampe fluorescente, temps d'occupation de terminaux, montants de comptes-clients,...

b) L'épreuve peut consister à apprécier un ou plusieurs caractères non quantifiés au départ, mais on pourra toujours par la suite quantifier les résultats à l'aide d'une valeur numérique arbitraire. Par exemple, une pièce est soit bonne, soit défectueuse que l'on peut quantifier par 0 (si bonne) ou 1 (si défectueuse).

Toutefois, dans un cas comme dans l'autre, on ne peut savoir a priori le résultat exact de l'épreuve. La répétition de l'épreuve nous indiquera que certains résultats apparaissent plus fréquemment que d'autres c.-à-d. certains événements d'un espace échantillonnal auront une probabilité plus forte que d'autres de se réaliser et que chaque événement élémentaire aura une certaine probabilité de se réaliser.

En somme, la quantification des événements d'une épreuve nous amène à définir la notion de variable aléatoire et l'assignation à toutes les valeurs d'une variable aléatoire de la probabilité qui lui correspond nous amène à définir la loi de probabilité.

Variable aléatoire

Si à chaque résultat (événement élémentaire) d'une épreuve (expérience aléatoire), on fait correspondre une valeur numérique ou si la réalisation d'une épreuve nous met en présence de quantités mesurables, mais dont la mesure ne peut être exprimée avec certitude, nous disons alors que l'on a une **variable aléatoire.**

Remarques. a) Il existe pratiquement autant de définitions de **variable aléatoire** qu'il y a d'auteurs, les unes étant simples, les autres étant d'une grande rigueur mathématique. Une autre définition que l'on rencontre fréquemment est la suivante: Une variable aléatoire est une fonction qui associe, à chaque résultat d'une expérience aléatoire, un nombre réel.

b) Une variable aléatoire est habituellement notée par une lettre majuscule: X, Y, Z,...

EXEMPLE 1. Divers exemples de variables aléatoires.

a) A la sortie d'une chaîne d'assemblage, on prélève des échantillons successifs comportant chacun dix pièces. Un contrôle visuel est effectué sur chacune de ces pièces et on note «le nombre de pièces présentant une défectuosité mineure». La variable aléatoire ainsi créée peut prendre les valeurs entières de 0 à 10.

b) La densité d'un pavage d'asphalte d'une route doit être contrôlée. Vingt spécimens sont prélevés au hasard sur une distance de 8 km. Un spécimen est classé défectueux si sa densité est inférieure à la norme requise et on note «le nombre de spécimens dans un échantillon de 20 qui sont classés défectueux». Cette variable aléatoire peut prendre les valeurs entières de 0 à 20.

c) Dans une bibliothèque universitaire, on a effectué une étude sur l'affluence des usagers des terminaux donnant accès à une banque de données. On a effectué un relevé sur deux journées (considérées comme étant des journées de pointe) du «nombre d'arrivées d'usagers par intervalle de 2 minutes». La variable aléatoire ainsi créée peut prendre les valeurs entières 0,1,2,...

d) Le responsable en contrôle industriel de l'entreprise Comtec a soumis à un essai de fiabilité un certain nombre de dispositifs électroniques identiques et a noté la «durée de vie en heures jusqu'à défaillance». La variable aléatoire peut prendre n'importe quelle valeur positive ou nulle.

On pourrait multiplier à l'infini de tels exemples de variables aléatoires.

Remarques. a) D'après les exemples précédents, l'ensemble des valeurs possibles d'une variable aléatoire est soit fini (c'est le cas pour a) et b)), soit dénombrable (c), soit continu (d).

b) Une variable aléatoire est dite **discrète** si elle prend seulement des valeurs **entières**; elle est dite **continue** si elle peut prendre **toutes les valeurs** dans un intervalle fini ou infini.

Pour apprécier pleinement une variable aléatoire, il est important de connaître quelles valeurs reviennent plus fréquemment et quelles sont celles qui apparaissent plus rarement. Plus précisément: quelles probabilités sont associées aux valeurs discrètes que peut prendre une variable ou associées à des petits intervalles? Ceci nous amène à la notion de loi de probabilité.

> **Loi de probabilité**
>
> Associer à chacune des valeurs possibles de la variable aléatoire la probabilité qui lui correspond, c'est définir la loi de probabilité (ou distribution de probabilité) de la variable aléatoire.

L'exemple suivant permettra d'illustrer ce concept.

EXEMPLE 2. Représentation de la loi de probabilité du nombre d'interrupteurs défectueux.

L'entreprise Microtek fabrique des interrupteurs avec voyant lumineux. Un relevé statistique indique que 5% des interrupteurs fabriqués par Microtek sont défectueux. Supposons qu'on prélève au hasard de la production deux interrupteurs. Notons la variable aléatoire par X: nombre d'interrupteurs défectueux dans l'échantillon prélevé.

Pour représenter la loi de probabilité de cette variable aléatoire, il faut connaître

  i) chacune des valeurs qu'elle peut prendre.

  ii) les probabilités correspondantes.

Déterminons d'abord quels sont les événements élémentaires possibles de cette expérience en notant par D «interrupteur défectueux» et par B «interrupteur non défectueux». La liste des événements est la suivante:

$$S = \{BB, BD, DB, DD\}.$$

BD veut dire que le premier interrupteur est bon alors que le deuxième est défectueux. Associons maintenant les valeurs de la variable aléatoire définie plus haut.

Evénement élémentaire	Valeurs de X associées aux événements
BB	0
BD ⎱ BD DB ⎰	1
DD	2

Associons maintenant à chacune des valeurs de X la probabilité qui lui correspond.

Puisque 5% des interrupteurs sont défectueux (et 95% sont bons), la probabilité d'observer un interrupteur défectueux est 0,05 et un bon 0,95. En supposant l'indépendance des résultats, la probabilité d'observer l'événement «BB», les deux interrupteurs sont bons, s'écrit $(0,95)(0,95) = 0,9025$. Les autres probabilités s'obtiennent de la même façon.

On peut résumer avec le tableau suivant les événements, les valeurs de la variable aléatoire et la probabilité associée à chaque valeur.

Evénement élémentaire	Valeurs x_i de la variable aléatoire X	Probabilité $P(X = x_i)$
BB	$x_1 = 0$	$P(X = 0) = (0,95)(0,95) = 0,9025$
BD / DB	$x_2 = 1$	$P(X = 1) = (0,95)(0,05) + (0,05)(0,95) = 0,0950$
DD	$x_3 = 2$	$P(X = 2) = (0,05)(0,05) = 0,0025$
		Somme = 1,0

Il y a deux façons d'observer 1 défectueux, soit BD ou DB ayant chacun une probabilité 0,0475, ce qui donne $P(X = 1) = 0,0475 + 0,0475 = 0,0950$.

La variable aléatoire que nous venons de traiter est donc discrète et les valeurs possibles sont x = 0, 1, 2.

REPRÉSENTATION GRAPHIQUE DE LA LOI DE PROBABILITÉ (CAS DISCRET)

Diagramme en bâtons

La représentation graphique d'une distribution de probabilité d'une variable aléatoire discrète s'effectue avec un diagramme en bâtons.

Pour l'exemple 2, on obtient la figure ci-contre où $P(X = x_i)$ est indiquée en ordonnée alors que les valeurs de la variable aléatoire X sont indiquées en abscisse.

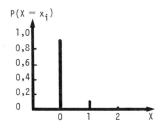

Remarques. a) Une loi de probabilité associée à une variable aléatoire discrète est caractérisée par l'ensemble des valeurs x_1, x_2,..., x_n prises par la variable aléatoire et les probabilités $P(X = x_i)$ affectées à ces valeurs.

b) Tout comme nous l'avons fait à la suite de la définition de variable aléatoire, on pourrait définir une loi de probabilité comme étant une fonction qui associe à chaque nombre réel x_i la probabilité que la variable aléatoire prenne cette valeur: $f(x_i) = P(X = x_i)$. La fonction a les propriétés suivantes: $f(x_i) \geq 0$, pour tout i.

$$\sum_i f(x_i) = 1.$$

Fonction de répartition

Tout comme en statistique descriptive, on peut introduire la notion de **courbe cumulative.** Dans le cas d'une variable aléatoire, elle porte le nom de **fonction de répartition.** Cette fonction donne la probabilité que la variable aléatoire X prenne une valeur au plus égale à une valeur donnée x_i:

> **Fonction de répartition = Probabilité cumulée des valeurs de X jusqu'à x_i**
>
> $$F(x_i) = P(X \leq x_i).$$

Dans le cas d'une variable discrète, $P(X \leq x_i) = P(X = x_1) + P(X = x_2) + ... + P(X = x_i)$ et le graphique de la fonction de répartition prendra la forme d'un escalier.

EXEMPLE 3. Fonction de répartition et calcul de diverses probabilités. Nombre d'erreurs d'assemblage dans un appareil complexe.

Chez Sangamex, on a établi que le nombre d'erreurs d'assemblage par appareil pouvait être régi par la loi suivante.

a) Déterminer la fonction de répartition et tracer le graphique correspondant.

Il s'agit de déterminer les probabilités cumulées des valeurs de la variable aléatoire <nombre d'erreurs d'assemblage par appareil>

Loi de probabilité

Nombre d'erreurs x_i	$P(X = x_i)$
0	0,30
1	0,25
2	0,18
3	0,14
4	0,10
5	0,03

Fonction de répartition

Nombre d'erreurs	$F(x_i) = P(X \leq x_i)$
0	0,30
1	0,55
2	0,73
3	0,87
4	0,97
5	1,00

Tracé de la fonction
de répartition

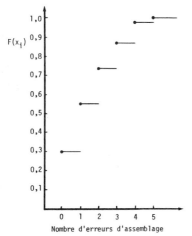

Nombre d'erreurs d'assemblage

b) Déterminer la probabilité pour que le nombre d'erreurs d'assemblage soit inférieur ou égal à 2.

On veut $F(2) = P(X \leq 2)$

$$= 0,73.$$

c) Déterminer la probabilité pour que le nombre d'erreurs d'assemblage dans un appareil quelconque soit supérieur à 1.

On veut $P(X > 1) = 1 - P(X \leq 1)$ ce qui correspond à:

$$P(X > 1) = 1 - F(1)$$

$$= 1 - 0,55 = 0,45.$$

Remarque. La fonction de répartition possède les propriétés suivantes:

i) $0 \leq F(x_i) \leq 1$, pour tout x_i

ii) $F(x_i) \leq F(x_j)$ si $x_i \leq x_j$

iii) $P(X > x_i) = 1 - P(X \leq x_i) = 1 - F(x_i)$.

LOI DE PROBABILITÉ D'UNE VARIABLE CONTINUE

A l'exemple 1, nous avons présenté divers exemples de variables aléatoires dont ceux mentionnés en a), b), c) ne prenaient que des valeurs entières. Comme nous le savons ces variables sont dites discrètes (d'une façon plus générale, on parle de **variable discontinue** lorsqu'elle ne peut prendre qu'un **nombre limité** de valeurs). Toutefois l'exemple d) «durée de vie en heures d'un dispositif électronique» correspondait à une variable aléatoire continue.

Nous avons mentionné dans la première partie de cet ouvrage que la représentation graphique d'un ensemble de valeurs correspondant à une variable continue prend généralement la forme d'un histogramme. Pour un grand nombre de dispositifs électroniques, les diverses observations pourraient être résumées sous forme d'un histogramme (figure ci-contre).

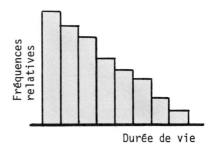

En augmentant indéfiniment le nombre
d'observations et en résuisant graduel-
lement l'intervalle de classe jusqu'à
ce qu'il soit très petit, les rectangles correspondant aux résultats vont
se multiplier tout en devenant plus é-
troits et, à la limite, vont tendre à
se fondre en une surface unique limitée
d'une part par l'axe des X, d'autre part par une courbe continue.

On abandonne alors la notion de valeur individuelle et l'on dit que
la loi de probabilité est **continue**. La courbe de fréquences relatives idé-
alisée porte alors le nom de **densité de probabilité** (ou fonction de densité)
et possède les propriétés suivantes:

a) La courbe d'une densité de probabi-
    lité est toujours située au-dessus
    de l'axe des abscisses.

b) L'aire totale entre la courbe et
    l'axe des abscisses est égale à 1.

c) La probabilité que la variable a-
    léatoire X soit comprise entre les
    limites a et b, $P(a \leq X \leq b)$, est
    égale à l'aire entre l'axe des abs-
    disses, délimitée par les valeurs
    a et b, et la courbe de densité de
    probabilité.

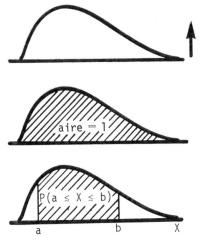

Remarque. L'expression de la densité de probabilité d'une variable continue
est habituellement notée f(x) et définie par une expression mathématique.

Donnons un exemple simple d'une distribution continue.

**EXEMPLE 4. Distribution du temps requis pour compléter un examen en infor-
matique de gestion.**

D'après un relevé statistique effectué par un professeur d'informatique de
gestion, le temps requis pour compléter ses examens se répartit uniformément dans l'intervalle 50 à 70 minutes c.-à-d. que les valeurs que peut
prendre la variable aléatoire «temps requis pour compléter l'examen» sont
également distribuées sur l'intervalle [50,70]. Ceci a pour effet de donner une distribution de probabilité qui est constante, pour X variant entre
50 et 70 et que l'on peut définir comme suit:

$$f(x) = \frac{1}{70 - 50} = \frac{1}{20} , \quad 50 \leq X \leq 70$$

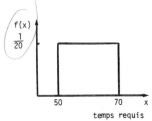

$$= 0, \text{ ailleurs}$$

(soit pour $X < 50$ et $X > 70$).

a) Quelle est la probabilité que le temps requis se situe entre 55 et 65 minutes?

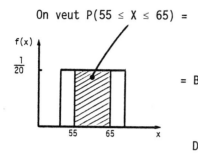

On veut P(55 ≤ X ≤ 65) = Aire comprise entre l'axe des abscisses délimité par le segment [55, 65] et la courbe $f(x) = \dfrac{1}{20}$.

$$= \text{Base} \times \text{hauteur} = (65 - 55) \cdot \frac{1}{20}$$

$$= \frac{10}{20} = 0,5.$$

Donc P(55 ≤ X ≤ 65) = 0,5.

b) Quelle est la probabilité que le temps requis se situe entre 50 et 70 minutes? Ceci correspond à évaluer cette fois l'aire totale sous la courbe entre 50 et 70, ce qui devrait donner 1 d'après la propriété b):

$$P(50 \le X \le 70) = (70 - 50) \cdot \frac{1}{20} = \frac{20}{20} = 1.$$

Remarques. i) Si vous êtes familiers avec le calcul intégral, alors les propriétés de la densité de probabilité f(x) d'une variable aléatoire continue peuvent s'exprimer comme suit:

a) f(x) ≥ 0   pour tout x réel

b) $\displaystyle\int_{-\infty}^{\infty} f(x)\, dx = 1$ c) $P(a \le X \le b) = \displaystyle\int_{a}^{b} f(x)\, dx$

De plus $P(X \le a) = F(a) = \displaystyle\int_{-\infty}^{a} f(x)\, dx$ (fonction de répartition)

et P(a ≤ X ≤ b) = F(b) − F(a).

ii) Puisque la densité de probabilité d'une variable aléatoire continue est intégrable, alors la fonction de répartition peut être différentiable. En effet, la connaissance de la fonction de répartition nous permet d'obtenir la densité de probabilité correspondante en dérivant F(x):

$$f(x) = \frac{dF(x)}{dx}$$

L'exemple suivant fait usage des notions que nous venons de mentionner dans les remarques précédentes. On peut toutefois l'omettre sans affecter la compréhension des sections subséquentes.

EXEMPLE 5. Densité de probabilité d'une variable aléatoire continue.

Si la densité de probabilité d'une variable aléatoire X est

$$f(x) = \begin{cases} k(9 - x^2), & 0 \le x \le 3 \\ 0, & \text{ailleurs} \end{cases}$$

a) déterminer la valeur de la constante k qui assure que f(x) est une densité de probabilité.

Utilisant les propriétés d'une densité de probabilité, il faut

$$f(x) \geq 0 \text{ et } \int_{-\infty}^{\infty} f(x)dx = \int_0^3 k(9 - x^2)dx = 1,$$

ce qui donne $\left[9kx - \dfrac{kx^3}{3} \right]_0^3 = 27k - 9k = 1, \ 18k = 1, \ k = \dfrac{1}{18}$

La densité est donc

$$f(x) = \begin{cases} \dfrac{1}{18}(9 - x^2), & 0 \leq x \leq 3 \\ 0, & \text{ailleurs} \end{cases}$$

Le graphique de cette fonction
est présenté ci-contre.

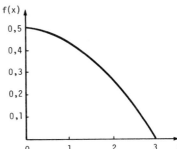

b) Déterminer la fonction de répartition.

La fonction de répartition est nulle pour $x < 0$, alors que pour $0 \leq x \leq 3$,

$$F(x) = \int_0^x \frac{1}{18}(9 - t^2)\,dt = \frac{1}{18}\left(9t - \frac{t^3}{3}\right)\Big|_0^x$$

$$= \frac{1}{18}\left(9x - \frac{x^3}{3}\right)$$

Si $x > 3$, alors $F(x) = 1$.

Il s'ensuit donc que

$$F(x) = \begin{cases} 0, & x < 0 \\ \dfrac{1}{18}\left(9x - \dfrac{x^3}{3}\right), & 0 \leq x \leq 3 \\ 1, & x > 3 \end{cases}$$

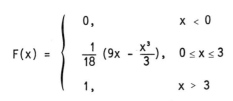

c) Déterminer $P(X > 2)$. Pour calculer cette probabilité, servons-nous de la fonction de répartition puisque

$$P(X > 2) = 1 - P(X \leq 2) = 1 - F(2)$$

$$= 1 - \left[\frac{1}{18}\left(18 - \frac{8}{3}\right)\right]$$

$$= 1 - 0,85185 = 0,14815.$$

Remarques. Dans le cas d'une variable aléatoire continue, on peut écrire:

i) $P(a < X < b) = P(a \leq X < b) = P(a < X \leq b) = P(a \leq X \leq b)$

$\qquad = F(b) - F(a).$

ii) La probabilité attachée à un point a est nulle:

$P(X = a) = P(a \leq X \leq a) = F(a) - F(a) = 0.$

Dans le cas d'une variable continue, on ne peut donc calculer des probabilités que sur des intervalles.

ESPÉRANCE MATHÉMATIQUE ET VARIANCE D'UNE VARIABLE ALÉATOIRE

L'équivalent de ces deux notions a déjà été traité en statistique descriptive. En effet, nous avons caractérisé les distributions statistiques (distributions de valeurs observées) par certains nombres représentatifs qui résumaient d'une façon commode et suffisamment complète l'ensemble des valeurs de la distribution. Les principales caractéristiques que nous avons alors étudiées étaient les caractéristiques de tendance centrale et de dispersion. Pour apprécier la tendance centrale d'une série d'observations, nous avons employé, entre autres, la moyenne arithmétique et pour caractériser la dispersion des observations autour de la moyenne, nous avons fait usage de la variance (ou de l'écart-type).

Dans le cas d'une distribution de probabilité d'une variable aléatoire, on parlera plutôt de **paramètres** de tendance centrale et de dispersion, ce qui permettra de caractériser l'essentiel d'une loi de probabilité. Les deux principaux paramètres sont **l'espérance mathématique** et la **variance** d'une variable aléatoire.

Espérance mathématique d'une variable aléatoire

L'espérance mathématique d'une variable aléatoire (on emploie également valeur moyenne d'une variable aléatoire) permet de caractériser la tendance centrale de l'ensemble des valeurs possibles d'une variable aléatoire. Pour une variable aléatoire discrète, on définit l'espérance mathématique comme suit:

Espérance mathématique d'une variable aléatoire discrète

Soit X une variable aléatoire discrète qui prend les valeurs x_1, x_2, ..., x_n et dont la loi de probabilité est $P(X = x_i) = f(x_i)$. L'espérance mathématique de X, notée $E(X)$, s'obtient en multipliant chacune des valeurs possibles de la variable aléatoire par sa probabilité correspondante et en additionnant tous les produits obtenus:

$$E(X) = x_1 \cdot f(x_1) + x_2 \cdot f(x_2) + ... + x_n \cdot f(x_n)$$

$$= \sum_{i=1}^{n} x_i \cdot f(x_i).$$

Remarques. a) L'espérance mathématique est un nombre réel qui ne sera pas nécessairement une valeur de la variable aléatoire et ce nombre n'a rien d'aléatoire. Il ne dépend, en aucune manière, du résultat d'un processus quelconque lié au hasard.

b) On rencontre parfois le symbole μ (mu) pour identifier $E(X)$. Nous réservons toutefois ce symbole pour l'espérance d'une variable aléatoire normale.

Variance d'une variable aléatoire

L'espérance mathématique ne peut résumer à elle seule l'essentiel de l'information contenue dans la distribution de probabilité. Il nous faut également un nombre qui permet de caractériser l'étalement des valeurs de la variable aléatoire autour de sa moyenne.

> ## Variance et écart-type d'une variable aléatoire
>
> La dispersion des valeurs x_i de la variable aléatoire est obtenue en calculant l'espérance des carrés des écarts de ces valeurs par rapport à l'espérance mathématique, c.-à-d. la valeur moyenne des carrés $(x_i - E(X))^2$ que nous notons Var(X):
>
> $$Var(X) = E(X - E(X))^2.$$
>
> Pour une variable aléatoire discrète, on définit la **variance** comme suit:
>
> $$Var(X) = \sum_{i=1}^{n} (x_i - E(X))^2 \cdot f(x_i).$$
>
> La racine carrée de Var(X), notée $\sigma(X) = \sqrt{Var(X)}$ se nomme **l'écart-type.**

La variance est également notée σ^2 (ou σ_X^2) et l'écart-type σ (ou σ_X) L'écart-type a les mêmes unités que la variable aléatoire et caractérise la dispersion (l'étalement) des valeurs de la variable aléatoire autour de son espérance (moyenne). De plus, Var(X) et $\sigma(X)$ sont ≥ 0.

Remarques.   a)   Tout comme l'espérance mathématique, la variance est un nombre qui n'a rien d'aléatoire.

b)   Une loi de probabilité (modèle probabiliste) régit le comportement d'une variable aléatoire. Cette notion abstraite est associée à la **population**, c.-à-d. à l'ensemble de tous les résultats possibles d'un phénomène particulier. C'est pour cette raison que l'espérance mathématique et la variance sont également appelées **paramètres** de la population et ainsi ne sont pas aléatoires.

c)   Dans le cas d'une variable aléatoire continue, on remplace le signe $\sum$ par le signe $\int$ de l'intégration, et on obtient, d'une manière généralisée,

$$E(X) = \int_{-\infty}^{\infty} x \cdot f(x)\, dx \text{ et } Var(X) = \int_{-\infty}^{\infty} (x - E(X))^2 f(x)\, dx.$$

Ces définitions ne seront toutefois pas utilisées dans cet ouvrage.

d)   Le calcul de la variance est simplifié en utilisant l'expression

$$Var(X) = E(X^2) - [E(X)]^2 \text{ où}$$
$$E(X^2) = \sum_{i=1}^{n} x_i^2 \cdot f(x_i).$$

e)   Comme nous l'avons fait en statistique descriptive, on peut définir la dispersion relative d'une distribution de probabilité à l'aide du coefficient de variation:

$$CV\% = \frac{\sigma(X)}{E(X)} \times 100.$$

EXEMPLE 6.   Evaluation du rendement espéré d'un investissement et calcul d'une mesure relative du risque.

Optigestion, société de gestion de portefeuille, envisage d'investir dans des actions ordinaires d'une entreprise oeuvrant dans le domaine de la micro-informatique.

Divers rendements sont possibles selon diverses probabilités et ceci pour une période d'un an.

Rendement (%) x_i	Probabilité $f(x_i)$
28,0	0,05
23,4	0,21
18,6	0,34
15,0	0,22
12,0	0,10
8,0	0,08

a) Quel rendement peut espérer réaliser la société Optigestion?

Notons par X, le rendement possible.

Il s'agit d'évaluer l'espérance mathématique de cette variable X.

$$E(X) = \sum_{i=1}^{6} x_i \cdot f(x_i)$$

$$= (28)(0,05) + (23,4)(0,21) + (18,6)(0,34) + (15)(0,22) + (12)(0,10) + (8)(0,08)$$

$$= 1,4 + 4,914 + 6,324 + 3,3 + 1,2 + 0,64$$

$$= 17,778\%.$$

b) Calculer l'écart-type et le coefficient de variation du rendement.

Utilisons le tableau suivant pour effectuer ces calculs.

x_i	x_i^2	$f(x_i)$	$x_i^2 f(x_i)$
28,0	784,00	0,05	39,2000
23,4	547,56	0,21	114,9876
18,6	345,96	0,34	117,6264
15,0	225,00	0,22	49,5000
12,0	144,00	0,10	14,4000
8,0	64,00	0,08	5,1200

On fera usage de la formule simplifiée

$Var(X) = E(X^2) - [E(X)]^2$ où $E(X^2) = \sum x_i^2 \cdot f(x_i)$.

On obtient alors $E(X^2) = \sum x_i^2 f(x_i) = 340,834$.

La variance du rendement est:

$Var(X) = 340,834 - (17,778)^2 = 340,834 - 316,0573 = 24,7767$.

Par conséquent, l'écart-type donne

$$\sigma(X) = \sqrt{24,7767} = 4,98\%$$

et le coefficient de variation, exprimé en pourcentage, est

$$CV\% = \frac{\sigma(X)}{E(X)} \times 100 = \frac{4,98}{17,778} \times 100 = 28,01\%$$

c) La société examine aussi la possibilité d'investir dans les obligations du gouvernement avec un rendement garanti de 12%. Calculer le coefficient de variation.

Dans ce cas, la distribution du rendement ne comporte qu'une seule valeur, soit un rendement garanti de 12%. Par conséquent l'écart-type est nul, $\sigma(X) = 0$ et le coefficient de variation $CV = 0$.

Cet investissement ne présente aucune incertitude.

d) Lequel des deux investissements présente le plus grand risque?

Dans ce type d'application, le coefficient de variation représente une mesure relative du risque ou de l'incertitude associée à un projet d'investissement.

Type d'investissement	Mesure relative du risque
Investissement dans l'entreprise de micro-informatique	CV = 28,01%
Obligations du gouvernement	CV = 0%

L'investissement dans l'entreprise de micro-informatique présente le plus grand risque puisque CV = 28,01% > 0%.

EXEMPLE 17. Calcul du gain net espéré d'une loterie.

Dans une loterie, le nombre de billets émis est de 90 000, numérotés de 10 000 à 99 999. Un numéro est tiré au hasard entre 10 000 et 99 999 et les gains possibles sont les suivants:

Au détenteur du billet portant le numéro gagnant	$10 000
Aux détenteurs d'un billet portant, dans l'ordre, les quatre derniers chiffres du numéro gagnant	$1 000
Aux détenteurs d'un billet portant, dans l'ordre, les trois derniers chiffres du numéro gagnant	$ 100

Un billet coûte $1.

a) Quelle est la probabilité de gagner le montant de $10 000?

Puisqu'il y a 90 000 numéros différents (ce qui représente le nombre de cas possibles de cette expérience aléatoire), vos chances de gagner $10 000 sont assez minces, soit

Probabilité de gagner $10 000 = $\frac{1}{90\ 000}$ = 0,000011

soit environ 11 chances sur 1 000 000.

b) Déterminer le gain net espéré avec un billet. Notons par X, le gain net associé avec un billet. La loi de probabilité de cette variable aléatoire estprésenté dans le tableau ci-dessous.

Le raisonnement sous-jacent à la loi de probabilité est le suivant. Supposons que le billet gagnant porte le numéro 52344.

Pour gagner $1000, votre numéro doit se terminer par 2344 ┌─────────┐ │ ? ┊ 2344 │ └─────────┘ et le premier peut être

1,2,3,4,6,7,8,9 (5 est exclus puisque c'est le numéro gagnant du $10 000), ce qui donne 8 cas favorables au gain de $1000 (un gain net de $1000 - $1.).

Gain possible x_i	Probabilité $f(x_i)$
- $ 1	$\frac{89\ 910}{90\ 000}$
$ 99	$\frac{81}{90\ 000}$
$ 999	$\frac{8}{90\ 000}$
$9999	$\frac{1}{90\ 000}$

Pour gagner $100, votre numéro doit se terminer par 344 et les deux premiers chiffres peuvent représenter n'importe quel nombre entre 10 et 99 excluant 12, 22, 32, 42, 52, 62, 72, 82, 92, soit

┌──────────┐
│ ? ? ┊ 344 │
└──────────┘
┌──────────┐
│ ? 2 ┊ 344 │
└──────────┘

90 nombres - 9 nombres = 81.

Les autres billets, soit 89 910 billets, ne gagnent rien, soit un gain net par billet de - $1 (le coût du billet).

Le gain net espéré d'un billet correspond à l'application de la notion d'espérance mathématique, ce qui donne

$$E(X) = (-1)(\frac{89\ 910}{90\ 000}) + (99)(\frac{81}{90\ 000}) + (999)(\frac{8}{90\ 000}) + (9999)(\frac{1}{90\ 000})$$

$$= \frac{-89\ 910 + 8019 + 7992 + 9999}{90\ 000} = \frac{-63\ 900}{90\ 000} = - \$0,71.$$

c) Quelle est la signification de -$0,71, le gain net espéré d'un billet?

Cela signifie que si vous jouez à cette loterie jusqu,à la fin des temps, vous gagnerez le prix de $10 000 un certain nombre de fois et vous gagnerez les autres prix de temps en temps mais, en définitive, vous aurez perdu $0,71 sur chaque mise de $1 effectuée au cours des années,.... Un jour, ce sera ton tour...

A propos: Saviez-vous que les chances de gagner le gros lot de Loto-Québec au 6/36 en faisant un choix de 6 numéros sur 36 sont environ 1 chance sur deux millions (exactement 1/ $\binom{36}{6}$). Et, que dire des chances de gagner le gros lot à LOTTO 6/49!

Note. Nos connaissances probabilistes permettent d'affirmer que ce slogan "Un jour ce sera ton tour" est douteux. En effet, les tirages étant indépendants, le fait de ne pas gagner à un tirage n'améliore pas les chances de gagner à un tirage subséquent. "Un jour, ce sera peut-être ton tour!" serait plus juste mais son impact publicitaire serait moins percutant.

PROPRIÉTÉS DE L'ESPÉRANCE MATHÉMATIQUE ET DE LA VARIANCE

Dans le chapitre 2 (Statistique descriptive), nous avons donné un certain nombre de propriétés de la moyenne arithmétique et de la variance.

Il arrive également qu'on doive effectuer sur une variable aléatoire une transformation (changement d'origine ou changement d'échelle).

Nous résumons dans le tableau suivant les principales propriétés de l'espérance et de la variance d'une variable aléatoire lorsqu'une transformation lui est apportée.

Changement d'origine	Changement d'échelle	Transformation générale
$E(X + c) = E(X) + c$	$E(aX) = aE(X)$	$E(aX + c) = aE(X) + c$
$Var(X + c) = Var(X)$	$Var(aX) = a^2 Var(X)$	$Var(aX + c) = a^2 Var(X)$
$\sigma(X + c) = \sigma(X)$	$\sigma(aX) = a\, \sigma(X)$	$\sigma(aX + c) = a\, \sigma(X)$

a et c sont des constantes.

Nous remarquons que la variance et l'écart-type ne changent pas avec un changement d'origine.

EXEMPLE 8. Vérification des propriétés $E(aX + c) = aE(X) + c$ et de $Var(aX + c) = a^2 Var(X)$.

a) $E(aX + c) = aE(X) + c$ où a et c sont des constantes.

D'après la définition de l'espérance mathématique, on a, dans le cas d'une variable aléatoire discrète,

$$E(aX + c) = \sum_i (ax_i + c)\, f(x_i)$$

$$= \sum_i ax_i\, f(x_i) + \sum_i cf(x_i)$$

$$= a \sum_i x_i\, f(x_i) + c \sum_i f(x_i)$$

$$= aE(X) + c(1) = aE(X) + c.$$

b) $Var(aX + c) = a^2 Var(X)$ où a et c sont des constantes.

$$Var(aX + c) = E[aX + c) - (aE(X) + c)]^2$$
$$= E[aX - aE(X)]^2$$
$$= E[a^2 (X - E(X))^2]$$
$$= a^2 E(X - E(X))^2 = a^2 Var(X).$$

Remarque. La démonstration est semblable dans le cas d'une variable aléatoire continue.

EXEMPLE 9. Transformation d'une variable aléatoire en une variable aléatoire centrée et réduite.

De ces propriétés, on peut déduire deux résultats intéressants.

a) L'espérance mathématique des écarts entre les valeurs x_i de la variable aléatoire et leur espérance (moyenne) est nulle.

Représentons cet écart par $Y = X - E(X)$. On veut $E(Y)$.

$E(Y) = E[X - E(X)] = E(X) - E[E(X)] = E(X) - E(X) = 0$ puisque $E(X)$ n'est pas une variable aléatoire mais une constante (paramètre) pour une population donnée. Donc

$$E(Y) = E[X - E(X)] = 0.$$

Une variable aléatoire d'espérance mathématique nulle est appelée **variable aléatoire centrée**.

b) La **variance d'une variable aléatoire centrée et réduite est 1.**

Posons $Z = \dfrac{Y}{\sigma(X)} = \dfrac{X - E(X)}{\sigma(X)}$

Alors $E(Z) = \dfrac{E[X - E(X)]}{\sigma(X)} = \dfrac{0}{\sigma(X)} = 0$

et $Var(Z) = Var\left[\dfrac{X - E(X)}{\sigma(X)}\right] = \dfrac{Var(X)}{\sigma^2(X)} = \dfrac{Var(X)}{Var(X)} = 1.$

puisque $Var(E(X)) = 0$ (variance d'un paramètre est toujours nulle puisqu'il est une constante pour une population particulière) et que $\sigma^2(X) = Var(X)$.

Une variable aléatoire d'espérance mathématique nulle et de variance 1 est appelée **variable aléatoire centrée réduite**.

$$E(Z) = 0, \quad Var(Z) = 1, \quad \sigma(Z) = 1.$$

Remarque. Le passage d'une variable aléatoire X à une variable aléatoire centrée réduite $\dfrac{X - E(X)}{\sigma(X)}$ est requis pour l'usage de certaines tables de probabilité. C'est le cas pour l'usage de la table de la loi nomrale centrée réduite, loi que nous traitons dans un chapitre subséquent.

INÉGALITÉ DE TCHEBYCHEFF

Il arrive fréquemment que l'on désire connaître la probabilité que la variable aléatoire soit comprise dans un intervalle. Si l'on connaît la loi de probabilité de la variable aléatoire, on sait comment opérer. Toutefois, si la loi de probabilité nous est inconnue, on peut quand même obtenir un ordre de grandeur de cette probabilité en faisant intervenir l'espérance mathématique de la variable aléatoire, sa variance ainsi que l'inégalité de Tchebycheff que nous énonçons comme suit.

Inégalité de Tchebycheff

Soit une variable aléatoire X suivant une loi de probabilité quelconque de moyenne E(X) et de variance $\sigma^2(X)$ finie, alors la probabilité que la variable aléatoire X soit comprise dans l'intervalle $[E(X) - k \cdot \sigma(X), E(X) + k \cdot \sigma(X)]$ est supérieure ou égale à $1 - \dfrac{1}{k^2}$ où $k > 1$:

$$P[E(X) - k \cdot \sigma(X) \leq X \leq E(X) + k \cdot \sigma(X)] \geq 1 - \frac{1}{k^2}$$

Cette inégalité est valable pour toutes les lois de probabilité (continue ou discrète), elle ne suppose que l'existence de E(X) et de $\sigma(X)$. Toutefois, si la loi de probabilité de la variable aléatoire a une expression mathématique bien déterminée (c'est le cas pour les lois que nous traitons dans les chapitres subséquents), cette inégalité est imprécise et ne peut remplacer la table de la loi de probabilité de cette variable.

Remarques. a) Une valeur de $k < 1$ est de peu d'intérêt puisque la borne inférieure de la probabilité devient alors négative.

b) Dans le cas où la distribution est continue, symétrique et unimodale, l'inégalité de Camp-Meidel donne une borne inférieure plus précise:

$$P[E(X) - k \cdot \sigma(X) \leq X \leq E(X) + k \cdot \sigma(X)] \geq 1 - \frac{1}{2,25k^2}$$

k	Borne inférieure de la probabilité avec Tchebycheff	Borne inférieure de la probabilité avec Camp-Meidel
1	0	0,5556
1,5	0,5556	0,8025
2	0,7500	0,8889
3	0,8889	0,9506

EXEMPLE 10. Calcul de la probabilité que la valeur d'une variable aléatoire discrète se situe dans un intervalle centré sur la moyenne.

La Firme Sintel, groupe d'experts-conseils dans le domaine de la psychologie industrielle, a mis au point un système d'appréciation et d'évaluation de cadres d'entreprises. Diverses caractéristiques managériales recherchées par les entreprises sont évaluées à l'aide d'un certain nombre de simulations de cas d'entreprises présentant divers niveaux de difficultés.

On a établi que pour des cadres intermédiaires, la norme d'appréciation globale est:

$$\text{Moyenne} = 150$$

$$\text{Ecart-type} = 14$$

Toutefois, on ne peut rien affirmer quant à la distribution des résultats associés à l'évaluation de ces cadres.

a) Quelle est la probabilité pour que l'appréciation globale d'un cadre intermédiaire se situe entre 122 et 178, autour de l'appréciation moyenne globale?

Borne inférieure = 150 - (k)(14) = 122.

Borne supérieure = 150 + (k)(14) = 178, ce qui donne k = 2.

Utilisant l'inégalité de Tchebycheff, on trouve

$$P(122 \leq X \leq 178) \geq 1 - \frac{1}{2^2}$$

$$\geq 0,75.$$

Il y a au moins 75 chances sur 100 que l'appréciation globale d'un cadre intermédiaire se situe entre 122 et 178.

b) Dans au moins 90% des cas, entre quelles valeurs peut varier l'appréciation globale des cadres intermédiaires autour de la moyenne?

Il s'agit de déterminer les bornes inférieure et supérieure de l'intervalle de sorte que

$$P[E(X) - k \cdot \sigma(X) \leq X \leq E(X) + k \cdot \sigma(X)] \geq 0,90.$$

Puisque $0,90 = 1 - \frac{1}{k^2}$, $\frac{1}{k^2} = 0,10$, $k^2 = 10$, $k = 3,1623$.

Alors $E(X) - k \cdot \sigma(X) = 150 - (3,1623)(14) = 105,73$

$E(X) + k \cdot \sigma(X) = 150 + (3,1623)(14) = 199,27.$

Ainsi dans au moins 90% des cas, l'appréciation globale des cadres intermédiaires se situe entre 105,73 et 199,27.

c) Quel serait cet intervalle si on admet que la distribution des résultats de l'appréciation globale est continue, symétrique et unimodale?

Dans ce cas, on peut se servir de l'inégalité de Camp-Meidel.

Alors $0,90 = 1 - \frac{1}{2,25k^2}$, $\frac{1}{2,25k^2} = 0,10$, $2,25 k^2 = 10$,

$k^2 = \frac{10}{2,25} = 4,444$, $k = 2,108$.

On obtient alors pour les bornes de l'intervalle

$150 - (2,108)(14) = 150 - 29,512 = 120,488$

$150 + (2,108)(14) = 150 + 29,512 = 179,512.$

L'intervalle est alors plus restreint.

PROBLÈMES

1. D'après les résultats de nombreuses enquêtes, il a été établi que seulement 30 personnes sur 100, qui ont été sélectionnées au hasard pour compléter un questionnaire sur un sujet quelconque, retournent le questionnaire complété à l'auteur du sondage.

Supposons qu'une maison de sondage a sélectionné au hasard 4 personnes et qu'un questionnaire leur est expédié.

On veut définir la loi de probabilité de la variable aléatoire suivante: nombre de personnes parmi 4 complétant et retournant le questionnaire à la maison de sondage.

a) Déterminer, à l'aide d'un diagramme en arbre, la liste de tous les évé-nements élémentaires possibles de cette expérience en notant par R: per-sonne ayant retourné le questionnaire et par N: personne n'ayant pas re-tourné le questionnaire.

b) Définir la loi de probabilité de la variable aléatoire identifiée ci-haut en associant à chaque événement élémentaire de S la valeur x_i de la va-riable aléatoire ainsi que la probabilité correspondante.

c) Vérifier que $\sum P(X = x_i) = 1$.

d) Déterminer $F(1)$; $F(3)$. Que veut dire en mots chacune de ces probabili-tés?

e) Quel est le nombre le plus probable de personnes, parmi 4, qui vont re-tourner leur questionnaire?

Note. On peut omettre les problèmes 2 et 3 si on n'a pas traité l'exemple 5 du chapitre 4.

2. Une variable aléatoire continue est distribuée selon la loi suivante:

$$f(x) = k(30 - x) , \quad 0 \le x \le 30$$
$$= 0 \quad , \quad \text{ailleurs.}$$

a) Déterminer la valeur de k pour s'assurer que $f(x)$ soit une densité de probabilité.

b) Tracer le graphique de la densité de probabilité.

c) Déterminer la fonction de répartition.

d) Calculer les probabilités suivantes:

i) $P(X > 15)$ ii) $P(10 \le X \le 20)$ iii) $P(X < 12)$.

3. Pour un certain phénomène, la variable aléatoire continue X est régie selon la densité suivante:

$$f(x) = \frac{x}{k} , \quad 0 < x \le 10$$

$$f(x) = \frac{20-x}{k}, \quad 10 < x \le 20.$$

a) Déterminer la valeur de la constante k pour s'assurer que $f(x)$ soit une densité de probabilité.

b) Tracer la densité de probabilité.

c) Déterminer la probabilité pour que la variable aléatoire X prenne une valeur se situant dans l'intervalle $5 < X < 15$.

d) Déterminer l'expression de la fonction de répartition.

e) Calculer F(10).

f) A quoi correspond la valeur x = 10 comme mesure de tendance centrale?

4. Une corporation sans but lucratif veut lancer une vaste opération dite «Opération Fierté» pour inciter les gens à souscrire à un fonds qui permettrait de financer, en partie, la construction d'un complexe sportif. D'après l'expérience du président de la corporation, expérience acquise dans d'autres campagnes similaires, les montants souscrits varient, pour chaque individu sollicité, selon une certaine loi de probabilité (voir tableau ci-contre). De plus, 79 individus sur 1000 individus sollicités ne souscrivent aucun montant.

Montant souscrit	Probabilité
$1000	0,001
500	0,010
200	0,050
100	0,120
50	0,150
20	0,200
10	0,150
5	0,100
2	0,080
1	0,060

a) Quel est le montant espéré par individu sollicité?

b) La corporation espère recueillir $200 000. Combien d'individus devrait-on solliciter?

5. Vous achetez un billet de loterie pour $0,50. Des 900 000 billets vendus, 20 rapporteront $5000, 150 procureront $500 et 1600 rapporteront $100. Si vous achetez un billet, quel est votre gain net espéré?

6. Céline vient de gagner $5000 à la mini-loto. Elle envisage d'investir ce montant dans un fonds dont le rendement serait de 20% s'il n'y a pas de récession économique. Toutefois, ce rendement baisserait à 12% s'il y avait récession. Par contre, un placement sûr à la Caisse Pop lui rapporterait un rendement garanti de 14%. Les chances de récession économique doivent être inférieures à quelle valeur pour qu'elle consente à investir dans le fonds?

7. La demande pour un certain logiciel de gestion est répartie selon la loi suivante.

Les frais de développement et de publicité pour introduire ce nouveau logiciel sur le marché est de $15 000 et le profit brut par unité vendue est de $800.

Peut-on espérer faire un profit avec la mise en marché de ce nouveau logiciel de gestion?

Demande (en unités)	Probabilité
100	0,10
200	0,25
300	0,35
400	0,15
500	0,10
600	0,05

8. Le directeur de l'usine Simtek vous a demandé de lui présenter un budget concernant les coûts afférants à la rectification de pièces provenant de 5 machines. Le coût unitaire pour rectifier une pièce est de $12. D'après les analyses effectuées par le département d'Assurance Qualité, les pourcentages de pièces exigeant une rectification sont respectivement pour les 5 machines de 1%, 2%, 0,5%, 1%, 1,5%. Chaque machine devrait fabriquer 5000 pièces au cours de la prochaine année. Quelle pourrait être votre recommandation pour ce budget?

9. Une société de gestion de portefeuille envisage d'investir dans des actions ordi-naires d'une entreprise se spécialisant dans la fabrication de micro-ordinateurs. Toute-fois divers rendements sont possibles et ils se répartissent d'après le tableau ci-contre pour une période d'un an.

a) Calculer le rendement espéré d'un tel investissement.

Rendement (%)	Probabilité
30,0	0,06
28,5	0,20
21,0	0,35
15,0	0,24
10,0	0,10
6,0	0,05

b) Calculer l'écart-type et le coefficient de vsriation du rendement.

c) La société pourrait également investir dans des obligations du gouverne-ment avec un rendement garanti de 14%. Calculer le coefficient de varia-tion.

d) Lequel des deux investissements cités ci-haut présente le plus grand ris-que?

10. Le responsable de la gestion des stocks de l'entreprise Simex a dénombré la demande journalière pour l'article AX214 pour une pé-riode de 200 jours. La distribu-tion obtenue se présente d'après le tableau ci-contre.

Demande (X)	Nombre de jours
0	14
1	28
2	36
3	60
4	38
5	14
6	10

a) Sommes-nous en présence d'une variable discrète ou continue?

b) Quelle est la loi de probabilité de la demande journalière de l'article AX214?

c) A quelle demande journalière moyenne peut s'attendre le responsable de la gestion des stocks pour cet article?

d) Quelle est la dispersion de la demande autour de la valeur calculée en c)?

e) Quelle est la probabilité d'observer une demande journalière comprise dans l'intervalle $[E(X) - \sigma(X), E(X) + \sigma(X)]$?

11. Une variable aléatoire X a comme moyenne $E(X) = 50$, et comme écart-type $\sigma(X) = 10$. Une nouvelle variable Y est constituée par la transformation linéaire $Y = 10X + 100$. En utilisant les propriétés de l'espérance mathéma-tique et de la variance, déterminer

a) $E(Y)$

b) $Var(Y)$

c) $\sigma(Y)$

d) CV_Y

12. Le vice-président de l'entreprise Simtek doit faire une recommandation au conseil d'administration sur le choix d'un projet de renouvellement d'é-quipement. Les gains possibles de chaque projet sont répartis suivant les lois de probabilités suivantes:

Projet A		Projet B	
Gains ($)	Probabilité de réalisation	Gains ($)	Probabilité de réalisation
$25 000	0,25	$20 000	0,15
30 000	0,30	25 000	0,35
35 000	0,20	30 000	0,25
40 000	0,15	35 000	0,15
45 000	0,10	40 000	0,10

a) Quel est le gain espéré de chaque projet?

b) Quel est l'écart-type du gain pour chaque projet?

c) En calculant le coefficient de variation de chaque distribution, lequel des deux projets semble le plus risqué?

d) Après une ré-évaluation des gains possibles, il semble que ceux-ci doivent être réduits de $1000. En utilisant les propriétés de l'espérance mathématique et de la variance, quels sont, dans ce cas, le gain espéré et l'écart-type de chaque projet?

13. Le responsable du comité de sécurité de l'entreprise Micom précise que le taux moyen d'accidents de travail est de 1,6 accident/jour avec un écart-type de 1,265 accident/jour. Notons par X le nombre d'accidents par jour. Pour maintenir un service d'urgence, l'entreprise subit des frais fixes de $200/jour ainsi que des frais variables (frais par accident) de $50. Notons par Y les frais encourus par jour.

a) Exprimer, par une expression mathématique, Y en fonction de X.

b) Quels sont, en moyenne, les frais encourus par jour?

c) Quel est l'écart-type des frais?

14. Les ventes journalières d'un certain bien de consommation sont en moyenne de 9 unités par jour avec un écart-type de 3 unités. Quelles sont approximativement les chances sur 100 d'observer une consommation journalière inférieure à 3 ou supérieure à 15 unités par jour?

15. Le revenu annuel moyen des diplômés en informatique depuis 2 ans est de $24 500 avec un écart-type de $1200. La distribution du revenu annuel est inconnue. Dans quel intervalle, centré sur la moyenne, peut se situer le revenu annuel de 90% des diplômés en informatique?

16. On a établi que la durée de vie moyenne d'un certain composant électronique était de 350 heures avec un coefficient de variation de 10%.

a) Dans 80% des cas, la durée de vie des composants pourrait varier dans quel intervalle autour de la durée de vie moyenne?

b) Est-ce très probable d'observer une valeur de durée de vie supérieure à 455 heures ou inférieure à 245 heures?

AUTO-ÉVALUATION DES CONNAISSANCES

Test 4

Répondre par Vrai ou Faux ou compléter s'il y a lieu. Dans le cas où c'est faux, indiquer la bonne réponse.

1. Si à chaque résultat d'une épreuve (expérience aléatoire), on fait correspondre une valeur numérique, nous définissons alors une variable aléatoire.
V F

2. Pouvez-vous donner une autre description de ce qu'on entend par variable aléatoire?

3. Une variable aléatoire est dite continue si les valeurs prises par cette variable sont des valeurs entières. V F

4. Comment appelle-t-on une variable aléatoire qui peut prendre toutes les valeurs dans un intervalle fini ou infini?

5. Préciser, pour chaque cas ci-après, la nature (discrète ou continue) de la variable aléatoire concernée:

   i)   Nombre de pannes par jour d'un système de contrôle électronique.

   ii) Durée de vie en années d'un produit électroménager.

   iii) Temps requis pour l'assemblage d'un composant électronique.

   iv) Nombre de consommateurs influencés par une marque de commerce.

6. Une variable aléatoire ne prend jamais de valeurs négatives. V F

7. Associer à chacune des valeurs possibles de la variable aléatoire la probabilité qui lui correspond, c'est définir la loi de probabilité de la variable aléatoire. V F

8. La somme de toutes probabilités de toute loi de probabilité peut être supérieure à 1. V F

9. La fonction qui permet d'obtenir la probabilité que la variable aléatoire X prenne une valeur au plus égale à une valeur particulière x_i s'appelle fonction de densité. V F

10. Est-ce vrai de dire que $P(a < X \leq b) = P(a \leq X \leq b)$ dans le cas d'une variable aléatoire continue? V F

11. La valeur moyenne d'une variable aléatoire correspond à l'espérance mathématique de cette variable. V F

12. La valeur que prend l'espérance mathématique d'une variable aléatoire est nécessairement une des valeurs possibles de la variable aléatoire. V F

13. L'espérance mathématique d'une variable aléatoire n'est jamais négative.
V F

14. L'écart-type d'une variable aléatoire permet de caractériser la tendance centrale de l'ensemble des valeurs d'une variable aléatoire. V F

15. L'écart-type d'une variable aléatoire peut prendre une valeur négative.
V F

_____ test 4 (suite) _____

16. Si on ajoute une constante c à chaque valeur d'une variable aléatoire X,

i)   l'espérance mathématique devient alors cE(X);   V   F

ii) la variance devient alors Var(X) + c.   V   F

17. Si Y = aX + c, alors i) E(Y) = aE(X).   V   F

ii) Var(Y) = a² Var(X).   V   F

18. L'espérance mathématique d'une variable aléatoire centrée réduite est toujours égale à 1.   V   F

19. Si on connaît uniquement l'espérance mathématique et la variance d'une variable aléatoire, on ne peut obtenir d'aucune manière la probabilité que la variable aléatoire soit comprise dans un intervalle.   V   F

20. A une loterie, 10 000 billets ont été vendus. Il y a un prix de $5000, 10 de $500 et 20 de $100. Vous possédez un de ces billets. Soit X, le gain associé à chaque billet.

i)   Quelle est la loi de probabilité de cette variable aléatoire?

x	$0	$100	$500	$5000
P(X=x)	_____	_____	_____	_____

ii) Quelle est la probabilité de ne rien gagner?

iii) Quelle est l'espérance de gain à cette loterie?

iv) Si chaque billet se vend $2, quel est le gain net espéré avec un billet? Avec 10 billets?

21. Dans un atelier de fabrication, on a établi que le diamètre de tiges tournées a comme moyenne E(X) = 40 mm et écart-type $\sigma(X)$ = 1,5 mm. Si on prélève au hasard une tige, la probabilité d'observer une valeur du diamètre dans l'intervalle 37 à 47 mm, centrée sur la moyenne est supérieure ou égale à a) 0,25   b) 0,75   c) 0,50.

CALCUL DES PROBABILITÉS, VARIABLES ALÉATOIRES ET MODÈLES PROBABILISTES

CHAPITRE 5

La loi binomiale

OBJECTIFS PÉDAGOGIQUES

Lorsque vous aurez complété l'étude du chapitre 5, vous pourrez:

1. préciser ce qu'on entend par variable de Bernouilli;

2. identifier les conditions d'application de la loi binomiale;

3. maitriser l'expression de la loi binomiale ainsi que ses principales caractéristiques;

4. utiliser correctement la table des probabilités binomiales;

5. représenter graphiquement la loi binomiale;

6. reconnaitre les situations où la loi binomiale peut s'appliquer.

LA LOI BINOMIALE

LOIS DE PROBABILITÉ IMPORTANTES

L'importance d'étudier certaines lois de probabilité réside dans le fait que de nombreuses situations pratiques s'apparentent à certains comportements de variables aléatoires qui sont régies par des lois spécifiques. Si tel est le cas, ces lois ou modèles probabilistes permettent d'analyser les fluctuations de certains phénomènes en évaluant, par exemple, les probabilités que tel événement ou tel résultat soit observé.

Il existe de nombreuses lois de probabilité (loi binomiale, loi hypergéométrique, loi de Poisson, loi normale,...). Nous allons nous attarder principalement aux lois binomiale, de Poisson et normale. Les lois binomiale et de Poisson sont deux distributions discrètes alors que la loi normale est une distribution continue.

Remarques. Ces lois théoriques ont plusieurs avantages sur le plan pratique.
a) Les observations d'un phénomène particulier peuvent être remplacées par l'expression analytique de la loi où figure un nombre très restreint de paramètres (1 ou 2 et rarement plus).

b) La détermination des principales propriétés (moyenne et variance) s'effectue plus facilement sur l'expression mathématique de la loi que sur une série d'observations.

c) La loi théorique agit comme modèle (idéalisation) et permet ainsi de réduire les irrégularités de la distribution empirique. Ces irrégularités sont souvent inexplicables et proviennent de fluctuations d'échantillonnage, d'imprécision d'appareils de mesure ou de tout autre facteur incontrôlé ou incontrôlable.

d) Des tables de probabilité ont été confectionnées pour les lois les plus importantes; elles sont faciles d'utilisation et elles vous seront d'une aide précieuse pour en déduire certaines règles pratiques.

Traitons d'abord de la loi binomiale.

LA LOI BINOMIALE ET L'EXPÉRIENCE DE BERNOUILLI

La première loi de probabilité que nous voulons étudier est la loi binomiale. Cette loi est particulièrement utile lorsque le phénomène aléatoire observé donne lieu à seulement deux résultats possibles: succès ou insuccès; oui ou non; favorable ou défavorable; absence ou présence de tel caractère, etc.

EXEMPLE 1. Situations où les valeurs du caractère étudié peuvent être régies par la loi binomiale.

a)   Une transaction comptable est erronée ou exacte: nombre de transactions erronées dans un échantillon de n transactions.

b)   Un fusible fonctionne ou ne fonctionne pas: nombre de fusibles défectueux dans un échantillon de n fusibles.

c)   L'aspect visuel d'une pièce est acceptable ou non: nombre de pièces dont l'aspect visuel est inacceptable dans un échantillon de n pièces.

d)   Une personne est favorable ou non à un projet de loi: proportion de gens, sur les n personnes questionnées dans un sondage d'opinion publique, favorables au projet de loi.

La loi binomiale repose sur un type d'expérience particulière appelée **expérience de Bernouilli** (d'après Jacques Bernouilli, 1654-1705).

Définissons d'abord ce qu'on entend par variable de Bernouilli.

> **Variable de Bernouilli**
>
> Une variable aléatoire discrète qui prend les valeurs 1 et 0 avec les probabilités p et 1-p est appelée **variable de Bernouilli.**

L'exemple suivant permet de mieux faire comprendre ces concepts.

EXEMPLE 2. Illustration d'une variable de Bernouilli: L'entreprise Simex et les factures erronées.

L'entreprise Simex se spécialise dans la vente par catalogue de menus articles. Elle doit émettre de très nombreuses factures; toutefois une certaine proportion de ces factures est erronée.

a)   **Expérience de Bernouilli et identification de la variable aléatoire.** Supposons que dans le fichier central de l'entreprise, on sélectionne au hasard une facture pour en vérifier l'exactitude. Cette expérience aléatoire donne lieu à deux résultats possibles: la facture est erronée (succès) ou exacte (insuccès).

Cette opération susceptible d'aboutir à deux résultats s'appelle **expérience (ou épreuve) de Bernouilli.**

Si à chaque résultat de cette épreuve, on fait correspondre les valeurs 1 et 0, alors la variable de Bernouilli peut se définir comme suit:

$$Y = \begin{cases} 1, & \text{si la facture est erronée (succès)} \\ 0, & \text{si la facture est exacte (insuccès)} \end{cases}$$

Remarque. Associer l'attribut «succès» à "la facture est erronée" est tout-à-fait arbitraire.

b)   **Détermination de la loi de probabilité de la variable Y.**
Admettons que la probabilité de sélectionner «une facture erronée» est p et par conséquent, 1-p pour une facture exacte. Si nous associons aux valeurs possibles de la variable aléatoire Y la probabilité qui leur correspond, on obtient la loi de probabilité de Y:

y_i	$P(Y = y_i)$
1	p
0	1 - p

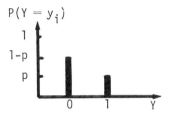

La forme de la distribution de probabilité se présente comme ci-haut.

c)   **Détermination de l'espérance mathématique de la variable aléatoire Y.**

Puisque $E(Y) = \sum_i y_i p_i$ où $p_i = P(Y = y_i)$, alors, dans le cas d'une variable de Bernouilli, on obtient:

$$E(Y) = (1) \cdot p + (0)(1-p) = p.$$

d)   **Détermination de la variance de la variable de Bernouilli.**

Par définition, la variance de Y est:

$$Var(Y) = \sum_i (y_i - E(Y))^2 \cdot p_i, \text{ ce qui donne:}$$

$$Var(Y) = \sum_i (y_i - p)^2 \cdot p_i = (1-p)^2 \cdot p + (0-p)^2 \cdot 1-p$$
$$= (1-p)^2 \cdot p + p^2 \cdot (1-p)$$
$$= p(1-p) [1-p + p] = p(1-p).$$

Remarque. Ces deux résultats, c) et d), vont nous être particulièrement utiles pour le calcul de l'espérance mathématique et de la variance d'une variable binomiale.

ÉPREUVES DE BERNOUILLI ET DISTRIBUTION BINOMIALE

Supposons maintenant que le vérificateur de l'entreprise Simex répète n fois l'expérience de Bernouilli (c.-à-d. prélève au hasard n factures) et note à chaque fois le résultat de l'expérience, à savoir la facture est erronée ou exacte. On peut alors se poser la question: quelle est la probabilité d'observer x factures erronées dans un échantillon de n factures, si une facture erronée provenant du fichier a une probabilité p d'être erronée?

Le calcul de cette probabilité fait appel à la loi binomiale si certaines conditions sont réalisées.

Conditions d'application de la loi binomiale:
Epreuves de Bernouilli

a) Le résultat de l'expérience ne comporte que 2 résultats possibles: succès ou insuccès.

b) On répète (successivement ou simultanément) n fois l'expérience et on s'intéresse au nombre de fois que l'événement «succès» se réalise dans ces n essais (ou tirages).

c) La probabilité de réalisation de l'événement «succès» est la même à chaque essai et est notée «p».

d) Les essais sont indépendants et non exhaustifs c.-à-d. les conditions de sélection sont identiques, ne modifient pas la composition de la population et le résultat observé à un essai n'affecte pas le résultat que l'on obtient à l'essai suivant.

Remarque. Les termes **tirages successifs, essais ou épreuves indépendantes** ont la même interprétation. Ils représentent en définitive la taille de l'échantillon.

Sous ces conditions, on peut s'intéresser à déterminer la probabilité qu'au cours de n essais, un événement, disons «succès» de probabilité p, survienne x fois. Cette probabilité est donnée par la loi binomiale que nous énonçons comme suit:

La loi binomiale

Soit une série de n épreuves successives et indépendantes (épreuves de Bernouilli) dont l'issue de chaque épreuve est soit «succès» avec une probabilité p, soit «insuccès» avec une probabilité q = 1-p, alors la probabilité d'avoir x succès en n épreuves est donnée par l'expression:

$$P(X = x) = \binom{n}{x} \cdot p^x \cdot (1-p)^{n-x}$$

$$= \frac{n!}{x!\,(n-x)!} \cdot p^x \cdot q^{n-x}$$

$$x = 0,1,2,\ldots,n, \qquad 0 \le p < 1.$$

Cette loi est dite **loi binomiale** et dépend de n et p.

On résume parfois cette loi par la notation b(x;n,p) ou aussi B(n,p).

Remarques. a) La variable aléatoire discrète prenant les valeurs 0,1,..,n et dont la loi de probabilité est celle définie ci-haut est appelée **variable aléatoire binomiale:** $X \sim b(x;n,p)$.

b) La loi binomiale repose sur le fait que le tirage se fait d'une manière non-exhaustive c.-à-d. que les éléments sélectionnés sont remis dans la population de telle sorte que p demeure constant. Toutefois, en pratique, le tirage est plutôt de nature exhaustive c.-à-d. que les éléments sélectionnés ne sont pas remis dans la population. Toutefois, on considère que l'application de la loi binomiale est quand même valable si le rapport entre la taille de l'échantillon n et la taille de la population N est $\frac{n}{N} \leq 0,10$. Ce rapport $\frac{n}{N}$ est parfois appelé **taux de sondage**.

c) Si le rapport $\frac{n}{N}$ excède 0,10, on a recours à la **loi hypergéométrique**, autre loi discrète que nous traiterons subséquemment.

d) Le qualificatif «binomiale» est dû à ce que les coefficients et les termes de cette distribution sont ceux du développement du binôme de Newton

$$(p + q)^n = p^n + np^{n-1} q + \frac{(n)(n-1)}{1 \cdot 2} p^{n-2} q^2 + \frac{(n)(n-1)(n-2)}{1 \cdot 2 \cdot 3} p^{n-3} q^3 + .. + q^n$$

$$= \sum_{x=0}^{n} \binom{n}{x} \cdot p^x \cdot q^{n-x}$$

e) Dans le cas d'une loi binomiale, on utilise parfois la notation suivante pour identifier la probabilité d'observer x succès en n épreuves, chaque succès ayant une probabilité p: $P(X = x | n,p)$.

Précisons immédiatement les caractéristiques importantes de la loi binomiale.

Moyenne, variance et écart-type d'une variable binomiale

Si X est une variable aléatoire distribuée d'après une loi binomiale b(x;n,p), alors l'espérance mathématique (moyenne) de X, la variance et l'écart-type sont respectivement:

$$E(X) = np$$

$$Var(X) = np(1-p)$$

$$\sigma(X) = \sqrt{np(1-p)}$$

Nous vérifions, à l'exemple 7, ces caractéristiques de la loi binomiale. Toutefois, on voit qu'intuitivement l'espérance mathématique d'une variable binomiale (nombre moyen de succès) est le produit du nombre d'essais (taille de l'échantillon) par la probabilité (p) de l'événement considéré (succès).

EXEMPLE 3. Application de la loi binomiale en contrôle industriel avec schématisation des résultats du contrôle.

Un agent technique de l'entreprise Antek vérifie, à l'aide d'un calibre, le diamètre d'une pièce usinée par une machine-outil. La pièce est classée «défectueuse» si le diamètre est trop petit ou trop grand. D'après les données recueillies depuis un certain temps par le département de contrôle de la qualité, la machine-outil présente 10% de pièces défectueuses.

Un lot de 500 pièces vient d'être fabriqué. L'agent technique sélectionne au hasard 5 pièces de ce lot (ce qui donne un taux de sondage de $\frac{5}{500}$ = 0,01 < 0,10).

a)   Identifier la variable aléatoire qui est concernée dans cette expérience, les valeurs possibles de cette variable ainsi que sa loi de probabilité.

Soit X, le nombre de pièces défectueuses dans un échantillon de taille n = 5.

X sera un nombre entier (variable discrète) dont les valeurs possibles sont:

$$x = 0, 1, 2, ..., 5$$

La loi de probabilité correspondante (selon les conditions d'application mentionnées précédemment) est la loi binomiale caractérisée par n = 5, p = 0,10 c.-à-d. $X \sim b(x; 5, 0,10)$.

b)   Quelle est la probabilité d'observer 3 pièces défectueuses dans un échantillon de taille n = 5?

Bien qu'il existe une table des probabilités binomiales qui permette de répondre directement à cette question, examinons d'abord le cheminement de réflexion suivant (ceci nous permettra de vérifier l'expression de la loi binomiale). Afin d'évaluer cette probabilité, répondons d'abord à la question suivante: de combien de façons peut-on obtenir 3 pièces défectueuses parmi 5 pièces observées?

Pour répondre à cette question, visualisons les éventualités possibles des résultats du contrôle à l'aide du schéma de la page suivante. Le résultat de chaque contrôle de vérification sera noté (ce que nous indiquons dans chaque carreau)

1,   si la pièce est défectueuse   (succès)

0,   si la pièce est bonne   (insuccès)

Ainsi de la branche supérieure du schéma, on peut observer 3 pièces défectueuses avec la composition suivante de l'échantillon:

Echantillonnage	1ère pièce	2e pièce	3e pièce	4e pièce	5e pièce
Résultat du contrôle	(B_1) Bonne (0)	(B_2) Bonne (0)	(D_3) Défectueuse (1)	(D_4) Défectueuse (1)	(D_5) Défectueuse (1)

Nous constatons d'après le schéma qu'il y a effectivement 10 possibilités différentes de voir apparaître 3 pièces défectueuses dans un échantillon de 5 pièces.

La question posée initialement en b) consiste donc à déterminer la probabilité d'obtenir un quelconque des dix résultats énumérés dans le schéma. Ainsi l'éventualité 11100 (ou $D_1 D_2 D_3 B_4 B_5$) a une probabilité

$$pppqq = p^3 q^2 \text{ (chaque résultat du contrôle étant}$$

indépendant) de se réaliser où p = 0,10 et q = 1-p = 0,90; de même l'éventualité 00111 a aussi une probabilité

$$qqppp = p^3 q^2 \text{ de se réaliser.}$$

Schématisation des résultats du contrôle

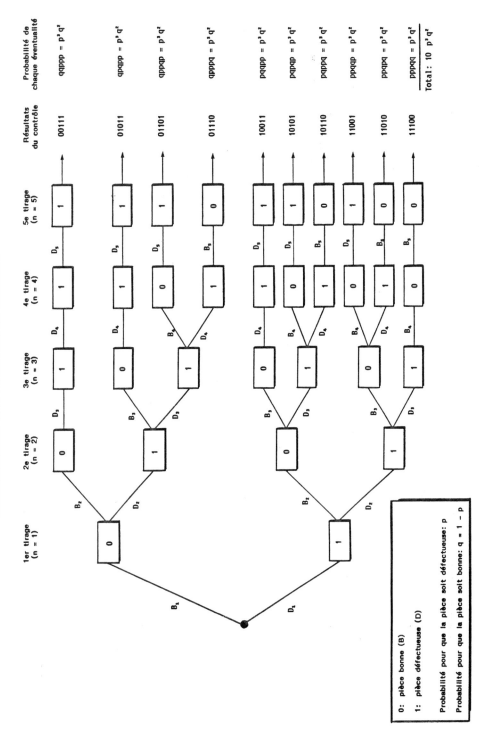

En définitive, la probabilité que se réalise chacune des éventualités est p^3q^2 et la probabilité que la variable aléatoire X, nombre de pièces défectueuses soit égale à 3 est la somme des probabilités des 10 éventualités, soit:

on trouve

$$P(X = 3) = 10\ p^3q^2 \qquad \text{et pour } p = 0,10$$

$$P(X = 3) = (10)(0,10)^3\ (0,90)^2$$

$$= (10)(0,0001)(0,81)$$

$$= 0,0081.$$

Le nombre 10 représente le nombre de combinaisons (disposition non ordonnée) que l'on peut faire avec 3 éléments (x pièces défectueuses) choisis parmi 5 éléments (n pièces prélevées du lot) c.-à-d.

$$\binom{n}{x} = \binom{5}{3} = \frac{5!}{3!2!} = 10.$$

Le calcul de cette probabilité correspond à l'application de l'expression de la loi binomiale:

$$P(X = x) = \binom{n}{x} \cdot p^x \cdot (1-p)^{n-x}$$

avec, dans le cas de la question b), x = 3, n = 5, p = 0,10, 1-p = 0,90, soit:

$$P(X = 3) = \binom{5}{3} \cdot (0,10)^3 \cdot (0,90)^2 = 0,0081$$

Remarques. a) Nous remarquons qu'au terme du 1er tirage (n = 1), la probabilité d'observer une pièce défectueuse (observer que la variable de Bernouilli prenne la valeur 1) est p = 0,10.

b) Si on effectue n tirages successifs, la probabilité p d'observer une pièce défectueuse demeurant constante à chaque tirage, on constate que la variable binomiale (nombre de pièces défectueuses dans un échantillon de taille n) est simplement la somme de n variables de Bernouilli indépendantes et de même paramètre p. Une éventualité possible d'observer 3 pièces défectueuses dans un échantillon n = 5, est (voir schéma) 11100 que l'on peut écrire en termes de variables de Bernouilli:

$$x = Y_1 + Y_2 + Y_3 + Y_4 + Y_5 = 3 \text{ où } Y_1 = 1,\ Y_2 = 1,\ Y_3 = 1,\ Y_4 = 0,\ Y_5 = 0$$

variable binomiale   variable de Bernouilli

EXEMPLE 4. Détermination de la distribution de probabilité de la variable aléatoire «nombre de pièces défectueuses dans un échantillon de taille n = 5».

Utilisons à nouveau le contexte de l'exemple 3 (entreprise Amtek) et déterminons la distribution de la variable aléatoire concernée. Il s'agit donc d'évaluer les probabilités d'observer 0, 1, 2, 3, 4 ou 5 pièces défectueuses dans un échantillon de taille n = 5 avec p = 0,10 et q = 0,90. Le tableau suivant permet de résumer toute la distribution.

Nombre x de pièces défectueuses dans un échantillon de taille n = 5 (1)	Nombre de façons d'obtenir x pièces défectueuses parmi 5 pièces (2)	Probabilité de chacune des éventualités (3)	Probabilité de réalisation des événements de la colonne (1) P(X = x) (4)
x = 0	$\binom{5}{0} = 1$	$p^0 q^5 = (0,90)^5 = 0,59049$	0,59049
x = 1	$\binom{5}{1} = 5$	$p^1 q^4 = (0,10(0,90)^4 = 0,0651$	0,32805
x = 2	$\binom{5}{2} = 10$	$p^2 q^3 = (0,10)^2 (0,90)^3 = 0,00729$	0,0729
x = 3	$\binom{5}{3} = 10$	$p^3 q^2 = (0,10)^3 (0,90)^2 = 0,00081$	0,0081
x = 4	$\binom{5}{4} = 5$	$p^4 q^1 = (0,10)^4 (0,90) = 0,00009$	0,00045
x = 5	$\binom{5}{5} = 1$	$p^5 q^0 = (0,10)^5 = 0,00001$	0,00001 SOMME 1,0

Il s'agit bien d'une distribution de probabilité, puisque

$$f(x) = P(X = x) = \binom{5}{x} \cdot p^x \cdot q^{5-x} \geq 0 \quad \text{pour } x = 0,1,\ldots,5$$

et que
$$\sum_{x=0}^{5} f(x) = \sum_{x=0}^{5} \binom{5}{x} \cdot p^x \cdot q^{5-x} = 1. \quad [(p + q)^5 = 1^5 = 1].$$

Indiquons maintenant comment obtenir directement les probabilités selon la loi binomiale à l'aide de la table 1 en annexe. Pour illustrer le maniement de la table, nous nous servirons de l'exemple suivant.

EXEMPLE 5. Calcul de diverses probabilités à l'aide de la table des probabilités binomiale (Table 1).

Lors d'une réunion de divers chefs de département de l'entreprise Giscom, la directrice des ressources humaines mentionne que 20% des employés dans la catégorie "main-d'oeuvre spécialisée" seraient en faveur de la mise en oeuvre d'un nouveau système de rémunération proportionnelle au rendement (ce qui ne semblait plaire aucunement au représentant syndical).

En supposant que cette affirmation est exacte,

a) quelle est la probabilité d'observer, parmi un échantillon de 10 employés, dans la catégorie "main-d'oeuvre spécialisée" que 2 soient en faveur d'un tel système de rémunération?

Soit X, le nombre d'employés, dans un échantillon de taille n = 10, en faveur du nouveau système de rémunération: x = 0,1,...,10.

La probabilité qu'un employé quelconque de cette catégorie soit en faveur est p = 0,20.

La variable aléatoire X suit une loi binomiale avec n = 10 et p = 0,20:

$$X = b(x; n = 10, p = 0,20) = \binom{10}{x} \cdot (0,20)^x \cdot (0,80)^{10-x}.$$

On veut déterminer $P(X = 2) = \binom{10}{2} \cdot (0,20)^2 \cdot (0,80)^8$ en utilisant la table des probabilités binomiales. On peut obtenir directement cette probabilité, connaissant n (la taille de l'échantillon) et p (la probabilité de réalisation d'un événement particulier). Pour une valeur x présentant le caractère étudié, on lit dans la table la probabilité cherchée.

Extrait de la table des probabilités binomiales

n	x	0,05	0,10	0,15	0,20	0,25	0,30	0,35
9	0	0,6302	0,3874	0,2316	0,1342	0,0751	0,0404	0,0277
	1	0,2985	0,3874	0,3679	0,3020	0,2253	0,1556	0,1004
	2	0,0629	0,1722	0,2597	0,3020	0,3003	0,2668	0,2162
	3	0,0077	0,0446	0,1069	0,1762	0,2336	0,2668	0,2716
	4	0,0006	0,0074	0,0283	0,0661	0,1168	0,1715	0,2194
	5	0,0000	0,0008	0,0050	0,0165	0,0389	0,0735	0,1181
	6	0,0000	0,0001	0,0006	0,0028	0,0087	0,0210	0,0424
	7	0,0000	0,0000	0,0000	0,0003	0,0012	0,0039	0,0098
	8	0,0000	0,0000	0,0000	0,0000	0,0001	0,0004	0,0013
	9	0,0000	0,0000	0,0000	0,0000	0,0000	0,0000	0,0001
10	0	0,5987	0,3487	0,1969	0,1074	0,0563	0,0282	0,0135
	1	0,3151	0,3874	0,3474	0,2684	0,1877	0,1211	0,0725
	2	0,0746	0,1937	0,2759	0,3020	0,2816	0,2335	0,1757
	3	0,0105	0,0574	0,1298	0,2013	0,2503	0,2668	0,2522
	4	0,0010	0,0112	0,0401	0,0881	0,1460	0,2001	0,2377
	5	0,0001	0,0015	0,0085	0,0264	0,0584	0,1029	0,1536
	6	0,0000	0,0001	0,0012	0,0055	0,0162	0,0368	0,0689
	7	0,0000	0,0000	0,0001	0,0008	0,0031	0,0090	0,0212
	8	0,0000	0,0000	0,0000	0,0001	0,0004	0,0014	0,0043
	9	0,0000	0,0000	0,0000	0,0000	0,0000	0,0001	0,0005
	10	0,0000	0,0000	0,0000	0,0000	0,0000	0,0000	0,0000

Ainsi,

pour n = 10 et p = 0,20

$$P(X=2) = \binom{10}{2} \cdot (0,20)^2 \cdot (0,80)^8$$

$$= 0,3020$$

b)   Quelle est la probabilité d'observer jusqu'à 3 employés en faveur de ce nouveau système, parmi un échantillon de 10 employés?

On veut $P(X \leq 3) = P(X = 0) + P(X = 1) + P(X = 2) + P(X = 3)$

$$= \sum_{x=0}^{x=3} \binom{10}{3} \cdot (0,20)^x \cdot (0,80)^{10-x}$$

$$= 0,1074 + 0,2684 + 0,3020 + 0,2013 = 0,8791.$$

c)   Quelle est la probabilité d'observer plus de 3 employés en faveur de ce nouveau système de rémunération parmi 10 employés?

Cette probabilité est complémentaire à celle calculée en b). On aura donc:

$$P(X > 3) = 1 - P(X \leq 3) = 1 - 0,8791 = 0,1209.$$

d)   Quelle est la probabilité d'observer de 2 à 4 employés, parmi 10, en faveur du nouveau système de rémunération?

$$P(2 \leq X \leq 4) = P(X = 2) + P(X = 3) + P(X = 4)$$

$$= \sum_{x=2}^{x=4} \binom{10}{x} \cdot (0,20)^x \cdot (0,80)^{10-x}$$

$$= 0,3020 + 0,2013 + 0,0881 = 0,5913.$$

Il y a donc pratiquement 59 chances sur 100, que 2, 3 ou 4 employés soient en faveur, parmi un échantillon de 10 employés.

SYNTHÈSE DE DIVERSES RELATIONS UTILISÉES DANS LE CALCUL DES PROBABILITÉS BINOMIALES

Nous résumons dans le tableau suivant diverses relations qui peuvent s'avérer utiles dans le calcul de probabilités binomiales.

On suppose que nous sommes en présence d'une série de n épreuves successives et indépendantes et que l'issue de chaque épreuve est soit «succès» avec une probabilité p, soit insuccès avec une probabilité q = 1-p.

Probabilité cherchée	Expression de la probabilité
Probabilité d'observer au plus x succès en n épreuves	$P(X \leq x) = \sum_{0}^{x} \binom{n}{x} p^x q^{n-x}$
Probabilité d'observer exactement x succès en n épreuves.	$P(X = x) = \binom{n}{x} p^x q^{n-x}$ ou $P(X = x) = P(X \leq x) - P(X \leq x-1)$
Probabilité d'observer plus de x succès en n épreuves	$P(X > x) = 1 - P(X \leq x)$
Probabilité d'observer moins de x succès en n épreuves	$P(X < x) = P(X \leq x-1)$
Probabilité d'observer x succès et plus en n épreuves	$P(X \geq x) = 1 - P(X < x)$ $= 1 - P(X \leq x-1)$
Probabilité d'observer une valeur de X entre x_1 et x_2 (bornes incluses).	$P(x_1 \leq X \leq x_2) = P(X \leq x_2) - P(X \leq x_1 -1)$
Probabilité de n'observer aucun succès en n épreuves.	$P(X = 0) = (1 - p)^n = q^n$
Probabilité d'observer n succès en n épreuves.	$P(X = n) = p^n$
Probabilité d'observer au moins 1 succès en n épreuves	$P(X \geq 1) = 1 - P(X = 0)$ $= 1 - (1 - p)^n$ $= 1 - q^n$

Remarque. Les probabilités binomiales ne sont pas tabulées pour des valeurs de p supérieures à 0,50. On peut toutefois utiliser la propriété suivante lorsque p > 0,50:

$$b(x; n,p) = b(n-x; n, 1-p)$$

$$\binom{n}{x} \cdot p^x \cdot (1-p)^{n-x} = \binom{n}{n-x} \cdot (1-p)^{n-x} \cdot p^x$$

c.-à-d. que la probabilité de x succès en n épreuves (chaque succès ayant une probabilité p de se réaliser) est égale à la probabilité de n-x insuccès en n épreuves (chaque insuccès ayant une probabilité 1-p de se réaliser).

EXEMPLE 6. Application de la loi binomiale dans une étude sur le comportement du consommateur.

D'après une étude sur le comportement du consommateur, il semble que 3 consommateurs sur 5 (soit p = 0,60) sont influencés par la marque de commerce lors de l'achat d'un bien. La directrice du marketing d'un grand magasin à rayons interroge 20 consommateurs choisis au hasard afin de connaître leur réaction sur ce sujet.

Quelle est la probabilité que moins de 10 consommateurs se déclarent influencés par la marque de commerce?

Soit X, le nombre de consommateurs influencés par la marque de commerce lors de l'achat d'un bien. Les valeurs possibles de X dans un échantillon de taille n = 20 sont alors:

$$x = 0,1,2,\ldots,20.$$

En admettant que les conditions d'application de la loi binomiale sont respectées, le modèle probabiliste régissant le comportement du consommateur sur ce sujet s'écrit:

$$P(X = x) = \binom{20}{x} \cdot (0,60)^x \cdot (0,40)^{n-x}, \quad x = 0,1,\ldots 20.$$

On cherche $P(X < 10) = P(X \leq 9)$ avec n = 20 et p = 0,60. Toutefois les probabilités binomiales ne sont pas tabulées pour p = 0,60. Utilisons donc la propriété:

$$b(x; 20, 0,60) = b(20-x; 20, 0,40).$$

On veut donc obtenir:

$$P(X \leq 9) = \sum_{x=0}^{9} \binom{20}{20-x} \cdot (0,40)^{20-x} \cdot (0,60)^x$$

$$= \binom{20}{20} \cdot (0,40)^{20} \cdot (0,60)^0 + \binom{20}{19} \cdot (0,40)^{19} \cdot (0,60)^1$$

$$+ \ldots + \binom{20}{11} \cdot (0,40)^{11} \cdot (0,60)^9$$

$$= \binom{20}{11} \cdot (0,40)^{11} \cdot (0,60)^9 + \binom{20}{12} \cdot (0,40)^{12} \cdot (0,60)^8$$

$$+ \ldots + \binom{20}{20} \cdot (0,40)^{20} \cdot 0,60)^0.$$

Pour calculer cette probabilité, servons-nous de la table.

Il s'agit de cumuler les probabilités binomiales, dont la loi a les caractéristiques n=20 et p=0,40,

de x=11 jusqu'à x=20; ce qui donne

n	x	0,05	0,10	0,15	0,20	0,25	0,30	0,35	0,40	0,45	0,50
20	0	0,3585	0,1216	0,0388	0,0115	0,0032	0,0008	0,0002	0,0000	0,0000	0,0000
	1	0,3774	0,2702	0,1368	0,0576	0,0211	0,0068	0,0020	0,0005	0,0001	0,0000
	2	0,1887	0,2852	0,2293	0,1369	0,0669	0,0278	0,0100	0,0031	0,0008	0,0002
	3	0,0596	0,1901	0,2428	0,2054	0,1339	0,0716	0,0323	0,0123	0,0040	0,0011
	4	0,0133	0,0898	0,1821	0,2182	0,1897	0,1304	0,0738	0,0350	0,0139	0,0046
	5	0,0022	0,0319	0,1028	0,1746	0,2023	0,1789	0,1272	0,0746	0,0365	0,0148
	6	0,0003	0,0089	0,0454	0,1091	0,1686	0,1916	0,1712	0,1244	0,0746	0,0370
	7	0,0000	0,0020	0,0160	0,0545	0,1124	0,1643	0,1844	0,1659	0,1221	0,0739
	8	0,0000	0,0004	0,0046	0,0222	0,0609	0,1144	0,1614	0,1797	0,1623	0,1201
	9	0,0000	0,0001	0,0011	0,0074	0,0271	0,0654	0,1158	0,1597	0,1771	0,1602
	10	0,0000	0,0000	0,0002	0,0020	0,0099	0,0308	0,0686	0,1171	0,1593	0,1762
	11	0,0000	0,0000	0,0000	0,0005	0,0030	0,0120	0,0336	0,0710	0,1185	0,1602
	12	0,0000	0,0000	0,0000	0,0001	0,0008	0,0039	0,0136	0,0355	0,0727	0,1201
	13	0,0000	0,0000	0,0000	0,0000	0,0002	0,0010	0,0045	0,0146	0,0366	0,0739
	14	0,0000	0,0000	0,0000	0,0000	0,0000	0,0002	0,0012	0,0049	0,0150	0,0370
	15	0,0000	0,0000	0,0000	0,0000	0,0000	0,0000	0,0003	0,0013	0,0049	0,0148
	16	0,0000	0,0000	0,0000	0,0000	0,0000	0,0000	0,0000	0,0003	0,0013	0,0046
	17	0,0000	0,0000	0,0000	0,0000	0,0000	0,0000	0,0000	0,0000	0,0002	0,0011
	18	0,0000	0,0000	0,0000	0,0000	0,0000	0,0000	0,0000	0,0000	0,0000	0,0002
	19	0,0000	0,0000	0,0000	0,0000	0,0000	0,0000	0,0000	0,0000	0,0000	0,0000
	20	0,0000	0,0000	0,0000	0,0000	0,0000	0,0000	0,0000	0,0000	0,0000	0,0000

$$P(X \leq 9) = 0,0710 + 0,0355 + 0,0146 + 0,0049 + 0,0013 + 0,0003 + 0,0000 + \ldots + 0,0000 = 0,1273$$

Il y a donc pratiquement 13 chances sur 100 que moins de 10 consommateurs dans un échantillon de taille n = 20 se déclarent influencés par la marque de commerce d'un produit.

REPRÉSENTATION GRAPHIQUE DE LA DISTRIBUTION BINOMIALE

La représentation graphique de la distribution de la loi binomiale est habituellement présentée sous la forme d'un diagramme en bâtons. Puisque la loi dépend de n et p, nous aurons diverses représentations graphiques si nous faisons varier n et/ou p comme c'est le cas pour les figures suivantes.

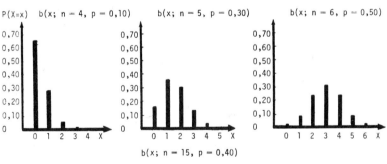

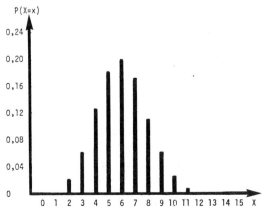

On peut résumer comme suit les diverses caractéristiques de la forme de la distribution binomiale:

a) La forme de la distribution binomiale est symétrique si p = 0,50, quel que soit n.

b) Elle est dissymétrique dans le cas où p ≠ 0,50. Si p est inférieur à 0,50, les probabilités sont plus élevées du côté gauche de la distribution (asymétrie positive) que du côté droit. Si p est supérieur à 0,50, c'est l'inverse (asymétrie négative).

c) Elle tend à devenir symétrique quand n est grand. De plus, si p n'est pas trop voisin de 0 ou de 1, elle s'approche de la loi normale, loi que nous traiterons subséquemment.

EXEMPLE 7. Vérification de deux propriétés importantes de la distribution binomiale.

On veut vérifier, dans le cas d'une variable binomiale $X \sim B(n,p)$, que

$$E(X) = np$$
$$Var(X) = np(1-p).$$

On peut obtenir facilement ces résultats en considérant qu'une variable binomiale est une somme de n variables de Bernouilli indépendantes et de même paramètre p:

$$X = Y_1 + Y_2 + \ldots + Y_n \quad \text{où } Y_i = 1 \text{ ou } 0 \quad \text{avec } E(Y_i) = p \quad \text{et}$$

$$Var(Y_i) = p(1-p) \quad \text{(voir exemple 2).}$$

L'espérance de X est:

$$E(X) = E(Y_1 + Y_2 + \ldots + Y_n) = \sum_{i=1}^{n} E(Y_i) = \sum_{i=1}^{n} p = np.$$

La variance de X est:

$$Var(X) = Var(Y_1 + Y_2 + \ldots + Y_n) = \sum_{i=1}^{n} Var(Y_i) = \sum_{i=1}^{n} p(1-p) = np(1-p).$$

Remarques. a) **Proportion de succès.** Il arrive fréquemment que la variable qui nous intéresse est plutôt la proportion de succès (fréquence relative) en n épreuves (proportion de gens en faveur de tel parti dans un sondage auprès de n personnes; proportion de pièces défectueuses dans un échantillon de n pièces). Cette variable aléatoire, $\frac{X}{n}$, est également distribuée d'après une loi binomiale de notation $b(\frac{X}{n}; n,p)$, avec

$$E(\frac{X}{n}) = \frac{1}{n} E(X) = \frac{1}{n} \cdot np = p$$

et

$$Var(\frac{X}{n}) = \frac{1}{n^2} Var(X) = \frac{1}{n^2} \cdot np(1-p) = \frac{p(1-p)}{n}.$$

b) Diviser (ou multiplier) les valeurs d'une variable aléatoire par une constante n'affecte pas la forme de la distribution de la variable aléatoire. Cette opération modifie toutefois les paramètres de la loi.

c) **Somme de deux variables aléatoires binomiales.** Soient X_1 et X_2 deux variables aléatoires indépendantes suivant respectivement les lois

$B(n_1,p)$ et $B(n_2,p)$, la probabilité p de réalisation à chaque épreuve était la même pour chaque loi. La somme $X_1 + X_2$ est aussi une variable aléatoire binomiale de notation $B(n_1 + n_2,p)$. La loi résultante dépend alors de $n = n_1 + n_2$ et de p.

USAGE DU PROGRAMME BINOM POUR LE CALCUL DES PROBABILITÉS BINOMIALES

Vous avez constaté que les probabilités binomiales ne sont tabulées que pour des valeurs particulières de p (p allant de 0,05 à 0,50 avec un pas de 0,05) et n ne dépassant pas 20. Si la valeur de p est autre que celles des tables, l'on doit calculer la probabilité avec l'expression de la loi binomiale (ou effectuer une approximation avec une valeur voisine de p dans la table). Il est possible toutefois avec le programme BINOM d'évaluer les probabilités binomiales, quelles que soient les valeurs de n ou de p.

Indiquons l'utilisation de ce programme à l'aide de l'exemple suivant.

EXEMPLE 8. Exemple d'exécution du programme BINOM: Sondage auprès de cadres d'entreprises.

Selon une enquête effectuée par la revue GESTION, 28% des cadres supérieurs de grandes entreprises ont une maîtrise en gestion des affaires.

Supposons que 15 cadres supérieurs sont sélectionnés au hasard dans ces entreprises.

a) Dans un échantillon de cette taille, combien de cadres seront, en moyenne, détenteurs d'une maîtrise?

Rép. 4,2

b) Quelle est la probabilité d'observer 3 cadres détenteurs d'une maîtrise?

Rép.: 0,1939

c) Quelle est la probabilité qu'au plus 5 cadres aient une maîtrise?

Rép.: 0,778

d) Quelle est la probabilité d'observer au moins 2 cadres ayant une maîtrise?

Rép.: $P(X{\geq}2) = 1-P(X{\leq}1)$
$= 1-0,0495$
$= 0,9505$.

```
*****CALCUL DES PROBABILITES BINOMIALES****
QUELLE EST LA TAILLE DE L'ECHANTILLON ? 15
QUELLE EST LA VALEUR DE P ? .28
********************************************
*********** LOI   BINOMIALE ***********
********************************************
TAILLE DE L'ECHANTILLON= 15
PROB. DE REALISATION A CHAQUE EPREUVE= .28

MOYENNE DE LA LOI BINOMIALE= 4.2
VARIANCE DE LA LOI BINOMIALE= 3.024
ECART-TYPE DE LA LOI BINOMIALE= 1.73897

********************************************
VALEURS        PROB.          PROB. CUM.
DE X           P(X=K)         P(X<=K)
********************************************
   0           .0072          .0072
   1           .0423          .0495
   2           .115           .1645
   3           .1939          .3584
   4           .2262          .5846
   5           .1935          .778
   6           .1254          .9035
   7           .0627          .9662
   8           .0244          .9906
   9           .0074          .9979
  10           .0017          .9997
  11           .0003          1
  12           0              1
  13           0              1
  14           0              1
  15           0              1
********************************************
```

CHEMINEMENT DE RÉFLEXION POUR RÉSOUDRE LES PROBLÈMES

Nous proposons ici une méthode de travail qui pourrait faciliter la compréhension des notions et la résolution des problèmes que vous aurez à résoudre, si ce cheminement s'applique.

> **1.** Suite à l'énoncé du problème, identifier (en mots) correctement la variable aléatoire concernée.
>
> **2.** Préciser les valeurs possibles que peut prendre cette variable.
>
> **3.** Identifier les probabilités, ou l'expression de la loi, qui régit le comportement de la variable aléatoire concernée et en préciser les paramètres.
>
> **4.** Esquisser, s'il y a lieu, un diagramme qui permettrait de visualiser les situations et les questions posées.

Cette méthode évitera d'appliquer bêtement les formules; votre cheminement sera raisonné et vous facilitera la tâche si vous avez des difficultés à visualiser le problème.

PROBLÈMES

1. Dans un collège de la région, le taux d'échec au cours Math-103 est de 40%. Parmi 15 étudiants inscrits actuellement à ce cours

a) quelle est la probabilité qu'un seul échoue?

b) Quelle est la probabilité que plus de la moitié des 15 étudiants échouent le cours?

c) Quelle est la probabilité qu'il y ait au moins 5 mais au plus 10 échecs parmi ces 15 étudiants?

d) Pour quel nombre d'étudiants parmi 15, la probabilité qu'ils échouent est maximale?

2. D'après un représentant de la compagnie aérienne AIR-PIK, 10% des clients réservent un siège en première classe. Parmi les cinq prochaines réservations

a) quelle est la probabilité qu'aucune ne réserve en première classe?

b) Qu'exactement deux réservent en première classe?

c) Parmi ces cinq prochaines réservations, quel est le nombre le plus probable de réservations en première classe?

3. D'après le Service des Sports du collège, 35% des étudiants sont en mauvaise condition physique. Parmi un échantillon de 12 étudiants,

a) quelle est la probabilité qu'un seul soit en bonne condition physique?

b) Quelles sont les chances sur 100, que 8 étudiants parmi les 12 soient en mauvaise condition physique?

c) Quel est, en moyenne, le nombre d'étudiants parmi 12 qui sont en mauvaise condition physique?

4. Dans la région des Cantons de l'Est, 40% de la population sont du type sanguin O+. On s'intéresse à la probabilité que x individus parmi 16, choisis au hasard, soient de ce type sanguin.

a) Identifier la variable aléatoire concernée et en spécifier l'ensemble des valeurs possibles.

b) Quelle est la probabilité de sélectionner dans cette population un individu ayant un type sanguin O+?

c) Quelle est la probabilité de sélectionner dans cette population un individu n'étant pas du type sanguin O+?

d) Quelle est l'expression générale de la loi qui permettrait de calculer la probabilité que x individus parmi 16 soient du type sanguin O+?

e) Quelle est la probabilité d'observer, dans un échantillon de taille n = 16, quatre individus qui soient du type sanguin O+?

5. L'entreprise Gamma Electrique fabrique des moteurs tels que 95% d'entre eux doivent pouvoir fonctionner à une température supérieure à 125°C. Un contrôle est effectué en prélevant 10 moteurs sur un lot de 150 moteurs et en les plaçant dans un four à une température de 125°C. On s'intéresse au nombre de moteurs qui ne fonctionnent plus au cours de ces essais.

a) Quelle loi de probabilité peut s'appliquer ici?

b) Quelle est la probabilité qu'un moteur quelconque ne fonctionne plus au cours de l'essai?

c) Quelle est la probabilité qu'aucun moteur de l'échantillon prélevé ne soit arrêté?

d) Quelle est la probabilité d'observer au plus 2 moteurs ne fonctionnant plus dans l'échantillon?

e) Dans cet échantillon, combien de moteurs, en moyenne, sont défectueux?

6. Un contrôle au calibre est effectué sur le diamètre d'une pièce circulaire. Si la pièce mécanique ne respecte pas les prescriptions techniques, elle est classée «défectueuse». Si, en moyenne, le nombre de pièces circulaires défectueuses est de 2 dans un échantillon de taille n = 20, quelle est la probabilité d'observer

a) aucune pièce défectueuse dans l'échantillon?

b) quatre et moins?

c) exactement quatre?

7. Jean doit répondre par vrai ou faux à un examen objectif sur des concepts d'informatique comportant 15 questions. N'ayant pu se préparer adéquatement pour subir cet examen, il décide d'y répondre au hasard en lançant une pièce de monnaie. Il répond "vrai" s'il obtient face et "faux" s'il obtient pile. La note de passage est de 60%. Quelle est la probabilité que Jean puisse obtenir au moins la note de passage?

8. Votre humble serviteur, joueur tout étoile de l'équipe de balle-molle Les Dynamiques, a conservé une moyenne au bâton de 0,500 au cours de la saison. A la dernière partie de la saison, décisive pour le championnat, ce fameux joueur devrait se présenter au bâton à quatre reprises.

a) Quelle est la probabilité qu'il frappe trois coups sûrs?

b) Quelle est la probabilité qu'il ne frappe aucun coup sûr?

c) Quel est le nombre de coups sûrs le plus probable en quatre présences au bâton?

9. Le chef de police de St-Jacques sur le Roc atteint la cible, à un exercice de tir, 45% du temps.

a) Déterminer la probabilité qu'il atteindra la cible au moins 3 fois dans les six prochains tirs.

b) Déterminer la probabilité qu'il manque la cible à chacun des six prochains tirs.

10. Le conseil municipal de St-Jacques sur le Roc a mandaté, lors d'une séance extraordinaire du conseil, le chef de police M. C. Sanschagrin, d'effectuer un relevé de la circulation à la seule intersection possédant des feux de circulation soit sur la rue Princiaple (juste en face de l'église). Cette étude a permis d'établir que 20% de tous les véhicules se présentant à cette intersection ayant des feux de circulation veulent tourner à gauche (vers le Roi de la Patate). La voie permettant le virage à gauche a une capacité de 4 voitures. Quelle est la probabilité que cette voie ne soit pas suffisante pour accommoder tous les véhicules qui veulent tourner à gauche lorsque le nombre de véhicules qui se présentent à l'intersection, lorsque le feu est rouge, est

a) 6? b) 7? c) 10?

11. L'entreprise Electropak contrôle la qualité d'adhésion des étiquettes sur des contenants métalliques. La machine effectuant le collage des étiquettes en produit environ 2000 dans une journée. Pour chaque lot de contenants étiquettés, une inspection visuelle est faite en prélevant au hasard 20 contenants et en notant le nombre de contenants mal étiquettés (colle insuffisante, mauvaise couleur, apparence inacceptable,...).

Identifier la variable aléatoire concernée et en préciser l'ensemble de valeurs possibles.

La fabrication d'une journée comporte habituellement 5% de défectueux; quelle est la probabilité de trouver dans l'échantillon

a) exactement 4 défectueux?

b) jusqu'à 4 défectueux?

c) plus de 10 contenants défectueux?

d) En moyenne, combien de contenants sont défectueux dans un échantillon de taille n = 20?

e) Quelle quantité de contenants défectueux a la plus forte probabilité d'être observée dans un échantillon de taille n = 20?

f) Un lot est refusé s'il contient plus de 3 défectueux dans un échantillon de 20 contenants. Quelle est la probabilité de refuser le lot avec le plan de contrôle?

12. Lors d'un souper-causerie organisé par la Chambre de Commerce de St-Jacques sur le Roc, le Ministre de l'Environnement a déclaré: "Mes chers concitoyens, la probabilité que votre municipalité soit submergée, au printemps, par la crue des eaux est seulement de 15 chances sur 100 et de toute manière, si cela arrivait, ce sera la faute du Fédéral". Le chef de police de St-Jacques sur le Roc dans son discours de remerciement a posé deux questions au Ministre.

a) Quelle est la probabilité que notre municipalité soit submergée une fois durant les cinq prochaines années?

b) Quelle est la probabilité que notre municipalité soit submergée au plus 1 fois durant les cinq prochaines années?

Le Ministre a répondu: "Y a pas de problème, y a pas de problème"! Monsieur le Maire, dans une intervention plutôt colorée lui a demandé d'être plus précis. Que devrait répondre le Ministre à ces deux questions?

13. 60% des contrats qui ont été entrepris par un entrepreneur en construction ont été complétés à la date requise. Cinq nouveaux contrats viennent de lui être alloués. Déterminer la probabilité

a) qu'un seul sera complété à la date requise.

b) aucun ne sera complété à la date requise.

c) tous seront complétés à la date requise.

14. La loi hypergéométrique. Nous avons mentionné en remarques que la loi binomiale repose sur le fait que le tirage s'effectue d'une manière non-exhaustive, c.-à-d. que les éléments sélectionnés sont remis dans la population de telle sorte que p demeure constant. Toutefois, en pratique, le tirage est plutôt de nature exhaustive, c.-à-d. que les éléments sélectionnés ne sont pas remis dans la population. On considère néanmoins que l'application de la loi binomiale est quand même valeble si le rapport $\frac{n}{N} \leq 0,10$ où n est la taille de l'échantillon et N, celle de la population. Si le rapport $\frac{n}{N}$ excède 0,10, on a recours à la loi hypergéométrique que nous énonçons comme suit.

Considérons une population finie de N éléments dont «a» sont identifiés succès et «b» insuccès (N = a + b). On prélève un échantillon de taille n(n ≤ N) de cette population et l'on veut déterminer la probabilité de trouver x succès (et (n-x) insuccès) dans l'échantillon. Cette probabilité est donnée par la loi hypergéométrique dont l'expression est

$$P(X = x) = \frac{\binom{a}{x} \cdot \binom{b}{n-x}}{\binom{N}{n}} \quad \text{où} \quad x = \begin{cases} 0,1,\ldots,n & \text{si } n \leq a \\ 0,1,\ldots,a & \text{si } n > a \end{cases}$$

A noter qu'initialement dans la population a = N • p et b = N • q, p représente la proportion de succès dans la population et q = 1-p, la proportion d'insuccès. Mentionnons également qu'une variable hypergéométrique a comme moyenne

$$E(X) = np$$

et comme variance

$$Var(X) = npq \cdot \frac{N - n}{N - 1} .$$

En utilisant cette loi, résoudre le problème suivant.

Le contremaître de l'usine Prolab a sur sa responsabilité 18 employés dont 10 femmes et 8 hommes. Il doit recommander deux personnes de son département pour faire partie du comité de sécurité de l'usine. Ne voulant favoriser aucune personne en particulier, il décide de choisir ces deux personnes au hasard.

a) De combien de façons peut-il choisir ces deux personnes?

b) Etant donné que la sélection s'effectue au hasard, quelle est la probabilité de choisir une combinaison quelconque de deux personnes?

c) Notons par X, le nombre de femmes sélectionnées dans l'échantillon. Quelles sont les valeurs possibles de cette variable aléatoire?

d) Quelle est l'expression générale de la loi de probabilité de X dans ce contexte?

e) Quelle est la probabilité que les deux personnes choisies soient deux femmes?

15. L'entreprise Microtek utilise dans le montage de ses micro-ordinateurs un microprocesseur 8 bits. Les microprocesseurs sont achetés d'un fournisseur américain et sont expédiés en lot de 50. Chaque lot est vérifié avec le plan de contrôle suivant:

> Prélever un échantillon de 3 microprocesseurs du lot. Si aucun microprocesseur s'avère défectueux dans l'échantillon, accepter le lot, sinon effectuer un contrôle sur tous les microprocesseurs du lot.

a) Déterminer la probabilité d'acceptation du lot s'il contient effectivement deux microprocesseurs défectueux.

b) En supposant qu'il y a deux microprocesseurs défectueux dans le lot, quel est, en moyenne, le nombre de microprocesseurs défectueux dans un échantillon de taille n = 3? Quelle est la variance?

16. Un grossiste de la région de Montréal précise que 10% des imprimantes qu'il reçoit nécessite des ajustements importants avant d'être livrées aux clients. Si on choisit au hasard 5 imprimantes d'un lot de 20, quelle est la probabilité pour qu'aucune ne requiert des ajustements?

AUTO-ÉVALUATION DES CONNAISSANCES

Test 5

Répondre par Vrai ou Faux ou compléter s'il y a lieu. Dans le cas où c'est faux, indiquer la bonne réponse.

1. La loi binomiale repose sur un type d'expérience particulière appelée expérience de Bernouilli.   V   F

2. Comment appelle-t-on une variable aléatoire discrète qui prend les valeurs 1 et 0, avec respectivement les probabilités p et 1-p? _____

3. La notation $X \sim b(x;n,p)$ veut dire que la variable aléatoire X est distribuée selon la loi _____ caractérisée par ___ et ___ .

4. Une variable binomiale peut prendre les valeurs entières de ___ jusqu'à ___ .

5. Si X est distribuée selon une loi binomiale, alors $E(X) = np(1-p)$.   V   F

6. La probabilité d'observer plus de x succès en n épreuves peut se déduire de $1 - P(X \leq x)$.   V   F

7. La forme de la distribution binomiale est symétrique si p = 0,50, quelle que soit la taille de l'échantillon n.   V   F

_____ test 5 (suite) _____

8. La proportion de succès $\frac{X}{n}$ est également distribuée selon une loi binomiale.
V   F

9. La moyenne de la variable aléatoire $\frac{X}{n}$ (proportion de succès) est p et la variance est $\frac{p(1-p)}{n}$.   V   F

10. Dans une expérience de Bernouilli, si p = 0,40, le calcul de l'expression $\frac{7!}{3!4!}$ $(0,4)^3$ $(0,6)^4$ permet d'évaluer la probabilité

   a) d'obtenir 4 succès en 7 épreuves;

   b) d'obtenir 3 succès en 7 épreuves;

   c) d'obtenir 3 succès en 4 épreuves;

   d) d'obtenir 3 succès et plus en 7 épreuves.

Laquelle des 4 réponses citées est la bonne?

11. Laquelle des situations suivantes ne peut correspondre au phénomène de Bernouilli?

   a) Le nombre d'interrupteurs défectueux dans un échantillon de taille n = 50.

   b) Le nombre d'individus dans cette classe qui peuvent répondre correctement à cette question.

   c) Les résultats à un test d'aptitude en informatique de gestion pour un échantillon de n = 20 individus.

12. Selon une enquête menée par l'Association Internationale des Professionnels de la Communication (AIPC) seulement 45% des employés d'entreprise reconnaissent que la direction tient compte des suggestions des employés dans ses décisions. En admettant que ce pourcentage est exact et que 10 employés d'entreprise sont choisis au hasard, déterminer

   a) la probabilité pour que 5 employés dans un échantillon de cette taille reconnaissent que la direction tient compte de leurs suggestions.

   b) la probabilité que moins de 3 employés reconnaissent que la direction tient compte des suggestions des employés dans ses décisions.

   c) Est-ce exact de dire qu'on a 95 chances (et plus) sur 100 pour qu'au moins 4 employés dans un échantillon de taille 10 reconnaissent que la direction tient compte des suggestions des employés dans ses décisions?

CALCUL DES PROBABILITÉS, VARIABLES ALÉATOIRES ET MODÈLES PROBABILISTES

CHAPITRE 6

La loi de Poisson

OBJECTIFS PÉDAGOGIQUES

Lorsque vous aurez complété l'étude du chapitre 6, vous pourrez:

1. formuler correctement l'expression de la loi de Poisson et préciser les principaux paramètres de la loi;

2. utiliser la table des probabilités pour la loi de Poisson;

3. représenter graphiquement la distribution de Poisson;

4. vous servir, selon les conditions d'application, de la loi de Poisson comme loi approchée de la loi binomiale;

5. identifier et appliquer la loi de probabilité régissant le processus de Poisson.

LA LOI DE POISSON

LA LOI DE POISSON[*]

La loi de Poisson a de nombreuses applications dans des domaines très variés: gestion industrielle (nombre d'accidents de travail, vérification comptable, contrôle d'acceptation, cartes de contrôle pour le nombre de défauts), recherche opérationnelle (étude des files d'attente), circulation routière (nombre de véhicules se présentant à un poste de péage), démographie (naissances multiples, décès dans une population donnée), physique (désintégration de particules), recherche médicale (décompte de bactéries),... Elle donne également, sous certaines conditions, une très bonne approximation des probabilités binomiales.

La loi de Poisson s'avère particulièrement utile pour décrire le comportement d'événements dont les chances de réalisation sont faibles.

> ### Loi de Poisson
>
> Une variable aléatoire X prenant les valeurs entières 0, 1, 2, ..., n, ... avec les probabilités
> $$P(X = x) = \frac{e^{-\lambda}\lambda^x}{x!}, \quad \lambda > 0, \quad e = 2{,}71828...$$
> est dite obéir à une loi de Poisson de paramètre λ.

La loi de Poisson ne dépend que d'un seul nombre, soit λ (lire "lambda") et on la résume par $p(x;\lambda)$ ou parfois par $P(\lambda)$. Donnons immédiatement les principales caractéristiques de cette loi.

> ### Moyenne, variance et écart-type d'une variable poissonnienne
>
> Si une variable aléatoire discrète X est distribuée d'après une loi de Poisson de paramètre λ, alors l'espérance mathématique (moyenne) de X, la variance et l'écart-type sont respectivement:
> $$E(X) = \lambda$$
> $$Var(X) = \lambda$$
> $$\sigma(X) = \sqrt{\lambda}$$

---

[*] La loi de Poisson est attribuable à Siméon D. Poisson, mathématicien français (1781-1840). Cette loi fut proposée par Poisson dans un ouvrage qu'il publia en 1837 sous le titre "Recherches sur la probabilité de jugements en matière criminelle et en matière civile".

Ces résultats sont démontrés à l'exemple 2. Notons immédiatement un fait intéressant dans le cas d'une variable de Poisson: $E(X) = Var(X) = \lambda$. λ est à la fois la moyenne et la variance. On pourrait interpréter λ comme le taux moyen avec lequel un événement particulier apparaît.

Le calcul des probabilités $P(X = x)$ s'effectue très facilement à l'aide de la table 2 puisqu'il s'agit de ne connaître que λ et x. Les valeurs de λ varient entre 0 et 20, ce qui est d'usage courant. L'exemple suivant illustre le maniement aisé de cette table.

EXEMPLE 1. Nombre d'accidents de travail durant une période donnée: application de la loi de Poisson.

Le responsable du comité de sécurité de l'entreprise NICOM a effectué une compilation du nombre d'accidents de travail qui se sont produits depuis 2 ans dans l'usine. Ceci a permis d'établir que le taux moyen d'accidents de travail a été de 1,6 accident/jour.

a)   En admettant que le nombre d'accidents de travail en une journée obéit à la loi de Poisson, quelle est l'expression qui permettrait de calculer la probabilité d'observer x accidents de travail par jour?

   Puisque $\lambda = 1,6$, alors $P(X = x) = \dfrac{e^{-1,6}(1,6)^x}{x!}$, $x = 0, 1, 2, \ldots$

b)   Quel est l'écart-type de la variable aléatoire concernée?

   $\sigma(X) = \sqrt{\lambda} = \sqrt{1,6} = 1,265$ accident/jour.

c)   Quelle est la probabilité d'observer plus de 2 accidents par jour?

Extrait de la table de Poisson

x	1,1	1,2	1,3	1,4	1,5	1,6	1,7
0	0,3329	0,3012	0,2725	0,2466	0,2231	0,2019	0,1827
1	0,3662	0,3614	0,3543	0,3452	0,3347	0,3230	0,3106
2	0,2014	0,2169	0,2303	0,2417	0,2510	0,2584	0,2640
3	0,0738	0,0867	0,0998	0,1128	0,1255	0,1378	0,1496
4	0,0203	0,0260	0,0324	0,0395	0,0471	0,0551	0,0636
5	0,0045	0,0062	0,0084	0,0111	0,0141	0,0176	0,0216
6	0,0008	0,0012	0,0018	0,0026	0,0035	0,0047	0,0061
7	0,0001	0,0002	0,0003	0,0005	0,0008	0,0011	0,0015
8	0,0000	0,0000	0,0000	0,0001	0,0001	0,0002	0,0003
9	0,0000	0,0000	0,0000	0,0000	0,0000	0,0000	0,0001

On veut $P(X>2) = 1 - P(X \leq 2)$ $= 1 - [P(X=0)+(P(X=1)+P(X=2)]$.

De la table 2, on trouve, pour $\lambda = 1,6$,

$$P(X \leq 2) = \sum_{x=0}^{2} p(x;\ 1,6)$$

$$= 0,2019 + 0,3230 + 0,2584 = 0,7833.$$

La probabilité cherchée est donc: $P(X > 2) = 1 - 0,7833 = 0,2167.$

d)   Calculer la probabilité d'avoir un nombre d'accidents compris dans l'intervalle $[E(X) - \sigma(X), E(X) + \sigma(X)]$.

Puisque $E(X) = \lambda = 1,6$ et $\sigma(X) = 1,265$, les bornes de l'intervalle sont:

$$E(X) - \sigma(X) = 1,6 - 1,265 = 0,335$$

$$E(X) + \sigma(X) = 1,6 + 1,265 = 2,865.$$

On cherche

$$P(0,335 \leq X \leq 2,865).$$

Toutefois, la variable de Poisson est une variable aléatoire discrète qui prend les valeurs 0, 1, 2, ...; par conséquent,

$$P(0{,}335 \leq X \leq 2{,}865) = P(1 \leq X \leq 2)$$
$$= P(X \leq 2) - P(X \leq 0)$$
$$= 0{,}7833 - 0{,}2019 = 0{,}5814$$

(qui est aussi la valeur qu'on obtient avec $P(X = 1) + P(X = 2)$).

a) Tracer la distribution du nombre d'accidents par jour.

Quel est le nombre d'accidents par jour qui est le plus probable et quelle en est sa probabilité?

La probabilité maximale s'obtient à x = 1 et est 0,3230.

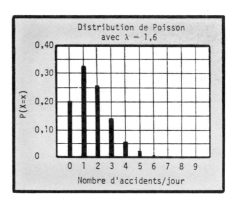

Remarque. Somme de deux variables aléatoires de Poisson. Soient X_1 et X_2 deux variables aléatoires indépendantes qui suivent respectivement des lois de Poisson de moyennes λ_1 et λ_2. La somme $X_1 + X_2$ de ces deux variables aléatoires indépendantes est une variable aléatoire distribuée également selon une loi de Poisson de paramètre $\lambda = \lambda_1 + \lambda_2$.

REPRÉSENTATION GRAPHIQUE DE LA DISTRIBUTION DE POISSON

Comme dans le cas de la loi binomiale, la distribution de Poisson est représentée par un diagramme en bâtons. L'allure de la distribution ne dépend toutefois que de λ. Nous indiquons sur les figures suivantes le tracé de diverses distributions de Poisson.

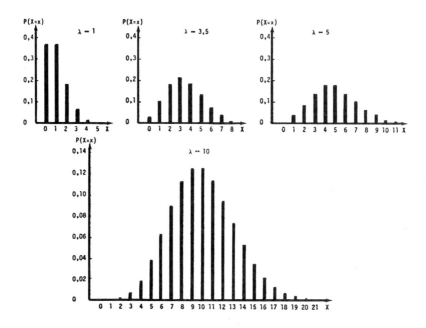

On peut résumer comme suit les diverses caractéristiques de la forme de la distribution de Poisson:

a)   En général, le diagramme en bâtons de la loi de Poisson est dissymétrique par rapport à λ avec étalement vers la droite. Les valeurs élevées d'une variable de Poisson sont peu rencontrées.

b)   A mesure que λ augmente, la forme de la distribution tend à devenir symétrique et s'approche de celle de la loi normale.

c)   Si λ ≥ 1, la distribution a, dans le cas où λ n'est pas un nombre entier, une seule valeur de X dont la probabilité est maximale; toutefois si λ est un entier, on aura une probabilité maximale pour deux valeurs de X qui sont X = λ - 1 et X = λ.

d)   La forme de la distribution de Poisson prend progressivement l'allure de la courbe normale traitée dans le chapitre suivant, pour des valeurs de λ ≥ 10 et même déjà à 5.

EXEMPLE 2.   Détermination de l'espérance mathématique et de la variance d'une variable de Poisson.

On veut vérifier, dans le cas d'une variable aléatoire distribuée selon une loi de Poisson, $P(X = x) = p(x:\lambda)$, que

$$E(X) = \lambda$$

$$Var(X) = \lambda$$

Calculons d'abord l'espérance mathématique

$$E(X) = \sum_{x=0}^{\infty} x \cdot p(x;\lambda) = \sum_{x=0}^{\infty} \frac{x \cdot e^{-\lambda} \lambda^{x}}{x!}$$

Le premier terme de la sommation est nul et si nous mettons en évidence λ, on obtient, en simplifiant $x/x! = 1/(x-1)!$

$$E(X) = \lambda \sum_{x=1}^{\infty} \frac{e^{-\lambda} \lambda^{x-1}}{(x-1)!} .$$

Posons $y = x - 1$, alors pour x = 1, y = 0 et

$$E(X) = \lambda \sum_{y=0}^{\infty} \frac{e^{-\lambda} \lambda^{y}}{y!} .$$

Cette sommation représente la somme des $p(y;\lambda)$ et est par conséquent égale à 1. On en déduit alors

$$E(X) = \lambda.$$

Calculons maintenant la variance de X.

Utilisons le fait que la variance d'une variable aléatoire peut s'écrire

$$Var(X) = E(X^2) - [E(X)]^2 ,$$

ce qui donne dans le cas d'une variable de Poisson:

$$Var(X) = E(X^2) - \lambda^2 .$$

Evaluons $E(X^2)$.

$$E(X^2) = \sum_{x=0}^{\infty} \frac{x^2 \cdot e^{-\lambda} \lambda^x}{x!}.$$

Ecrivons $x^2 = x(x - 1) + x$, alors

$$E(X^2) = \sum_{x=0}^{\infty} \frac{[x(x - 1) + x] e^{-\lambda} \lambda^x}{x!}$$

$$= \sum_{x=2}^{\infty} \frac{x(x - 1) e^{-\lambda} \lambda^x}{x!} + \sum_{x=1}^{\infty} \frac{x e^{-\lambda} \lambda^x}{x!}$$

Le deuxième terme est simplement λ, nous venons de le voir; ce qui donne:

$$E(X^2) = \sum_{x=2}^{\infty} \frac{x(x - 1) e^{-\lambda} \lambda^x}{x!} + \lambda$$

Puisque $x! = x(x - 1)(x - 2)!$, alors

$$E(X^2) = \sum_{x=2}^{\infty} \frac{e^{-\lambda} \lambda^x}{(x-2)!} + \lambda = \lambda^2 \sum_{x=2}^{\infty} \frac{e^{-\lambda} \lambda^{x-2}}{(x-2)!} + \lambda.$$

Posons $y = x - 2$, par conséquent, si x varie de 2 à ∞, y variera de 0 à ∞ et on peut écrire

$$E(X^2) = \lambda^2 \sum_{y=0}^{\infty} \frac{e^{-\lambda} \lambda^y}{y!} + \lambda.$$

La sommation étant égale à 1, on obtient

$$E(X^2) = \lambda^2 + \lambda \text{ , ce qui donne finalement}$$

$$E(X) = \lambda^2 + \lambda - \lambda^2 = \lambda.$$

EXEMPLE 3. **Application de la loi de Poisson aux ventes journalières de micro-ordinateurs: Somme des variables aléatoires de Poisson.**

A. Les ventes journalières X_1 de l'entreprise INFOTEK pour son micro-ordinateur de modèle I suivent une loi de Poisson de moyenne $\lambda_1 = 4,2$ unités.

a)   Quelle est la variance de la variable X_1?

En admettant que les ventes journalières X_1 sont distribuées selon une loi de Poisson, alors

$$E(X_1) = Var(X_1) = \lambda_1$$

et par conséquent,

$$Var(X_1) = 4,2 \text{ (unités)}^2.$$

b)   Quelle est la proportion de jours pour lesquels les ventes journalières sont

i) d'une unité?

On cherche $P(X_1 = 1)$. De la table, on peut lire directement:

$P(X_1 = 1) = p(1; 4,2) = 0,0630.$

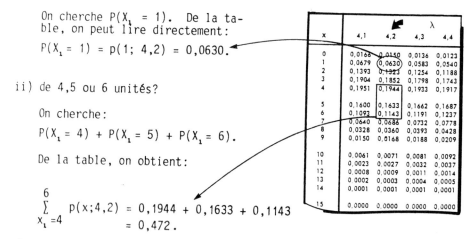

x	4,1	4,2	4,3	4,4
0	0,0166	0,0150	0,0136	0,0123
1	0,0679	0,0630	0,0583	0,0540
2	0,1393	0,1323	0,1254	0,1188
3	0,1904	0,1852	0,1798	0,1743
4	0,1951	0,1944	0,1933	0,1917
5	0,1600	0,1633	0,1662	0,1687
6	0,1093	0,1143	0,1191	0,1237
7	0,0640	0,0686	0,0732	0,0778
8	0,0328	0,0360	0,0393	0,0428
9	0,0150	0,0168	0,0188	0,0209
10	0,0061	0,0071	0,0081	0,0092
11	0,0023	0,0027	0,0032	0,0037
12	0,0008	0,0009	0,0011	0,0014
13	0,0002	0,0003	0,0004	0,0005
14	0,0001	0,0001	0,0001	0,0001
15	0,0000	0,0000	0,0000	0,0000

ii) de 4,5 ou 6 unités?

On cherche:

$P(X_1 = 4) + P(X_1 = 5) + P(X_1 = 6).$

De la table, on obtient:

$$\sum_{X_1 = 4}^{6} p(x; 4,2) = 0,1944 + 0,1633 + 0,1143$$
$$= 0,472 .$$

c)   Sur une période de 250 jours ouvrables, quel est vraisemblablement le nombre de jours où les ventes quotidiennes du modèle I ont été exactement de 3 unités?

Le nombre de jours théorique peut être estimé par

$250 \cdot P(X_1 = 3) = (250)(0,1852) = 46,3$ soit 46 jours.

B. Les ventes journalières X_2 du micro-ordinateur modèle II sont distribuées selon une loi de Poisson de moyenne $\lambda_2 = 2,2$ unités.

Considérons la nouvelle variable $Y = X_1 + X_2$ qui représente les ventes quotidiennes des modèles I et II. On suppose que les ventes journalières de ces deux micro-ordinateurs sont indépendantes l'une de l'autre.

a)   Quel est le modèle probabiliste qui régit le comportement de la variable aléatoire Y?

D'après la remarque précédente, la variable aléatoire $Y = X_1 + X_2$ suit aussi une loi de Poisson car

et

$E(Y) = E(X_1 + X_2) = E(X_1) + E(X_2) = \lambda_1 + \lambda_2$

$Var(Y) = Var(X_1 + X_2) = Var(X_1) + Var(X_2) = \lambda_1 + \lambda_2$

c.-à-d. $E(Y) = Var(Y) = \lambda_1 + \lambda_2 .$

b)   Déterminer la moyenne et l'écart-type des ventes journalières des deux micro-ordinateurs.

$E(Y) = \lambda_1 + \lambda_2 = 4,2 + 2,2 = 6,4$ unités

et

$Var(Y) = \lambda_1 + \lambda_2 = 6,4$ (unités)^2

$\sigma(Y) = \sqrt{Var(Y)} = \sqrt{6,4} = 2,53$ unités.

c)   Quelle est la probabilité pour que les ventes quotidiennes de l'ensemble des deux micro-ordinateurs soient au moins de 6 unités?

On cherche $P(Y \geq 6) = 1 - P(Y \leq 5) = 1 - \sum_{y=0}^{5} p(y;6,4)$.

De la table 2, on peut lire

$\sum_{y=0}^{5} p(y;6,4)$ = 0,0017 + 0,0106 + 0,0340 + 0,0726 + 0,1162 + 0,1487

= 0,3838 et

$P(Y \geq 6)$ = 1 - 0,3838 = 0,6162.

d)   Quelle est la probabilité pour qu'il y ait en un jour une seule vente du micro-ordinateur modèle I **et** une seule vente du modèle II?

Les ventes des deux micro-ordinateurs étant supposées indépendantes l'une de l'autre,

P(une seule vente du modèle I et une seule vente du modèle II) =

P(une vente modèle I) · P(une vente modèle II).

$P(X_1 = 1$ et $X_2 = 1) = p(1; 4,2) \cdot p(1; 2,2)$
$= (0,0630) \cdot (0,2438)$ (de la table 2)
$= 0,01536.$

A propos, est-ce que la différence $X_1 - X_2$ suit une loi de Poisson?

APPROXIMATION DE LA LOI BINOMIALE PAR LA LOI DE POISSON

Comme nous l'avons mentionné précédemment, la loi de Poisson peut également s'avérer utile pour obtenir une approximation très satisfaisante de la loi binomiale. L'approximation est valable en autant que certaines conditions sont réalisées.

> **Conditions pour que la loi de Poisson constitue une bonne approximation de la loi binomiale**
>
> Supposons que les conditions d'application de la loi binomiale sont réalisées mais que toutefois le nombre d'épreuves (la taille d'échantillon n) est très grand, que p est faible, de telle façon que np reste petit par rapport àn; alors on peut écrire comme suit l'approximation de la loi binomiale:
>
> $$b(x;n,p) \simeq p(x;\lambda) \text{ avec } \lambda = np.$$
>
> En pratique, l'approximation est valable si
>
> $$n > 20, \quad p \leq 0,10 \quad \text{et} \quad np \leq 5.$$

Remarques. a) L'approximation sera d'autant meilleure que n est grand et p est petit tout en ayant np de l'ordre de quelques unités.

b) Les conditions sur n et np ne sont pas semblables d'un auteur à l'autre, ce qui porte parfois à confusion. Certains précisent $n \geq 30$, d'autres $n \geq 50$ et même $n \geq 100$. Comme les tables de la loi binomiale qui sont utilisées n'ont pas de valeurs de n supérieures à 20, alors aussi bien se servir de celle de Poisson.

c) L'approximation de la loi binomiale par la loi de Poisson peut s'énoncer d'une manière plus formelle comme suit:

La probabilité de réalisation de x succès en n épreuves de Bernouilli, lorsque n est grand et p petit peut s'évaluer par la limite suivante:

$$\lim_{\substack{n \to \infty \\ p \to o \\ np \text{ constant}}} \binom{n}{x} p^x \cdot (1-p)^{n-x} = \frac{(np)^x e^{-np}}{x!} = \frac{\lambda^x e^{-\lambda}}{x!}$$

L'exemple suivant permet de comparer les probabilités binomiales avec celles de Poisson pour diverses valeurs de n et p.

EXEMPLE 4.   Visualisation de l'approximation des probabilités binomiales par la loi de Poisson pour diverses valeurs de n et p.

Cet exemple permet de comparer les probabilités obtenues avec la loi binomiale et la loi de Poisson et voir comment l'approximation peut être satisfaisante. Pour mieux voir le rapprochement des deux lois, nous avons relié les probabilités par des segments (un trait plein pour la loi binomiale et un trait pointillé pour la loi de Poisson).

1) n = 10, p = 0,20; b(x:10, 0,20)

   λ = np = 2   ; p(x; 2).

x	Binomiale	Poisson
0	0,1074	0,1353
1	0,2684	0,2707
2	0,3020	0,2707
3	0,2013	0,1804
4	0,0881	0,0902
5	0,0264	0,0361
6	0,0055	0,0120
7	0,0008	0,0034
8	0,0001	0,0009
9	0,0000	0,0002

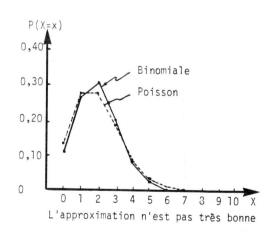

L'approximation n'est pas très bonne

2) n = 20, p = 0,10; b(x;20, 0,10)

   λ = np = 2   ; p(x;2)

x	Binomiale	Poisson
0	0,1216	0,1353
1	0,2702	0,2707
2	0,2852	0,2707
3	0,1901	0,1804
4	0,0898	0,0902
5	0,0319	0,0361
6	0,0089	0,0120
7	0,0020	0,0034
8	0,0004	0,0009
9	0,0001	0,0002
10	0,0000	0,0000

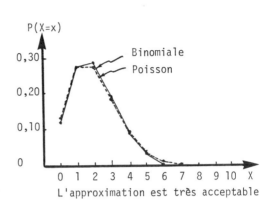

L'approximation est très acceptable

3) n = 30, p = 0,05; b(x;30, 0,05)

   λ = np = 1,5   ; p(x;1,5)

x	Binomiale	Poisson
0	0,2146	0,2231
1	0,3389	0,3347
2	0,2586	0,2510
3	0,1270	0,1255
4	0,0451	0,0471
5	0,0124	0,0141
6	0,0027	0,0035
7	0,0005	0,0008
8	0,0001	0,0001
9	0,0000	0,0000

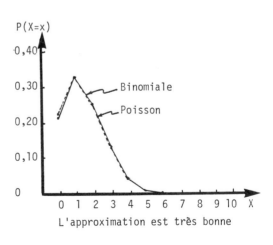

L'approximation est très bonne

EXEMPLE 5. Approximation d'une probabilité binomiale par la loi de Poisson: Calcul de la probabilité d'acceptation d'un lot.

Un fabricant de machine à écrire électronique effectue un contrôle final sur ses marguerites (roue pour la frappe des caractères) avant de les expédier à différents dépositaires. Le plan de contrôle suivant est employé par l'entreprise (chaque lot à contrôler est constitué d'environ 700 marguerites):

> Prélever au hasard 50 marguerites et si au plus 2 marguerites sont défectueuses dans l'échantillon, accepter le lot. Si plus de 2 sont défectueuses, le lot en entier est vérifié.

En admettant qu'il y a 3% de marguerites défectueuses dans le lot, quelle est la probabilité que le lot soit accepté avec ce plan de contrôle?

Puisque n = 50 et p = 0,03, on peut obtenir une approximation de cette probabilité en utilisant la loi de Poisson dont

$$\lambda = np = (50)(0,03) = 1,5.$$

Notons par X, le nombre de marguerites défectueuses observé dans un échantillon de taille n = 50.

Le lot est considéré comme acceptable si $X \leq 2$. La probabilité d'acceptation du lot est donc:

$$P(X \leq 2) = \sum_{x=0}^{2} p(x \; ; \; \lambda = 1,5)$$

$$= p(0; \; 1,5) + p(1; \; 1,5) + p(2; \; 1,5)$$

$$= 0,2231 + 0,3347 + 0,2510 \quad \text{(de la table 2)}$$

$$= 0,8088 \simeq 0,81.$$

On peut interpréter cette probabilité comme suit:

> Sur 100 lots contrôlés, ayant 3% de marguerites défectueuses, environ 81 seront acceptés avec le plan de contrôle et 19 seront refusés.

Remarque. En contrôle par prélèvement, il est de pratique courante d'évaluer les probabilités d'acceptation (Pa) d'un lot pour diverses valeurs possibles de la proportion de défectueux (p) dans le lot. La courbe correspondante (Pa vs p) donne la courbe d'efficacité du plan de contrôle.

USAGE DU PROGRAMME POISSON POUR LE CALCUL DES PROBABILITÉS SELON LA LOI DE POISSON OU COMME APPROXIMATION DE LA LOI BINOMIALE

A nouveau un programme sur micro-ordinateur peut être très utile pour le calcul des probabilités de Poisson (ou pour obtenir des approximations des probabilités binomiales). L'exemple suivant indique le mode d'utilisation du programme POISSON.

EXEMPLE 6. **Exemple d'exécution du programme POISSON: Nombre de factures erronées dans un échantillon de taille n > 20.**

Supposons que le vérificateur de l'entreprise Simex (revoir l'exemple 2 concernant la loi binomiale) procède à une vérification de factures sélectionnées à partir du fichier central. Supposons que le fichier contient 10% de factures erronées.

```
***************************************
            PROGRAMME POISSON

***************************************

CHOISISSEZ UNE OPTION :

1...POUR UNE APPROXIMATION DES PROBABI-
     LITES BINOMIALES
2...POUR LE CALCUL DIRECT DES PROBABI-
     LITES SELON LA LOI DE POISSON
3...POUR TERMINER LE TRAVAIL
? 1

QUELLE EST LA TAILLE DE L'ECHANTILLON ? 40

QUELLE EST LA VALEUR DE P ? .10

**************************************
     APPROXIMATION DES PROBABILITES
     BINOMIALES PAR LA LOI DE POISSON

TAILLE DE L'ECHANTILLON= 40
PROBABILITE DE REALISATION A CHAQUE
EPREUVE= .1
**************************************

VALEURS      PROB.          PROB. CUM.
 DE X        P(X=K)         P(X<=K)
-------------------------------------
   0         .0183          .0183
   1         .0733          .0916
   2         .1465          .2381
   3         .1954          .4335
   4         .1954          .6288
   5         .1563          .7851
   6         .1042          .8893
   7         .0595          .9489
   8         .0298          .9786
   9         .0132          .9919
  10         .0053          .9972
  11         .0019          .9991
  12         .0006          .9997
  13         .0002          .9999
  14         .0001          1
**************************************

DESIREZ-VOUS EFFECTUER UNE AUTRE
APPROXIMATION ?
<OUI> OU <NON>?
? NON
```

a) Quelle est la probabilité d'observer 3 factures erronées dans un échantillon de 40 factures?

Rép.: 0,1954.

b) Quelle est la probabilité d'observer au plus 5 factures erronées dans un échantillon de taille n = 40?

Rép.: 0,7851.

NOTIONS SUR LE PROCESSUS DE POISSON

Le processus de Poisson se rencontre dans plusieurs domaines d'application et s'avère particulièrement utile en recherche opérationnelle pour traiter des problèmes de files d'attente, par exemple. Nous n'en donnerons qu'une brève introduction en insistant plutôt sur les applications.

Dans le processus de Poisson, on s'intéresse à déterminer la probabilité qu'un événement particulier se réalise x fois au cours d'une période de temps, de durée t (par exemple la probabilité qu'il se présente 3 clients à un comptoir pendant une période de 5 minutes).

Loi de probabilité régissant le processus de Poisson

La probabilité pour qu'un événement se réalise x fois au cours d'un intervalle de temps d'amplitude t est donnée par l'expression

$$P(X = x|\alpha t) = \frac{(\alpha t)^x \, e^{-\alpha t}}{x!} \, , \quad x = 0,1,2,\ldots$$

où αt représente le nombre espéré de réalisations au cours de l'intervalle de temps t.

Si nous posons $\lambda = \alpha t$, nous retrouvons l'expression de la loi de Poisson traitée précédemment.

Remarque. λ représente la moyenne (E(X)) de la variable aléatoire X (nombre de réalisations d'un événement particulier au cours d'une période de temps t) alors que $\alpha = \frac{\lambda}{t}$ représente le nombre moyen de réalisations par unité de temps (ou d'espace, de longueur,...), α est parfois appelé l'intensité du processus.

Conditions d'application du processus de Poisson

La loi de probabilité que nous venons de définir repose sur les conditions suivantes:

1. Les réalisations de l'événement au cours d'intervalles de temps disjoints sont des variables aléatoires indépendantes, c.-à-d. que le nombre de réalisations au cours d'un intervalle de temps est indépendant du nombre de réalisations au cours d'intervalles de temps antérieurs.

2. Le probabilité pour que l'événement se réalise une fois, au cours d'un petit intervalle de temps Δt, est proportionnelle à l'amplitude de l'intervalle: $\alpha \Delta t$, où α est une constante positive représentant l'intensité du processus que l'on suppose constante tout au long de la période d'observation.

3. Il est très rare d'observer plus d'une fois l'événement au cours d'un petit intervalle de temps Δt, c.-à-d. que la probabilité pour que l'événement se réalise plus d'une fois au cours de l'intervalle de temps Δt est négligeable.

Sous ces conditions, la variable aléatoire «nombre de fois que se réalise l'événement considéré au cours d'un intervalle de temps de durée t» est régie par la loi de probabilité décrite précédemment de moyenne λ = αt.

EXEMPLE 7. Nombre de clients arrivant à un guichet.

A la Caisse Populaire Ste-Catherine, on a observé qu'il y a 5 chances sur 100 qu'un client se présente au guichet automatique au cours d'un intervalle de 15 secondes. On considère également que la probabilité que deux clients ou plus se présentent dans le même intervalle de temps, soit 15 secondes, est négligeable.

a) Quelle est l'expression de la loi de probabilité qui régit le nombre de clients arrivant pendant une heure?

Prenons la minute comme unité de temps. D'après la condition 2 du processus de Poisson, on peut écrire:

Probabilité qu'un client se présente
au guichet au cours d'un intervalle de 15 secondes $= 0,05 = α\Delta t$

$$où \Delta t = 1/4 \text{ minute.}$$

Par conséquent, α = (0,05)(4) = 0,20 client par minute et pour une période d'une heure, le taux moyen d'arrivée est λ = (0,20)(60) = 12 à l'heure.

La loi de probabilité étant celle de Poisson avec λ = 12:

$$P(X = x \mid λ = 12) = \frac{(12)^X e^{-12}}{x!} , \quad x = 0, 1, 2,\ldots$$

b) Quelle est la probabilité qu'il se présente au moins 15 clients au guichet au cours d'une période d'une heure?

On cherche $P(X \geq 15 \mid λ = 12) = \sum_{x=15}^{\infty} \frac{(12)^X e^{-12}}{x!}$

De la table de Poisson, on obtient

$$P(X \geq 15) = 0,0724 + 0,0543 + \ldots + 0,0002 + 0,0001 + 0,0000$$
$$= 0,228.$$

EXEMPLE 8. Essai de fiabilité d'un composant électronique.

L'entreprise Microtek mentionne que le nombre de défaillances d'un composant électronique est distribué selon une loi de Poisson avec un taux moyen de 3 défaillances par 100 000 heures d'opération.

Quelle est la probabilité d'observer une défaillance au cours de 20 000 heures d'opération?

Utilisons «l'heure» comme unité de temps.

Puisque λ = 3, pour 100 000 heures d'opération, le taux moyen de défaillances par heure d'opération est

$$α = \frac{λ}{t} = \frac{3}{100\ 000} \text{ défaillance/heure.}$$

Au cours d'une période de 20 000 heures d'opération, on peut s'attendre que le taux de défaillances sera, en moyenne de $\frac{3}{100\ 000} \times 20\ 000 = \frac{3}{5} = 0,6$.

La probabilité d'observer une défaillance au cours de cet intervalle est donc

$$P(X = 1|\lambda = 0,6) = \frac{(0,6)^1 e^{-0,6}}{1!} = 0,3293.$$

EXEMPLE 9.   Affluence d'usagers à des terminaux donnant accès à une banque de données.

Une étude effectuée sur l'affluence d'usagers de terminaux donnant accès à une banque de données a permis d'établir que le taux moyen d'arrivées des usagers au cours d'un intervalle de 2 minutes est de 1,9 et que le nombre d'arrivées est distribué selon une loi de Poisson.

a) Quelle est la probabilité de n'observer aucune arrivée au cours d'un intervalle de 2 minutes?

   Ici, on utilise directement $\lambda = 1,9$, ce qui donne

$$P(X = 0|\lambda = 1,9) = \frac{(1,9)^0 e^{-1,9}}{0!} = 0,1496$$

b) Quel est, en moyenne, le nombre d'arrivées au cours d'un intervalle de 1 minute? de 4 minutes?

   Déterminons l'intensité du processus par unité de 1 minute. On trouve, puisque $\lambda = 1,9$ par 2 minutes,

$$\alpha = \frac{\lambda}{t} = \frac{1,9}{2} = 0,95 \text{ par minute.}$$

   Donc, pour un intervalle de 1 minute, $\lambda = (\alpha)(1) = 0,95$ et pour un intervalle de 4 minutes, $\lambda = (\alpha)(4) = (0,95)(4) = 3,8$.

c) Quelle est la probabilité d'observer 2 arrivées au cours d'un intervalle de 1 minute?

$$P(X = 2)|\lambda = 0,95) = \frac{(0,95)^2 e^{-0,95}}{2!} = \frac{(0,9025)(0,38674)}{2}$$

$$= 0,1745.$$

Question piège. Sachant qu'il vient d'arriver deux usagers au cours de la dernière minute, quelle est la probabilité qu'il en arrive deux autres au cours de la prochaine minute?

EXEMPLE 10.   Autre exemple d'exécution du programme POISSON: Nombre de pannes hebdomadaires du système informatique d'une grande entreprise.

Selon les données recueillies depuis plusieurs années, le nombre de pannes hebdomadaires du système informatique de l'entreprise Mullitek est régi par la loi de Poisson de paramètre $\lambda = 0,05$.

a) Quelle est la probabilité pour que le système tombe en panne une fois au cours d'une semaine particulière?

Rép.: 0,0476.

b) Quelle est la probabilité que le système informatique fonctionne sans panne au cours d'une semaine?

Rép.: 0,9512.

c) Au cours d'une année d'opération (50 semaines), quelle est la probabilité d'observer

   i) 2 pannes?

      Rép.: 0,2565.

   ii) 4 pannes?

      Rép.: 0,1336.

d) Quelle est le nombre le plus probable de pannes au cours d'une année d'opération?

   Rép.: x = 2 avec probabilité 0,2565.

```
**************************************
           PROGRAMME POISSON
**************************************
CHOISISSEZ UNE OPTION :

1...POUR UNE APPROXIMATION DES PROBABI-
     LITES BINOMIALES
2...POUR LE CALCUL DIRECT DES PROBABI-
     LITES SELON LA LOI DE POISSON
3...POUR TERMINER LE TRAVAIL
? 2

QUELLE EST LA VALEUR DE LAMBDA  ? .05

**************************************
CALCUL DES PROBABILITES SELON LA LOI DE
                POISSON

VALEUR DE LAMBDA (L)  .05

MOYENNE DE LA LOI DE POISSON= .05
VARIANCE DE LA LOI DE POISSON= .05
ECART-TYPE DE LA LOI DE POISSON= .223607
**************************************

VALEURS      PROB.          PROB. CUM.
 DE X        P(X=K)         P(X<=K)
--------------------------------------
   0         .9512          .9512
   1         .0476          .9988
   2         .0012          1
   3         0              1
   4         0              1
   5         0              1
   6         0              1
**************************************
DESIREZ-VOUS EVALUER UNE AUTRE
DISTRIBUTION ?
<OUI> OU <NON>?
? OUI

QUELLE EST LA VALEUR DE LAMBDA  ? 2.5

**************************************
CALCUL DES PROBABILITES SELON LA LOI DE
                POISSON

VALEUR DE LAMBDA (L)  2.5

MOYENNE DE LA LOI DE POISSON= 2.5
VARIANCE DE LA LOI DE POISSON= 2.5
ECART-TYPE DE LA LOI DE POISSON= 1.58114
**************************************

VALEURS      PROB.          PROB. CUM.
 DE X        P(X=K)         P(X<=K)
--------------------------------------
   0         .0821          .0821
   1         .2052          .2873
   2         .2565          .5438
   3         .2138          .7576
   4         .1336          .8912
   5         .0668          .958
   6         .0278          .9858
   7         .0099          .9958
   8         .0031          .9989
   9         .0009          .9997
  10         .0002          .9999
  11         0              1
**************************************
DESIREZ-VOUS EVALUER UNE AUTRE
DISTRIBUTION ?
<OUI> OU <NON>?
? NON
```

PROBLÈMES

1. Une société de location de voitures possède entre autres trois voitures très luxueuses qui peuvent être louées chaque jour pour la journée. Le nombre de demandes reçues par la société pour ce genre de voiture est distribué suivant une loi de Poisson avec une moyenne de 1,8 voiture par jour.

a) Quelle est l'expression de la loi de probabilité régissant la demande et quelles sont les valeurs possibles de la variable aléatoire?

b) Sur 100 jours, déterminer la proportion des jours où aucune demande n'est faite pour ce genre de voiture.

c) Calculer la proportion de jours pour lesquels les demandes de location ne peuvent être entièrement satisfaites.

2. Les ventes journalières d'un certain bien de consommation suivent une loi de Poisson de moyenne $\lambda = 8,8$ unités.

a) Dénotons par X, la variable «ventes journalières». Quelle est l'expression de la loi de probabilité régissant les ventes journalières?

b) Quelle est la variance de la variable aléatoire?

c) Quelle est la probabilité de n'observer aucune vente de ce bien en une journée quelconque?

d) Quelle est la proportion de jours pour lesquels les ventes journalières sont inférieures à 5 unités?

e) Quel est le nombre d'unités le plus probable d'être vendues en une journée?

f) Estimer le nombre de jours où les ventes journalières de ce bien ont été exactement de 10 unités et ceci pour une période de 250 jours ouvrables.

3. Admettons que le manuscrit, totalisant 400 pages, d'un ouvrage en statistique a un total de 40 erreurs typographiques et que ces erreurs sont distribuées d'une façon aléatoire dans l'ouvrage. Quelle est la probabilité

a) qu'une page choisie au hasard n'ait aucune erreur?

b) Qu'un chapitre comportant 40 pages ait 3 erreurs ou plus?

4. Le comité de sécurité de l'entreprise Megatik a publié récemment dans un bulletin mensuel de l'entreprise que le taux moyen des accidents de travail est de 1 par 20 jours ouvrables.

a) Quelle est la probabilité de n'observer aucune victime d'accidents de travail dans les vingt prochains jours ouvrables?

b) Quelle est la probabilité d'observer 2 victimes ou moins d'accidents de travail dans les dix prochains jours ouvrables?

c) Quelle est la probabilité de n'observer aucune victime dans le prochain jour ouvrable.

5. Un équipement électronique complexe est installé sur l'unité # 12 pour tester une caractéristique importante d'un produit. Toutefois cet équipement est sujet à des pannes qui se produisent selon une loi de Poisson au taux moyen de 1 panne par 3 mois. Toutefois l'équipement peut être acquis avec un contrat d'entretien dont le coût annuel est de $1200 auquel cas l'entreprise n'a aucun frais de réparation à subir. Le directeur de l'entreprise a évalué que, sans contrat d'entretien, elle encoura par panne des frais s'élevant à $240.

Quelle est la probabilité, qu'en 12 mois d'exploitation, l'entreprise réalise une économie d'au moins $400 si l'équipement est acquis sans contrat d'entretien?

Note: Il faut d'abord évaluer le nombre de pannes à ne pas dépasser durant la période de 12 mois.

6. Le responsable du Service de circulation de la ville de Trois-Rivières envisage de proposer au conseil municipal la construction d'une voie pour virage à gauche à une intersection particulière. Il suppose que le nombre de voitures effectuant un virage à gauche est distribué d'après une loi de Poisson. L'interdiction d'effectuer un virage à gauche sera d'une minute. La voie, en termes de longueur de voitures, doit être construite de manière telle qu'elle pourra permettre en moyenne 150 virages à gauche à l'heure et être suffisante 95% du temps pour accommoder k voitures en attente. Déterminer la valeur de k.

7. Chez Electropak, l'appareil servant à l'étiquettage de contenants est sujet à deux types de pannes, soit une défaillance électronique, soit une défaillance mécanique. Les deux sources de pannes sont indépendantes.

Selon l'ingénieur d'usine de l'entreprise le nombre de pannes attribuables à une défaillance électronique au cours d'un mois d'opération est distribué selon une loi de Poisson de paramètre $\lambda = 1,4$ alors que le nombre de pannes attribuables à une défaillance mécanique est caractérisé par une loi de Poisson de paramètre $\lambda = 2$.

a) En notant par X, la variable aléatoire correspondant au nombre de pannes attribuables à une défaillance électronique et par Y, celle correspondant au nombre de pannes attribuables à une défaillance mécanique, préciser, dans chaque cas, l'expression de la loi de probabilité correspondante.

b) Quelle est la probabilité pour qu'au cours d'un mois d'opération, il y ait une seule panne de l'appareil d'étiquettage?

c) Quelle est la probabilité pour qu'au cours d'un mois d'opération, l'appareil présente deux pannes, une attribuable à une défaillance électronique et l'autre attribuable à une défaillance mécanique?

d) Quelle est la probabilité pour qu'au cours d'un mois d'opération, l'appareil présente moins de deux pannes?

e) Quelle est l'expression de la loi de probabilité du nombre total de pannes W = X + Y au cours d'un mois d'opération?

f) Quelles sont l'espérance de W et la variance de W?

g) Quelle est la probabilité pour qu'au cours d'un mois d'opération, l'appareil totalise moins de deux pannes?

8. Une fabrication de fusibles comporte habituellement 2% de défectueux. Quelle est la probabilité d'observer 2 fusibles défectueux

a) dans un échantillon de taille n = 30?

b) dans un échantillon de taille n = 50?

c) dans un échantillon de taille n = 100?

d) Pour chaque taille d'échantillon mentionnée précédemment, combien de fusibles défectueux peut-on s'attendre d'observer, en moyenne?

9. L'entreprise Simtech fabrique des tubes de verre pour l'entreprise Gescom de la région de Montréal. Gescom utilise ces tubes dans la fabrication

d'un de ses produits. Gescom exige que les lots livrés par Simtech contiennent au plus 1% de défectueux. Elle considère également qu'un lot présentant 6% (ou plus) de tubes de verre défectueux est d'une qualité inacceptable et devrait avoir très peu de chances d'être accepté. Les lots sont habituellement constitués de 5000 tubes de verre. le qualiticien de l'entreprise Gescom a mis au point le plan de contrôle suivant qui est utilisé pour
réceptionner chaque livraison de Simtech.

> A chaque livraison, prélever au hasard 150 tubes de verre.
> Si dans cet échantillon, on trouve 4 tubes de verre (ou
> moins) défectueux, le lot est considéré comme bon. Si
> l'on trouve 5 tubes ou plus défectueux, le lot est refu-
> sé et sera retourné à l'entreprise Simtech sans plus
> d'inspection.

a) Identifier la variable aléatoire correspondante et l'ensemble des valeurs possibles que peut prendre cette variable.

b) Quelle est l'expression générale de la loi de probabilité régissant le
nombre de tubes de verre défectueux dans un échantillon de taille n = 150
en admettant que la proportion de défectueux dans les lots est de 1%?

c) Par quelle loi peut-on obtenir une approximation satisfaisante de l'expression obtenue en b)? Rencontre-t-on les conditions pour effectuer
cette approximation?

d) Avec le plan de contrôle, quelle est la probabilité pour Simtech de se
voir refuser un lot contenant 1% de défectueux au contrôle de réception
de Gescom?

e) Quelles sont les chances sur 100 d'accepter par Gescom un lot comportant
6% de défectueux, avec son plan de contrôle?

10. La probabilité pour qu'une imprimante ne puisse transcrire correctement un caractère est de 0,005. Quelle est la probabilité que, parmi 1000
caractères à imprimer,

a) 4 soient transcrits incorrectement?

b) 6 ou 7 caractères soient transcrits incorrectement?

c) Plus de 10 caractères soient transcrits incorrectement?

d) Une page contient 3000 caractères. Quelle est la probabilité qu'une page contienne au plus 10 erreurs de transcription?

11. Selon une firme d'experts-comptables 4% des comptes-clients d'un grand
magasin à rayons présentent une erreur d'écriture. Un échantillon aléatoire de 100 comptes-clients est examiné.

a) Quelle est la probabilité d'observer au plus 3 comptes-clients présentant une erreur d'écriture?

b) En utilisant l'inégalité de Tchebycheff, quelle est la borne inférieure
de la probabilité d'observer entre 0 et 8 comptes-clients dans un échantillon de taille n = 100?

c) Répondre à la question b), mais en utilisant cette fois la loi de Poisson.

12. Le taux moyen des arrivées d'automobiles dans un stationnement le same-
di est 3 à la minute. On considère que le phénomène correspond à une loi
de Poisson.

a) Identifier la variable aléatoire concernée et en spécifier l'ensemble
des valeurs possibles.

b) Quelle est l'expression générale de la loi qui permettrait de calculer la probabilité d'observer x arrivées en une minute?

c) Quelle est la probabilité d'observer 4 arrivées en une minute?

13. Durant la semaine, un seul poste de péage est ouvert à l'entrée de l'autoroute. Les automobiles y arrivent à un taux moyen de 18 à l'heure. Quelle est la probabilité que durant une heure se présentent au poste

a) plus de 15 automobiles?

b) au moins 18 automobiles?

c) moins de 16 automobiles?

d) Est-ce que le nombre d'arrivées d'automobiles ayant la plus forte probabilité d'occurence est unique? Discuter.

14. Votre professeur d'informatique, un peu exaspéré de passer ses étés à attendre le soleil et à couper son gazon deux fois par semaine, décide d'entreprendre un long voyage avec sa "minoune". D'après son expérience, il constate qu'il a la désagréable surprise d'avoir une crevaison environ tous les 8000 km. S'il envisage de parcourir une distance de 16 000 km durant son long périple, quelles sont les chances sur 100 qu'il ait plus d'une crevaison?

15. Un éditeur de manuels scolaires a constaté qu'il reçoit, en moyenne, 2 appels téléphoniques par minute du début d'août à la mi-septembre. Il veut mettre en place un nouveau standard capable de faire face à cette affluence et dont la taille sera indiquée par le nombre d'appels auxquels il pourra suffire sans attente pendant 1 minute.

a) Quelle est l'expression générale de la loi de probabilités qui permettrait de régir le nombre d'appels en une minute?

b) Quelle est la probabilité d'observer, en une minute,
    i) 2 appels?   ii) 3 appels?   iii) 6 appels?

c) Si le standard peut absorber sans attente 2 appels à la minute, pendant quelle proportion de son temps de fonctionnement donne-t-il satisfaction?

d) Avec le taux actuel d'appels à la minute, quelle est la taille du standard (en nombre d'appels par minute) qui donnera satisfaction pendant environ 95% du temps de fonctionnement?

e) L'éditeur estime, avec les nouveaux titres prévus à son programme de production qu'il recevra en moyenne 5 appels par minute dans 2 ans. Quelle doit être alors la taille du standard qui, dans 2 ans, donnera satisfaction environ 95% du temps de fonctionnement?

16. Une voie d'accès est reliée à une autoroute à un point A. Les véhicules arrivent par la voie d'accès, au point A, au taux de 3 véhicules par minute et de l'autoroute, au taux de 7 véhicules par minute. En admettant que dans chaque cas la loi de Poisson s'applique,

a) Quelle est l'expression de la loi de probabilité régissant le nombre total d'arrivées au point A?

b) Quelles sont la moyenne et la variance de la variable aléatoire «nombre total d'arrivées»?

c) Quel est le nombre total d'arrivées le plus probable au point A au cours d'une période de 1 minute? Est-il unique?

d) Quelle est la probabilité pour qu'il se présente entre 5 et 10 véhicules (bornes incluses) au point A au cours d'une période de 1 minute?

_____ AUTO-ÉVALUATION DES CONNAISSANCES _____

Test 6

Répondre par Vrai ou Faux ou compléter s'il y a lieu. Dans le cas où c'est faux, indiquer la bonne réponse.

1. La loi de Poisson ne dépend que d'un seul nombre, symbolisé habituellement par λ.   V   F

2. La loi de Poisson possède une propriété remarquable quant à sa moyenne et sa variance. Laquelle?

3. Les valeurs prises par une variable de Poisson sont toujours des nombres entiers. V   F

4. Le nombre λ dont dépend la loi de Poisson est toujours un nombre entier. V   F

5. La représentation graphique d'une distribution de Poisson s'effectue à l'aide d'un diagramme en bâtons.   V   F

6. Une variable de Poisson prend très fréquemment des valeurs élevées.   V   F

7. A mesure que λ augmente, la forme de la distribution de Poisson tend à devenir dissymétrique.   V   F

8. La somme de deux variables aléatoires indépendantes distribuées respectivement selon la loi de Poisson avec paramètres $\lambda_1 = 2$ et $\lambda_2 = 4$ est une variance aléatoire distribuée selon une loi _____ avec paramètre _____.

9. On peut obtenir une approximation valable de la loi binomiale par la loi de Poisson si n > 20, p $\leq$ 0,10 et np $\leq$ ____.

10. Dans un processus de Poisson, αt représente le nombre espéré de réalisations au cours de l'intervalle de temps t.   V   F

11. Le nombre de patients arrivant chaque heure à la salle d'urgence d'un hôpital de la région est considéré comme une variable de Poisson avec λ = 5,8.

    a) Selon ce modèle probabiliste, quel est, en moyenne, le nombre de patients se présentant à cette salle d'urgence au cours d'une période d'une heure?

    b) Quel est le nombre d'arrivées le plus probable au cours d'une période d'une heure?

    c) Quelle est la probabilité pour que le nombre de patients se présentant au cours d'une période d'une heure soit inférieur au nombre moyen obtenu en a)?

    d) On devra faire appel à du personnel supplémentaire si le nombre de patients arrivant à la salle d'urgence au cours d'une période d'une heure dépasse 10. Quelle est la probabilité d'avoir recours à du personnel supplémentaire?

12. Dans un lot de 2000 transistors, il y a 3% de transistors défectueux. Quelle est la probabilité d'observer 2 transistors défectueux dans un échantillon de taille n = 100?

CALCUL DES PROBABILITÉS, VARIABLES ALÉATOIRES ET MODÈLES PROBABILISTES

CHAPITRE 7

La loi normale et applications

OBJECTIFS PÉDAGOGIQUES

Lorsque vous aurez complété l'étude du chapitre 7, vous pourrez:

1. reconnaitre la forme de la loi normale et en identifier correctement les paramètres;

2. énoncer les principales propriétés de la loi;

3. effectuer le passage d'une variable normale à une variable normale centrée réduite;

4. utiliser correctement la table de la loi normale centrée réduite;

5. identifier avec précision, dans les contextes d'application, la variable aléatoire ainsi que les paramètres de la loi correspondante;

6. déterminer la loi de probabilité d'une combinaison linéaire de variables aléatoires normales indépendantes;

7. énoncer les conditions d'application nécessaires pour obtenir une approximation de la loi binomiale par la loi normale;

8. convertir correctement les valeurs discrètes de la variable binomiale en vue d'une approximation des probabilités par la loi normale.

LA LOI NORMALE ET APPLICATIONS

LA DISTRIBUTION NORMALE

Dans la première partie de cet ouvrage, nous avons fréquemment tracé l'histogramme et le polygone de fréquences des observations correspondant à des variables continues. Nous avons également précisé à certaines occasions que la répartition des observations pouvait s'apparenter à une distribution en «forme de cloche». C'est effectivement ce genre de distribution que nous voulons maintenant traiter, soit la **distribution normale.**

Le graphique de cette distribution se présente sous forme de cloche et la courbe résultante est appelée **courbe normale.**

L'expression mathématique de cette distribution de probabilités fut d'abord publiée par Abraham DeMoivre en 1733. D'autres théoriciens sont également associés à cette fameuse loi, soit le Marquis de Laplace (1667-1754) et Carl Friedrick Gauss (1777-1855).

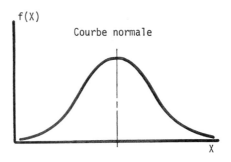

C'est pour cette raison qu'on retrouve également dans la littérature les termes «distribution gaussienne» ou «distribution de Laplace-Gauss» ou simplement «loi normale». Elle jouit d'une importance fondamentale puisqu'un grand nombre de méthodes statistiques reposent sur cette loi. Les applications pratiques associées à cette loi sont également très nombreuses.

Variable aléatoire normale et sa loi de probabilité

Une variable aléatoire continue X suit une loi normale si l'expression de sa distribution est

$$f(x) = \frac{1}{\sigma\sqrt{2\pi}} \, e^{-\frac{1}{2}\left(\frac{x-\mu}{\sigma}\right)^2}, \quad -\infty < x < \infty$$

π et e sont deux constantes: π = 3,14592 ... ,
e = 2,71828 ... .
La loi normale dépend de deux paramètres: μ et σ^2.

Cette expression plutôt rébarbative nous sera toutefois de peu d'utilité. Il est important néanmoins de préciser à quoi correspondent μ et σ^2.

Remarque. On utilise également les expressions «densité de probabilité» ou «fonction de densité» pour identifier l'expression f(X).

Moyenne, variance et écart-type d'une variable aléatoire normale

Une variable aléatoire X distribuée selon une loi normale a comme moyenne (espérance mathématique)

$$E(X) = \mu \qquad (-\infty < \mu < \infty)$$

et comme variance

$$Var(X) = \sigma^2 \qquad (\sigma^2 > 0).$$

L'écart-type est:

$$\sigma = \sqrt{Var(X)} \qquad (\sigma > 0)$$

La loi normale est un modèle théorique qui permet d'exprimer d'une manière suffisamment adéquate le comportement aléatoire des observations d'une multitude de phénomènes. Le polygone de fréquences ou l'histogramme donne souvent une bonne indication si la variable observée se comporte selon une loi normale.

Remarques. a) μ caractérise le centre de la distribution et σ, la dispersion (l'étalement des valeurs de la variable aléatoire autour de μ).

b) Il est de pratique courante d'exprimer, sous notation symbolique, la distribution normale avec les paramètres correspondants comme suit: $f(x) = N(\mu,\sigma^2)$. De même: $X \sim N(\mu,\sigma^2)$ veut dire que la variable aléatoire X est distribuée ($\sim$) normalement (N) avec moyenne μ et variance σ^2.

c) Le coefficient de variation s'écrit:

$$CV = \frac{\sigma}{\mu} \times 100.$$

d) Il est possible à partir d'un échantillon suffisamment grand (50 observations ou plus), de vérifier si une variable statistique se comporte suivant une loi normale. On compare les fréquences observées de la distribution de fréquences aux fréquences théoriques que l'on obtiendrait pour la même répartition en classes en supposant toutefois que l'hypothèse de normalité est fondée. Cette comparaison de fréquences s'effectue à l'aide du test du χ^2. Il existe également une méthode graphique qui permet de vérifier rapidement si une distribution statistique d'une variable continue peut s'apparenter à une distribution normale: c'est l'utilisation de la droite de Henry.

PROPRIÉTÉS DE LA LOI NORMALE

Nous ne donnons ici que les propriétés les plus utilitaires de la loi normale.

1. Puisque la loi normale est une loi de probabilités, l'aire sous la courbe et l'axe horizontal est 1.

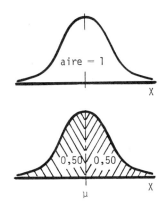

2. Le graphe de la courbe normale est symétrique par rapport à la droite d'abscisse μ. Par conséquent, 50% de l'aire se situe d'un côté de la droite d'abscisse μ et 50% de l'aire de l'autre côté.

3. Puisque la courbe est symétrique, moyenne = médiane = mode.

4. La loi normale est entièrement définie par ses deux paramètres μ et σ^2 (ou σ). On obtient donc une distribution normale différente (ayant toutefois la même forme en cloche) pour chaque valeur de μ ou de σ.

Distributions normales de moyennes différentes mais de même écart-type	**Distributions normales d'écarts-types différents mais de même moyenne**

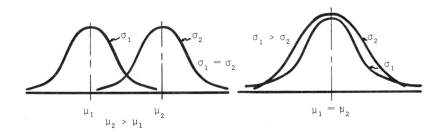

Plus la variance sera élevée, plus la courbe sera aplatie.

5. L'axe horizontal est une asymptote c.-à-d. qu'à mesure qu'on s'éloigne du centre, d'un côté comme de l'autre, la courbe s'approche de plus en plus de l'axe horizontal, sans jamais toutefois le toucher. Comme on le verra plus loin, l'aire sous la courbe au-delà de μ - 3σ ou μ + 3σ est négligeable.

LOI NORMALE CENTRÉE RÉDUITE

Pour faciliter les calculs de probabilités, on utilise une table dite **table de la loi normale centrée réduite.** Elle nous permet d'obtenir aisément des probabilités associées à toute variable aléatoire normale. Une simple transformation permet de ramener toute distribution normale, quelle que soit la valeur de μ ou de σ, à une seule loi "standard". Il s'agit d'effectuer un changement d'origine et un changement d'échelle.

Changement de variable: Transformation en Z

Toute variable aléatoire normale X de moyenne μ et d'écart-type σ peut être transformée en une nouvelle variable Z, dite **variable aléatoire normale centrée réduite**, à l'aide de l'expression

$$Z = \frac{X - \mu}{\sigma} \; . \quad (X = \sigma Z + \mu).$$

Cette variable Z est sans dimension.

La variable X est centrée par rapport à μ (changement d'origine) et réduite en divisant l'écart (X - μ) par σ (changement d'échelle). Z exprime donc l'écart entre toute valeur X et la moyenne μ en termes d'unités de σ.

Loi normale centrée réduite: distribution de Z

Si X est une variable aléatoire continue distribuée d'après une loi normale de moyenne μ et de variance σ^2, alors la variable aléatoire $Z = \frac{X - \mu}{\sigma}$ est distribuée normalement avec moyenne $E(Z) = 0$ et variance $Var(Z) = 1$. L'expression de la distribution de probabilité s'écrit alors

$$f(z) = \frac{1}{\sqrt{2\pi}} e^{-1/2 \; z^2} , \quad - \infty < z < \infty ,$$

et est dite, **loi normale centrée réduite.**

On peut résumer les principales caractéristiques des deux lois comme suit:

Variable normale

$$X \sim N(\mu, \sigma^2) \quad \longrightarrow \quad \boxed{Z = \frac{X-\mu}{\sigma}} \quad \longrightarrow$$

Variable normale centrée réduite

$$Z \sim N(0,1)$$

Ensemble des valeurs prises:

$$- \infty < X < \infty$$

Ensemble des valeurs prises:

$$- \infty < Z < \infty$$

Paramètres: $E(X) = \mu$
$Var(X) = \sigma^2$

Paramètres: $E(Z) = 0$
$Var(Z) = 1$

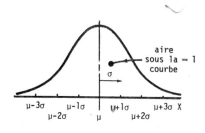

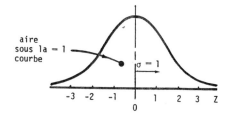

Pour expliquer comment calculer des probabilités avec la loi normale centrée réduite, procédons avec un exemple.   Nous illustrerons ainsi le fonctionnement de la table.

Aire obtenue à l'aide de la table.

Avant de présenter un contexte d'application de la loi normale, indiquons comment obtenir diverses probabilités avec la table de la loi normale centrée réduite (table 3, en annexe).

Précisons d'abord que la table de la loi normale centrée réduite ne donne que l'aire sous la courbe pour des valeurs positives de Z.   Toutefois la courbe étant symétrique par rapport à zéro, $f(z) = f(-z)$, alors

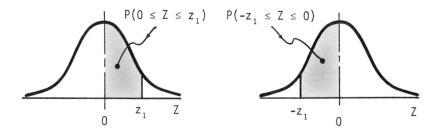

Remarque.   On ne fait également aucune distrinction entre $P(0 \leq Z \leq z_1)$ et $P(0 < Z < z_1)$, la variable Z étant une variable aléatoire continue.

EXEMPLE 1.   Probabilité que le résultat d'une variable aléatoire normale centrée réduite se situe dans un intervalle donné: Aire sous la courbe.

Trouver l'aire sous la courbe normale centrée réduite pour les intervalles suivants:

i)   entre z = 0 et z = 0,5

Aire sous la courbe normale centrée réduite entre z = 0 et z = 0,5 $= P(0 \leq Z \leq 0,5)$.

Pour faciliter le raisonnement, traçons la courbe en mettant en relief l'aire cherchée.

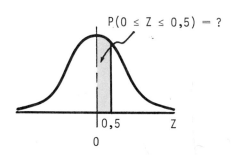

$P(0 \leq Z \leq 0,5) = ?$

Extrait de la table de la loi normale centrée réduite

z	0,00	0,01	0,02	0,03	0,04	0,05	0,06
0,0	0,0000	0,0040	0,0080	0,0120	0,0160	0,0199	0,0239
0,1	0,0398	0,0438	0,0478	0,0517	0,0557	0,0596	0,0636
0,2	0,0793	0,0832	0,0871	0,0910	0,0948	0,0987	0,1026
0,3	0,1179	0,1217	0,1255	0,1293	0,1331	0,1368	0,1406
0,4	0,1554	0,1591	0,1628	0,1664	0,1700	0,1736	0,1772
0,5	0,1915	0,1950	0,1985	0,2019	0,2054	0,2088	0,2123
0,6	0,2257	0,2291	0,2324	0,2357	0,2389	0,2422	0,2454
0,7	0,2580	0,2611	0,2642	0,2673	0,2703	0,2734	0,2764
0,8	0,2881	0,2910	0,2939	0,2967	0,2995	0,3023	0,3051
0,9	0,3159	0,3186	0,3212	0,3238	0,3264	0,3289	0,3315

Pour trouver l'aire cherchée, **on** fait usage de la table de la loi normale centrée réduite, dont nous reproduisons ici une partie.   Donc pour z = 0,50, on lit directement de la table, 0,1915.

Donc $P(0 \leq Z \leq 0,50) = 0,1915$.

Les valeurs z, en colonne, sont les unités et les dixièmes alors que les centièmes (2e chiffre après la virgule) se lisent sur la ligne supérieure de la table.   Les valeurs dans le corps de la table donnent l'aire cherchée.

A cause de la symétrie de la loi normale centrée réduite, ceci donne également (indiquer la valeur appropriée)

$P(-5 \leq Z \leq 0) =$ _____

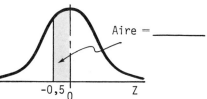

ii) Entre z = -2,24 et z = 1,12.

Esquissons d'abord la courbe normale centrée réduite et indiquons l'aire cherchée.

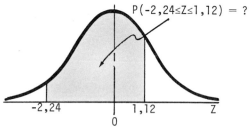

$P(-2,24 \leq Z \leq 1,12) = ?$

A z = 1,12 correspond 0,3686 (ce qui donne P(0 ≤ Z ≤ 1,12)).

A z = 2,24 correspond 0,4875 (ce qui donne $P(0 \leq Z \leq 2,24) = P(-2,24 \leq Z \leq 0)$).

z	0,00	0,01	0,02	0,03	0,04
0,0	0,0000	0,0040	0,0080	0,0120	0,0160
0,1	0,0398	0,0438	0,0478	0,0517	0,0557
0,2	0,0793	0,0832	0,0871	0,0910	0,0948
0,3	0,1179	0,1217	0,1255	0,1293	0,1331
0,4	0,1554	0,1591	0,1628	0,1664	0,1700
0,5	0,1915	0,1950	0,1985	0,2019	0,2054
0,6	0,2257	0,2291	0,2324	0,2357	0,2389
0,7	0,2580	0,2611	0,2642	0,2673	0,2703
0,8	0,2881	0,2910	0,2939	0,2967	0,2995
0,9	0,3159	0,3186	0,3212	0,3238	0,3264
1,0	0,3413	0,3438	0,3461	0,3485	0,3508
1,1	0,3643	0,3665	0,3686	0,3708	0,3729
1,2	0,3849	0,3869	0,3888	0,3907	0,3925
1,3	0,4032	0,4049	0,4066	0,4082	0,4099
1,4	0,4192	0,4207	0,4222	0,4236	0,4251
1,5	0,4332	0,4345	0,4357	0,4370	0,4382
1,6	0,4452	0,4463	0,4474	0,4484	0,4495
1,7	0,4554	0,4564	0,4573	0,4582	0,4591
1,8	0,4641	0,4649	0,4656	0,4664	0,4671
1,9	0,4713	0,4719	0,4726	0,4732	0,4738
2,0	0,4772	0,4778	0,4783	0,4788	0,4793
2,1	0,4821	0,4826	0,4830	0,4834	0,4838
2,2	0,4861	0,4864	0,4868	0,4871	0,4875
2,3	0,4893	0,4896	0,4898	0,4901	0,4904
2,4	0,4918	0,4920	0,4922	0,4925	0,4927

Par conséquent, l'aire cherchée correspond à la somme suivante:

$P(-2,24 \leq Z \leq 1,12) = P(-2,24 \leq Z \leq 0) + P(0 \leq Z \leq 1,12)$.

$$= 0,4875 + 0,3686 = 0,8561$$

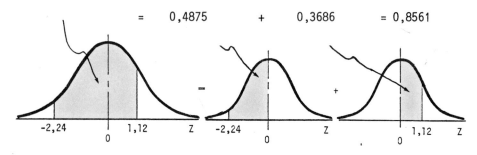

iii) Entre z = 1,0 et z = 2,0.

L'aire cherchée est indiquée sur la courbe normale centrée réduite: $P(1,0 \leq Z \leq 2,0) = ?$

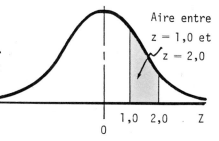

Aire entre z = 1,0 et z = 2,0

De la table, à z = 1,0 correspond
0,3413 = P(0 ≤ Z ≤ 1,0)

Pour z = 2,0, on peut lire de la
table, 0,4772 = P(0 ≤ Z ≤ 2,0)

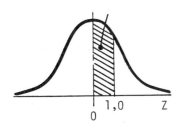

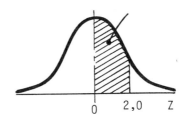

Donc l'aire entre z = 1,0 et z = 2,0, c.-à-d. P(1,0 ≤ Z ≤ 2,0) est la différence entre l'aire sous la courbe de z = 0 à z = 2,0 et l'aire sous la courbe de z = 0 à z = 1,0.

$$P(1,0 \leq Z \leq 2,0) = P(0 \leq Z \leq 2,0) - P(0 \leq Z \leq 1,0)$$
$$= \quad 0,4772 \quad - \quad 0,3413 \quad = 0,1359$$

**EXEMPLE 2.   Détermination de la valeur de la variable centrée réduite pour
une aire donnée.**

Il arrive fréquemment que l'aire (ou encore la probabilité ou un certain
pourcentage) nous est donnée dans un intervalle spécifique et que l'on doive déterminer les valeurs z correspon-
dantes.   Déterminer la valeur de Z si
l'aire entre 0 et z est 0,4750.
Traçons la courbe normale centrée réduite et mettons en relief l'aire donnée.
Ceci correspond à P(0 ≤ Z ≤ z) = 0,4750.

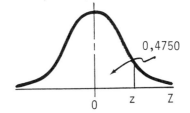

C'est le problème inverse de
l'exemple précédent. Il s'a-
git de localiser d'abord dans
la table 3, l'aire (la probabilité) donnée et de déterminer la valeur de Z correspondante.

Donc à une probabilité de
0,4750 correspond la valeur

z = 1,96

Extrait de la table 3

z	0,00	0,01	0,02	0,03	0,04	0,05	0,06	0,07
0,0	0,0000	0,0040	0,0080	0,0120	0,0160	0,0199	0,0239	0,0279
0,1	0,0398	0,0438	0,0478	0,0517	0,0557	0,0596	0,0636	0,0675
0,2	0,0793	0,0832	0,0871	0,0910	0,0948	0,0987	0,1026	0,1064
0,3	0,1179	0,1217	0,1255	0,1293	0,1331	0,1368	0,1406	0,1443
0,4	0,1554	0,1591	0,1628	0,1664	0,1700	0,1736	0,1772	0,1808
0,5	0,1915	0,1950	0,1985	0,2019	0,2054	0,2088	0,2123	0,2157
0,6	0,2257	0,2291	0,2324	0,2357	0,2389	0,2422	0,2454	0,2486
0,7	0,2580	0,2611	0,2642	0,2673	0,2703	0,2734	0,2764	0,2794
0,8	0,2881	0,2910	0,2939	0,2967	0,2995	0,3023	0,3051	0,3078
0,9	0,3159	0,3186	0,3212	0,3238	0,3264	0,3289	0,3315	0,3340
1,0	0,3413	0,3438	0,3461	0,3485	0,3508	0,3531	0,3554	0,3577
1,1	0,3643	0,3665	0,3686	0,3708	0,3729	0,3749	0,3770	0,3790
1,2	0,3849	0,3869	0,3888	0,3907	0,3925	0,3944	0,3962	0,3980
1,3	0,4032	0,4049	0,4066	0,4082	0,4099	0,4115	0,4131	0,4147
1,4	0,4192	0,4207	0,4222	0,4236	0,4251	0,4265	0,4279	0,4292
1,5	0,4332	0,4345	0,4357	0,4370	0,4382	0,4394	0,4406	0,4418
1,6	0,4452	0,4463	0,4474	0,4484	0,4495	0,4505	0,4515	0,4525
1,7	0,4554	0,4564	0,4573	0,4582	0,4591	0,4599	0,4608	0,4616
1,8	0,4641	0,4649	0,4656	0,4664	0,4671	0,4678	0,4686	0,4693
1,9	0,4713	0,4719	0,4726	0,4732	0,4738	0,4744	0,4750	0,4756

Remarque. Si la valeur de l'aire (ou la valeur obtenue pour Z) ne peut se
lire directement des valeurs de la table, on pourra toujours effectuer une
interpolation entre deux valeurs adjacentes ou prendre la valeur la plus
voisine.

EXEMPLE 3. Interpolation linéaire dans la table de la loi normale centrée réduite.

On veut déterminer la valeur de Z pour laquelle l'aire à la droite de cette valeur est 0,05 c.-à-d. P(Z > z) = 0,05.
Puisque l'aire sous la courbe normale centrée réduite à la droite de z = 0 est 0,5000, on peut écrire

P(0 ≤ Z ≤ z) = 0,5000 - P(Z ≤ z)

= 0,5000 - 0,05 = 0,45.

On ne peut toutefois lire directement l'aire 0,45 dans la table 3; elle se situe entre 0,4495 et 0,4505 dont les valeurs correspondantes de Z sont 1,64 et 1,65. On peut schématiser le processus d'interpolation linéaire comme suit:

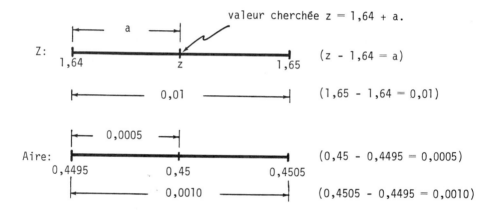

Pour trouver a, il suffit de procéder comme suit. L'interpolation linéaire consiste à faire le rapport des écarts de Z et des aires correspondantes. Ainsi

$$\frac{a}{0,01} = \frac{0,0005}{0,0010}$$

$$a = \frac{(0,0005)(0,01)}{0,0010} = 0,005$$

Par conséquent z = 1,64 + 0,005 = 1,645.

Illustrons maintenant l'utilisation de la loi normale dans différents contextes d'application.

EXEMPLE 4. Utilisation de la loi normale centrée réduite: Résultats à un cours d'initiation à l'informatique.

Après quelques années d'enseignement d'un cours d'initiation à l'informatique dispensé à des étudiants(es) de différentes disciplines, on a constaté que les résultats compilés pour l'ensemble du cours se comportaient suivant une loi normale de moyenne μ = 70 et d'écart-type σ = 10. Cette année, 400 étudiants sont inscrits à ce cours et il y a tout lieu de croire que leur préparation académique est équivalente aux étudiants qui les ont précédés et qu'ils se comporteront sensiblement de la même manière aux examens. En utilisant X pour identifier la variable aléatoire concernée, on peut résumer les diverses caractéristiques de la loi comme suit.

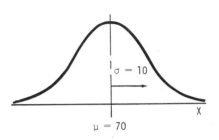

X: résultat au cours d'initiation à l'informatique

Distribution de X: normale

Espérance de X: μ = 70. Ecart-type de X: σ = 10

Variance de X: σ² = 100

Coefficient de variation: $\frac{\sigma}{\mu} \times 100 = \frac{10}{72} \times 100 = 13,89\%$

$X \sim N(70, 100)$.

Le coefficient de variation étant peu élevé, ceci semble indiquer une bonne homogénéité de la distribution des résultats.

Répondons maintenant aux questions suivantes.

a) Quelle est la probabilité qu'un étudiant choisi au hasard parmi ce groupe ait un résultat supérieur à 82 pour le cours d'initiation à l'informatique?

Pour répondre à cette question (et à celles qui vont suivre), un graphique facilitera le raisonnement.

Nous cherchons $P(X > 82)$. Pour obtenir cette probabilité, on doit d'abord évaluer la valeur de la variable normale centrée réduite correspondant à x = 82 et se servir ensuite de la table des probabilités de la loi normale centrée réduite.

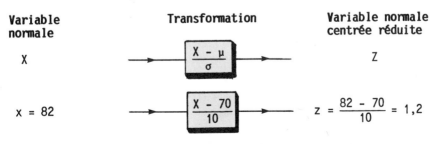

Variable normale	Transformation	Variable normale centrée réduite
X	$\frac{X - \mu}{\sigma}$	Z
x = 82	$\frac{X - 70}{10}$	$z = \frac{82 - 70}{10} = 1,2$

Par conséquent, $P(X > 82) = P(Z > 1,2)$

La probabilité cherchée se visualise sur les courbes suivantes:

Distribution normale

**Distribution normale
centrée réduite**

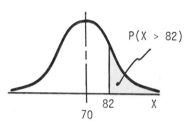
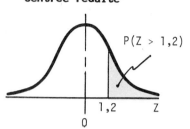

Toutefois, de la table, on obtient toujours une valeur de probabilité correspondant à l'aire entre 0 et z soit ici entre 0 et 1,2.

Donc pour z = 1,2, on obtient

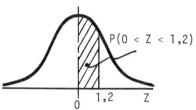

$P(0 < Z < 1,2) = 0,3849$

Puisque $P(0 < Z < \infty) = 0,05$, on trouve:

$$P(Z > 1,2 = P(0 < Z < \infty) - P(0 < Z < 1,2) = 0,5 - 0,3849 = 0,1151.$$

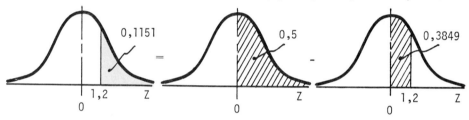

Par conséquent, pour une loi normale de moyenne μ 70 et d'écart-type $\sigma = 10$,

$$P(X > 82) = P(Z > 1,2) = 0,1151.$$

b)   25% des étudiants auront un résultat inférieur ou égal à quelle valeur?

Ceci revient à déterminer la valeur du résultat pour lequel $P(X \leq x) = 0,25$ où x est le résultat cherché.

Cette fois c'est le problème inverse; on connaît la probabilité et il s'agit d'obtenir la valeur correspondante z puis la valeur cherchée x.

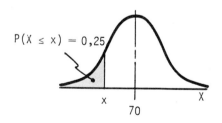

De la table, on trouve pour une probabilité 0,5 - 0,25 = 0,25 une valeur z se situant entre 0,67 et 0,68.   On pourrait interpoler entre ces deux valeurs, mais le résultat sera suffisamment précis en prenant z = 0,67.   Toutefois le résultat que l'on cherche est à la gauche de μ = 70 ce qui nous donne une valeur de Z négative (à la gauche de μ = 0).   On doit donc utiliser z = -0,67.

Puisque $Z = \dfrac{X - \mu}{\sigma}$, on peut déduire la valeur de X à l'aide de la variable centrée réduite en utilisant la transformation

$$X = \sigma Z + \mu$$

Ce qui donne x = (10)(0,67) + 70 = -6,7 + 70 = 63,3.

25% des étudiants auront un résultat inférieur à 63,3, soit 100 étudiants sur 400.

Remarque. La question qui a été posée en b) correspond en fait au calcul du premier quartile (Q_1) de la distribution des résultats, notion que nous avons traitée dans la première partie de cet ouvrage.

c)   Quelle est la probabilité d'obtenir un résultat compris entre μ - 1 σ et μ + 1 σ? μ - 2 σ et μ + 2 σ? μ - 3 σ et μ + 3 σ?

Intervalle (μ - 1σ, μ + 1σ)

μ - 1 σ = 70 - 10 = 60;

μ + 1 σ = 70 + 10 = 80.

Déterminons les valeurs correspondantes de la variable normale centrée réduite.

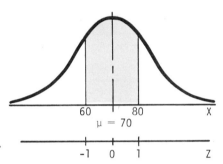

A x = 60 correspond $z = \dfrac{60-70}{10} = -1$.

A x = 80 correspond $z = \dfrac{80-70}{10} = 1$.

Nous cherchons P(μ - 1 $\sigma \leq X \leq \mu$ + 1 σ) = P(60 $\leq X \leq$ 80) = P(-1 $\leq$ Z $\leq$ 1). De la table, on trouve, pour z = 1, P(0 $\leq$ Z $\leq$ 1) = 0,3413 qui est aussi l'aire entre -1 et 0 (P(-1 $\leq$ Z $\leq$ 0) = 0,3413)).

La probabilité cherchée est donc

P(60 $\leq$ X $\leq$ 80) = 0,3413 + 0,3413 = 0,6826.

Intervalle (μ - 2 σ, μ + 2 σ)

μ - 2 σ = 70 - 20 = 50;

μ + 2 σ = 70 + 20 = 90.

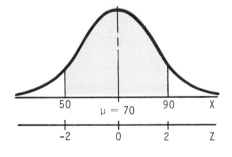

A x = 50 correspond $z = \dfrac{50-70}{10} = -2$.

A x = 90 correspond $z = \dfrac{90-70}{10} = 2$.

Nous cherchons P(μ - 2 $\sigma \leq X \leq \mu$ + 2 σ) = P(50 $\leq X \leq$ 90) = P(-2 $\leq$ Z $\leq$ 2). De la table, on trouve, pour z = 2, P(0 $\leq$ Z $\leq$ 2) = 0,4772 - P(-2 $\leq$ Z $\leq$ 0).

Donc

P(50 $\leq$ X $\leq$ 80) = 0,4772 + 0,4772 = 0,9544.

Intervalle (μ - 3 σ, μ + 3 σ)

μ - 3 σ = 70 - 30 = 40;

μ + 3 σ = 70 + 30 = 100.

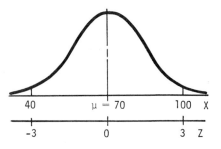

A x = 40 correspond $z = \dfrac{40-70}{10} = -3$

A x = 100 correspond $z = \dfrac{100-70}{10} = 3$.

Donc $P(μ - 3 σ \leq X \leq μ + 3 σ) = P(40 \leq X \leq 100) = P(-3 \leq Z \leq 3)$.

On trouve, pour z = 3, $P(0 \leq Z \leq 3) = 0{,}4987 = P(-3 \leq Z \leq 0)$.

Par conséquent,

$$P(40 \leq X \leq 100) = 0{,}4987 + 0{,}4987 = 0{,}9974.$$

Remarque. On peut généraliser ces divers résultats comme suit:

Pour une variable aléatoire distribuée normalement de moyenne μ et de variance $σ^2$,

$$P(X > a) = P(Z > \frac{a - μ}{σ})$$

$$P(a \leq X \leq b) = P(\frac{a - μ}{σ} \leq Z \leq \frac{b - μ}{σ})$$

où Z est la variable aléatoire centrée réduite.

RÉSULTATS IMPORTANTS CONCERNANT L'AIRE SOUS LA COURBE NORMALE

Nous résumons dans le tableau suivant les intervalles et les probabilités rencontrés fréquemment dans le cas de toute distribution normale.

Variable aléatoire X suivant une distribution normale de moyenne μ et d'écart-type σ

X compris dans l'intervalle	Intervalle centré réduit	Probabilité (aire sous la courbe normale)
μ ± 1 σ	± 1,0	0,6826 (68,26%)
μ ± 1,96 σ	± 1,96	0,9500 (95%)
μ ± 2 σ	± 2,0	0,9544 (95,44%)
μ ± 2,58 σ	± 2,58	0,9902 (99,02%)
μ ± 3 σ	± 3,0	0,9974 (99,74%)

Courbe normale centrée réduite

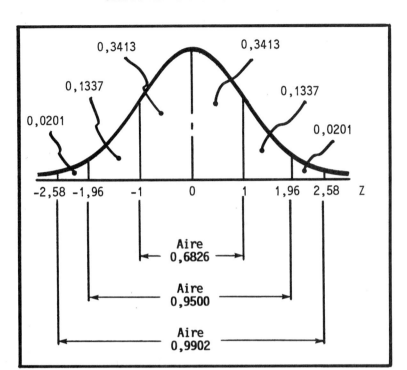

Ainsi, dans le cas d'une variable aléatoire normale, 95% des valeurs de la variable sont comprises entre $\mu - 1,96\sigma$ et $\mu + 1,96\sigma$.

EXEMPLE 5. Calcul de la probabilité qu'un projet de programmation soit complété avant un certain nombre de semaines.

Dans un projet complexe de programmation scientifique, la firme d'informaticiens-conseils Mégabit a préparé un échéancier des activités de programmation à effectuer en faisant une description exhaustive des activités requises ainsi que les temps les plus probables pour les compléter. D'après le responsable du projet, il y a 50% des chances que le projet soit complété avant 12,4 semaines. Il mentionne également que la dispersion relative du temps requis pour compléter ce genre de projet est habituellement de 6%. On suppose que le temps requis pour compléter le projet est distribué normalement.

a) Quel est l'écart-type du temps requis pour compléter le projet?

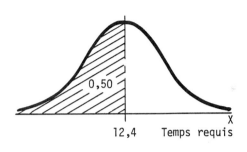

Distribution du temps requis

Il faut d'abord déterminer μ.

Puisque $P(X < 12,4) = 0,50$ alors $\mu = 12,4$.

La dispersion relative est

$$CV = \frac{\sigma}{\mu} \times 100.$$

$$\sigma = \frac{\mu \cdot CV}{100} = \frac{12,4 \times 6}{100} = 0,744.$$

b) Le responsable du projet mentionne: "De toute manière, il y a au moins 90% des chances que le projet soit complété avant 14 semaines".

Est-ce une affirmation gratuite?

Vérifions les dires du responsable en déterminant $P(X < 14)$.

A $x = 14$ correspond

$$z = \frac{14 - 12,4}{0,744} = 2,15.$$

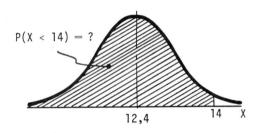

$$P(Z \le 2,15) = 0,5 + P(0 \le Z \le 2,15)$$
$$= 0,5 + 0,4842 = 0,9842.$$

L'affirmation semble justifiée puisque les chances que le projet soit complété avant 14 semaines sont de l'ordre de 98%.

Remarques. a) **Fonction de répartition.** Il existe également des tables donnant les probabilités cumulées de la loi normale centrée réduite:

$$F(z) = P(Z \le z).$$

Si on reporte en ordonnée les probabilités cumulées $F(z)$ et en abscisse les valeurs de Z, on obtient, en reliant les points d'une courbe lisse, le tracé de la fonction de répartition (la courbe cumulative croissante).

Les valeurs de la fonction de répartition sont particulièrement utiles pour le calcul des probabilités puisque

$$P(Z \le z) = F(z)$$
$$P(Z \ge z) = 1 - P(Z \le z) = 1 - F(z)$$
et $\quad P(z_1 \le Z \le z_2) = P(Z \le z_2) - P(Z \le z_1)$
$$= F(z_2) - F(z_1).$$

Nous reproduisons, pour un certain nombre de valeurs de la variable centrée réduite, les valeurs correspondantes de la fonction de répartition.

Valeurs de la fonction de répartition

z	F(z)	z	F(z)	z	F(z)	z	F(z)
-3,0	0,0013	-0,8	0,2119	0,0	0,5000	1,2	0,8849
-2,5	0,0062	-0,6	0,2743	0,1	0,5398	1,5	0,9332
-2,0	0,0228	-0,5	0,3085	0,2	0,5793	1,96	0,9750
-1,96	0,0250	-0,4	0,3446	0,3	0,6179	2,0	0,9772
-1,5	0,0668	-0,3	0,3821	0,4	0,6554	2,2	0,9861
-1,2	0,1151	-0,2	0,4207	0,5	0,6915	2,5	0,9938
-1,0	0,1587	-0,1	0,4602	1,0	0,8413	3,0	0,9987

Ainsi $P(Z \leq 0,5) = F(0,5) = 0,6915$

$P(Z \geq -1,5) = 1 - P(Z \leq -1,5) = 1 - F(-1,5) = 1 - 0,0668 = 0,9332$

$P(-1 \leq Z \leq 2) = P(Z \leq 2) - P(Z \leq -1)$

$= F(2) - F(-1)$

$= 0,9772 - 0,1587 = 0,8185.$

b) Dans le cas d'une variable aléatoire continue, notons que:

i) $P(a < X \leq b) = P(a \leq X < b) = P(a < X < b) = P(a \leq X \leq b)$ ce qui s'obtient avec $F(b) - F(a)$.

ii) La probabilité attachée à un point a est nulle puisque:

$$P(X = a) = P(a \leq X \leq a) = F(a) - F(a) = 0.$$

Dans le cas d'une variable continue, on ne peut donc calculer des probabilités que sur des intervalles.

COMBINAISON DE VARIABLES ALÉATOIRES NORMALES

Donnons ici quelques propriétés importantes de variables aléatoires distribuées chacune selon une loi normale.

Considérons le cas de 2 variables aléatoires normales indépendantes X_1 et X_2 ayant pour moyennes respectives μ_1 et μ_2 et pour variances respectives σ_1^2 et σ_2^2.

Les diverses propriétés peuvent se résumer comme suit:

	Distribution	Moyenne	Variance
SOMME $Y = X_1 + X_2$	Y est distribuée selon une loi normale	$E(Y) = \mu_1 + \mu_2$	$Var(Y) = \sigma_1^2 + \sigma_2^2$
DIFFERENCE $Y = X_1 - X_2$	Y est distribuée selon une loi normale	$E(Y) = \mu_1 - \mu_2$	$Var(Y) = \sigma_1^2 + \sigma_2^2$

Remarques. a) Cette propriété s'étend aisément à la somme d'un nombre quelconque de variables normales indépendantes:

$$X_1 \sim N(\mu_1, \sigma_1^2), \quad X_2 \sim N(\mu_2, \sigma_2^2), \quad \ldots, \quad X_k \sim N(\mu_k, \sigma_k^2) \quad \text{et}$$

$$Y = X_1 + X_2 + \ldots + X_k \quad \text{alors}$$

$$Y \sim N(\mu_1 + \mu_2 + \ldots + \mu_k, \sigma_1^2 + \sigma_2^2 + \ldots + \sigma_k^2).$$

b) Dans le cas d'une combinaison linéaire

$$Y = c_1 X_1 + c_2 X_2 + \ldots + c_k X_k,$$

$c_1, c_2, \ldots, c_k$ étant des constantes, Y est aussi une variable aléatoire distribuée selon une loi normale

de moyenne $E(Y) = c_1 \mu_1 + c_2 \mu_2 + \ldots + c_k \mu_k$
et
de variance $Var(Y) = c_1^2 \sigma_1^2 + c_2^2 \sigma_2^2 + \ldots + c_k^2 \sigma_k^2$

EXEMPLE 6. Détermination de la loi de probabilité d'une somme de variables aléatoires normales.

Soit deux variables aléatoires indépendantes X_1 et X_2 suivant des lois normales de moyennes respectives $\mu_1 = 20$ et $\mu_2 = 30$ et de variances respectives $\sigma_1^2 = 4$ et $\sigma_2^2 = 6$.

Préciser la forme de la distribution suivie par les combinaisons suivantes et en évaluer également les paramètres.

a) $Y = 5 + X_1 + 2X_2$.

Distribution de Y: normale

Espérance de Y: $E(Y) = E(5 + X_1 + 2X_2)$
$$= 5 + E(X_1) + 2\,E(X_2)$$
$$= 5 + \mu_1 + 2\,\mu_2$$
$$= 5 + 20 + (2)(30) = 85.$$

Variance de Y: $Var(Y) = Var(5 + X_1 + 2X_2)$
$$= Var(X_1) + 4\,Var(X_2) \text{ puisque } Var(5) = 0$$
$$= \sigma_1^2 + 4\,\sigma_2^2$$
$$= 4 + (4)(6) = 28.$$

b) $Y = 2X_1 - 3X_2$

Distribution de Y: normale

Espérance de Y: $E(Y) = E(2X_1 - 3X_2)$
$$= 2\,E(X_1) - 3\,E(X_2)$$
$$= 2\,\mu_1 - 3\,\mu_2$$
$$= (2)(20) - (3)(30) = -50$$

Variance de Y: $Var(Y) = Var(2X_1 - 3X_2)$
$$= 4\ Var(X_1) + 9\ Var(X_2)$$
$$= 4\ \sigma_1^2 + 9\ \sigma_2^2$$
$$= (4)(4) + (9)(6) = 70.$$

EXEMPLE 7. Détermination du nombre maximum de personnes autorisées à monter ensemble dans un ascenseur.

L'ascenseur d'un condominium peut porter une charge de 800 kg. Supposons que le poids des utilisateurs éventuels est distribué selon une loi normale de moyenne $\mu = 80$ kg et de variance $\sigma^2 = 100$ kg².

Quel est le nombre maximum de personnes que l'on peut autoriser à monter ensemble dans l'ascenseur si l'on veut que la probabilité de surcharge ne dépasse pas 10^{-4}?

Notons ce nombre de personnes par n. Si n personnes de poids respectifs X_1, X_2,...,X_n prennent simultanément l'ascenseur, la charge totale

$$Y = X_1 + X_2 + ... + X_n$$

est distribuée selon une loi normale de moyenne $n\mu$ et de variance $n\sigma^2$ soit $E(Y) = 80\ n$ et $Var(Y) = 100\ n$.

La probabilité de surcharge est donnée par $P(Y > 800)$ et ne doit pas excéder 10^{-4}, soit

$$P(Y > 800) \le 10^{-4}$$

Sous forme centrée réduite, on a

$P(Z > \dfrac{800 - E(Y)}{\sigma(Y)}) \le 10^{-4}$

c.-à-d.

$P(Z > \dfrac{800 - 80\ n}{\sqrt{100\ n}}) \le 0,0001$

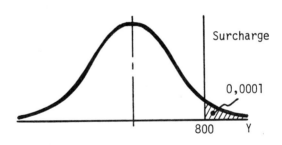

$P(Z > \dfrac{800 - 80\ n}{10\sqrt{n}}) \le 0,0001$

$P(Z > \dfrac{80 - 8\ n}{\sqrt{n}}) \le 0,0001$

Posons $z = \dfrac{80 - 8\ n}{\sqrt{n}}$.

De la table de la loi normale centrée réduite, on en déduit, pour

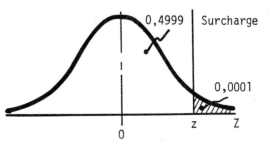

$P(0 \le Z \le z) = 0,4999,$

$z = 3,62.$

Par conséquent le risque de surcharge n'excèdera pas 10^{-4} en autant que

$$\frac{80 - 8n}{\sqrt{n}} > 3,62$$

c.-à-d.

$$80 > 3,62 \sqrt{n} + 8n.$$

Quel est le plus grand entier qui permet de satisfaire cette inégalité? Essayons diverses valeurs de n.

Nombre de personnes	Valeur de $3,62 \sqrt{n} + 8n$	Inégalité satisfaite (oui ou non)
n = 6	8,87 + 48 = 55,87	oui
n = 7	9,58 + 56 = 65,58	oui
n = 8	10,24 + 64 = 74,24	oui
n = 9	10,86 + 72 = 82,86	non

Par conséquent, le nombre maximum de personnes autorisées à monter ensemble dans l'ascenseur pour ne pas excéder le risque de surcharge de 10^{-4} est 8.

APPROXIMATION DE LA LOI BINOMIALE PAR LA LOI NORMALE

Une autre utilisation de la loi normale est l'approximation de probabilités binomiales. La plupart des tables ne donnent que les valeurs de probabilités binomiales que pour des valeurs de n n'excédant pas 20. Nous avons déjà traité du cas où l'on peut sous certaines conditions obtenir une approximation de la loi binomiale par la loi de Poisson. Pour d'autres cas, on s'aperçoit que, à mesure que n croît, la loi binomiale tend vers une distribution limite qui est la distribution normale.

La distribution binomiale est généralement asymétrique (à moins d'être en présence d'une distribution avec p = 1/2 et pour assurer une approximation suffisamment précise, les conditions suivantes devraient être respectées.

> **Conditions permettant l'approximation de la loi binomiale par la loi normale**
>
> Une approximation satisfaisante de la loi binomiale par la loi normale sera obtenue sous les conditions suivantes:
>
> et
>
> si $p \leq 0,5$, alors il faut $np \geq 5$
>
> si $p > 0,5$, alors il faut $n(1-p) \geq 5$.
>
> Les paramètres de la loi normale sont alors:
>
> $$\mu = np, \quad \sigma^2 = np(1-p).$$

Remarques. a) Plus p s'éloigne de 0,5, plus la valeur de n doit être élevée pour donner une approximation satisfaisante.

b) L'approximation est d'autant meilleure que n est grand et p est voisin de 0,5.

Calcul des probabilités: correction de continuité

La variable aléatoire correspondant à une distribution binomiale est une variable aléatoire discrète (elle ne prend que des valeurs entières). Avec les tables de probabilités binomiales, on peut calculer P(X = x) en autant que n ≤ 20. D'autre part, dans le cas d'une distribution normale, la probabilité que la variable aléatoire X soit exactement égale à une valeur spécifique x est nulle (résultat que nous avons déjà mentionné dans une remarque précédente).

Pour contourner cette difficulté, on tiendra compte de la **correction de continuité** en calculant la probabilité sur l'intervalle x - 1/2 et x + 1/2. Ceci est équivalent à représenter la variable discrète par un histogramme dont la base de chaque rectangle sera de longueur unitaire au lieu d'utiliser le diagramme en bâtons.

EXEMPLE 8. Approximation, par la loi normale, de la probabilité qu'une valeur spécifique x d'une variable binomiale se réalise.

Soit la distribution binomiale dont n = 20 et p = 0,30 c.-à-d. b(x; n = 20, p = 0,30).

Supposons que nous voulons déterminer P(X = 5).

Le diagramme en bâtons de cette distribution binomiale ainsi que les probabilités P(X = x) se présente comme suit.

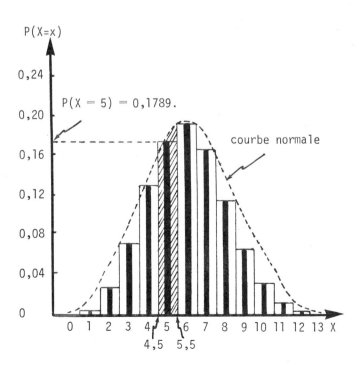

n = 20, p = 0,30	
x	P(X = x)
0	0,0008
1	0,0068
2	0,0278
3	0,0716
4	0,1304
5	0,1789
6	0,1916
7	0,1643
8	0,1144
9	0,0654
10	0,0308
11	0,0120
12	0,0039
.	.
20	0,0000

P(X = 5) = 0,1789.

courbe normale

Traçons sur la même figure, l'histogramme correspondant avec des rectangles de base unitaire.

$P(X = 5)$ = base • hauteur du rectangle = (1)(0,1789) = 0,1789 (c'est la probabilité exacte avec la table). Cette probabilité est représentée par l'aire du rectangle qui est tramé.

L'approximation avec la loi normale nous donnera l'aire représentée par la partie hachurée. Dans ce cas, on cherche:

$P(5 - 1/2 \leq X \leq 5 + 1/2) = P(4,5 \leq X \leq 5,5)$ avec une loi normale de moyenne $\mu = np = (20)(0,30) = 6$ et variance $\sigma^2 = np(1-p) = (6)(0,70) = 4,2$.

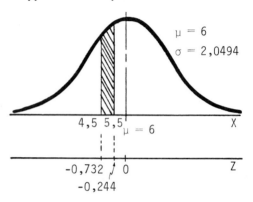

Approximation par la loi normale

A x = 4,5 correspond

$$z = \frac{4,5 - 6}{2,0494} = -0,732$$

A x = 5,5 correspond

$$z = \frac{5,5 - 6}{2,0494} = -0,244$$

$P(4,5 \leq X \leq 5,5) = P(-0,732 \leq Z \leq -0,244)$
$= P(-0,732 \leq Z \leq 0) - P(-0,244 \leq Z \leq 0)$
$= 0,2679 - 0,0964 = 0,1715.$

Ce qui est satisfaisant puisque la valeur exacte est 0,1789.

$\mu = 6$
$\sigma = 2,0494$

Synthèse des diverses probabilités

On peut résumer dans le tableau suivant la manière de convertir les probabilités binomiales pour obtenir une approximation avec la loi normale.

Distribution binomiale		Approximation par la loi normale de moyenne $\mu = np$ et de variance $\sigma^2 = np(1-p)$
$b(x;n,p)$	$\simeq$	$N(np, np(1-p))$
$P(X = a)$	$\simeq$	$P(a - 1/2 \leq X \leq a + 1/2)$
$P(a \leq X \leq b)$	$\simeq$	$P(a - 1/2 \leq X \leq b + 1/2)$
$P(X \leq a)$	$\simeq$	$P(X \leq a + 1/2)$
$P(X \geq a)$	$\simeq$	$P(X \geq a - 1/2)$
$P(X > a) = P(X \geq a + 1)$	$\simeq$	$P(X \geq a + 1 - 1/2) = P(X \geq a + 1/2)$
$P(X < a) = P(X \leq a - 1)$	$\simeq$	$P(X \leq a - 1 + 1/2) = P(X \leq a - 1/2)$
$P(a < X < b)$	$\simeq$	$P(a + 1/2 \leq X \leq b - 1/2)$

EXEMPLE 9. Calcul de la probabilité d'observer au moins x défectueux avec l'approximation normale.

Un fabricant de mini-calculatrices précise dans un dépliant publicitaire que 98% de sa production ne présente aucune défectuosité. Un grossiste local vient de faire une commande de 300 unités pour une vente dite "spéciale" prévue pour la rentrée scolaire. Quelle est la probabilité que, dans cette commande, il y ait au moins 10 calculatrices défectueuses?

La variable aléatoire X se définit comme suit: Nombre de calculatrices défectueuses dans un échantillon de taille n = 300.

Soit p, la proportion de calculatrices défectueuses: p = 0,02. On sait que n = 300 et l'on cherche $P(X \geq 10)$. Puisque $p \leq 0,5$ et $np = 6 > 5$, on utilisera l'approximation normale.

La distribution binomiale $b(x; n = 300, p = 0,02)$ sera approchée par la distribution normale $N(\mu = 6, \sigma^2 = 5,88)$ et $P(X \geq 10) \simeq P(X \geq 9,5)$.

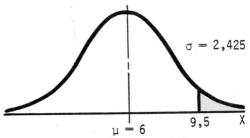

Traçons la courbe normale pour faciliter le raisonnement.

A x = 9,5 correspond

$$z = \frac{9,5 - 6}{2,425} = \frac{3,5}{2,425} = 1,44$$

$P(0 \leq Z \leq 1,44) = 0,4251$.

La valeur cherchée est:

$$P(X \geq 9,5) = P(Z \geq 1,44) = 0,5 - P(0 \leq Z \leq 1,44)$$

$$= 0,5 - 0,4251 \qquad = 0,0749.$$

$\sigma = 2,425$

9,5

$\mu = 6$

Nombre de calculatrices défectueuses

En admettant que l'affirmation du fabricant est exacte et que les 300 unités commandées sont représentatives de la production, il y a approximativement 7chances sur 100 que, dans la commande, il y ait au moins 10 calculatrices défectueuses.

Remarque. De la même façon, on peut obtenir une approximation de la loi de Poisson par la loi normale si $\lambda > 20$. Les paramètres de la loi normale seront alors $\mu = \lambda$ et $\sigma^2 = \lambda$.

UTILISATION DU PROGRAMME "NORMALE"

EXEMPLE 10. Détermination des probabilités avec le programme NORMALE .

D'après les normes techniques de l'entreprise Mégatronix, la durée de vie d'un dispositif électronique de type XD20E est distribué normalement avec une moyenne de 2100 heures et un écart-type de 250 heures.

a) Quel pourcentage de ce type de dispositif électronique tombera en panne avant 1700 heures?

Rép.: 0,0548.

b) Quel pourcentage tombera en panne entre 1650 heures et 2675 heures?

Rép.: 0,95335.

```
****************************************
              PROGRAMME NORMALE

****************************************
         CALCULS DE PROBABILITES D'APRES
              LA LOI NORMALE.

CHOISISSEZ UNE OPTION :
1.....POUR CALCULER  P(X <= K)
2.....POUR CALCULER  P(X >= K)
3.....POUR CALCULER  P(K1 <= X <= K2)
4.....POUR TERMINER LE TRAVAIL
? 1

MOYENNE DE LA LOI NORMALE ? 2100

ECART-TYPE DE LA LOI NORMALE  ? 250

VALEUR (K) DE LA VARIABLE ALEATOIRE ? 1700

****************************************
              RESULTAT

MOYENNE DE LA LOI NORMALE = 2100
ECART-TYPE DE LA LOI NORMALE = 250

P(X <= 1700 ) = .0548
****************************************

CHOISISSEZ UNE OPTION :
1.....POUR CALCULER  P(X <= K)
2.....POUR CALCULER  P(X >= K)
3.....POUR CALCULER  P(K1 <= X <= K2)
4.....POUR TERMINER LE TRAVAIL
? 3

MOYENNE DE LA LOI NORMALE ? 2100

ECART-TYPE DE LA LOI NORMALE  ? 250

VALEUR DE LA BORNE INFERIEURE POUR
L'INTERVALLE A CALCULER DE LA VARIABLE
ALEATOIRE ? 1650

VALEUR DE LA BORNE SUPERIEURE POUR
L'INTERVALLE A CALCULER DE LA VARIABLE
ALEATOIRE ? 2675

****************************************
              RESULTAT

MOYENNE DE LA LOI NORMALE = 2100
ECART-TYPE DE LA LOI NORMALE = 250

P( 1650 <= X <= 2675 ) = .95335
****************************************
```

c) Quel pourcentage prévoit-on
   durer plus de

   i) 2100 heures?

      Rép.: 0,5.

   ii) 2350 heures?

      Rép.: 0,15866.

   iii) 2600 heures?

      Rép.: 0,02275.

```
CHOISISSEZ UNE OPTION :
1.....POUR CALCULER  P(X <= K)
2.....POUR CALCULER  P(X >= K)
3.....POUR CALCULER  P(K1 <= X <= K2)
4.....POUR TERMINER LE TRAVAIL
? 2

MOYENNE DE LA LOI NORMALE ? 2100

ECART-TYPE DE LA LOI NORMALE  ? 250

VALEUR (K) DE LA VARIABLE ALEATOIRE ? 2100

*****************************************
                RESULTAT

MOYENNE DE LA LOI NORMALE = 2100
ECART-TYPE DE LA LOI NORMALE = 250

P(X >= 2100 ) = .5
*****************************************

CHOISISSEZ UNE OPTION :
1.....POUR CALCULER  P(X <= K)
2.....POUR CALCULER  P(X >= K)
3.....POUR CALCULER  P(K1 <= X <= K2)
4.....POUR TERMINER LE TRAVAIL
? 2

MOYENNE DE LA LOI NORMALE ? 2100

ECART-TYPE DE LA LOI NORMALE  ? 250

VALEUR (K) DE LA VARIABLE ALEATOIRE ? 2350

*****************************************
                RESULTAT

MOYENNE DE LA LOI NORMALE = 2100
ECART-TYPE DE LA LOI NORMALE = 250

P(X >= 2350 ) = .15866
*****************************************

CHOISISSEZ UNE OPTION :
1.....POUR CALCULER  P(X <= K)
2.....POUR CALCULER  P(X >= K)
3.....POUR CALCULER  P(K1 <= X <= K2)
4.....POUR TERMINER LE TRAVAIL
? 2

MOYENNE DE LA LOI NORMALE ? 2100

ECART-TYPE DE LA LOI NORMALE  ? 250

VALEUR (K) DE LA VARIABLE ALEATOIRE ? 2600

*****************************************
                RESULTAT

MOYENNE DE LA LOI NORMALE = 2100
ECART-TYPE DE LA LOI NORMALE = 250

P(X >= 2600 ) = .02275
*****************************************

CHOISISSEZ UNE OPTION :
1.....POUR CALCULER  P(X <= K)
2.....POUR CALCULER  P(X >= K)
3.....POUR CALCULER  P(K1 <= X <= K2)
4.....POUR TERMINER LE TRAVAIL
? 4

FIN NORMALE DU TRAITEMENT
```

PROBLÈMES

Note. Pour faciliter votre démarche dans le processus de résolution des problèmes qui suivent, il est bon de tracer la courbe normale et de localiser sur cette courbe les aires ou valeurs de z que l'on veut déterminer.

1. Soit Z une variable aléatoire normale centrée réduite. Déterminer les probabilités suivantes:

a) $P(0 \leq Z \leq 0,5)$

b) $P(0 < Z < 2,1)$

c) $P(1,62 \leq Z \leq 1,94)$

d) $P(Z \leq -1,86)$

e) $P(-1,8 \leq Z \leq 0,94)$

f) $P(Z > 2,33)$

g) $P(Z < -1,64)$

h) $P(Z > -1,0)$

i) $P(-2 \leq Z \leq -1,0)$

j) $P(-0,5 \leq Z \leq 0)$

2. Soit Z une variable aléatoire centrée réduite. Déterminer k de telle sorte que,

a) $P(Z \leq k) = 0,3085$

b) $P(Z \geq k) = 0,025$

c) $P(Z \leq k) = 0,1587$

d) $P(-k \leq Z \leq k) = 0,9902$

e) $P(-k \leq Z \leq 1,9) = 0,9485$

f) $P(Z \leq k) = 0,50$

3. Déterminer par interpolation linéaire

a) $P(0 \leq Z \leq 1,555)$

b) $P(0 \leq Z \leq k) = 0,4810$

4. Un bureau conseil en organisation et méthodes auprès des entreprises a mis au point un système d'appréciation ou d'évaluation des cadres d'entreprises oeuvrant dans le secteur de l'informatique. Diverses caractéristiques des cadres ont été évaluées et on a établi sur une période de quatre ans que le résultat global à cette batterie de tests était distribué normalement avec moyenne $\mu = 500$ et écart-type $\sigma = 50$.

a) Quel est le coefficient de variation (en %) de la distribution des résultats au système d'appréciation?

b) Quelle est la probabilité qu'un cadre oeuvrant dans le secteur informatique, choisi au hasard, ait un résultat supérieur à 500 pour son évaluation?

c) 25% des cadres devant subir cette batterie de tests auront un résultat inférieur ou égal à quelle valeur?

d) Quelle est la probabilité pour qu'un cadre choisi au hasard obtienne un résultat compris entre 450 et 550?

e) Le 10% des cadres ayant les résultats les plus élevés à cette évaluation ont un résultat supérieur à quelle valeur?

5. Une firme de Montréal se spécialisant dans la construction de condominiums précise qu'habituellement le temps moyen pour construire un condominium est de 64 semaines avec un écart-type de 3 semaines. La firme veut soumissionner sur un projet similaire aux précédents en précisant dans le contrat un temps de construction qui a 90% des chances d'être respecté. Quel est le nombre de semaines que la firme devrait spécifier si on suppose que le temps requis est distribué normalement?

6. L'entreprise CMC fabrique des écrans vidéo pour micro-ordinateurs. Une étude statistique a permis d'établir que la demande pour son modèle 2X200 était distribuée normalement avec une moyenne de 2000 unités par mois et un écart-type de 300 unités.

a) Si l'entreprise a en stock, pour le mois qui débute, 2300 unités, quelle est la probabilité qu'elle ne puisse suffire à la demande?

b) L'entreprise veut s'assurer qu'elle ne sera pas en pénurie de stock plus de 5% du temps. Quel doit être le nombre d'unités à stocker mensuellement pour respecter cette condition?

7. On a établi, pour une certaine population d'individus, que le taux de cholestérol séreux est distribué normalement de moyenne $\mu = 200$ mg/100 cc avec un écart-type de 25 mg/100 cc.

a) Si on considère qu'un taux normal de cholestérol doit se situer entre 175 mg et 225 mg, quelle proportion de la population se situe dans cet intervalle?

b) La plupart des autorités médicales considèrent comme élevé un taux de cholestérol séreux qui dépasse 242 mg par 100 cc. Combien d'individus sur 10 000 sont dans cette situation?

c) Dans quel intervalle se situe le groupe central constitué par 50% des individus?

d) On considère qu'un taux de cholestérol anormalement élevé peut influencer le développement de maladies cardiovasculaires. Si on classe comme "risque élevé" un taux de cholestérol supérieur à 270 mg/100 cc, quelle proportion d'individus pourrait correspondre à cette classification?

8. Vous avez posé la question suivante à votre professeur de statistique. Quel doit être le résultat minimal que je dois obtenir à l'examen de statistique pour que je sois assuré d'avoir un A? Le professeur répond: "Pour obtenir un A, il faut avoir un résultat dans le 7% supérieur". Si on suppose que les résultats sont distribués normalement avec une moyenne de 69 et un écart-type de 8, quel doit être le résultat minimal pour obtenir un A?

9. Votre professeur d'informatique est plutôt exigeant pour ses examens. En effet, le temps requis pour compléter ses examens est en moyenne de 140 minutes avec un écart-type de 15 minutes. Pour le prochain test, il veut allouer une période de temps de manière à ce que seulement 85% des étudiants (es) puissent compléter le test. Quelle devrait être la durée maximale allouée pour satisfaire cette exigence plutôt douteuse? On suppose que le temps requis est distribué normalement.

10. Le chef de police de St-Jacques sur le Roc a décidé de poursuivre, et là, d'une manière tout-à-fait objective (son cours de statistique à l'Institut de Police de Nicolet a pratiquement changé sa vie...) son étude entreprise sur la vitesse des voitures. D'après une analyse descriptive effectuée précédemment, il émet l'hypothèse que la vitesse des voitures pourrait être considérée comme une variable aléatoire normale de moyenne $\mu = 55$ km/heure.

a) Le chef de police mentionne ("en se pétant les bretelles") à M. le Maire (qui fut tout-à-fait étonné par l'exactitude des propos du chef) que 10% des automobilistes circulent à une vitesse dépassant 67,82 km/heure. Dans ce cas, quel est l'écart-type de la distribution?

b) Dans 50% des cas, la vitesse des automobilistes est inférieure à quelle valeur?

c) Comme l'avait dit si bien M. le Maire, lors d'une réunion du conseil municipal, qu'à partir de 80 km/heure, "on fesse", quelle est alors la proportion d'automobilistes qui vont "pincer" une contravention?

d) Quel est l'intervalle de vitesse dans lequel on retrouve le groupe central comprenant 50% des automobilistes?

11. Un professeur en psychométrie a élaboré un test permettant d'évaluer le niveau de créativité des individus. Les résultats à ce test sont distribués normalement mais le professeur juge que la moyenne et l'écart-type de la distribution doivent demeurer confidentiels. Toutefois il précise que le 90e centile est égal à 82 et que le premier quartile de la distribution est 70. Dans ce cas, les valeurs de μ et de σ sont-elles vraiment confidentielles?

12. Dans une municipalité de la région de Québec, 55% des maisons ont une évaluation municipale inférieure à $65 000 alors que 15% ont une évaluation supérieure à $80 000. En supposant que le montant de l'évaluation municipale est distribuée normalement, que sont la moyenne et l'écart-type de la distribution?

13. Votre professeur d'éducation physique prend en moyenne 26 minutes pour se rendre au collège avec un écart-type de 4 minutes. En admettant que le temps requis pour se rendre au collège est distribué normalement,

a) quelle est, pour une journée quelconque, la probabilité que la durée du trajet excède 30 minutes?

b) Son cours débute à 8:30 A.M. S'il quitte son foyer à 7:55 A.M., quelles sont les chances sur 100 qu'il arrive en retard à son cours?

c) Une étudiante mentionne à un confrère que son professeur d'éducation physique n'arrive 15 minutes avant le début des cours qu'une fois sur 15 environ. En supposant que le professeur quitte son foyer toujours à 7:55 A.M., peut-on considérer cette affirmation comme "gratuite"?

14. Un appareil portatif (combiné radio AM-FM et magnétophone à cassette) fabriqué par la compagnie Multisonic est garanti contre tout défaut de fabrication pour une période de 2 ans. D'après l'expérience de la compagnie, il y a 1 cas sur 100 qui présente une défectuosité majeure suite à une utilisation normale, 26 mois après l'achat. D'autre part, les chances d'observer une défectuosité majeure durant les 52 mois suivant l'achat sont de 975 sur 1000.

a) En supposant que le temps requis après l'achat pour qu'une défectuosité majeure se présente est distribué normalement, déterminer quel est le moment après l'achat (en mois), où il y a 50% de chances qu'une défectuosité majeure puisse survenir?

b) Quelle est la probabilité que l'appareil présente une défectuosité majeure avant la fin de la période de garantie?

c) Quelle devrait être la période de garantie si Multisonic espère ne remplacer que 0,05% des appareils présentant une défectuosité majeure?

15. Une PME envisage de mettre sur le marché un nouveau produit. Toutefois, pour avoir une pénétration raisonnable, il faut que le marché cible soit constitué de 80% de ménages ayant un revenu annuel de $15 000 et plus. Supposons que dans la région de Québec, le revenu familial est distribué normalement avec une moyenne de $17 425 et un écart-type de $2620. Est-ce que la région de Québec correspond au marché visé?

16. Acutellement le trafic aérien (nombre d'arrivées et de départs) d'une aérogare durant une heure particulière, considérée comme période de pointe, est une variable aléatoire normale avec moyenne 50 avions et un écart-type de 15 avions.

a) Si la capacité actuelle de la piste (pour les arrivées et départs) est de 85 avions à l'heure, quelle est la probabilité que la piste soit congestionnée durant la période de pointe?

b) D'après les prévisions de la direction, le niveau moyen du trafic aérien devrait augmenter linéairement au taux de 10% par année du niveau moyen actuel, tout en conservant le même coefficient de variation. Si aucune autre aérogare n'est construite, quelle est la probabilité que la piste soit congestionnée durant la période de pointe dans 8 ans?

c) Si les prévisions de la direction sont exactes, quelle devrait être la capacité de l'aérogare dans 8 ans pour que la probabilité de congestion durant la période de pointe soit la même que celle obtenue en a)?

17. Supposons que la variable aléatoire X_1 est distribuée normalement avec moyenne μ_1 = 100 et variance σ_1^2 = 48, que X_2 est distribuée normalement avec moyenne μ_2 = 40 et σ_2^2 = 16 et qu'une troisième variable aléatoire X_3 est distribuée normalement avec moyenne μ_3 = 50 et variance σ_3^2 = 36. De plus on considère que les variables aléatoires X_1, X_2 et X_3 sont indépendantes.

Déterminer la forme de la distribution suivie par les combinaisons linéaires suivantes et en préciser également la moyenne, la variance et l'écart-type.

a) $Y = X_1 + 2X_2 - X_3$

b) $Y = X_1 + X_2 + X_3$

c) $Y = \dfrac{X_1 + X_2 + X_3}{3}$

18. L'entreprise Electropak met en boîtes des céréales dont le poids est une variable aléatoire normale de moyenne μ = 450 grammes et de variance σ^2 = 9. Ces boîtes sont livrées en caisse de 24.

a) A quelle loi obéit le poids total Y des boîtes contenues dans une caisse? Préciser également la moyenne et la variance du poids total.

b) A quelle loi obéit le poids moyen Y/24 des boîtes contenues dans la caisse? Quelles sont les valeurs de l'espérance du poids moyen de la variance et de l'écart-type?

19. Un système électronique de sécurité opère avec deux composants électroniques et la conception du système est faite de manière telle que le second composant entre en fonction lorsque le premier devient défaillant. Lorsque le second composant devient défaillant, le système de sécurité est alors inopérant. La durée de vie de chaque composant est distribuée normalement avec moyenne de 500 heures et variance de 2450. On considère également que la durée de vie de chaque composant est indépendante.

a) Quelle est la distribution de la durée de vie du système de sécurité? En préciser la moyenne et la variance.

b) Selon l'entreprise fabriquant ce système, celui-ci devrait fonctionner sans panne pendant un minimum de 850 heures avec une probabilité d'au moins 0,95. Est-ce que cette affirmation est plausible?

c) Un autre système de sécurité est considéré par l'entreprise. Celui-ci comporterait trois composants électroniques et devrait avoir une probabilité d'au moins 0,95 d'opérer durant un minimum de 1375 heures. Est-ce que trois composants ayant indépendamment une durée de vie moyenne respective de 500 heures et une variance de 2450 permettraient de rencontrer cette norme?

Approximation de la loi binomiale par la loi normale

20. La fiche à vie du chef de police de St-Jacques sur le Roc au tir sur cible se lit comme suit: atteint une cible fixe 7 fois sur 10; faiblesse marquée sur cible en mouvement. Quelle est la probabilité que, sur les cinquante prochains tirs sur une cible fixe, il atteigne la cible

i) au plus 30 fois?   ii) entre 35 et 40 fois?   iii) plus de 45 fois?

21. La probabilité qu'un patient ait un séjour de plus de 24 heures dans une salle d'observation d'un hôpital de la région est de 0,40. Quelles sont les chances sur 100 que, parmi 60 patients admis en une journée quelconque, au plus 18 auront un séjour dépassant 24 heures?

22. Dans la région de Trois-Rivières, il semble que 40% de la population soit en faveur de la mise en application d'un "ticket modérateur" pour les services de la santé. Quelle est la probabilité que, dans un échantillon de 200 individus de cette région, une majorité soit en faveur?

23. Un examen comporte 60 questions avec choix multiple de quatre réponses pour chaque question. Seulement une bonne réponse est possible pour chaque question et le correcteur alloue 1 point pour chaque bonne réponse. La note de passage est 50%.

a) Jean n'ayant pu se préparer adéquatement pour cet examen décide d'y répondre au hasard. Combien de bonnes réponses peut-il espérer obtenir?

b) Quelle est la probabilité qu'il obtienne au moins la note de passage?

c) Son copain s'est mieux préparé pour cet examen et il connaît la réponse à 24 questions. S'il répond au hasard aux autres questions, quelle est la probabilité qu'il réussisse l'examen?

24. D'après l'ACA (association canadienne des automobilistes), 20% des automobiles actuellement sur la route ne devraient plus circuler puisqu'elles ne satisfont pas aux normes de sécurité. Dans un échantillon aléatoire de 200 automobiles,

a) quelle est la probabilité d'observer plus de 20 automobiles ne respectant pas les normes de sécurité?

b) Quelle est la probabilité d'observer plus de 40 automobiles ne respectant pas les normes de sécurité?

c) Dans 95% des cas, quel nombre maximal d'automobiles parmi un échantillon de 200 peut-on classer "ne respectant pas les normes de sécurité" si on considère toujours que l'affirmation de l'ACA est vraie?

25. Le promoteur d'un combat de boxe considère que la retransmission en circuit fermé sera un succès si, dans une salle quelconque, 550 personnes ou plus assistent au combat. Il considère également que le nombre de clients possibles dans une salle quelconque obéit à une loi normale de moyenne 500 et d'écart-type 100.

Sachant que l'organisateur compte présenter le combat dans 100 salles, quelle est la probabilité que cet événement tant attendu connaisse du succès dans au moins 25 salles?

On admettra que le comportement des clients est similaire d'une salle à l'autre.

26. La compagnie aérienne AIR-PIK a cette bonne habitude d'appliquer une politique de surréservation des sièges, c.-à-d. de vendre aux usagers plus de sièges qu'en contient l'avion. Elle espère ainsi se prémunir contre un certain pourcentage de clients qui annulent à la dernière minute. Pour compenser pour ce manque à gagner, la compagnie AIR-PIK vend 8% de billets de plus que l'avion contient de sièges. Admettons que le poucentage de défections est habituellement de 10% et que sur une envolée, il y a 250 sièges disponibles.

a) Identifions la variable aléatoire X comme suit:

    X: nombre de personnes ayant réservé et se présentant au guichet
       pour s'enregistrer.

    i) Préciser l'ensemble de valeurs que peut prendre la variable aléatoire X.

    ii) Spécifier l'expression générale de la loi de probabilité des valeurs de la variable aléatoire telle qu'identifiée ci-haut.

b) On veut déterminer la probabilité que toute personne ayant réservé et se présentant au guichet pour s'enregistrer soit assurée d'un siège pour cette envolée. Donner l'expression binomiale de cette probabilité (sans en évaluer la valeur exacte).

c) En utilisant l'approximation normale, déterminer la probabilité demandée en b).

d) Quelle est la probabilité qu'un usager n'ayant aucune réservation puisse obtenir un siège en se présentant au guichet à la dernière minute?

e) Supposons que cinq usagers n'ayant aucune réservation se présentent au guichet à la dernière minute. Quelle est la probabilité que tous obtiennent un siège? On émet l'hypothèse que le comportement de chaque usager est indépendant.

f) Quelle est la probabilité qu'au moins une personne ayant une réservation et se présentant au guichet pour s'enregistrer se voit refuser l'embarquement?

g) Supposons que le pourcentage de défections est toujours 10% et que sur une envolée, il y a 300 sièges disponibles. Déterminer le nombre maximal de surréservations que la compagnie AIR-PIK peut faire tout en assurant à 97,72% que tous ceux qui se présenteront auront un siège.

AUTO-ÉVALUATION DES CONNAISSANCES

Test 7

Répondre par Vrai ou Faux ou compléter s'il y a lieu. Dans le cas où c'est faux, indiquer la bonne réponse.

1. La loi normale dépend de deux paramètres.   V   F

2. Le paramètre qui permet de caractériser l'étalement de la distribution normale est μ.   V   F

3. L'écart-type d'une variable aléatoire ne prend jamais de valeurs négatives.
   V   F

4. L'aire sous la courbe normale et l'axe horizontal est égale à 0,5.   V   F

5. Le graphe de la courbe normale est symétrique par rapport à μ.   V   F

6. Quel pourcentage de l'aire sous la courbe normale se situe dans l'intervalle $\mu \leq X < \infty$?

7. L'aire sous la courbe normale au-delà de $\mu - 3\sigma$ ou $\mu + 3\sigma$ est négligeable.
   V   F

8. Quelle est l'expression qui permet de transformer une variable aléatoire normale X en une variable aléatoire normale centrée réduite?

9. Dans le cas d'une variable aléatoire centrée réduite, $E(Z) =$___et $Var(Z) =$___.

10. La table de la loi normale centrée réduite permet d'obtenir directement la probabilité $P(0 \leq Z \leq z_1)$.   V   F

11. La courbe normale centrée réduite est symétrique par rapport à 0.   V   F

12. L'aire sous la courbe normale centrée réduite comprise dans l'intervalle $\pm 1,96$ est: a) 0,6826   b) 0,9544   c) 0,9500.

13. Dans le cas d'une variable aléatoire continue, $P(X = a) = 0$.   V   F

14. Que représente $F(z)$?

15. Quelle est la valeur z si $F(z)$ vaut 0,843?

16. Soit X_1, X_2, X_3, trois variables aléatoires normales et indépendantes dont: $E(X_1) = 100$, $Var(X_1) = 100$, $E(X_2) = 20$, $Var(X_2) = 4$, $E(X_3) = 50$, $Var(X_3) = 25$. On forme la combinaison linéaire suivante: $Y = X_1 + 2X_2 - X_3$.

    i) Quelle est la distribution de Y?

    ii) Déterminer $E(Y)$ et $Var(Y)$.

17. L'entreprise Camtek doit réduire son personnel de dactylos suite à l'acquisition d'appareils de traitement de textes. On décida donc de réaffecter celles ayant une vitesse inférieure à 46 mots/minute. L'entreprise emploie 200 dactylos. Si on admet que la vitesse de frappe est distribuée normalement avec moyenne 52 mots/minute et écart-type 5,55 mots/minute, le nombre de dactylos qui seront vraisemblablement réaffectées est:

    a) 36   b) 14   c) 28.

18. Les revenus annuels des jeunes cadres d'une grande entreprise sont distribués normalement avec un écart-type de $800. Si 10,2% des jeunes cadres ont un revenu annuel supérieur à $24 500, alors le revenu moyen actuel de ces cadres est: a) $25 516   b) $23 484   c) $23 556.

_____ test 7 (suite) _____

19. Lorsqu'on utilise la loi normale comme approximation de la loi binomiale, les paramètres de la loi normale sont alors $\mu = np$ et $\sigma^2 = np(1 - p)$.
    V   F

20. Soit une distribution binomiale avec $n = 100$ et $p = 0,20$. Si on utilise la loi normale comme approximation de la loi binomiale, alors

    i) $\mu =$ _____, $\sigma^2 =$ _____;   ii) Déterminer $P(X \leq 24)$.

L'INFÉRENCE STATISTIQUE: ÉCHANTILLONNAGE, ESTIMATION DE PARAMÈTRES ET TESTS D'HYPOTHÈSES

CHAPITRE 8

Échantillonnage et estimation de paramètres

Après avoir complété l'étude du chapitre 8, vous pourrez:

1. expliquer ce qu'on entend par échantillonnage aléatoire;

2. distinguer entre le mode de tirage exhaustif (sans remise) et le mode de tirage indépendant (avec remise);

3. utiliser la table de nombres aléatoires pour construire un échantillon par tirage au sort ou par tirage systématique;

4. préciser ce qu'on entend par distribution d'échantillonnage;

5. caractériser la distribution de la moyenne d'échantillon;

6. appliquer le théorème central limite;

7. utiliser la loi normale centrée réduite pour calculer des probabilités associées à la distribution de la moyenne;

8. indiquer ce qu'on entend par estimation ponctuelle et estimation par intervalle de confiance d'un paramètre;

9. interpréter correctement un intervalle de confiance;

10. estimer par intervalle la moyenne d'une population ainsi que la proportion;

11. calculer la marge d'erreur dans les estimations par intervalle d'une moyenne ou d'une proportion;

12. déterminer la taille d'échantillon requise pour ne pas excéder une marge d'erreur fixée a priori;

13. préciser quand on a recours à la distribution de Student dans le calcul d'intervalle de confiance;

14. expliquer ce qu'on entend par nombre de degrés de liberté.

ÉCHANTILLONNAGE
ET ESTIMATION DE PARAMÈTRES

INTRODUCTION

Dans la première partie de cet ouvrage, nous avons vu que l'on peut résumer l'information recueillie par diverses représentations graphiques et que l'on peut caractériser, avec certains nombres représentatifs (moyenne, écart-type...), l'ensemble des observations.

Dans la deuxième partie, nous avons étudié, entre autres, certaines lois de probabilité qui régissent le comportement de toutes les observations (population) associées à divers phénomènes. La loi normale et la loi normale centrée réduite nous seront à nouveau particulièrement utiles.

Nous nous proposons maintenant de présenter des concepts d'inférence statistique, c.-à-d. présenter des principes qui vont permettre, sur la base de résultats d'échantillon, d'estimer les valeurs des paramètres d'une population avec un certain niveau de confiance ou encore de vérifier certaines hypothèses statistiques posées sur les valeurs mêmes des paramètres d'une population.

Les problèmes traités en inférence statistique sont de deux types:

a) **L'estimation de paramètres**

b) **Les tests d'hypothèses**

Nous abordons en premier lieu l'estimation de paramètres; nous débuterons notre étude des tests d'hypothèses dans le prochain chapitre.

LES SONDAGES: ÉCHANTILLONNAGE D'UNE POPULATION

Une étude statistique sur tous les éléments d'une population (à moins que nous soyons en présence d'un recensement, mais seulement Statistique Canada peut s'offrir un tel luxe) est souvent physiquement irréalisable et s'avère également, dans bien des cas, très onéreuse. Alors comment obtenir certaines indications fiables sur diverses caractéristiques d'une population sans en examiner tous les éléments? C'est à cette question que nous allons tenter de répondre, tout en nous limitant qu'à certains aspects pratiques de ce vaste champ d'étude de la statistique que sont les sondages ou échantillonnages.

Les sondages sont utilisés dans de nombreux secteurs. On n'a qu'à penser au sondage "d'opinion publique" effectué par la maison Gallup pour connaître, avec une certaine précision, l'opinion des gens sur divers sujets politiques, économiques ou autres. De nombreuses entreprises font également appel aux sondages; nous n'avons qu'à mentionner les enquêtes de marché qui permettent d'analyser la demande de certains produits, d'explorer des clients potentiels, d'étudier le comportement des consommateurs, d'orienter les campagnes publicitaires,...   Il est également de pratique courante dans de nombreuses entreprises d'utiliser des méthodes statistiques pour contrôler, en cours de fabrication, la qualité des produits.

Ce sont quelques exemples qui illustrent que les échantillonnages visent à découvrir des renseignements au sujet d'une population particulière (ensemble d'unités statistiques, d'individus ou d'éléments satisfaisant à une définition commune selon des critères géographiques, socio-démographiques ou techniques).   Pour obtenir ces renseignements, il s'agit, selon des méthodes appropriées, de prélever un échantillon représentatif de la population.   L'échantillon représente donc une partie de la population et est constitué d'un groupe d'unités statistiques tirées de la population préalablement définie.

L'ÉCHANTILLON ALÉATOIRE

Un sondage doit reposer sur un choix adéquat de l'échantillon.   La première difficulté qui se présente est de savoir comment constituer l'échantillon pour qu'il soit représentatif de la population.   L'échantillon comprendra donc un groupe d'unités statistiques prélevées de la population préalablement définie.   (Il serait bon de relire les premières pages de cet ouvrage pour revoir ces concepts).

Principe de la méthode d'échantillonnage aléatoire

Le principe du prélèvement au hasard d'un échantillon de taille donnée peut s'expliquer comme suit:

Echantillonnage aléatoire

Soit une population de N unités statistiques (objets, individus) sur laquelle nous désirons prélever un échantillon de taille n.   Nous supposons que l'on dispose d'une liste de toutes les unités qui constituent la population, sans omission, ni répétition.   Cette liste constitue la **base de sondage**.   Une façon de construire l'échantillon consiste à attribuer à chaque unité statistique de la population un numéro unique et à prélever ensuite, par tirage au sort, n numéros constituant ainsi l'échantillon requis.   Cette façon de procéder s'appelle **l'échantillonnage aléatoire** et l'échantillon ainsi constitué s'appelle **échantillon aléatoire**.   Il est qualifié ainsi du fait qu'il est constitué de manière telle que chaque unité de la population a une probabilité connue, différente de zéro, d'être choisie.

Un échantillon ainsi obtenu permettra de faire des estimations non biaisées des paramètres de la population et d'évaluer, avec les formules appropriées la marge d'erreur attribuable aux fluctuations d'échantillonnage.   Les sujets qui seront traités dans les sections et chapitres qui vont suivre reposent sur cette notion d'échantillon aléatoire.

Remarques. a) Lorsque chaque sous-ensemble de n unités statistiques parmi N unités statistiques de la population a la même probabilité d'être choisi, nous sommes alors en présence d'un **échantillon aléatoire simple.**

b) L'essentiel n'est pas de calculer la probabilité de choisir un échantillon quelconque mais plutôt de s'assurer qu'il soit tiré au hasard.

c) Nous indiquerons dans une section subséquente comment calculer la taille requise de l'échantillon pour ne pas excéder une marge d'erreur fixée à l'avance.

PRINCIPE DE LA CONSTRUCTION D'UN ÉCHANTILLON

Indiquons comment, à partir d'une base de sondage, on peut construire un échantillon aléatoire simple. Le tirage des unités peut s'effectuer comme suit:

a) **Tirage sans remise** (ou tirage exhaustif): les unités tirées successivement ou ensemble, ne sont pas remises dans la population. Chaque unité figure au plus une fois dans l'échantillon. La composition de la base de sondage varie donc à chaque tirage.

b) **Tirage avec remise** (ou tirage indépendant): chaque unité tirée au hasard dans la base de sondage est observée puis remise à la population avant qu'une autre unité soit tirée. La composition de la base de sondage demeure donc inchangée. Chaque unité peut donc être désignée plus d'une fois dans le processus de sélection.

Remarques. a) En pratique, c'est le tirage sans remise qui est le plus fréquent. Pour une même taille d'échantillon, le tirage sans remise donne des estimations plus précises, la variance de la statistique qui est observée étant toujours inférieure à celle relative à un tirage avec remise.

b) Lorsque la taille d'échantillon est petite par rapport à la taille de la population, les résultats obtenus par l'un ou l'autre des modes de tirage tendent à se confondre.

Divers procédés pratiques sont utilisés pour prélever un échantillon dans une population. Nous ne traiterons toutefois que de deux modalités de tirage:

1) **La méthode de tirage au sort** à l'aide de tables de nombres aléatoires (ou nombre au hasard).

2) **La méthode de tirage systématique.**

CONSTRUCTION DE L'ÉCHANTILLON À L'AIDE D'UNE TABLE DE NOMBRES ALÉATOIRES

Indiquons la procédure à mettre en oeuvre pour constituer un échantillon à l'aide d'une table de nombres aléatoires (table 7 en annexe). Cette table est constituée des nombres 0, 1, 2, 3, 4, 5, 6, 7, 8, 9 et chacune des valeurs entières a la même probabilité d'apparition. N'importe lequel nombre de la table n'a aucune relation avec le nombre au-dessus, en-dessous, à la droite ou à la gauche de lui. Les nombres sont éparpillés au hasard. Dans la table que nous utilisons, les nombres sont regroupés en colonnes de cinq chiffres (pour plus de commodité). Chaque ligne comporte 50 nombres (10 groupes de 5). Pour choisir des nombres de la table, il s'agit simplement:

a)   De choisir un point d'entrée dans la table.

b)   De choisir un itinéraire de lecture. On peut lire les nombres en ligne (de gauche à droite ou de droite à gauche) ou en colonne (de haut en bas ou de bas en haut). On pourrait également sauter un nombre sur deux, etc...

L'exemple suivant va nous permettre d'illustrer l'utilisation de la table de nombres aléatoires.

EXEMPLE 1. Tirage au sort d'un échantillon de taille n = 10 à l'aide de la table de nombres aléatoires.

La présidente de l'Association des Etudiants(es) en informatique veut tirer au sort un échantillon de 10 individus faisant partie de l'Association. Supposons que cette Association comporte 300 individus listés sur un fichier (énumération complète, à jour et sans répétition). On a donc les éléments suivants:

Population: Les individus membres de l'Association

Base de sondage: La liste des noms des individus sur le fichier

Unité statistique: Les individus

Taille de la population: N = 300

Taille requise de l'échantillon: n = 10

Mode de tirage: Sans remise (tirage exhaustif).

On débute par numéroter chaque individu dans la base de sondage de 001 à 300. Puisque la base de sondage comporte 300 individus, nous allons choisir de la table des nombres de 3 chiffres.

Pour lire dans la table, nous proposons la règle suivante:

Partir de la troisième ligne en ne considérant que les trois derniers chiffres de la quatrième colonne (et des suivantes s'il y a lieu) avec lecture de haut en bas.

Ne retenir que les résultats de lecture qui soient compris entre 001 et 300. Puisqu'on effectue un tirage sans remise, on rejette tout nombre apparaissant à nouveau dans la procédure de sélection.

On obtient alors les 10 nombres suivants:

Extrait de la table 7   Numéro sorti

```
                          ↓       DÉPART
    ────────────────────────────
    12651  61646   11769  75109
    81769  74436   02630  72310
 →  36737  98863   77240  76251  ──────────────→ 251
    82861  54371   76610  94934
    21325  15732   24127  37431

    74146  47887   62463  23045  ──────────────→ 045
    90759  64410   54179  66075  ──────────────→ 075
    55683  98078   02238  91540
    79686  17969   76061  83748
    70333  00201   86201  69716

    14042  53536   07779  04157  ──────────────→ 157
    59911  08256   06596  48416
    62368  62623   62742  14891
    57529  97751   54976  48957
    15469  90574   78033  66885

    18625  23674   53850  32827
    74626  68394   88562  70745
    11119  16519   27384  90199  ──────────────→ 199
    41101  17336   48951  53674
    32123  91576   84221  78902

    26091  68409   69704  82267  ──────────────→ 267
    67680  79790   48462  59278  ──────────────→ 278
    15184  19260   14073  07026  ──────────────→ 026
    58010  45039   57181  10238  ──────────────→ 238
    56425  53996   86245  32623

    82630  84066   13592  60642
    14927  40909   23900  48761
    23740  22505   07489  85986
    32990  97446   03711  63824
    05310  24058   91946  78437

    21839  39937   27534  88913
    08833  42549   93981  94051  ──────────────→ 051
    58336  11139   47479  00931
    62032  91144   75478  47431
    45171  30557   53116  04118

    91611  62656   60128  35609
    55472  63819   86314  49174
    18573  09729   74091  53994
    60866  02955   90288  82136
    45043  55608   82767  60890
    ────────────────────────────
```

Les individus portant les numéros suivants dans la base de sondage vont constituer l'échantillon de taille n = 10.

251	045	075	157	199
267	278	026	238	051

Remarques. a) L'échantillon ainsi constitué est un échantillon aléatoire simple.

b) Les nombres peuvent être choisis de la table des nombres aléatoires de la manière que vous voulez en autant que la procédure de sélection soit fixée à l'avance et respectée.

c) Le service d'informatique de votre institution a probablement en bibliothèque une routine permettant de générer des nombres aléatoires; certaines petites calculatrices peuvent également le faire.

d) En BASIC, la fonction RND permet de générer des nombres aléatoires.

e) En pratique, il est parfois difficile d'obtenir une base de sondage parfaite. Les listes électorales, l'annuaire téléphonique,..., sont parfois utilisés comme base de sondage.

CONSTRUCTION DE L'ÉCHANTILLON PAR TIRAGE SYSTÉMATIQUE

Lorsque la population est très grande (la base de sondage comporte un très grand nombre d'individus dont la numérotation est très laborieuse ou presque impossible à faire), il devient alors difficile de construire un échantillon par tirage au sort comme nous venons de le décrire. Une façon plus pratique de constituer l'échantillon (dont le choix des individus est quand même régi par le hasard) est d'utiliser la **méthode de tirage systématique.** Elle consiste à prélever les individus régulièrement espacés suivant un **pas** choisi.

La mise en oeuvre de cette méthode de sondage se présente comme suit:

Soit N, la taille de la population et n, la taille de l'échantillon.

a) On calcule le rapport $\frac{n}{N}$. L'inverse de ce rapport définit le pas que nous notons $K = \frac{N}{n}$. C'est l'intervalle fixe à respecter entre 2 tirages.

b) On choisit de façon aléatoire (table de nombres aléatoires) le premier individu dont le numéro doit se situer entre 1 et K (le pas).

c) L'échantillon est ensuite constitué en ajoutant successivement au premier numéro tiré, le pas, K. Si «a» est le premier numéro choisi, l'échantillon de taille n sera composé des individus de rangs

$$a,\ a + K,\ a + 2K,\ a + 3K,\ldots,\ a + (n-1)K.$$

Remarque. L'échantillonnage par tirage systématique est possible si les individus de la population (ou unités statistiques) présentent un certain ordre (articles fabriqués par ordre de production, par exemple).

L'exemple suivant va nous permettre d'illustrer la méthode.

EXEMPLE 2. Construction de l'échantillon par tirage systématique.

Considérons le contexte de l'exemple 1 mais utilisons cette fois la méthode de tirage systématique pour constituer l'échantillon requis. On veut constituer un échantillon de taille n = 10 dans une population de 300 individus.

On a donc:

$$N = 300,\quad n = 10$$

d'où le pas est:

$$K = \frac{300}{10} = 30.$$

A l'aide de la table des nombres aléatoires, choisissons un nombre entre 1 et 30. Supposons qu'on se fixe la règle suivante:

Point d'entrée dans la table: 6e ligne, 1ère colonne lexture de haut en bas de nombres de 2 chiffres (les deux premiers).

Extrait de la table 7

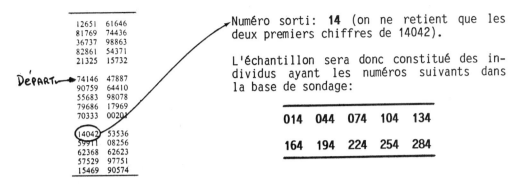

Numéro sorti: **14** (on ne retient que les deux premiers chiffres de 14042).

L'échantillon sera donc constitué des individus ayant les numéros suivants dans la base de sondage:

014	044	074	104	134
164	194	224	254	284

Remarques. a) Cette méthode d'échantillonnage est simple et rapide et est aussi valable que le tirage au sort si les unités statistiques de la population sont réparties au hasard dans la base de sondage.

b) Si la base de sondage n'est pas numérotée, on peut encore utiliser cette méthode: on choisit une unité statistique toutes les K (par exemple, un nom tous les 30,...) jusqu'à ce que l'échantillon requis soit constitué.

c) Cette méthode peut être générateur de biais important si le caractère étudié présente des fluctuations périodiques et si le «pas» du sondage est voisin de cette période (par exemple, étudier les déplacements par autobus sur douze mois en prenant systématiquement la journée "vendredi").

d) Il existe d'autres méthodes d'échantillonnage - échantillonnage stratifié, échantillonnage par graphes,..., qui sont habituellement traités dans un cours plus avancé.

Traitons maintenant des fluctuations d'échantillonnage de la moyenne d'échantillons associée à un caractère mesurable dans une population. L'exemple suivant va permettre de soulever certains points que nous voulons traiter.

EXEMPLE 3. Echantillonnage d'un procédé de remplissage.

L'entreprise Provipak fabrique et distribue la fameuse marque de céréales Cherry-O dans un contenant de 340 grammes, incluant les céréales. Le procédé indique une dispersion σ = 10 grammes. On a établi également que le poids des contenants est distribué d'après une loi normale. Pour vérifier si le procédé de remplissage se maintient autour de 340 grammes, en moyenne, on prélève occasionnellement un échantillon aléatoire de 16 contenants. Le poids de chaque contenant est vérifié et le poids moyen est calculé. Avant de réaliser l'expérience d'échantillonnage, quelle valeur moyenne peut-on s'attendre à observer avec un échantillon de 16 contenants? Est-ce que cette valeur moyenne peut être aussi faible que 330 grammes? Ou encore peut-elle se situer autour de 340 grammes, ou être aussi élevée que 345 grammes? On pourrait également se poser la question suivante: quelle est la probabilité que le poids moyen d'un échantillon de 16 contenants se situe, disons, entre 335 et 345 grammes?

FLUCTUATIONS D'ÉCHANTILLONNAGE D'UNE MOYENNE

Pour être en mesure d'effectuer des énoncés en probabilité sur les valeurs que peut prendre la moyenne d'échantillon $\bar{X}$ ou d'estimer la moyenne μ de la population par intervalle de confiance ou encore d'effectuer un test d'hypothèse sur la moyenne μ, il faut connaître les propriétés de la distribution d'échantillonnage de $\bar{X}$. Indiquons d'abord ce qu'on entend par distribution d'échantillonnage.

Distribution d'échantillonnage de $\bar{X}$

La distribution des diverses valeurs que peut prendre la moyenne d'échantillon $\bar{X}$ calculée sur tous les échantillons possibles de même taille d'une population donnée porte le nom de **distribution d'échantillonnage.**

D'une façon générale, la distribution d'échantillonnage caractérise les fluctuations d'échantillonnage de toute statistique (moyenne, proportion, variance,...) calculée sur tous les échantillons possibles de même taille.

Il est donc facile de constater que, si nous prélevons tous les échantillons possibles de même taille d'une population, la moyenne arithmétique calculée sur chaque échantillon variera d'un échantillon à l'autre. Certains auront une moyenne près de la moyenne de la population échantillonnée, d'autres auront une moyenne qui s'en écarte plus. La moyenne arithmétique va donc prendre diverses valeurs autour d'une valeur centrale (la moyenne de la population) et les fluctuations de $\bar{X}$ autour de cette valeur centrale seront quantifiées par une mesure de dispersion (l'écart-type de la moyenne arithmétique). La moyenne arithmétique que l'on peut observer sur chaque échantillon de taille n sera donc une variable aléatoire qui prendra diverses valeurs selon les résultats de l'échantillonnage et possèdera une distribution (densité) de probabilité.

L'exemple suivant va nous permettre de déduire les paramètres de la distribution d'échantillonnage de $\bar{X}$.

EXEMPLE 4.   Expérience d'échantillonnage avec remise dans la population: Détermination de la distribution des moyennes de tous les échantillons.

Supposons qu'une population consiste en 5 contenants (numérotés de 1 à 5) et que le poids respectif de chacun est:

$$x_1 = 332 \text{ g}, \ x_2 = 336 \text{ g}, \ x_3 = 340 \text{ g}, \ x_4 = 344 \text{ g}, \ x_5 = 348 \text{ g}.$$

La moyenne de la population (moyenne du caractère "poids en grammes") est:

Contenant no	Poids
1	332
2	336
3	340
4	344
5	348

$\mu = E(X) = \dfrac{\sum x_i}{N} = \dfrac{1700}{5} = 340$ g. et la

variance $\sigma^2 = Var(X) = \dfrac{\sum (x_i - \mu)^2}{N}$, soit

$$\sigma^2 = \left[\frac{(332-340)^2 + (336-340)^2 + (340-340)^2 + (344-340)^2 + (348-340)^2}{5}\right]$$

$$\sigma^2 = \frac{64 + 16 + 0 + 16 + 64}{5} = \frac{160}{5} = 32.$$

Distribution de la population

La distribution de la population (distribution du caractère "poids") est indiquée sur la figure ci-contre et les paramètres de la distribution sont:

$E(X) = 340$ et $Var(X) = 32$.

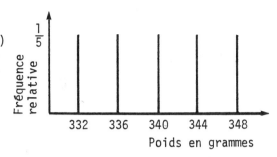

Poids en grammes

Echantillonnage de la population avec remise (tirage indépendant)

Supposons que nous voulons former tous les échantillons possibles de taille n = 2 de cette population en effectuant un échantillonnage avec remise. Il y a dans ce cas $N^n = 5^2 = 25$ échantillons possibles. Chaque échantillon a donc une probabilité égale à 1/25 d'être choisi. Il constitue donc un échantillon aléatoire simple. Indiquons tous les résultats des échantillons et calculons le poids moyen des contenants constituant chaque échantillon.

Echantillon no	Contenants no	Résultats de l'échantillonnage	Moyenne des échantillons
1	(1,1)	(332, 332)	332
2	(1,2)	(332, 336)	334
3	(1,3)	(332, 340)	336
4	(1,4)	(332, 344)	338
5	(1,5)	(332, 348)	340
6	(2,1)	(336, 332)	334
7	(2,2)	(336, 336)	336
8	(2,3)	(336, 340)	338
9	(2,4)	(336, 344)	340
10	(2,5)	(336, 348)	342
11	(3,1)	(340, 332)	336
12	(3,2)	(340, 336)	338
13	(3,3)	(340, 340)	340
14	(3,4)	(340, 344)	342
15	(3,5)	(340, 348)	344
16	(4,1)	(344, 332)	338
17	(4,2)	(344, 336)	340
18	(4,3)	(344, 340)	342
19	(4,4)	(344, 344)	344
20	(4,5)	(344, 348)	346
21	(5,1)	(348, 332)	340
22	(5,2)	(348, 336)	342
23	(5,3)	(348, 340)	344
24	(5,4)	(348, 344)	346
25	(5,5)	(348, 348)	348

La moyenne des échantillons varie entre 332 et 348 grammes et certaines valeurs de $\bar{X}$ reviennent plus fréquemment.

La distribution de fréquences des moyennes d'échantillons ainsi que la représentation graphique se présentent comme suit:

$\overline{X}$	Fréquence	Fréquence relative
332	1	1/25
334	2	2/25
336	3	3/25
338	4	4/25
340	5	5/25
342	4	4/25
344	3	3/25
346	2	2/25
348	1	1/25

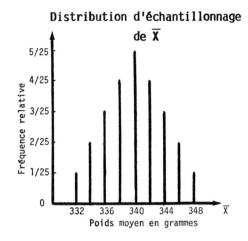

Distribution d'échantillonnage de $\overline{X}$

Quelle est la moyenne de la distribution d'échantillonnage de $\overline{X}$? En pondérant chaque valeur de $\overline{X}$ par sa fréquence relative, on trouve

$$E(\overline{X}) = (332)(1/25)+(334)(2/25)+\ldots+(344)(3/25)+(346)(2/25)+(348)(1/25)$$

$$= \frac{8500}{25} = 340 \text{ grammes, soit la moyenne de la population des 5 contenants.}$$

Par conséquent $E(\overline{X}) = E(X) = \mu$.

Calculons maintenant l'ampleur de la dispersion des moyennes.

Moyennes $\overline{X} = \overline{x}$	Ecarts $(\overline{x} - \mu)$	Carrés des écarts	Carrés des écarts $\times$ fréquence relative
332	8	64	64 × 1/25 = 64/25
334	6	36	36 × 2/25 = 72/25
336	4	16	16 × 3/25 = 48/25
338	2	4	4 × 4/25 = 16/25
340	0	0	0 × 5/25 = 0/25
342	2	4	4 × 4/25 = 16/25
344	4	16	16 × 3/25 = 48/25
346	6	36	36 × 2/25 = 72/25
348	8	64	64 × 1/25 = 64/25
			Somme $= \dfrac{400}{25}$
			$\text{Var}(\overline{X}) = 16$

Donc la variance des moyennes d'échantillons est

$$\text{Var}(\overline{X}) = 16 \quad \left(\text{soit } \frac{\text{Var}(X)}{2} = \frac{32}{2} = 16\right).$$

Les moyennes $\bar{x}$ sont moins dispersées autour de μ que les valeurs individuelles x_i, $Var(\bar{X}) < Var(X)$.

Si nous répétons cette expérience en prélevant cette fois des échantillons de taille n = 3, il y aura 5^3 = 125 échantillons possibles (tirage avec remise) et la moyenne de la distribution d'échantillonnage de $\bar{X}$ sera à nouveau 340 grammes. Toutefois la variance des moyennes d'échantillons va diminuer; on obtiendrait alors

$$Var(\bar{X}) = \frac{4000}{375} = \frac{32}{3} \quad (soit \ \frac{Var(X)}{3}).$$

De plus, la forme de la distribution d'échantillonnage de $\bar{X}$ s'approche de plus en plus de celle d'une normale.

Par conséquent, dans le cas d'échantillonnage avec remise, la moyenne de la variable aléatoire $\bar{X}$ est toujours égale à la moyenne de la population d'où l'échantillon a été prélevé, soit :

$$E(\bar{X}) = E(X) = \mu$$

quelle que soit la taille de l'échantillon.

D'autre part, la variance de $\bar{X}$ dépend de la taille de l'échantillon prélevé et est égale à la variance de la population $Var(X)$ divisée par n, soit

$$Var(\bar{X}) = \frac{Var(X)}{n} = \frac{\sigma^2}{n}$$

Résumons les diverses notions que nous venons de traiter.

Paramètres de la distribution de $\bar{X}$

Si on prélève un échantillon aléatoire de taille n, d'une population infinie (ou d'une population finie et échantillonnage avec remise) dont les éléments possèdent un caractère mesurable (réalisation d'une variable aléatoire X) qui suit une loi de probabilité de moyenne $E(X) = \mu$ et de variance $Var(X) = \sigma^2$, alors la moyenne d'échantillon $\bar{X}$ suit une loi de probabilité de moyenne

$$E(\bar{X}) = E(X) = \mu$$

et de variance

$$Var(\bar{X}) = \frac{\sigma^2}{n}$$

(qui est également notée $\sigma^2(\bar{X})$ ou $\sigma^2_{\bar{X}}$).

L'écart-type de la moyenne est

$$\sigma(\bar{X}) = \frac{\sigma}{\sqrt{n}} \quad (que \ l'on \ note \ aussi \ \sigma_{\bar{X}}).$$

$\sigma(\bar{X})$ est aussi appelé **l'erreur-type de la moyenne.**

Remarques.   a)   Lorsque l'échantillonnage s'effectue sans remise (tirage exhaustif), à partir d'une population finie de taille N, on doit apporter une correction à $\text{Var}(\overline{X})$. Dans ce cas,

$$\text{Var}(\overline{X}) = \frac{\sigma^2}{n} \cdot \frac{N-n}{N-1} \simeq \frac{\sigma^2}{n} \left(1 - \frac{n}{N}\right)$$

$\frac{n}{N}$ représente le taux de sondage. Toutefois le facteur de correction peut être ignoré si le taux de sondage est inférieur à 5%: $\frac{n}{N} \leq 0,05$. On pourrait également aller jusqu'à un taux de sondage de 10% sans appliquer le facteur de correction.

b)   La moyenne d'échantillon est aussi appelée **moyenne échantillonnale.**

c)   Dans le cas d'un tirage exhaustif, le nombre d'échantillons possibles est $\binom{N}{n} = \frac{N!}{n!(N-n)!}$.

THÉORÈME CENTRAL LIMITE: FORME DE LA DISTRIBUTION DE $\overline{X}$

Pour caractériser complètement les fluctuations d'échantillonnage de $\overline{X}$, il faut également être en mesure de préciser la forme probabiliste des fluctuations. La représentation graphique de la distribution d'échantillonnage de $\overline{X}$ de l'exemple précédent semble nous indiquer que celle-ci pourrait s'apparenter à une distribution normale.

Pour connaître exactement la distribution d'échantillonnage de $\overline{X}$, il faut connaître la distribution de la population (distribution de toutes les observations du caractère mesurable) qui a été échantillonnée, ce qui n'est pas toujours possible, ou si c'est le cas, on ne peut l'apparenter à une forme connue. Toutefois un théorème très important en statistique va nous permettre de contourner cette difficulté.

Théorème central limite

Si des échantillons aléatoires de taille n sont prélevés d'une population infinie dont les éléments possèdent un caractère mesurable X (peu importe la distribution de la variable aléatoire X), de moyenne $E(X) = \mu$ et de variance $\text{Var}(X) = \sigma^2$, alors la distribution d'échantillonnage de la variable aléatoire $\overline{X}$ tend à se rapprocher d'une loi normale de moyenne $E(\overline{X}) = \mu$ et de variance $\text{Var}(\overline{X}) = \frac{\sigma^2}{n}$ et ce, d'autant plus que la taille de l'échantillon est grande.

$$\sigma_{\overline{X}} = \frac{\sigma}{\sqrt{n}}$$

$\sigma_{\overline{X}}$

$E(\overline{X}) = \mu$ $\overline{X}$

Ce théorème stipule que l'on peut obtenir une bonne approximation de la distribution de la moyenne $\overline{X}$ avec la loi normale en autant que la taille de l'échantillon soit suffisamment grande. En pratique, on peut appliquer ce théorème dès que l'échantillon est constitué de trente observations ou plus: $n \geq 30$.

Remarques. a) Ce théorème s'avère très utile dans la pratique puisqu'il n'impose aucune restriction sur la distribution des observations de la population. En autant que la moyenne et la variance de la population existent, la distribution de la moyenne $\overline{X}$ approche celle d'une normale à mesure que la taille d'échantillon augmente.

b) Si la forme de la distribution de la population est pratiquement symétrique, il semble qu'un échantillon d'au moins 15 observations soit convenable pour que la distribution de la moyenne soit approximativement normale.

c) **La distribution de la population est normale.** Si la population que nous échantillonnons est distribuée d'après une **loi normale,** alors la distribution de la moyenne $\overline{X}$ est également distribuée d'après une loi normale, **quelle que soit la taille d'échantillon n.**

d) Si la variance σ^2 est inconnue, un grand échantillon ($n \geq 30$) permet de déduire une valeur fiable pour σ^2 en calculant la variance s^2 de l'échantillon où $s^2 = \dfrac{\sum(x_i - \overline{x})^2}{n-1}$. Alors $\sigma^2 \simeq s^2$.

Ce résultat est important. Il va nous permettre d'obtenir une variable aléatoire dont les probabilités de la densité correspondante sont tabulées: la loi normale centrée réduite.

TRANSFORMATION DE LA VARIABLE ALÉATOIRE $\overline{X}$ EN UNE VARIABLE ALÉATOIRE CENTRÉE RÉDUITE

Nous allons opérer comme nous avons fait précédemment pour nous permettre d'utiliser la table des probabilités de la loi normale centrée réduite. De manière générale, la variable centrée réduite s'obtient de:

$$\text{Variable centrée réduite} = \frac{\text{Variable aléatoire – Espérance de la variable aléatoire}}{\text{Ecart–type de la variable aléatoire}}$$

Ici la variable aléatoire concernée est $\overline{X}$, ce qui donne

$$Z = \frac{\overline{X} - E(X)}{\sigma(\overline{X})} = \frac{\overline{X} - \mu}{\sigma/\sqrt{n}}$$

qui est distribué d'après la **loi normale centrée réduite,** lorsque $\overline{X}$ est distribuée normalement.

Ainsi, la probabilité que la variable aléatoire $\overline{X}$ soit comprise entre deux valeurs a et b, $P(a \leq \overline{X} \leq b)$ est égale, en employant la transformation centrée réduite, à $P(\dfrac{a - \mu}{\sigma/\sqrt{n}} \leq Z \leq \dfrac{b - \mu}{\sigma/\sqrt{n}})$:

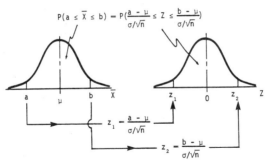

Comme nous l'avons fait pour la variable aléatoire normale X, on peut également résumer certains résultats importants concernant l'aire sous la courbe dans le cas où la variable aléatoire $\overline{X}$ suit une loi normale.

Variable aléatoire $\overline{X}$ suivant une distribution normale de moyenne µ et d'écart-type $\sigma_{\overline{X}}$

$\overline{X}$ compris dans l'intervalle	Intervalle centré réduit	Probabilité (aire sous la courbe normale)
µ ± 1$\sigma_{\overline{X}}$	± 1,0	0,6826 (68,26%)
µ ± 1,96$\sigma_{\overline{X}}$	± 1,96	0,9500 (95%)
µ ± 2$\sigma_{\overline{X}}$	± 2,0	0,9544 (95,44%)
µ ± 3$\sigma_{\overline{X}}$	± 3,0	0,9974 (99,74%)

PROPRIÉTÉS DE LA DISTRIBUTION D'ÉCHANTILLONNAGE DE $\overline{X}$

Nous avons tout ce qu'il faut pour résumer les différentes situations qui peuvent se présenter lors de l'échantillonnage d'une population dont les éléments possèdent un caractère mesurable. Pour caractériser complètement la distribution d'échantillonnage de $\overline{X}$, il faut en connaître:
1) **la forme**   2) **la moyenne**   3) **l'écart-type.**

Propriétés de la distribution d'échantillonnage de $\overline{X}$

On prélève au hasard un échantillon de taille n d'une population dont les éléments possèdent un caractère mesurable de paramètres µ et σ^2. La moyenne d'échantillon $\overline{X}$ est une variable aléatoire dont la distribution possède les propriétés suivantes selon les caractéristiques de la population.

Cas 1.   Population normale et variance σ^2 connue.
1) la distribution de $\overline{X}$ est normale.
2) la moyenne de la distribution de $\overline{X}$ est: $E(\overline{X}) = \mu$.
3) l'écart-type de la distribution d'échantillonnage est: $\sigma(\overline{X}) = \dfrac{\sigma}{\sqrt{n}}$.

Les fluctuations de l'écart réduit $Z = \dfrac{\overline{X} - \mu}{\sigma(\overline{X})} = \dfrac{\overline{X} - \mu}{\sigma/\sqrt{n}}$
suivent la loi normale centrée réduite.

Cas 2. La distribution de la population ainsi que la variance σ^2 sont inconnues. Grand échantillon: n ≥ 30.
On utilise les résultats du théorème central limite.
1) La distribution de $\overline{X}$ est approximativement normale.
2) La moyenne de la distribution de $\overline{X}$ est: $E(\overline{X}) = \mu$.
3) L'écart-type de la distribution d'échantillonnage de $\overline{X}$ est: $s(\overline{X}) = \sqrt{\dfrac{s^2}{n}} = \dfrac{s}{\sqrt{n}}$ où $s^2 = \dfrac{\sum (x_i - \overline{x})^2}{n-1}$, ce qui donne une bonne estimation de σ^2 .

Les fluctuations de l'écart réduit $Z = \dfrac{\overline{X} - \mu}{s(\overline{X})} = \dfrac{\overline{X} - \mu}{s/\sqrt{n}}$
suivent la loi normale centrée réduite.

Remarque. Il y a un troisième cas où la population est normale, la variance est inconnue et l'échantillon est de petite taille (n < 30). Il sera discuté dans une section subséquente. On verra alors que les fluctuations de l'écart réduit ne sont plus celles de la loi normale centrée réduite mais celles d'une autre distribution, soit la **distribution de Student**.

EXEMPLE 5. Calcul de probabilités avec la distribution d'échantillonnage de X̄.

Le responsable du département des ressources humaines de l'entreprise Electrotek a accumulé depuis plusieurs années les résultats à un test d'aptitude pour exécuter une certaine tâche. Il semble très plausible de supposer que les résultats au test d'aptitude sont distribués d'après une loi normale de moyenne μ = 150 et de variance σ^2 = 100. On fait passer le test à un échantillon aléatoire de 25 individus de l'entreprise.

a)   Déterminer d'abord les caractéristiques de la distribution d'échantillonnage de X̄ pour des échantillons de taille n = 25.

Puisque la population échantillonnée (les résultats de tous les employés au test d'aptitude) est distribuée normalement, la distribution d'échantillonnage de X̄ sera également une distribution normale.

Les paramètres de la distribution de X̄ sont:

Distribution de la moyenne pour n = 25

$E(\overline{X}) = \mu = 150.$

$\sigma^2(\overline{X}) = \dfrac{\sigma^2}{n} = \dfrac{100}{25} = 4.$

$\sigma(\overline{X}) = \dfrac{\sigma}{\sqrt{n}} = \dfrac{10}{5} = 2.$

$\sigma(\overline{X}) = 2$

b)   Quelle est la probabilité que la moyenne d'échantillon soit comprise entre 146 et 154?

On cherche $P(146 \leq \overline{X} \leq 154)$.

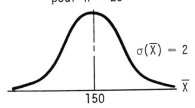

Il s'agit d'évaluer l'aire sous la distribution de X̄ en faisant intervenir la variable centrée réduite $Z = \dfrac{\overline{X} - \mu}{\sigma/\sqrt{n}}$. On obtient alors

$$P(146 \leq \overline{X} \leq 154) = P\left(\frac{146 - 150}{2} \leq Z \leq \frac{154 - 150}{2}\right)$$

$$= P(-2 \leq Z \leq 2) = P(-2 \leq Z \leq 0) + P(0 \leq Z \leq 2).$$

De la table 3 (loi normale centrée réduite), on trouve

$$P(0 \leq Z \leq 2) = 0,4772 = P(-2 \leq Z \leq 0).$$

Par conséquent, la probabilité cherchée est 0,4772 + 0,4772 = 0,9544:

$$P(146 \leq \overline{X} \leq 154) = 0,9544.$$

EXEMPLE 6.   Paramètres de la distribution d'échantillonnage de $\overline{X}$ dans le cas d'une population finie.

Supposons que le nombre d'employés de l'entreprise Electrotek est de 200 individus et que l'échantillon de 25 individus a été prélevé au hasard parmi les deux cents. On suppose toujours que la population est distribuée normalement avec μ = 150 et σ^2 = 100.

a)   Quel est le taux de sondage?

   Taux de sondage: $\dfrac{n}{N} = \dfrac{25}{200} = 0,125$ soit 12,5%.

b)   D'après les caractéristiques de la population, préciser

   i)   la forme de la distribution de $\overline{X}$: La distribution d'échantillonnage de $\overline{X}$ est une normale puisque la population échantillonnée est distribuée normalement.

   ii)   la moyenne de la distribution de $\overline{X}$: On en déduit,

   $E(\overline{X}) = \mu = 150$.

   iii)   la variance et l'écart-type de la distribution d'échantillonnage de $\overline{X}$:

   Puisque la population est de taille finie et que le taux de sondage est élevé, nous devons faire intervenir le facteur de correction dans le calcul de la variance de $\overline{X}$. On obtient ainsi:

   $$Var(\overline{X}) = \frac{\sigma^2}{n} \cdot \frac{N - n}{N - 1} = \frac{100}{25} \cdot \frac{(200 - 25)}{199}$$

   $$= (4)(0,8794) = 3,5176.$$

   L'écart-type de $\overline{X}$ est alors

   $$\sigma(\overline{X}) = \sqrt{3,5176} = 1,8755.$$

c)   Quelle est l'expression générale de l'écart réduit et quelle est sa distribution?

   $Z = \dfrac{\overline{X} - \mu}{\sigma_{\overline{X}}}$ qui est distribué selon une loi normale centrée réduite.

   Notons que $\sigma_{\overline{X}} = \dfrac{\sigma}{\sqrt{n}} \sqrt{\dfrac{N - n}{N - 1}}$.

d)   Est-ce que la distribution d'échantillonnage de $\overline{X}$ sera, dans cet exemple, plus étalée ou moins étalée que celle de l'exemple 5?

   Moins puisque $\dfrac{\sigma}{\sqrt{n}} \sqrt{\dfrac{N - n}{N - 1}} < \dfrac{\sigma}{\sqrt{n}}$.

L'ESTIMATION DE PARAMÈTRES: OBJECTIF FONDAMENTAL DE L'ÉCHANTILLONNAGE D'UNE POPULATION

   Un aspect important de l'inférence statistique est celui d'obtenir à partir de l'échantillonnage d'une population, des estimations fiables de certains paramètres de cette population.

Dans ce chapitre, les paramètres que nous allons estimer sont la moyenne μ (dans le cas d'un caractère mesurable) et la proportion p (dans le cas d'un caractère dénombrable). Ces estimations peuvent s'exprimer soit par une seule valeur (estimation ponctuelle), soit par un intervalle (estimation par intervalle). Puisque l'échantillon ne donne qu'une information partielle, ces estimations seront accompagnées d'une certaine marge d'erreur.

On indiquera dans une section subséquente comment contrôler cette marge d'erreur; elle sera liée entre autres à la taille de l'échantillon. L'estimation d'autres paramètres sera traitée dans les chapitres qui vont suivre.

L'ESTIMATION PONCTUELLE

Estimer un paramètre, c'est chercher une valeur approchée en se basant sur les résultats obtenus d'un échantillon. Avant de discuter d'une façon plus élaborée de l'estimation ponctuelle, considérons l'exemple suivant.

EXEMPLE 7. Estimation des dépenses annuelles des ménages.

Un organisme gouvernemental a effectué une enquête par sondage sur les dépenses annuelles des ménages pour une famille de quatre personnes, selon qu'elle vit en milieu rural ou dans une grande ville. En milieu rural, le nombre de ménages interrogés fut de 280, alors que pour la grande ville, le nombre de ménages interrogés fut de 350. Pour chaque milieu, on a calculé la moyenne d'échantillon $\bar{X}$ (les dépenses moyennes). Les valeurs obtenues sont indiquées dans le tableau ci-contre.

Milieu rural	Grande ville
$11 710	$16 075

Ainsi une estimation de μ dans le cas des ménages de quatre personnes en milieu rural serait de $11 710 et de $16 075 pour le cas d'une grande ville.

Ce type d'estimation s'appelle **estimation ponctuelle**. Le paramètre est estimé par une valeur unique.

Examinons dans un autre exemple, le cas d'une proportion (pourcentage).

EXEMPLE 8. Sondage auprès des preneurs de décision: ils négligent les hebdos d'affaires et dévorent les quotidiens.

Un centre de recherche en communications a effectué une enquête au cours du mois d'août auprès de 1047 individus, sélectionnés à travers le Canada (dont 304 à Québec et à Montréal) qui détiennent les commandes, dirigent du personnel et assument la responsabilité des achats de produits et services. Les résultats de l'enquête montrent que 62% des interviewvés gagnent plus de $40 000 par année. Aussi 68% détiennent des diplômes universitaires alors que 32% se sont spécialisés par des études post universitaires. La majorité, soit 55%, sont âgés de moins de 45 ans. Cette enquête a également révélé que ces dynamiques preneurs de décisions font confiance aux quotidiens comme principale source d'information. En effet, presque tous, 98%, avaient lu au moins un numéro d'un quotidien au cours de la dernière semaine, seulement 54% avaient parcouru un hebdomadaire d'affaires, 48% un magazine financier de langue anglaise et 17% une publication économique dans la langue de Molière. (Source: La Presse, Jeudi 14 octobre 1982).

Les divers pourcentages mentionnés sont tous des estimations ponctuelles. Comme nous l'avons déjà mentionné, les problèmes d'estimation se subdivisent en deux: l'estimation d'un paramètre soit par un nombre, soit par intervalle. Traitons d'abord du premier type de problème.

Estimation ponctuelle

Lorsqu'une caractéristique d'une population (un paramètre) est estimée par un seul nombre, déduit des résultats de l'échantillon, ce nombre est appelé une **estimation ponctuelle** du paramètre.

L'estimation ponctuelle se fait à l'aide d'un **estimateur.** Cet estimateur est fonction des observations de l'échantillon. Il s'exprime généralement comme une formule servant à effectuer l'estimation d'un paramètre d'une loi de probabilité. **L'estimation** est la valeur numérique que prend l'estimateur selon les observations de l'échantillon.

Remarque. L'estimateur est une variable aléatoire, dépendant des observations d'un échantillon aléatoire, et possède une distribution de probabilité.

Dans les exemples précédents, $\overline{X}$ est un estimateur ponctuel de μ (moyenne de la population échantillonnée) alors que nous notons par $\hat{P}$ l'estimateur ponctuel de p (la proportion d'individus dans la population échantillonnée présentant un certain caractère qualitatif). Les nombres calculés d'après les résultats de l'échantillon (soit $\overline{x}$, soit $\hat{p}$) sont les estimations ponctuelles.

PROPRIÉTÉS DES ESTIMATEURS PONCTUELS

L'utilisation fréquente des estimateurs ponctuels fait que l'on souhaite qu'ils possèdent certaines propriétés. Ces propriétés sont importantes pour choisir le meilleur estimateur du paramètre correspondant, c.-à-d. celui qui s'approche le plus possible du paramètre à estimer. Un paramètre (inconnu) d'une distribution peut avoir plusieurs estimateurs (ainsi pour estimer μ, le paramètre de tendance centrale de la population, on pourrait se servir de la moyenne arithmétique ou de la médiane ou du mode) aussi doivent-ils posséder certaines propriétés. Ces propriétés, nous les résumons comme suit: ce sont les qualités que doit posséder un estimateur pour fournir de bonnes estimations.

Estimateur non biaisé.

Notons par θ, un paramètre de valeur inconnue d'une population et par $\hat{\theta}$, l'estimateur de θ.

Un estimateur $\hat{\theta}$ est **sans biais** si la moyenne de sa distribution d'échantillonnage est égale à la valeur θ du paramètre de la population à estimer, c.-à-d. si

$$E(\hat{\theta}) = \theta.$$

Si l'estimateur $\hat{\theta}$ est biaisé, son biais est mesuré par l'écart suivant:

$$\textbf{Biais} = E(\hat{\theta}) - \theta.$$

La figure suivante représente les distributions d'échantillonnage d'un estimateur sans biais ($\hat{\theta}_1$) et d'un estimateur biaisé ($\hat{\theta}_2$).

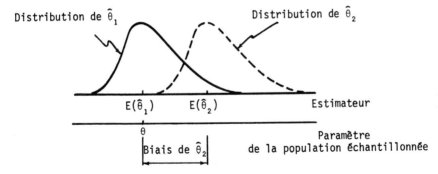

On démontre que la moyenne d'échantillon $\overline{X}$ est un estimateur sans biais de μ: $E(\overline{X}) = \mu$; toutefois la médiane d'échantillon M_e est un estimateur biaisé de μ si la population échantillonnée est asymétrique: $E(M_e) \neq \mu$. De même, la variance d'échantillon est un estimateur sans biais de σ^2, en autant que l'on utilise le dénominateur (n-1) dans le calcul de la variance d'échantillon: $E(s^2) = \sigma^2$.

Uniquement l'absence de biais ne garantit pas que nous avons un bon estimateur. En effet, certains paramètres peuvent avoir plusieurs estimateurs sans biais. Le choix parmi les estimateurs sans biais s'effectue en comparant les variances des estimateurs. Un estimateur sans biais mais à variance élevée peut fournir des estimations très éloignées de la vraie valeur du paramètre.

Estimateur efficace

Un estimateur sans biais est plus **efficace** (ou simplement efficace) si sa variance est la plus faible parmi les variances des autres estimateurs sans biais. Ainsi si $\hat{\theta}_1$ et $\hat{\theta}_2$ sont deux estimateurs sans biais du paramètre θ, l'estimateur $\hat{\theta}_1$ est plus efficace si

$$\text{Var}(\hat{\theta}_1) < \text{Var}(\hat{\theta}_2) \text{ et } E(\hat{\theta}_1) = E(\hat{\theta}_2) = \theta.$$

La notion d'estimateur efficace peut s'illustrer de la façon suivante.

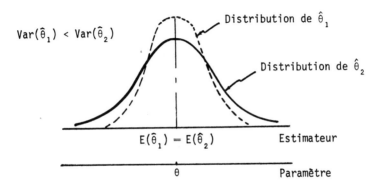

La distribution de $\hat{\theta}_1$ est plus concentrée autour de θ que celle de $\hat{\theta}_2$. Si nous échantillonnons une population normale, $\overline{X}$ et M_e sont tous deux des estimateurs sans biais de μ: $E(\overline{X}) = E(M_e) = \mu$. D'autre part, la variance de $\overline{X}$ est plus petite que celle de la médiane puisque $\text{Var}(\overline{X}) = \dfrac{\sigma^2}{n}$ et $\text{Var}(M_e) \simeq 1{,}57\,\dfrac{\sigma^2}{n}$ (résultat que nous donnons sans démonstration).

Pour la même taille d'échantillon, $\overline{X}$ est plus efficace que M_e pour estimer μ: $\text{Var}(\overline{X}) < \text{Var}(M_e)$.

Estimateur convergent

Un estimateur $\hat{\theta}$ est convergent si sa distribution tend à se concentrer autour de la valeur inconnue à estimer, θ, à mesure que la taille d'échantillon augmente, c.-à-d. si $\text{Var}(\hat{\theta}) \to 0$ à mesure que n tend vers l'infini. $\overline{X}$ est un estimateur convergent de μ puisque

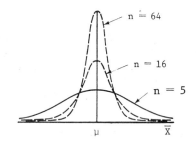

$$\lim_{n\to\infty} \text{Var}(\overline{X}) = \lim_{n\to\infty} \frac{\sigma^2}{n} = 0.$$

Remarque. Un estimateur sans biais et convergent est dit **absolument correct**.

Ce sont les principales propriétés que nous recherchons d'un estimateur. Nous n'insisterons pas sur les propriétés mathématiques que doivent posséder les estimateurs. Néanmoins nous donnons, en annexe de ce chapitre, un complément mathématique sur l'échantillonnage et l'estimation de paramètres.

ESTIMATION PAR INTERVALLE DE CONFIANCE

Examinons le second type d'estimation, soit l'estimation par intervalle de confiance.

Les estimations ponctuelles, bien qu'utiles, ne fournissent aucune information concernant la **précision** des estimations, c.-à-d. elles ne tiennent pas compte de l'erreur possible dans l'estimation, erreur attribuable aux fluctuations d'échantillonnage.

Quelle confiance avons-nous en une valeur unique? On ne peut répondre à cette question en considérant uniquement l'estimation ponctuelle obtenue des résultats de l'échantillon. Il faut lui associer un intervalle qui permet d'englober avec une certaine fiabilité, la vraie valeur du paramètre correspondant.

Estimation par intervalle de confiance

L'estimation par intervalle d'un paramètre inconnu θ consiste à calculer, à partir d'un estimateur choisi $\hat{\theta}$, un intervalle dans lequel il est vraisemblable que la valeur correspondante du paramètre s'y trouve. L'intervalle de confiance est défini par deux limites auxquelles est associée une certaine probabilité, fixée à l'avance et aussi élevée qu'on le désire, de contenir la valeur vraie du paramètre:

$$P(LI \leq \theta \leq LS) = P(\hat{\theta} - k \leq \theta \leq \hat{\theta} + k) = 1 - \alpha$$

où LI : limite inférieure de l'intervalle de confiance.

LS : limite supérieure de l'intervalle de confiance.

$1 - \alpha$: la probabilité associée à l'intervalle d'encadrer la vraie valeur du paramètre.

k : quantité qui tient compte des fluctuations d'échantillonnage de l'estimateur $\hat{\theta}$ et de la probabilité $1 - \alpha$.

Cet intervalle de confiance signifie que, si nous répétons l'expérience un grand nombre de fois (prélever plusieurs fois un échantillon de taille n de la même population) dans $100(1-\alpha)$ cas sur 100 (par exemple dans 95% des cas), l'intervalle recouvre la vraie valeur du paramètre.

Remarques. a) L'intervalle ainsi défini est un intervalle aléatoire puisqu'avant expérience, les limites de l'intervalle sont des variables aléatoires (elles sont fonctions des observations de l'échantillon).

b) La quantité α représente la probabilité complémentaire et correspond au risque qu'a l'intervalle de ne pas contenir la vraie valeur du paramètre. Si on affirme que θ est compris dans l'intervalle [LI,LS], on ne se trompera, en moyenne, que 100α fois sur 100.

c) La quantité $1 - \alpha$ lorsqu'elle est exprimée en pourcentage s'appelle le **niveau de confiance** de l'intervalle.

d) Le niveau de confiance est toujours associé à l'intervalle et non au paramètre θ inconnu. θ n'est pas une variable aléatoire; il est ou n'est pas dans l'intervalle [LI,LS].

e) Comme nous l'indiquons dans la prochaine section, une estimation par intervalle de confiance a l'avantage de tenir compte des fluctuations d'échantillonnage inhérent à tout sondage.

Pour calculer cet intervalle, l'on doit connaître la distribution d'échantillonnage (distribution de probabilité) de l'estimateur correspondant c.-à-d. connaître de quelle façon sont distribuées toutes les valeurs possibles de l'estimateur obtenues de tous les échantillons possibles de même taille prélevés de la même population.

Cet aspect a déjà été traité dans le cas de $\overline{X}$, l'estimateur ponctuel de μ. Nous aborderons le cas de $\hat{p}$, l'estimateur de la proportion p dans une section subséquente.

Indiquons d'abord comment on peut construire l'intervalle de confiance pour le paramètre μ, moyenne de la population d'un caractère mesurable.

ESTIMATION D'UNE MOYENNE PAR INTERVALLE DE CONFIANCE: CONSTRUCTION DE L'INTERVALLE

On se propose d'estimer, par intervalle de confiance, la moyenne μ d'un caractère mesurable d'une population. Il s'agit de calculer, à partir de la moyenne $\overline{x}$ (calcul de l'estimateur $\overline{X}$) de l'échantillon, un intervalle dans lequel il est vraisemblable que la vraie valeur de μ s'y trouve. On obtient cet intervalle en calculant deux limites auxquelles est associée une certaine assurance de contenir la vraie valeur de μ. Cet intervalle se définit d'après l'équation suivante

$$P(\overline{X} - k \leq \mu \leq \overline{X} + k) = 1 - \alpha$$

et les limites prendront, après avoir prélevé l'échantillon et calculé l'estimation $\overline{x}$, la forme suivante

$$\overline{x} - k \leq \mu \leq \overline{x} + k$$

où k sera déterminé à l'aide de l'écart-type de la distribution d'échantillonnage de $\overline{X}$ et du niveau de confiance $1 - \alpha$ choisi a priori.

Nous savons que si nous prélevons un échantillon aléatoire de taille n d'une population normale de variance connue, la distribution de $\overline{X}$ suit une loi normale de moyenne $E(\overline{X}) = \mu$ et de variance $Var(\overline{X}) = \dfrac{\sigma^2}{n}$. Si la distribution du caractère mesurable (la population) est inconnue ou si la variance de la population est inconnue, un échantillon de taille n $\geq$ 30 nous permet, d'après le théorème central limite, de considérer que $\overline{X}$ suit approximativement une loi normale. Par conséquent, la quantité

$$Z = \frac{\overline{X} - \mu}{\sigma/\sqrt{n}} \quad (\text{ou} \quad \frac{\overline{X} - \mu}{s/\sqrt{n}} \quad \text{selon le cas})$$

suit une loi normale centrée réduite.

Partons de ce fait pour déduire un intervalle aléatoire ayant, a priori, une probabilité $1 - \alpha$ de contenir la valeur vraie de μ, ce qui revient à déterminer k de telle sorte que

$$P(\overline{X} - k \leq \mu \leq \overline{X} + k) = 1 - \alpha.$$

Sous forme centrée réduite, l'équation précédente s'écrit:

$$P(-z_{\alpha/2} \leq \frac{\overline{X} - \mu}{\sigma/\sqrt{n}} \leq z_{\alpha/2}) = 1 - \alpha$$

Multipliant les membres à l'intérieur de la parenthèse par $\sigma/\sqrt{n}$, on obtient

$$P(-z_{\alpha/2} \cdot \frac{\sigma}{\sqrt{n}} \leq \overline{X} - \mu \leq z_{\alpha/2} \cdot \frac{\sigma}{\sqrt{n}}).$$

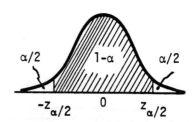

Soustrayant $\overline{X}$ de chaque membre, on trouve

$$P(-\overline{X} - z_{\alpha/2} \cdot \frac{\sigma}{\sqrt{n}} \leq -\mu \leq -\overline{X} + z_{\alpha/2} \cdot \frac{\sigma}{\sqrt{n}}) = 1 - \alpha.$$

Multipliant par -1 chacun des membres à l'intérieur de la parenthèse (en n'oubliant pas de changer le sens des inégalités), on obtient

$$P(\overline{X} + z_{\alpha/2} \cdot \frac{\sigma}{\sqrt{n}} \geq \mu \geq \overline{X} - z_{\alpha/2} \cdot \frac{\sigma}{\sqrt{n}}) = 1 - \alpha$$

c.-à-d.

$$P(\overline{X} - z_{\alpha/2} \cdot \frac{\sigma}{\sqrt{n}} \leq \mu \leq \overline{X} + z_{\alpha/2} \cdot \frac{\sigma}{\sqrt{n}}) = 1 - \alpha$$

qui est de la forme

$$P(\overline{X} - k \leq \mu \leq \overline{X} + k) = 1 - \alpha$$

d'où

$$k = z_{\alpha/2} \cdot \frac{\sigma}{\sqrt{n}} \cdot$$

Exprimons en mots ce que représente l'intervalle ainsi obtenu. Il nous permet d'affirmer ce qui suit:

Avant toute expérience, la probabilité que l'intervalle aléatoire $[\overline{X} - z_{\alpha/2} \cdot \frac{\sigma}{\sqrt{n}} , \overline{X} + z_{\alpha/2} \cdot \frac{\sigma}{\sqrt{n}}]$ contienne la vraie valeur de μ est $1 - \alpha$. Ces deux limites sont des variables aléatoires qui prendront des valeurs numériques particulières une fois que l'échantillon est choisi et qu'on a obtenu la valeur $\overline{x}$ (réalisation de la variable aléatoire $\overline{X}$). On en déduit par la suite un intervalle d'extrémités fixes (non plus un intervalle aléatoire) qui s'écrit:

$$\overline{x} - z_{\alpha/2} \cdot \frac{\sigma}{\sqrt{n}} \leq \mu \leq \overline{x} + z_{\alpha/2} \cdot \frac{\sigma}{\sqrt{n}}$$

et on lui attribue, non pas une probabilité, mais un **niveau de confiance** de $100(1-\alpha)\%$ de contenir la vraie valeur de μ.

Intervalle de confiance pour la moyenne μ
avec un niveau de confiance $100(1-\alpha)\%$

Population normale de variance connue
ou grand échantillon ($n \geq 30$)

a) A partir d'un échantillon aléatoire de taille n d'une population normale de variance connue σ^2, on définit, en prenant comme estimation ponctuelle de μ la moyenne $\overline{x}$ de l'échantillon, un intervalle de confiance ayant un niveau de confiance $100(1-\alpha)\%$ de contenir la vraie valeur de μ comme suit:

$$\overline{x} - z_{\alpha/2} \cdot \frac{\sigma}{\sqrt{n}} \leq \mu \leq \overline{x} + z_{\alpha/2} \cdot \frac{\sigma}{\sqrt{n}}$$

où $z_{\alpha/2}$ est la valeur de la variable normale centrée réduite telle que la probabilité que Z soit compris entre $-z_{\alpha/2}$ et $z_{\alpha/2}$ est $1 - \alpha$.

b) Dans le cas d'un grand échantillon ($n \geq 30$) provenant d'une population de variance inconnue mais estimée par la variance d'échantillon s^2, alors l'intervalle de confiance ayant un niveau de confiance $100(1-\alpha)\%$ d'encadrer la vraie valeur de μ s'écrit:

$$\overline{x} - z_{\alpha/2} \cdot \frac{s}{\sqrt{n}} \leq \mu \leq \overline{x} + z_{\alpha/2} \cdot \frac{s}{\sqrt{n}} \cdot$$

EXEMPLE 9.   Estimation par intervalle de la résistance moyenne à l'éclatement.

Un laboratoire indépendant a vérifié pour le compte de l'Office de la protection du consommateur, la résistance à l'éclatement (en kg/cm²) d'un réservoir à essence d'un certain fabricant. Des essais similaires, effectués il y a un an, permettent de considérer que la résistance à l'éclatement est distribuée normalement avec une variance de 9.

Des essais sur un échantillon de 10 réservoirs conduisent à une résistance moyenne à l'éclatement de 219 kg/cm².

Estimer par intervalle de confiance la résistance moyenne à l'éclatement de ce type de réservoir avec un niveau de confiance de 95%.

Les éléments nécessaires au calcul de l'intervalle de confiance sont indiqués comme suit:

- la moyenne de l'échantillon: $\overline{x}$ = 219
- l'écart-type de la population normale: $\sigma = \sqrt{9}$ = 3 kg/cm²
- la taille de l'échantillon: n = 10
- le niveau de confiance: $1 - \alpha$ = 0,95, α = 0,05.

Sous ces conditions, les limites de l'intervalle sont:

$$\overline{x} - z_{\alpha/2} \cdot \frac{\sigma}{\sqrt{n}} \leq \mu \leq \overline{x} + z_{\alpha/2} \cdot \frac{\sigma}{\sqrt{n}}$$

avec $z_{\alpha/2} = z_{0,025}$ = 1,96 (de la table 3, loi normale centrée réduite). En substituant les valeurs appropriées, les limites de l'intervalle de confiance sont:

Limite inférieure

$= 219 - (1,96) \dfrac{(3)}{\sqrt{10}}$

= 219 - 1,8594

$\simeq$ 217,14 kg/cm².

Avec un niveau de confiance de 95%, nous croyons que μ est quelque part dans cet intervalle.

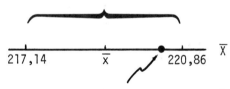

μ pourrait être située ici

Limite supérieure

$= 219 + (1,96) \dfrac{(3)}{\sqrt{10}}$

= 219 + 1,8594

$\simeq$ 220,86 kg/cm².

On attribue à l'intervalle 217,14 $\leq \mu \leq$ 220,86, un niveau de confiance de 95% de contenir la vraie valeur de la résistance moyenne à l'éclatement pour le réservoir de ce fabricant.

EXEMPLE 10. Estimation du salaire moyen de gradués universitaires depuis 2 ans.

Un sondage est effectué auprès d'un échantillon aléatoire de 100 gradués universitaires depuis 2 ans. Dans la région de Montréal, la compilation des résultats associés à la section du sondage concernant la rémunération des individus révéla les faits suivants:

Salaire annuel moyen: $22 500
Ecart-type   : $ 1 200.

On suppose que le taux de sondage n'excède pas 5% ($\frac{n}{N} \leq 0,05$).

Estimer, par intervalle de confiance, le salaire moyen de tous les gradués universitaires depuis deux ans dans la région de Montréal avec les niveaux de confiance de 90%, de 95% et de 99%.

D'après l'énoncé, la variance de la population est inconnue ainsi que la distribution des salaires. Par conséquent, au niveau de confiance $(1-\alpha)$, la forme de l'intervalle s'écrit, puisque n = 100   30,

$$\overline{x} - z_{\alpha/2} \cdot \frac{s}{\sqrt{n}} \leq \mu \leq \overline{x} + z_{\alpha/2} \cdot \frac{s}{\sqrt{n}}$$

D'après les résultats du sondage, on a

$\overline{x} = 22\ 500$ $s = 1200$ $\frac{s}{\sqrt{n}} = \frac{1200}{\sqrt{100}} = 120.$

Nous résumons les différents calculs comme suit.

Niveau de confiance	$z_{\alpha/2}$	$z_{\alpha/2} \frac{s}{\sqrt{n}}$	Limite inférieure $\overline{x} - z_{\alpha/2} \frac{s}{\sqrt{n}}$	Limite supérieure $\overline{x} + z_{\alpha/2} \frac{s}{\sqrt{n}}$
90%	1,645	$198	$22 302	$22 698
95%	1,96	$235,20	$22 264,80	$22 735,20
99%	2,575	$309	$22 191	$22 809

Ainsi, l'intervalle de confiance qui a 95 chances sur 100 de contenir le vrai salaire annuel moyen est $22 264,80 $\leq \mu \leq$ $22 735,20.

Remarques.   a)   L'intervalle de confiance pourra être numériquement différent chaque fois qu'on prélève un échantillon de même taille de la population puisque l'intervalle est centré sur la moyenne de l'échantillon qui varie de prélèvement en prélèvement.

b)   Le niveau de confiance est associé à l'intervalle et non au paramètre μ.   Il ne faut pas dire que la valeur vraie de μ a, disons, 95 chances sur 100 de se trouver dans l'intervalle mais plutôt que l'intervalle de confiance a 95 chances sur 100 de contenir la valeur vraie de μ ou, encore 95 fois sur 100, l'intervalle ainsi déterminé contiendra la vraie valeur de μ.   Une fois que l'intervalle est calculé, μ est ou n'est pas dans l'intervalle (pour une population particulière μ est une constante et non une variable aléatoire).

c)   Plus le niveau de confiance est élevé plus l'amplitude de l'intervalle est grande.   Pour la même taille d'échantillon, on perd de la précision en gagnant une plus grande confiance.

d)   Dans le cas où la variance de la population est inconnue, des échantillonnages ($\geq$ 30) successifs de la population peuvent conduire, pour la même taille d'échantillon et le même niveau de confiance, à des intervalles de diverses amplitudes parce que l'écart-type s variera d'échantillon en échantillon.

EXERCICE DE SIMULATION SUR L'ÉCHANTILLONNAGE ET L'ESTIMATION DE LA MOYENNE PAR INTERVALLE DE CONFIANCE

Cet exercice permet de déterminer la distribution d'échantillonnage de la moyenne d'échantillon et de visualiser le comportement des estimations par intervalle de confiance.

Supposons que l'âge de tous les employés (population) de l'entreprise SMC (N = 500), au plus grand entier, se présente comme suit. Les nombres apparaissant à la gauche des valeurs représentent le numéro de chaque employé (voir page suivante).

La répartition selon l'âge de toutes ces observations se présente comme suit. Nous présentons également l'histogramme de la distribution.

Répartition des employés selon l'âge	Nombre de personnes
20 ≤ X < 25 ans	4
25 ≤ X < 30	35
30 ≤ X < 35	122
35 ≤ X < 40	162
40 ≤ X < 45	127
45 ≤ X < 50	41
50 ≤ X < 55	9

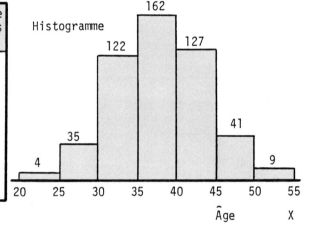

Moyenne de la population (μ): 37,28

Ecart-type de la population (σ): 5,6

Nous constatons que la distribution du caractère "âge" de tous les employés présente une assez bonne symétrie.

Première partie de l'expérience: Prélèvement de l'échantillon, calculs de la moyenne d'échantillon et de l'intervalle de confiance.

Chaque participant(e) doit tirer de la table de nombres aléatoires en annexe (échantillon de taille n = 30) de 3 chiffres (entre 001 et 500). Ces nombres correspondront aux numéros des employés de l'entreprise qui vont constituer l'échantillon. Le tirage s'effectuant sans remise, il suffira de ne pas tenir compte d'un nombre déjà tiré. On ne considère pas non plus des nombres supérieurs à 500. Le point d'entrée dans la table et l'itinéraire de lecture des nombres sont au choix de l'individu. Il s'agira par la suite d'associer à chaque numéro sorti, l'âge de l'employé en se référant à la population de la page suivante.

Population - No et âge de tous les employés

No	âge	No	âge	No	âge	No	âge	No	âge	No	âge	No	âge	No	âge	No	âge	No	âge
001	37	051	47	101	40	151	40	201	25	251	41	301	53	351	44	401	40	451	41
002	40	052	35	102	41	152	46	202	41	252	33	302	37	352	36	402	49	452	40
003	37	053	34	103	28	153	32	203	37	253	45	303	30	353	42	403	44	453	38
004	39	054	28	104	30	154	32	204	32	254	41	304	44	354	32	404	45	454	35
005	46	055	34	105	36	155	35	205	42	255	39	305	43	355	35	405	40	455	41
006	43	056	29	106	37	156	35	206	29	256	30	306	29	356	42	406	37	456	28
007	43	057	44	107	30	157	44	207	39	257	35	307	36	357	36	407	40	457	41
008	41	058	36	108	33	158	29	208	40	258	32	308	33	358	41	408	34	458	28
009	35	059	39	109	45	159	47	209	37	259	33	309	39	359	33	409	34	459	31
010	31	060	44	110	43	160	36	210	34	260	34	310	46	360	41	410	50	460	30
011	45	061	36	111	44	161	32	211	29	261	34	311	30	361	36	411	39	461	40
012	34	062	43	112	43	162	39	212	37	262	37	312	32	362	33	412	37	462	42
013	40	063	34	113	45	163	41	213	53	263	38	313	35	363	34	413	36	463	44
014	31	064	54	114	26	164	32	214	39	264	32	314	49	364	42	414	35	464	39
015	35	065	34	115	41	165	38	215	29	265	35	315	43	365	38	415	40	465	29
016	35	066	31	116	42	166	42	216	44	266	33	316	32	366	44	416	40	466	32
017	41	067	51	117	32	167	41	217	47	267	51	317	38	367	34	417	37	467	28
018	42	068	33	118	28	168	28	218	37	268	36	318	43	368	38	418	52	468	30
019	37	069	43	119	35	169	40	219	43	269	35	319	32	369	34	419	40	469	38
020	32	070	42	120	39	170	39	220	40	270	35	320	37	370	49	420	31	470	41
021	46	071	29	121	40	171	27	221	35	271	26	321	38	371	31	421	30	471	40
022	38	072	41	122	37	172	29	222	38	272	43	322	32	372	41	422	39	472	43
023	37	073	41	123	38	173	30	223	39	273	35	323	45	373	36	423	38	473	42
024	46	074	28	124	38	174	44	224	43	274	30	324	42	374	48	424	30	474	24
025	44	075	29	125	27	175	31	225	33	275	30	325	30	375	31	425	33	475	35
026	35	076	42	126	24	176	44	226	41	276	42	326	36	376	32	426	33	476	44
027	39	077	31	127	33	177	28	227	39	277	33	327	37	377	45	427	31	477	25
028	38	078	36	128	34	178	36	228	36	278	45	328	33	378	31	428	35	478	46
029	44	079	37	129	51	179	34	229	46	279	45	329	36	379	40	429	36	479	40
030	46	080	41	130	40	180	40	230	31	280	35	330	34	380	38	430	40	480	41
031	31	080	45	131	27	181	34	231	31	281	39	331	35	381	30	431	41	481	34
032	46	082	34	132	30	182	41	232	44	282	29	332	35	382	37	432	31	482	37
033	32	083	35	133	31	183	35	232	41	283	41	333	35	383	34	433	36	483	28
034	39	084	22	134	43	184	46	234	35	284	37	334	37	384	39	434	37	484	34
035	43	085	32	135	31	185	49	235	35	285	33	335	34	385	42	435	44	485	42
036	34	086	38	136	35	186	35	236	37	286	37	336	44	386	34	436	31	486	43
037	26	087	42	137	33	187	39	237	43	287	35	337	35	387	44	437	34	487	29
038	38	088	34	138	45	188	37	238	43	288	43	338	46	388	36	438	38	488	39
039	31	089	39	139	30	189	41	239	35	289	34	339	40	389	39	439	33	489	35
040	36	090	38	140	38	190	38	240	41	290	36	340	27	390	34	440	40	490	45
041	45	091	38	141	47	191	38	241	37	291	36	341	41	391	35	441	40	491	28
042	35	092	38	142	35	192	42	242	34	292	47	342	36	392	47	442	35	492	33
043	47	093	45	143	36	193	41	243	32	293	39	343	37	393	28	443	33	493	33
044	31	094	33	144	41	194	35	244	29	294	41	344	46	394	39	444	35	494	31
045	32	095	31	145	36	195	36	245	41	295	34	345	33	395	41	445	39	495	37
046	30	096	42	146	38	196	45	246	34	296	42	346	37	396	52	446	39	496	43
047	44	097	39	147	36	197	43	247	35	297	34	347	38	397	42	447	38	497	45
048	37	098	38	148	41	198	34	248	38	298	38	348	27	398	35	448	23	498	37
049	40	099	31	149	36	199	30	249	41	299	33	349	34	399	32	449	38	499	44
050	39	100	30	150	33	200	43	250	40	300	38	350	34	400	44	450	40	500	40

Numéro sorti	Age	Numéro sorti	Age	Numéro sorti	Age	Numéro sorti	Age	Numéro sorti	Age	Numéro sorti	Age

Calcul de l'âge moyen pour cet échantillon: $\overline{x}$ = _____.

Intervalle de confiance ayant un niveau de confiance de 95% de contenir la moyenne de la population ($\overline{x} - 1{,}96\,\frac{\sigma}{\sqrt{n}} \leq \mu \leq \overline{x} + 1{,}96\,\frac{\sigma}{\sqrt{n}}$) c'est-à-dire

$\overline{x} \pm \dfrac{(1{,}96)(5{,}6)}{30}$, soit $\overline{x} \pm 2$: _____.

Deuxième partie de l'expérience: Détermination de la distribution de l'âge moyen des échantillons prélevés et visualisation du comportement des estimations par intervalle de confiance.

Chaque participant(e) révèle la moyenne obtenue pour son échantillon. On pourra compiler les résultats ($\overline{x}$) d'après la répartition suivante.

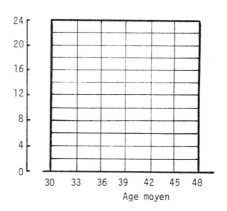

Répartition de l'âge moyen	Nombre d'échantillons
$30 \leq X < 33$	
$33 \leq X < 36$	
$36 \leq X < 39$	
$39 \leq X < 42$	
$42 \leq X < 45$	
$45 \leq X < 48$	

Chaque participant(e) révèle les limites de l'intervalle de confiance obtenues pour son échantillon. On indiquera par la suite, par un trait plein (⊢———⊣) sur le quadrillé de la page suivante, l'étendue de chaque intervalle obtenue par tous les participants(es).

Sur le nombre d'intervalles calculés, quelle proportion encadre la vraie valeur de l'âge moyen (la moyenne de la population $\mu = 37{,}28$)? Cette proportion devrait être voisine de quelle valeur? _____

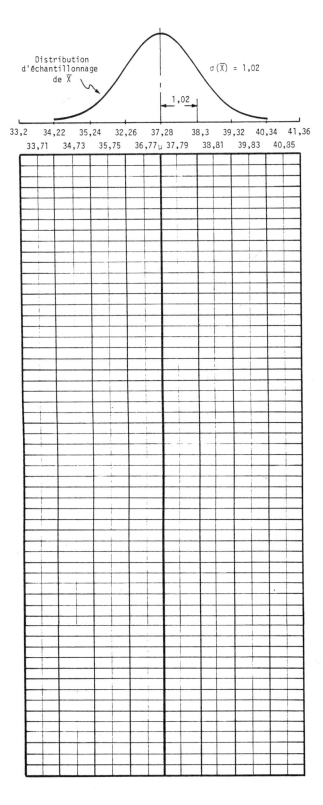

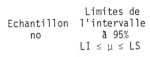

Remarque.   Il faut bien réaliser que le niveau de confiance $100(1-\alpha)$ veut dire: A long terme, $100(1-\alpha)$ des intervalles calculés à l'aide de tous les échantillons possibles de même taille vont contenir la vraie valeur de μ. La performance de cette expérience dépend donc du nombre de participants. Plus le nombre de participants sera élevé, meilleure sera la performance.

MARGE D'ERREUR ASSOCIÉE À L'ESTIMATION ET TAILLE D'ÉCHANTILLON REQUISE POUR NE PAS EXCÉDER LA MARGE D'ERREUR

La **marge d'erreur** dans l'estimation, lorsqu'on emploie la moyenne $\bar{x}$ de l'échantillon pour estimer la vraie valeur de μ est l'écart (en valeur absolue) entre $\bar{x}$ et μ, soit $|\bar{x} - \mu|$.

Pour un niveau de confiance $1 - \alpha$, l'intervalle de confiance s'écrit (population normale, σ connu)

$$\bar{x} - z_{\alpha/2}\frac{\sigma}{\sqrt{n}} \leq \mu \leq \bar{x} + z_{\alpha/2}\frac{\sigma}{\sqrt{n}}$$

Quelle serait la marge d'erreur $|\bar{x} - \mu|$?

Par un cheminement analogue à celui qui nous a amenés à l'expression de l'intervalle de confiance, on peut écrire

$$-z_{\alpha/2}\frac{\sigma}{\sqrt{n}} \leq \bar{x} - \mu \leq z_{\alpha/2}\frac{\sigma}{\sqrt{n}}$$

ou

$$|\bar{x} - \mu| \leq z_{\alpha/2}\frac{\sigma}{\sqrt{n}}$$

Donc pour un niveau de confiance $(1-\alpha)$, la marge d'erreur est au plus égale à $z_{\alpha/2}\frac{\sigma}{\sqrt{n}}$ (ou $z_{\alpha/2}\frac{s}{\sqrt{n}}$ dans le cas d'un grand échantillon si σ est inconnu).

Elle quantifie l'erreur atribuable aux fluctuations d'échantillonnage.

Pour un σ connu et une même taille d'échantillon, c'est le niveau de confiance qui influence la marge d'erreur dans l'estimation. Plus le niveau de confiance sera élevé, plus la marge d'erreur sera grande. En pratique, on peut fixer la marge d'erreur qu'on ne veut pas excéder et déterminer la **taille minimale de l'échantillon** requise. Notons cette marge d'erreur par E, et posons

$$z_{\alpha/2}\frac{\sigma}{\sqrt{n}} = E.$$

Alors $\sqrt{n} = \frac{z_{\alpha/2}\,\sigma}{E}$. En élevant les deux membres au carré, on obtient

$$n = \left[\frac{z_{\alpha/2} \cdot \sigma}{E}\right]^2.$$

Cette taille d'échantillon nous assure que la marge d'erreur dans l'estimation de μ par $\bar{x}$ sera au plus égale à E. Une fois la taille d'échantillon prélevé et la moyenne $\bar{x}$ calculée, l'intervalle de confiance pour μ s'obtient directement de

$$\bar{x} - \text{marge d'erreur} \leq \mu \leq \bar{x} + \text{marge d'erreur}$$

$$\bar{x} - E \leq \mu \leq \bar{x} + E.$$

Remarques. a) E est parfois identifié comme étant **l'erreur maximum proba-ble.**

b) Si σ est inconnu, un échantillon préliminaire de l'ordre de 30 permettra d'obtenir une bonne estimation de σ. On utilisera alors l'é-cart-type de cet échantillon dans la formule de la taille d'échantillon requise.

EXEMPLE 11. Détermination de la taille d'échantillon requise pour un essai de fiabilité d'un dispositif électronique.

La firme Comtec vient de développer un nouveau dispositif électronique qui entre dans la fabrication d'appareils de traitement de texte. Avant de met-tre en production ce nouveau dispositif, on veut effectuer des essais pré-liminaires pour être en mesure d'en estimer la fiabilité en termes de durée de vie. D'après le bureau de Recherche et Développement de l'entreprise, l'écart-type de la durée de vie de ce nouveau dispositif électronique serait de l'ordre de 100 heures.

a) Déterminer le nombre d'essais requis pour estimer, avec un niveau de confiance de 95%, la durée de vie moyenne d'une grande production de sorte que la marge d'erreur dans l'estimation n'excède pas 50 heures.

D'après le niveau de confiance requis, on a

$$1 - \alpha = 0,95 \qquad \alpha = 0,05 \qquad \text{et } \alpha/2 = 0,025.$$

De la table de la loi normale centrée réduite, on peut lire

$$z_{0,025} = 1,96.$$

Avec σ = 100 et E = 50 heures, on obtient pour n,

$$n = \left[\frac{z_{\alpha/2} \cdot \sigma}{E} \right]^2 = \left[\frac{(1,96)(100)}{50} \right]^2$$
$$= 15,366$$

soit 16 essais.

b) Pour le même niveau de confiance, quelle doit être le nombre d'essais de sorte que la marge d'erreur dans l'estimation de la durée de vie moyenne n'excède pas 20 heures?

Dans ce cas, E = 20 heures et on obtient alors

$$n = \left[\frac{(1,96)(100)}{20} \right]^2 = 96,04$$

soit 96 essais, ce qui est 6 fois supérieur, en nombre d'essais, pour réduire de ±30 heures la marge d'erreur.

Remarques. a) Pour le même niveau de confiance et le même écart-type, plus la marge d'erreur requise est faible (la précision du sondage est plus grande), plus la taille d'échantillon sera élevée.

b) Dans le cas où l'on veut sonder une population finie de di-mension N pour laquelle le taux de sondage peut être assez élevé, on utili-sera alors l'expression suivante pour le calcul de la taille d'échantillon.

$$n = \frac{N \cdot z_{\alpha/2}^2 \; \sigma^2}{N \cdot E^2 + z_{\alpha/2}^2 \sigma^2}$$

Cette formule est obtenue en résolvant pour n, l'expression suivante:

$$\text{Marge d'erreur } E = z_{\alpha/2} \; \frac{\sigma}{\sqrt{n}} \; \sqrt{1 - \frac{n}{N}}$$

EXEMPLE 12.   Vérification de comptes-clients par sondage aléatoire.

Le comptable de la compagnie de transport Laviolette veut effectuer une vérification des comptes-clients par sondage aléatoire pour en estimer le montant moyen à recevoir.

La compagnie a présentement 400 comptes-clients. Si on admet que l'écart-
type des montants à recevoir pour l'ensemble des comptes-clients est de l'ordre de $200, combien de comptes doit-on examiner pour obtenir, avec un ni-
veau de confiance de 95,44%, une estimation du montant moyen à recevoir avec
une marge d'erreur n'excédant pas $50.

Pour déterminer le nombre de comptes-clients, on utilise la formule suivante:

$$n = \frac{N \cdot z_{\alpha/2}^2 \cdot \sigma^2}{N \cdot E^2 + z_{\alpha/2}^2 \cdot \sigma^2}$$

En substituant N = 400, σ = 200, E = 50 et $z_{0,0228}$ = 2 (puisque 1-α= 0,9544,
α = 0,0456 et α/2 = 0,0228), on obtient

$$n = \frac{(400)(2)^2 \; (200)^2}{(400)(50)^2 + (2)^2 \; (200)^2} = \frac{64\ 000\ 000}{1\ 000\ 000 + 160\ 000}$$

$$= \frac{64\ 000\ 000}{1\ 160\ 000} = 55,17 \simeq 56.$$

Avec 56 comptes-clients, qui représente un taux de sondage de $\frac{56}{400}$ = 0,14,
soit 14%, l'estimation du montant moyen à recevoir, avec un niveau de confiance de 95,44%, sera accompagnée d'une marge d'erreur attribuable aux
fluctuations d'échantillonnage n'excédant pas $50:

Montant moyen estimé ± $50.

LA DISTRIBUTION DE STUDENT

Lorsque l'échantillonnage s'effectue à partir d'une population normale,
de variance inconnue et que la taille d'échantillon est petite (n < 30),
l'estimation de la variance σ^2 par s^2 n'est plus fiable. Elle varie trop
d'échantillon en échantillon.

Dans ce cas l'écart réduit $\frac{\overline{X} - \mu}{s / \sqrt{n}}$ n'est plus distribué selon la loi
normale centrée réduite (le théorème central limite ne s'applique pas puis-
que n < 30). Sous ces conditions, on ne peut donc pas établir un intervalle
de confiance pour μ avec les valeurs tabulées de la loi normale centrée réduite. Ceci exige une autre distribution soit la **distribution de Student.**

Cette loi de probabilité (d'expression algébrique très complexe et que nous omettons délibérément) est attribuable à W.S. Gosset, statisticien oeuvrant dans l'entreprise (il était à l'emploi d'une brasserie irlandaise: "Guiness Brewery"). Gosset se dévouait (corps et âme) à l'analyse de résultats provenant de petits échantillons (des petites gorgées!). En 1908, il publia un article intitulé "On the Probable Error of the Mean" sous le pseudonyme "Student" (la direction de la brasserie s'opposant à la publication de cet article sous son vrai nom...) d'où la **loi de Student**. Les principales propriétés de cette loi sont les suivantes:

Propriétés de la loi de Student

1. La variable aléatoire associée à la distribution de Student est une variable continue et qui est notée «t». Elle peut varier entre -∞ et +∞: $-\infty < t < \infty$.

2. La distribution de Student est symétrique par rapport à l'origine et est un peu plus aplatie que la distribution normale centrée réduite.

3. La distribution de Student ne dépend que d'une seule quantité soit ν, le nombre de degrés de liberté (concept que nous expliquerons dans une section subséquente) qui peut être n'importe quel entier positif. La distribution de Student est effectivement une famille de distributions. Comme nous l'indique la figure ci-contre, il existe une distribution distincte pour chaque valeur de ν.

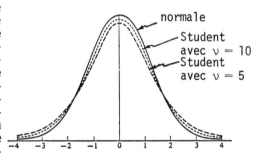

4. On démontre que l'espérance mathématique et la variance de la variable aléatoire t sont respectivement

    $E(t) = 0$, pour $\nu > 1$ et $Var(t) = \dfrac{\nu}{\nu-2}$, pour $\nu > 2$.

    La variance de t est supérieure à 1 mais tend vers 1 à mesure que ν augmente. Elle n'est pas définie pour $\nu \leq 2$.

5. A mesure que le nombre de degrés de liberté augmente ($\nu \to \infty$), la distribution de Student s'approche de plus en plus de la loi normale centrée réduite. Le cas limite est effectivement la loi normale centrée réduite.

Valeurs tabulées du t de Student et leur signification

Les valeurs de t sont liées aux valeurs de α (probabilité complémentaire au niveau de confiance $1 - \alpha$ ou encore au seuil de signification d'un test d'hypothèse que nous traitons dans le prochain chapitre) et à ν (nombre de degrés de liberté). Elles sont tabulées de manière telle que la probabilité pour que t soit supérieure (ou égale) à une valeur fixée $t_{\alpha;\nu}$ est donnée par la relation

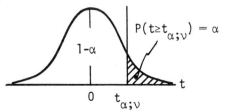

$$P(t \geq t_{\alpha;\nu}) = \alpha$$

La valeur particulière $t_{\alpha;\nu}$ se lit directement de la table 4 (distribution de Student) en annexe.

Dans le calcul d'intervalle de confiance (ou dans les tests statistiques des prochains chapitres), on voudra obtenir, à partir de la table 4, des valeurs particulières de t pour un α et un ν donnés.

Extrait de la table 4

Par exemple, quelle est la valeur tabulée du t lorsque $\alpha = 0,05$ et $\nu = 10$? De la table, on lit:

$t_{0,05;10} = 1,8125$.

Ce qui signifie qu'on a 5 chances sur 100 que la variable aléatoire t avec 10 degrés de liberté soit supérieure ou égale à 1,8125:

$P(t \geq 1,8125) = 0,05$.

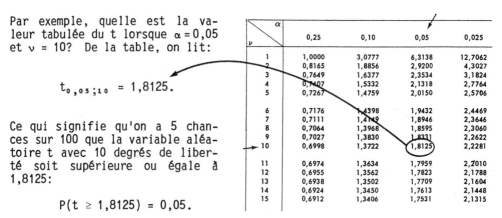

α ν	0,25	0,10	0,05	0,025
1	1,0000	3,0777	6,3138	12,7062
2	0,8165	1,8856	2,9200	4,3027
3	0,7649	1,6377	2,3534	3,1824
4	0,7407	1,5332	2,1318	2,7764
5	0,7267	1,4759	2,0150	2,5706
6	0,7176	1,4398	1,9432	2,4469
7	0,7111	1,4149	1,8946	2,3646
8	0,7064	1,3968	1,8595	2,3060
9	0,7027	1,3830	1,8331	2,2622
10	0,6998	1,3722	1,8125	2,2281
11	0,6974	1,3634	1,7959	2,2010
12	0,6955	1,3562	1,7823	2,1788
13	0,6938	1,3502	1,7709	2,1604
14	0,6924	1,3450	1,7613	2,1448
15	0,6912	1,3406	1,7531	2,1315

A cause de la symétrie de la distribution de Student, on notera que

$$t_{\alpha;\nu} = -t_{(1-\alpha);\nu} \cdot$$

Ainsi

$$t_{0,05;10} = -t_{0,95;10}$$

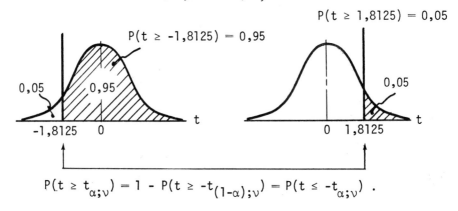

$P(t \geq -1,8125) = 0,95$

$P(t \geq 1,8125) = 0,05$

$$P(t \geq t_{\alpha;\nu}) = 1 - P(t \geq -t_{(1-\alpha);\nu}) = P(t \leq -t_{\alpha;\nu}) \cdot$$

Remarque. Bien que la table 4 indique les degrés de liberté jusqu'à 90, il arrive fréquemment en pratique qu'on passe aux valeurs tabulées de la loi normale centrée réduite aussitôt que ν est de l'ordre de 30. A mesure que ν augmente, les valeurs du t s'approchent de plus en plus du Z de la loi normale centrée réduite. Pour $\alpha = 0,025$, $z_{0,025} = 1,96$ et pour

$$\nu = 30, \quad t_{0,025;30} = 2,0423$$

$$\nu = 50, \quad t_{0,025;50} = 2,0086$$

$$\nu = 90, \quad t_{0,025;90} = 1,9867.$$

ESTIMATION DE μ PAR INTERVALLE: POPULATION NORMALE, VARIANCE INCONNUE ET PETIT ÉCHANTILLON (n < 30)

Avant de donner l'expression pour calculer l'intervalle de confiance, énonçons d'abord les propriétés suivantes:

Propriétés des fluctuations d'échantillonnage de la quantité $\dfrac{\overline{X} - \mu}{s/\sqrt{n}}$

On prélève au hasard un échantillon de petite taille (n < 30) d'une population normale de moyenne μ (inconnue) et de variance σ^2 inconnue. En notant par $\overline{X}$ la moyenne d'échantillon et par s^2 la variance d'échantillon de taille n, les fluctuations de l'écart réduit

$$t = \frac{\overline{X} - \mu}{s/\sqrt{n}} \quad \text{sont celles}$$

de la loi de Student avec ν = n-1 degrés de liberté.

Les conditions d'application de la distribution de Student sont donc:
a) L'échantillonnage s'effectue à partir d'une population normale.
b) La variance σ^2 est inconnue.
c) La taille de l'échantillon est petite (n < 30).

Le concept des degrés de liberté

Le concept des degrés de liberté peut s'expliquer de diverses manières. Son utilité est simple: il nous permet de choisir correctement les valeurs tabulées requises des lois de probabilité qui dépendent de ce nombre (entre autres, la distribution de Student et la loi du khi-deux).

Dans le cas qui nous intéresse, les degrés de liberté associés à la distribution de Student sont ν = n-1 soit le dénominateur de l'expression de la variance d'échantillon $s^2 = \dfrac{\sum(x_i - \overline{x})^2}{n-1}$.

Donnons la définition suivante.

Degrés de liberté

Le nombre de degrés de liberté est une quantité qui est toujours associée à une somme de carrés et représente généralement le nombre d'écarts indépendants dans le calcul de cette somme de carrés, c.-à-d. le nombre d'écarts nécessaire au calcul de la somme de carrés moins le nombre de restrictions sur ces écarts.

Ainsi dans le calcul du t de Student, il faut, pour une taille d'échantillon n, évaluer la variance d'échantillon s^2 qui s'obtient à l'aide de la somme de carrés $\sum(x_i - \overline{x})^2$ ce qui nécessite le calcul de n écarts.

Toutefois ces n écarts ne sont pas tous indépendants puisqu'il faut respecter une propriété importante qui est: la somme des écarts entre les observations d'un échantillon et leur moyenne est toujours nulle.   Ici $\sum(x_i - \overline{x}) = 0$.   Il existe donc une restriction sur le calcul des écarts, soit $\sum(x_i - \overline{x}) = 0$.   Nous perdons un degré de liberté; il reste donc $(n-1)$ degrés de liberté pour la somme de carrés.

Donnons un exemple simple.   Supposons qu'un échantillon comporte trois observations et que la moyenne de ces trois observations est $\overline{x} = 18$.   On vous mentionne que deux de ces observations sont 4 et 12.   Quelle doit être la troisième observation pour assurer que $\overline{x} = 18$ (ou encore que $\sum(x_i - 18) = 0$). Vous n'êtes pas libre de choisir comme vous le voulez la troisième observation; il faut que cette observation permette de respecter la propriété $\sum(x_i - 18) = 0$.   Puisque $x_1 = 4$ et $x_2 = 12$, il faut que $(x_1 - 18) + (x_2 - 18) + (x_3 - 18) = (4-18) + (12-18) + (x_3 - 18) = 0$ c.-à-d. que $x_3 - 18 = 14 + 6$

$$x_3 = 14 + 6 + 18 = 38.$$

On aurait pu également expliquer ce concept de la façon suivante. Choisissez trois nombres de sorte que la moyenne de ces trois nombres soit 18.   Vous avez toute "liberté" de choisir au hasard deux de ces nombres. Toutefois, lorsque ces deux nombres ont été choisis, le troisième doit être tel que $\overline{x} = 18$.   Nous disons alors que vous avez deux degrés de liberté.

Remarques. a) Le nombre de degrés de liberté peut également se définir de la façon suivante: c'est le nombre d'écarts nécessaire au calcul de la somme de carrés moins le nombre de paramètres que l'on doit estimer pour effectuer le calcul des écarts.   Ainsi dans l'expression $\sum(x_i - \overline{x})^2$, il faut d'abord estimer μ par $\overline{x}$ pour effectuer ce calcul, nous perdons 1 degré de liberté; il reste $(n-1)$ degrés de liberté.   Ainsi, pour tout calcul de somme de carrés, nous perdons autant de degrés de liberté qu'il y a de paramètres à estimer avec les observations pour calculer les écarts.

b) Une somme de carrés divisée par ces degrés de liberté constitue une variance.

Donnons maintenant l'expression nécessaire au calcul des limites de l'intervalle de confiance pour μ sous les conditions d'application nécessitant l'usage de la distribution de Student.

Intervalle de confiance pour μ

Population normale, variance σ^2 inconnue, $n < 30$

A partir d'un échantillon aléatoire de petite taille $(n < 30)$, prélevé d'une population normale de moyenne μ (inconnue) et de variance σ^2 inconnue, alors on définit, en prenant comme estimation ponctuelle de μ la moyenne $\overline{x}$ de l'échantillon, un intervalle de confiance ayant un niveau de confiance $100(1-\alpha)\%$ de contenir la vraie valeur de μ comme suit:

$$\overline{x} - t_{\alpha/2;\nu} \cdot \frac{s}{\sqrt{n}} \leq \mu \leq \overline{x} + t_{\alpha/2;\nu} \cdot \frac{s}{\sqrt{n}}$$

où $\nu = n-1$ degrés de liberté, s représente l'écart-type de l'échantillon et $t_{\alpha/2;\nu}$, la valeur tabulée de la distribution de Student avec ν degrés de liberté telle que la probabilité que t soit compris entre $-t_{\alpha/2;\nu}$ et $t_{\alpha/2;\nu}$ est $1 - \alpha$.

Remarque. Il faut faire attention lorsqu'on lit dans la table de Student (table 4). Il faut travailler avec la valeur résultante $\alpha/2$ et non la valeur α de l'énoncé du problème. Ainsi pour un niveau de confiance de 95%, $1 - \alpha = 0,95$, $\alpha = 0,05$ et $\alpha/2 = 0,025$; c'est cette dernière valeur qui nous sert (avec ν) à repérer la valeur tabulée du t. Si $\nu = 10$ et $\alpha/2 = 0,025$, alors $t_{0,025;10} = 2,2284$.

EXEMPLE 13. Estimation par intervalle de confiance de la moyenne de la population en utilisant la distribution de Student.

Dans un atelier mécanique, on a vérifié le diamètre de tiges tournées sur un tour automatique. Le diamètre des tiges peut fluctuer selon le réglage du tour. Vingt tiges prélevées au hasard, ont été mesurées avec un micromètre de précision. Les résultats sont présentés dans le tableau ci-contre.

Diamètres en mm de tiges tournées			
39,5	39,9	39,7	40,0
40,6	41,5	39,1	39,4
38,4	40,0	42,6	41,1
37,8	38,5	40,0	41,3
39,4	41,2	38,4	40,8

En supposant que le diamètre des tiges est distribué selon une loi normale, estimer par intervalle de confiance le diamètre moyen des tiges de cette fabrication avec les niveaux de confiance de 90%, de 95% et de 99%.

Solution

Puisque la variance de la population est inconnue, que la taille de l'échantillon est petite (n = 20 < 30) et que l'on suppose que la population (le diamètre des tiges de la fabrication) est normale, on devra tenir compte des fluctuations d'échantillonnage en faisant intervenir la distribution de Student pour estimer μ.

L'intervalle de confiance aura donc la forme

$$\overline{x} - t_{\alpha/2;n-1} \cdot \frac{s}{\sqrt{n}} \leq \mu \leq \overline{x} + t_{\alpha/2;n-1} \cdot \frac{s}{\sqrt{n}}$$

où $\nu = n-1 = 20 - 1 = 19$ degrés de liberté et, pour les niveaux de confiance

de 90%, $1 - \alpha = 0,90$, $\alpha = 0,10$, $\alpha/2 = 0,05$

de 95%, $1 - \alpha = 0,95$, $\alpha = 0,05$, $\alpha/2 = 0,025$

de 99%, $1 - \alpha = 0,99$, $\alpha = 0,01$, $\alpha/2 = 0,005$.

Calculons maintenant la moyenne, la variance et l'écart-type du diamètre des tiges. On trouve

$$\sum x_i = 799,2 \qquad\qquad \sum(x_i - \overline{x})^2 = 28,4088$$

$$\overline{x} = 39,96, \quad s^2 = 1,4952, \quad s = 1,2228, \quad \frac{s}{\sqrt{n}} = 0,2734.$$

Niveau de confiance	$t_{\alpha/2;19}$	$t_{\alpha/2;19} \cdot \dfrac{s}{\sqrt{n}}$	Limite inférieure $\overline{x} - t_{\alpha/2;19} \cdot \dfrac{s}{\sqrt{n}}$	Limite supérieure $\overline{x} + t_{\alpha/2;19} \cdot \dfrac{s}{\sqrt{n}}$
90%	1,7291	0,473	39,487	40,433
95%	2,0930	0,572	39,388	40,532
99%	2,8609	0,782	39,178	40,742

Par exemple, on peut attribuer un niveau de confiance de 99% à l'intervalle $39,178 \leq \mu \leq 40,742$ de contenir la vraie valeur du diamètre moyen des tiges de cette fabrication.

Question. Si le diamètre moyen des tiges doit être de 40 mm, doit-on envisager, selon les résultats de cet échantillon, de modifier le réglage du tour?

Remarque. La distribution de Student sera à nouveau nécessaire dans les chapitres subséquents particulièrement ceux concernant les tests d'hypothèses.

UTILISATION DU PROGRAMME TTEST: INTERVALLE DE CONFIANCE SUR μ

EXEMPLE 14. Détermination des intervalles de confiance avec le programme TTEST .

On peut obtenir rapidement les intervalles de confiance pour la moyenne de la population avec la loi de Student selon divers niveaux de confiance (75%, 90%, 95%, 99%, 99,9%) en utilisant le programme TTEST.   On peut également effectuer avec ce programme un test d'hypothèse sur μ, sujet qui est traité dans le prochain chapitre.

Illustrons le fonctionnement du programme en utilisant les données de l'exemple 13 (diamètres en mm de tiges tournées).

Entrée des données   Résultats

```
*****************************************
            PROGRAMME TTEST

*****************************************

INTERVALLES DE CONFIANCE POUR LA
MOYENNE DE LA POPULATION AVEC LA LOI DE
STUDENT ET TEST D'HYPOTHESE.

IDENTIFICATION DU TRAVAIL EN COURS
? EXEMPLE 13

QUEL EST LE NOMBRE D'OBSERVATIONS DANS
L'ECHANTILLON ? 20

ENTREZ MAINTENANT VOS DONNEES.
OBS.   1      ? 39.5
OBS.   2      ? 40.6
OBS.   3      ? 38.4
OBS.   4      ? 37.8
OBS.   5      ? 39.4
OBS.   6      ? 39.9
OBS.   7      ? 41.5
OBS.   8      ? 40.0
OBS.   9      ? 38.5
OBS.  10      ? 41.2
OBS.  11      ? 39.7
OBS.  12      ? 39.1
OBS.  13      ? 42.6
OBS.  14      ? 40.0
OBS.  15      ? 38.4
OBS.  16      ? 40.0
OBS.  17      ? 39.4
OBS.  18      ? 41.1
OBS.  19      ? 41.3
OBS.  20      ? 40.8

DESIREZ-VOUS CORRIGER UNE OBSERVATION
<OUI> OU <NON>   ? NON
```

```
*****************************************
      CALCUL DE DIVERSES STATISTIQUES
*****************************************
TRAVAIL EN COURS : EXEMPLE 13
----------------------------------------
NOMBRE D'OBSERVATIONS =  20
MOYENNE DE L'ECHANTILLON =   39.96
SOMME DE CARRES =  28.408
DEGRES DE LIBERTE =  19
VARIANCE DE L'ECHANTILLON =  1.49516
ECART-TYPE DE L'ECHANTILLON =   1.22277
ERREUR-TYPE DE LA MOYENNE = .273419
----------------------------------------

DESIREZ-VOUS OBTENIR DES INTERVALLES DE
CONFIANCE POUR LA MOYENNE DE LA
POPULATION ?
<OUI> OU <NON>   ? OUI

*****************************************
INTERVALLE DE CONFIANCE POUR LA MOYENNE
             DE LA POPULATION
*****************************************

NIVEAU DE   LIMITE      LIMITE    VALEUR DU
CONFIANCE   INFER.      SUPER.    T THEORI.
----------------------------------------
  75 %      39.636      40.284    1.1864
  90 %      39.487      40.433    1.7294
  95 %      39.388      40.532    2.0931
  99 %      39.178      40.742    2.86
  99.9 %    38.9        41.02     3.8771
----------------------------------------

DESIREZ-VOUS EFFECTUER UN TEST D'HYPO-
THESE SUR LA MOYENNE DE LA POPULATION?
<OUI> OU <NON>   ? NON

FIN NORMALE DU TRAITEMENT
```

FLUCTUATIONS D'ÉCHANTILLONNAGE D'UNE PROPORTION

Nous avons déjà traité de la loi binomiale et des conditions permettant d'obtenir une approximation satisfaisante des probabilités binomiales par la loi normale.

Examinons maintenant comment déterminer une estimation par intervalle de confiance de p, la proportion d'individus dans une population possédant un certain caractère qualitatif (par exemple entre quelles valeurs peut se situer la vraie proportion d'électeurs qui ont l'intention de voter pour un certain parti politique). Nous proposerons dans le prochain chapitre une démarche pour comparer une proportion observée à une proportion théorique.

Pour traiter de ces deux aspects, il faut être en mesure de caractériser la distribution d'échantillonnage de la variable aléatoire $\hat{P}$, proportion d'individus dans un échantillon de taille n possédant un certain caractère qualitatif.

Les principales propriétés de la distribution d'échantillonnage de $\hat{P}$ se résument comme suit.

Propriétés de la distribution d'échantillonnage de $\hat{p}$

On prélève au hasard un échantillon de grande taille d'une population dont les éléments possèdent dans une proportion p (inconnue), un caractère qualitatif. Sur cet échantillon de taille n, on observe une proportion de valeur $\hat{p}$ d'éléments qui présentent le caractère. La proportion d'échantillon $\hat{p}$ (estimateur de p) est une variable aléatoire dont la distribution possède les propriétés suivantes, en autant que $n\hat{p} \geq 5$ et $n(1-\hat{p}) \geq 5$:

1) La distribution de $\hat{p}$ est approximativement normale.

2) La moyenne de la distribution de $\hat{p}$ est $E(\hat{p})=p$.

3) L'écart-type de la distribution d'échantillonnage de $\hat{p}$ est:

$$\sigma(\hat{p}) = \sqrt{\frac{p(1-p)}{n}}$$

Les fluctuations de l'écart réduit

$$Z = \frac{\hat{p} - p}{\sqrt{\frac{p(1-p)}{n}}}$$

suivent la loi normale centrée réduite.

EXEMPLE 15.   Calcul de probabilités avec la distribution d'échantillonnage de $\hat{p}$.

Selon une étude sur le comportement du consommateur, 25 consommateurs sur 100 sont influencés par la marque de commerce lors de l'achat d'un bien. Si la responsable du service de promotion d'un grand magasin à rayons de la région de Québec interroge 100 consommateurs choisis au hasard afin de connaître leur comportement sur ce sujet, quelle est la probabilité pour qu-au moins 35 d'entre eux se déclarent influencés par la marque de commerce?

Solution

Précisons d'abord les principales caractéristiques de la proportion d'échantillon $\hat{p}$ (proportion de consommateurs dans l'échantillon se déclarant influencés par la marque de commerce) dans un échantillon de taille n = 100 et dont la population échantillonnée possède dans une proportion p = 0,25 le caractère concerné.

D'abord on a np = 100 (0,25) = 25 > 5 et n(1-p) = 100 (0,75) = 75 > 5.   Ces conditions permettent de considérer que la distribution de $\hat{p}$ est approximativement normale.

Distribution de $\hat{P}$

avec moyenne $E(\hat{P}) = 0,025$

et écart-type $\sigma(\hat{P}) = \sqrt{\dfrac{(0,025)(0,975)}{200}}$

$= 0,011.$

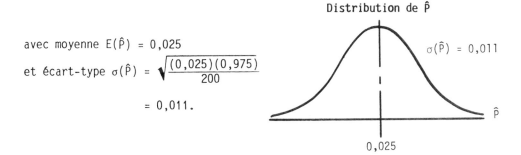

$\sigma(\hat{P}) = 0,011$

$\hat{P}$

0,025

Déterminons maintenant la probabilité requise, soit $P(\hat{P}) \geq 0,04)$

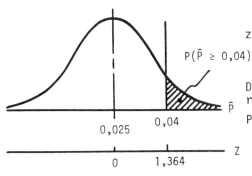

$P(\hat{P} \geq 0,04)$

Calculons l'écart réduit; ce qui donne

$$z = \frac{0,04 - 0,025}{\sqrt{\dfrac{(0,025)(0,975)}{200}}} = \frac{0,015}{0,011} = 1,364.$$

De la table de la loi normale centrée réduite, on obtient

$P(Z \geq 1,364) = P(0 \leq Z \leq \infty) - P(0 \leq Z \leq 1,364)$

$= 0,5 - 0,4137$

$= 0,0863.$

Lorsque le processus de fabrication opère en moyenne à une proportion 0,025 de transistors défectueux, il y a pratiquement 9 chances sur 100 pour qu'il y ait au moins 8 transistors défectueux dans 200 transistors contrôlés.

En pratique, il est peu fréquent de connaître p; on doit plutôt l'estimer à partir d'un échantillon. C'est ce que nous traitons dans la prochaine section.

Note. On trouvera en page **280** une expérience d'échantillonnage qui permet de construire la distribution des fluctuations d'échantillonnage de la proportion observée et d'en vérifier expérimentalement les principales propriétés.

ESTIMATION D'UNE PROPORTION p PAR INTERVALLE DE CONFIANCE

Le raisonnement sous-jacent pour construire un intervalle de confiance pour la valeur vraie de p est similaire à celui utilisé pour la moyenne μ. Nous nous contenterons d'en donner le résultat en utilisant les propriétés mentionnées précédemment.

Intervalle de confiance pour la proportion p avec un niveau de confiance 100(1-α)%

L'intervalle de confiance associé à l'estimation de p, la proportion d'éléments (individus) possédant un caractère qualitatif dans la population, ayant un niveau de confiance 100(1-α)% de contenir la valeur vraie de p est, en autant que $n\hat{p} \geq 5$ et $n(1-\hat{p}) \geq 5$,

$$\hat{p} - z_{\alpha/2}\sqrt{\frac{\hat{p}(1-\hat{p})}{n}} \leq p \leq \hat{p} + z_{\alpha/2}\sqrt{\frac{\hat{p}(1-\hat{p})}{n}}$$

où $\hat{p}$ représente la valeur observée de $\hat{p}$ (estimateur ponctuel de p) sur l'échantillon de taille n et $z_{\alpha/2}$ est la valeur de la variable normale centrée réduite telle que la probabilité que Z soit comprise entre $-z_{\alpha/2}$ et $z_{\alpha/2}$ est 1 - α.

Remarque. Cet intervalle de confiance n'est valable que sous les conditions d'application mentionnées précédemment soit $n\hat{p} \geq 5$ et $n(1-\hat{p}) \geq 5$. Lorsque $\hat{p}$ n'est pas trop voisin de 0 ou 1, il arrive fréquemment que n ≥ 30 soit suffisant.

EXEMPLE 15. Sondage dans une municipalité: Estimation d'une proportion par intervalle.

Dans une municipalité, on a effectué un sondage pour connaître l'opinion des contribuables sur un nouveau règlement d'emprunt. D'une liste informatisée de 6000 payeurs de taxes, on a prélevé, par tirage au sort, 150 noms. Sur ces 150, 45 étaient en faveur du nouveau règlement d'emprunt. Déterminer un intervalle de confiance pour p, la proportion vraie de contribuables de cette municipalité qui sont en faveur du nouveau règlement d'emprunt, avec les niveaux de confiance de 90%, de 95% et de 99%.

Solution

L'estimation ponctuelle de p est $\hat{p} = \frac{45}{150} = 0,30$.

L'écart-type de la proportion d'échantillon est

$$\sqrt{\frac{\hat{p}(1-\hat{p})}{n}} = \sqrt{\frac{(0,30)(0,70)}{150}} = 0,0374.$$

Les intervalles de confiance obtenus pour les différents niveaux de confiance sont présentés dans le tableau suivant.

Niveau de confiance	$z_{\alpha/2}$	$z_{\alpha/2}\sqrt{\frac{\hat{p}(1-\hat{p})}{n}}$	Limite inférieure $\hat{p}-z_{\alpha/2}\sqrt{\frac{\hat{p}(1-\hat{p})}{n}}$	Limite supérieure $\hat{p}+z_{\alpha/2}\sqrt{\frac{\hat{p}(1-\hat{p})}{n}}$
90%	1,645	0,0615	0,2385	0,3515
95%	1,96	0,0733	0,2267	0,3733
99%	2,58	0,0965	0,2035	0,3965

Le calcul de ces intervalles de confiance est valable en autant que $n\hat{p} \geq 5$ et $n(1-\hat{p}) \geq 5$. Ces conditions d'application sont largement vérifiées puisque $n\hat{p} = (150)(0,30) = 45$ et $n(1-\hat{p}) = (150)(0,70) = 105$.

Ainsi on attribue à l'intervalle $0,2267 \leq p \leq 0,3733$ un niveau de confiance de 95% de contenir la valeur vraie de la proportion de contribuables de cette municipalité favorisant le nouveau règlement d'emprunt.

L'intervalle de confiance $0,2267 \leq p \leq 0,3733$ pourrait également se présenter sous la forme suivante: p peut être située entre $0,30 \pm 0,0733$ dans 95% des cas ou encore l'écart entre p et $0,30$ sera d'au plus $0,0733$. Cette notion d'écart permet de définir celle de **marge d'erreur**.

Remarques. a) Les conditions d'application peuvent également s'énoncer comme nous l'avons fait dans le chapitre sur la loi normale, soit:

$$\text{Si } \hat{p} \leq 0,5, \quad \text{il faut } n\hat{p} \geq 5$$
$$\text{et} \quad \text{si } \hat{p} > 0,5, \quad \text{il faut } n(1-\hat{p}) \geq 5.$$

b) Dans le calcul de tout intervalle de confiance, plus le niveau de confiance est élevé, plus l'amplitude de l'intervalle est grande.

c) Les propriétés de la distribution d'échantillonnage de $\hat{P}$ mentionnées précédemment supposent que l'échantillonnage s'effectue avec remise. Si l'échantillonnage s'effectue sans remise, à partir d'une population finie de taille N, on doit apporter une correction à $\sigma(\hat{P})$. Dans ce cas,

$$\sigma(\hat{P}) = \sqrt{\frac{p(1-p)}{n}} \sqrt{\frac{N-n}{N-1}} \simeq \sqrt{\frac{p(1-p)}{n}} \sqrt{1 - \frac{n}{N}}$$

Toutefois ce facteur de correction est négligeable ($\simeq 1$) si le taux de sondage $\frac{n}{N}$ est inférieur à 5% ($\frac{n}{N} \leq 0,05$). Plusieurs ouvrages utilisent également comme règle pratique, pour considérer le facteur de correction comme négligeable, $\frac{n}{N} \leq 0,10$.

d) Dans le cas d'un tirage sans remise, l'écart-type de la statistique concernée est donc plus faible (meilleure précision) que celui obtenu lors d'un tirage avec remise.

MARGE D'ERREUR ASSOCIÉE À L'ESTIMATION DE p ET TAILLE D'ÉCHANTILLON REQUISE

Comme la valeur observée $\hat{p}$ est sujette à des fluctuations d'échantillonnage, il existera pratiquement toujours un écart entre la valeur observée $\hat{p}$ et la valeur réelle p. Cet écart, en valeur absolue, constitue la **marge d'erreur** dans l'estimation de p. Cette quantité s'appelle également la **précision du sondage.** Pour un niveau de confiance $100(1-\alpha)$%, cette marge d'erreur que l'on obtient en estimant p par $\hat{p}$ peut se schématiser comme suit:

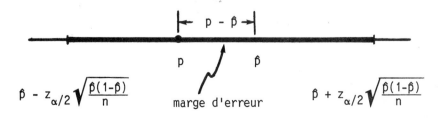

Marge d'erreur dans l'estimation de p

Lorsque $\hat{p}$ est utilisée comme estimation de p, alors, pour un niveau de confiance $100(1-\alpha)\%$, la marge d'erreur E sera au plus égale à $z_{\alpha/2} \sqrt{\dfrac{\hat{p}(1-\hat{p})}{n}}$, soit

$$|p - \hat{p}| \leq z_{\alpha/2} \sqrt{\dfrac{\hat{p}(1-\hat{p})}{n}} = E.$$

On peut alors exprimer l'intervalle de confiance pour la proportion p avec un niveau de confiance $100(1-\alpha)\%$ comme suit: $\hat{p} - E \leq p \leq \hat{p} + E$.

Cette marge d'erreur est d'autant plus petite (la précision du sondage est plus grande) que l'intervalle de confiance est plus petit. Pour un même niveau de confiance, on améliore la précision du sondage (diminution de la marge d'erreur) en augmentant la taille de l'échantillon.

On peut facilement déterminer la taille minimale de l'échantillon requise pour une marge d'erreur fixée à l'avance. Il s'agit de résoudre pour n, l'équation $E = z_{\alpha/2} \sqrt{\dfrac{\hat{p}(1-\hat{p})}{n}}$.

Taille d'échantillon requise pour estimer p avec une marge d'erreur E

1) On connaît une valeur approximative de p obtenue d'un sondage préalable sur un petit échantillon $n \simeq 30$. Pour une marge d'erreur désirée E et un niveau de confiance $100(1-\alpha)\%$, la taille d'échantillon minimale requise est

$$n = \frac{z_{\alpha/2}^2 \; \hat{p}(1-\hat{p})}{E^2}$$

2) Si on ne peut obtenir par un sondage préalable une valeur approximative de p, on la fixe à 0,50. Cette valeur représente le cas le plus défavorable, c.-à-d. la valeur qui donne le plus grand écart-type possible pour la distribution d'échantillonnage de $\hat{P}$. Dans ce cas, la taille d'échantillon requise est

$$n = \frac{z_{\alpha/2}^2 \; (0,5)(0,5)}{E^2} = \frac{z_{\alpha/2}^2}{4E^2}$$

EXEMPLE 17. Calcul de la marge d'erreur d'un sondage.

On veut calculer la marge d'erreur du sondage effectué dans la municipalité (exemple 16) pour connaître l'opinion des contribuables sur un nouveau règlement d'emprunt. Pour un niveau de confiance de 95%, on trouve

$$\text{Marge d'erreur} = z_{0,025} \sqrt{\frac{\hat{p}(1-\hat{p})}{n}} = 1,96 \sqrt{\frac{(0,30)(0,70)}{150}} = 0,0733.$$

On peut donc considérer, avec un niveau de confiance de 95% que l'écart (en valeur absolue) entre la valeur estimée de p(0,30) et sa valeur réelle n'excédera pas 7,33% avec la taille de cet échantillon.

EXEMPLE 18. Détermination de la taille d'échantillon requise pour une marge d'erreur précisée: Sondage sur le tabagisme.

Un groupe d'étudiantes inscrites en Sciences de la Santé vont effectuer un sondage auprès de la population étudiante pour estimer le pourcentage d'adeptes du tabagisme. La population étudiante est d'environ 8000.

a) Déterminer la taille d'échantillon requise pour assurer une marge d'erreur (en valeur absolue) n'excédant pas 5%, avec un niveau de confiance de 95%. Une enquête similaire effectuée il y a 3 ans indiqua que 32% d'individus fumaient régulièrement.

Marge d'erreur   = 5%

Niveau de confiance = 95% , $z_{0,025}$ = 1,96.

Pour déterminer la taille d'échantillon requise, utilisons l'estimation obtenue il y a 3 ans, soit $\hat{p}$ = 0,32. On obtient alors

$$n = \frac{(1,96)^2 \ (0,32)(0,68)}{(0,05)^2} =$$

$$= 334,37 \simeq 335.$$

b) Déterminer la taille d'échantillon requise en supposant qu'on a aucune information préalable sur p.

Dans ce cas, on suppose 0,50 comme valeur de la proportion d'adeptes du tabagisme. La taille d'échantillon requise est alors

$$n = \frac{(1,96)^2}{(4)(0,05)^2} =$$

$$= 384,16 \simeq 385.$$

Remarque. Il arrive fréquemment que les résultats d'un sondage (en particulier, les sondages Gallup) soient publiés dans les quotidiens. Par exemple les termes suivants sont fréquemment employés:

"Les résultats de ce sondage sont tirés d'interviews réalisés auprès de 1041 adultes. Un échantillon de cette importance est exact à 4% (marge d'erreur) dans 19 cas sur 20 (niveau de confiance de 95%)".

SIMULATION DES RÉSULTATS D'UN SONDAGE ET DISTRIBUTION DES FLUCTUATIONS D'ÉCHANTILLONNAGE ET DE LA PROPORTION OBSERVÉE

Voici une autre expérience d'échantillonnage qui porte cette fois sur l'estimation d'une proportion.

Une association professionnelle regroupe 1000 individus. Sur un fichier informatisé (ce qui constitue la base de sondage, chaque individu est numéroté 000 à 999). On veut effectuer un sondage auprès des membres concernant une augmentation possible de la cotisation. On veut que l'échantillon comporte 50 individus. L'échantillon sera constitué à l'aide d'une table de nombres au hasard. Le caractère (variable statistique) que l'on veut étudier au moyen de cette expérience d'échantillonnage est la proportion d'individus dans un échantillon de taille n = 50 favorables à une augmentation de la cotisation.

Première partie de l'expérience: tirage de l'échantillon et synthèse des résultats

Chaque participant(e) doit tirer 50 nombres de 3 chiffres. Le tirage s'effectuant sans remise, il suffira de ne pas tenir compte d'un nombre déjà tiré. Le point d'entrée dans la table et l'itinéraire de lecture des nombres sont au choix du participant(e). Une fois l'échantillon constitué, on effectuera la compilation en tenant compte de la constitution de la population qui est décrite à la page suivante.

Numéro sorti	Favorable ou non		Numéro sorti	Favorable ou non	
	oui	non		oui	non
1. _____			26. _____		
2. _____			27. _____		
3. _____			28. _____		
4. _____			29. _____		
5. _____			30. _____		
6. _____			31. _____		
7. _____			32. _____		
8. _____			33. _____		
9. _____			34. _____		
10. _____			35. _____		
11. _____			36. _____		
12. _____			37. _____		
13. _____			38. _____		
14. _____			39. _____		
15. _____			40. _____		
16. _____			41. _____		
17. _____			42. _____		
18. _____			43. _____		
19. _____			44. _____		
20. _____			45. _____		
21. _____			46. _____		
22. _____			47. _____		
23. _____			48. _____		
24. _____			49. _____		
25. _____			50. _____		

Compilation des résultats

Nombre d'individus favorables à l'augmentation:

Proportion observée β (arrondie à deux décimales):

Pour effectuer la compilation des résultats, on suppose, pour les fins de cette simulante (sic) expérience, que la population se caractérise comme suit: Les 100 nombres suivants représentent les individus qui sont en faveur de l'augmentation de la cotisation (soit 10% de la population). On devra donc cocher (√) dans la case "oui" tous les nombres sortis correspondants. Les nombres apparaissent dans un ordre croissant.

Numéro des individus dans la population favorisant une augmentation de la cotisation									
021	022	024	026	045	065	067	095	099	128
146	153	158	163	169	171	176	192	218	231
261	264	270	274	275	289	304	331	335	348
373	384	385	389	400	412	416	417	418	424
445	447	457	459	464	500	501	508	511	521
541	545	554	561	563	584	659	688	694	710
724	726	729	733	739	752	761	762	773	784
797	816	817	828	829	839	855	856	857	868
869	871	872	873	878	882	883	885	890	920
930	939	955	957	960	966	982	983	985	998

Deuxième partie de l'expérience: Distribution des fluctuations d'échantillonnage de la proportion observée.

Chaque participant(e) révèle au responsable du cours la proportion observée β qu'il a obtenue et celui-ci fait une compilation des résultats des participants.

Nombre d'individus favorables dans n = 50	Proportion observée: β	Nombre d'échantillons où on aura observé β

Une fois cette compilation terminée, on tracera la distribution des proportions observées.

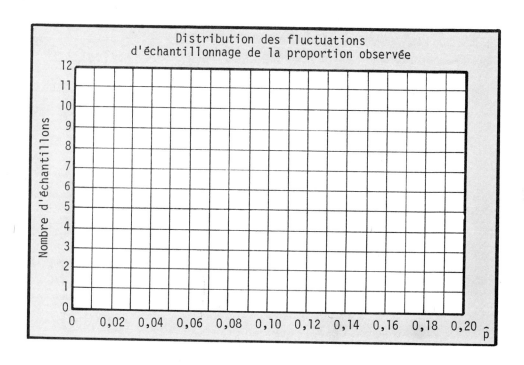

Répondre aux questions suivantes:

i)   Est-ce que l'allure de la distribution d'échantillonnage semble
      s'apparenter à une distribution connue?

ii)   Calculer la moyenne et l'écart-type des proportions observées.
      D'après les propriétés de la distribution d'échantillonnage de $\hat{P}$,
      ces valeurs devraient être voisines de $E(\hat{P}) = 0,10$ et de

$$\sigma(\hat{P}) = \sqrt{\frac{(0,10)(0,90)}{50}} = 0,0424$$

iii) D'après la distribution d'échantillonnage, quel pourcentage de ré-
      sultats (proportion observée) se situe à l'intérieur de la moyenne
      ± 1 écart-type de la proportion observée? Moyenne $\pm 1,96$ écart-type?
      D'après la théorie des probabilités, quelles devraient être les va-
      leurs théoriques de ces pourcentages?

SYNTHÈSE DE LA MISE EN OEUVRE D'UN SONDAGE POUR L'ESTIMATION D'UNE MOYENNE ET L'ESTIMATION D'UNE PROPORTION

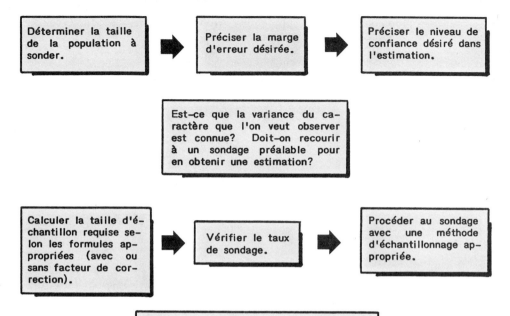

PROBLÈMES

1. Supposons qu'une population consiste d'unités statistiques dont le caractère mesurable de chacune est:

$$x_1 = 2, \quad x_2 = 4, \quad x_3 = 6, \quad x_4 = 8, \quad x_5 = 10.$$

a) Quelles sont la taille N de la population, la moyenne et la variance de la population?

b) On veut prélever de cette population des échantillons de taille n = 2 en effectuant un tirage sans remise. Combien d'échantillons peut-on prélever?

c) Former tous les échantillons possibles de taille n = 2 (tirage exhaustif) et calculer la moyenne de chacun.

d) Déterminer les paramètres de la distribution d'échantillonnage de $\overline{X}$.

e) Laquelle des deux relations peut-on vérifier?

$$Var(\overline{X}) = \frac{\sigma^2}{n} \quad ou \quad Var(\overline{X}) = \frac{\sigma^2}{n} \cdot \frac{N-n}{N-1}$$

f) Quel est le taux de sondage? Doit-on ignorer le facteur de correction pour le calcul de Var($\overline{X}$)?

2. Un bureau conseil en Organisation et Méthodes auprès des entreprises a mis au point un système d'appréciation ou d'évaluation de cadres d'entreprise. Diverses caractéristiques des cadres sont évaluées et on a établi, sur une période de quatre ans, que le score global à cette batterie de tests était distribué normalement avec une moyenne $\mu = 600$ et un écart-type $\sigma = 50$. Supposons qu'on fait subir à un échantillon aléatoire de 25 cadres d'une multinationale l'ensemble des tests.

a) Caractériser la distribution d'échantillonnage de $\overline{X}$ (score moyen) en précisant la forme, la moyenne et la variance.

b) Quelle est la probabilité que la moyenne de cet échantillon soit comprise entre 590 et 610?

c) Quelle est la probabilité que la moyenne de cet échantillon de 25 cadres soit inférieure à 585?

d) Dans 95% des cas, autour de μ, la moyenne d'échantillon peut varier entre quelles valeurs?

3. Sous l'hypothèse que la moyenne d'échantillon $(\overline{X})$ de taille n est distribuée d'après une loi normale de moyenne $E(\overline{X}) = \mu$ et de variance $\sigma^2(\overline{X}) = \dfrac{\sigma^2}{n}$, compléter les affirmations suivantes:

a) La probabilité que la moyenne d'échantillon $\overline{X}$ se situe à l'extérieur des limites $\mu \pm 3\dfrac{\sigma}{\sqrt{n}}$ est _____.

b) Il y a 1 chance sur 40 que la moyenne d'échantillon excède $\mu +$ ____.

c) Il y a 5 chances sur 100 que la moyenne $\overline{X}$ se situe à l'extérieur des limites $\mu \pm$ _____.

d) Il y a 13 chances sur 10 000 que la moyenne d'échantillon $\overline{X}$ excède $\mu +$ _____.

e) Il y a autant de chances que la moyenne $\overline{X}$ se situe au-dessus de qu'en-dessous.

f) Il y a 9974 chances sur 10 000 que la moyenne d'échantillon $\overline{X}$ soit à l'intérieur des limites $\mu \pm$ _____.

4. Le directeur des ressources humaines de l'entreprise Nicom a établi que les résultats à un test mesurant la dextérité manuelle de la main-d'oeuvre affectée à des tâches d'assemblage de pièces complexes sont distribués d'après une loi normale de moyenne $\mu = 72$ et de variance $\sigma^2 = 36$.

a) Quelle est la probabilité qu'un employé sélectionné au hasard obtienne un résultat inférieur à 63 au test de dextérité manuelle?

b) Un échantillon aléatoire de 25 employés a subi le test de dextérité manuelle.

   i) Quelle est la distribution de la moyenne d'échantillon?

   ii) Quels sont la moyenne et l'écart-type de la distribution de la moyenne?

c) Quelle est la probabilité que la moyenne de cet échantillon soit inférieure à 63?

d) Quelle est la probabilité que la moyenne d'échantillon se situe entre 69 et 75?

e) Quelle est la probabilité que l'écart entre la moyenne de cet échantillon et celle de la population soit supérieur à +3?

5. Si $\overline{X}$ est la moyenne d'un échantillon aléatoire de taille n tiré d'une population normale de moyenne μ et de variance $\sigma^2 = 100$, déterminer n tel que

a) $P(\mu - 10 \le \overline{X} \le \mu + 10) = 0,9544$.

b) $P(\mu - 5 \le \overline{X} \le \mu + 5) = 0,9544$.

c) $P(\mu - 2 \le \overline{X} \le \mu + 2) = 0,9544$.

6. On prélève un échantillon de taille n = 64 (tirage sans remise) d'une population finie de dimension N = 320 de moyenne μ = 200 et de variance $\sigma^2 = 256$.

a) Quelle est la probabilité que la moyenne de l'échantillon diffère de μ = 200 par plus de 5?

b) Evaluer à nouveau cette probabilité mais en considérant que le tirage s'effectue avec remise.

7. On considère que les résultats obtenus par les étudiants(es) en Techniques Administratives pour un test d'aptitude en informatique de gestion sont distribués selon une loi normale de variance $\sigma^2 = 225$. Pour un échantillon aléatoire de 25 étudiants(es), le résultat moyen est de 70,6.

a) Quelle est l'estimation ponctuelle du résultat moyen pour l'ensemble des individus en Techniques Administratives?

b) Estimer par intervalle de confiance le résultat moyen de l'ensemble des étudiants(es) en Techniques Administratives avec un niveau de confiance de 99%.

8. Une variable aléatoire X est distribuée normalement de moyenne μ et de variance 81. Un échantillon aléatoire de taille n = 36 donne une moyenne de 250.

a) Quelle serait une estimation ponctuelle de μ?

b) Donner deux propriétés de l'estimation employée.

c) Déterminer les limites de l'intervalle qui aurait 95 chances sur 100 d'encadrer la vraie valeur de μ.

9. Quatre cents mesures du niveau de bruit de la circulation urbaine sur un artère achalandé de la ville de Québec donne un niveau moyen de bruit de 64 décibels avec un écart-type de 8 décibels.

a) Que peut-on dire quant à la forme de la distribution d'échantillonnage du niveau moyen de bruit?

b) Evaluer les limites de confiance ayant respectivement un niveau de confiance de 50%, 90% et 99% d'encadrer le vrai niveau moyen de bruit de cet artère.

c) Pour chaque intervalle calculé, quel est le risque associé à chacun de ne pas contenir le vrai niveau moyen de bruit?

10. Des critiques ont été formulées par les contremaîtres de divers départements de l'entreprise Mécanex concernant la perte de temps productif. Cette perte est attribuable à l'attente au guichet du magasin de l'usine où les mécaniciens s'approvisionnent en pièces servant à la réparation et à l'entretien de différentes unités de production. On a donc décidé de relever le temps d'attente (incluant le service) au guichet à différents moments de la journée (choisis au hasard) et ce, sur une période de 5 jours. Au total, 150 observations ont été recueillies. L'analyse des observations sur ordinateur conduit à une durée d'attente moyenne de 9,5 minutes/visite avec un écart-type de 2,4 minutes/visite.

a) Pour construire un intervalle de confiance sur la durée moyenne d'attente, doit-on connaître ici la distribution du temps d'attente?

b) Estimer par intervalle la durée moyenne d'attente ayant un niveau de confiance de 99% de contenir la vraie durée moyenne d'attente.

c) Le préposé au guichet avait déterminé, sur une très longue période, que chaque mécanicien de l'entreprise se présentait, en moyenne, 1,8 fois par jour au guichet (on suppose ici que la marge d'erreur dans cette estimation est négligeable). L'usine comprend 200 mécaniciens. Estimer par intervalle, avec un niveau de confiance de 99%, et ceci pour une période de 20 jours, le nombre total de minutes que les mécaniciens doivent vraisemblablement passer au guichet de l'usine.

11. On veut effectuer un sondage auprès des foyers d'une certaine municipalité pour estimer les dépenses moyennes annuelles pour l'alimentation. Une étude pilote a permis d'évaluer l'écart-type des dépenses à $825.

a) Quel est le nombre de foyers requis pour estimer, avec un niveau de confiance de 95,44%, le montant moyen des dépenses annuelles pour l'alimentation avec une marge d'erreur n'excédant pas $150? D'après le recensement municipal, la municipalité comprend présentement 2057 foyers qui sont listés sur un fichier d'un micro-ordinateur et numérotés de 0001 à 2057.

b) Quel est le taux de sondage?

c) On envisage d'utiliser la méthode de tirage systématique pour construire l'échantillon requis en a). Déterminer le «pas» du sondage.

d) On choisit à l'aide d'une table de nombres aléatoires, le numéro du premier foyer à inclure dans l'échantillon. Supposons que le numéro sorti est 14. Quels seront les numéros des 10 foyers suivants?

12. Le comptable de l'entreprise Simco veut estimer le montant moyen des comptes clients avec un niveau de confiance de 99% (en comptabilité, on utilise fréquemment le terme "fiabilité" pour identifier le niveau de confiance). Il considère que les montants des comptes à recevoir sont distribués normalement avec un écart-type de l'ordre de $200. Il veut estimer le montant moyen des comptes recevables avec une marge d'erreur n'excédant pas $50.

a) Si le nombre de comptes clients dans le grand livre de l'entreprise est de 250, combien de comptes doit-il vérifier pour respecter les conditions mentionnées?

b) Quel est le taux de sondage?

c) Ayant vérifié le nombre de comptes requis d'après a) en construisant son échantillon par tirage au sort avec une table de nombres aléatoires, il trouve pour cet échantillon un montant moyen pour les comptes à recevoir de $1025. Entre quelles valeurs peut se situer vraisemblablement le montant moyen de tous les comptes clients d'après les conditions qu'il s'est posées?

d) Avec un niveau de confiance de 99%, entre quelles valeurs peut se situer le montant total de tous les comptes clients de l'entreprise Simco?

13. L'AGE (Association Générale des Etudiants(es) vous a mandaté pour effectuer un sondage à caractère socio-économique auprès des étudiants(es) de 3e année en gestion des affaires et sciences comptables (une population étudiante de 325 d'après la liste informatisée du registraire de l'institution. L'AGE vous alloue un budget de $950 pour effectuer ce sondage.

Vous estimez que le coût associé à la préparation du questionnaire devrait se situer autour de $300. Une étude pilote auprès d'une trentaine d'étudiants(es) pour valider certaines questions du questionnaire devrait vous coûter environ $130. Un caractère important que vous voulez étudier avec ce questionnaire est les dépenses mensuelles des étudiants(es) au cours de l'année académique. L'étude pilotes vous a permis d'obtenir une estimation de l'écart-type des dépenses mensuelles, soit $50.

Il vous en coûtera par la suite $8 par questionnaire administré (sondage et compilation sur ordinateur).

a) Combien de questionnaires pouvez-vous administrer avec le budget qui vous est alloué par l'AGE?

b) Si vous utilisez le nombre obtenu en a) comme taille d'échantillon, quel sera alors le taux de sondage?

c) Quelle sera la marge d'erreur prévisible dans l'estimation du montant moyen des dépenses menseulles, dont l'intervalle de confiance aura un niveau de 95% d'encadrer la vraie valeur du montant moyen pour tous les étudiants de 3e année?

d) Après une longue et pénible négociation avec le registraire, il a consenti à vous fournir la liste informatisée de tous vos collègues inscrits en 3e année. Sur la liste, chaque nom est numéroté 001 à 325. Vous décidez de procéder par tirage systématique pour construire votre échantillon. Quel doit être le «pas» du sondage?

e) Vous voulez choisir le numéro du premier étudiant pour faire partie de votre échantillon, nombre qui doit être compris entre 1 et le pas obtenu en d). Si, de la table de nombres aléatoires, on choisit comme point d'entrée la première ligne, 6e colonne en ne retenant que le dernier chiffre du bloc de 5 chiffres, avec lecture de haut en bas, quel sera le numéro du premier étudiant à faire partie de l'échantillon?

f) Quels seront les numéros des 5 prochains étudiants(es) à inclure dans votre échantillon? Quel sera le numéro du dernier étudiant à retenir pour faire partie de l'échantillon?

14. Voici trois énoncés concernant un intervalle de confiance sur μ. Ces énoncés ont été tirés de trois ouvrages différents. Lequel de ces trois énoncés a la bonne interprétation que l'on doit donner à un intervalle de confiance?

i) "Il y a 95 chances sur 100 pour que la vraie valeur de la consommation moyenne μ soit dans l'intervalle $936 \le \mu \le 964$".

ii) "Nous avons une assurance de 95% que la vraie valeur de la moyenne μ varie entre 66,88 et 68,02.

iii) L'intervalle de confiance $50 \le \mu \le 60$ a 95 chances sur 100 de contenir la vraie valeur de μ.

15. On a relevé chez 16 sujets le niveau de cholestérol en mg/100 mℓ. Le taux moyen de cholestérol observé est de 205 avec un écart-type de 20. Donner une estimation par intervalle de confiance, avec un niveau de confiance de 90% pour le niveau moyen de cholestérol dans la population dont on a sélectionné au hasard ces 16 sujets. On suppose que le niveau de cholestérol dans la population des distribué normalement.

16. D'après des expériences antécédentes, il semble plausible que le résultat d'une batterie de tests psychologiques soit distribué normalement. Un échantillon aléatoire de 16 individus nous donne les résultats du **tableau** de la page suivante.

a) Calculer l'estimation ponctuelle de μ (résultat moyen de la population dont on a prélevé cet échantillon).

b) Calculer la variance de l'échantillon ainsi que l'écart-type de la moyenne de l'échantillon.

c) Estimer, à l'aide d'un intervalle ayant un niveau de confiance de 95%, le résultat moyen de la population.

Résultats au test			
392	396	386	389
388	387	403	397
401	391	400	402
394	406	406	400

17. On veut estimer, à l'aide d'un test d'aptitudes, le résultat moyen d'individus de Collège I voulant s'orienter vers l'informatique. On suppose que les résultats à ce test d'aptitudes sont distribués normalement. Un échantillon de 25 individus donne un résultat moyen de 192. De plus, $\sum(x_i - \overline{x})^2 = 9600$.

a) Calculer la variance des résultats de cet échantillon.

b) Entre quelles limites peut se situer le résultat moyen dans la population d'individus dont l'échantillon a été prélevé? Utiliser un niveau de confiance de 99%.

c) D'après la norme nationale, le résultat moyen à ce test d'aptitude est de 200. Peut-on affirmer, sans trop se tromper, que les individus de ce Collège sont conformes à la norme nationale?

18. On veut analyser la résistance ohmique d'une composante électronique. Un échantillon aléatoire de 20 composantes consuit aux résultats suivants. On considère que la distribution de la résistance ohmique est celle d'une loi normale.

a) Calculer l'estimation ponctuelle de la moyenne de la résistance ohmique pour l'ensemble des composantes électroniques du lot dont provient l'échantillon.

b) Calculer la variance de la résistance ohmique des composantes de cet échantillon ainsi que l'écart-type de la moyenne d'échantillon.

Résistance en ohms				
1000	1008	996	998	1004
988	995	992	1006	997
987	1010	1004	1005	998
996	1002	985	994	995

c) Estimer par intervalle la moyenne de la résistance ohmique pour l'ensemble des composantes du lot avec un niveau de confiance de 99%.

19. L'entreprise Microtek fabrique des transistors utilisés dans un récepteur stéréo de haute qualité. Un contrôle régulier est effectué à l'aide d'un testeur électronique permettant de détecter d'une façon automatique les transistors défectueux.

Si le processus de fabrication produit en moyenne une proportion de transistors défectueux de 0,025, quelle est la probabilité pour que dans 200 transistors contrôlés, au moins 8 soient défectueux, soit une proportion d'au moins 0,04?

20. La directrice des ressources humaines de l'entreprise Giscom a effectué un sondage auprès de 100 employés prélevés au hasard parmi les 500 employés de l'entreprise dans la catégorie "main-d'oeuvre spécialisée" pour connaître leur préférence concernant une modification importante de la semaine de travail (4 jours de 10 heures au lieu de 5 jours de 8 heures. Sur les 100 employés interrogés, 58 étaient en faveur du nouvel horaire de travail.

a) Quelle est l'estimation ponctuelle de la proportion p pour l'ensemble des employés de l'entreprise de cette catégorie en faveur de ce nouvel horaire de travail?

b) Quel est le taux de sondage? Est-ce nécessaire de faire intervenir le facteur de correction dans le calcul de l'écart-type de la proportion d'échantillon?

c) Calculer, à un niveau de confiance de 99%, l'intervalle de confiance associé à l'estimation de p.

d) Quelle est la marge d'erreur associée à l'estimation de p pour ce sondage?

21. Lors d'un récent sondage effectué auprès de la population étudiante du collège, on a observé que, sur un échantillon de 700 personnes, 380 sont satisfaits de la qualité de la nourriture offerte à la cafétéria.

a) Quelle est la marge d'erreur de ce sondage, au niveau de confiance de 95%?

b) Estimer, pour l'ensemble de la population étudiante, la proportion des personnes qui sont satisfaites de la qualité de la nourriture à la cafétéria avec un niveau de confiance de 95%?

22. La maison de sondage Gallup a mené, au début de juillet 1982, un sondage à travers le Canada auprès de 1050 adultes de 18 ans et plus (interrogés à leur domicile) pour connaître le niveau de satisfaction des Canadiens concernant la situation générale au Canada. La question posée par les enquêteurs était la suivante:

> "Dans l'ensemble, diriez-vous que vous êtes satisfait ou insatisfait de la façon dont les événements se déroulent au pays"?

Les résultats pour le Canada, sont présentés dans le tableau suivant:

Répartition du nombre d'adultes interrogés

Satisfaits	Insatisfaits	Ne savent pas
126	851	73

a) Quelle est l'estimation ponctuelle de la proportion de Canadiens insatisfaits?

b) Entre quelles limites peut-on s'attendre de trouver la vraie proportion de Canadiens insatisfaits et ce, au risque de se tromper une fois sur vingt?

23. On veut contrôler par sondage l'exactitude d'un stock commercial comprenant plusieurs milliers d'articles. Déterminer la taille d'échantillon requise si l'on considère qu'une marge d'erreur inférieure ou égale à 2% est acceptable dans l'exactitude de l'inventaire, avec un niveau de confiance de 95,44%.

24. M. Sansouci envisage d'être candidat à une prochaine élection. Il veut estimer la proportion des voix qu'il recueillera en sa faveur. Il a donc confié ce sondage à la maison de sondage IPOP pour connaître les intentions de son électorat.

a) Quelle devrait être la taille d'échantillon requise pour assurer une estimation de la proportion d'électeurs favorables à M. Sansouci avec une marge d'erreur n'excédant pas en valeur absolue 0,05, dans 19 cas sur 20?

b) Sur l'échantillon obtenu en a), 160 se déclarent en faveur de M. Sansouci. Dans l'électorat, entre quelles valeurs peut se situer le pourcentage vrai favorisant ce candidat, dans 19 cas sur 20?

25. On veut estimer par sondage le pourcentage de personnes qui se révèlent capables de citer le nom de la marque de commerce "CEZAM" (ce qui représente le taux de notoriété d'une marque de commerce dans le domaine de la publicité). Le responsable du marketing de l'entreprise estime que le pourcentage de personnes qui connaissent la marque "CEZAM" se situe entre 15% et 25%. Quelle est la taille d'échantillon requise pour estimer le taux de notoriété de cette marque avec une précision (en valeur absolue) de 3% et un niveau de confiance de 95%?

26. L'entreprise Temca fabrique et alimente environ 40% du marché international des séchoirs à cheveux. Une nouvelle politique gouvernementale sur l'exportation de certains appareils électriques permettrait d'introduire ce séchoir à cheveux sur un nouveau marché d'environ 1 500 000 consommateurs. Une étude de marché révèle que sur un échantillon aléatoire de 2500 personnes interrogées, 800 seraient des utilisateurs éventuels.

a) Calculer l'intervalle de confiance associé à l'estimation de la proportion des consommateurs éventuels avec un niveau de confiance de 95%.

b) Entre quelles limites peut se situer le nombre de séchoirs à cheveux que l'entreprise Temca peut espérer vendre sur ce nouveau marché?

27. A l'aide de la méthode des observations instantanées, on a étudié la dernière opération de la ligne d'assemblage: l'empaquetage. Au cours des 600 observations, cette opération était en marche 450 fois.

a) Estimer la proportion du temps que l'opération d'empaquetage était arrêtée.

b) Entre quelles valeurs se situe la proportion du temps d'arrêt, avec un niveau de confiance de 95%?

c) Evaluer la marge d'erreur de cette étude.

d) Quel est le nombre d'observations requis pour estimer correctement dans 95% des cas la proportion du temps d'arrêt avec une marge d'erreur n'excédant pas 6%? 4%? 2%?

28. La direction de l'entreprise Computex a demandé à une firme d'experts-conseils en Organisation et Méthodes d'effectuer une étude sur l'emploi du temps d'opérateurs affectés à la perforation de cartes. Il s'agit d'observer les employés à différents moments de la journée et de noter leur emploi du temps. L'étude doit porter sur 5 jours; le service comporte 10 opérateurs et huit observations seront effectuées chaque jour sur chaque opérateur pour un total de 400 observations.

Les résultats de cette étude se partagent comme suit pour les 400 observations effectuées:

Travail productif

Perforation de cartes	: 208 observations
Préparation du travail	: 28 observations
Travail administratif	: 52 observations

Travail non productif

Occupations personnelles : 112 observations.

a) Estimer par intervalle de confiance le pourcentage du temps productif du service de perforation de cartes de l'entreprise Computex et ceci avec un niveau de confiance de 95%.

b) Estimer avec un niveau de confiance de 95% et ceci pour une journée de 8 heures de travail le nombre total d'heures perdues (temps non productif) pour le service de perforation de cartes.

29. Le conseil municipal de la ville de Chavigny a demandé au gérant à l'administration de la ville d'effectuer un sondage auprès des commerçants et organismes d'affaires pour connaître leur réaction face à la création d'une société d'initiative et de développement d'artères commerciales (une SIDAC). Selon les idiles municipaux, cette société aurait pour but de rehausser l'image et l'importance du centre-ville aux yeux de la population tant au point de vue de la qualité de vie qu'au point de vue commercial.

Le secteur commercial envisagé comporte 600 payeurs de taxes d'affaires. Combien de commerçants devrait-on sonder si on veut obtenir une estimation de la vraie proportion en faveur d'une telle société avec un niveau de confiance de 95,44% et une marge d'erreur dans l'estimation n'excédant pas 5%?

Note: Déterminer d'abord l'expression requise pour n en tenant compte du facteur de correction $\sqrt{1 - \frac{n}{N}}$. On suppose également que p = 0,50.

30. L'entreprise Simtek fabrique des interrupteurs avec voyant lumineux. Un contrôle final est effectué sur un grand lot (environ 5000 interrupteurs) ayant l'approbation définitive par le département Assurance Qualité pour expédition des interrupteurs à divers grossistes à travers le pays. Le contrôle consiste à vérifier si le voyant lumineux fonctionne.

a) Déterminer la taille d'échantillon requise pour estimer la vraie proportion d'interrupteurs qui fonctionnent adéquatement avec une marge d'erreur (en valeur absolue) n'excédant pas 2% et un niveau de confiance de 95%. D'après le contremaître responsable de la production, les contrôles en cours de fabrication indiquent que 94% des interrupteurs fonctionnent correctement.

b) Déterminer la taille d'échantillon requise en supposant qu'on n'a aucune information préalable sur p.

AUTO-ÉVALUATION DES CONNAISSANCES

Test 8

Répondre par Vrai ou Faux ou compléter s'il y a lieu. Dans le cas où c'est faux, indiquer la bonne réponse.

1. Quels sont les deux principaux champs d'activité de l'inférence statistique?
   _____ .

2. Un échantillon constitué de manière telle que chaque unité de la population a une probabilité connue, différente de 0, d'être choisie s'appelle _____
   _____ .

3. Lorsque chaque sous-ensemble de n unités statistiques parmi les N de la population a la même probabilité d'être choisi, nous sommes alors en présence d'un échantillon aléatoire simple.   V   F

4. Une liste qui contient, sans omission ni répétition, les objets ou individus qui constituent la population s'appelle _____ .

5. Dans le cas de tirages indépendants, la base de sondage demeure inchangée.
   V   F

6. Deux procédés pratiques employés pour constituer un échantillon sont la méthode de _____ et la méthode de _____ .

7. La distribution des diverses valeurs que peut prendre la moyenne d'échantillon $\overline{X}$ calculée sur tous les échantillons possibles de même taille d'une population porte le nom de _____ .

8. Les paramètres de la distribution de $\overline{X}$ pour un échantillon de taille n prélevé d'une population infinie ayant une moyenne μ et une variance σ^2 sont $E(\overline{X}) = $ ___ et $Var(\overline{X}) = $ _____ . Dans le cas d'une population finie de dimension N (et tirage exhaustif), les paramètres de la distribution de $\overline{X}$ sont $E(\overline{X}) = $ ___ et $Var(\overline{X}) = $ _____ .

9. L'expression $\sigma(\overline{X}) = \dfrac{\sigma}{\sqrt{n}}$ s'appelle l'écart-type de la _____ ou encore
   _____ .

10. Dans le cas d'un tirage exhaustif, le facteur de correction appliqué à la variance de $\overline{X}$ est négligeable si le taux de sondage est inférieur à ____ et même à _____ .

11. Quel théorème important donne un résultat général concernant la distribution d'échantillonnage de la variable aléatoire $\overline{X}$? _____ .
    Quelle règle pratique est nécessaire pour appliquer ce théorème? _____
    _____ .

12. Si la population que nous échantillonnons est distribuée d'après une loi normale, que peut-on dire de la distribution de la moyenne $\overline{X}$? _____ .
    Existe-t-il dans ce cas une restriction sur la taille d'échantillon que l'on doit prélever de la population? _____

13. Les paramètres d'une population sont des quantités aléatoires.   V   F

14. Pour passer de la variable aléatoire $\overline{X}$ à la variable aléatoire centrée réduite, on utilise la transformation $Z = \dfrac{\overline{X} - \mu}{\sigma/\sqrt{n}}$.   V   F

15. Lorsqu'un paramètre d'une population est estimé par un seul nombre, déduit des résultats de l'échantillon, ce nombre est appelé une estimation ponctuelle du paramètre.   V.   F.

_____ test 8 (suite) _____

16. L'estimation ponctuelle s'effectue à l'aide d'un estimateur.   V   F

17. En échantillonnage, l'estimateur est considéré comme une constante.   V   F

18. On désigne par "l'estimation", la valeur numérique que prend l'estimateur selon les observations de l'échantillon.   V   F

19. On dit qu'un estimateur $\hat{\theta}$ du paramètre θ est sans biais si $E(\hat{\theta}) = \theta$.   V   F

20. L'estimation ponctuelle ne fournit aucune information concernant la précision de l'estimation effectuée.   V   F

21. Pour obtenir une certaine confiance dans l'estimation, on a recours à l'estimation par _____.

22. Dans l'expression $P(LI \leq \theta \leq LS) = 1 - \alpha$, $1 - \alpha$ représente le niveau de confiance de l'intervalle.   V   F

23. Dans le processus d'estimation par intervalle de confiance, on peut dire, avant la réalisation de l'expérience, que les limites de l'intervalle de confiance sont des valeurs fixes.   V   F

24. L'assurance qu'on a d'encadrer la valeur vraie d'un paramètre avec un intervalle de confiance est spécifiée par le _____.

25. Le niveau de confiance est toujours associé au paramètre θ de la population que l'on veut estimer.   V   F

26. Un intervalle de confiance est toujours centré sur la valeur de l'estimateur du paramètre.   V   F

27. Plus le niveau de confiance associé à l'intervalle est élevé, plus l'amplitude (l'étendue) de l'intervalle est petite.   V   F

28. Pour un échantillon de taille n d'une population normale de variance connue σ^2, la marge d'erreur associée à l'estimation de μ, avec un niveau de confiance $(1-\alpha)$ n'excède pas, en valeur absolue, $z_{\alpha/2}\,\sigma/\sqrt{n}$.   V   F

29. Pour le même niveau de confiance et le même écart-type, plus la marge d'erreur requise est faible, plus la taille d'échantillon sera élevée.   V   F

30. La variable aléatoire de Student (t) est une variable aléatoire continue ou discrète? _____

31. La distribution de Student est symétrique par rapport à ____ et est un peu plus étalée que la loi _____.

32. La distribution de Student est effectivement une famille de distributions dont chacune dépend du nombre de _____.

33. A mesure que le nombre de degrés de liberté augmente, la distribution de Student tend à s'approcher de la loi normale centrée réduite.   V   F

34. Les conditions d'application de la distribution de Student dans l'estimation par intervalle de μ, la moyenne de la population, sont:

a) Echantillonnage à partir d'une population normale

b) _____

c) _____

35. Dans le cas d'une taille d'échantillon n, le nombre de degrés de liberté pour la distribution de Student est _____.

36. Le nombre de degrés de liberté est une quantité qui est associée à une somme de carrés.   V   F

_____ test 8 (suite) _____

37. L'estimateur ponctuel de p, la proportion d'éléments possédant un caractère qualitatif dans une population, est symbolisé par ____ .

38. Pour considérer que la distribution de la proportion d'échantillon soit approximativement normale, il faut $n\hat{p} \geq 5$ et $n(1-\hat{p}) \geq 5$.   V   F

39. Lorsqu'on utilise $\hat{p}$ comme estimation de p, alors, pour un niveau de confiance

$100(1-\alpha)\%$, la marge d'erreur dans l'estimation sera au plus égale à $z_{\alpha/2}\sqrt{\dfrac{\hat{p}(1-\hat{p})}{n}}$.
V   F

40. Lorsque, pour une marge d'erreur donnée, on doit déterminer la taille d'échantillon pour estimer p, et ceci sans aucune valeur approximative de p, on la fixe alors à 0,25.   V   F

ANNEXE MATHÉMATIQUE SUR L'ÉCHANTILLONNAGE
ET L'ESTIMATION DE PARAMÈTRES

Moyenne d'échantillon: espérance mathématique et variance de $\overline{X}$

On prélève au hasard un échantillon de taille n (tirage avec remise) dont les éléments possèdent un caractère mesurable X suivant une distribution de probabilité de moyenne $E(X) = \mu$ et de variance $Var(X) = \sigma^2$.

En prélevant au hasard un échantillon de taille n de cette population, on crée une suite de n variables aléatoires indépendantes X_1, X_2,..., X_n dont chacune a la même distribution que X.

> La moyenne d'échantillon $\overline{X} = \dfrac{X_1 + X_2 + ... + X_n}{n}$ est une variable aléatoire dont l'espérance mathématique est μ.

Justification

$$E(\overline{X}) = E\left[\frac{X_1 + X_2 + ... + X_n}{n}\right]$$

$$= \frac{1}{n} E[X_1 + X_2 + ... + X_n]$$

$$= \frac{1}{n} [E(X_1) + E(X_2) + ... + E(X_n)].$$

Or les variables aléatoires X_1, X_2,...,X_n ont la même distribution que X, donc

$$E(X_1) = E(X_2) = ... = E(X_n) = \mu.$$

Alors

$$E(\overline{X}) = \frac{1}{n} (\mu + \mu + ... + \mu) = \frac{n\mu}{\mu} = \mu.$$

> La variance de $\overline{X}$ est égale à la variance σ^2 de la population divisée par n, la taille de l'échantillon: $Var(\overline{X}) = E(\overline{X} - \mu)^2 = \dfrac{\sigma^2}{n}$.

Justification

$$Var(\overline{X}) = Var\left[\frac{(X_1 + X_2 + ... + X_n)}{n}\right]$$

$$= \frac{1}{n^2} Var(X_1 + X_2 + ... + X_n)$$

Puisque X_1, X_2,...,X_n sont indépendantes, on peut écrire

$$Var(\overline{X}) = \frac{1}{n^2} [Var(X_1) + Var(X_2) + ... + Var(X_n)],$$

ce qui donne

$$\text{Var}(\overline{X}) = \frac{1}{n^2}[\sigma^2 + \sigma^2 + \ldots + \sigma^2] = \frac{n\sigma^2}{n^2} = \frac{\sigma^2}{n}.$$

Variance d'échantillon S^2

> La variance S^2 d'un échantillon aléatoire de taille n, définie par $S^2 = \dfrac{\sum(X_i - \overline{X})^2}{n-1}$ a comme espérance mathématique la variance de la population $\sigma^2 : E(S^2) = \sigma^2$.

Justification

On peut écrire $(n-1)S^2 = \sum(X_i - \overline{X})^2$

$$= \sum[(X_i - \mu) - (\overline{X} - \mu)]^2$$

qui donne, en développant le membre de droite,

$$(n-1)S^2 = \sum(X_i - \mu)^2 - n(\overline{X} - \mu)^2.$$

Appliquant l'opérateur E sur chaque membre, on obtient

$$(n-1)\,E(S^2) = E[\sum(X_i - \mu)^2 - n(\overline{X} - \mu)^2]$$

$$= \sum E(X_i - \mu)^2 - n\,E(\overline{X} - \mu)^2.$$

Or, par définition, $E(X_i - \mu)^2 = \sigma^2$ et $E(\overline{X} - \mu)^2 = \dfrac{\sigma^2}{n}$.

Donc $(n-1)\,E(S^2) = \sum\sigma^2 - n\dfrac{\sigma^2}{n}$

$$= n\,\sigma^2 - \sigma^2 = \sigma^2(n-1)$$

et

$$E(S^2) = \frac{\sigma^2(n-1)}{(n-1)} = \sigma^2.$$

Estimateur sans biais de μ et de σ^2

Si on utilise $\overline{X}$ pour estimer μ, $\overline{X}$ est un estimateur non biaisé de μ puisque $E(\overline{X}) = \mu$.

De même, la variance d'échantillon $S^2 = \dfrac{\sum(X_i - \overline{X})^2}{n-1}$ est un estimateur sans biais de la variance σ^2.

Notons que pour la réalisation particulière x_1, x_2,...., x_n d'un échantillon aléatoire, $\overline{X}$ prend la valeur $\overline{x}$ et S^2 prend la valeur s^2, où

$$\overline{x} = \frac{\sum x_i}{n} \quad \text{et} \quad s^2 = \frac{\sum(x_i - \overline{x})^2}{n-1}.$$

Construction d'un estimateur pour la méthode des moindres carrés

Le principe de cette méthode consiste à minimiser la somme des carrés des écarts entre les valeurs observées et les estimations obtenues de l'estimateur. Appliquons cette méthode pour construire un estimateur de μ, la moyenne de la population.

A partir d'un échantillon aléatoire de taille n prélevé d'une population de moyenne μ inconnue, on veut construire à l'aide de la méthode des moindres carrés un estimateur pour μ. Notons l'estimation de μ par $\hat{\mu}$. L'écart entre chaque observation x_i et l'estimation $\hat{\mu}$ est:

$$\text{Ecart} = x_i - \hat{\mu}.$$

Le carré des écarts est $(x_i - \hat{\mu})^2$ est pour l'ensemble des observations, la somme des carrés des écarts, que nous notons Q, est

$$Q = \sum_{i=1}^{n} (x_i - \hat{\mu})^2 .$$

Nous cherchons la valeur de $\hat{\mu}$ qui permet de minimiser cette expression. On veut donc minimiser Q par rapport à $\hat{\mu}$. Les critères pour minimiser cette fonction sont:

$$\frac{dQ}{d\hat{\mu}} = 0, \quad \frac{d^2 Q}{d\hat{\mu}^2} > 0.$$

La dérivée de Q par rapport à $\hat{\mu}$ donne

$$\frac{dQ}{d\hat{\mu}} = -2 \sum_{i=1}^{n} (x_i - \hat{\mu}).$$

Egalant $\frac{dQ}{d\hat{\mu}}$ à 0, on obtient

$$-2 \sum_{i=1}^{n} (x_i - \hat{\mu}) = 0 \quad \text{ou} \quad \sum_{i=1}^{n} (x_i - \hat{\mu}) = 0.$$

On obtient alors

$$\sum_{i=1}^{n} x_i - \sum_{i=1}^{n} \hat{\mu} = \sum_{i=1}^{n} x_i - n\hat{\mu} = 0 \quad \text{puis}$$

$$\hat{\mu} = \frac{\sum_{i=1}^{n} x_i}{n} = \overline{x}.$$

La dérivée seconde $\frac{d^2 Q}{d\hat{\mu}^2} = \frac{d}{d\hat{\mu}} [-2 \sum_{i=1}^{n} (x_i - \hat{\mu})]$

$$= -2 \sum_{i=1}^{n} (-1) = -2(-n) = 2n > 0$$

ce qui nous assure que $\hat{\mu} = \overline{x}$ minimise Q. L'estimateur $\overline{X}$ est l'estimateur des moindres carrés de μ.

L'INFÉRENCE STATISTIQUE: ÉCHANTILLONNAGE, ESTIMATION DE PARAMÈTRES ET TESTS D'HYPOTHÈSES

CHAPITRE 9

Tests sur une moyenne et une proportion

--- SOMMAIRE ---

- Objectifs pédagogiques

- Principe d'un test d'hypothèse

- Concepts importants dans l'élaboration d'un test d'hypothèse

- Formulation des hypothèses H_0 et H_1 et type de test

- Test sur une moyenne: Détermination de la règle de décision

- Tableau-synthèse des tests sur une moyenne

- Comment exécuter un test d'hypothèse: Démarche à suivre

- Test d'hypothèse sur micro-ordinateur: Le programme "TTEST"

- Risque de première espèce et de deuxième espèce

- Schématisation des deux risques d'erreur sur la distribution d'échantillonnage de $\overline{X}$

- Tracé de la courbe d'efficacité sur micro-ordinateur: Le programme "COURBEF"

- Test sur une proportion

- Tableau-synthèse - Test relatif à une proportion

- Problèmes

- Auto-évaluation des connaissances - Test 9

Après avoir complété l'étude du chapitre 9, vous pourrez:

1. préciser en quoi consiste une hypothèse statistique et ce qu'on entend par test d'hypothèse;

2. formuler correctement l'hypothèse nulle et l'hypothèse alternative;

3. définir ce qu'on entend par seuil de signification d'un test d'hypothèse;

4. reconnaître quel type de test on doit mettre en oeuvre dans une situation particulière;

5. appliquer la démarche proposée dans l'exécution d'un test d'hypothèse et ceci pour une moyenne ou une proportion;

6. identifier les conditions d'application du test;

7. préciser ce que représentent, dans un test d'hypothèse, les risques de première espèce et de deuxième espèce;

8. schématiser ces risques d'erreur sur la distribution d'échantillonnage de la moyenne d'échantillon ou de la proportion échantillonnale;

9. calculer le risque de deuxième espàce selon diverses hypothèses alternatives.

TESTS SUR UNE MOYENNE ET UNE PROPORTION

PRINCIPE D'UN TEST D'HYPOTHÈSE

Les tests d'hypothèse constituent un autre aspect important de l'inférence statistique. Le principe général d'un test d'hypothèse peut s'énoncer comme suit: Soit une population dont les éléments possèdent un caractère (mesurable ou dénombrable) et dont la valeur du paramètre, relative au
caractère étudié, est inconnue. Une hypothèse est formulée sur la valeur
du paramètre; cette formulation résulte de considérations théoriques, pratiques ou encore elle est simplement basée sur un pressentiment. On veut porter un jugement sur cette hypothèse, sur la base des résultats d'un échantillon prélevé de cette population.

Il est bien évident que la statistique (variable d'échantillonnage)
servant d'estimation au paramètre de la population ne prendra pas une valeur
rigoureusement égale à la valeur théorique proposée dans l'hypothèse; elle
comporte des fluctuations d'échantillonnage qui sont régies par des distributions connues. Pour décider si l'hypothèse formulée est supportée ou non
par les observations, il faut une méthode qui permettra de conclure si l'é-
cart observé entre la valeur de la statistique obtenue de l'échantillon et
celle du paramètre spécifiée dans l'hypothèse est trop important pour être
uniquement imputable au hasard de l'échantillonnage. La construction d'un
test d'hypothèse consiste effectivement à déterminer entre quelles valeurs
peut varier la statistique (ou l'écart réduit), en supposant l'hypothèse
vraie, sur la seule considération du hasard de l'échantillonnage. Les distributions d'échantillonnage d'une moyenne et d'une proportion que nous a-
vons traitées dans le chapitre précédent vont être particulièrement utiles
dans l'élaboration d'un test statistique.

CONCEPTS IMPORTANTS DANS L'ÉLABORATION D'UN TEST D'HYPOTHÈSE

Définissons d'abord certains concepts que nous allons traiter dans ce
chapitre (et les suivants).

Hypothèse statistique

Une hypothèse statistique est un énoncé (une affirmation) concernant les caractéristiques (valeurs des paramètres, forme de la distribution des observations)
d'une population.

Test d'hypothèse

Un test d'hypothèse (ou test statistique) est une démarche qui a pour but de fournir une règle de décision
permettant, sur la base de résultats d'échantillon, de
faire un choix entre deux hypothèses statistiques.

Les hypothèses statistiques qui sont envisagées a priori s'appellent l'hypothèse nulle et l'hypothèse alternative.

> **Hypothèse nulle (H$_0$) et hypothèse alternative (H$_1$)**
>
> L'hypothèse selon laquelle on fixe a priori un paramètre de la population à une valeur particulière s'appelle l'hypothèse nulle et est notée H$_0$. N'importe quelle autre hypothèse qui diffère de l'hypothèse H$_0$ s'appelle l'hypothèse alternative (ou contre-hypothèse) et est notée H$_1$.

Un des aspects importants d'un test d'hypothèse est de convenir d'avance (avant le prélèvement de l'échantillon dans la population) à quelle condition l'une ou l'autre des hypothèses sera considérée comme vraisemblable.

C'est l'hypothèse nulle qui est soumise au test et toute la démarche du test s'effectue en considérant cette hypothèse comme vraie. Si le test conduit, d'après les résultats de l'échantillon, au rejet de l'hypothèse nulle (elle est alors dépourvue de soutien expérimental), nous considérons alors l'hypothèse alternative H$_1$ comme vraisemblable plutôt que H$_0$.

Remarque. L'hypothèse nulle peut aussi affirmer que la différence entre les valeurs de deux paramètres est zéro ou affirmer que la distribution théorique des observations d'une population a une forme particulière.

La majorité des tests d'hypothèses que nous allons traiter vont s'effectuer à l'aide de la distribution d'échantillonnage de la statistique qui sert d'estimateur au paramètre précisé dans l'hypothèse nulle. Pour établir la crédibilité de l'hypothèse nulle, il faut être en mesure d'établir des règles de décision qui vont nous conduire sans équivoque au non-rejet de H$_0$ (ou au rejet). Toutefois, la décision de favoriser l'hypothèse nulle (ou l'hypothèse alternative) est basée sur une information partielle, les résultats d'un échantillon. Il est statistiquement impossible de prendre toujours la bonne décision. En pratique, ce que l'on peut faire, c'est de mettre en oeuvre une démarche qui nous permettrait, à long terme, de rejeter à tort une hypothèse nulle vraie dans une faible proportion de cas. La conclusion qui sera déduite des résultats de l'échantillon suivant la règle de décision qu'on aura adoptée, aura un caractère probabiliste; on ne pourra prendre une décision qu'en prenant conscience qu'il y a un certain risque qu'elle soit erronée. Ce risque nous est donné par le seuil de signification du test.

> **Seuil de signification d'un test d'hypothèse**
>
> Le risque, consenti à l'avance et que nous notons α, de rejeter à tort l'hypothèse nulle H$_0$ alors qu'elle est vraie (et de favoriser alors l'hypothèse alternative H$_1$) s'appelle le **seuil de signification** du test et s'énonce en probabilité comme suit:
>
> $\alpha = P(\text{rejeter } H_0 \,|\, H_0 \text{ vraie}) = P(\text{choisir } H_1 \,|\, H_0 \text{ vraie}).$

A ce seuil de signification, on fait correspondre sur la distribution d'échantillonnage de la statistique (ou sur celle de l'écart réduit) une **région de rejet** de l'hypothèse nulle (appelée également **région critique**). **L'aire de cette région correspond à la probabilité α.** Cette région de rejet de H_0 est constituée d'un ensemble de valeurs de la statistique qui conduiront au rejet de H_0. Si par exemple, on prend comme seuil de signification $\alpha = 0,05$, cela signifie que l'on admet d'avance que la statistique (la variable d'échantillonnage) peut prendre, dans 5% des cas, une valeur se situant dans la région de rejet de H_0 bien que l'hypothèse H_0 soit vraie et ceci uniquement d'après le hasard de l'échantillonnage.

Sur la distribution d'échantillonnage correspondra aussi une région complémentaire, dite **région de non-rejet** de H_0 (appelée également région d'acceptation) de probabilité $1 - \alpha$.

La valeur observée de la statistique (ou de l'écart réduit) déduite des résultats de l'échantillon appartient, soit à la région de rejet de H_0 (on favorisera alors l'hypothèse H_1), soit à la région de non-rejet de H_0 (on favorisera alors l'hypothèse H_0).

Remarques. a) Les seuils de signification les plus utilisés sont $\alpha = 0,05$ et $\alpha = 0,01$, dépendant des conséquences de rejeter à tort l'hypothèse H_0.

b) La statistique qui convient pour le test est donc une variable aléatoire dont la valeur observée sera utilisée pour décider du "rejet" ou du "non-rejet" de H_0. La distribution d'échantillonnage de cette statistique est déterminée en supposant que l'hypothèse H_0 est vraie.

FORMULATION DES HYPOTHÈSES H_0 ET H_1 ET TYPE DE TEST

Pour orienter la discussion, supposons que nous affirmons que la moyenne μ (paramètre) d'une population est égale à une valeur particulière μ_0. Nous voulons résumer les divers tests qui peuvent se présenter et schématiser les régions de rejet et de non-rejet de H_0.

Test bilatéral

Lorsqu'on s'intéresse au changement de la moyenne μ dans l'une ou l'autre des directions (soit $\mu > \mu_0$ ou $\mu < \mu_0$), on opte pour un test bilatéral. Les hypothèses H_0 et H_1 sont alors:

$$H_0 : \mu = \mu_0$$
$$H_1 : \mu \neq \mu_0$$

On peut schématiser les régions de rejet et de non-rejet de H_0 comme suit:

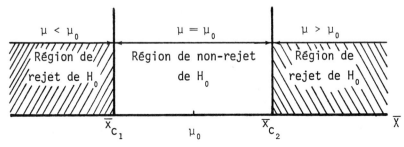

Si, suite aux résultats de l'échantillon, la valeur de la statistique $\overline{X}$ se situe dans l'intervalle $\overline{x}_{C_1} \leq \overline{X} \leq \overline{x}_{C_2}$, on ne pourra rejeter H_0 au seuil de signification choisi. Si $\overline{X} > \overline{x}_{C_2}$ ou $\overline{X} < \overline{x}_{C_1}$, on rejette H_0 et on favorise H_1.

Remarques. a) Les valeurs $\overline{x}_{C_1}$ et $\overline{x}_{C_2}$, que nous indiquons comment calculer dans une section subséquente, sont des limites de la statistique qui conduisent au rejet de H_0, d'après le seuil de signification choisi: on les appelle **valeurs critiques**. Ces valeurs segmentent en régions mutuellement exclusives la distribution d'échantillonnage de la statistique. Les régions extrêmes sont les régions de rejet de H_0, et la région centrale est la région de non-rejet de H_0.

b) Ces valeurs critiques pourront également s'exprimer en termes d'écart réduit.

Test unilatéral

Lorsqu'on s'intéresse au changement de la moyenne μ dans une seule direction, on opte pour un test unilatéral. Les hypothèses sont les suivantes si l'on s'intéresse à un changement du côté gauche:

$H_0 : \mu = \mu_0$ $(\geq)$

$H_1 : \mu < \mu_0$

(test unilatéral à gauche). On favorisera H_1 si $\overline{X} < \overline{x}_C$ (rejet de H_0).

Les hypothèses peuvent aussi s'énoncer comme suit si l'on s'intéresse à un changement dans l'autre direction (côté droit):

$H_0 : \mu = \mu_0$ $(\leq)$

$H_1 : \mu > \mu_0$

(test unilatéral à droite).

On rejette H_0 si $\overline{X} > \overline{x}_C$. On considère alors H_1 comme vraisemblable.

Remarques. a) Un test unilatéral ne comporte toujours qu'une seule valeur critique.

b) Quel que soit le type de test, l'hypothèse nulle comporte toujours le signe strictement égal et spécifie la valeur particulière du paramètre.

c) L'hypothèse H_1 est formulée en choisissant l'une ou l'autre des trois formes mentionnées. On choisira la plus pertinente à la situation pratique analysée.

d) Dans la plupart des tests d'hypothèses, le signe dans l'hypothèse H_1 dénote dans quelle direction est localisée la région critique ou région de rejet de H_0.

EXEMPLE 1. Formulation d'hypothèses statistiques dans les cas d'une moyenne et d'une proportion.

a) Une entreprise achète d'un fournisseur des cables d'acier dont la résistance moyenne à la rupture doit être supérieure ou égale à 250 kg/cm². En autant que cette norme est respectée, l'entreprise est satisfaite du produit. Toutefois une résistance moyenne à la rupture inférieure à 250 kg/cm² est inadéquate pour l'entreprise. Lors de la réception d'un lot, on veut vérifier la qualité des cables sur la base d'un échantillon. Formuler les hypothèses statistiques du test.

L'hypothèse nulle d'écrit:

$$H_0 : \mu = 250 \text{ kg/cm}^2 \text{ (qualité acceptable)}$$

et l'hypothèse alternative est

$$H_1 : \mu < 250 \text{ kg/cm}^2 \text{ (qualité inacceptable).}$$

Nous sommes donc en présence d'un test unilatéral à gauche.

b) La présidente de l'Association des Etudiants(es) d'un collège de la région de Québec affirme que 40% des étudiants sont insatisfaits de la qualité de la nourriture offerte à la cafétéria. On veut tester cette affirmation en effectuant un sondage auprès de la population étudiante.

Les hypothèses statistiques se formulent ainsi:

$$\text{Hypothèse nulle} \quad : H_0 : p = 0,40$$

$$\text{Hypothèse alternative} : H_1 : p \neq 0,40.$$

Nous sommes en présence d'un test bilatéral puisque la vraie proportion peut être inférieure à 0,40 (p < 0,40) ou supérieure à 0,40 (p > 0,40) d'où $H_1 : p \neq 0,40$.

Indiquons maintenant comment on obtient les valeurs critiques de la distribution d'échantillonnage de $\overline{X}$ qui, si dépassées, conduisent au rejet de H_0.

TEST SUR UNE MOYENNE: DÉTERMINATION DE LA RÈGLE DE DÉCISION

Cette section, bien que fondée sur un cheminement théorique, devrait permettre de mieux saisir le raisonnement associé à l'élaboration des règles de décision d'un test. Supposons que nous sommes dans la situation où nous voulons soumettre au test l'hypothèse nulle selon laquelle la moyenne μ est égale à une valeur particulière μ_0 contre l'hypothèse alternative qu'elle diffère de μ_0:

$$H_0 : \mu = \mu_0$$
$$H_1 : \mu \neq \mu_0$$

Considérons également que la population est distribuée normalement de variance connue σ^2. On prélève au hasard de cette population un échantillon de taille n.

La statistique qui convient pour ce test est la moyenne d'échantillon $\overline{X}$ (estimateur de μ). Nous savons, d'après le chapitre précédent, que les fluctuations d'échantillonnage de la variable aléatoire $\overline{X}$ suivent une loi normale de moyenne μ_0 (en supposant H_0 vraie) et d'écart-type $\sigma(\overline{X}) = \dfrac{\sigma}{\sqrt{n}}$.

L'écart réduit est $Z = \dfrac{\overline{X} - \mu_0}{\sigma(\overline{X})} = \dfrac{\overline{X} - \mu_0}{\sigma/\sqrt{n}}$ dont les fluctuations sont distribuées selon la loi normale centrée réduite.

Fixons le seuil de signification du test à la valeur α, c.-à-d.

$$P(\text{rejeter } H_0 \mid H_0 \text{ vraie}) = \alpha$$

où

$$H_0 : \mu = \mu_0$$

$$H_1 : \mu \neq \mu_0$$

Détermination des valeurs critiques de $\overline{X}$

Ayant fixé le seuil de signification, il est alors possible à l'aide de la distribution d'échantillonnage de $\overline{X}$ de trouver deux valeurs critiques $\overline{x}_{C_1}$ et $\overline{x}_{C_2}$ telles que l'intervalle $\overline{x}_{C_1} \leq \overline{X} \leq \overline{x}_{C_2}$ constitue la région de non-rejet de H_0 et les deux extrémités de la distribution $\overline{X} < \overline{x}_{C_1}$ et $\overline{X} > \overline{x}_{C_2}$ constituent la région de rejet de H_0 . Dans le cas d'un test bilatéral, le risque α se partage également aux extrémités de la distribution d'échantillonnage.

On peut schématiser ces régions comme suit pour les hypothèses mentionnées précédemment.

Distribution d'échantillonnage de $\overline{X}$

De ce schéma, on peut écrire

$$P(\text{Non-rejet de } H_0 \mid H_0 \text{ vraie}) = P(\overline{x}_{C_1} \leq \overline{X} \leq \overline{x}_{C_2} \mid H_0 \text{ vraie}) = 1 - \alpha$$

et

$$P(\text{Rejeter } H_0 \mid H_0 \text{ vraie}) = P(\overline{X} < \overline{x}_{C_1} \mid H_0 \text{ vraie}) + P(\overline{X} > \overline{x}_{C_2} \mid H_0 \text{ vraie})$$

$$= \frac{\alpha}{2} + \frac{\alpha}{2} = \alpha$$

On peut également écrire ces relations sous forme centrée réduite.

Les valeurs de l'écart réduit sont tabulées pour le seuil α choisi.

On obtient alors

$$P(\overline{x}_{c_1} \leq \overline{X} \leq \overline{x}_{c_2} | H_0: \mu = \mu_0 \text{ vraie}) = P\left[\frac{\overline{x}_{c_1} - \mu_0}{\sigma(\overline{X})} \leq \frac{\overline{X} - \mu_0}{\sigma(\overline{X})} \leq \frac{\overline{x}_{c_2} - \mu_0}{\sigma(\overline{X})}\right] = 1 - \alpha$$

$$= P\left[\frac{\overline{x}_{c_1} - \mu_0}{\sigma/\sqrt{n}} \leq \frac{\overline{X} - \mu_0}{\sigma/\sqrt{n}} \leq \frac{\overline{x}_{c_2} - \mu_0}{\sigma/\sqrt{n}}\right] = 1 - \alpha$$

où $\dfrac{\overline{X} - \mu_0}{\sigma/\sqrt{n}}$ est distribué selon la loi normale centrée réduite.

Puisque l'aire sous la distribution d'échantillonnage de $\overline{X}$ est fixé à $\alpha/2$ à chaque extrémité de la distribution, il en sera de même aux extrémités de la distribution de l'écart réduit. Il s'agit de lire de la table de la loi normale centrée réduite la valeur $z_{\alpha/2}$ de sorte que

$$P(-z_{\alpha/2} \leq Z \leq z_{\alpha/2}) = 1 - \alpha \text{ ou encore}$$

$$P(Z < -z_{\alpha/2}) = \alpha/2 \text{ et } P(Z > z_{\alpha/2}) = \alpha/2.$$

Les valeurs $-z_{\alpha/2}$ et $z_{\alpha/2}$ sont les **valeurs critiques** de l'écart réduit. Tout ceci peut se schématiser comme suit.

Distribution de l'écart réduit

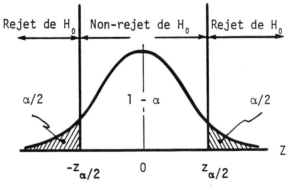

Puisque $-z_{\alpha/2} = \dfrac{\overline{x}_{c_1} - \mu_0}{\sigma/\sqrt{n}}$ et $z_{\alpha/2} = \dfrac{\overline{x}_{c_2} - \mu_0}{\sigma/\sqrt{n}}$ (expression sous forme centrée réduite de $\overline{x}_{c_1}$ et $\overline{x}_{c_2}$), on peut en déduire facilement **les valeurs critiques** de $\overline{X}$:

$$\overline{x}_{c_1} = \mu_0 - z_{\alpha/2} \cdot \sigma/\sqrt{n}, \; \overline{x}_{c_2} = \mu_0 + z_{\alpha/2} \cdot \sigma/\sqrt{n},$$

μ_0, σ, n et $z_{\alpha/2}$ étant connus.

Règles de décision

Les règles de décision s'énoncent comme suit pour les hypothèses H_0: $\mu = \mu_0$, H_1: $\mu \neq \mu_0$, au seuil de signification α.

Si on utilise les valeurs critiques de $\overline{X}$, on adopte alors la règle de décision suivante:

Rejeter H_0 si

$$\overline{X} > \overline{X}_{C_2} = \mu_0 + z_{\alpha/2} \cdot \sigma/\sqrt{n}.$$

ou si

$$\overline{X} < \overline{X}_{C_1} = \mu_0 - z_{\alpha/2} \cdot \sigma/\sqrt{n}$$

Sous forme centrée réduite, cette règle de décision s'écrit:

Rejeter H_0 si $Z > z_{\alpha/2}$

ou si $\quad Z < -z_{\alpha/2}$,

sinon, ne pas rejeter H_0.

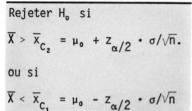

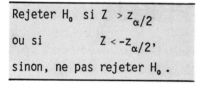

La valeur de l'écart réduit s'obtient de $Z = \dfrac{\overline{X} - \mu_0}{\sigma/\sqrt{n}}$ en substituant la valeur observée $\overline{x}$ déduite des résultats de l'échantillon.

La règle de décision consiste donc à préciser de combien la moyenne d'échantillon peut s'écarter de μ_0, pour un seuil α et une taille d'échantillon n, pour que H_0 ou H_1 soient respectivement considérées comme dépourvues de soutien expérimental.

Conclusion du test

Ainsi si l'écart observé $(\overline{x} - \mu_0)$ est plus grand, en valeur absolue que $(\overline{x}_{C_2} - \mu_0)$ ou $(\overline{x}_{C_1} - \mu_0)$, nous dirons que la différence $(\overline{x} - \mu_0)$ est **statistiquement significative** au seuil α. Cette différence est anormalement élevée et ne permet pas de supporter l'hypothèse H_0 (c'est le rejet de H_0). Les résultats de l'échantillon sont alors en contradiction avec l'hypothèse H_0. Si au contraire, nous nous situons dans la région de non-rejet de H_0, l'écart observé n'est pas significatif et nous concluons qu'il est imputable aux fluctuations d'échantillonnage: la différence observée est non significative.

Remarque. Dans le cas d'un test unilatéral, les régions de rejet et de non-rejet de H_0 se schématisent comme suit en utilisant l'écart réduit.

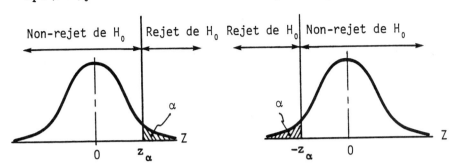

$$H_0 : \mu = \mu_0$$

$$H_1 : \mu > \mu_0$$

$$H_0 : \mu = \mu_0$$

$$H_1 : \mu < \mu_0$$

Rejet de H_0 si $Z > z_\alpha$, sinon ne pas rejeter H_0.

Rejet de H_0 si $Z < -z_\alpha$, sinon ne pas rejeter H_0.

Ce mode de raisonnement que nous venons d'élaborer est le même quel que soit le problème posé. Nous nous bornerons donc à résumer les différents éléments de chaque test selon les conditions d'application; ce résultat apparaît dans le tableau-synthèse de la page suivante.

EXEMPLE 2. Détermination des valeurs critiques dans le cas d'un test sur une moyenne: Population normale et variance connue.

On veut tester, au seuil de signification $\alpha = 0,05$, les hypothèses statistiques suivantes:

$$H_0 : \mu = 12$$

$$H_1 : \mu \neq 12,$$

en prélevant au hasard un échantillon de taille $n = 9$ d'une population normale de variance $\sigma^2 = 4$.

Entre quelles valeurs doit se situer la moyenne d'échantillon pour considérer, au seuil $\alpha = 0,05$, l'hypothèse $H_0 : \mu = 12$ comme vraisemblable?

D'après le seuil choisi, la distribution de l'écart réduit se subdivise comme ci-contre.

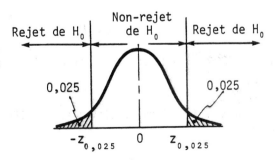

Tableau-synthèse des tests sur une moyenne

Conditions d'application: Echantillon prélevé au hasard d'une population normale de variance connue.

Hypothèse nulle: $H_0: \mu = \mu_0$

Seuil de signification: α

Ecart réduit et sa distribution: En supposant H_0 vraie et selon les conditions d'application, l'écart réduit

$$Z = \frac{\bar{X} - \mu_0}{\sigma/\sqrt{n}}$$

est distribué selon la **loi normale centrée réduite.**

Hypothèses alternatives	Règles de décision
$H_1: \mu \neq \mu_0$	Rejeter H_0 si $Z > z_{\alpha/2}$ ou $Z < z_{\alpha/2}$
$H_1: \mu > \mu_0$	Rejeter H_0 si $Z > z_\alpha$
$H_1: \mu < \mu_0$	Rejeter H_0 si $Z < -z_\alpha$

Conditions d'application: Echantillon de grande taille ($n \geq 30$) prélevé au hasard.

Hypothèse nulle: $H_0: \mu = \mu_0$

Seuil de signification: α

Ecart réduit et sa distribution: En supposant H_0 vraie et selon les conditions d'application, l'écart réduit

$$Z = \frac{\bar{X} - \mu_0}{s/\sqrt{n}}$$

où $s = \sqrt{\dfrac{\sum(x_i - \bar{x})^2}{n-1}}$ est distribué selon la **loi normale centrée réduite.**

Hypothèses alternatives	Règles de décision
$H_1: \mu \neq \mu_0$	Rejeter H_0 si $Z > z_{\alpha/2}$ ou $Z < -z_{\alpha/2}$
$H_1: \mu > \mu_0$	Rejeter H_0 si $Z > z_\alpha$
$H_1: \mu < \mu_0$	Rejeter H_0 si $Z < -z_\alpha$

Conditions d'application: Echantillon de petite taille ($n < 30$) prélevé au hasard d'une population normale de variance inconnue.

Hypothèse nulle: $H_0: \mu = \mu_0$

Seuil de signification: α

Ecart réduit et sa distribution: En supposant H_0 vraie et selon les conditions d'application, l'écart réduit

$$t = \frac{\bar{X} - \mu_0}{s/\sqrt{n}}$$

est distribué selon la **loi de Student** avec $\nu = n-1$ degrés de liberté.

Hypothèses alternatives	Règles de décision
$H_1: \mu \neq \mu_0$	Rejeter H_0 si $t > t_{\alpha/2;n-1}$ ou $t < -t_{\alpha/2;n-1}$
$H_1: \mu > \mu_0$	Rejeter H_0 si $t > t_{\alpha;n-1}$
$H_1: \mu < \mu_0$	Rejeter H_0 si $t < -t_{\alpha;n-1}$

Lorsqu'on rejette H_0, on retient H_1 comme hypothèse.

De la table de la loi normale centrée réduite (table 3, en annexe), la valeur tabulée de

$z_{0,025}$ = 1,96

puisque

$P(0 \leq Z \leq z_{0,025})$ = 0,5 - 0,025

= 0,475.

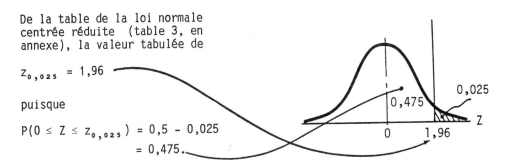

0,475

0,025

Z

0   1,96

Puisque μ_0 = 12, $\sigma = \sqrt{4}$ = 2, n = 9 et $z_{0,025}$ = 1,96, les valeurs critiques de $\overline{X}$ sont:

$\overline{X}_{C_1}$ = μ_0 - $z_{\alpha/2} \cdot \sigma/\sqrt{n}$

= 12 - (1,96) $\dfrac{(2)}{\sqrt{9}}$

= 12 - 1,307 = 10,693.

$\overline{X}_{C_2}$ = μ_0 + $z_{\alpha/2} \cdot \sigma/\sqrt{n}$

= 12 + 1,307 = 13,307.

Distribution d'échantillonnage de $\overline{X}$
en supposant H_0 : μ = 12 vraie

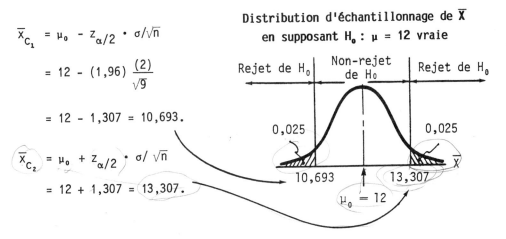

Rejet de H_0 Non-rejet de H_0 Rejet de H_0

0,025   0,025

10,693   13,307

μ_0 = 12

$\overline{X}$

La règle de décision suivante est alors adoptée pour vérifier la crédibilité de l'hypothèse H_0 sur la base d'un échantillon de taille n = 9, au seuil de signification α = 0,05:

Rejeter H_0 si $\overline{X}$ < 10,693 ou $\overline{X}$ > 13,307.

Ne pas rejeter H_0 si 10,693 $\leq \overline{X} \leq$ 13,307.

EXEMPLE 3.   Détermination de la règle de décision pour un test sur une moyenne: test unilatéral.

Reprenons la situation de l'exemple précédent et supposons cette fois que les hypothèses statistiques sont les suivantes:

H_0 : μ = 12 ($\leq$)

H_1 : μ > 12

On veut établir la règle de décision du test, basée sur un échantillon de taille n = 9 d'une population normale de variance σ^2 = 4. On fixe le seuil de signification à α = 0,05.

D'après H_1, la région de rejet
de H_0 est localisée à la droite
de la distribution d'échantillonnage de $\overline{X}$.

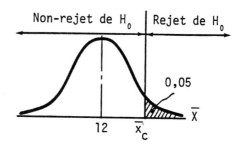

D'après la figure, on peut écrire

$$P(\text{rejeter } H_0 \,|\, H_0 \text{ vraie}) = \alpha$$

$$P(\overline{X} > \overline{x}_c \,|\, H_0 : \mu = 12 \text{ vraie}) = 0,05.$$

Sous forme centrée réduite, on peut écrire

soit

$$P\left[\frac{\overline{X} - \mu_0}{\sigma/\sqrt{n}} > \frac{\overline{x}_c - \mu_0}{\sigma/\sqrt{n}} \,\middle|\, H_0 \text{ vraie}\right] = \alpha$$

$$P(Z > z_\alpha \,|\, H_0 \text{ vraie}) = \alpha.$$

Au seuil $\alpha = 0,05$, la valeur tabulée
de $z_{0,05} = 1,645$ (ce qui donne la
valeur critique de l'écart réduit)
et les régions de rejet et de non-
rejet de H_0 sur la distribution de
l'écart réduit se schématisent comme sur la figure ci-contre.

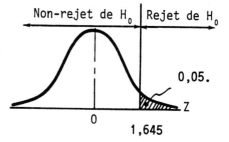

La règle de décision, basée sur l'écart réduit, est donc:

$$\text{rejeter } H_0 \text{ si } Z > 1,645$$

$$\text{sinon ne pas rejeter } H_0.$$

Sur la distribution d'échantillonnage de $\overline{X}$, la valeur critique $\overline{x}_c$ est

$$\overline{x}_c = \mu_0 + z_\alpha \cdot \sigma/\sqrt{n}$$

$$= 12 + (1,645)\frac{(2)}{\sqrt{9}} = 13,097.$$

On rejette H_0 si $\overline{X} > 13,097$, sinon on ne peut rejeter H_0.

Présentons maintenant une façon systématique d'élaborer un test d'hypothèse. Dans la mise en oeuvre de cette démarche, nous nous servons des
règles de décision qui sont présentées dans le tableau-synthèse de la page
310.

COMMENT EXÉCUTER UN TEST D'HYPOTHÈSE: DÉMARCHE À SUIVRE

Un test d'hypothèse comporte diverses étapes. Mentionnons toutefois que dans les sections et chapitres qui vont suivre, nous adopterons comme convention de travailler avec l'écart réduit (variable aléatoire dont on connaît les valeurs tabulées de la loi) qui sera distribué, suivant le cas, selon la loi normale centrée réduite ou la loi de Student. Au seuil de signification α choisi, on obtiendra directement des tables correspondantes (en annexe) les valeurs critiques de l'écart réduit. D'une façon générale, l'écart réduit s'exprime en unités d'écart-type de la statistique qui convient au test:

$$\text{Ecart réduit} = \frac{\text{Ecart entre la statistique qui convient pour le test et la valeur du paramètre posée en } H_0}{\text{Ecart-type de la statistique}}$$

Remarque. La statistique (appelée également variable d'échantillonnage) qui est appropriée à un test d'hypothèse correspond à une estimation non biaisée du paramètre qui est précisé dans l'hypothèse nulle. Elle sera, selon le contexte, la moyenne d'échantillon, la proportion échantillonnale, la différence entre deux moyennes d'échantillons,...

Dans l'exécution d'un test d'hypothèse, nous proposons la démarche suivante.

Démarche à suivre dans l'élaboration d'un test d'hypothèse

1. Formuler l'hypothèse nulle H_0 et l'hypothèse alternative H_1.

2. Fixer d'avance (avant la réalisation du sondage) le seuil de signification α c.-à-d. spécifier le risque de rejeter à tort une hypothèse H_0 vraie.

3. Préciser les conditions d'application du test. Spécification ou non de la forme de la population échantillonnée, indication si nous sommes en présence d'un grand échantillon, si la variance de la population est connue ou inconnue, etc.

4. Spécifier la statistique qui convient pour le test et définir l'écart réduit. En déduire sa distribution d'après les conditions d'application.

5. Adopter une règle de décision qui conduira au rejet ou au non-rejet de H_0 au seuil α choisi. Cette règle de décision est définie à partir des valeurs critiques de l'écart réduit.

6. Calculer la valeur numérique de l'écart réduit, valeur déduite des résultats de l'échantillon.

7. Décision et conclusion. Comparer la valeur numérique obtenue pour l'écart réduit avec la règle de décision adoptée en 5. Décider entre les deux hypothèses formulées en 1. et conclure.

Remarque. Dans le jargon statistique, on utilise également les termes "accepter H_0" au lieu de "ne pas rejeter H_0". Il faut bien comprendre ici "qu'accepter H_0" sur la base d'un test statistique n'implique pas que nous avons une preuve irréfutable que H_0 est vraie mais seulement que l'hypothèse posée en H_0 est vraisemblable du fait que les résultats de l'échantillon ne sont pas en contradiction avec l'hypothèse nulle émise.

EXEMPLE 4. Comparaison de la longueur moyenne d'un support métallique avec une norme établie: test sur une moyenne.

Une entreprise fournit à un client de la région de Montréal des supports métalliques. Le client exige que les supports aient, en moyenne, une longueur de 70 mm. Ce support est fabriqué par la machine # 12 et la dispersion de la fabrication est de $\sigma = 3$ mm. On admet également que la longueur des supports est distribuée normalement. On veut vérifier si le procédé de fabrication opère à 70 mm. Un échantillon aléatoire de 25 supports provenant de la fabrication donne une longueur moyenne de 69,0 mm. Doit-on conclure, au seuil de signification $\alpha = 0,05$ que la machine est déréglée?

Exécutons ce test d'hypothèse en appliquant la démarche que nous venons de proposer. Nous adopterons un test bilatéral puisque la machine peut se dérégler dans un sens comme dans l'autre.

Démarche du test

1. **Hypothèses statistiques.**

   $H_0: \mu = 70$, $H_1: \mu \neq 70$.

2. **Seuil de signification.**

   $\alpha = 0,05$.

3. **Conditions d'application du test:** Echantillon aléatoire provenant d'une population normale de variance connue.

4. **La statistique qui convient** pour le test est $\overline{X}$.

   L'écart réduit est

   $$Z = \frac{\overline{X} - \mu_0}{\sigma/\sqrt{n}}$$

   où $\mu_0 = 70$. Il est distribué suivant la loi normale centrée réduite.

5. **Règle de décision.** D'après H_1 et au seuil $\alpha = 0,05$, les valeurs critiques de l'écart réduit sont $z_{0,025} = 1,96$ et $-z_{0,025} = -1,96$ (test bilatéral).

On adoptera la règle de décision suivante: rejeter H_0 si $Z > 1,96$ ou $Z < -1,96$, sinon ne pas rejeter H_0.

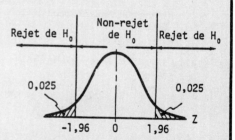

6. **Calcul de l'écart réduit.** Puisque $\overline{x} = 69$, $\mu_0 = 70$, $\sigma = 3$, $n = 25$, on obtient

   $$z = \frac{69 - 70}{3/\sqrt{25}} = -1,67.$$

7. **Décision et conclusion.** La valeur $z = -1,67$ se situe dans la région de non-rejet de H_0.

   La machine semble réglée correctement. Il n'y a pas lieu d'intervenir.

L'écart observé entre $\bar{x}$ et μ_0 soit $(69 - 70) = -1$ n'est pas statistiquement significatif. Cet écart est admissible et les données dont on dispose ne sont pas en contradiction avec l'hypothèse $H_0 : \mu = 70$. Effectivement l'écart tolérable entre $\bar{x}$ et μ_0 pour considérer comme plausible l'hypothèse H_0 est, dans cet exemple, $\pm z_{0,025} \cdot \sigma/\sqrt{n}$ soit $\pm(1,96)(\dfrac{3}{\sqrt{25}}) = \pm 1,176$ mm. Toutefois, sous les conditions de ce test, un écart observé (en valeur absolue) supérieur à $1,176$ mm aurait conduit au rejet de H_0 et à la conclusion qu'il est plus vraisemblable de considérer que la machine opère à une valeur autre que $\mu = 70$ mm.

Remarques. a) L'exécution d'un test d'hypothèse et le calcul d'un intervalle de confiance sont étroitement liés. En effet, une règle de décision est équivalente à un intervalle de confiance placé autour de la moyenne μ avec un niveau de confiance $100(1-\alpha)\%$. On favorise $H_0 : \mu = \mu_0$ si μ_0 tombe dans l'intervalle de confiance et on rejette $H_0 : \mu = \mu_0$, si la valeur μ_0 ne se situe pas dans l'intervalle de confiance.

b) Il est important de noter toutefois que l'intervalle de confiance est centré par rapport à la valeur observée $\bar{x}$, qui varie d'un échantillon à l'autre (les limites de l'intervalle de confiance sont des variables aléatoires) alors que la région de non-rejet de H_0 (intervalle d'acceptation de H_0) est centrée sur μ_0 (qui est une valeur fixe).

Pour l'exemple 4, l'intervalle de confiance ayant un niveau de confiance de 95% de contenir la valeur vraie de μ est

$$69 - (1,96)(3/\sqrt{25}) \le \mu \le 69 + (1,96)(3/\sqrt{25})$$

soit

$$67,824 \le \mu \le 70,176.$$

Puisque $\mu_0 = 70$ se situe dans l'intervalle, l'hypothèse $H_0 : \mu = 70$ est considérée comme vraisemblable, au seuil de signification $\alpha = 0,05$. D'autre part, lorsque la valeur μ_0 ne se situe pas dans l'intervalle de confiance, il est très peu probable que la valeur vraie de μ soit μ_0 et par conséquent, nous rejetons l'hypothèse nulle $H_0 : \mu = \mu_0$.

EXEMPLE 5. Modification du procédé de fabrication de tiges d'acier: Test sur une moyenne avec grand échantillon ($n \ge 30$).

Le responsable du procédé de fabrication de tiges d'acier de l'entreprise Sigmex suggère au chef de département de métallurgie d'introduire un nouvel alliage dans le procédé de fabrication des tiges. Cette modification pourrait permettre d'obtenir une résistance moyenne à la rupture plus élevée et ainsi assurer une meilleure sécurité aux utilisateurs de ces tiges. Les tiges présentaient, avant l'introduction du nouvel alliage, une résistance moyenne à la rupture de 50 kg/cm².

Une nouvelle fabrication a été effectuée et un échantillon aléatoire de 40 tiges a été prélevé de cette fabrication. On a obtenu, pour cet échantillon, une résistance moyenne à la rupture de 54,5 kg/cm² et un écart-type de 2,4 kg/cm². Est-ce que l'écart observé dans la résistance moyenne à la rupture avant et après l'introduction du nouvel alliage est suffisamment élevé pour conclure, au seuil de signification $\alpha = 0,01$, qu'il y a une augmentation significative de la résistance moyenne à la rupture?

Effectuons le test selon la démarche que nous avons proposée.

Démarche du test

1. **Hypothèses statistiques.**

   $H_0 : \mu = 50$

   $H_1 : \mu > 50$

2. **Seuil de signification.**

   $\alpha = 0,01$

3. **Conditions d'application du test:** Grand échantillon, n > 30.

4. **La statistique** qui convient pour le test est $\overline{X}$.

   L'écart réduit est:

   $$Z = \frac{\overline{X} - \mu_0}{s/\sqrt{n}}$$

   où $\mu_0 = 50$

   Il est distribué selon la loi normale centrée réduite.

5. **Règle de décision.** D'après H_1 et au seuil $\alpha = 0,01$, la valeur critique de l'écart réduit est $z_{0,01} = 2,33$. On adoptera la règle de décision suivante: rejeter H_0 si Z > 2,33, sinon ne pas rejeter H_0.

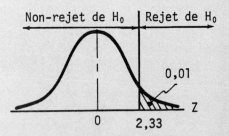

6. **Calcul de l'écart réduit.** On a $\overline{X} = 54,5$, s = 2,4, $\mu_0 = 50$ n = 40 et on obtient

   $$z = \frac{54,5 - 50}{2,4/\sqrt{40}} = 11,858.$$

7. **Décision et conclusion.**

   Puisque la valeur prise par Z est 11,858 > 2,33, on rejette H_0.

Les résultats de cet échantillon de 40 tiges semblent plutôt favoriser, au seuil $\alpha = 0,01$, l'hypothèse $H_1 : \mu > 50$. L'écart observé (54,5-50) est suffisamment élevé pour conclure à une augmentation significative de la résistance moyenne à la rupture et il y a tout lieu de croire que cette augmentation est attribuable à l'introduction du nouvel alliage dans le procédé de fabrication.

EXEMPLE 6. Chronométrage de l'assemblage d'un montage transistorisé: Test sur une moyenne avec utilisation de la distribution de Student.

Le responsable du département d'Organisation et Méthodes de l'entreprise Nicom mentionne, qu'en moyenne, le temps requis pour effectuer l'assemblage d'un montage transistorisé est de 10 minutes. Un chronométrage de cette opération sur 25 unités de même type donne les temps ci-contre. On suppose que le temps requis pour l'assemblage est distribué normalement.

Temps observés (minutes)				
9,1	11,6	12,3	10,3	10,0
11,3	10,3	9,6	10,1	10,5
11,9	11,8	11,9	12,2	9,8
10,9	11,0	10,8	11,1	11,8
11,9	10,6	12,9	10,3	12,0

De ces résultats, on en déduit: $\sum x_i$ = 276, $\bar{x}$ = 11,04 min, s^2 = 0,9425 et
s = 0,971 min. Peut-on conclure, au seuil de signification α = 0,05, que le
temps moyen pour effectuer l'assemblage de ce montage transistorisé est supérieur à la norme spécifiée? Le test se conduit comme suit:

Démarche du test

1. **Hypothèses statistiques.**

   H_0 : μ = 10

   H_1 : μ > 10

2. **Seuil de signification.**

   α = 0,05

3. **Conditions d'application
   du test:** Echantillon aléatoire provenant d'une population normale, variance
   inconnue, et petit échantillon n < 30.

4. **La statistique qui convient**
   pour le test est $\bar{X}$. D'après
   les conditions d'application
   et en supposant vraie H_0,
   l'écart réduit est

   $$t = \frac{\bar{X} - \mu_0}{s/\sqrt{n}} \text{ où } \mu_0 = 10.$$

   Il est distribué suivant la
   loi de Student avec n-1 = 25
   -1 = 24 degrés de liberté.

5. **Règle de décision.** D'après
   H_1, au seuil α = 0,05 et 24
   degrés de liberté, la valeur
   critique de l'écart réduit
   est $t_{0,05;24}$ = 1,7109. La
   règle de décision est: rejeter H_0 si t > 1,7109, sinon
   ne pas rejeter H_0.

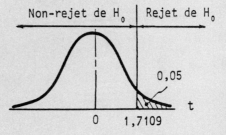

6. **Calcul de l'écart réduit.**
   On a n = 25, $\bar{x}$ = 11,04,
   s = 0,971 et μ_0 = 10. Ce
   qui donne

   $$t = \frac{11,04 - 10}{0,971/\sqrt{25}} = 5,355.$$

7. **Décision et conclusion.**
   Puisque t = 5,355 > 1,709,
   on rejette H_0. Les résultats semblent plutôt favoriser l'hypothèse H_1 : μ > 10
   selon laquelle le temps moyen
   d'assemblage est supérieur à
   10 min.

TEST D'HYPOTHÈSE SUR MICRO-ORDINATEUR: LE PROGRAMME TTEST.

Dans un exemple du chapitre précédent, nous avons donné un exemple
d'exécution pour la construction d'intervalles de confiance sur μ dans le
cas où les conditions d'application de la loi de Student sont respectées.
L'exemple d'exécution qui suit nous indique comment on peut effectuer un
test statistique sur μ. Nous nous servons des données de l'exemple 6.

```
******************************************
             PROGRAMME TTEST

******************************************

INTERVALLES DE CONFIANCE POUR LA
MOYENNE DE LA POPULATION AVEC LA LOI DE
STUDENT ET TEST D'HYPOTHESE.

IDENTIFICATION DU TRAVAIL EN COURS
?    EXEMPLE 6

QUEL EST LE NOMBRE D'OBSERVATIONS DANS
L'ECHANTILLON ? 25

ENTREZ MAINTENANT VOS DONNEES.
  OBS.   1      ? 9.1
  OBS.   2      ? 11.6
  OBS.   3      ? 12.3
  OBS.   4      ? 10.3
  OBS.   5      ? 10.0
  OBS.   6      ? 11.3
  OBS.   7      ? 10.3
  OBS.   8      ? 9.6
  OBS.   9      ? 10.1
  OBS.  10      ? 10.5
  OBS.  11      ? 11.9
  OBS.  12      ? 11.8
  OBS.  13      ? 11.9
  OBS.  14      ? 12.2
  OBS.  15      ? 9.8
  OBS.  16      ? 10.9
  OBS.  17      ? 11.0
  OBS.  18      ? 10.8
  OBS.  19      ? 11.1
  OBS.  20      ? 11.8
  OBS.  21      ? 11.9
  OBS.  22      ? 10.6
  OBS.  23      ? 12.9
  OBS.  24      ? 10.3
  OBS.  25      ? 12.0

DESIREZ-VOUS CORRIGER UNE OBSERVATION
<OUI> OU <NON>  ? NON

******************************************
      CALCUL DE DIVERSES STATISTIQUES
******************************************
TRAVAIL EN COURS : EXEMPLE 6
------------------------------------------
NOMBRE D'OBSERVATIONS = 25
MOYENNE DE L'ECHANTILLON =  11.04
SOMME DE CARRES = 22.62
DEGRES DE LIBERTE = 24
VARIANCE DE L'ECHANTILLON = .9425
ECART-TYPE DE L'ECHANTILLON = .970324
ERREUR-TYPE DE LA MOYENNE = .194165
------------------------------------------

DESIREZ-VOUS OBTENIR DES INTERVALLES DE
CONFIANCE POUR LA MOYENNE DE LA
POPULATION ?
<OUI> OU <NON>  ? NON
```

```
DESIREZ-VOUS EFFECTUER UN TEST D'HYPO-
THESE SUR LA MOYENNE DE LA POPULATION?
<OUI> OU <NON>  ? OUI

PRESSER
1.....POUR TEST BILATERAL
2.....POUR TEST UNILATERAL A GAUCHE
3.....POUR TEST UNILATERAL A DROITE
? 3
7
****************************************
         TEST UNILATERAL A DROITE
     SUR LA MOYENNE DE LA POPULATION
****************************************

PRECISER LA MOYENNE A TESTER SOUS
L'HYPOTHESE NULLE ? 10

PRECISER LE SEUIL DE SIGNIFICATION DU
TEST ?
LES SEUILS PERMIS SONT :
                 ALPHA = 0.05
                 ALPHA = 0.01
? 0.05

****************************************
            EXECUTION DU TEST
****************************************
TRAVAIL : EXEMPLE 6

*****  HYPOTHESES STATISTIQUES  *****

HYPOTHESE NULLE : MU = 10
HYPOTHESE ALTERNATIVE : MU> 10

*****  SEUIL DE SIGNIFICATION  *****
ALPHA = .05

*****  REGLE DE DECISION  *****
D'APRES L'HYPOTHESE ALTERNATIVE, AU
SEUIL ALPHA = .05 ET 24 DEGRES DE
LIBERTE, LA VALEUR CRITIQUE DE L'ECART
REDUIT EST 1.7111

REJETER L'HYPOTHESE NULLE SI
T > 1.7111  (TEST UNILATERAL A DROITE)

*****  CALCUL DE L'ECART REDUIT  *****
T = 5.356

*****  DECISION  *****
LA VALEUR CALCULEE DE L'ECART REDUIT
SE SITUE DANS LA REGION DE REJET DE
L'HYPOTHESE NULLE AU SEUIL DE
SIGNIFICATION ALPHA = .05

DESIREZ-VOUS EFFECTUER UN NOUVEAU TEST
D'HYPOTHESE ?
<OUI> OU <NON>  ? NON

FIN NORMALE DU TRAITEMENT
```

RISQUES DE PREMIÈRE ESPÈCE ET DE DEUXIÈME ESPÈCE

Nous avons déjà traité du seuil de signification d'un test d'hypothèse: c'est le risque de rejeter à tort l'hypothèse nulle H_0 lorsque celle-ci est vraie. On l'appelle aussi le **risque de première espèce**. La règle de décision du test comporte également un deuxième risque soit le risque de ne pas rejeter l'hypothèse nulle H_0 alors que c'est l'hypothèse H_1 qui est vraie.

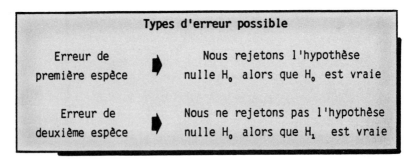

Types d'erreur possible	
Erreur de première espèce ▶	Nous rejetons l'hypothèse nulle H_0 alors que H_0 est vraie
Erreur de deuxième espèce ▶	Nous ne rejetons pas l'hypothèse nulle H_0 alors que H_1 est vraie

Ces deux risques d'erreur sont représentés en probabilité comme suit:

Risques d'erreur
$\alpha = P(\text{Rejeter } H_0 \mid H_0 \text{ vraie}) = $ Probabilité de commettre une erreur de première espèce
$\beta = P(\text{Ne pas rejeter } H_0 \mid H_1 \text{ vraie}) = $ Probabilité de commettre une erreur de deuxième espèce

Le seuil de signification α (risque de première espèce) est choisi a priori. Toutefois le risque de deuxième espèce β dépend de l'hypothèse alternative H_1 et on ne peut le calculer que si on spécifie des valeurs particulières du paramètre dans l'hypothèse H_1, que l'on suppose vraie.

Les risques liés aux tests d'hypothèses peuvent donc se résumer comme suit:

		Situation vraie			
		H_0 est effectivement vraie		H_1 est effectivement vraie	
		La décision est	Probabilité de prendre cette décision avant expérience	La décision est	Probabilité de prendre cette décision avant expérience
Conclusion du test	Ne pas rejeter H_0	bonne	$1 - \alpha$	fausse	β (risque de deuxième espèce)
	Rejeter H_0	fausse	α (risque de première espèce)	bonne	$1 - \beta$

Remarque.   La probabilité complémentaire à l'unité du risque de deuxième espèce (1-β), définit la **puissance du test** à l'égard de la valeur du paramètre dans l'hypothèse alternative H_1.   La puissance du test représente la probabilité de rejeter l'hypothèse nulle H_0 lorsque l'hypothèse vraie est H_1. Plus β est petit, plus le test est puissant.

EXEMPLE 7. Décision concernant le procédé de fabrication de tiges d'acier: erreurs de première et de deuxième espèces.

Dans le contexte de l'exemple 5, identifions les types d'erreur possible et énonçons les conséquences qui peuvent en résulter. On s'intéresse à la résistance moyenne à la rupture de tiges d'acier.

<table>
<tr><td colspan="2" rowspan="2"></td><td colspan="2">Situation vraie</td></tr>
<tr><td>La résistance moyenne à la rupture est de 50 kg/cm²</td><td>La résistance moyenne à la rupture est supérieure à 50 kg/cm²</td></tr>
<tr><td rowspan="2">Conclusion du test</td><td>On favorise l'hypothèse selon laquelle la résistance moyenne à la rupture est de 50 kg/cm².</td><td>Bonne décision</td><td>La conclusion est erronée, nous commettons une erreur de deuxième espèce. On privera les utilisateurs d'une plus grande sécurité en abandonnant le nouvel alliage qu'on juge non-améliorant.</td></tr>
<tr><td>On favorise l'hypothèse selon laquelle la résistance moyenne est supérieure à 50 kg/cm².</td><td>La conclusion est erronée, nous commettons une erreur de première espèce. On introduit un nouvel alliage qui est effectivement sans conséquence et n'améliore pas le produit.</td><td>Bonne décision</td></tr>
</table>

SCHÉMATISATION DES DEUX RISQUES D'ERREUR SUR LA DISTRIBUTION D'ÉCHANTILLONNAGE DE $\bar{X}$

On peut visualiser sur la distribution d'échantillonnage de la moyenne comment sont reliés les deux risques d'erreur associés aux tests d'hypothèses.

Pour un test bilatéral ($H_1 : \mu \neq \mu_0$) les régions de rejet et de non-rejet de $H_0 : \mu = \mu_0$ se visualisent comme suit.

Donnons diverses valeurs à μ (autre que μ_0) que l'on suppose vraie et schématisons le risque de deuxième espèce

β = (ne pas rejeter H_0 |H_1 vraie).

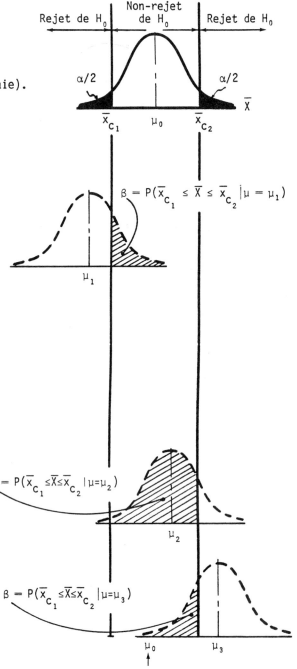

Hypothèse vraie: $H_1 : \mu = \mu_1$) ($\mu_1 < \mu_0$).

La distribution d'échantillonnage de $\overline{X}$ en supposant vraie $\mu = \mu_1$ est illustrée au pointillé et l'aire hachurée sur cette figure correspond à la région de non-rejet de H_0. Cette aire représente β par rapport à la valeur μ_1.

Pour d'autres hypothèses, on obtient les figures suivantes:

Hypothèse vraie: $H_1 : \mu = \mu_2$ ($\mu_2 > \mu_0$)

Hypothèse vraie: $H_1 : \mu = \mu_3$ ($\mu_3 > \mu_0$)

Cette schématisation permet d'énoncer quelques propriétés importantes concernant les deux risques d'erreur.

a) Pour un même risque α et une même taille d'échantillon, on constate que, si l'écart entre la valeur du paramètre posée en H_0 et celle supposée dans l'hypothèse vraie H_1 augmente, le risque β diminue.

b) Une réduction du risque de première espèce (de α = 0,05 à α = 0,01 par exemple) élargit la zone de non-rejet de H_0. Toutefois, le test est accompagné d'une augmentation du risque de deuxième espèce β. On ne peut donc diminuer l'un des risques qu'en consentant à augmenter l'autre.

c) Pour une valeur fixe de α et un σ déterminé, l'augmentation de la taille d'échantillon aura pour effet de donner une meilleure précision puisque $\sigma(\overline{X}) = \dfrac{\sigma}{\sqrt{n}}$ diminue. La zone de non-rejet de H_0 sera alors plus restreinte, conduisant à une diminution du risque β. Le test est alors plus puissant.

EXEMPLE 8. Contrôle d'un procédé de remplissage: Test sur une moyenne, population normale, variance connue et calcul du risque de deuxième espèce.

L'entreprise Provipak met en boîtes la fameuse marque de céréales Cherry-O. Le procédé de remplissage est ajusté de telle sorte que les contenants pèsent en moyenne 400 grammes. On a établi également que le poids des contenants est distribué normalement avec un écart-type de 8 grammes. Pour vérifier si le procédé de remplissage se maintient à 400 grammes, en moyenne, on prélève occasionnellement de la production un échantillon aléatoire de 16 contenants. Le poids de chaque contenant est vérifié et le poids moyen de l'échantillon est calculé.

a) Quelles sont les hypothèses statistiques que l'on veut tester avec cette méthode de contrôle?

On veut que le poids moyen des contenants se situe, en moyenne, à 400 g. Comme le poids moyen peut fluctuer en plus ou en moins, on formulera alors les hypothèses suivantes:

$$H_0 : \mu = 400 \text{ g.}, \quad H_1 : \mu \neq 400 \text{ g.}$$

b) On veut établir une règle de décision qui permettrait, dans 95% des cas, de considérer que le procédé est vraisemblablement centré à 400 g. et ceci basé sur une taille d'échantillon n = 16. Entre quelles valeurs doit se situer la moyenne d'échantillon pour considérer que le procédé opère d'après la norme requise?

Le risque d'arrêter à tort le processus de remplissage est α = 0,05. On sait que le poids des contenants est distribué normalement avec un écart-type σ = 8 g. En admettant que le procédé est centré à $\mu_0 = 400$ g, les valeurs critiques de la moyenne d'échantillon se calculent comme suit:

$$\overline{X}_{C_1} = \mu_0 - z_{\alpha/2} \cdot \sigma/\sqrt{n} = 400 - (1,96)(\frac{8}{\sqrt{16}}) = 400 - 3,92 = 396,08 \text{ g.}$$

$$\overline{X}_{C_2} = \mu_0 + z_{\alpha/2} \cdot \sigma/\sqrt{n} = 400 + (1,96)(\frac{8}{\sqrt{16}}) = 400 + 3,92 = 403,92 \text{ g.}$$

De la table de la loi normale centrée réduite, on a obtenu

$$z_{\alpha/2} = z_{0,025} = 1,96.$$

La règle de décision et les conséquences de la conclusion du test peuvent se résumer comme suit.

Règle de décision $H_0 : \mu = 400$, $H_1 : \mu \ne 400$		Conséquences de la conclusion du test
Rejeter H_0 si $\overline{X} > 403,92$ ou si $\overline{X} < 396,08$.	➡	Arrêter le processus de remplissage et effectuer les correctifs qui s'imposent.
Ne pas rejeter H_0 si $396,08 \le \overline{X} \le 403,92$.	➡	Ne pas intervenir. Le processus opère correctement.

c) Lors d'un récent contrôle, on a obtenu, pour un échantillon de 16 contenants, un poids moyen de 395 g. Doit-on poursuivre ou arrêter la production?

Puisque la valeur prise par $\overline{X}$ est $\overline{x} = 395 < \overline{x}_{C_1} = 396,08$, on rejette $H_0 : \mu = 400$ g. On doit arrêter le processus de remplissage et le réajuster.

d) Avec ce plan de contrôle, quel est le risque d'accepter l'hypothèse selon laquelle le procédé opère à 400 g, en moyenne, alors qu'en réalité il est centré à 394 g?

D'après la règle de décision, il faut que le poids moyen de 16 contenants se situe dans l'intervalle $396,08 \le \overline{X} \le 403,92$ pour supporter l'hypothèse que $\mu = 400$ (le procédé est centré correctement).

Schématisons la façon de calculer le risque d'accepter l'hypothèse que le procédé est centré à $H_0 : \mu = 400$, alors qu'en réalité il opère à $H_1 : \mu = 394$.

Ce risque est représenté par l'aire hachurée sous la courbe normale tracée au pointillé (distribution de $\overline{X}$ d'après l'hypothèse alternative $H_1 : \mu = 394$). Il s'agit donc de déterminer la probabilité

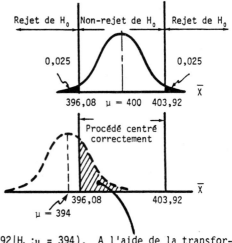

suivante: $\beta = P(396 \le \overline{X} \le 403,92 | H_1 : \mu = 394)$. A l'aide de la transformation centrée réduite, on obtient:

$$\beta = P\left(\frac{396,08 - 394}{8/16} \le Z \le \frac{403,92 - 394}{8/16}\right) \le P(1,04 \le Z \le 4,96).$$

De la table 3, on trouve pour $z = 1,04$, $P(0 \le Z \le 1,04) = 0,3508$ et pour $z = 4,96$ $P(0 \le Z \le 4,96) = 0,5$. On en déduit alors

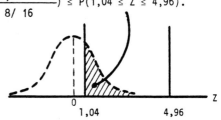

$$\beta = P(1,04 \le Z \le 4,96) = P(0 \le Z \le 4,96) - P(0 \le Z \le 1,04)$$
$$= 0,5 - 0,3508 = 0,1492$$

Il y a donc pratiquement 15 chances sur 100 d'accepter, avec ce plan de contrôle, que le procédé soit centré à 400 g. alors qu'en réalité, il opère à 394 g.

C'est le risque de deuxième espèce (β) du test tel que conçu par Provipak dans le cas où $H_1 : \mu = 394$ est vraie.

e) Quelle est la probabilité de rejeter l'hypothèse nulle $H_0 : \mu = 400$ g. alors qu'en réalité le procédé opère à 394 g?

C'est la probabilité complémentaire de celle calculée en d)

soit

$$P(\text{rejeter } H_0 \,|\, H_1 : \mu = 394) = 1 - 0,1492 = 0,8508$$

(soit $1 - \beta$). Cette probabilité représente la puissance du test à $\mu = 394$.

Remarques. a) Le calcul du risque de deuxième espèce β dépend donc toujours de la valeur posée pour le paramètre dans l'hypothèse alternative H_1.

  b) Le graphique du risque de deuxième espèce (β) en fonction des diverses valeurs de μ posées en H_1 s'appelle la **courbe d'efficacité du test** alors que le graphique de $(1 - \beta)$, probabilité de rejeter l'hypothèse nulle H_0 lorsque c'est l'hypothèse H_1 qui est vraie, en fonction des diverses valeurs de μ posées en H_1 s'appelle la **courbe de puissance du test.**

  c) Au point $\mu = \mu_0$, $\beta = 1 - \alpha$ (un point qui ne nécessite aucun calcul sur la courbe d'efficacité).

  d) Le risque β peut aussi s'interpréter comme un manque de puissance du test.

TRACÉ DE LA COURBE D'EFFICACITÉ SUR MICRO-ORDINATEUR: LE PROGRAMME COURBEF

Ce programme permet de calculer le risque de deuxième espèce pour diverses valeurs de μ (que nous notons MU1, sur la sortie du programme). Il en effectue également le tracé.

Ainsi à $\mu = 395$, $\beta = 0,2946$

   $\mu = 398$, $\beta = 0,82993$

   $\mu = 403$, $\beta = 0,67697$

et ainsi de suite.

On pourra vérifier en exercice les probabilités obtenues.

```
*****************************************

            PROGRAMME COURBEF

*****************************************

CE PROGRAMME PERMET DE TRACER LA COURBE
D'EFFICACITE D'UN TEST SUR UNE MOYENNE.

IDENTIFICATION DU TRAVAIL EN COURS
?       EXEMPLE 8 - PROVIPAK

QUELLE EST LA MOYENNE DE LA POPULATION
? 400

QUEL EST L'ECART-TYPE DE LA POPULATION
? 8

QUELLE EST LA TAILLE DE L'ECHANTILLON
PRELEVE ? 16

PRECISER LE SEUIL DE SIGNIFICATION DU
TEST.
LES SEUILS PERMIS SONT :
                    ALPHA = 0.05
                    ALPHA = 0.01
? 0.05


*******************************************
       TRACE DE LA COURBE D'EFFICACITE
*******************************************
TRAVAIL : EXEMPLE 8 - PROVIPAK

HO : MU = 400      ALPHA = .05
H1 : MU <> 400     N = 16

ECART-TYPE = 8
ECART-TYPE/SQR(N) = 2
XC1 = 396.08       XC2 = 403.92

  MU1      ZBETA 1     ZBETA 2     BETA
----------------------------------------
   394      1.04        4.96       .14917
   395       .54        4.46       .2946
   396       .04        3.96       .48401
   397      -.46        3.46       .67697
   398      -.96        2.96       .82993
   399     -1.46        2.46       .92091
   400     -1.96        1.96       .95
   401     -2.46        1.46       .92091
   402     -2.96         .96       .82993
   403     -3.46         .46       .67697
   404     -3.96        -.04       .48401
   405     -4.46        -.54       .2946
   406     -4.96       -1.04       .14917
----------------------------------------
```

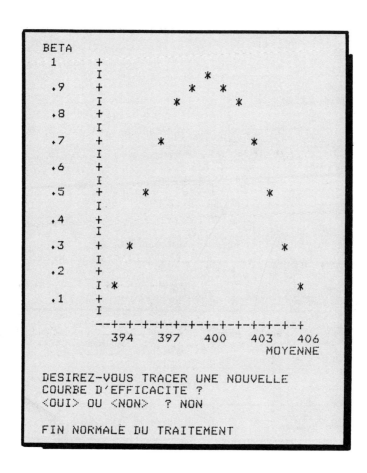

```
BETA
 1      +
        I                          *
 .9     +                    *     *
        I              *                 *
 .8     +
        I
 .7     +            *                  *
        I
 .6     +
        I
 .5     +          *                   *
        I
 .4     +
        I
 .3     +         *                    *
        I
 .2     +
        I *                           *
 .1     +
        I
        --+-+-+-+-+-+-+-+-+-+-+-+-+
          394    397    400    403    406
                                MOYENNE
```

DESIREZ-VOUS TRACER UNE NOUVELLE
COURBE D'EFFICACITE ?
<OUI> OU <NON> ? NON

FIN NORMALE DU TRAITEMENT

TEST SUR UNE PROPORTION

Dans cette section, nous nous proposons de tester si la proportion p d'éléments dans la population présentant un certain caractère qualitatif peut être considérée ou non comme égale à une valeur hypothétique p_0. La statistique qui convient pour ce test est la proportion $\hat{P}$ (estimateur de p) dont la valeur est calculée sur un échantillon de taille n. Nous avons déjà traité dans le chapitre précédent des fluctuations d'échantillonnage de $\hat{P}$; nous nous bornerons donc à présenter le test et à en indiquer la démarche à l'aide de divers exemples.

Tableau-synthèse - Test relatif à une proportion

Conditions d'application.   Echantillon de grande taille prélevé au hasard d'une population binomiale de sorte que $np \geq 5$ et $n(1-p) \geq 5$ ($n > 30$ est dans bien des cas suffisant).

Hypothèse nulle. $H_0 : p = p_0$

Seuil de signification. α

Ecart réduit et sa distribution. En supposant H_0 vraie et selon les conditions d'application, l'écart réduit

$$Z = \frac{\hat{p} - p_0}{\sqrt{\dfrac{p_0(1-p_0)}{n}}}$$

est distribué suivant la **loi normale centrée réduite.**

Hypothèses alternatives	Règles de décision
$H_1 : p \neq p_0$	Rejeter H_0 si $Z > z_{\alpha/2}$ ou $Z < -z_{\alpha/2}$
$H_1 : p > p_0$	Rejeter H_0 si $Z > z_{\alpha}$
$H_1 : p < p_0$	Rejeter H_0 si $Z < -z_{\alpha}$

On pourrait également préciser les règles de décision en fonction des valeurs critiques de p.

$H_1 : p \neq p_0$	Rejeter H_0 si $\hat{p} < \hat{p}_{C_1} = p_0 - z_{\alpha/2}\sqrt{\dfrac{p_0(1-p_0)}{n}}$ ou $\hat{p} > \hat{p}_{C_2} = p_0 + z_{\alpha/2}\sqrt{\dfrac{p_0(1-p_0)}{n}}$
$H_1 : p > p_0$	Rejeter H_0 si $\hat{p} > \hat{p}_C = p_0 + z_{\alpha}\sqrt{\dfrac{p_0(1-p_0)}{n}}$
$H_1 : p < p_0$	Rejeter H_0 si $\hat{p} < \hat{p}_C = p_0 - z_{\alpha}\sqrt{\dfrac{p_0(1-p_0)}{n}}$

EXEMPLE 9. Sondage pour connaître si la popularité d'un parti a évolué: Test sur une proportion.

Aux dernières élections, un parti politique a obtenu 42% des suffrages. Un récent sondage effectué par la maison de sondage IPOP a révélé que, sur 1041 personnes interrogées entre le 26 et le 29 mars, 458 accorderaient son appui à ce parti. Le chef du parti déclara que la popularité de son parti était à la hausse.

Que penser de cette affirmation au seuil de signification $\alpha = 0,05$?

Effectuons un test statistique sur l'affirmation du chef du parti en employant la démarche usuelle.

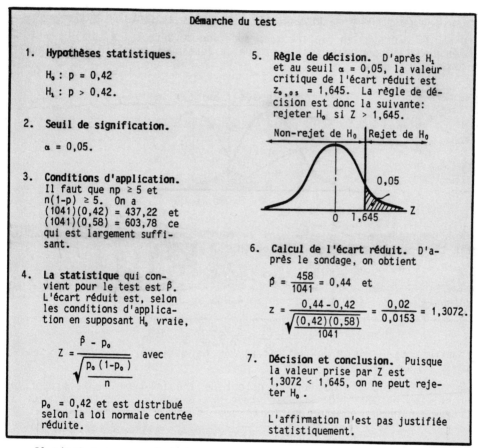

Démarche du test

1. **Hypothèses statistiques.**

   $H_0 : p = 0,42$
   $H_1 : p > 0,42$.

2. **Seuil de signification.**

   $\alpha = 0,05$.

3. **Conditions d'application.** Il faut que $np \geq 5$ et $n(1-p) \geq 5$. On a $(1041)(0,42) = 437,22$ et $(1041)(0,58) = 603,78$ ce qui est largement suffisant.

4. **La statistique** qui convient pour le test est $\hat{p}$. L'écart réduit est, selon les conditions d'application en supposant H_0 vraie,

   $$Z = \frac{\hat{p} - p_0}{\sqrt{\dfrac{p_0(1-p_0)}{n}}} \quad \text{avec}$$

   $p_0 = 0,42$ et est distribué selon la loi normale centrée réduite.

5. **Règle de décision.** D'après H_1 et au seuil $\alpha = 0,05$, la valeur critique de l'écart réduit est $z_{0,05} = 1,645$. La règle de décision est donc la suivante: rejeter H_0 si $Z > 1,645$.

   Non-rejet de H_0 | Rejet de H_0

   0,05

   0   1,645   Z

6. **Calcul de l'écart réduit.** D'après le sondage, on obtient

   $$\hat{p} = \frac{458}{1041} = 0,44 \quad \text{et}$$

   $$z = \frac{0,44 - 0,42}{\sqrt{\dfrac{(0,42)(0,58)}{1041}}} = \frac{0,02}{0,0153} = 1,3072.$$

7. **Décision et conclusion.** Puisque la valeur prise par Z est $1,3072 < 1,645$, on ne peut rejeter H_0.

   L'affirmation n'est pas justifiée statistiquement.

Il n'est pas anormal d'observer une proportion de 0,44 dans un échantillon de 1041 personnes provenant d'une population dont la proportion réelle favorisant ce parti est de 0,42.

EXEMPLE 10. Calcul du risque de 2e espèce dans le cas d'une proportion.

L'entreprise ASA fournit des lots d'environ 4000 pièces à un client de la région de Montréal, l'entreprise Simex. ASA certifie que les lots seront expédiés avec une proportion de défectueux n'excédant pas 2%. L'entreprise Simex réceptionne les lots en utilisant la règle de décision suivante (règle qui est basée sur un seuil de signification d'environ 0,05 c.-à-d. que pratiquement dans 95% des cas, les lots de qualité 2% (ou mieux) seront acceptés par le plan de contrôle adopté par Simex):

Prélever au hasard un échantillon de n = 200 pièces. Accepter le lot si l'échantillon contient au plus 7 pièces défectueuses (3,5%). Si plus de 7 pièces sont défectueuses, refuser le lot.

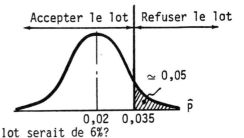

Quel est le risque pour Simex d'accepter, avec le plan de contrôle qu'elle a adopté, un lot dont la vraie proportion de défectueux dans le lot serait de 6%?

Pour évaluer ce risque, il faut poser en H_1 : p = 0,06, que l'on suppose vraie.

Il s'agit de déterminer la probabilité d'accepter l'hypothèse nulle

H_0 : p = 0,02 alors qu'en réalité la proportion de défectueux est H_1 : p = 0,06. Cette probabilité correspondra au risque de 2e espèce que l'on peut visualiser comme suit:

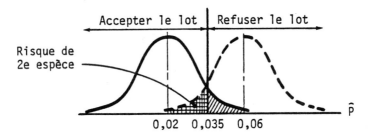

Il faut donc déterminer l'aire sous la courbe tracée au pointillé appartenant à la région d'acceptation du lot (H_0 : p = 0,02):

$$\beta = P(\hat{p} < 0,035 \mid p = 0,06 \text{ vraie})$$

Calculons d'abord l'écart réduit entre 0,035 et 0,06. On trouve

$$z = \frac{0,035 - 0,06}{\sqrt{\dfrac{(0,06)(0,94)}{200}}} = \frac{-0,025}{0,0168} = 1,488.$$

On doit utiliser p = 0,06 dans le calcul de l'écart-type de la proportion d'échantillon puisque l'on suppose vraie H_1 : p = 0,06. De la table de la loi normale centrée réduite, on trouve

$$P(0,035 \leq \hat{p} \leq 0,06) = P(-1,488 \leq Z \leq 0) = 0,4316$$

(ce qui donne l'aire sous la courbe au pointillé entre 0,035 et 0,06). Nous voulons $P(\hat{p} < 0,035)$ en supposant que la proportion de défectueux dans le lot est p = 0,06. D'après le schéma précédent, ceci donne

$$\beta = P(\hat{p} < 0,035 | H_1 : p = 0,06) = 0,5 - 0,4316 = 0,0684$$

qui est le risque cherché. Ainsi dans pratiquement 7% des cas, ce plan de contrôle de Simex acceptera des lots (H_0 : p = 0,02) dont la proportion réelle de défectueux est de 0,06.

Remarque. En contrôle industriel, le risque de première espèce s'appelle risque du producteur (ou du fournisseur) alors que le risque de deuxième espèce s'appelle risque du consommateur (ou du client).

PROBLÈMES

1. Formuler les hypothèses H_0 et H_1 pertinentes aux affirmations suivantes que l'on voudrait tester sur la base d'un échantillon.

a) L'âge moyen des personnes inscrites à l'Education Permanente est supérieur à 28 ans.

b) La longueur moyenne d'un support métallique fabriqué par une machine automatique doit être de 35 mm.

c) Le temps standard requis, en moyenne, pour l'assemblage d'une certaine pièce est de 12 minutes.

d) La durée de vie moyenne d'un pneu d'automobile est actuellement de 48 000 km. L'introduction d'une nouvelle fibre dans la fabrication du pneu pourrait améliorer la durée de vie.

e) Dans une certaine population d'individus, le taux de cholestérol séreux est, en moyenne, de 200 mg/100 cc.

f) La proportion de tubes de verre défectueux ne doit pas excéder 5%.

g) Deux consommateurs sur cinq sont influencés par la marque de commerce lors de l'achat d'un bien.

h) Le taux d'écoute d'un certain programme de télévision a été établi à 25%. On veut examiner si une nouvelle présentation permet d'améliorer ce taux d'écoute.

Test sur une moyenne

2. On prélève au hasard d'une population normale de variance $\sigma^2 = 64$ un échantillon de taille n = 25.

a) Au seuil de signification $\alpha = 0,05$, quelle est la règle de décision si l'on veut tester les hypothèses suivantes: $H_0 : \mu = 52$, $H_1 : \mu \neq 52$.

b) Si la moyenne d'échantillon est $\overline{x} = 49,5$, est-ce que cette valeur observée est en contradiction avec l'hypothèse nulle?

3. L'entreprise ASA utilise une matière isolante dans l'assemblage de certains appareils de mesure de contrôle industriel. Ces composantes isolantes sont achetées d'un fournisseur américain et ne doivent être ni trop minces, ni trop épaisses. De plus, le fournisseur certifie que l'épaisseur moyenne des composantes est de 6 mm.

a) L'entreprise ASA veut vérifier si la dernière livraison est conforme à la norme certifiée sur la base d'un échantillon prélevé au hasard du lot. Formuler les hypothèses statistiques que l'on veut tester.

b) On suppose que l'épaisseur de la matière isolante est distribuée normalement avec une variance $\sigma^2 = 0,25$ mm^2. Au seuil de signification $\alpha = 0,05$, entre quelles valeurs doit se situer l'épaisseur moyenne d'un échantillon de 16 composantes pour considérer que le lot est vraisemblablement conforme à la norme de 6 mm?

c) Répondre à nouveau à la question b) mais cette fois sur la base d'un échantillon de taille n = 64. Est-ce que l'hypothèse de normalité de la distribution de l'épaisseur de la matière isolante est nécessaire ici?

4. D'après les expériences antécédentes, il semble pour des sujets normaux entre 15 et 20 ans, que le temps moyen de réaction à un certain stimulus est de 70 millisecondes. Parmi un groupe de sujets affichant sensiblement les mêmes caractéristiques, un échantillon de 36 individus ont été soumis au même stimulus. Le temps moyen de réaction observé fut de 66 millisecondes avec un écart-type de 3 millisecondes. Tester, au seuil de signification α = 0,01, l'hypothèse selon laquelle ce groupe est conforme au temps moyen de réaction. Préciser toutes les étapes de la démarche du test en utilisant l'écart réduit dans la règle de décision.

5. Une compilation, basée sur les cinq dernières années, révèle que la puissance ascensionnelle des jambes des joueurs d'équipes de hockey de calibre AAA était, en moyenne, de 525 kg et sa distribution était celle d'une normale. Cette année, pour un échantillon aléatoire de 25 joueurs qui ont subi ce test, on a obtenu

$$\overline{x} = 534 \quad \text{et} \quad s = 50.$$

Peut-on conclure, au seuil de signification α = 0,05, que les joueurs de cette année seront plus "puissants"? Indiquer toute la démarche du test.

6. L'an dernier, le salaire hebdomadaire moyen payé par les entreprises aux spécialistes en micro-informatique était de $475. Cette année, un échantillon aléatoire de 25 entreprises dans le domaine de la micro-informatique révèle les faits suivants:

$$\overline{x} = \$495, \quad \sum(x_i - \overline{x})^2 = 9600.$$

En supposant que le salaire hebdomadaire est distribué normalement, peut-on conclure, au seuil de signification α = 0,05, que le salaire hebdomadaire moyen présente une augmentation significative par rapport à l'an dernier? Indiquer toutes les étapes de la démarche du test.

7. La résistance ohmique d'une composante électronique doit être, en moyenne, de 400 ohms. Un échantillon de 16 composantes, prélevé d'un grand lot, conduit aux résultats suivants:

392	396	386	389
388	387	403	397
401	391	400	402
394	406	406	400

On considère que la distribution de la résistance ohmique est celle d'une loi normale.

a) Peut-on considérer, au seuil de signification α = 0,05, que le lot respecte la norme de 400 ohms?

b) Avec les résultats de cet échantillon, calculer un intervalle de confiance ayant un niveau de confiance de 95% de contenir la vraie moyenne. Est-ce que cet intervalle contient la norme spécifiée?

8. Une entreprise fabrique des petites pompes à air utilisées pour gonfler certains jouets ou articles de sport. D'après la fiche technique, les pompes doivent développer, en moyenne, une pression de 1,75 kg/cm². Toutefois, plusieurs plaintes ont été soumises à l'entreprise par les détaillants d'articles de sport, invoquant que les pompes étaient incapables de développer une telle pression.

L'entreprise a donc décidé d'apporter certaines modifications techniques dans la conception de ses pompes. Pour vérifier si les changements apportés avaient eu une influence appréciable sur la pression développée par les pompes, on a prélevé, au hasard de la production, 25 pompes dont les pressions développées se lisent comme suit:

1,69	1,74	1,78	1,79	1,83
1,73	1,76	1,74	1,79	1,77
1,76	1,79	1,76	1,71	1,75
1,79	1,80	1,85	1,81	1,74
1,77	1,82	1,81	1,76	1,79

En considérant que la pression développée par les pompes est distribuée normalement, est-ce que l'entreprise peut affirmer suite aux modifications apportées, qu'en moyenne, les pompes développent une pression supérieure à celle précisée sur la fiche technique? Utiliser α = 0,05 et indiquer votre démarche.

9. Soit les hypothèses suivantes: H_0 : μ = 400, H_1 : $\mu \neq 400$. Sur la base d'un échantillon de taille n = 25, prélevé au hasard d'une population normale de variance σ^2 = 2025, on adopte la règle de décision suivante:

Rejeter H_0 si $\overline{X}$ < 376,78 ou si $\overline{X}$ > 423,22

sinon, ne pas rejeter H_0 .

a) Déterminer la probabilité de commettre une erreur de première espèce avec ce test. Que représente cette probabilité?

b) Déterminer la probabilité de commettre une erreur de deuxième espèce en supposant l'hypothèse H_1 : μ = 415 vraie.

10. On veut tester les hypothèses suivantes: H_0 : μ = 2500, H_1 : μ < 2500. Sur la base d'un échantillon de taille n = 100, provenant d'une population dont σ = 300, on adopte la règle de décision suivante:

Rejeter H_0 si $\overline{X}$ < 2450,65

sinon, ne pas rejeter H_0 .

a) Quel est le seuil de signification du test?

b) Quel est le risque de deuxième espèce selon l'hypothèse H_1 : μ = 2400, que l'on suppose vraie?

11. L'usine Mecanex fabrique des pièces circulaires dont le diamètre doit être, en moyenne, de 5 cm avec un écart-type σ = 0,24 cm. Un échantillon aléatoire de taille n = 36 est prélevé occasionnellement de la production et le diamètre de chaque pièce de l'échantillon est mesuré.

Si le diamètre moyen obtenu d'un échantillon de taille n = 36 est inférieur à 4,92 cm ou supérieur à 5,08 cm, le procédé de fabrication doit être vérifié et réajusté à la valeur centrale requise, soit 5 cm si le diamètre moyen se situe à l'intérieur de l'intervalle [4,92, 5,08] on considère alors que le procédé opère correctement et il n'y a pas lieu d'intervenir.

a) Avec ce processus de contrôle, quel est le risque d'arrêter inutilement le procédé de fabrication alors qu'il opère à μ = 5 cm? Comment appelle-t-on ce risque?

b) Quelles sont les chances sur 100 de conclure que le procédé opère correctement lorsque μ = 5 cm?

c) Quelle est la probabilité de conclure que le procédé opère correctement alors qu'en réalité il est centré à 5,05 cm? Comment appelle-t-on ce risque?

d) Quelle est la puissance du test lorsque le procédé opère effectivement
à μ = 4,95 cm?

e) On vous mentionne qu'avec ce plan d'échantillonnage les chances sont
50-50 d'arrêter le procédé de fabrication lorsqu'en réalité il opère
à μ = 5,08 cm. Est-ce que cette affirmation est inexacte?

12. L'entreprise Comtec fabrique des dispositifs électroniques dont la durée de vie moyenne est de 800 heures. La durée de vie des dispositifs est
distribuée normalement avec un écart-type σ = 50 heures. Pour vérifier la
qualité des dispositifs, un échantillon aléatoire de 25 dispositifs est
soumis à un essai de fiabilité et on adopte la règle de décision suivante:

> Les dispositifs sont de qualité inacceptable si la durée
> de vie moyenne de 25 dispositifs est inférieure à 783,55
> heures, on les considère de qualité acceptable si la du-
> rée de vie moyenne est supérieure ou égale à 783,55 heu-
> res.

a) Quelles sont les hypothèses statistiques que l'on veut tester avec cette
règle de décision?

b) Quel est le seuil de signification du test?

c) Quelle est la probabilité de rejeter à tort un lot de dispositifs de
qualité acceptable?

d) Quel est le risque de deuxième espèce pour chacune des valeurs suivantes de μ: 750, 760, 770, 780, 790, 800?

e) Tracer la courbe d'efficacité du test.

f) Le responsable du contrôle a décidé de modifier son plan de contrôle en
prélevant 36 dispositifs de la production (au lieu de 25). S'il conser-
ve le même seuil de signification qu'en b), quelle règle de décision
doit-il alors adopter pour tester les hypothèses spécifiées en a)?

g) Calculer à nouveau le risque de deuxième espèce pour les valeurs de μ
spécifiées en d) et tracer, sur le même graphique qu'en e), la courbe
d'efficacité.

h) Quelle est la conséquence, sur la courbe d'efficacité, d'augmenter la
taille d'échantillon?

Test sur une proportion

13. Le directeur commercial d'un important quotidien de la région de Québec
affirme que plus de 80% des foyers de cette région lisent au moins un quotidien. Un sondage effectué auprès de 1000 foyers de la région de Québec indique que 840 foyers lisent au moins un quotidien. Est-ce que l'affirmation
du directeur commercial est supportée par les résultats du sondage, au seuil
de signification α = 0,05?

14. Le laboratoire Samson a développé un certain traitement contre l'hypertension artérielle. La direction du laboratoire affirme que ce traitement
a un taux de réussite de 80%. Dans un centre hospitalier où sont traités
des cas d'hypertension artérielle, on choisit au hasard, un échantillon de
200 individus présentant ce symptôme et on leur administre le traitement.
A l'issue d'une certaine période, on note que, pour 152 individus, le traitement a permis de réduire d'une façon notable la pression artérielle. Que
peut-on conclure, au seuil de signification α = 0,05, quant à l'affirmation
faite par la direction du laboratoire Samson?

15. D'après une étude sur le comportement du consommateur, il semble que 2 consommateurs sur 5 sont influencés par la marque de commerce lors de l'achat d'un bien. Mlle Piquette, la directrice du marketing d'un grand magasin à rayons a interrogé 200 consommateurs choisis au hasard afin de connaître leur comportement d'achat. Sur ces 200, 65 se disent influencés par la marque de commerce.

Est-ce que ce sondage permet de supporter, au seuil $\alpha = 0,01$, les conclusions de l'étude sur le comportement du consommateur?

16. Il y a deux ans, l'entreprise Simco a mis sur le marché un nouveau produit. La direction de l'entreprise envisage de réduire les dépenses publicitaires si ce produit est connu par au moins 70% de la population ou de les amplifier dans le cas contraire.

Sur 1000 individus interrogés, 710 connaissent le nouveau produit. En considérant un risque de 5% de rejeter à tort l'hypothèse nulle, quelle position devrait adopter la direction de l'entreprise concernant les dépenses publicitaires?

17. On veut tester les hypothèses suivantes:

$$H_0 : p = 0,10 \qquad H_1 : p > 0,10.$$

Sur la base d'un échantillon de taille n = 50, la règle de décision est la suivante:

$$\text{Rejeter } H_0 \text{ si } \hat{P} > 0,1848,$$

$$\text{sinon, ne pas rejeter } H_0.$$

a) Déterminer la probabilité de commettre une erreur de première espèce.

b) Quelle est la probabilité de commettre une erreur de deuxième espèce selon l'hypothèse alternative $H_1 : p = 0,20$ que l'on suppose vraie?

18. On veut tester les hypothèses suivantes:

$$H_0 : p = 0,20 \qquad H_1 : p \neq 0,20.$$

On utilise une taille d'échantillon n = 100 et la région de non-rejet de l'hypothèse nulle est $0,12 \leq \hat{P} \leq 0,28$.

a) Quel est le risque de première espèce pour ce test?

b) Evaluer le risque de deuxième espèce pour p = 0,10, p = 0,30, p = 0,50.

19. L'entreprise Simtech fabrique des tubes de verre pour l'entreprise Giscom de la région de Montréal. Giscom exige que les lots expédiés par Simtech contiennent au plus 2% de défectueux. Les lots sont habituellement constitués de 5000 tubes de verre. Avant d'expédier les lots, Simtech effectue un contrôle en prélevant au hasard 200 tubes.

a) En utilisant un risque $\alpha = 0,05$ de rejeter à tort un lot dont la proportion de défectueux est de 2% (ou mieux), quelle est la valeur critique de la proportion de défectueux dans un échantillon de taille n = 200 qui ne doit pas être dépassée pour considérer un lot comme acceptable?

b) On doit expédier un lot de 5000 tubes. Lors du contrôle final, on a observé 4 tubes de verre défectueux dans un échantillon de 200 tubes. Est-ce que ce lot peut être considéré comme acceptable d'après les exigences de Giscom?

c) Giscom réceptionne des lots de Simtech en prélevant également 200 tubes et fait usage de la même règle de décision que Simtech. Quelles sont les chances sur 100 d'accepter un lot comportant 6% de tubes défectueux alors que Simtech certifie 2% de défectueux dans 95% des cas. Comment appelle-t-on ce risque?

_____ AUTO-ÉVALUATION DES CONNAISSANCES _____

Test 9

Répondre par Vrai ou Faux ou compléter s'il y a lieu. Dans le cas où c'est faux, indiquer la bonne réponse.

1. Une hypothèse statistique se présente habituellement sous la forme d'une af-firmation concernant une valeur plausible d'un paramètre d'une population.
   V   F

2. On appelle _____ une démarche qui a pour but de fournir une règle de décision permettant, sur la base de résultats d'échantillon, de faire un choix entre deux hypothèses statistiques.

3. L'hypothèse selon laquelle on fixe a priori un paramètre de la population à une valeur particulière et que l'on veut soumettre à un test s'appelle hypo-thèse alternative.   V   F

4. Dans l'application d'un test d'hypothèse, quelle hypothèse est supposée vraie, H_0 ou H_1 ?   _____

5. Le risque de rejeter à tort l'hypothèse nulle alors qu'elle est vraie s'ap-pelle le _____ du test. Il est noté ___.

6. Dans un test d'hypothèse, la région sous la distribution d'échantillonnage qui permet de considérer comme vraisemblable l'hypothèse nulle s'appelle ré-gion critique.   V   F

7. La statistique qui convient pour un test d'hypothèse est une quantité fixe.
   V   F

8. Dans un test d'hypothèse sur une moyenne, si on s'intéresse au changement de la moyenne μ dans l'une ou l'autre des directions, on opte pour un test bi-latéral.   V   F

9. Dans un test d'hypothèse, si H_0 : $\mu = 100$ et H_1 : $\mu < 100$, alors il est appro-prié de mettre en oeuvre un test unilatéral à droite.   V   F

10. Dans un test bilatéral, existe-t-il une ou deux valeurs critiques qui peu-vent conduire au rejet de l'hypothèse nulle?

11. L'hypothèse nulle comporte dans son énoncé toujours le signe strictement égal.   V   F

12. Dans un test bilatéral sur μ effectué au seuil de signification α, on peut écrire $P(\overline{X}_{c_1} \leq \overline{X} \leq \overline{X}_{c_2} | H_0 \text{ vraie}) = \alpha/2$.   V   F

13. Supposons que l'hypothèse nulle soumise au test d'hypothèse est H_0 : $\mu = 70$.

    a) Quelle est la statistique qui convient pour le test?   _____

    b) On prélève au hasard un échantillon de taille n = 25 de la population qui est normale et dont $\sigma^2 = 100$. Quelle est l'expression de l'écart réduit et quelle est sa distribution?

    _____

    c) Si l'on pose comme hypothèse alternative H_1 : $\mu \neq 70$.   Quelle est, au seuil de signification $\alpha = 0,05$, la règle de décision du test?   _____

    _____.

    d) Quelle hypothèse est favorisée si les résultats de l'échantillon de tail-le n = 25 conduisent à $\overline{x} = 75$?

    _____.

_____ **test 9 (suite)** _____

e) Supposons cette fois que l'échantillon de taille n = 25 a été prélevé d'une population normale de variance inconnue. Quelle est alors l'expression de l'écart réduit et quelle est sa distribution?

_____ .

f) Si $H_1 : \mu \neq 70$ et $\alpha = 0,05$, quelle est alors la règle de décision à adopter? _____ .

14. i) Dans le calcul d'intervalle de confiance pour la moyenne μ, l'intervalle est toujours centré sur la moyenne observée pour l'échantillon. V F

ii) Il en est de même lorsqu'on détermine l'intervalle de non-rejet de l'hypothèse $H_0 : \mu = \mu_0$.   V   F

15. Dans un test d'hypothèse, le seuil de signification est également appelé risque de première espèce.   V   F

16. Dans un test d'hypothèse, lorsque nous ne rejetons pas l'hypothèse nulle H_0 alors que H_1 est vraie, nous commettons une erreur de première espèce. V   F

17. La probabilité de commettre une erreur de deuxième espèce est notée β. V   F

18. La probabilité de rejeter l'hypothèse nulle H_0 lorsque l'hypothèse vraie est H_1 s'appelle la puissance du test.   V   F

19. Pour calculer le risque de deuxième espèce, il faut spécifier une valeur particulière du paramètre dans l'hypothèse H_1 que l'on suppose vraie. V   F

20. Pour un même risque α et une même taille d'échantillon n, est-il vrai de dire que, si l'écart entre la valeur du paramètre posée en H_0 et celle supposée dans l'hypothèse vraie H_1 augmente, le risque β augmente?

21. Une réduction du risque de première espèce, disons de $\alpha = 0,05$ à $\alpha = 0,01$ réduit la zone de non-rejet de H_0 .   V   F

22. Le graphique du risque de deuxième espèce (β) en fonction de diverses valeurs de μ posées en H_1 s'appelle la courbe d'efficacité du test.   V   F

23. Au point $\mu = \mu_0$, $\beta = 1 - \alpha$.   V   F

24. Dans un test sur la proportion d'une population où $H_0 : p = p_0$, la statistique qui convient pour le test est ____

25. Une condition importante pour l'utilisation de l'écart réduit Z dans un test d'hypothèse sur la proportion est que la taille d'échantillon soit suffisamment grande de la sorte que $np \geq$ __ et $n(1-p) \geq$ __ .

26. L'entreprise Microtek fabrique des transistors utilisés dans un récepteur stéréo de haute qualité. Un contrôle régulier est effectué à l'aide d'un testeur électronique permettant de détecter d'une façon automatique les transistors défectueux. Le processus de fabrication produit habituellement 2% de transistors défectueux. Un récent contrôle de 300 transistors donne 11 transistors défectueux. Au seuil de signification $\alpha = 0,01$, laquelle des deux hypothèses suivantes semble la plus vraisemblable?

$H_0 : p = 0,02$, $H_1 : p > 0,02$.

L'INFÉRENCE STATISTIQUE: ÉCHANTILLONNAGE, ESTIMATION DE PARAMÈTRES ET TESTS D'HYPOTHÈSES

CHAPITRE 10

Tests sur deux moyennes et deux proportions

--- SOMMAIRE ---

- Objectifs pédagogiques

- Introduction

- Distribution des fluctuations d'échantillonnage de la différence de deux moyennes

- Test sur l'égalité de deux moyennes: $H_0 : \mu_1 = \mu_2$

- Tableau-synthèse des tests de comparaison sur deux moyennes

- Comparaison de moyennes sur micro-ordinateur: Programme TEST2

- Test de comparaison de deux échantillons appariés

- Test sur l'égalité de deux proportions: $H_0 : p_1 = p_2$

- Problèmes

- Auto-évaluation des connaissances - Test 10

Après avoir complété l'étude du chapitre 10, vous pourrez:

1. identifier la distribution des fluctuations d'échantillonnage de la différence de deux moyennes ou de deux proportions;

2. préciser les principales propriétés des distributions d'échantillonnage de la différence de deux moyennes et de deux proportions;

3. énoncer, pour les différents cas traités, quelles sont les conditions d'application requises pour effectuer les différents tests d'hypothèses sur deux moyennes ou deux proportions;

4. appliquer la démarche proposée dans l'exécution des différents tests qui y sont étudiés;

5. utiliser la méthode de comparaison appropriée dans le cas d'échantillons dépendants ou appariés.

TESTS SUR DEUX MOYENNES
ET DEUX PROPORTIONS

INTRODUCTION

Il existe de nombreuses applications qui consistent, par exemple, à comparer deux groupes d'individus en regard d'un caractère quantitatif particulier (poids, taille, rendement scolaire, quotient intellectuel,...), ou comparer deux procédés de fabrication selon une caractéristique quantitative particulière (résistance à la rupture, poids, diamètre, longueur,...), ou encore comparer les proportions d'apparition d'un caractère qualitatif de deux populations (proportion de défectueux, proportion de gens favorisant un parti politique,...).

Les distributions d'échantillonnage qui sont alors utilisées pour effectuer des tests d'hypothèse (ou calculer des intervalles de confiance) sont celles correspondant aux fluctuations d'échantillonnage de la différence de deux moyennes observées ou encore celle correspondant à la différence de deux proportions (ou pourcentages) d'échantillons.

EXEMPLE 1. Comparaison de deux moyennes et de deux proportions.

a) Une usine fabrique une fibre synthétique dans deux départements. On essaie de maintenir, dans ces deux départements, le même niveau de qualité pour la résistance à la rupture de la fibre. Un échantillon de 25 spécimens de fibre provenant de chaque département donne une résistance moyenne à la rupture de 64 kg/cm² dans le cas du département 1 et de 61 kg/cm² dans le cas du département 2. En supposant que la résistance de la fibre est distribuée normalement et que la variabilité de la résistance de la fibre synthétique est $\sigma_1^2 = 7$ au département 1 et $\sigma_2^2 = 8$ au département 2, peut-on conclure qu'il n'existe pas de différence significative concernant la résistance moyenne à la rupture des fibres provenant de chaque département?

b) Dans deux municipalités avoisinantes, on a effectué un sondage pour connaître l'opinion des contribuables sur l'aménagement d'un site pour l'enfouissement sanitaire. L'enquête fut effectuée par la fameuse maison de sondage IPOP.

Les résultats se résument comme suit:

Municipalité	A	B
Nombre de contribuables interrogés	250	272
Nombre en faveur du site	110	128

Peut-on conclure, au seuil de signification α = 0,05 que les contribuables favorisent dans la même proportion l'aménagement d'un site d'enfouissement sur leur territoire?

Ces deux contextes d'application permettent de situer le type de problème que l'on envisage de traiter dans ce chapitre.

Dans chaque cas, il faut connaître, pour construire le test statistique requis, la distribution d'échantillonnage de la différence de deux moyennes ou celle de la différence de deux proportions.

DISTRIBUTION DES FLUCTUATIONS D'ÉCHANTILLONNAGE DE LA DIFFÉRENCE DE DEUX MOYENNES

On veut comparer les moyennes μ_1 et μ_2 de deux populations. Cette comparaison, basée sur les moyennes $\overline{x}_1$ et $\overline{x}_2$ de deux séries de mesures, repose sur la connaissance de certaines caractéristiques des populations échantillonnées qui nous permet de déduire la distribution des fluctuations d'échantillonnage de la différence de deux moyennes. Cette distribution sera nécessaire pour élaborer la règle de décision du test. Pour caractériser complètement la distribution de la différence $\overline{X}_1 - \overline{X}_2$, il faut en connaître:

a) **la forme de la distribution**

b) **la moyenne**

c) **l'écart-type**

Trois cas peuvent se présenter:

1. Populations normales et variances σ_1^2 et σ_2^2 connues.

2. Grands échantillons, $n_1 \geq 30$, $n_2 \geq 30$, variances σ_1^2 et σ_2^2 inconnues.

3. Populations normales, variances des populations inconnues mais supposées égales $\sigma_1^2 = \sigma_2^2 = \sigma^2$ et l'un des échantillons, ou les deux sont petits.

Cas 1.   Populations normales et variances
σ_1^2 et σ_2^2 **connues: Distribution**
d'échantillonnage de $\overline{X}_1 - \overline{X}_2$.

On prélève au hasard et indépendamment deux échantillons de tailles n_1 et n_2, respectivement de deux populations normales dont les éléments possèdent un caractère mesurable de paramètres μ_1 et σ_1^2 sur la population 1, μ_2 et σ_2^2 sur la population 2 où μ_1 et μ_2 sont inconnues.   La différence de moyennes, $\overline{X}_1 - \overline{X}_2$ (estimateur de $\mu_1 - \mu_2$) est une variable aléatoire (la différence observée $\overline{x}_1 - \overline{x}_2$ étant une réalisation de cette variable) dont la **distribution d'échantillonnage** possède les propriétés suivantes.

a) La distribution de $\overline{X}_1 - \overline{X}_2$ est normale.

b) La moyenne (l'espérance) de $\overline{X}_1 - \overline{X}_2$ est:

$E(\overline{X}_1 - \overline{X}_2) = \mu_1 - \mu_2$.

c) L'écart-type de la distribution d'échantillonnage de $\overline{X}_1 - \overline{X}_2$, notée $\sigma(\overline{X}_1 - \overline{X}_2)$ est:

$$\sigma(\overline{X}_1 - \overline{X}_2) = \sqrt{\sigma^2(\overline{X}_1) + \sigma^2(\overline{X}_2)} = \sqrt{\frac{\sigma_1^2}{n_1} + \frac{\sigma_2^2}{n_2}}.$$

Les fluctuations de l'écart réduit

$$Z = \frac{(\overline{X}_1 - \overline{X}_2) - (\mu_1 - \mu_2)}{\sqrt{\dfrac{\sigma_1^2}{n_1} + \dfrac{\sigma_2^2}{n_2}}}$$

suivent la **loi normale centrée réduite**.

Remarques. a) L'écart-type de la différence $\overline{X}_1 - \overline{X}_2$ est basé sur la propriété suivante. Les variables $\overline{X}_1$ et $\overline{X}_2$ étant deux variables aléatoires indépendantes (obtenues de deux échantillons indépendants) respectivement de variances $\sigma^2(\overline{X}_1) = \dfrac{\sigma_1^2}{n_1}$ et $\sigma^2(\overline{X}_2) = \dfrac{\sigma_2^2}{n_2}$, la variance de la différence $\overline{X}_1 - \overline{X}_2$ est $Var(\overline{X}_1 - \overline{X}_2) = \sigma^2(\overline{X}_1) + \sigma^2(\overline{X}_2) = \dfrac{\sigma_1^2}{n_1} + \dfrac{\sigma_2^2}{n_2}$ et l'écart-type est $\sigma(\overline{X}_1 - \overline{X}_2) = \sqrt{\dfrac{\sigma_1^2}{n_1} + \dfrac{\sigma_2^2}{n_2}}$.

b) Si les populations échantillonnées sont normales, les variables aléatoires $\overline{X}_1$ et $\overline{X}_2$ sont aussi distribuées normalement, peu importe les tailles d'échantillons n_1 et n_2.

c) Si les deux variables $\overline{X}_1$ et $\overline{X}_2$ sont distribuées respectivement selon une loi normale de paramètres μ_1, $\sigma^2(\overline{X}_1) = \dfrac{\sigma_1^2}{n_1}$ et μ_2, $\sigma^2(\overline{X}_2) = \dfrac{\sigma_2^2}{n_2}$ la différence $\overline{X}_1 - \overline{X}_2$ suit aussi une loi normale de moyenne $E(\overline{X}_1 - \overline{X}_2) = \mu_1 - \mu_2$ et de variance $\sigma^2(\overline{X}_1 - \overline{X}_2) = \dfrac{\sigma_1^2}{n_1} + \dfrac{\sigma_2^2}{n_2}$.

Ce premier cas présente peu d'intérêt puisqu'en pratique, il arrive fréquemment que les populations (distributions du caractère mesurable) ne soient pas normales ou que les variances σ_1^2 et σ_2^2 soient inconnues.   Il n'est qu'un intermédiaire au cas auivant.

Cas 2.

On peut contourner ces restrictions en prélevant de chaque population des échantillons de grandes tailles $n_1 \geq 30$, $n_2 \geq 30$.   Les variances σ_1^2 et σ_2^2 sont alors estimées respectivement par les variances d'échantillons dont les valeurs s'obtiennent par $s_1^2 = \dfrac{\sum(x_{i_1} - \overline{X}_1)^2}{n_1 - 1}$ et $s_2^2 = \dfrac{\sum(x_{i_2} - \overline{X}_2)^2}{n_2 - 1}$.   Dans ce cas, la distribution d'échantillonnage présente les caractéristiques suivantes.

Cas 2. Grands échantillons, $n_1 \geq 30$, $n_2 \geq 30$,

variances σ_1^2 et σ_2^2 inconnues:

Distribution d'échantillonnage de $\overline{X}_1 - \overline{X}_2$.

On prélève au hasard et indépendamment deux échantillons de grandes tailles $n_1 \geq 30$, $n_2 \geq 30$ respectivement de deux populations dont les éléments possèdent un caractère mesurable de paramètres μ_1 et σ_1^2 sur la population 1, μ_2 et σ_2^2 sur la population 2 où μ_1, μ_2, σ_1^2 et σ_2^2 sont inconnues. La distribution d'échantillonnage de la différence des moyennes d'échantillons $\overline{X}_1 - \overline{X}_2$ est une variable aléatoire dont la **distribution d'échantillonnage** possède les propriétés suivantes:

1) La distribution de $\overline{X}_1 - \overline{X}_2$ est approximativement normale.

2) La moyenne (l'espérance) de la distribution de $\overline{X}_1 - \overline{X}_2$ est:
$E(\overline{X}_1 - \overline{X}_2) = \mu_1 - \mu_2$.

3) L'écart-type de la distribution d'échantillonnage de $\overline{X}_1 - \overline{X}_2$ est, dans ce cas,

$$s(\overline{X}_1 - \overline{X}_2) = \sqrt{s^2(\overline{X}_1) + s^2(\overline{X}_2)} = \sqrt{\dfrac{s_1^2}{n_1} + \dfrac{s_2^2}{n_2}}$$

Les fluctuations de l'écart réduit

$$Z = \dfrac{(\overline{X}_1 - \overline{X}_2) - (\mu_1 - \mu_2)}{\sqrt{\dfrac{s_1^2}{n_1} + \dfrac{s_2^2}{n_2}}}$$

se distribuent selon la **loi normale centrée réduite**.

Remarque. Les seules conditions d'application requises sont que les échantillons soient prélevés au hasard et indépendamment, et que leurs tailles respectives soient 30 ou plus (théorème central limite). On suppose également que les populations sont très grandes.

EXEMPLE 2. Comparaison de la performance de deux groupes de cadres intermédiaires: Propriétés de la distribution d'échantillonnage de $\overline{X}_1 - \overline{X}_2$ et estimation par intervalle de confiance.

On fait subir à des cadres intermédiaires de deux grandes entreprises (une oeuvrant dans la fabrication d'équipement de transport et l'autre dans la fabrication de produits électriques) un test d'appréciation et d'évaluation de diverses caractéristiques managériales et ceci à l'aide de diverses simulations de cas d'entreprises présentant divers niveaux de difficulté. La compilation des résultats pour chaque groupe à l'issue de cette évaluation s'établit comme suit:

	Secteur d'équipement de transport	Secteur des produits électriques
Nombre de cadres	$n_1 = 32$	$n_2 = 34$
Appréciation globale moyenne du groupe	$\overline{X}_1 = 178$	$\overline{X}_2 = 184$
Variance	$s_1^2 = 318$	$s_2^2 = 450$

En admettant que chaque groupe est représentatif de chaque secteur, répondons aux questions suivantes.

a) On veut obtenir une estimation de la différence réelle pouvant exister entre les cadres intermédiaires de ces deux secteurs concernant l'appréciation globale moyenne. Selon les résultats de cette évaluation, quelle serait une estimation ponctuelle de $\mu_1 - \mu_2$?

Une estimation ponctuelle de $\mu_1 - \mu_2$ est donnée par $\overline{X}_1 - \overline{X}_2 = 178 - 186 = -6$.

b) Quelle serait une estimation de la variance de l'appréciation globale moyenne pour l'ensemble des cadres intermédiaires de chaque secteur?

Equipement de transport $\qquad s^2(\overline{X}_1) = \dfrac{s_1^2}{n_1} = \dfrac{318}{32} = 9,9375$

Produits électriques $\qquad s^2(\overline{X}_2) = \dfrac{s_2^2}{n_2} = \dfrac{480}{34} = 14,1176$

c) Quel est l'écart-type de la différence des moyennes d'échantillons $\overline{X}_1 - \overline{X}_2$?

$$s(\overline{X}_1 - \overline{X}_2) = \sqrt{s^2(\overline{X}_1) + s^2(\overline{X}_2)} = \sqrt{9,9375 + 14,1176} = 4,9.$$

d) **Intervalle de confiance pour la différence des moyennes** $\mu_1 - \mu_2$. L'intervalle de confiance associée à l'estimation de $\mu_1 - \mu_2$ ayant un niveau de confiance $100(1 - \alpha)\%$ de contenir la valeur vraie de la différence $\mu_1 - \mu_2$ est, sous les conditions d'application précisées au cas 2,

$$\overline{X}_1 - \overline{X}_2 - z_{\alpha/2}\sqrt{\frac{s_1^2}{n_1} + \frac{s_2^2}{n_2}} \leq \mu_1 - \mu_2 \leq \overline{X}_1 - \overline{X}_2 + z_{\alpha/2}\sqrt{\frac{s_1^2}{n_1} + \frac{s_2^2}{n_2}}$$

où $z_{\alpha/2}$ est obtenu de la table de la loi normale centrée réduite.

D'après les résultats obtenus, déterminer l'intervalle de confiance qui a 95 chances sur 100 de contenir la vraie valeur de $\mu_1 - \mu_2$.

On a $\overline{X}_1 - \overline{X}_2 = -6$, $s(\overline{X}_1 - \overline{X}_2) = 4,9$, $z_{0,025} = 1,96$.

Limite inférieure $= -6 - (1,96)(4,9) = -6 - 9,604 = -15,604$.

Limite supérieure $= -6 + (1,96)(4,9) = -6 + 9,604 = +3,604$.

L'intervalle ayant un niveau de confiance de 95% de contenir la valeur vraie de la différence des moyennes des populations est donc

$$-15,604 \leq \mu_1 - \mu_2 \leq +3,604.$$

Question. Selon cet intervalle, que peut-on conclure quant à la performance des cadres intermédiaires de ces deux secteurs au test d'appréciation des caractéristiques managériales? Est-ce qu'en moyenne, la performance est vraisemblablement identique ou semble-t-il exister une différence significative entre ces deux groupes?

Cas 3.

Il arrive fréquemment qu'on ne dispose pas de grands échantillons. On veut toujours comparer deux moyennes dont l'un des échantillons ou les deux sont inférieurs à 30. Si les échantillons proviennent de populations normales de variances connues, nous sommes en présence des conditions d'application du cas 1. Toutefois si les variances des populations sont inconnues, une modification importante devra être apportée: l'on doit supposer que les échantillons proviennent de **populations normales** respectivement de moyennes μ_1 et μ_2 (inconnues) et de **variances inconnues mais supposées égales** $\sigma_1^2 = \sigma_2^2 = \sigma^2$. Dans le cas de petits échantillons, on ne peut remplacer σ_1^2 et σ_2^2 par leurs estimations s_1^2 et s_2^2 calculées sur chacun des échantillons (elles seront peu précises). Puisqu'on les suppose égales à une valeur commune σ^2, on se servira de l'information des deux échantillons pour obtenir une estimation unique s_c^2, de la variance commune σ^2.

On obtient cette estimation en combinant la variabilité observée dans chaque échantillon comme suit:

$$s_c^2 = \frac{\sum (x_{i_1} - \overline{X}_1)^2 + \sum (x_{i_2} - \overline{X}_2)^2}{(n_1 - 1) + (n_2 - 1)} = \frac{\sum (x_{i_1} - \overline{X}_1)^2 + \sum (x_{i_2} - \overline{X}_2)^2}{n_1 + n_2 - 2}$$

qui peut également s'écrire

$$s_c^2 = \frac{(n_1 - 1) s_1^2 + (n_2 - 1) s_2^2}{n_1 + n_2 - 2}$$

Le nombre de degrés de liberté associé à la variance combinée s_c^2 est donc $n_1 + n_2 - 2$.

L'écart-type de la différence $\overline{X}_1 - \overline{X}_2$ s'écrit alors

$$s(\overline{X}_1 - \overline{X}_2) = \sqrt{\frac{s_c^2}{n_1} + \frac{s_c^2}{n_2}} = s_c \sqrt{\frac{1}{n_1} + \frac{1}{n_2}} \, .$$

Dans ce cas, la distribution d'échantillonnage de $\overline{X}_1 - \overline{X}_2$ présente les caractéristiques suivantes:

Cas 3. Populations normales de variances inconnues mais supposées égales $\sigma_1^2 = \sigma_2^2 = \sigma^2$ et l'un des échantillons ou les deux sont petits (<30): Distribution d'échantillonnage de $\overline{X}_1 - \overline{X}_2$.

La distribution d'échantillonnage de la différence des moyennes $\overline{X}_1 - \overline{X}_2$ possède alors les propriétés suivantes:

1) La distribution de $\overline{X}_1 - \overline{X}_2$ est normale.

2) La moyenne de la distribution de $\overline{X}_1 - \overline{X}_2$ est:
$E(\overline{X}_1 - \overline{X}_2) = \mu_1 - \mu_2$.

3) L'écart-type de la distribution d'échantillonnage de $\overline{X}_1 - \overline{X}_2$ est

$$s(\overline{X}_1 - \overline{X}_2) = \sqrt{\frac{s_c^2}{n_1} + \frac{s_c^2}{n_2}} = s_c\sqrt{\frac{1}{n_1} + \frac{1}{n_2}}$$

où $s_c = \sqrt{\dfrac{\sum(x_{i_1} - \overline{X}_1)^2 + \sum(x_{i_2} - \overline{X}_2)^2}{n_1 + n_2 - 2}} = \sqrt{\dfrac{(n_1-1)s_1^2 + (n_2-1)s_2^2}{n_1 + n_2 - 2}}$

On montre alors que les fluctuations de l'écart réduit

$$t = \frac{(\overline{X}_1 - \overline{X}_2) - (\mu_1 - \mu_2)}{\sqrt{\dfrac{\sum(x_{i_1} - \overline{X}_1)^2 + \sum(x_{i_2} - \overline{X}_2)^2}{n_1 + n_2 - 2}}\sqrt{\dfrac{1}{n_1} + \dfrac{1}{n_2}}}$$

se distribuent selon la loi de Student avec $\nu = n_1 + n_2 - 2$ degrés de liberté.

Remarque. Dans ce cas de petits échantillons ($n_1 < 30$ et/ou $n_2 < 30$), les conditions d'application requises sont que le caractère mesurable dans les 2 populations d'où proviennent les échantillons soit distribué selon des lois normales de variances identiques ($\sigma_1^2 = \sigma_2^2 = \sigma^2$).

En définitive, on devra donc se servir, dépendant des conditions d'application, de la loi normale centrée réduite ou de la loi de Student dans la construction de test d'hypothèses (ou d'intervalle de confiance) òu l'on se propose de tester si le caractère mesurable a ou non la même moyenne dans les deux populations.

Nous donnons une application du cas 3 à l'exemple 4.

TEST SUR L'ÉGALITÉ DE DEUX MOYENNES: H_0 : $\mu_1 = \mu_2$

On se propose de tester si les moyennes de deux populations distinctes peuvent être ou non considérées comme égales. L'hypothèse nulle que l'on veut tester est H_0 : $\mu_1 = \mu_2$ ce qui revient à tester que la différence entre les moyennes des populations est nulle ($\mu_1 - \mu_2 = 0$). Dans les tests sur l'égalité de deux moyennes, la statistique qui convient est $\overline{X}_1 - \overline{X}_2$ (estimateur de $\mu_1 - \mu_2$). La démarche du test est la même que pout les tests sur une moyenne. Nous nous servons de l'écart réduit pour établir les règles de décision; il est distribué selon les conditions d'application du test, suivant la loi normale centrée réduite ou suivant la loi de Student.

Nous résumons dans le tableau-synthèse de la page suivante, les éléments requis pour la comparaison de deux moyennes.

EXEMPLE 3. Comparaison de deux fabricants selon une caractéristique importante du produit: test sur l'égalité de la durée de vie moyenne.

Un laboratoire indépendant a effectué, pour le compte d'une revue sur la protection du consommateur, un essai de durée de vie sur un type d'ampoules électriques d'usage courant (60 watts, 120 volts) fabriquées par deux grandes entreprises concurentielles, dans le secteur de produits d'éclairage.

Les essais effectués dans les mêmes conditions sur un échantillon de 40 lampes provenant de chaque fabricant donnent les résultats suivants:

Fabricant 1: $n_1 = 40$, $\overline{X}_1 = 1025$ heures, $s_1 = 120$ heures.

Fabricant 2: $n_2 = 40$, $\overline{X}_2 = 1070$ heures, $s_2 = 140$ heures.

La publicité affirme que ces ampoules ont une durée de vie moyenne de 1000 heures.

Est-ce que la revue peut affirmer, qu'en moyenne, les ampoules du fabricant 1 ont une durée de vie inférieure à celles du fabricant 2?

En d'autres mots, est-ce que la différence observée lors des essais est significative?

SOLUTION

Pour répondre à cette question, effectuons le test d'hypothèse suivant que nous résumons selon la démarche habituelle.

Tableau-synthèse des tests de comparaison sur deux moyennes

Conditions d'application: Echantillons prélevés au hasard et indépendamment de populations normales de variances connues σ_1^2 et σ_2^2.

Hypothèse nulle: $H_0 : \mu_1 = \mu_2$

Seuil de signification: α

Ecart réduit et sa distribution: En supposant H_0 vraie et selon les conditions mentionnées, l'écart réduit

$$Z = \frac{(\bar{X}_1 - \bar{X}_2)}{\sqrt{\dfrac{\sigma_1^2}{n_1} + \dfrac{\sigma_2^2}{n_2}}}$$

est distribué selon la loi normale centrée réduite

Hypothèses alternatives	Règles de décision
$H_1 : \mu_1 \neq \mu_2$	Rejeter H_0 si $Z > z_{\alpha/2}$ ou $Z < z_{\alpha/2}$
$H_1 : \mu_1 > \mu_2$	Rejeter H_0 si $Z > z_\alpha$
$H_1 : \mu_1 < \mu_2$	Rejeter H_0 si $Z < z_\alpha$

Conditions d'application: Echantillons prélevés au hasard et indépendamment dont les tailles respectives sont ≥ 30.

Hypothèse nulle: $H_0 : \mu_1 = \mu_2$

Seuil de signification: α

Ecart réduit et sa distribution: En supposant H_0 vraie et selon les conditions mentionnées, l'écart réduit

$$Z = \frac{(\bar{X}_1 - \bar{X}_2)}{\sqrt{\dfrac{s_1^2}{n_1} + \dfrac{s_2^2}{n_2}}}$$

est distribué suivant la loi normale centrée réduite

Hypothèses alternatives	Règles de décision
$H_1 : \mu_1 \neq \mu_2$	Rejeter H_0 si $Z > z_{\alpha/2}$ ou $Z < z_{\alpha/2}$
$H_1 : \mu_1 > \mu_2$	Rejeter H_0 si $Z > z_\alpha$
$H_1 : \mu_1 < \mu_2$	Rejeter H_0 si $Z < -z_\alpha$

Conditions d'application: Echantillons de petite taille ($n_1 < 30$ et/ou $n_2 < 30$) prélevés au hasard et indépendamment de populations normales de variances inconnues mais supposées égales à une valeur commune.

Hypothèse nulle: $H_0 : \mu_1 = \mu_2$

Seuil de signification: α

Ecart réduit et sa distribution: En supposant H_0 vraie et selon les conditions mentionnées, l'écart réduit

$$t = \frac{(\bar{X}_1 - \bar{X}_2)}{\sqrt{\dfrac{\sum(x_{1i} - \bar{X}_1)^2 + \sum(x_{1z} - \bar{X}_2)^2}{n_1 + n_2 - 2}}\;\sqrt{\dfrac{1}{n_1} + \dfrac{1}{n_2}}}$$

est distribué suivant la **loi de Student** avec $\nu = n_1 + n_2 - 2$ degrés de liberté.

Hypothèses alternatives	Règles de décision
$H_1 : \mu_1 = \mu_2$	Rejeter H_0 si $t > t_{\alpha/2; n_1+n_2-2}$ ou $t < -t_{\alpha/2; n_1+n_2-2}$
$H_1 : \mu_1 > \mu_2$	Rejeter H_0 si $t > t_{\alpha; n_1+n_2-2}$
$H_1 : \mu_1 < \mu_2$	Rejeter H_0 si $t < -t_{\alpha; n_1+n_2-2}$

Pour tous ces tests de comparaison, la statistique qui convient est $\bar{X}_1 - \bar{X}_2$ (estimateur de $\mu_1 - \mu_2$)

Démarche du test

1. **Hypothèses statistiques.**

   $H_0 : \mu_1 = \mu_2$, $H_1 : \mu_1 < \mu_2$.

2. **Seuil de signification.**

   $\alpha = 0,05$.

3. **Conditions d'application du test.** Grands échantillons.

   $n_1 \geq 30$, $n_2 \geq 30$.

4. La **statistique** qui convient pour le test est $\overline{X}_1 - \overline{X}_2$.
   D'après H_0, l'écart réduit est

   $$Z = \frac{(\overline{X}_1 - \overline{X}_2) - (0)}{\sqrt{\dfrac{s_1^2}{n_1} + \dfrac{s_2^2}{n_2}}}$$

   dont la distribution est celle de la loi normale centrée réduite.

5. **Règle de décision.** D'après H_1 et au seuil $\alpha = 0,05$, la valeur critique de l'écart réduit est $z_{0,05} = 1,645$ (de la table 3).

   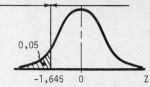

   Rejet de H_0 Non-rejet de H_0

   $0,05$

   $-1,645$ 0 Z

   On adoptera la règle de décision suivante: rejeter H_0 si $Z < -1,645$; sinon on ne peut rejeter H_0.

6. **Calcul de l'écart réduit.**

   $$z = \frac{(1025 - 1070)}{\sqrt{\dfrac{(120)^2}{40} + \dfrac{(140)^2}{40}}}$$

7. **Décision et conclusion.** Puisque $z = -1,54 > -1,645$, on ne peut rejeter H_0. La différence observée entre les durées de vie moyenne n'est pas significative au seuil $\alpha = 0,05$.

La revue ne peut affirmer, qu'en moyenne, les ampoules du fabricant 1 ont une durée de vie inférieure à celle du fabricant 2. Cette affirmation ne serait pas crédible au seuil $\alpha = 0,05$.

Remarque. Bien que nous ne l'indiquons pas dans l'énoncé de H_0, il va de soi que, lorsque $H_1 : \mu_1 < \mu_2$, $H_0 : \mu_1 = \mu_2$ comporte également le signe $>$ ($\mu_1 \geq \mu_2$); de même lorsque $H_1 : \mu_1 > \mu_2$, H_0 doit se lire $\mu_1 \leq \mu_2$. L'important toutefois, c'est que H_0 doit comporter toujours le signe $=$.

EXEMPLE 4. Comparaison d'un groupe contrôle avec un groupe expérimental: effet d'une drogue sur l'exécution d'une tâche de coordination psychomotrice.

Un chercheur veut étudier si l'absorption d'une certaine drogue a une influence significative sur l'exécution d'une tâche de coordination psychomotrice. On a donc choisi au hasard vingt sujets qui ont été répartis au hasard en deux groupes: groupe contrôle et groupe expérimental. On a administré la drogue au groupe expérimental avant de leur faire subir l'épreuve; en même temps, un placebo est administré au groupe contrôle. Les résultats des deux groupes sont les suivants:

Groupe contrôle					Groupe expérimental				
166	167	169	170	174	167	162	165	168	162
173	172	170	166	173	160	164	158	165	169

On supposera que les résultats de l'épreuve de chaque groupe sont distribués normalement de variances inconnues mais supposées égales à une valeur commune σ^2.

a) Tester, au seuil de signification $\alpha = 0,05$, l'hypothèse nulle selon laquelle la drogue n'a pas d'effet significatif sur la réaction des sujets soumis à une tâche de coordination psychomotrice.

On constate d'abord que les variances des populations sont inconnues mais supposées égales à une valeur commune σ^2. Dans ce cas, on se sert de l'information des deux échantillons pour obtenir une estimation unique s_C^2, de la variance commune σ^2. On obtient cette estimation en combinant la variabilité observée dans chaque échantillon. Avant d'appliquer la démarche du test, calculons la variance commune s_C^2, puis $s(\overline{X}_1 - \overline{X}_2)$. On trouve

$$\overline{x}_1 = \frac{\sum x_{i_1}}{n_1} = \frac{1700}{10} = 170, \qquad \overline{x}_2 = \frac{\sum x_{i_2}}{n_2} = \frac{1640}{10} = 164$$

$$\sum (x_{i_1} - \overline{x}_1)^2 = 80, \qquad \sum (x_{i_2} - \overline{x}_2)^2 = 112. \quad \text{On obtient alors pour } s_C^2,$$

$$s_C^2 = \frac{80 + 112}{18} = \frac{192}{18} = 10,6667 \text{ et pour}$$

et pour l'écart-type de la différence entre les moyennes (qu'on appelle également erreur-type), on trouve

$$s(\overline{X}_1 - \overline{X}_2) = \frac{s_C^2}{n_1} + \frac{s_C^2}{n_2} = \frac{21,3334}{10} = 1,4606.$$

Exécutons maintenant le test selon notre démarche usuelle.

Démarche du test

1. **Hypothèses statistiques.**

    $H_0 : \mu_1 = \mu_2$

    $H_1 : \mu_1 \neq \mu_2$

2. **Seuil de signification.**

    $\alpha = 0,05$

3. **Conditions d'application du test.** Populations normales; variances inconnues mais supposées égales; petits échantillons $n_1 < 30$, $n_2 < 30$.

4. La **statistique** qui convient pour le test est $\overline{X}_1 - \overline{X}_2$.

    L'écart réduit est, d'après H_0 :

    $$t = \frac{(\overline{X}_1 - \overline{X}_2)}{s(\overline{X}_1 - \overline{X}_2)}$$

    qui est distribué, d'après les conditions d'application, suivant la loi de Student avec $n_1 + n_2 - 2 = 18$ degrés de liberté.

5. **Règle de décision.** D'après H_1, au seuil $\alpha = 0,05$ et 18 degrés de liberté, la valeur critique de l'écart réduit est:

    $t_{0,025;18} = 2,1009$. On adoptera la règle de décision suivante: rejeter H_0 si $t > 2,1009$ ou $t < -2,1009$

Rejet de H_0 Non-rejet de H_0 Rejet de H_0

0,025   0,025

$-2,1009$ 0 $2,1009$

6. **Calcul de l'écart réduit.**

    $$t = \frac{(170 - 164)}{1,4606} = 4,1079.$$

7. **Décision et conclusion.** Puisque $t = 4,1079 > 2,1009$, nous rejetons H_0. L'écart observé est significatif au seuil $\alpha = 0,05$.

Il semble plausible de conclure que la drogue administrée aux sujets a une influence significative sur la coordination psychomotrice.

b) Déterminer l'intervalle de confiance associé à l'estimation de $\mu_1 - \mu_2$ (la valeur vraie de la différence de moyennes des résultats des deux groupes) ayant un niveau de confiance de 95% de contenir la valeur vraie.

Sous ces conditions, l'intervalle, ayant un niveau de confiance $100(1-\alpha)$% s'écrit:

$$\overline{X}_1 - \overline{X}_2 - t_{\alpha/2}; \; n_1 + n_2 - 2 \cdot s_c \sqrt{\frac{1}{n_1} + \frac{1}{n_2}} \leq \mu_1 - \mu_2 \leq$$

$$\overline{X}_1 - \overline{X}_2 + t_{\alpha/2}; \; n_1 + n_2 - 2 \cdot s_c \sqrt{\frac{1}{n_1} + \frac{1}{n_2}} \; .$$

Utilisons les calculs déjà effectués. On a trouvé que $\overline{X}_1 - \overline{X}_2 = 170 - 164 = 6$.

$$s(\overline{X}_1 - \overline{X}_2) = s_c \sqrt{\frac{1}{n_1} + \frac{1}{n_2}} = 1{,}4606, \quad t_{0,025;18} = 2{,}1009.$$

L'intervalle de confiance cherché est:

$$6 - (2{,}1009)(1{,}4606) \leq \mu_1 - \mu_2 \leq 6 + (2{,}1009)(1{,}4606)$$
$$2{,}9314 \leq \mu_1 - \mu_2 \leq 9{,}0686$$

On constate que l'intervalle calculé ne contient pas la valeur posée en H_0 soit $\mu_1 - \mu_2 = 0$. On rejetterait l'hypothèse H_0 au seuil $\alpha = 0{,}05$, ce qui est confirmé par le test précédent.

Remarque. Dans la comparaison de moyennes, on peut également spécifier en H_0 une valeur particulière pour la différence de moyennes soit $\mu_1 - \mu_2 = D_0$, où D_0 peut être positif, négatif ou nul. L'hypothèse H_1 sera, selon le cas, $H_1 : \mu_1 - \mu_2 \neq D_0$, $\mu_1 - \mu_2 > D_0$ ou $\mu_1 - \mu_2 < D_0$. La construction du test est la même; on prendra soin toutefois de substituer dans l'expression de l'écart réduit la valeur $\mu_1 - \mu_2 = D_0$ posée en H_0.

COMPARAISON DE MOYENNES À L'AIDE D'UN MICRO-ORDINATEUR: PROGRAMME TEST2

L'application du cas 3 dans la comparaison de moyennes peut s'effectuer rapidement sur micro-ordinateur à l'aide du programme TEST2. Il permet également de calculer les intervalles de confiance pour la différence $\mu_1 - \mu_2$.

EXEMPLE 5.   Exemple d'exécution du programme TEST2.

Utilisons les données de l'exemple 4 pour illustrer l'utilité du programme TEST2.

```
**************************************
             PROGRAMME TEST2

**************************************

CE PROGRAMME PERMET D'EFFECTUER UN TEST
SUR DEUX MOYENNES.

IDENTIFICATION DU TRAVAIL EN COURS
?      EXEMPLE 4

QUEL EST LE NOMBRE D'OBSERVATION DANS
L'ECHANTILLON 1 ? 10

QUEL EST LE NOMBRE D'OBSERVATION DANS
L'ECHANTILLON 2 ? 10

ENTREZ MAINTENANT VOS DONNEES.
ECHANTILLON 1 - 10 OBSERVATIONS.
OBS.   1      ? 166
OBS.   2      ? 167
OBS.   3      ? 169
OBS.   4      ? 170
OBS.   5      ? 174
OBS.   6      ? 173
OBS.   7      ? 172
OBS.   8      ? 170
OBS.   9      ? 166
OBS.   10     ? 173

ECHANTILLON 2 - 10 OBSERVATIONS.
OBS.   1      ? 167
OBS.   2      ? 162
OBS.   3      ? 165
OBS.   4      ? 168
OBS.   5      ? 162
OBS.   6      ? 160
OBS.   7      ? 164
OBS.   8      ? 158
OBS.   9      ? 165
OBS.   10     ? 169

VOICI LA LISTE DE VOS OBSERVATIONS.
OBS.     ECHANTILLON 1     ECHANTILLON 2
  1          166               167
  2          167               162
  3          169               165
  4          170               168
  5          174               162
  6          173               160
  7          172               164
  8          170               158
  9          166               165
  10         173               169

DESIREZ-VOUS CORRIGER UNE OBSERVATION
<OUI> OU <NON>  ? NON
```

```
******************************************
     CALCULS DE DIVERSES STATISTIQUES
******************************************
TRAVAIL : EXEMPLE 4

STATISTIQUES              ECHANTILLONS
                          NO. 1      NO. 2
------------------------------------------
NOMBRE D'OBSERVATIONS 10           10
MOYENNE                   170        164
SOMME DE CARRES           80         112
DEGRES DE LIBERTE         9          9
VARIANCE                  8.88889    12.4444
ECART-TYPE                2.98142    3.52767

DIFFERENCE ENTRE LES MOYENNES  6
ERREUR-TYPE                            1.46059
------------------------------------------


******************************************
     INTERVALLE DE CONFIANCE POUR LA
          DIFFERENCE DES MOYENNES
******************************************

NIVEAU DE   LIMITE    LIMITE        T
CONFIANCE   INFER.    SUPER.    THEORIQUE
------------------------------------------
   75 %     4.264     7.736     1.1885
   90 %     3.467     8.533     1.7344
   95 %     2.931     9.069     2.1009
   99 %     1.797     10.203    2.8773
   99.9 %   .283      11.717    3.9139
------------------------------------------
```

```
DESIREZ-VOUS EFFECTUER UN TEST D'HYPO-
THESE SUR LA DIFFERENCE ENTRE LES DEUX
MOYENNES ?
<OUI> OU <NON>  ? OUI

PRESSER
1.....POUR TEST BILATERAL
2.....POUR TEST UNILATERAL A GAUCHE
3.....POUR TEST UNILATERAL A DROITE
? 1

****************************************
               TEST BILATERAL
****************************************

PRECISER LE SEUIL DE SIGNIFICATION DU
TEST
LES SEUILS PERMIS SONT
                    ALPHA = 0.05
                    ALPHA = 0.01
? 0.05


****************************************
             EXECUTION DU TEST
****************************************
TRAVAIL : EXEMPLE 4

*****  HYPOTHESES STATISTIQUES  *****

HYPOTHESE NULLE : MU1=MU2
HYPOTHESE ALTERNATIVE : MU1<>MU2

*****  SEUIL DE SIGNIFICATION  *****
ALPHA = .05

*****  REGLE DE DECISION  *****
D'APRES L'HYPOTHESE ALTERNATIVE, AU
SEUIL ALPHA = .05 ET 9 DEGRES DE
LIBERTE, LA VALEUR CRITIQUE DE L'ECART
REDUIT EST 2.2602

REJETER L'HYPOTHESE NULLE SI
T <-2.2602  OU T > 2.2602
(TEST BILATERAL)

*****  CALCUL DE L'ECART REDUIT  *****
T = 4.108

*****  DECISION  *****
LA VALEUR CALCULEE DE L'ECART REDUIT
SE SITUE DANS LA REGION DE REJET DE
L'HYPOTHESE NULLE AU SEUIL DE
SIGNIFICATION ALPHA = .05

DESIREZ-VOUS EFFECTUER UN NOUVEAU TEST
D'HYPOTHESE ?
<OUI> OU <NON>  ? NON

FIN NORMALE DU TRAITEMENT
```

TEST DE COMPARAISON DE DEUX ÉCHANTILLONS APPARIÉS

Les situations que nous avons traitées jusqu'ici dans ce chapitre comportaient des échantillons indépendants et ceci constituait une des conditions d'application dans la comparaison de deux moyennes. Il arrive fréquemment toutefois que des observations sont obtenues à partir de la même unité expérimentale (même individu, même instrument) avant et après avoir subi un certain traitement (le cas classique des diètes miracles). Lorsque nous avons, pour chaque élément de l'échantillon, deux valeurs obtenues à des périodes différentes ou selon des traitements différents, nous sommes en présence **d'échantillons dépendants** ou **appariés**. Les deux séries de mesures ne sont pas indépendantes l'une de l'autre. Il serait alors incorrect de procéder à un test de comparaison de moyennes tel que décrit précédemment. On doit alors procéder comme suit.

Comparaison de deux séries de mesures appariées

Distribution d'échantillonnage et principe du test (n < 30)

La méthode correcte pour comparer deux séries appariées x_{i_1} et x_{i_2}, $i=1,..,n$ est la **méthode des couples** et consiste à former, pour chaque paire, la différence $d_i = x_{i_2} - x_{i_1}$ des deux mesures. On suppose que la différence est distribuée normalement de moyenne μ_d (inconnue) et de variance σ_d^2 (inconnue).

On obtient une estimation de μ_d avec la différence moyenne $\overline{d} = \dfrac{\sum d_i}{n}$ et de σ_d^2 avec $s_d^2 = \dfrac{\sum(d_i - \overline{d})^2}{n-1}$. La distribution d'échantillonnage de la différence moyenne $\overline{D}$ possède les propriétés suivantes:

1) La distribution d'échantillonnage de $\overline{D}$ est normale.

2) La moyenne de la distribution de $\overline{D}$ est: $E(\overline{D}) = \mu_d$.

3) L'écart-type de la distribution d'échantillonnage de $\overline{D}$ est:

$$s(\overline{D}) = \frac{s_d}{\sqrt{n}} \quad \text{où} \quad s_d = \sqrt{\frac{\sum(d_i - \overline{d})^2}{n-1}}.$$

Dans le cas où n < 30 (le nombre de couples d'observations), les fluctuations de l'écart réduit

$$t = \frac{\overline{D} - \mu_d}{s_d/\sqrt{n}}$$

sont celles de la loi de Student avec $\nu = n-1$ degrés de liberté.

Généralement le test à utiliser est celui qui permet de comparer, au seuil α, la différence moyenne $\overline{d}$ à la valeur théorique $H_0 : \mu_d = 0$.

Test de l'hypothèse $H_0 : \mu_d = 0$

Hypothèses alternatives	Règles de décision
$H_1 : \mu_d \neq 0$	Rejeter H_0 si $t > t_{\alpha/2;n-1}$ ou $t < -t_{\alpha/2;n-1}$
$H_1 : \mu_d > 0$	Rejeter H_0 si $t > t_{\alpha;n-1}$
$H_1 : \mu_d < 0$	Rejeter H_0 si $t < -t_{\alpha;n-1}$

EXEMPLE 6. Comparaison de deux séries de mesures obtenues sur les sujets d'un même échantillon: Evaluation de l'effet d'un programme d'apprentissage.

La directrice des ressources humaines de l'entreprise Giscom veut suggérer à la direction de l'entreprise de mettre en oeuvre un programme spécial d'apprentissage pour les employés affectés au département d'assemblage. Pour évaluer l'efficacité de ce programme d'apprentissage d'une durée de 3 semaines, on a choisi au hasard 15 employés et on a observé le nombre de pièces assemblées durant une certaine période de temps. Par la suite, on a administré à ces mêmes employés le programme d'apprentissage et on a observé à nouveau le nombre de pièces assemblées durant la même période de temps.

Les résultats se présentent comme suit:

individu (i)	Avant le programme (x_{i_1})	Après le programme (x_{i_2})	Différence $(d_i = x_{i_2} - x_{i_1})$
1	15	17	+ 2
2	13	16	+ 3
3	8	10	+ 2
4	9	9	+ 0
5	7	9	+ 2
6	12	13	+ 1
7	11	14	+ 3
8	12	15	+ 3
9	11	14	+ 3
10	9	11	+ 2
11	10	14	+ 4
12	12	11	- 1
13	11	13	+ 2
14	7	10	+ 3
15	12	13	+ 1

Est-ce que la directrice des ressources humaines est justifiée de suggérer la mise en place de ce programme d'apprentissage pour les employés affectés au département d'assemblage? Utiliser $\alpha = 0,01$.

Les calculs préliminaires conduisent à :

$$\overline{d} = \frac{\sum(d_i)}{n} = \frac{30}{15} = + 2, \quad s_d^2 = \frac{\sum(d_i - \overline{d})^2}{n-1} = \frac{24}{14} = 1,7143, \quad s_d = 1,3093.$$

Démarche du test

1. **Hypothèses statistiques.**

   $H_0 : \mu_d = 0$

   $H_1 : \mu_d > 0$

2. **Seuil de signification.**

   $\alpha = 0,01$.

3. **Conditions d'application.** On suppose que la différence est distribuée selon une loi normale de variance inconnue;

   $n < 30$.

4. **La statistique qui convient** pour ce test est $\overline{D}$. L'écart réduit sera donc, en supposant vraie H_0,

   $$t = \frac{\overline{D}}{s_d/\sqrt{n}}$$

   qui est distribué suivant la loi de Student avec $\nu = n-1$ degrés de liberté.

5. **Règle de décision.** D'après H_1, au seuil $\alpha = 0,01$ et 14 degrés de liberté, la valeur critique de l'écart réduit est $t_{0,01;14} = 2,6245$. On adoptera la règle de décision suivante: rejeter H_0 si $t > 2,6245$.

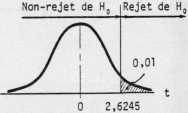

6. **Calcul de l'écart réduit.**

   $$t = \frac{2}{1,3093/\sqrt{15}} = 5,916.$$

7. **Décision et conclusion.** Puisque $t = 5,916 > 2,6245$, nous rejetons H_0. Le programme d'apprentissage semble augmenter vraisemblablement le rendement des employés. La différence moyenne observée est significative au seuil $\alpha = 0,01$.

Conclusion pratique. Si les coûts encourus par la mise en place du programme d'apprentissage sont moindres que la réduction des coûts résultant d'une augmentation de la productivité, le programme sera économiquement justifié.

Remarque. Si $n > 30$ (le nombre de couples d'observations), le théorème central limite peut s'appliquer et l'écart réduit $\dfrac{\overline{D}}{s_d/\sqrt{n}}$ sera distribué selon une loi normale centrée réduite, même si la population des différences n'est pas distribuée selon une loi normale.

COMPARAISON DE DEUX PROPORTIONS (POURCENTAGES)

Il y a de nombreuses applications où nous devons décider si l'écart observé entre deux proportions échantillonnales est significatif ou s'il est plutôt attribuable au hasard de l'échantillonnage.

Comme dans le cas de comparaison de deux moyennes, l'on doit connaître la distribution d'échantillonnage de la différence de deux proportions pour conduire un test sur l'égalité de deux proportions (ou pour estimer, par intervalle de confiance, la différence).

Distribution de fluctuations d'échantillonnage de la différence de deux proportions

Nous allons traiter uniquement du cas où nous sommes en présence de grands échantillons.

On prélève au hasard et indépendamment deux échantillons de grandes tailles respectivement de deux populations dont les éléments possèdent, dans une proportion p_1, un caractère qualitatif dans la population 1, dans une proportion p_2, le même caractère, dans la population 2, p_1 et p_2 étant inconnues. Sur ces échantillons, on observe respectivement les proportions $\hat{p}_1$ et $\hat{p}_2$ d'éléments qui présentent le caractère. La différence de proportions $\hat{P}_1 - \hat{P}_2$ (estimateur de $p_1 - p_2$) est une variable aléatoire (la différence observée $\hat{p}_1 - \hat{p}_2$ étant une réalisation de cette variable) dont la distribution possède les propriétés suivantes:

1) La distribution de $\hat{P}_1 - \hat{P}_2$ est approximativement normale.

2) La moyenne de la distribution de $\hat{P}_1 - \hat{P}_2$ est:

$$E(\hat{P}_1 - \hat{P}_2) = p_1 - p_2.$$

3) L'écart-type de la distribution d'échantillonnage de $\hat{P}_1 - \hat{P}_2$ est:

$$\sigma(\hat{P}_1 - \hat{P}_2 = \sigma^2(\hat{P}_1) + \sigma^2(\hat{P}_2) = \sqrt{\frac{p_1(1-p_1)}{n_1} + \frac{p_2(1-p_2)}{n_2}}$$

Comme p_1 et p_2 sont inconnues, on les remplace par leurs estimations respectives $\hat{p}_1$ et $\hat{p}_2$, ce qui donne

$$s(\hat{P}_1 - \hat{P}_2) = \sqrt{\frac{\hat{p}_1(1-\hat{p}_1)}{n_1} + \frac{\hat{p}_2(1-p_2)}{n_2}}.$$

Les fluctuations de l'écart réduit

$$Z = \frac{(\hat{P}_1 - \hat{P}_2) - (p_1 - p_2)}{\sqrt{\frac{\hat{p}_1(1-\hat{p}_1)}{n_1} + \frac{\hat{p}_2(1-\hat{p}_2)}{n_2}}}$$

sont distribuées selon la loi normale centrée réduite.

Test sur l'égalité de deux proportions

L'hypothèse nulle que l'on veut tester est $H_0 : p_1 = p_2$ (ou $p_1 - p_2 = 0$). Les valeurs p_1 et p_2 sont inconnues mais supposées égales à une valeur commune $p(p_1 = p_2 = p)$. On obtient une estimation de cette valeur commune en combinant les proportions observées dans chaque échantillon comme suit.

$$\hat{p} = \frac{n_1 \hat{p}_1 + n_2 p_2}{n_1 + n_2}$$

L'écart-type de $\hat{P}_1 - \hat{P}_2$ s'écrit suite à cette combinaison de proportions observées,

$$s(\hat{P}_1 - \hat{P}_2) = \sqrt{\frac{\hat{p}(1-\hat{p})}{n_1} + \frac{\hat{p}(1-\hat{p})}{n_2}} = \sqrt{\hat{p}(1-\hat{p}) \left(\frac{1}{n_1} + \frac{1}{n_2}\right)}$$

Sous l'hypothèse $H_0 : p_1 = p_2$ et les conditions d'application $n_1 \hat{p}$, $n_1 (1-\hat{p})$, $n_2 \hat{p}$, $n_2 (1-\hat{p})$ tous ≥ 5, l'écart réduit

$$Z = \frac{(\hat{P}_1 - \hat{P}_2) - (p_1 - p_2)}{s(\hat{P}_1 - \hat{P}_2)} = \frac{\hat{P}_1 - \hat{P}_2}{\sqrt{\hat{p}(1-\hat{p}) \left(\frac{1}{n_1} + \frac{1}{n_2}\right)}}$$

est distribué selon la loi normale centrée réduite.

Le test de comparaison de deux proportions se conduit ensuite exactement comme un test de comparaison de deux moyennes. Selon les hypothèses alternatives, les règles de décision se résument comme suit, au seuil de signification α.

Test de l'hypothèse $H_0 : p_1 = p_2$

Hypothèses alternatives	Règles de décision
$H_1 : p_1 \neq p_2$	Rejeter H_0 si $Z > z_{\alpha/2}$ ou $Z < -z_{\alpha/2}$
$H_1 : p_1 > p_2$	Rejeter H_0 si $Z > z_\alpha$
$H_1 : p_1 < p_2$	Rejeter H_0 si $Z < -z_\alpha$

Remarques. a) Les conditions d'application qui sont requises ici sont que les échantillons soient prélevés au hasard et indépendamment et que leurs tailles respectives soient suffisamment élevées de sorte que $n_1 \hat{p}_1$, $n_1 (1-\hat{p}_1)$, $n_2 \hat{p}_2$, $n_2 (1-\hat{p}_2)$ soient tous ≥ 5. Il arrive fréquemment que la condition $n_1 \geq 30$ et $n_2 \geq 30$ soit suffisante.

b) Les proportions observées s'obtiennent respectivement de $\hat{p}_1 = \frac{x_1}{n_1}$ et $\hat{p}_2 = \frac{x_2}{n_2}$ où x_1 et x_2 sont le nombre d'éléments (d'individus) de chaque échantillon sur lesquels on a observé le caractère concerné.

EXEMPLE 7. Evaluation de l'efficacité de deux types de publicité pour le lancement d'un nouveau produit. Comparaison de deux proportions.

Deux types de publicité sont envisagés par l'entreprise Quantex pour lancer un nouveau déodorant. Après avoir visionné les deux types de publicité mis au point par des spécialistes en communication, la direction émet l'hypothèse selon laquelle la publicité du type A sera plus efficace que celle du type

B. Deux régions, considérées comme marché-test (possédant sensiblement les mêmes caractéristiques de consommation) sont choisies pour évaluer l'efficacité des deux types de publicité. La publicité de type A sera utilisée dans une région et celle de type B dans l'autre. Un sondage auprès de 125 individus ayant vu la publicité de type A indique que 44 se sont procuré le nouveau déodorant alors que sur 100 ayant vu la publicité de type B, 32 se sont procuré le nouveau déodorant. est-ce que les résultats de ce sondage permettent de confirmer, au seuil de signification $\alpha = 0,05$, l'hypothèse émise par la direction?

Solution

Utilisons l'indice 1 pour identifier la population soumise à la publicité de type A et l'indice 2 pour celle soumise à la publicité de type B. La démarche du test se présente alors comme suit:

Démarche du test

1. **Hypothèses statistiques.**

   $H_0 : p_1 = p_2$

   $H_1 : p_1 > p_2$

2. **Seuil de signification.**

   $\alpha = 0,05$

3. **Condition d'application du test.** Il faut que $n_1 \hat{p}$, $n_1 (1-\hat{p})$, $n_2 \hat{p}$, $n_2 (1-\hat{p})$ soient tous ≥ 5. Vérifions. Le calcul de $\hat{p}$ (estimation de la valeur commune p) donne

   $$\hat{p} = \frac{(125)(44/125)+(100)(32/100)}{125 + 100}$$

   $$= \frac{76}{225} = 0,338.$$

   $n_1 \hat{p} = (125)(0,338) = 42,25$
   $n_1 (1-\hat{p}) = (125)(0,662) = 82,75$
   $n_2 \hat{p} = (100)(0,338) = 33,8$
   $n_2 (1-\hat{p}) = (100)(0,662) = 66,2$

   Donc tous ≥ 5.

4. **La statistique** qui convient pour le test est $\hat{p}_1 - \hat{p}_2$. L'écart réduit est, d'après les conditions d'application et en supposant H_0 vraie,

   $$Z = \frac{\hat{p}_1 - \hat{p}_2}{\sqrt{\hat{p}(1-\hat{p}) \left(\frac{1}{n_1} + \frac{1}{n_2}\right)}}$$

   est distribué selon la loi normale centrée réduite.

5. **Règle de décision.** D'après H_1 et au seuil $\alpha = 0,05$, la valeur critique de l'écart réduit est $z_{0,05} = 1,645$.

   On adoptera la règle de décision suivante: rejeter H_0 si $Z > 1,645$.

   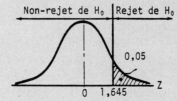

6. **Calcul de l'écart réduit.** On a $\hat{p} = 0,338$ et

   $$s(\hat{p}_1 - \hat{p}_2) = \sqrt{(0,338)(0,662)\left(\frac{1}{125}+\frac{1}{100}\right)}$$

   $$= 0,0635$$

   $$z = \frac{(0,352 - 0,32)}{0,0635} = 0,5039.$$

7. **Décision et conclusion.** Puisque $Z = 0,5039 < 1,645$, on ne peut rejeter H_0. La différence observée n'est pas significative au seuil $\alpha = 0,05$. Ce sondage ne permet pas de confirmer l'hypothèse émise par la direction. D'après les valeurs observées, les deux types de publicité semblent avoir la même efficacité.

Remarque. L'intervalle de confiance pour la différence des proportions $p_1 - p_2$, avec un niveau de confiance $100(1-\alpha)\%$ s'écrit:

$$\hat{p}_1 - \hat{p}_2 - z_{\alpha/2} \cdot s(\hat{p}_1 - \hat{p}_2) \leq p_1 - p_2 \leq \hat{p}_1 - \hat{p}_2 + z_{\alpha/2} \cdot s(\hat{p}_1 - \hat{p}_2).$$

PROBLÈMES

Comparaison de deux moyennes

1. On a prélevé deux échantillons respectivement de deux populations normales de moyennes μ_1 et μ_2 (inconnues) mais de variance commune σ^2 = 100. Les moyennes de chaque échantillon sont présentées dans le tableau ci-contre. On s'intéresse à la différence des moyennes.

Echantillon no 1	Echantillon no 2
n_1 = 25	n_2 = 25
$\overline{X}_1$ = 138	$\overline{X}_2$ = 135

a) Quelle est la valeur de l'estimation de $\mu_1 - \mu_2$?

b) Déterminer $\sigma^2(\overline{X}_1)$ et $\sigma^2(\overline{X}_2)$.

c) Quel est l'écart-type de la différence $\overline{X}_1 - \overline{X}_2$?

d) Que peut-on dire quant à la forme de la distribution d'échantillonnage de $\overline{X}_1 - \overline{X}_2$?

e) Est-ce nécessaire ici d'obtenir une estimation de la variance de chaque population?

f) Quelle est l'expression de l'écart réduit entre la différence des moyennes d'échantillons et des moyennes hypothétiques des populations?

g) En supposant l'égalité des moyennes des populations, quelle est, d'après les résultats obtenus, la valeur prise par l'écart réduit?

h) En posant $H_1 : \mu_1 \neq \mu_2$, est-ce que les résultats observés semble favoriser, au seuil α = 0,05, l'hypothèse nulle posée en g) ou H_1?

i) En supposant vraie l'hypothèse spécifiée en g), quelle est la probabilité de rejeter à tort cette hypothèse, suite aux résultats d'échantillons? Comparer cette probabilité avec le seuil de signification choisi. Que pouvez-vous conclure?

2. Un cours de programmation en langage Basic est offert à deux groupes d'individus d'un même programme. Les résultats suivants ont été obtenus en fin de session. Peut-on conclure, au seuil de signification α = 0,05, que le groupe B est supérieur au groupe A? Quelles sont les conditions d'application requises pour effectuer ce test?

Groupe A	Groupe B
n_1 = 64	n_2 = 68
$\overline{X}_1$ = 73,2	$\overline{X}_2$ = 76,6
s_1 = 10,9	s_2 = 11,4

3. On veut comparer les dépenses hebdomadaires moyennes pour la consommation alimentaire auprès de familles de deux régions présentant sensiblement les mêmes caractéristiques sociologiques. Un échantillon aléatoire prélevé auprès de familles de chaque milieu conduit aux résultats suivants:

	Région A	Région B
Nombre de familles	38	40
Moyenne	$89,70	$94,50
Variance	148,8	170,3

a) Avant de connaître les résultats de cette enquête, la responsable de la mise en marché d'une grande chaîne d'alimentation avait émis l'hypothèse selon laquelle les dépenses hebdomadaires moyennes pour l'alimentation ne diffèrent pas de façon significative entre les familles de ces deux régions.

Est-ce que cette hypothèse est vraisemblable au seuil de signification $\alpha = 0,05$?

b) Calculer un intervalle de confiance pour la différence de moyennes $\mu_1 - \mu_2$. Utiliser un niveau de confiance de 95%.

c) Si on utilise l'intervalle de confiance obtenu en b) pour tester l'hypothèse émise en a), à quelle conclusion arrive-t-on? Discuter.

4. On a relevé, dans les dossiers de deux sociétés en courtage immobilier, les montants de prêts hypothécaires consentis depuis quelques mois.

	Société A	Société B
Nombre de prêts	75	82
Montant moyen	$38 500	$42 300
Ecart-type	$ 3 080	$ 3 375

En supposant que le nombre de prêts consentis par chaque société représente un échantillon aléatoire des dossiers des sociétés, peut-on considérer, au seuil $\alpha = 0,05$, que l'écart observé entre les montants moyens des prêts est significatif?

5. Un organisme gouvernemental a effectué une enquête par sondage sur les dépenses annuelles des ménages pour une famille de quatre personnes, selon qu'elle vit en milieu rural ou dans une grande ville.

	Milieu rural	Grande ville
Nombre de ménages	280	350
Dépenses moyennes	$11 681	$16 065
Ecart-type	$ 1 200	$ 1 500

Peut-on conclure, au seuil de signification $\alpha = 0,05$, que les ménages situés dans une grande ville dépensent, en moyenne, plus que ceux situés en milieu rural?

6. Le contremaître de l'entreprise Electropak fait passer un essai à deux personnes intéressées à être affectées au département d'emballage d'un certain produit. D'après les résultats de cet essai, on note que la première personne a effectué 35 emballages avec une moyenne de 5 minutes par emballage et une variance de 25 tandis que la seconde personne a obtenu, pour 50 emballages, une moyenne de 6,5 minutes avec une variance de 35. Le contremaître décide de choisir la première personne car le temps moyen observé est plus faible que celui de la seconde personne.

Au seuil de signification $\alpha = 0,05$, est-ce que cette décision est justifiée statistiquement.

Fabricant A	Fabricant B
x_{i_1}	x_{i_2}
218	218
220	216
222	217
220	218
216	219
224	220
221	219
224	223
219	222
216	218

7. Un laboratoire indépendant a vérifié, pour le compte de l'Office de la protection du consommateur, la résistance à l'éclatement en kg/cm² d'un réservoir à essence fabriqué par deux entreprises. Un échantillon de 10 réservoirs de chaque fabricant conduit aux résultats ci-contre.

a) Calculer, pour chaque fabricant, la résistance moyenne à l'éclatement.

b) En supposant que ces échantillons proviennent de populations de variances inconnues mais supposées égales à une variance commune σ^2, estimer cette variance commune.

c) Quelle est l'estimation ponctuelle de la différence des moyennes $\mu_1 - \mu_2$?

d) Déterminer $s^2(\overline{X}_1)$ et $s^2(\overline{X}_2)$.

e) Quel est l'écart-type de la différence $\overline{X}_1 - \overline{X}_2$?

f) Peut-on dire ici que la forme de la distribution d'échantillonnage de $\overline{X}_1 - \overline{X}_2$ est normale? Quelle condition est requise?

g) On veut tester l'égalité de la résistance moyenne à l'éclatement des réservoirs des deux fabricants. Quelle est l'expression de l'écart réduit requis pour effectuer ce test et quelle est sa distribution?

h) Peut-on conclure, au seuil de signification $\alpha = 0,05$ que les deux types de réservoirs présentent une résistance moyenne à l'éclatement identique?

8. Un nouveau procédé technique a été recommandé par une firme de consultants pour réduire le niveau de pollution de l'air dans l'environnement d'une usine. L'objectif de ce nouveau procédé est de réduire le taux de monoxide de carbone dans l'air. Des essais ont été effectués avec le procédé actuel et le nouveau procédé et les résultats se résument comme suit:

Procédé actuel	Nouveau procédé
$n_1 = 25$	$n_2 = 25$
$\overline{x}_1 = 7,4$ ppm	$\overline{x}_2 = 6,1$ ppm
$s_1^2 = 3,24$	$s_2^2 = 1,94$

a) Formuler les hypothèses statistiques qui sont pertinentes à l'objectif poursuivi.

b) Tester ces hypothèses au seuil de signification $\alpha = 0,05$. Quelles sont les conditions d'application du test?

9. On veut comparer les moyennes de deux groupes à un test d'aptitude en informatique. Deux échantillons aléatoires de tailles $n_1 = n_2 = 16$ donnent les résultats suivants (compilation sur un résultat maximum de 20).

Groupe I	Groupe II
$\overline{x}_1 = 16,6$	$\overline{x}_2 = 16,51$
$\sum(x_{i_1} - \overline{x}_1)^2 = 0,804$	$\sum(x_{i_2} - \overline{x}_2)^2 = 1,096$

a) Tester, au seuil de signification $\alpha = 0,05$, l'hypothèse selon laquelle les deux groupes présentent un score moyen identique. Préciser les conditions d'application du test.

b) Calculer l'intervalle de confiance, ayant un niveau de confiance de 95%, de contenir la valeur vraie de la différence des moyennes.

c) A l'aide de l'intervalle de confiance calculé en b), peut-on rejeter, au seuil $\alpha = 0,05$, l'hypothèse nulle spécifiée en a)?

10. Le technologiste responsable du procédé de fabrication de tiges d'acier suggère au chef de département de métallurgie d'introduire un nouvel alliage dans la composition des tiges. Il semble que ceci permettrait d'obtenir une résistance à la rupture plus élevée. Les résultats d'un test de résistance à la rupture de vingt-cinq tiges avec et sans le nouvel alliage se résument comme suit.

Au seuil de signification $\alpha = 0,05$, est-ce que l'hypothèse selon laquelle la résistance moyenne à la rupture avec le nouvel alliage est plus élevée que celle sans le nouvel alliage est confirmée?

Quelles sont les conditions d'application du test?

Avec le nouvel alliage	Sans le nouvel alliage
$n_1 = 25$	$n_2 = 25$
$\overline{x}_1 = 782,88$	$\overline{x}_2 = 601,12$
$s_1 = 55,8$	$s_2 = 56,27$

Echantillons appariés

11. Un groupe de cadres d'entreprises de la région poursuivent actuellement un programme de conditionnement physique. La consommation maximale d'oxygène a été mesurée en imposant une charge de travail de 600 kgm/min. à l'aide d'une bicyclette ergométrique, au début et après deux mois de conditionnement physique. Les résultats de consommation d'oxygène (en litres/min) de chaque individu sont les suivants:

Une augmentation de la consommation d'oxygène est une indication de l'amélioration de la condition cardio-vasculaire.

a) Sommes-nous en présence d'échantillons indépendants? Discuter.

b) Comment appelle-t-on ce type de séries de mesures?

c) En appliquant la démarche du test, peut-on conclure au seuil $\alpha = 0,05$, à l'amélioration de la condition cardio-vasculaire après 2 mois de conditionnement physique?

Cadre no	Au début	Après 2 mois
1	2,4	2,6
2	2,5	2,6
3	2,6	2,8
4	2,7	2,9
5	2,6	2,7
6	2,5	2,8
7	2,4	2,7
8	2,6	2,9
9	2,5	2,6
10	2,5	2,5
11	2,6	2,8
12	2,7	2,9
13	2,5	2,7
14	2,5	2,6

12. Mlle Mioux veut comparer deux méthodes d'enseignement dans un cours de mathématiques modernes. Après un test préliminaire sur les bases mathématiques des étudiants(es), elle décide de coupler les élèves qui possèdent à peu près les mêmes connaissances. Elle répartit au hasard un membre de chaque couple au groupe qui recevra un enseignement magistral et au groupe qui subira l'enseignement semi-individualisé. A la fin de la session, chaque groupe subit le même examen et les résultats se présentent comme suit.

Couple	Enseignement magistral	Enseignement semi-individualisé
1	75	78
2	72	71
3	84	80
4	66	67
5	69	74
6	54	60
7	70	68
8	77	73
9	81	75
10	70	68
11	76	74
12	86	87
13	67	68
14	63	62
15	71	69
16	73	75

Peut-on conclure, au seuil $\alpha = 0,05$, que l'enseignement semi-individualisé donne de meilleurs résultats que l'enseignement magistral?

13. Deux techniciens sont utilisés pour effectuer un test de dureté sur des feuilles de métal avant qu'elles soient expédiées. On veut déterminer s'il existe une différence significative dans le travail de chaque technicien.

Utilisant le même instrument de mesure, chaque technicien a effectué 10 lectures sur une feuille de métal. Les résultats sont présentés dans le tableau ci-contre.

En considérant que la feuille de métal utilisée pour ce test est homogène, peut-on conclure que ces données indiquent une différence dans l'utilisation de l'appareil par les deux techniciens. Utiliser $\alpha = 0,05$.

Technicien A	Technicien B
529	527
528	522
526	523
527	526
525	523
525	525
526	526
527	524
528	527
525	523

14. Lors d'un contrôle par un agent technique sur la production d'une machine fabriquant des lampes miniatures, on a observé, à l'aide des instruments du laboratoire de photométrie, que l'intensité du courant électrique avait subi une diminution radicale. Ceci aurait pour effet d'affecter toutes les caractéristiques photométriques de ce type de lampes.

Les résultats du contrôle sont présentés dans le tableau suivant.

La norme technique pour l'intensité
de ce type de lampes avec une charge 12,8 volts est de 1,8 ampère.

Intensité du courant				
1,4	1,2	1,3	1,4	1,2
1,1	1,3	1,4	1,2	1,3

D'après ces résultats, l'agent de contrôle demande que la production soit
arrêtée et que certaines vérifications soient effectuées sur la machine. Le
contremaître responsable de la production s'objecte fortement et affirme que
ces mesures sont erronées et que, soit que la personne responsable des mesures au laboratoire de photométrie fasse erreur, soit que l'instrument utilisé pour vérifier l'intensité du courant ne soit pas calibré adéquatement.

a) Selon les résultats de ce contrôle, est-ce que la décision d'arrêter la
    production était justifiée statistiquement? Utiliser un seuil de con-
    fiance $\alpha = 0,05$.

Suite à la discussion plutôt
énergique entre l'agent de
contrôle et le contremaître,
on décide d'effectuer une vérification de l'instrument u-
tilisé par le laboratoire de
pholométrie. 15 lampes ont
été prélevées de la production.
Le courant de chaque lampe a
été mesuré avec l'instrument
utilisé couramment par le laboratoire de photométrie. Cette caractéristique a été également mesurée sur les mêmes
lampes mais, cette fois, avec
un instrument de très haute
précision servant à la cali-
bration des appareils. Les
résultats obtenus sont présentés dans le tableau ci-
contre.

Lampe no	Instrument de laboratoire	Instrument de calibration
1	1,3	1,2
2	1,4	1,3
3	1,5	1,5
4	1,2	1,1
5	1,3	1,4
6	1,1	1,0
7	1,3	1,2
8	1,4	1,4
9	1,2	1,1
10	1,5	1,4
11	1,3	1,3
12	1,2	1,1
13	1,1	1,0
14	1,2	1,2
15	1,4	1,5

b) Peut-on conclure que l'instrument de laboratoire est mal calibré au
    seuil de signification $\alpha = 0,01$?

c) Selon les résultats obtenus avec ces 15 lampes, doit-on conclure, qu'en
    moyenne, l'intensité du courant des lampes est inférieur à la norme re-
    quise?

Comparaison de deux proportions

15. On veut évaluer l'efficacité d'un nouvel insecticide par rapport à un
autre existant déjà sur le marché. 250 insectes furent vaporisés avec l'insecticide déjà existant; sur ce nombre, 180 ont rendu "l'âme". D'autre
part, 300 insectes ont eu la chance d'être vaporisés avec le nouvel insecticide et seulement 80 ont pu survivre à ce traitement choc. Peut-on conclure, au seuil de 5%, que le nouvel insecticide est plus efficace que celui
existant sur le marché? Formuler les hypothèses à tester et vérifier si les
conditions d'application sont satisfaites.

16. Un pré-test est effectué pour évaluer la préférence d'une nouvelle pâte
dentifrice. 200 personnes ont été choisies au hasard respectivement dans
deux régions. On a remis à chaque personne deux tubes de pâte dentifrice

(non identifiés) l'un étant la nouvelle pâte, l'autre une pâte dentifrice d'un concurrent. A l'issue d'une période d'essai de deux semaines, les préférences se résument comme suit:

	Région A (n_1 = 200)	Région B (n_2 = 200)
Préfère la nouvelle pâte	54%	57%

a) Au seuil α = 0,05, est-ce que ces résultats permettent de supporter l'hypothèse selon laquelle la préférence pour la nouvelle pâte dentifrice est plus élevée dans la région B que dans la région A?

b) Dans l'ensemble des deux régions, peut-on affirmer que les deux pâtes ont été préférées dans une proportion égale de 50%?

17. Dans deux municipalités avoisinantes, on a effectué un sondage pour connaître l'opinion des contribuables sur l'aménagement d'un site pour l'enfouissement sanitaire. L'enquête fut effectuée par la fameuse maison de sondage IPOP. Les résultats se résument comme suit:

	Municipalité A n_1 = 250	Municipalité B n_2 = 250
En faveur	110	118

a) Quelle est l'estimation ponctuelle de la différence de proportions des contribuables de chaque municipalité favorisant l'aménagement d'un site pour fin d'enfouissement sanitaire?

b) Quel est l'écart-type de la différence de proportions?

c) Quelle serait l'expression de l'intervalle de confiance ayant un niveau de confiance 100(1 - α)% de contenir la valeur vraie de la différence des proportions, $p_1 - p_2$?

d) Calculer l'intervalle de confiance associé à l'estimation de $p_1 - p_2$ ayant un niveau de confiance de 95% de contenir la valeur vraie de la différence $p_1 - p_2$.

e) Avec l'intervalle calculée en d), est-ce que l'on rejetterait, au seuil de signification α = 0,05, l'hypothèse nulle selon laquelle les contribuables des deux municipalités favorisent dans la même proportion l'aménagement d'un site d'enfouissement sanitaire sur leur territoire?

18. Sur la production d'une journée de deux machines fabricant une même pièce, on a prélevé deux échantillons indépendants. Les défectuosités majeures ont été observées et la compilation des résultats se présentent comme suit:

	Machine # 10	Machine # 12
Nombre de pièces contrôlées	100	120
Nombre de défectuosités majeures	12	16

Peut-on conclure, au seuil α = 0,05, que l'écart observé sur les deux machines entre les proportions de défectuosités majeures est significatif?

Test 10

Répondre par Vrai ou Faux ou compléter s'il y a lieu. Dans le cas où c'est faux, indiquer la bonne réponse.

1. Lorsque l'on veut comparer les moyennes μ_1 et μ_2 de deux populations, quel est l'estimateur ponctuel de la différence de moyennes $\mu_1 - \mu_2$? _____

2. Quelles sont les trois caractéristiques que l'on doit connaître de la distribution d'échantillonnage de la différence de deux moyennes observées? _____
   _____ .

3. Si on prélève au hasard et indépendamment deux échantillons de tailles n_1 et n_2 respectivement de deux populations normales de variances σ_1^2 et σ_2^2 connues mais de moyennes μ_1 et μ_2 inconnues. Que peut-on dire quant à:

   1) la forme de la distribution d'échantillonnage de $\overline{X}_1 - \overline{X}_2$? _____

   2) la moyenne de la distribution de $\overline{X}_1 - \overline{X}_2$? _____

   3) l'écart-type de $\overline{X}_1 - \overline{X}_2$? _____

   Est-ce nécessaire ici que les tailles d'échantillons soient grandes? Pourquoi? _____ .

   Sous ces conditions, quelle est l'expression de l'écart réduit et sa distribution?

4. Si on ne peut affirmer que les populations échantillonnées sont normales, quelle condition est requise sur les tailles d'échantillons pour considérer que la distribution d'échantillonnage de $\overline{X}_1 - \overline{X}_2$ s'approche d'une loi normale? _____

5. Quelle est l'expression des limites de l'intervalle de confiance pour la différence de moyennes $\mu_1 - \mu_2$ ayant un niveau de confiance $100(1-\alpha)\%$ de contenir la valeur vraie de $\mu_1 - \mu_2$? On suppose que les échantillons sont de grandes tailles et que les variances des populations sont inconnues.

6. Lorsque l'on veut comparer deux moyennes, il est important que les échantillons soient prélevées _____ et _____ dans les populations.

7. Si l'on veut comparer deux moyennes dans le cas où les échantillons sont petits et que les variances des populations sont inconnues, quelle condition est requise concernant

   a) les populations _____

   b) les variances des populations _____

   pour que l'écart réduit soit distribué suivant une loi de Student?

8. Pour contrôler l'efficacité d'une méthode d'enseignement semi-individualisé dans un cours d'Introduction à l'informatique, on compare les résultats de deux groupes d'individus. Le premier groupe est constitué de 40 individus et subit la méthode d'enseignement de type magistral. Le second, constitué de 35 individus, se voit appliquer la méthode semi-individualisée. On suppose que les deux groupes ont le même niveau initial de connaissances. La compilation des résultats pour chaque groupe à l'issue de la session s'établit comme suit:

   $$\text{Groupe I} : n_1 = 40, \ \overline{X}_1 = 74, \ s_1 = 10$$

   $$\text{Groupe II} : n_2 = 35, \ \overline{X}_2 = 79, \ s_2 = 11.$$

   a) Quelle est la valeur de l'estimation de $\mu_1 - \mu_2$? _____

   b) Déterminer $s^2(\overline{X}_1) =$ _____ et $s^2(\overline{X}_2) =$ _____ .

_____ **test 10 (suite)** _____

c) Quel est l'écart-type de la différence $\overline{X}_1 - \overline{X}_2$?

_____

d) Que peut-on dire quant à la forme de la distribution d'échantillonnage de $\overline{X}_1 - \overline{X}_2$? _____

e) Supposons que ces deux groupes constituent deux échantillons aléatoires indépendants provenant de deux populations (très grandes). On émet l'hypothèse selon laquelle les deux méthodes sont de même efficacité (les moyennes μ_1 et μ_2 sont considérées comme égales dans les deux populations).

Quelle est l'expression de l'écart réduit (écart entre la différence des moyennes d'échantillons et des moyennes hypothétiques des populations exprimé par rapport à l'écart-type de la différence des moyennes d'échantillons) et selon quelle loi est-il distribué? _____

_____

f) Sous les conditions posées en e) et d'après les résultats obtenus, quelle est la valeur prise par l'écart réduit? _____

g) Que vous manque-t-il pour conclure que l'hypothèse émise en e) est vraisemblable ou non? _____

h) D'après les résultats obtenus, déterminer l'intervalle de confiance qui a 95 chances sur 100 de contenir la vraie valeur de $\mu_1 - \mu_2$.

$z_{0,025}$ = _____ , $\overline{X}_1 - \overline{X}_2$ = ___ , $s(\overline{X}_1 - \overline{X}_2) = \sqrt{\dfrac{s_1^2}{n_1} + \dfrac{s_2^2}{n_2}}$ = _____

Limite inférieure: _____ = _____

Limite supérieure: _____ = _____

L'intervalle ayant un niveau de confiance de 95% de contenir la valeur vraie de la différence des moyennes des populations est donc

_____ $\leq \mu_1 - \mu_2 \leq$ _____

On peut donc conclure, avec un niveau de confiance de 95%, que le groupe subissant l'enseignement magistral a un rendement moyen inférieur à celui subissant l'enseignement semi-individualisé et en moyenne, l'écart entre les deux groupes peut se situer entre _____ et _____.

9. a) Dans un test de comparaison de moyennes, quelle est la statistique qui convient pour le test? _____

b) Quelle est l'hypothèse nulle qui est habituellement testée? _____

c) Quelles sont les hypothèses alternatives possibles?

_____

10. Lorsque nous sommes en présence d'échantillons dépendants ou de deux séries de mesures appariées, la bonne méthode de comparer ces deux séries est d'utiliser la méthode des couples.   V   F

11. Dans la comparaison de séries appariées, l'hypothèse nulle que l'on veut habituellement tester s'écrit: $H_0: \mu_d \neq 0$.   V   F

12. Lorsque l'on veut comparer les proportions p_1 et p_2 de deux populations selon un certain caractère qualitatif, quel est l'estimateur ponctuel de la différence de proportions $p_1 - p_2$? _____.

_____ **test 10 (suite)** _____

13. En supposant qu'on a prélevé au hasard et indépendamment deux échantillons n_1 et n_2 de grandes tailles de deux populations dont les éléments possèdent un certain caractère qualitatif dans des proportions respectives p_1 et p_2 (inconnues), que peut-on dire quant à

1) la forme de la distribution d'échantillonnage de $\hat{P}_1 - \hat{P}_2$? _____

2) la moyenne de la distribution de $\hat{P}_1 - \hat{P}_2$? _____

3) l'écart-type de $\hat{P}_1 - \hat{P}_2$? _____

14. Lorsque l'on veut tester l'égalité de deux proportions, l'hypothèse nulle que l'on pose est _____ . On obtient une estimation de la valeur commune p à l'aide de l'expression _____

15. Une condition essentielle dans l'application du test sur l'égalité de deux proportions en utilisant la loi normale centrée réduite est $n_1 \hat{p}$, _____ , _____ , _____ , soient tous _____ .

L'INFÉRENCE STATISTIQUE: ÉCHANTILLONNAGE, ESTIMATION DE PARAMÈTRES ET TESTS D'HYPOTHÈSES

CHAPITRE 11

Comparaison de distributions de fréquences: test du khi-deux

──── SOMMAIRE ────

- Objectifs pédagogiques

- Introduction

- La loi de khi-deux

- Application du test de Pearson: Test de conformité entre deux distributions

- Test de conformité: Hypothèses statistiques et règle de décision

- Vérification de la qualité d'ajustement pour les distributions binomiale, de Poisson et normale

- Problèmes

- Autres utilisations de la loi du khi-deux

- Auto-évaluation des connaissances - Test 11

Après avoir complété l'étude du chapitre 11, vous pourrez:

1. énoncer les principales propriétés de la loi de khi-deux;

2. utiliser la table de la loi de khi-deux pour en déduire les valeurs tabulées;

3. préciser en quoi consiste le principe général du test de conformité entre deux distritubions (l'une expérimentale, l'autre théorique);

4. spécifier les hypothèses statistiques et la règle de décision dans l'application du test de conformité (test de Pearson);

5. appliquer correctement le test de Pearson pour vérifier la qualité d'ajustement pour les distributions binomiale, de Poisson et normale;

6. utiliser, si ces notions sont étudiées, le khi-deux pour tester l'indépendance entre deux variables qualitatives, pour estimer par intervalle ou effectuer un test sur la variance d'une population normale.

COMPARAISON DE DISTRIBUTIONS
DE FRÉQUENCES: TEST DU KHI-DEUX

INTRODUCTION

Dans la première partie de ce volume, nous avons traité de diverses distributions expérimentales dans lesquelles on présentait la répartition des fréquences (absolues ou relatives) pour divers caractères. Lorsque nous avons accumulé suffisamment de données sur une variable statistique, on peut alors examiner si la distribution des observations semble s'apparenter à une distribution théorique connue (comme une loi binomiale, normale, etc...). Un outil statistique qui permet de vérifier la concordance entre une distribution expérimentale et une distribution théorique est le **test de Pearson** communément appelé **test du khi-deux.**

Remarque. La quantité χ^2 sert non seulement à vérifier la qualité de l'ajustement entre une distribution théorique et une distribution expérimentale mais également à tester **l'indépendance entre deux variables qualitatives** dénombrées suivant diverses modalités (tableau de contingence). Cette quantité est également requise pour effectuer de **l'inférence statistique sur la variance d'une population normale.** Ces dernières applications ne seront toutefois abordées que dans la section des problèmes à la fin de ce chapitre.

Débutons en exposant brièvement la loi χ^2.

LA LOI DE KHI-DEUX (χ^2)

La loi de χ^2 est une loi de probabilité dont l'expression algébrique est complexe; elle est attribuable à Karl Pearson et se déduit de la loi normale (toutefois nous n'en donnerons pas ici le fondement). Enonçons les principales propriétés de cette loi.

Propriétés de la loi du χ^2.

1. La quantité χ^2 est une variable aléatoire continue dont la loi de probabilité présente un étalement sur le côté supérieur de la distribution (asymétrie positive).

2. Elle ne dépend que du nombre de degrés de liberté ν (nu). Tout comme la distribution de Student, il existe plusieurs distributions de χ^2 comme nous l'indique la figure ci-contre.

3. A mesure que ν augmente, la loi du χ^2 tend vers la loi normale.

Distribution du χ^2

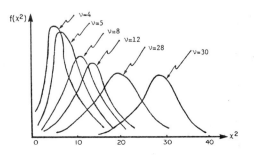

4. On démontre que l'espérance mathématique et la variance de χ^2 sont respectivement $E(\chi^2) = \nu$ et $Var(\chi^2) = 2\nu$.

5. La loi de χ^2 possède la propriété d'additivité. Si χ_1^2 et χ_2^2 sont des variables aléatoires indépendantes suivant la loi du χ^2 respectivement avec ν_1 et ν_2 degrés de liberté, alors la variable aléatoire $\chi_1^2 + \chi_2^2$ sera également distribuée suivant la loi du χ^2 avec $(\nu_1 + \nu_2)$ degrés de liberté.

Remarque. La somme de carrés de n variables aléatoires normales indépendantes et centrées réduites, soit

$$Z_1^2 + Z_2^2 + \ldots + Z_n^2 = \sum_{i=1}^{n} \left[\frac{X_i - \mu}{\sigma} \right]^2 = \sum_{i=1}^{n} Z_i^2$$

suit une loi de χ^2 avec n degrés de liberté.

Notons également que $Z^2 = (\frac{X - \mu}{\sigma})^2$ est distribuée selon la loi de khi-deux avec 1 degré de liberté.

Valeurs tabulées du khi-deux et leur signification

Les valeurs de χ^2 dépendent de α (seuil de signification) et ν (nombre de degrés de liberté) et sont tabulées de manière telle que la probabilité pour que χ^2 soit supérieure à une valeur fixée $\chi_{\alpha;\nu}^2$ est donnée par la relation

$$P(\chi^2 > \chi_{\alpha;\nu}^2) = \alpha.$$

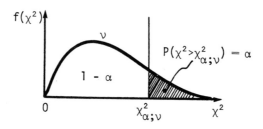

La valeur particulière $\chi_{\alpha;\nu}^2$ se lit directement de la table de la distribution de χ^2 en annexe.

Dans les tests statistiques qui vont suivre, on voudra obtenir, à partir de la table, des valeurs particulières (valeurs critiques) de χ^2 pour un α et un ν donnés.

Par exemple, quelle est la valeur tabulée du khi-deux lorsque $\alpha = 0,05$ et $\nu = 8$? De la table, on lit

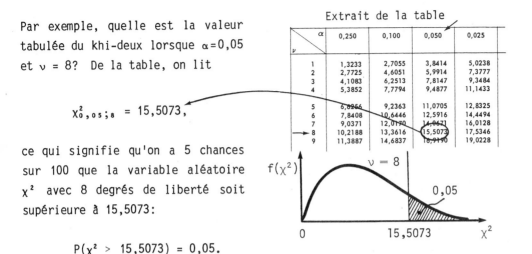

Extrait de la table

$$\chi^2_{0,05\,;\,8} = 15,5073,$$

ce qui signifie qu'on a 5 chances sur 100 que la variable aléatoire χ^2 avec 8 degrés de liberté soit supérieure à 15,5073:

$$P(\chi^2 > 15,5073) = 0,05.$$

APPLICATION DU TEST DE PEARSON: TEST DE CONFORMITÉ ENTRE DEUX DISTRIBUTIONS (TEST D'AJUSTEMENT)

Principe général du test

Ce test permet de juger de la qualité de l'ajustement d'une distribution théorique à une distribution expérimentale. Pour ce faire, il s'agit d'abord de prélever un échantillon suffisamment important et de répartir les observations suivant les diverses valeurs possibles de la variable statistique observée si celle-ci est discrète ou selon une répartition en classes si elle est continue. On veut alors vérifier si cette distribution de fréquences expérimentales s'apparente à une distribution théorique particulière. A l'aide du test de Pearson, on cherche à répondre à la question suivante:

Est-il plausible d'affirmer que la répartition des observations de l'échantillon suivant les diverses valeurs ou classes puisse s'apparenter à une répartition théorique sous l'hypothèse d'un comportement probabiliste particulier (une loi binomiale ou une loi normale par exemple) pour le caractère étudié?

On cherche donc à déterminer si un modèle théorique est susceptible de représenter adéquatement le comportement probabiliste de la variable observée et ceci basé sur les fréquences des résultats obtenus sur l'échantillon.

Répartition des observations

Supposons que les observations ont été réparties suivant k classes (ou k valeurs) ayant respectivement les fréquences (absolues) f_{o_1}, f_{o_2}, ..., f_{o_k} avec

$$\sum_{i=1}^{k} f_{o_i} = N, \quad \text{où } N \text{ représente le nombre d'observations cons-}$$

tituant l'échantillon.

En admettant comme plausible une distribution théorique particulière, on peut construire une répartition idéale des observations de l'échantillon de taille N en ayant recours aux probabilités tabulées (ou connues) du modèle théorique.

On obtient alors les fréquences théoriques $f_{t_1} = N \cdot p_1$, $f_{t_2} = N \cdot p_2$, ..., $f_{t_k} = N \cdot p_k$ où p_k représente la probabilité que le caractère observé prenne une valeur appartenant à la classe k. On aura également

$$\sum_{i=1}^{k} f_{t_i} = N.$$

Mesure de l'ampleur de l'écart entre les deux distributions

Pour évaluer l'ampleur de l'écart entre les fréquences observées f_{o_i} et les fréquences théoriques f_{t_i} obtenues selon un modèle théorique que l'on suppose plausible, on utilise la quantité

$$\chi^2 = \frac{(f_{o_1} - f_{t_1})^2}{f_{t_1}} + \frac{(f_{o_2} - f_{t_2})^2}{f_{t_2}} + \frac{(f_{o_k} - f_{t_k})^2}{f_{t_k}} = \sum_{i=1}^{k} \frac{(f_{o_i} - f_{t_i})^2}{f_{t_i}}$$

Pearson a démontré que la distribution de cette quantité est approximativement celle du khi-deux avec ν degrés de liberté pourvu que l'échantillon soit suffisamment important.

Détermination du nombre de degrés de liberté du khi-deux

Le nombre de degrés de liberté associé au calcul du khi-deux prend l'une ou l'autre des valeurs suivantes:

i) $\nu = k-1$, si la distribution théorique est entièrement spécifiée c.-à-d. qu'il n'y a aucun paramètre de la distribution théorique à estimer à l'aide des observations de l'échantillon pour obtenir les fréquences théoriques. On perd 1 degré de liberté à cause de la restriction sur les fréquences:

$$\sum_{i=1}^{k} f_{o_i} = \sum_{i=1}^{k} f_{t_i} = N \quad \text{(ou encore} \quad \sum_{i=1}^{k} (f_{o_i} - f_{t_i}) = 0).$$

ii) $\nu = k-1-r$ s'il faut d'abord estimer r paramètres, à partir des observations de l'échantillon, pour caractériser complètement la distribution théorique supposée comme plausible et permettre ainsi le calcul des fréquences théoriques.

Remarque. Dans la pratique, on doit avoir, pour que l'utilisation de la loi de khi-deux soit valide, un nombre suffisant d'observations (comme règle pratique, on utilise 50 observations et plus) pour que les fréquences théoriques des différentes classes soient d'au moins 5. Dans le cas où cette condition n'est pas satisfaite, il y a lieu de regrouper deux ou plusieurs classes adjacentes. Il arrive fréquemment que ce regroupement de fréquences théoriques s'effectue sur les classes aux extrémités de la distribution. k représente donc le nombre de classes **après regroupement** dans le calcul du nombre de degrés de liberté du khi-deux.

Considérations théoriques

a) Le nombre d'observations F_{o_i} parmi l'échantillon de taille N susceptible d'appartenir à la classe i est une variable aléatoire binomiale de moyenne (fréquence théorique espérée) Np_i, $i = 1,...,k$ et de variance $Np_i(1-p_i) = Np_i - Np_i^2 \simeq Np_i$. Si N est suffisamment grand et p_i petit de sorte que $Np_i \geq 5$ (condition d'approximation de la loi binomiale par la loi normale), alors chaque quantité

$$\frac{F_{o_i} - Np_i}{\sqrt{Np_i}} \quad , \quad i = 1,2,...,k$$

peut être considérée comme une variable aléatoire normale centrée réduite. La valeur prise par F_{o_i} dans l'échantillon est f_{o_i}.

b) Si nous élevons au carré chacune de ces quantités et en faisons la somme pour toutes les classes, on obtient

$$\sum_{i=1}^{k} \frac{(F_{o_i} - Np_i)^2}{Np_i} \quad \text{soit la somme des carrés de k variables}$$

normales centrées réduites. La résultante est alors distribuée selon la loi de χ^2 avec $\nu = k-1$ ou $\nu = k-1-r$ degrés de liberté, selon le cas.

TEST DE CONFORMITÉ: HYPOTHÈSES STATISTIQUES ET RÈGLE DE DÉCISION

Les seules **conditions d'application** qui sont requises pour effectuer le test de Pearson sont:

a) Echantillon prélevé au hasard de la population (échantillon aléatoire simple).

b) Une taille d'échantillon suffisamment importante de sorte que les fréquences théoriques de chaque classe soit 5 et plus.

Une fois les fréquences déterminées, il faut par la suite décider, à l'aide de cet indicateur qu'est le χ^2, si les écarts entre les fréquences théoriques et celles qui résultent des observations

i) permettent de supporter l'hypothèse nulle émise; si tel est le cas, les écarts entre les fréquences observées et les fréquences théoriques ne sont pas significatifs.

ii) ne permettent pas de supporter l'hypothèse nulle émise; si tel est le cas, les écarts sont plutôt attribuables au fait que la distribution théorique, suivie effectivement par les observations, est différente de celle que nous avons supposée. Les écarts sont significatifs.

Hypothèses statistiques

Les hypothèses statistiques peuvent s'énoncer comme suit:

H_0 : Les observations (le phénomène observé) suivent la distribution théorique spécifiée.

H_1 : Les observations ne suivent pas la distribution théorique spécifiée.

En acceptant de courir un risque α (seuil de signification) de refuser l'hypothèse H_0 alors qu'elle est vraie, on en déduit la règle de décision suivante:

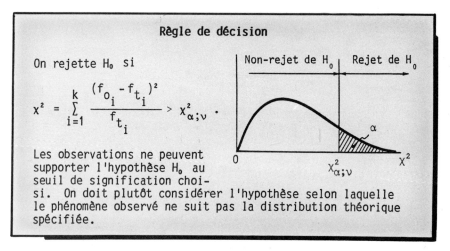

Règle de décision

On rejette H_0 si

$$\chi^2 = \sum_{i=1}^{k} \frac{(f_{o_i} - f_{t_i})^2}{f_{t_i}} > \chi^2_{\alpha;\nu} \cdot$$

Non-rejet de H_0 | Rejet de H_0

Les observations ne peuvent supporter l'hypothèse H_0 au seuil de signification choisi. On doit plutôt considérer l'hypothèse selon laquelle le phénomène observé ne suit pas la distribution théorique spécifiée.

$\chi^2_{\alpha;\nu}$ représente donc la valeur critique pour un test sur la concordance entre deux distributions et le test sera toujours unilatéral à droite.

Remarques. a) Ne pas oublier qu'une distribution théorique qui est acceptable pour un phénomène particulier d'après le test statistique n'est pas forcément la distribution vraie. Toutefois si le test du χ^2 conduit au rejet de H_0, la distribution postulée est selon toute apparence fausse.

b) Si le (ou les) paramètre(s) de la distribution est fixé à priori dans l'énoncé de l'hypothèse H_0, il n'y a pas lieu alors de se servir de l'échantillon pour en obtenir l'estimation. Dans ce cas, $r = 0$, et $\nu = k - 1$.

Illustrons l'application de ce test avec un exemple classique.

EXEMPLE 1. Le dé est-il bien équilibré?

Votre professeure de statistique, fervente des jeux de hasard, veut vérifier si un dé est bien équilibré. Elle jette 120 fois (en plus elle est très patiente) le dé et enregistre les résultats obtenus. Ils sont résumés dans le tableau ci-contre.

Résultats	1	2	3	4	5	6
Fréquences observées (f_{o_i})	14	16	28	30	18	14

Peut-elle conclure, au seuil de signification $\alpha = 0{,}05$, que le dé est bien équilibré?

Pour répondre à cette question, elle doit spécifier que ce phénomène (apparition du nombre à chaque lancer) se comporte suivant une loi théorique. Si le dé est parfaitement équilibré, elle devrait s'attendre à observer 20 fois chacun, les nombres 1 à 6. En effet, chaque face a une probabilité $p_i = 1/6$ d'apparaître et sur $N = 120$ lancers, les fréquences théoriques sont $f_{t_i} = N \cdot p_i$ $= (120)(1/6) = 20$, $i = 1,\ldots,6$ (en théorie, ce phénomène suit une loi uniforme). Il s'agit maintenant d'évaluer l'ampleur de la disparité de l'ensemble des écarts entre les fréquences observées et les fréquences théoriques. On peut résumer les calculs comme suit:

Classes	Répartition observée	Répartition théorique		Calcul du χ^2		
Résultats	f_{o_i}	p_i	f_{t_i}	$f_{o_i} - f_{t_i}$	$(f_{o_i} - f_{t_i})^2$	$(f_{o_i} - f_{t_i})^2 / f_{t_i}$
1	14	1/6	20	− 6	36	1,8
2	16	1/6	20	− 4	16	0,8
3	28	1/6	20	+ 8	64	3,2
4	30	1/6	20	+10	100	5,0
5	18	1/6	20	− 2	4	0,2
6	14	1/6	20	− 6	36	1,8

$$\chi^2 = \sum \frac{(f_{o_i} - f_{t_i})^2}{f_{t_i}} = 12{,}8$$

H_0 : Le dé est équilibré (la répartition des résultats est uniforme)

H_1 : Le dé n'est pas équilibré.

Puisqu'on n'utilise pas les observations pour déterminer la distribution théorique, le nombre de degrés de liberté est $\nu = k - 1 = 6 - 1 = 5$ (il y a 6 classes) et au seuil de signification $\alpha = 0{,}05$, on lit de la table $\chi^2_{0,05;5} = 11{,}705$.

Puisque $\chi^2 = 12{,}8 > 11{,}0705$, on rejette H_0. L'hypothèse selon laquelle le dé est équilibré n'apparaît pas vraisemblable au seuil $\alpha = 0{,}05$. Le dé semble plutôt "pipé" et semble afficher une prépondérance pour les 3 et les 4.

La figure suivante permet de visualiser la disparité des fréquences observées et des fréquences théoriques.

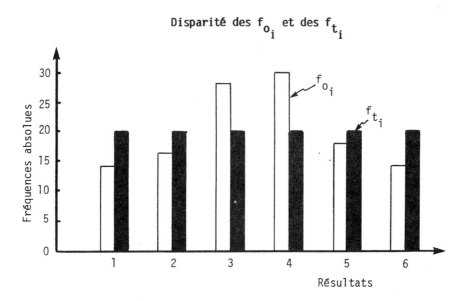

VÉRIFICATION DE LA QUALITÉ D'AJUSTEMENT POUR LES DISTRIBUTIONS BINOMIALE, DE POISSON ET NORMALE

Les modèles probabilistes fréquemment employés en statistique sont la distribution binomiale et la distribution de Poisson dans le cas de variables discrètes et la distribution normale dans le cas de variables continues. Toutefois pour déduire les fréquences théoriques à partir des probabilités que le caractère étudié prenne une valeur particulière (cas discret) ou appartienne à une classe spécifique (cas continu), il faut être en mesure d'estimer, à l'aide des observations, les paramètres de la loi (si ceux-ci ne sont pas spécifiés en H_0).

Estimation des paramètres de la distribution théorique

Les estimations à effectuer peuvent se résumer comme suit:

Distribution du caractère X	Paramètres nécessaires pour calculer les probabilités	Estimation
Binomiale	p (pour une taille n fixée)	$\hat{p}$
Poisson	λ	$\hat{\lambda}$
Normale	μ et σ^2	$\overline{x}$ et s^2

Dans le cas de la **distribution binomiale**, l'estimation du paramètre p s'obtient de

$$\hat{p} = \frac{\overline{x}}{n} \text{ où } \overline{x} = \frac{\sum f_{o_i} \cdot x_i}{\sum f_{o_i}} \text{ et } \sum f_{o_i} = N = \text{nombre total d'observations}$$

$$= n \times \text{nombre d'échantillons pré-}$$
levés où n représente la taille de chaque échantillon prélevé.

Dans le cas de la **distribution de Poisson**, l'estimation du paramètre λ s'obtient de

$$\hat{\lambda} = \overline{x} = \frac{\sum f_{o_i} \cdot x_i}{\sum f_{o_i}} \quad \text{et } \sum f_{o_i} = N = \text{nombre total d'observations constituant la distribution expérimentale.}$$

Pour la **distribution normale,** on obtient une estimation des paramètres μ et σ^2 respectivement par

$$\overline{x} = \frac{\sum f_{o_i} \cdot x_i}{\sum f_{o_i}} \quad \text{et } s^2 = \frac{\sum f_{o_i} (x_i - \overline{x})^2}{\sum f_{o_i} - 1} = \frac{\sum f_{o_i} \cdot x_i^2 - N\overline{x}^2}{N-1}$$

où $N = \sum f_{o_i}$ = nombre total d'observations constituant la distribution expérimentale.

Dans le cas où nous avons k classes (après regroupement, s'il y a lieu) les degrés de liberté du khi-deux pour l'ajustement d'une

distribution binomiale sont: $\nu = k - 1 - 1 = k - 2$

distribution de Poisson sont: $\nu = k - 1 - 1 = k - 2$

distribution normale sont: $\nu = k - 1 - 2 = k - 3.$

Remarque. Si la distribution théorique est complètement spécifiée (incluant les valeurs des paramètres) alors $\nu = k - 1$.

EXEMPLE 2. Ajustement d'une loi binomiale: Nombre de tubes de verre défectueux.

Dans une entreprise fabriquant des tubes de verre, on effectue un contrôle visuel sur des échantillons de 20 tubes de verre prélevés après chaque heure de production. La répartition du nombre d'échantillons sans tube défectueux, avec 1 tube défectueux,..., 6 tubes défectueux par échantillon de 20, est présentée dans le tableau ci-contre. On a observé au total 80 échantillons de taille 20 sur une période de deux semaines.

Nombre de tubes défectueux	Nombre d'échantillons (fréquences)
0	13
1	21
2	19
3	12
4	9
5	4
6	2

La variable «nombre de tubes défectueux» correspond aux conditions d'application de la loi binomiale. On aimerait, à l'aide d'un test du χ^2, au seuil de signification $\alpha = 0,05$, tester l'hypothèse selon laquelle les observations (la distribution observée) se comportent d'après une loi binomiale.

Solution

On connaît n, la taille de chaque prélèvement. On obtient une estimation de p avec $\hat{p} = \frac{\overline{x}}{n}$. Ceci va permettre de déduire de la table de la loi binomiale, les probabilités d'observer $0, 1, 2, ..., 20$ tubes défectueux par échantillon.

Il s'agit d'abord de calculer le nombre moyen de tubes défectueux par échantillon de taille n = 20.

On trouve

$$\overline{x} = \frac{\sum f_{o_i} \cdot x_i}{\sum f_{o_i}} = \frac{163}{80} = 2,0375$$

et

$$\hat{p} = \frac{2,0375}{20} = 0,10187$$

On optera donc pour la loi binomiale avec n = 20 et p = 0,10 (la valeur la plus voisine de $\hat{p}$ dans la table) pour représenter ce phénomène. Notons par $p_i = P(X = x_i | n = 20, p = 0,10)$, calculons les fréquences théoriques (c.-à-d. les fréquences ajustées selon la loi théorique adoptée) et jugeons de la qualité de cet ajustement avec le calcul du χ^2.

On doit ajouter la classe 7 et plus pour tenir compte de toutes les valeurs possibles de la variable binomiale puisque $\overline{x}$ = 0, 1, ..., 20.

Nombre de tubes défectueux	Répartition observée	Répartition théorique		Calcul du χ^2	
x_i	f_{o_i}	p_i	f_{t_i}	$f_{o_i} - f_{t_i}$	$(f_{o_i} - f_{t_i})^2 / f_{t_i}$
0	13	0,1216	9,728	3,272	1,1005
1	21	0,2702	21,616	-0,616	0,0176
2	19	0,2852	22,816	-3,816	0,6382
3	12	0,1901	15,208	-3,208	0,6767
4	9 ⎫	0,0898	7,184 ⎫	4,352	1,779
5	4 ⎬ 15	0,0319	2,552 ⎬ 10,648		
6	2 ⎪	0,0089	0,712 ⎪		
7 et plus	0 ⎭	0,0025	0,200 ⎭		

$$\chi^2 = \sum \frac{(f_{o_i} - f_{t_i})^2}{f_{t_i}} = 4,212$$

f_{t_i} = nombre d'échantillons × p_i

    = 80 · p_i

On doit regrouper les quatre dernières fréquences pour tenir compte de la condition que les f_{t_i} soient d'au moins 5.

Après regroupement, on a k = 5.

Exécution du test d'ajustement d'une loi binomiale

Hypothèses statistiques.

H_0 : Les observations se répartissent selon une loi binomiale.

H_1 : Les observations ne sont pas distribuées selon une loi binomiale.

Le nombre de degrés de liberté pour le khi-deux est $k - 2 = 5 - 2 = 3$.

Au seuil $\alpha = 0,05$, $\chi^2_{0,05;3} = 7,8147$.

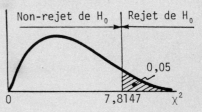

Règle de décision.

Rejeter H_0 si $\chi^2 > 7,8147$.

Conclusion. Puisque $\chi^2 = 4,212$ est plus petit que $7,8147$, on ne peut rejeter H_0. L'hypothèse selon laquelle la variable «nombre de tubes défectueux dans un échantillon de taille n = 20» se comporte selon une loi binomiale est vraisemblable. L'ajustement est très satisfaisant.

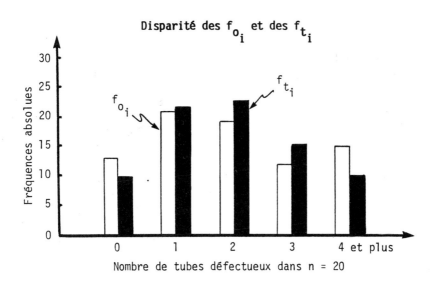

Disparité des f_{o_i} et des f_{t_i}

Remarque. On pourrait également utiliser le programme BINOM avec n = 20 et p = 0,1019 pour déterminer les probabilités p_i de ce modèle binomial.

EXEMPLE 3. Ajustement à une loi de Poisson: étude sur l'affluence d'usagers d'un service informatisé.

Dans une bibliothèque universitaire, on a effectué une étude sur l'affluence des usagers de terminaux donnant accès à une banque de données. On a effectué un relevé sur deux journées (considérées comme étant des journées de pointe), du nombre d'arrivées d'usagers dans un intervalle de 2 minutes. La compilation des observations a donné lieu à la distribution ci-contre.

Nombre d'arrivées par intervalle de 2 minutes	Fréquences (f_{o_i})
0	9
1	15
2	18
3	11
4	6
5	1
6 et plus	0

Est-ce que ce relevé permet de supporter, au seuil de signification $\alpha = 0,01$, l'hypothèse selon laquelle le nombre d'arrivées par intervalle de 2 minutes se comporte d'après une loi de Poisson?

Solution

Il faut d'abord estimer λ (la moyenne d'une variable de Poisson par $\hat{\lambda} = \overline{x}$. Ceci nous donne le taux moyen d'arrivées par intervalle de 2 minutes. On obtient alors

$$\overline{x} = \frac{\sum f_{o_i} \cdot x_i}{\sum f_{o_i}} = \frac{113}{60} = 1,88.$$

Notons par $p_i = P(X = x_i | \lambda = 1,88)$. Ces probabilités d'observer $0, 1, 2, \ldots$ arrivée(s) par intervalle de 2 minutes selon ce modèle. Utilisons le programme Poisson pour déterminer les p_i en spécifiant lambda = 1,88. Le calcul du χ^2 s'effectue alors comme suit:

Nombre d'arrivées	Répartition observée	Répartition théorique		Calcul du χ^2	
x_i	f_{o_i}	p_i	f_{t_i}	$f_{o_i} - f_{t_i}$	$(f_{o_i} - f_{t_i})^2 / f_{t_i}$
0	9	0,1526	9,156	-0,156	0,0027
1	15	0,2869	17,214	-2,214	0,2848
2	18	0,2697	16,182	1,818	0,2042
3	11	0,1690	10,140	0,860	0,0729
4	6 ⎫	0,0794	4,764 ⎫		
5	1 ⎪	0,0299	1,794 ⎪		
6	0 ⎬ 7	0,0094	0,564 ⎬ 7,314	-0,314	0,0135
7	0 ⎪	0,0025	0,150 ⎪		
8	0 ⎪	0,0006	0,036 ⎪		
9	0 ⎭	0,0001	0,006 ⎭		

$$f_{t_i} = 60 \cdot p_i$$

$$\chi^2 = \sum \frac{(f_{o_i} - f_{t_i})^2}{f_{t_i}} = 0,5781$$

On doit regrouper les 6 dernières fréquences. Après regroupement, on a $k = 5$.

Exécution du test d'ajustement d'une loi de Poisson

Hypothèses statistiques.

H_0 :   Le nombre d'arrivées par intervalle de 2 minutes est distribué selon une loi de Poisson.

H_1 :   Le nombre d'arrivées par intervalle de 2 minutes n'est pas distribué selon une loi de Poisson.

Le nombre de degrés de liberté pour le khi-deux est: $k - 2 = 5 - 2 = 3$.   Au seuil $\alpha_{0,01}$, $\chi^2_{0,01;3} = 11,3449$.

Règle de décision.

Rejeter H_0 si $\chi^2 > 11,3449$.

Conclusion. Puisque $\chi^2 = 0,5781 < 11,3449$, on ne peut rejeter H_0. L'hypothèse selon laquelle le nombre d'arrivées par intervalle de 2 minutes est distribué selon une loi de Poisson est vraisemblable au seuil de signification $\alpha = 0,01$.

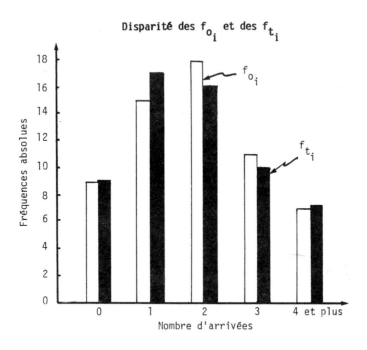

Disparité des f_{o_i} et des f_{t_i}

La concordance entre les deux distributions est indiquée sur la figure ci-haut.

Remarque. Si on utilise la table de Poisson avec $\lambda = 1,9$ pour calculer les fréquences théoriques, on obtient alors $\chi^2 = 0,5361$.

EXEMPLE 4.   Ajustement d'une loi normale: Durée de vie d'un dispositif électronique.

Le responsable du contrôle industriel de l'entreprise Megatronics a soumis à un essai de fiabilité 60 dispositifs électroniques identiques. On a noté la durée de vie en heures jusqu'à défaillance c.-à-d. jusqu'à la fin de l'aptitude du dispositif à accomplir la fonction requise.

Les résultats, ainsi que leur compilation, se présentent comme suit:

Durée de vie en heures

2527	2512	2402	2514	2504
2510	2491	2600	2562	2438
2608	2454	2343	2509	2617
2644	2463	2500	2475	2505
2281	2726	2573	2541	2737
2496	2492	2424	2556	2460
2378	2406	2517	2582	2570
2487	2560	2517	2509	2515
2458	2421	2499	2483	2378
2504	2437	2575	2306	2327
2551	2397	2630	2428	2482
2451	2423	2462	2579	2604

Distribution expérimentale

Durée de vie (classes)	Nombre de dispositifs (f_{o_i})
$2250 \leq X < 2320$	2
$2320 \leq X < 2390$	4
$2390 \leq X < 2400$	12
$2460 \leq X < 2530$	24
$2530 \leq X < 2600$	10
$2600 \leq X < 2670$	6
$2670 \leq X < 2740$	2

Est-ce que ces données permettent de supporter l'hypothèse selon laquelle la durée de vie de ce dispositif est distribuée selon une loi normale de moyenne μ = 2500 heures et d'écart-type σ = 90 heures. Utiliser α = 0,05.

Solution

Ici, il n'y a pas lieu d'estimer μ et σ avec les observations puisque les valeurs de ces paramètres sont spécifiées dans l'hypothèse nulle que l'on veut tester.

Pour déterminer la répartition théorique des observations sous l'hypothèse du modèle spécifié, on a recours à la transformation centrée réduite et à la table de probabilité correspondante (à noter que le programme NORMALE permet d'obtenir directement les probabilités que la durée de vie appartienne à un intervalle particulier).

Répartition théorique des résultats selon une loi normale avec μ = 2500 et σ = 90

Classes $x_1 \leq X < x_2$	$z_1 = \dfrac{x_1 - 2500}{90}$	$z_2 = \dfrac{x_2 - 2500}{90}$	$p_i = P(z_1 \leq Z < z_2)$	$f_{t_i} = 60 \cdot p_i$
$X < 2250$		-2,778	0,0027	0,162
$2250 \leq X < 2320$	-2,778	-2,0	0,0201	1,206
$2320 \leq X < 2390$	-2,0	-1,222	0,0880	5,280
$2390 \leq X < 2460$	-1,222	-0,444	0,2178	13,068
$2460 \leq X < 2530$	-0,444	0,333	0,3021	18,126
$2530 \leq X < 2600$	0,333	1,111	0,2360	14,160
$2600 \leq X < 2670$	1,111	1,889	0,1038	6,228
$2670 \leq X < 2740$	1,889	2,667	0,0257	1,542
$X \geq 2740$	2,667		0,0038	0,228

Théoriquement, les valeurs possibles d'une variable aléatoire normale peuvent varier entre $-\infty$ et $+\infty$. C'est pour cette raison que nous calculons les fréquences théoriques pour $X < 2250$ (ce qui donne $P(X < 2250) = P(Z \leq -2,78) = 0,0027$) et pour $X \geq 2740$ (ce qui donne $P(X \geq 2740 = P(Z \geq 2,67) = 0,0038$).

Considérons maintenant la classe $2390 \leq X < 2460$.

On veut $P(2390 \leq X < 2460)$. A l'aide de la transformation centrée réduite, on en déduit pour

$$x_1 = 2390, \quad z_1 = \frac{2390 - 2500}{90} = -1,222$$

et pour

$$x_2 = 2460, \quad z_2 = \frac{2460 - 2500}{90} = -0,444$$

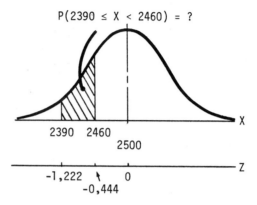

$P(2390 \leq X < 2460) = ?$

Alors $P(2390 \leq X < 2460) = P(-1,222 \leq Z < -0,444) = 0,3892 - 0,1714 = 0,2178$. La fréquence théorique pour la classe $2390 \leq X < 2460$ est donc $(60)(0,2178) = 13,068$.

Calcul du χ^2

Classes	f_{o_i}		f_{t_i}		$f_{o_i} - f_{t_i}$	$(f_{o_i} - f_{t_i})^2 / f_{t_i}$
$X < 2250$	0		0,162			
$2250 \leq X < 2320$	2	6	1,206	6,648	$-0,648$	0,0632
$2320 \leq X < 2390$	4		5,280			
$2390 \leq X < 2460$	12		13,068		$-1,068$	0,0873
$2460 \leq X < 2530$	24		18,126		5,874	1,9036
$2530 \leq X < 2600$	10		14,160		$-4,16$	1,222
$2600 \leq X < 2670$	6		6,228			
$2670 \leq X < 2740$	2	8	1,542	7,998	0,002	0,0000
$X \geq 2740$	0		0,228			

$$\chi^2 = \sum \frac{(f_{o_i} - f_{t_i})^2}{f_{t_i}} = 3,276$$

Exécution du test d'ajustement d'une loi normale

Hypothèses statistiques.

H_0 : La durée de vie du dispositif électronique est distribuée selon une loi normale de moyenne μ = 2500 et d'écart-type σ = 90 heures.

H_1 : La durée de vie n'est pas distribuée selon une loi normale de moyenne μ = 2500 et d'écart-type σ = 90.

Le nombre de degrés de liberté pour le khi-deux est $k - 1 = 5 - 1 = 4$. Au seuil α = 0,05, $\chi^2_{0,05;4}$ = 9,4877.

Règle de décision.

Rejeter H_0 si χ^2 > 9,4877.

Conclusion. Selon le tableau des calculs du χ^2, on ne peut rejeter H_0 puisque χ^2 = 3,276 < 9,4877. La disparité de la distribution observée de la durée de vie et du modèle normal supposé en H_0 n'est attribuable qu'aux fluctuations d'échantillonnage. Le modèle théorique peut être considéré comme plausible au seuil de signification α = 0,05.

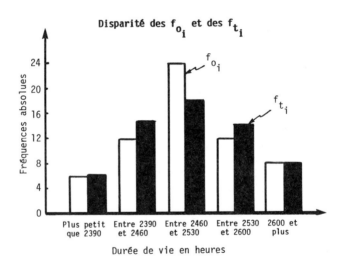

Disparité des f_{o_i} et des f_{t_i}

Remarques. a) Le rejet de H_0 peut amener à trois situations:

i)   la distribution de la durée de vie ne suit pas une loi normale;

ii)   la moyenne de la durée de vie n'est pas 2500 heures;

iii) l'écart-type de la durée de vie n'est pas 90 heures.

Les conclusions ii) et iii) devraient se vérifier par les tests appropriés sur une moyenne ou sur une variance.

b) En pratique, il est plus fréquent de préciser uniquement la forme du modèle sans spécifier de valeurs particulières pour les paramètres du modèle.

PROBLÈMES

1. On veut observer l'emploi du temps d'une réceptionniste d'une grande entreprise. Quinze observations aléatoires par jour ont été effectuées durant une période de 60 jours (pour un total de 900 observations). Le tableau cidessous indique le nombre de fois sur 15 que la réceptionniste était occupée et le nombre de jours où cette situation s'est présentée.

a) Peut-on considérer, au seuil de signification $\alpha = 0,05$, que ces observations sont distribuées d'après une loi binomiale. On utilisera, dans la table de la loi binomiale, une valeur de p voisine de l'estimation obtenue de la distribution expérimentale.

b) Pour l'ensemble de cette étude, estimer par intervalle, avec un niveau de confiance de 99%, la proportion du temps occupée par la réceptionniste.

c) En utilisant l'intervalle calculé en b), peut-on considérer comme vraisemblable, au seuil de signification de 1%, l'hypothèse selon laquelle la réceptionniste est occupée seulement 50% du temps?

Nombre de fois sur 15	Nombre de jours
0	0
1	0
2	1
3	1
4	3
5	4
6	6
7	10
8	12
9	7
10	6
11	4
12	3
13	2
14	1
15	0

2. La directrice du marketing d'un grand magasin à rayons a effectué une étude auprès de la clientèle de ce magasin pour connaître si les consommateurs étaient influencés par la marque de commerce lors de l'achat d'un bien.

Des interviewers ont interrogé chacun 10 consommateurs différents afin de connaître leur réaction sur ce sujet. Ces interviews se sont répétés durant 10 jours pour un total de 100 échantillons de taille n = 10. Le tableau ci-contre résume les résultats de cette enquête (nombre x_i de consommateurs parmi 10 influencés par la marque de commerce et le nombre d'échantillons).

Nombre de consommateurs influencés parmi 10 x_i	Fréquences observées f_{o_i}
0	14
1	28
2	25
3	17
4	10
5	4
6	2

a) A l'aide de ces résultats, estimer la proportion de consommateurs qui se déclarent influencés par la marque de commerce.

b) Tester, au seuil de signification $\alpha = 0,05$, l'hypothèse selon laquelle le nombre de consommateurs influencés par la marque de commerce dans un échantillon de taille n = 10 se distribue selon une loi binomiale.

3. L'entreprise Microtek fabrique des interrupteurs avec voyant lumineux. Un contrôle est effectué régulièrement en prélevant de la production un échantillon de 20 interrupteurs; chaque interrupteur est vérifié et le nombre de défectueux est noté. Les résultats de 200 échantillonnages de 20 interrupteurs chacun sont résumés dans le tableau ci-dessous.

a) A l'aide de ces ré-
sultats, déterminer
le nombre moyen d'in-
terrupteurs défectueux
par échantillon de
taille n = 20.

b) Donner une estimation
de la proportion d'in-
terrupteurs défectueux
par échantillon de
taille n = 20.

Nombre d'interrupteurs défectueux x_i	Nombre d'échantillons comportant x défectueux f_{o_i}
0	75
1	70
2	37
3	14
4	4
5 et plus	0

c) Quelle loi de probabilité permettrait de caractériser le comportement de cette variable statistique?

d) Peut-on considérer, au seuil de signification α = 0,05, que la variable «nombre d'interrupteurs défectueux dans un échantillon de taille n = 20» se comporte selon une loi binomiale.

4. Chez Giscom, l'absentéisme semble être un problème auquel plusieurs contremaîtres doivent faire face. La directrice des ressources humaines a effectué un relevé du nombre de personnes qui ne se sont pas présentées au travail sur une période de 200 jours.

Dans une lettre à la direction de l'entreprise, elle affirme que le nombre de personnes absentes en une journée se comporte selon une loi de Poisson avec un taux moyen d'absentéisme de 3 personnes par jour.

Est-ce que cette affirmation vous paraît vraisemblable au seuil de signification de 5%?

Nombre de personnes absentes	Nombre de jours
0	15
1	30
2	48
3	46
4	34
5	22
6	5

5. Dans une entreprise de la région, on a effectué une étude sur le cycle de production de toiles métalliques et synthétiques utilisées dans les usines de pâtes et papier. Le cycle de production comprend trois phases: le tissage de la toile, la cuisson et enfin le jointage.

Cette étude avait pour but d'examiner la possibilité d'ajouter deux tables supplémentaires à la phase de jointage pour améliorer l'efficacité de tout le cycle de production. Les données que nous présentons ici ne représentent qu'une mince partie de cette étude.

Pour la phase de jointage, dernière du cycle de production où l'on pratique la couture définitive du joint de la toile, on a relevé, sur 100 jours d'observations, le nombre de toiles arrivant à cette phase de production.

Nombre de toiles	Nombre de jours
0	42
1	29
2	16
3	10
4	3

Peut-on considérer comme vraisemblable, au seuil α = 0,01, l'hypothèse selon laquelle l'arrivée des toiles à la phase de jointage se comporte selon une loi de Poisson?

6. Le responsable du comité de sécurité de l'entreprise Micom a effectué une compilation du nombre d'accidents de travail qui se sont produits dans l'usine depuis 2 ans. Cette compilation correspond à 500 jours ouvrables et est présentée dans le tableau ci-contre.

Il indique la répartition du nombre de jours sans accident, avec 1 accident,..., avec 4 accidents par jour.

Nombre d'accidents en une journée (x_i)	Nombre de jours (f_{o_i})
0	194
1	138
2	80
3	52
4	36

a) Calculer le nombre moyen d'accidents par jour.

b) En supposant que la loi de Poisson est convenable pour décrire ce phénomène, déterminer la probabilité pour qu'arrive 0 accident, 1 accident,.. en utilisant dans la table la valeur de λ la plus voisine.

c) Déterminer la répartition théorique du nombre de jours où il y aura 0 accident, 1 accident,...

d) Peut-on considérer comme vraisemblable l'hypothèse selon laquelle cette variable statistique se comporte selon une loi de Poisson au seuil de signification $\alpha = 0,01$?

7. Le responsable de la gestion des stocks de l'entreprise Simex a dénombré la demande journalière pour l'article AX214 sur une période de 200 jours. La répartition de la demande est présentée dans le tableau ci-dessous.

Est-ce que le responsable de la gestion des stocks peut affirmer, au seuil de signification $\alpha = 0,05$, que la demande journalière pour cet article est distribuée selon une loi de Poisson?

Demande	Nombre de jours
0	14
1	28
2	36
3	60
4	38
5	14
6	10

8. Lors de l'étude sur l'absentéisme effectuée par la directrice des ressources humaines de l'entreprise Giscom, on a également noté la journée au cours de laquelle la personne était absente. La répartition des 540 personnes absentes au cours de la période étudiée est présentée dans le tableau ci-contre.

Tester l'hypothèse selon laquelle le nombre de personnes absentes est uniformément distribué au cours des journées de la semaine. Utiliser $\alpha = 0,05$.

Journée	Nombre de personnes absentes
Lundi	126
Mardi	96
Mercredi	90
Jeudi	98
Vendredi	130

9. Un programme BASIC a été conçu pour générer des nombres aléatoires qui devraient être distribués uniformément entre 0 et 99. Les nombres suivants ont été générés sur micro-ordinateur.

****

```
59  58  00  64  78  75  56  97  88  00  88  83
38  50  80  73  41  23  79  34  87  63  90  82
30  69  27  06  68  94  68  81  61  27  56  19
65  44  39  56  59  18  28  82  74  37  49  63
27  26  75  02  64  13  19  27  22  94  07  47

55  44  86  23  76  80  61  56  04  11  10  84
29  70  22  17  71  90  42  07  95  95  44  99
68  00  91  82  06  76  34  00  05  46  26  92
22  40  41  08  33  76  56  76  96  29  99  08
74  46  06  17  98  54  89  11  97  34  13  03
```

****

a) Compiler ces 120 nombres selon une distribution de fréquences ayant pour classes $0 \leq X < 10$, $10 \leq X < 20$,..., $90 \leq X < 100$.

b) Quelle devrait être la répartition théorique de ces 120 nombres suivant dix classes, si on admet que les nombres sont uniformément distribués?

c) Est-ce que l'ampleur des écarts entre les fréquences observées et les fréquences théoriques est significative au seuil $\alpha = 0,05$?

d) Que peut-on alors conclure quant à la répartition des nombres selon le test effectué en c)?

10. Un agent technique du bureau d'Organisation et Méthodes de l'entreprise Simpak a obtenu les résultats suivants pour le chronométrage de l'opération d'empaquetage à l'extrémité du convoyeur no 2. Les temps en secondes, sur 100 empaquetages de même type, sont présentés dans le tableau ci-dessous.

Le temps moyen observé fut de 90,8 sec. et l'écart-type de 7,75 sec.

a) En supposant que les temps pour cette opération d'empaquetage sont distribués normalement, déterminer la répartition théorique de 100 observations selon cette hypothèse.

b) Déterminer, à l'aide du χ^2, la disparité des deux distributions (observée et théorique).

c) Est-ce que l'hypothèse de normalité est vraisemblable au seuil $\alpha = 0,05$?

Distribution observée des temps d'empaquetage en secondes

Classes	Fréquences
$75 \leq X < 80$	6
$80 \leq X < 85$	17
$85 \leq X < 90$	28
$90 \leq X < 95$	21
$95 \leq X < 100$	15
$100 \leq X < 105$	7
$105 \leq X < 110$	4
$110 \leq X < 115$	2

11. Un sondage effectué auprès de 200 familles d'une certaine région donne la répartition ci-dessous pour les dépenses annuelles pour l'alimentation. Les calculs de la moyenne et de l'écart-type donnent: $\bar{x} = \$3846$, $s = \$660$.

a) Déterminer la répartition théorique des dépenses alimentaires
de 200 familles sous l'hypothèse de normalité de la variable
observée.

b) Calculer, à l'aide du χ^2, la
disparité de la distribution
observée et de la distribution théorique.

c) Peut-on considérer comme vraisemblable, au seuil $\alpha = 0,05$,
l'hypothèse selon laquelle les
dépenses annuelles pour l'alimentation sont distribuées
normalement.

Dépenses en $	Nombre de familles
Moins de $2700	7
$2700 \leq X < 3100$	26
$3100 \leq X < 3500$	30
$3500 \leq X < 3900$	42
$3900 \leq X < 4300$	40
$4300 \leq X < 4700$	35
$4700 \leq X < 5100$	15
5100 et plus	5

12. Une compilation des 400 résultats pour l'ensemble du cours d'Initiation
à l'informatique dispensé à des étudiants(es) de diverses disciplines, conduit à la distribution de fréquences suivante:

a) Déterminer la répartition théorique de 400 résultats sous
l'hypothèse qu'ils sont distribués normalement avec moyenne
$\mu = 70$ et écart-type $\sigma = 8$.

b) Evaluer, à l'aide du χ^2, la
disparité des deux distributions.

c) Est-ce que l'hypothèse spécifiée en a) est vraisemblable
au seuil $\alpha = 0,01$.

Résultats	Nombre d'étudiants(es)
Moins de 50	2
$50 \leq X < 55$	7
$55 \leq X < 60$	30
$60 \leq X < 65$	67
$65 \leq X < 70$	86
$70 \leq X < 75$	101
$75 \leq X < 80$	60
$80 \leq X < 85$	34
$85 \leq X < 90$	9
90 et plus	4

AUTRES UTILISATIONS DE LA LOI DU KHI-DEUX

13. Test d'indépendance entre deux variables qualitatives. Dans une entreprise, on veut examiner si la dextérité manuelle d'un individu est indépendante de sa perception visuelle. Ces deux caractères présentent les modalités (classes) suivantes.

Dextérité manuelle:
(A)

L'individu est classé selon qu'il est plus habile de
la main gauche (A_1), ambidextre (A_2) ou plus habile
de la main droite (A_3).

Perception visuelle:
(B)

L'individu est classé selon qu'il a une meilleure
vision de l'oeil gauche (B_1), une vision égale des
deux yeux (B_2) ou une meilleure vision de l'oeil
droit (B_3).

La répartition des résultats de cette étude sur 204 individus est présentée
dans le tableau à double entrée (appelé **tableau de contingence**) qui suit:

Caractère A

Dextérité manuelle

Caractère B Perception visuelle	A_j	A_1	A_2	A_3	Total
B_i					
B_1		16	30	15	61
B_2		14	13	10	37
B_3		28	52	26	106
Total		58	95	51	n = 204

A partir de ces résultats, peut-on considérer comme vraisemblable, au seuil de signification $\alpha = 0,05$, l'hypothèse selon laquelle ces deux caractères sont indépendants?

Pour faciliter la discussion, utilisons la notation à double indice. Notons par $f_{o_{ij}}$, la fréquence observée (fréquence absolue ou effective) pour les individus appartenant à la i ième modalité de la variable B et la j ième modalité de la variable A; ainsi $f_{o_{12}} = 30$ indique qu'il y a 30 individus qui ont une meilleure vision de l'oeil gauche et sont ambidextres.

Détermination des fréquences théoriques

Il s'agit maintenant, en supposant vraie l'hypothèse d'indépendance de deux caractères, de déterminer les fréquences théoriques $f_{t_{ij}}$ (répartition théorique des 200 observations). Sous l'hypothèse d'indépendance, on s'attend à ce que les fréquences théoriques se répartissent dans les mêmes proportions que les totaux des lignes et des colonnes par rapport au total n de l'échantillon:

$$f_{t_{ij}} = n \times \frac{\text{total de la ligne i}}{n} \times \frac{\text{total de la colonne j}}{n}$$

$$f_{t_{ij}} = \frac{\text{total de la ligne i} \times \text{total de la colonne j}}{n}$$

Ainsi les individus ayant été classés suivant la modalité B_1 devraient se répartir sous l'hypothèse d'indépendance entre les deux caractères, suivant les modalités A_1, A_2 et A_3 de la variable "dextérité manuelle" respectivement dans les proportions

$$\frac{58}{204}, \frac{95}{205} \text{ et } \frac{51}{204}, \text{ soit}$$

$$f_{t_{11}} = \frac{61 \times 58}{204} = 17,34 \quad f_{t_{12}} = \frac{61 \times 95}{204} = 28,41, \quad f_{t_{13}} = \frac{61 \times 51}{204} = 15,25.$$

On raisonnerait de la même manière si l'on voulait répartir, sous l'hypothèse d'indépendance des deux caractères étudiés, les 58 individus ayant été classés d'après la modalité A_1 suivant les modalités B_1, B_2 et B_3 de la variable "perception visuelle".

a) Compléter la répartition théorique des 204 individus selon les modalités des deux variables étudiées, sous l'hypothèse d'indépendance.

Répartition théorique

Dextérité manuelle

B_i \ A_j	A_1	A_2	A_3	Total
B_1	$f_{t_{11}} = \frac{61 \times 58}{204}$ $= 17,34$	$f_{t_{12}} = \frac{61 \times 95}{204}$ $= 28,41$	$f_{t_{13}} = \frac{61 \times 51}{204}$ $= 15,25$	61
B_2	$f_{t_{21}} =$ $=$	$f_{t_{22}} =$ $=$	$f_{t_{23}} =$ $=$	37
B_3	$f_{t_{31}} =$ $=$	$f_{t_{32}} =$ $=$	$f_{t_{33}} =$ $=$	106
Total	58	95	51	204

(Perception visuelle)

Calcul du khi-deux et du nombre de degrés de liberté

Pour évaluer la disparité entre les fréquences observées et les fréquences théoriques, on calcule

$$\chi^2 = \sum_i \sum_j \frac{(f_{o_{ij}} - f_{t_{ij}})^2}{f_{t_{ij}}}$$

où $i = 1,\ldots, L$ lignes et $j = 1,\ldots, K$ colonnes.

Le nombre de degrés de liberté est $\nu = (L-1)(K-1)$. Au seuil de signification α, on rejette H_0 (l'hypothèse d'indépendance des 2 caractères) si $\chi^2 > \chi^2_{\alpha;\nu}$.

Remarques. a) Dans un tableau de contingence, le nombre de degrés de liberté est le nombre minimum de cases du tableau dont il faut connaître les fréquences pour déterminer les fréquences de l'ensemble du tableau, lorsque les totaux des lignes et des colonnes sont donnés.

      b) Pour que le test soit valide, on s'assurera que tous les $f_{t_{ij}} \geq 5$, sinon on devra procéder à des regroupements de certaines classes (modalités).

b)   Au seuil $\alpha = 0,05$, est-ce que la répartition observée conduit à l'acceptation de l'hypothèse d'indépendance entre la dextérité manuelle d'un individu et sa perception visuelle? Compléter le calcul du x^2 et tirer la conclusion qui s'impose.

Case (i,j)	$f_{o_{ij}}$	$f_{t_{ij}}$	$f_{o_{ij}} - f_{t_{ij}}$	$(f_{o_{ij}} - f_{t_{ij}})^2$	$(f_{o_{ij}} - f_{t_{ij}})^2 / f_{t_{ij}}$
(1,1)	16	17,34	-1,34	1,7956	0,1035
(1,2)	30	28,41	1,59	2,5281	0,0890
(1,3)	15	15,25	-0,25	0,0625	0,0041
(2,1)	14	____	____	____	____
(2,2)	13	____	____	____	____
(2,3)	10	____	____	____	____
(3,1)	28	____	____	____	____
(3,2)	52	____	____	____	____
(3,3)	26	____	____	____	____

$$x^2 = \sum \sum \frac{(f_{o_{ij}} - f_{t_{ij}})^2}{f_{t_{ij}}}$$

Nombre de degrés de liberté: $\nu = (\underline{\hspace{1cm}}) (\underline{\hspace{1cm}}) = \underline{\hspace{2cm}}$

Règle de décision: Rejeter H_0 si $x^2 > x^2_{0,05}$; $\underline{\hspace{1cm}} = \underline{\hspace{2cm}}$

Conclusion. On ne peut rejeter H_0 puisque $x^2 = 2,7495 < 9,4877$. La différence entre les deux répartitions n'est pas _____. L'hypothèse d'indépendance entre les deux catactères étudiés est _____ _____. Dans le cas contraire, on aurait conclu que les deux variables sont liées.

14. Les tableaux suivants sont tirés d'un document intitulé "Evaluation des cours d'informatique suivis par les adultes dans les cégeps en 1971-72" par Pierre Colombier, Service des études et projets, Ministère de l'éducation. Dans l'ensemble, l'étude cherchait à expliquer les facteurs qui conditionnent le placement. Voici un bref extrait des résultats provenant de ce volumineux document.

a) Influence de l'expérience et du cheminement scolaire sur les chances de placement.

Etudes - Expérience

	Etudes et/ou expérience	Pas d'études ni d'expérience	Total
Placement Comme programmeur	6	14	20
Spécialité connexe	6	7	13
Hors de la spécialité	11	12	23
Non emploi	8	18	26
Total	31	51	82

D'après la répartition observée, tester au seuil de signification $\alpha = 0,05$, l'hypothèse selon laquelle le fait d'avoir suivi des cours d'informatique ou occupé un emploi en rapport avec cette spécialité est lié aux possibilités d'un placement avantageux.

b) Facteurs tenant à l'organisation du cours et au travail de l'étudiant sur les chances de placement.

Nombre d'heures de travail personnel pour suivre les cours

	20 heures et moins	Plus de 20 heures	Total
Placement Comme programmeur	15	5	20
Spécialité connexe	7	6	13
Hors de la spécialité	13	10	23
Nom emploi	14	12	26
Total	49	33	82

Est-ce que cette répartition permet de confirmer, au seuil $\alpha = 0,05$, l'hypothèse selon laquelle le succès du placement est indépendant du travail fourni par l'adulte en termes d'heures de travail personnel par semaine?

15. Distribution de la variance échantillonnale. Estimation par intervalle de σ^2 et test d'hypothèse. Si le s^2 est la variance d'un échantillon de taille n, prélevée d'une population normale de variance σ^2, on démontre que la quantité $\frac{(n-1)s^2}{\sigma^2}$ est distribuée d'après la loi du χ^2 avec $\nu = n-1$ degrés

de liberté où $s^2 = \dfrac{\sum (x_i - \bar{x})^2}{n-1}$.

L'intervalle de confiance ayant un niveau de confiance $100(1-\alpha)\%$ de contenir la vraie valeur de σ^2 est:

$$\frac{(n-1)s^2}{\chi^2_{\alpha/2;\nu}} \leq \sigma^2 \leq \frac{(n-1)s^2}{\chi^2_{1-\alpha/2;\nu}}$$

Dans l'exécution d'un test statistique où sous $H_0 : \sigma^2 = \sigma_0^2$, on se sert de

la quantité $\chi^2 = \dfrac{(n-1)s^2}{\sigma_0^2}$ pour déduire, au seuil de signification α, les ré-

gions d'acceptation et de rejet de H_0 . Nous résumons comme suit les hypothèses statistiques et les règles de décision correspondantes.

Hypothèses statistiques	Règles de décision
$H_0 : \sigma^2 = \sigma_0^2$ $H_1 : \sigma^2 \neq \sigma_0^2$	Rejeter H_0 si $\chi^2 > \chi^2_{\alpha/2;\nu}$ ou $\chi^2 < \chi^2_{1-\alpha/2;\nu}$
$H_0 : \sigma^2 = \sigma_0^2$ $H_1 : \sigma^2 > \sigma_0^2$	Rejeter H_0 si $\chi^2 > \chi^2_{\alpha;\nu}$
$H_0 : \sigma^2 = \sigma_0^2$ $H_1 : \sigma^2 < \sigma_0^2$	Rejeter H_0 si $\chi^2 < \chi^2_{1-\alpha;\nu}$

Sur 30 individus dont l'âge varie entre 35 et 45 ans, on a mesuré le taux de cholestérol séreux en mg par 100 cc. Le calcul de la variance des observations de cet échantillon donne $s^2 = 1296$. En supposant que le taux de cho-
lestérol est distribué normalement, entre quelles limites peut se situer la variance réelle du taux de cholestérol avec un niveau de confiance de 95%.

16. La Communauté Urbaine de Montréal veut acheter un lot de lampes fluo-
rescentes pour l'éclairage de son métro. On veut, non seulement une longue durée de vie des lampes, mais aussi une dispersion de la durée de vie pas trop élevée pour assurer une meilleure planification de remplacement. On décida que l'écart-type de la durée de vie ne devrait pas excéder 100 heures. Vingt lampes d'un fournisseur local, testées par un laboratoire indépendant, donnent $s^2 = 12\ 500$ heures. En supposant que la durée de vie est distribuée normalement, peut-on confirmer, au seuil de signification $\alpha = 0,05$ l'hypothèse selon laquelle la variabilité des lampes du fournisseur excède la norme requise par la CUM?

AUTO-ÉVALUATION DES CONNAISSANCES

Test 11

Répondre par Vrai ou Faux ou compléter s'il y a lieu. Dans le cas où c'est faux, indiquer la bonne réponse.

1. Lorsqu'on veut juger de la qualité d'ajustement d'une distribution théorique, on a recours au test de Pearson ou test du khi-deux.   V   F

2. La variable aléatoire χ^2 est une variable discrète.   V   F

3. De quoi dépend la distribution de χ^2? _____.

4. Il n'existe qu'une seule distribution du χ^2?   V   F

5. A mesure que le nombre de degrés de liberté augmente, vers quelle loi tend la loi de khi-deux? _____

6. Quelles sont les deux quantités requises pour obtenir les valeurs tabulées de χ^2? _____.

7. Laquelle des deux relations est vraie?

   a) $P(\chi^2 > \chi^2_{\alpha;\nu}) = \alpha$ b) $P(\chi^2 > \chi^2_{\alpha;\nu}) = 1 - \alpha$ _____

8. Selon quelle loi est distribuée la quantité $Z^2 = \left(\dfrac{X - \mu}{\sigma}\right)^2$? _____

   _____.

9. Pour évaluer la qualité de l'ajustement d'une distribution théorique à une distribution expérimentale, on utilise la quantité

   $\chi^2 = \sum \dfrac{(f_{o_i} - f_{t_i})^2}{f_{t_i}}$.   Que représente f_{o_i}? _____. Que repré-

   sente f_{t_i}? _____.

10. Dans le cas d'un test d'ajustement, on perd toujours 1 degré de liberté dans le calcul du nombre de degrés de liberté du χ^2. Pourquoi? _____

    _____.

11. Peut-on obtenir une valeur négative pour le khi-deux? _____.

12. Quelle condition est requise sur les fréquences théoriques pour appliquer le test de Pearson? _____.

13. Dans un test d'ajustement, pose-t-on en H_0 l'hypothèse selon laquelle les observations "suivent" ou "ne suivent pas" une distribution théorique particulière? _____.

14. On dit que les écarts entre les fréquences observées et les fréquences théoriques sont significatifs lorsque la valeur calculée du χ^2 est plus faible que la valeur critique $\chi^2_{\alpha;\nu}$.   V   F

15. En supposant qu'il y ait concordance parfaite entre la distribution observée et la distribution théorique, quelle valeur prendrait le χ^2? ____.

_____ test 11   (suite) _____

16. La responsable du service informatique de l'entreprise Multitek a noté, sur une période de 500 jours ouvrables, le nombre d'interruptions journalières du système informatique. Les données recueillies sont présentées dans le tableau suivant.

Nombre d'interruptions	Nombre de jours (f_{o_i})	Répartition théorique p_i f_{t_i}
0	324	
1	148	
2	25	
3 et plus	3	

a) Déterminer la répartition théorique sous l'hypothèse que le nombre d'interruptions se comporte selon une loi de Poisson avec un taux moyen d'interruptions de 0,4 par jour.

b) Effectuer un regroupement des classes s'il y a lieu et calculer le x^2.

Nombre d'interruptions	f_{o_i}	f_{t_i}	$(f_{o_i} - f_{t_i})^2/f_{t_i}$

x^2 = _____

c) Quelle est la valeur critique de x^2 au seuil de signification $\alpha = 0,05$?

_____.

d) Laquelle des deux hypothèses est la plus vraisemblable au seuil $\alpha = 0,05$?

H_0 : Le nombre d'interruptions est distribué selon une loi de Poisson avec $\lambda = 0,4$.

H_1 : Le nombre d'interruptions n'est pas distribué selon une loi de Poisson avec $\lambda = 0,4$.

_____.

LIAISON ENTRE DEUX VARIABLES QUANTITATIVES

CHAPITRE 12

Corrélation linéaire simple et corrélation de rangs

SOMMAIRE

- Objectifs pédagogiques

- Introduction

- Nuage de points: Diagramme de dispersion

- Calcul du coefficient de corrélation linéaire

- Autres formules pour calculer le coefficient de corrélation

- Entre quelles valeurs peut varier le coefficient de corrélation?

- La corrélation est-elle significative?

- Test de l'hypothèse: $H_0 : \rho = 0$

- Test de l'hypothèse $H_0 : \rho = \rho_0$ et estimation par intervalle de confiance

- Analyse de corrélation sur micro-ordinateur: Le programme "CORREG"

- Corrélation de rangs: Coefficient de Spearman

- Calcul du coefficient de corrélation de rangs de Spearman

- Test de l'hypothèse $H_0 : \rho_S = 0$

- Problèmes

- Auto-évaluation des connaissances - Test 12

Après avoir complété l'étude du chapitre 12, vous pourrez:

1. expliquer la notion de corrélation;

2. interpréter un diagramme de dispersion;

3. calculer un coefficient de corrélation et en donner l'interprétation;

4. effectuer un test d'hypothèse sur le coefficient de corrélation de la population;

5. utiliser la transformation de Fisher pour estimer par intervalle de confiance le coefficient de corrélation de la population;

6. transformer, dans le cas d'une analyse de corrélation de rangs, une série d'observations numériques en une série d'observations ordinales;

7. calculer le coefficient de corrélation de rangs de Spearman;

8. tester si le coefficient de corrélation de rangs dans la population est nul et interpréter les résultats du test.

CORRÉLATION LINÉAIRE SIMPLE
ET CORRÉLATION DE RANGS

INTRODUCTION

En statistique appliquée, il est fréquent d'observer des phénomènes où il y a lieu de soupçonner qu'il existe une liaison entre deux variables. Par exemple le volume des ventes d'une entreprise peut être fonction du montant alloué à la publicité et à la mise en marché; la résistance à la rupture d'une tige métallique peut être liée à la dureté de cette tige; le taux de criminalité peut être lié à la densité de population, etc...

Il arrive donc fréquemment que dans une étude statistique, l'on mesure sur chaque unité de l'échantillon, un certain nombre de variables et qu'on examine par la suite s'il existe une certaine forme d'association entre elles. Nous ne traiterons toutefois dans ce chapitre que du cas le plus simple, soit celui de l'existence d'une certaine dépendance statistique ou **corrélation** entre deux variables observées. Expliquons d'abord ce qu'on entend par la notion de corrélation. Nous terminerons avec l'étude de la corrélation de rangs.

> ### Notion de corrélation
>
> On dit qu'il y a corrélation entre deux variables obser-
> vées sur les éléments d'une même population lorsque les
> variations des deux variables se produisent dans le même
> sens (corrélation positive) ou lorsque les variations
> sont de sens contraire (corrélation négative).

L'étude du phénomène de corrélation entre deux variables peut s'effectuer comme suit:

Nous prélevons d'une population un échantillon aléatoire de taille n et nous observons, sur chaque unité de l'échantillon, les valeurs de deux variables statistiques que nous notons convention-nellement par X et Y. On dispose alors de n couples d'observations (x_i, y_i). On veut déterminer par la suite si les variations des deux variables sont liées entre elles, c.-à-d. s'il y a corrélation entre ces deux variables.

observations	x_i	y_i
1	—	—
2	—	—
3	—	—
⋮	⋮	⋮
n	—	—

NUAGE DE POINTS: DIAGRAMME DE DISPERSION

L'existence d'une corrélation entre deux variables peut être décelée graphiquement. Il s'agit de reporter les couples d'observations (x_i, y_i) sur un graphique en prenant pour abscisse la variable X et pour ordonnée la variable Y. Chaque point du graphique représente simultanément la valeur x_i et la valeur y_i. Le graphique résultant constitue un nuage de points appelé **diagramme de dispersion.** La forme de ce nuage de points nous permettra de constater si les variables concernées sont en corrélation.

Diagramme de dispersion

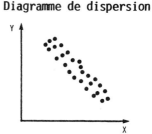

Voyons, à l'aide des exemples suivants, comment le nuage de points permet de déceler s'il y a corrélation ou non entre deux variables.

EXEMPLE 1. Tracé du diagramme de dispersion.

Le responsable de la productivité de l'entreprise MECANEX veut examiner l'efficacité des ouvriers pour effectuer une certaine tâche. D'après le contremaître, il semble que le niveau de bruit dans l'environnement du poste de travail a une influence sur le temps requis pour compléter cette tâche. On a relevé sur un échantillon de 25 travailleurs, le temps (Y) requis en minutes pour accomplir cette tâche spécifique et le niveau du bruit (X) en décibels au poste de travail. Les couples d'observations sont indiqués dans le tableau suivant. Présentons cette information sous forme graphique.

y_i	x_i
4,2	56
5,6	68
5,2	66
7,6	75
7,0	70
4,8	58
8,0	82
7,5	74
4,0	53
8,2	78
4,8	60
5,0	64
6,8	71
7,6	72
8,4	80
5,5	61
4,6	58
5,8	65
8,6	83
7,4	76
8,4	81
6,5	71
7,8	75
5,9	66
8,3	84

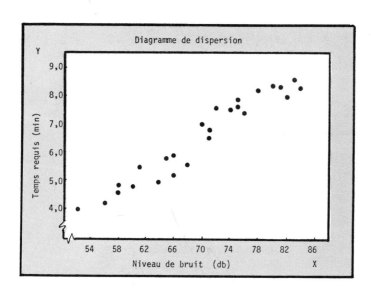

Le nuage de points nous permet de déceler que ces deux variables varient dans le même sens. On peut dire que ces deux variables sont en **corrélation positive.**

Remarques. a) **Forme d'intensité de la liaison.** Le nuage de points nous renseigne sur la **forme** de la liaison statistique entre deux variables observées ainsi que sur l'**intensité** de cette liaison. Nous ne traitons dans ce chapitre que de la forme linéaire: les points ont tendance à s'aligner selon une droite de pente positive ou négative. Nous dirons alors qu'il y a **corrélation linéaire.**

b) Si Y croît en même temps que X, la corrélation est dite **directe** ou **positive.** Si Y décroît lorsque X croît, la corrélation est dite **inverse** ou **négative.**

Dans l'exemple précédent, on peut dire que les points ont tendance à s'aligner selon une **droite de pente positive** indiquant la présence d'une **corrélation linéaire positive** entre les deux variables observées. Nous notons également que la disposition des points est étroitement concentrée autour d'une droite indiquant ainsi que l'intensité de la corrélation linéaire est forte. Nous définirons ultérieurement un indice mesurant l'intensité de la liaison linéaire entre deux variables.

EXEMPLE 2. Discussion sur différents nuages de points.

Les figures suivantes représentent diverses formes de nuages de points. Associons à ces différentes dispositions de points, les conclusions qui s'y rattachent.

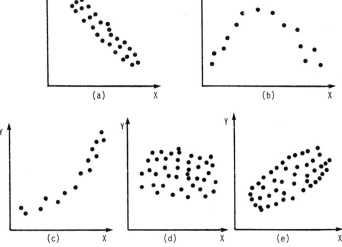

Conclusion	Figures
1. Absence de corrélation et aucune liaison apparente. Indépendance entre ces 2 variables.	(d)
2. Forte corrélation négative.	(a)
3. Absence de corrélation linéaire mais présence d'une liaison de forme parabolique.	(b)
4. Corrélation positive marquée.	(e)
5. Faible corrélation linéaire. Présence plutôt d'une liaison de forme exponentielle.	(c)

CALCUL DU COEFFICIENT DE CORRÉLATION LINÉAIRE

Dans le cas où le nuage de points prend une forme allongée telle que les points le constituant semblent se répartir autour d'une droite (de pente positive ou négative), on peut calculer un indice qui mesure l'intensité de la liaison linéaire entre les deux variables. Nous définissons le coefficient de corrélation linéaire comme suit:

Coefficient de corrélation linéaire

Le coefficient de corrélation linéaire, noté r, est un nombre sans dimension qui mesure l'intensité de la liaison linéaire entre deux variables observées. Cet indice s'obtient en calculant le rapport suivant:

$$r = \frac{\sum\limits_{i=1}^{n} (x_i - \overline{x})(y_i - \overline{y})}{\sqrt{\sum\limits_{i=1}^{n} (x_i - \overline{x})^2} \sqrt{\sum\limits_{i=1}^{n} (y_i - \overline{y})^2}}$$

où n représente le nombre de couples d'observations (x_i, y_i).

Le calcul du coefficient de corrélation permet donc d'obtenir une estimation du degré de corrélation linéaire entre deux variables aléatoires X et Y d'une même population. En raison de la symétrie de sa définition, il mesure aussi bien l'intensité de la liaison linéaire entre Y et X qu'entre X et Y.

Illustrons à l'aide de l'exemple suivant le calcul pratique du coefficient de corrélation.

EXEMPLE 3.   Calcul du coefficient de corrélation linéaire.

Le psychologue industriel de l'entreprise Simtek soupçonne qu'il existe une corrélation entre deux variables qui peuvent influer sur le travail des employés affectés à des tâches d'assemblage, soit la perception visuelle (X) et la dextérité manuelle (Y). Sur quinze employés prélevés au hasard, on a mesuré le temps de réponse visuelle en secondes à un certain stimulus; ces mêmes employés ont subi un test mesurant leur niveau de dextérité manuelle.

Les résultats sont présentés dans le tableau suivant.

On veut calculer le coefficient de corrélation linéaire entre ces deux variables.

y_i	x_i	$(x_i - \bar{x})$	$(y_i - \bar{y})$	$(x_i - \bar{x})^2$	$(y_i - \bar{y})^2$	$(x_i - \bar{x})(y_i - \bar{y})$
68	3,8	0,1	- 1	0,01	1	-0,1
72	3,6	-0,1	3	0,01	9	-0,3
86	3,4	-0,3	17	0,09	289	-5,1
78	3,5	-0,2	9	0,04	81	-1,8
64	3,9	0,2	- 5	0,04	25	-1,0
61	4,2	0,5	- 8	0,25	64	-4,0
66	3,7	0,0	- 3	0,00	9	0,0
74	3,5	-0,2	5	0,04	25	-1,0
59	3,8	0,1	-10	0,01	100	-1,0
55	4,1	0,4	-14	0,16	196	-5,6
64	3,7	0,0	- 5	0,00	25	0,0
73	3,6	-0,1	4	0,01	16	-0,4
62	3,8	0,1	- 7	0,01	49	-0,7
75	3,4	-0,3	6	0,09	36	-1,8
78	3,5	-0,2	9	0,04	81	-1,8

$$\sum y_i = 1035 \quad \bar{y} = 69 \quad \sum(y_i - \bar{y})^2 = 1006$$

$$\sum x_i = 55,5 \quad \bar{x} = 3,7 \quad \sum(x_i - \bar{x})^2 = 0,8$$

$$n = 15 \qquad \sum(x_i - \bar{x})(y_i - \bar{y}) = -24,6$$

$$r = \frac{\sum(x_i - \bar{x})(y_i - \bar{y})}{\sqrt{\sum(x_i - \bar{x})^2}\ \sqrt{\sum(y_i - \bar{y})^2}} = \frac{-24,6}{\sqrt{0,8}\ \sqrt{1006}} = \frac{-24,6}{28,369} = -0,867$$

Signe de r

Valeur observée de r

Il semble donc exister une corrélation négative assez forte entre ces deux variables pour les sujets observés. Le signe du coefficient est négatif, nous indiquant que les variations de ces deux variables se produisent dans le sens contraire. On pourra s'en convaincre en traçant le diagramme de dispersion.

AUTRES FORMULES POUR CALCULER LE COEFFICIENT DE CORRÉLATION

L'expression que nous venons de donner pour le calcul de r peut ne pas être commode si la moyenne de l'une ou l'autre des variables n'est pas un nombre entier ou si les valeurs des variables ne sont pas des nombres entiers. On peut alors simplifier les calculs en utilisant les expressions équivalentes suivantes:

$$r = \frac{n \sum x_i y_i - (\sum x_i)(\sum y_i)}{\sqrt{n \sum x_i^2 - (\sum x_i)^2}\ \sqrt{n \sum y_i^2 - (\sum y_i)^2}} = \frac{\sum x_i y_i - \dfrac{(\sum x_i)(\sum y_i)}{n}}{\sqrt{\sum x_i^2 - \dfrac{(\sum x_i)^2}{n}}\ \sqrt{\sum y_i^2 - \dfrac{(\sum y_i)^2}{n}}}$$

puisque $\sum(x_i - \bar{x})(y_i - \bar{y}) = \sum x_i y_i - \dfrac{(\sum x_i)(\sum y_i)}{n}$

et que $\sum(x_i - \bar{x})^2 = \sum x_i^2 - \dfrac{(\sum x_i)^2}{n}$, $\sum(y_i - \bar{y})^2 = \sum y_i^2 - \dfrac{(\sum y_i)^2}{n}$.

ENTRE QUELLES VALEURS PEUT VARIER LE COEFFICIENT DE CORRÉLATION?

Comme nous l'avons déjà mentionné, la disposition des points nous renseigne sur l'intensité de la liaison linéaire entre deux variables. Le coefficient de corrélation nous permet, à l'aide d'un seul nombre, de quantifier cette intensité. Pour qualifier le degré d'intensité de la liaison linéaire entre deux variables, il nous faut des valeurs de comparaison.

Les trois cas suivants vont nous permettre de déduire une propriété importante du coefficient de corrélation.

$$? \le r \le ?$$

a) Alignement parfait selon une droite de pente positive

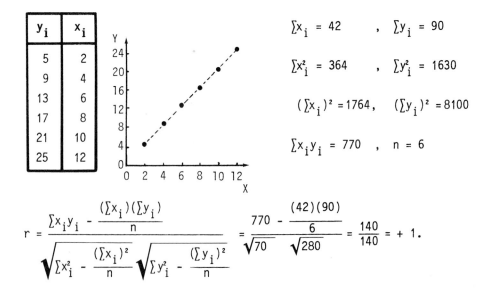

y_i	x_i
5	2
9	4
13	6
17	8
21	10
25	12

$\sum x_i = 42$, $\sum y_i = 90$

$\sum x_i^2 = 364$, $\sum y_i^2 = 1630$

$(\sum x_i)^2 = 1764$, $(\sum y_i)^2 = 8100$

$\sum x_i y_i = 770$, $n = 6$

$$r = \dfrac{\sum x_i y_i - \dfrac{(\sum x_i)(\sum y_i)}{n}}{\sqrt{\sum x_i^2 - \dfrac{(\sum x_i)^2}{n}}\sqrt{\sum y_i^2 - \dfrac{(\sum y_i)^2}{n}}} = \dfrac{770 - \dfrac{(42)(90)}{6}}{\sqrt{70}\ \sqrt{280}} = \dfrac{140}{140} = +1.$$

Dans le cas où les points se situent exactement sur une droite de pente positive, la corrélation est positive et parfaite et on observe que $r = +1$.

Corrélation
positive
et
parfaite

b) **Alignement parfait selon une droite de pente négative**

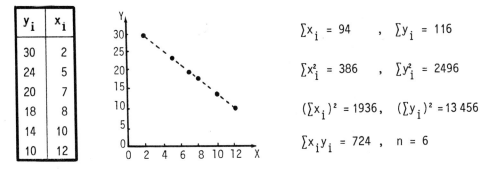

y_i	x_i
30	2
24	5
20	7
18	8
14	10
10	12

$\sum x_i = 94$, $\sum y_i = 116$

$\sum x_i^2 = 386$, $\sum y_i^2 = 2496$

$(\sum x_i)^2 = 1936$, $(\sum y_i)^2 = 13\,456$

$\sum x_i y_i = 724$, $n = 6$

$$r = \frac{724 - \dfrac{(44)(116)}{6}}{\sqrt{386 - \dfrac{1936}{6}}\ \sqrt{2496 - \dfrac{13\,456}{6}}} = -\frac{126{,}666}{126{,}666} = -1.$$

> **Corrélation négative et parfaite**

Dans ce cas, la corrélation est négative et parfaite et on observe que $r = -1$.

c) **Aucun alignement**

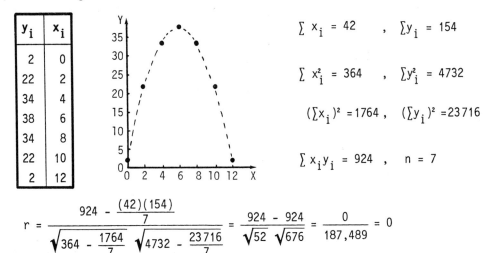

y_i	x_i
2	0
22	2
34	4
38	6
34	8
22	10
2	12

$\sum x_i = 42$, $\sum y_i = 154$

$\sum x_i^2 = 364$, $\sum y_i^2 = 4732$

$(\sum x_i)^2 = 1764$, $(\sum y_i)^2 = 23\,716$

$\sum x_i y_i = 924$, $n = 7$

$$r = \frac{924 - \dfrac{(42)(154)}{7}}{\sqrt{364 - \dfrac{1764}{7}}\ \sqrt{4732 - \dfrac{23\,716}{7}}} = \frac{924 - 924}{\sqrt{52}\ \sqrt{676}} = \frac{0}{187{,}489} = 0$$

Le numérateur étant nul, il n'y a pas de corrélation linéaire entre ces deux variables: $r = 0$. Il y a absence de liaison linéaire (il existe toutefois un lien quadratique parfait.

> **Aucune corrélation linéaire**

> Le coefficient de corrélation linéaire est un nombre compris entre −1 et + 1:
>
> $$-1 \le r \le +1.$$
>
> $\overset{\bullet}{-1} \quad\quad\quad \overset{\bullet}{0} \quad\quad\quad \overset{\bullet}{+1}$

Remarques. a) La corrélation parfaite est un cas extrême peu rencontré en pratique; elle nous sert toutefois de point de comparaison. Plus les points seront étroitement alignés selon une droite, plus la valeur du coefficient de corrélation sera élevée s'approchant de +1 (corrélation parfaite positive) ou de -1 (corrélation parfaite négative) selon le cas.

b) Si deux variables aléatoires sont statistiquement indépendantes (aucune liaison entre elles), le coefficient de corrélation est nul. Toutefois la réciproque n'est pas nécessairement vraie. Si le coefficient de corrélation entre deux variables est nul (ou voisin de 0), ceci n'implique pas nécessairement qu'il y a absence de liaison entre les variables. La liaison entre les variables peut être de forme autre que linéaire (le cas c) en est une illustration).

LA CORRÉLATION EST-ELLE SIGNIFICATIVE?

Comment juger si la valeur du coefficient de corrélation linéaire est suffisamment importante pour conclure qu'il y a une corrélation significative entre deux variables?

Le coefficient de corrélation r, calculé à partir d'un échantillon de taille n, donne une estimation ponctuelle du coefficient de corrélation de la population noté ρ (rho) ou ρ_{XY}.

Corrélation linéaire

Paramètre	Estimateur
ρ	r

On définit ρ par le rapport

$$\rho = E\left[\left(\frac{X - E(X)}{\sigma(X)}\right)\left(\frac{Y - E(Y)}{\sigma(Y)}\right)\right] = \frac{E(X \cdot Y) - E(X) \cdot E(Y)}{\sigma(X) \cdot \sigma(Y)} = \frac{Cov(X,Y)}{\sigma(X) \cdot \sigma(Y)}$$

Le numérateur $Cov(X,Y)$ du rapport représente la covariance entre X et Y.

Le paramètre ρ peut également varier entre -1 et +1:

$$-1 \leq \rho \leq 1.$$

Remarques. a) La covariance permet d'évaluer l'intensité de la dépendance statistique entre deux variables aléatoires. Elle peut être positive, négative ou nulle et peut varier entre $-\infty$ et $+\infty$, ce qui la rend difficile d'interprétation. La corrélation est de même signe que la covariance.

b) Si deux variables aléatoires sont **indépendantes**, alors $Cov(X,Y) = 0$ et $\rho = 0$. D'autre part, la réciproque n'est pas nécessairement vraie; en effet si $\rho = 0$ (ou $Cov(X,Y) = 0$), les variables X et Y ne sont pas obligatoirement indépendantes. On peut conclure toutefois qu'il y a absence de corrélation **linéaire** entre ces deux variables. (revoir la remarque b) précédente).

Distribution d'échantillonnage du coefficient de corrélation r

On peut envisager ρ comme la valeur moyenne des coefficients de corrélation r, obtenus à partir de tous les échantillons de même taille, tous prélevés dans une même population: $E(r) = \rho$.

Le coefficient de corrélation d'échantillon est donc une variable aléatoire qui se distribue autour de ρ. Toutefois la distribution des fluctuations d'échantillonnage de **r** n'est symétrique que pour $E(r) = \rho = 0$ et n'est pas symétrique lorsque $E(r) \neq 0$.

Distribution d'échantillonnage de r

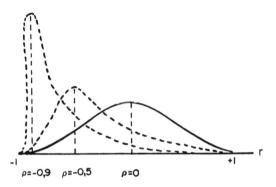

Dans l'exécution d'un test statistique sur ρ, il faudra donc distinguer le cas où l'hypothèse nulle est $H_0 : \rho = 0$ et celui où $H_0 : \rho = \rho_0$, ρ_0 étant une valeur hypothétique autre que 0.

TEST DE L'HYPOTHÈSE $H_0 : \rho = 0$

Il s'agit alors de tester l'hypothèse selon laquelle le coefficient de corrélation est non significativement différent de 0.

L'hypothèse nulle que l'on soumet au test s'énonce comme suit:

$H_0 : \rho = 0$ (absence de corrélation linéaire).

L'hypothèse alternative peut présenter diverses formes (dont une seule sera retenue dans l'exécution du test), soit:

> **Formulation des hypothèses statistiques sur ρ**

$H_1 : \rho \neq 0$ (présence de corrélation linéaire)

ou $H_1 : \rho < 0$ (présence de corrélation linéaire négative)

ou $H_1 : \rho > 0$ (présence de corrélation linéaire positive)

Une fois les hypothèses H_0 et H_1 posées, on veut répondre à la question suivante:

> Est-ce que la valeur de r calculée à partir des n couples d'observations de l'échantillon permet de supporter l'hypothèse H_0 et conclure ainsi que la valeur obtenue pour r ne diffère pas significativement de 0, indiquant vraisemblablement l'absence de corrélation linéaire entre les variables concernées?

On considère alors que la valeur obtenue pour r ne serait attribuable qu'aux fluctuations d'échantillonnage (hasard); elle est alors dite non significative. Si d'autre part, la valeur obtenue pour r est défavorable à l'hypothèse H_0, on considérera alors H_1 comme vraisemblable (c'est le rejet de H_0). On dit alors que la valeur de r est statistiquement significavite.

Mais quelles sont ces valeurs critiques de r qui permettent de départager, en supposant vraie H_0 : $\rho = 0$ et ayant fixé d'avance au seuil de signification α, la distribution d'échantillonnage de r en région d'acceptation (non-rejet) de H_0 et région de rejet (région critique) de H_0 ?

Ces valeurs critiques sont déduites à l'aide de la loi de Student et du nombre de couples d'observations. Elles sont basées sur l'affirmation suivante:

Si un échantillon aléatoire de n couples d'observations $(x_1,y_1),(x_2,y_2)$, ..., (x_n,y_n) est prélevé d'une population normale à deux dimensions et dont la corrélation entre les deux variables aléatoires normales X et Y est nulle ($\rho = 0$), alors l'écart réduit

$$t = \frac{r - \rho}{s(r)} = \frac{r}{\sqrt{\frac{1-r^2}{n-2}}} = \frac{r\sqrt{n-2}}{\sqrt{1-r^2}}$$

est distribué selon la loi de Student avec (n-2) degrés de liberté.

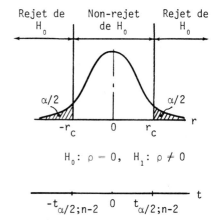

Notons par r_c, la valeur critique du coefficient de corrélation. Au seuil de signification α et à l'aide de la relation précédente, on peut écrire

Valeurs critiques de r

$$t_{\alpha/2;n-2} = \frac{r_c\sqrt{n-2}}{\sqrt{1-r_c^2}}$$

En résolvant cette équation pour r_c, on trouve (dans le cas d'un test bilatéral):

$$r_c = \frac{t_{\alpha/2;n-2}}{\sqrt{t^2_{\alpha/2;n-2} + (n - 2)}}$$

où $t_{\alpha/2;n-2}$ s'obtient directement de la table de Student. On utilise $t_{\alpha;n-2}$ dans le cas d'un test unilatéral avec le signe approprié selon l'hypothèse H_1.

On peut donc établir les régions d'acceptation et de rejet de $H_0 : \rho = 0$ avec les valeurs critiques de r ou se servir directement de la variable de Student. Les règles de décision peuvent s'énoncer comme suit pour les diverses hypothèses à tester.

Hypothèses	Règles de décision	
	t de Student	Valeurs critiques de r
$H_0 : \rho = 0$ $H_1 : \rho \neq 0$	Rejet de H_0 si $t > t_{\alpha/2;n-2}$ ou $t < -t_{\alpha/2;n-2}$	Rejet de H_0 si $r > r_c$ ou $r < -r_c$
$H_0 : \rho = 0$ $H_1 : \rho > 0$	Rejet de H_0 si $t > t_{\alpha;n-2}$	Rejet de H_0 si $r > r_c$
$H_0 : \rho = 0$ $H_1 : \rho < 0$	Rejet de H_0 si $t < -t_{\alpha;n-2}$	Rejet de H_0 si $r < -r_c$

Des tables permettent de lire directement les valeurs critiques de r pour un seuil de signification α et des degrés de liberté ν = n-2 où n est la taille d'échantillon. En voici un extrait pour quelques valeurs au seuil de signification.

Valeurs critiques r_c

n	ν	α 0,05	0,025	0,005
5	3	0,805	0,878	0,959
7	5	0,669	0,754	0,875
10	8	0,549	0,632	0,765
12	10	0,497	0,576	0,708
15	13	0,441	0,514	0,641
17	15	0,412	0,482	0,606
20	18	0,378	0,444	0,561
22	20	0,360	0,423	0,537
25	23	0,337	0,396	0,505
27	25	0,323	0,381	0,487
30	28	0,306	0,361	0,463
32	30	0,296	0,349	0,449
35	33	0,283	0,334	0,430
40	38	0,264	0,312	0,402
50	48	0,235	0,279	0,361
60	58	0,214	0,254	0,330
80	78	0,185	0,220	0,286
90	88	0,174	0,207	0,270
100	98	0,165	0,196	0,256

Distribution de r lorsque $\rho = 0$

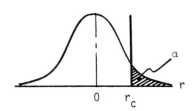

On peut évidemment compléter cette table pour d'autres valeurs de α et de ν en utilisant la formule donnée précédemment pour r_c et les valeurs correspondantes de la table de Student en annexe.

Ce sont les valeurs que doit dépasser (en valeur absolue) le coefficient de corrélation de l'échantillon pour s'avérer significatif (rejet de $H_0 : \rho = 0$). Nous constatons que plus la taille d'échantillon est petite, plus la valeur du coefficient de corrélation de l'échantillon doit être élevé (en valeur absolue) pour être statistiquement significatif.

Ainsi, avec 5 couples d'observations, seule une valeur de r supérieure à 0,878 permettrait, dans le cas d'un test bilatéral au seuil de signification α = 0,05, de considérer comme plausible l'hypothèse selon laquelle ρ est différent de 0. Par contre avec 50 couples d'observations, une valeur de r supérieure à 0,279 permettrait d'arriver à la même conclusion.

On pourrait schématiser les régions de rejet et de non-rejet de H_0 dans le cas d'un test bilatéral: $H_0 : \rho = 0$, $H_1 : \rho \neq 0$.

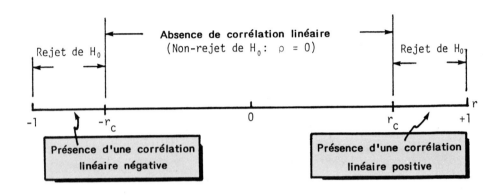

Indiquons à l'aide de l'exemple suivant, la démarche à suivre pour effectuer un test statistique sur ρ dans le cas où $H_0 : \rho = 0$.

EXEMPLE 4. Test de signification sur le coefficient de corrélation linéaire avec $H_0 : \rho = 0$.

Dans une région, on a effectué une enquête sur l'endettement des familles. L'endettement a été déterminé à l'aide du total des soldes qui comprend les soldes à une société prêteuse, banque, caisse populaire, magasins, cartes de crédit,... On a également noté le revenu mensuel de chaque famille.

Pour 20 familles, on obtient un coefficient de corrélation linéaire de 0,54 entre ces deux variables.

a) Peut-on conclure, au seuil de signification α = 0,05, que ces deux variables varient dans le même sens ($\rho > 0$)?

b) Quelle est la valeur critique de r que l'on doit dépasser pour conclure à une corrélation significative?

c) D'après la valeur observée de r, que peut-on dire quant à l'intensité de la liaison linéaire entre ces deux variables?

Solution

a) Utilisons la démarche suivante pour effectuer le test d'hypothèse.

**Exécution du test d'hypothèse
sur ρ selon $H_0 : \rho = 0$**

1. **Hypothèses statistiques.**

   $H_0 : \rho = 0$, $H_1 : \rho > 0$.

2. **Seuil de signification.**

   $\alpha = 0,05$.

3. **Conditions d'application du test.** On suppose que l'on a prélevé un échantillon aléatoire d'une population normale à deux dimensions dont $\rho = 0$ entre les deux variables.

4. **La statistique** qui convient pour ce test est r. D'après H_0, la quantité

   $t = \dfrac{r\sqrt{n-2}}{\sqrt{1-r^2}}$ est distribuée

   selon la loi de Student, avec $(n-2) = (20-2) = 18$ dℓ.

5. **Règle de décision.** D'après H_1, au seuil $\alpha = 0,05$ et 18 degrés de liberté, la valeur critique du t est $t_{0,05;18} = 1,7341$. On adopte la règle de décision suivante: rejeter H_0 si t > 1,7341.

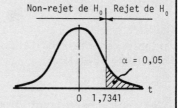

6. **Calcul de l'écart réduit.** On

   trouve $t = \dfrac{(0,54)\sqrt{18}}{\sqrt{1-0,2916}}$ soit

   $t = 2,722$.

7. **Décision et conclusion.** Puisque t = 2,722 > 1,7341, nous rejetons H_0. La corrélation est significative.

Les résultats de cette enquête semblent favoriser l'hypothèse selon laquelle l'endettement des familles et le revenu mensuel de celles-ci varient dans le même sens (corrélation positive).

b) D'après la table des valeurs critiques de r, on trouve pour n = 20 et $\alpha = 0,05$, $r_c = 0,378$.

c) Plus la valeur de r est près de 1, plus l'intensité de la liaison est forte (plus le nuage de points est concentré autour d'une droite). Ici r = 0,54 indiquant que l'intensité de la liaison est mitigée.

TEST DE L'HYPOTHÈSE $H_0 : \rho = \rho_0$ ET ESTIMATION PAR INTERVALLE DE CONFIANCE

Les valeurs critiques pour r ainsi que l'usage du t de Student comme critère de décision s'appliquent seulement dans le cas où la formulation de l'hypothèse nulle est $H_0 : \rho = 0$. C'est seulement dans ce cas que la distribution de r est symétrique. Dans le cas où la formulation de l'hypothèse nulle est $\rho = \rho_0$ où ρ_0 est une valeur autre que 0, la distribution d'échantillonnage de r devient asymétrique comme nous l'avons indiqué précédemment. On doit utiliser alors la transformation dite "de Fisher".

Transformation de Fisher

On peut transformer r en une autre variable aléatoire à l'aide de la relation

$$z' = \frac{1}{2} \ln \frac{1+r}{1-r}$$

Pour une taille d'échantillon suffisamment grande (n ≥ 25), Fisher a démontré que la variable aléatoire z' est distribuée approximativement suivant une loi normale

$$\text{de moyenne } E(z') = \frac{1}{2} \ell n \frac{1 + \rho}{1 - \rho}$$

et

$$\text{d'écart-type } \sigma(z') = \frac{1}{\sqrt{n - 3}}$$

La variable centrée réduite $Z = \dfrac{z' - E(z')}{\sigma(z')}$ est distribuée d'après une **loi normale centrée réduite.**

Remarque. Des tables permettent d'obtenir directement la transformation de r en z'. De plus la correspondance de la transformation de Fisher est unique: à une valeur de r correspond une seule valeur de z' et inversement. r et z' sont aussi de même signe (voir table de la transformation de Fisher en annexe).

Test de l'hypothèse $H_0 : \rho = \rho_0$

On veut tester l'hypothèse nulle $H_0 : \rho = \rho_0$. L'hypothèse alternative peut être $H_1 : \rho \neq \rho_0$, $H_1 : \rho < \rho_0$ ou $H_1 : \rho > \rho_0$.

A l'aide de la table de la transformation de Fisher, on trouve

Test sur ρ autre que 0 et transformation de Fisher

la valeur z' correspondant à r

et

la valeur E(z') correspondant à la valeur ρ_0.

Il s'agit par la suite de substituer ces valeurs dans l'expression centrée réduite

$$Z = \frac{z' - E(z')}{\sqrt{\dfrac{1}{n-3}}}.$$

Au seuil de signification α, on rejette H_0 si $Z > z_{\alpha/2}$ ou $Z < -z_{\alpha/2}$ (test bilatéral). On utilise z_α pour un test unilatéral.

Intervalle de confiance pour ρ

On doit également se servir de la transformation de Fisher pour estimer, par intervalle de confiance, le coefficient de corrélation ρ de la population. Il faut d'abord construire l'intervalle autour de E(z') avec la loi normale centrée réduite et déduire, à partir des limites autour de E(z'), celles autour de ρ avec la table de Fisher (allant de z' à r).

> ## Intervalle de confiance pour le coefficient de corrélation ρ
>
> Avec un niveau de confiance $1-\alpha$, l'intervalle de confiance autour de $E(z')$ est
>
> $$z' - z_{\alpha/2} \cdot \sqrt{\frac{1}{n-3}} \leq E(z') \leq z' + z_{\alpha/2} \sqrt{\frac{1}{n-3}}$$
>
> où z' est la valeur transformée de r et $z_{\alpha/2}$, la valeur de la variable centrée réduite telle que la probabilité que Z soit compris entre $-z_{\alpha/2}$ et $z_{\alpha/2}$ est $1-\alpha$. De ces limites, on obtient, en les transformant en r, celles pour ρ (on utilise la table de Fisher en sens inverse):
>
> $$LI_\rho \leq \rho \leq LS_\rho$$

EXEMPLE 5. Test d'hypothèse avec la transformation de Fisher.

Un fabricant d'appareils électroménagers veut effectuer une étude préliminaire sur le rendement de la publicité locale. Pour un échantillon de quarante régions qu'il dessert, on a comptabilité, pour chacune, le montant des ventes et le montant alloué pour la publicité pour les 12 derniers mois. Le calcul du coefficient de corrélation donne $r = 0,76$.

Peut-on affirmer, au seuil de 5%, que le coefficient de corrélation de la population est d'au moins 0,90?

On veut tester les hypothèses suivantes:

$$H_0 : \rho = 0,90, \quad H_1 : \rho < 0,90.$$

Il va de soi que, d'après l'énoncé de la question, H_0 peut s'écrire $\rho \geq 0,90$.

Transformons la valeur de r en z' et celle de $\rho_0 = 0,90$ en $E(z')$.

Pour effectuer ces transformations, nous allons utiliser la table de Fisher en annexe dont un extrait est présenté à la page suivante.

Pour r = 0,76, on trouve z' = 0,996

Pour ρ_0 = 0,90, on trouve E(z') = 1,472.

Par ailleurs $\sigma(z') = \dfrac{1}{\sqrt{n-3}} = \dfrac{1}{\sqrt{40-3}}$

$\qquad\qquad = \dfrac{1}{\sqrt{37}} = 0,1644.$

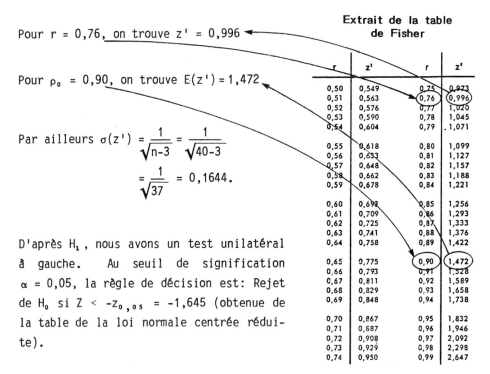

Extrait de la table de Fisher

r	z'	r	z'
0,50	0,549	0,75	0,973
0,51	0,563	0,76	0,996
0,52	0,576	0,77	1,020
0,53	0,590	0,78	1,045
0,54	0,604	0,79	1,071
0,55	0,618	0,80	1,099
0,56	0,633	0,81	1,127
0,57	0,648	0,82	1,157
0,58	0,662	0,83	1,188
0,59	0,678	0,84	1,221
0,60	0,693	0,85	1,256
0,61	0,709	0,86	1,293
0,62	0,725	0,87	1,333
0,63	0,741	0,88	1,376
0,64	0,758	0,89	1,422
0,65	0,775	0,90	1,472
0,66	0,793	0,91	1,528
0,67	0,811	0,92	1,589
0,68	0,829	0,93	1,658
0,69	0,848	0,94	1,738
0,70	0,867	0,95	1,832
0,71	0,887	0,96	1,946
0,72	0,908	0,97	2,092
0,73	0,929	0,98	2,298
0,74	0,950	0,99	2,647

D'après H_1, nous avons un test unilatéral à gauche. Au seuil de signification α = 0,05, la règle de décision est: Rejet de H_0 si Z < $-z_{0,05}$ = -1,645 (obtenue de la table de la loi normale centrée réduite).

Le calcul de Z donne:

$$Z = \frac{z' - E(z')}{\sigma(z')} = \frac{0,996 - 1,472}{0,1644}$$

$$= -2,895.$$

Puisque Z = -2,895 < -1,645, on rejette H_0. La valeur observée de r = 0,76 ne peut supporter, au seuil de 5%, l'hypothèse que ρ est 0,90 ou plus. Il est plus vraisemblable qu'il soit inférieur à 0,90.

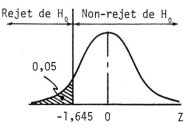

Rejet de H_0 | Non-rejet de H_0

0,05

-1,645 0   Z

EXEMPLE 6. Estimation de ρ par intervalle de confiance: corrélation entre la coordination motrice et l'aptitude spatiale.

Un groupe d'experts-conseils en ressources humaines a développé une batterie de tests permettant de mesurer diverses aptitudes.

On a appliqué ces tests à un échantillon de 58 individus oeuvrant dans le secteur de la micro-électronique. Bien que 9 facteurs étaient évalués, nous n'en retiendrons que deux:

- la coordination motrice (habileté à coordonner les yeux et les mains ou les doigts avec rapidité et précision en effectuant divers mouvements)

- l'aptitude spatiale (visualisation de formes géométriques et compréhension d'objets à trois dimensions dans une représentation à deux dimensions).

La corrélation observée entre ces deux variables fut de r = 0,43.

Estimer par intervalle de confiance, le coefficient de corrélation ρ entre ces deux variables pour l'ensemble des individus oeuvrant dans ce secteur. Utiliser un niveau de confiance de 95%.

Solution

On doit utiliser la transformation de Fisher. Déterminons d'abord l'intervalle de confiance autour de E(z').

Transformation de r entre z'

De la table de Fisher, pour r = 0,43, on lit z' = 0,460.

L'écart-type de z' est $\sigma(z') = \dfrac{1}{\sqrt{n-3}} = \dfrac{1}{\sqrt{58-3}} = \dfrac{1}{7,416} = 0,1348$

Intervalle de confiance autour de E(z')

Pour un niveau de confiance de 95%, on peut lire de la loi normale centrée réduite, $z_{0,025} = 1,96$ (l'aire entre 0 et 1,96 est 0,475).

$$\text{Limite inférieure pour E(z')} = z' - z_{0,025} \cdot \sqrt{\dfrac{1}{n-3}}$$

$$= 0,46 - (1,96)(0,1348)$$

$$= 0,46 - 0,2642 = 0,1958 \simeq 0,196.$$

$$\text{Limite supérieure pour E(z')} = z' + z_{0,025} \sqrt{\dfrac{1}{n-3}}$$

$$= 0,46 + (0,2642) = 0,7242 \simeq 0,724.$$

Par conséquent l'intervalle de confiance autour de E(z') est:

$$0,196 \leq E(z') \leq 0,724.$$

Intervalle de confiance sur ρ

On peut maintenant en déduire l'intervalle de confiance pour ρ en utilisant cette fois la table de Fisher en sens inverse.

Limite inférieure pour E(z')	Limite inférieure pour ρ
0,196	0,19
Limite supérieure pour E(z')	Limite supérieure pour ρ
0,724	0,62

Nous avons utilisé les valeurs les plus voisines dans la table.

L'intervalle de confiance ayant un niveau de confiance de 95% de contenir la valeur vraie de ρ est donc:

$$0,19 \leq \rho \leq 0,62$$

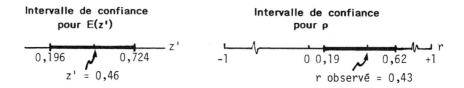

Remarque. A chaque fois que l'on détermine un intervalle de confiance pour ρ à partir d'un coefficient de corrélation positif, la limite supérieure de l'intervalle sera plus près de la valeur observée de r que la limite inférieure. Si d'autre part r est négatif, c'est la limite inférieure de confiance qui sera plus près de r que la limite supérieure. Toutefois à mesure que la taille d'échantillon augmente, l'asymétrie de la distribution de r diminue.

Question. Avec l'intervalle calculé précédemment, peut-on affirmer au seuil de signification $\alpha = 0,05$, qu'il y a absence de corrélation linéaire entre ces deux variables?

Remarque. La transformation de Fisher est générale; elle peut également s'appliquer pour tester l'hypothèse $H_0 : \rho = 0$.

ANALYSE DE CORRÉLATION SUR MICRO-ORDINATEUR: LE PROGRAMME CORREG

Pour cet exemple d'exécution, nous nous servons des données de l'exemple 1 pour effectuer une analyse de corrélation entre le temps requis pour compléter une tâche et le niveau de bruit dans l'environnement du poste de travail. Le programme calcule diverses statistiques sur les variables observées; il calcule également le coefficient de corrélation linéaire et effectue un test bilatéral au seuil de signification $\alpha = 0,05$ ($H_0 : \rho = 0$, $H_1 : \rho \neq 0$). On a également la possibilité de tracer le diagramme de dispersion.

```
*****************************************
              LE PROGRAMME
                 CORREG

*****************************************

COEFFICIENT DE CORRELATION LINEAIRE,
DIAGRAMME DE DISPERSION, TEST D'HYPO-
THESE ET DROITE DE REGRESSION

IDENTIFICATION DU TRAVAIL EN COURS
?  TEMPS REQUIS VS BRUIT

IDENTIFIEZ LA VARIABLE X (MAX. 10 CAR.)
? BRUIT
IDENTIFIEZ LA VARIABLE Y (MAX. 10 CAR.)
? TEMPS

COMBIEN D'OBSERVATIONS VOULEZ-VOUS
TRAITER ? (MAX. 100)  ? 25

AVEZ-VOUS FAIT UNE ERREUR DANS LE NOM-
BRE D'OBSERVATIONS?
OUI OU NON :  ? NON

VOUS POUVEZ ECRIRE VOS DONNEES.
OBS NO.  1
     VARIABLE X  ? 56
     VARIABLE Y  ? 4.2
OBS NO.  2
     VARIABLE X  ? 68
     VARIABLE Y  ? 5.6
OBS NO.  3
     VARIABLE X  ? 66
     VARIABLE Y  ? 5.2
OBS NO.  4
     VARIABLE X  ? 75
     VARIABLE Y  ? 7.6
OBS NO.  5
     VARIABLE X  ? 70
     VARIABLE Y  ? 7.0
OBS NO.  6
     VARIABLE X  ? 58
     VARIABLE Y  ? 4.8
OBS NO.  7
     VARIABLE X  ? 82
     VARIABLE Y  ? 8.0
OBS NO.  8
     VARIABLE X  ? 74
     VARIABLE Y  ? 7.5
OBS NO.  9
     VARIABLE X  ? 53
     VARIABLE Y  ? 4.0
OBS NO.  10
     VARIABLE X  ? 78
     VARIABLE Y  ? 8.2
OBS NO.  11
     VARIABLE X  ? 60
     VARIABLE Y  ? 4.8
OBS NO.  12
     VARIABLE X  ? 64
     VARIABLE Y  ? 5.0
OBS NO.  13
     VARIABLE X  ? 71
     VARIABLE Y  ? 6.8
OBS NO.  14
     VARIABLE X  ? 72
     VARIABLE Y  ? 7.6
OBS NO.  15
     VARIABLE X  ? 80
     VARIABLE Y  ? 8.4
```

```
OBS NO.  16
    VARIABLE X  ? 61
    VARIABLE Y  ? 5.5
OBS NO.  17
    VARIABLE X  ? 58
    VARIABLE Y  ? 4.6
OBS NO.  18
    VARIABLE X  ? 65
    VARIABLE Y  ? 5.8
OBS NO.  19
    VARIABLE X  ? 83
    VARIABLE Y  ? 8.6
OBS NO.  20
    VARIABLE X  ? 76
    VARIABLE Y  ? 7.4
OBS NO.  21
    VARIABLE X  ? 81
    VARIABLE Y  ? 8.4
OBS NO.  22
    VARIABLE X  ? 71
    VARIABLE Y  ? 6.5
OBS NO.  23
    VARIABLE X  ? 75
    VARIABLE Y  ? 7.8
OBS NO.  24
    VARIABLE X  ? 66
    VARIABLE Y  ? 5.9
OBS NO.  25
    VARIABLE X  ? 84
    VARIABLE Y  ? 8.3

DESIREZ-VOUS CORRIGER UN COUPLE D'OB-
SERVATIONS?
OUI OU NON :  ? NON

VOULEZ-VOUS LA LISTE DE VOS OBSERVA-
TIONS?
OUI OU NON :  ? OUI

*****************************************
          OBSERVATIONS UTILISEES
*****************************************

TRAVAIL : TEMPS REQUIS VS BRUIT

          BRUIT        TEMPS
   1        56          4.2
   2        68          5.6
   3        66          5.2
   4        75          7.6
   5        70          7
   6        58          4.8
   7        82          8
   8        74          7.5
   9        53          4
  10        78          8.2
  11        60          4.8
  12        64          5
  13        71          6.8
  14        72          7.6
  15        80          8.4
  16        61          5.5
  17        58          4.6
  18        65          5.8
  19        83          8.6
  20        76          7.4
  21        81          8.4
  22        71          6.5
  23        75          7.8
  24        66          5.9
  25        84          8.3
```

```
****************************************
    STATISTIQUES SUR LES VARIABLES
****************************************
VARIABLE   MOYENNE  VARIANCE ECART-TYPE
----------------------------------------
BRUIT      69.88     81.36     9.02
TEMPS       6.54      2.24     1.497

****************************************
       TEST BILATERAL SUR RHO
****************************************

CORRELATION LINEAIRE ENTRE :
BRUIT ET TEMPS

NOMBRE D'OBSERVATIONS :  25
COEFFICIENT DE CORRELATION =  .96859
DEGRES DE LIBERTE =  23
T CALCULE =  18.6806
T THEORIQUE =  2.06875
CORRELATION SIGNIFICATIVE AU SEUIL 5 %
****************************************

DESIREZ-VOUS TRACER LE DIAGRAMME DE
DISPERSION ?
OUI OU NON :  ? OUI

LA GRADUATION DES AXES SE FERA D'APRES
LE MINIMUM, LE MAXIMUM ET LE NOMBRE
D'INTERVALLES QUE VOUS ALLEZ SPECIFIER
POUR CHACUNE DES VARIABLES (X ET Y).

VARIABLE BRUIT EN ABCISSE (AXE X).

LE MINIMUM OBSERVE EST :  53
QUEL EST VOTRE CHOIX  ? 50

LE MAXIMUM OBSERVE EST :  84
QUEL EST VOTRE CHOIX  ? 85

ATTENTION! VOUS DEVEZ FIXER LE NOMBRE
D'INTERVALLES SUR L'ABCISSE (MAX. 30)
? 30

VARIABLE TEMPS EN ORDONNEE (AXE Y)

LE MINIMUM OBSERVE EST :  4
QUEL EST VOTRE CHOIX  ? 4

LE MAXIMUM OBSERVE EST :  8.6
QUEL EST VOTRE CHOIX  ? 9

VOUS DEVEZ MAINTENANT FIXER LE NOMBRE
D'INTERVALLES SUR L'ORDONNEE (MAX. 20)
? 20
```

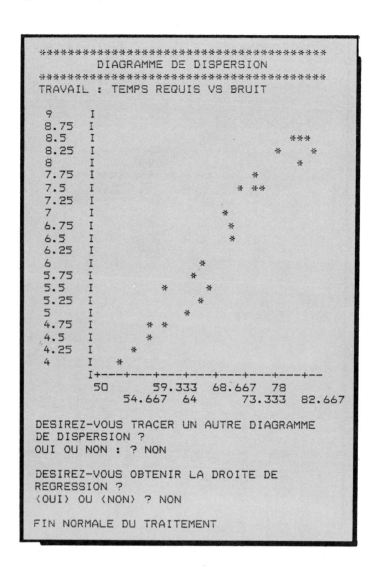

```
*******************************************
        DIAGRAMME DE DISPERSION
*******************************************
TRAVAIL : TEMPS REQUIS VS BRUIT

  9      I
  8.75   I
  8.5    I                                ***
  8.25   I                           *       *
  8      I                                *
  7.75   I                         *
  7.5    I                       * **
  7.25   I
  7      I                   *
  6.75   I                  *
  6.5    I                  *
  6.25   I
  6      I             *
  5.75   I            *
  5.5    I       *        *
  5.25   I                *
  5      I           *
  4.75   I     * *
  4.5    I       *
  4.25   I    *
  4      I  *
         I+---+---+---+---+---+---+---+--
           50      59.333 68.667  78
              54.667   64      73.333 82.667


DESIREZ-VOUS TRACER UN AUTRE DIAGRAMME
DE DISPERSION ?
OUI OU NON : ? NON

DESIREZ-VOUS OBTENIR LA DROITE DE
REGRESSION ?
<OUI> OU <NON> ? NON

FIN NORMALE DU TRAITEMENT
```

CORRÉLATION DE RANGS: COEFFICIENT DE SPEARMAN

Nous avons traité précédemment du coefficient de corrélation linéaire de Pearson, coefficient qui permet d'évaluer l'intensité de la liaison linéaire entre deux variables continues dont on connaît les valeurs numériques. Pour tester si la corrélation linéaire était significative, on devait faire l'hypothèse que les couples d'observations provenaient d'une loi normale à deux dimensions, hypothèse fondamentale qui ne peut être respectée dans certaines situations. On peut néanmoins évaluer et tester le degré de liaison entre deux variables lorsque les valeurs de ces variables sont **ordonnées** selon leurs grandeurs. Il s'agit alors d'attribuer à chaque valeur ordonnée un rang. L'information est alors sur une échelle ordinale et le degré de dépendance entre les deux séries de valeurs ordinales s'établit à l'aide du **coefficient de corrélation de rangs de Spearman.** Ce coefficient est également employé lorsqu'on ne peut obtenir comme information qu'un classement par ordre de préférence, de mérite ou d'importance relative. L'ordre de préférence de consommateurs d'un certain produit alimentaire selon l'aspect et selon le goût est un exemple de ce type de données.

Indiquons immédiatement comment on peut transformer une série d'observations **numériques** en une série d'observations **ordinales**.

EXEMPLE 7. Transformation de valeurs numériques en rangs.

Le responsable de la formation de jeunes cadres de l'entreprise NICOM a obtenu les résultats (y_i), présentés dans le tableau ci-après, à une simulation de gestion effectuée au début d'un programme de formation. Il a relevé également la moyenne cumulative (x_i) de chaque participant pour ses études universitaires.

On veut transformer ces valeurs numériques en rangs. Il s'agit d'abord d'ordonner chaque variable par valeurs non croissantes. L'attribution des rangs aux valeurs ordonnées de chaque variable s'effectue en associant le rang 1 à la plus grande valeur, le rang 2 à la valeur immédiatement inférieure, et ainsi de suite jusqu'à la plus petite valeur qui se voit attribuer le rang n.

Pour l'exemple que nous traitons, nous avons n = 12 couples d'observations. Nous notons par $R(x_i)$, les rangs attribués aux valeurs x_i et par $R(y_i)$ ceux attribués aux valeurs y_i.

Tableau des résultats

Participant i	Simulation de gestion x_i	Moyenne cumulative y_i
1	75	2,3
2	88	3,1
3	84	2,9
4	79	2,5
5	91	3,0
6	94	3,4
7	82	2,7
8	72	2,5
9	70	2,4
10	79	2,8
11	81	2,6
12	87	3,2

Classement ordonné de chaque variable par valeurs non croissantes et attribution des rangs

i	Simulation de gestion		$R(x_i)$	i	Moyenne cumulative		$R(y_i)$
6	94		1	6	3,4		1
5	91		2	12	3,2		2
2	88		3	2	3,1		3
12	87		4	5	3,0		4
3	84		5	3	2,9		5
7	82		6	10	2,8		6
11	81		7	7	2,7		7
4	79	8	8,5	11	2,6		8
10	79	9	8,5	4	2,5	9	9,5
1	75	10	10	8	2,5	10	9,5
8	72	11	11	9	2,4	11	11
9	70	12	12	1	2,3	12	12

Du classement ordonné, on peut lire, par exemple, que $R(x_6) = R(94) = 1$, $R(x_7) = R(82) = 6$, $R(y_{12}) = R(3,2) = 2...$. Dans le cas où les résultats sont égaux, on leur attribue le rang moyen des rangs qu'ils auraient occupé si les valeurs observées étaient différentes. Ainsi, dans le cas des résultats de la simulation de gestion, les résultats 79 se voient attribuer le rang moyen 8,5, valeur moyenne des rangs 8 et 9; dans le cas de la moyenne cumulative, les valeurs 2,5 se voient attribuer le rang moyen 9,5, valeur moyenne des rangs 9 et 10.

Pour calculer le coefficient de corrélation des rangs, l'on devra toutefois préserver les couples d'observations (x_i, y_i). Ainsi, les rangs associés aux résultats de chaque participant se présentent comme suit:

Participant i	1	2	3	4	5	6	7	8	9	10	11	12
Simulation de gestion $R(x_i)$	10	3	5	8,5	2	1	6	11	12	8,5	7	4
Moyenne cumulative $R(y_i)$	12	3	5	9,5	4	1	7	9,5	11	6	8	2

Pour évaluer le degré de liaison entre ces deux caractères dont les valeurs se présentent maintenant selon une échelle ordinale, il faut calculer le coefficient de corrélation des rangs de Spearman.

CALCUL DU COEFFICIENT DE CORRÉLATION DE RANGS DE SPEARMAN

Le calcul du coefficient de corrélation de rangs s'effectue selon la formule de Spearman.

Coefficient de corrélation de rangs de Spearman

Le coefficient de corrélation de rangs de Spearman, noté r_s, est un nombre sans dimension qui mesure le degré de dépendance entre deux caractères (variables) lorsque les valeurs de ces caractères sont observées (ou transformées) selon une échelle ordinale. Pour en évaluer l'ampleur, on calcule les écarts de rangs

$$d_i = R(x_i) - R(y_i), \quad i = 1,2,\ldots,n$$

puis la somme des carrés des écarts de rangs

$$\sum_{i=1}^{n} d_i^2.$$

La valeur du coefficient de corrélation de rangs de Spearman s'obtient alors de:

$$r_s = 1 - \frac{6 \sum_{i=1}^{n} d_i^2}{n(n^2 - 1)}$$

où n représente le nombre de couples d'observations.

Cette formule s'établit à partir du coefficient de corrélation linéaire de Pearson en supposant que les rangs sont tous différents c.-à-d. prenant les valeurs de 1 à n.

Remarques. a) Le coefficient r_s n'est pas une mesure de corrélation linéaire mais simplement une mesure de dépendance entre deux caractères. Comme nous le verrons subséquemment, la seule hypothèse nulle que l'on peut tester avec ce coefficient est que les deux caractères concernés sont mutuellement indépendants.

b) Si le nombre de rangs exaequo est petit par rapport au nombre de couples d'observations, la formule du coefficient de corrélation de rangs donnée précédemment est toujours valide.

Entre quelles valeurs peut varier le coefficient de corrélation de rangs de Spearman?

Utilisons les données qui nous ont servi à établir les limites pour le coefficient de corrélation linéaire de Pearson.

Transformons ces données en leur attribuant les rangs correspondants aux valeurs ordonnées en ordre décroissant.

i	x_i	y_i	$R(x_i)$	$R(y_i)$	$d_i = R(x_i) - R(y_i)$	d_i^2	Coefficient r_s
1	2	5	1	1	0	0	$r_s = 1 - \dfrac{6 \sum d_i^2}{n(n^2-1)}$
2	4	9	2	2	0	0	
3	6	13	3	3	0	0	
4	8	17	4	4	0	0	$= 1 - 0 = 1$
5	10	21	5	5	0	0	
6	12	25	6	6	0	0	

Si les classements sont identiques, $R(x_i) = R(y_i)$ pour tout i, la corrélation de rangs de Spearman est parfaite et positive:

$$r_s = +1.$$

i	x_i	y_i	$R(x_i)$	$R(y_i)$	$d_i = R(x_i) - R(y_i)$	d_i^2	Coefficient r_s
1	2	30	6	1	5	25	$r_s = 1 - \dfrac{6 \sum d_i^2}{n(n^2-1)}$
2	5	24	5	2	3	9	
3	7	20	4	3	1	1	
4	8	18	3	4	-1	1	$= 1 - \dfrac{(6)(70)}{(6)(36-1)}$
5	10	14	2	5	-3	9	
6	12	10	1	6	-5	25	$= 1 - 2 = -1$

Si les classements sont exactement inversés, $R(x_i) + R(y_i)$ = n + 1 pour tout i, la corrélation de rangs de Spearman est parfaite et négative:

$$r_s = -1.$$

Dans le cas où les caractères sont mutuellement indépendants, la valeur de r_s est 0. Donc une valeur de r_s dans le voisinage de 0 sera une indication d'indépendance entre les variables concernées.

Le coefficient de corrélation de rangs de Spearman est donc un nombre compris entre -1 et +1:

$$-1 \leq r_s \leq 1.$$

Remarque. Dans le cas du coefficient de corrélation linéaire de Pearson, une valeur de r dans le voisinage de 0, indiquant une absence de corrélation linéaire mais pas nécessairement une indépendance entre les deux variables.

TEST DE L'HYPOTHÈSE H_0 : ρ_S = 0

Notons par ρ_S, le coefficient de corrélation de rangs dans la population. L'hypothèse nulle que l'on soumet au test s'énonce comme suit:

H_0 : ρ_S = 0 (les deux classements sont indépendants)

L'hypothèse H_1 peut prendre les formes suivantes:

H_1 : $\rho_S \neq 0$ (les deux classements sont dépendants)

ou H_1 : $\rho_S > 0$ (les deux classements sont dans le même
          sens: liaison positive)

ou H_1 : $\rho_S < 0$ (les deux classements sont en sens in-
          verse: liaison négative)

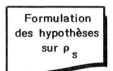

Formulation
des hypothèses
sur ρ_S

Utilisation de la table des valeurs critiques r_S^*

Tout comme le coefficient de corrélation linéaire, il existe une table permettant d'obtenir directement les valeurs critiques du coefficient de corrélation de rangs de Spearman (voir annexe à la fin de cet ouvrage).

Nous en donnons ici un extrait. Ces valeurs tabulées correspondent à un seuil de signification α (test unilatéral). Ainsi pour n = 10 et α = 0,05, on aura, dans le cas où l'hypothèse alternative est H_1 :$\rho_S > 0$, r_S^* = 0,5515. Pour H_1 : $\rho_S < 0$, la valeur critique est $-r_S^*$ = -0,5515.

Pour un test bilatéral au seuil α = 0,05 (H_1 : $\rho_S \neq 0$), il faut u-tiliser le risque 0,05/2 = 0,025; les valeurs critiques sont alors -0,6364 et 0,6364.

Valeurs critiques r_S^*

n ＼ α	0,05	0,025
5	0,8000	0,9000
8	0,6190	0,7143
10	0,5515	0,6364
12	0,4965	0,5804
15	0,4429	0,5179
20	0,3789	0,4451
30	0,3059	0,3620

Remarque. Nous remarquons qu'à mesure que n augmente, les valeurs critiques r_S^* du coefficient de corrélation de rangs de Spearman s'approchent des valeurs critiques du coefficient de corrélation linéaire de Pearson.

Utilisation de la loi normale centrée réduite (n > 30)

Si le nombre de couples d'observations est supérieur à 30, on peut alors utiliser le fait que, sous l'hypothèse H_0 : ρ_S = 0, les fluctuations d'échantillonnage du coefficient de corrélation de rangs de Spearman sont approximativement distribuées selon une loi normale de moyenne 0 et d'écart-type $\sigma(r_S) = \dfrac{1}{\sqrt{n-1}}$. Les fluctuations de l'écart réduit

$$Z = \frac{r_s - 0}{1/\sqrt{n-1}} = r_s\sqrt{n-1}$$

sont celles de la loi normale centrée réduite.

On pourrait également se servir de cette formule pour obtenir d'autres valeurs critiques r_s^* lorsque $n > 30$:

$$r_s^* = \frac{z_\alpha}{\sqrt{n-1}}$$

où z_α s'obtient de la table de la loi normale centrée réduite. Au seuil de signification α: $P(0 \leq Z \leq z_\alpha) = 0,5 - \alpha$.

Règles de décision selon les diverses hypothèses

Les règles de décision peuvent se résumer comme suit pour le test de l'hypothèse nulle $H_0 : \rho_s = 0$ et les diverses hypothèses H_1, au seuil de signification α.

Hypothèses statistiques	Règles de décision	
	Valeurs critiques de r_s	Ecart réduit $(n > 30)$
$H_0: \rho_s = 0$ $H_1: \rho_s \neq 0$	Rejet de H_0 si $r_s > r_s^*$ ou $r_s < -r_s^*$	Rejet de H_0 si $Z > z_{\alpha/2}$ ou $Z < -z_{\alpha/2}$
$H_0: \rho_s = 0$ $H_1: \rho_s > 0$	Rejet de H_0 si $r_s > r_s^*$	Rejet de H_0 si $Z > z_\alpha$
$H_0: \rho_s = 0$ $H_1: \rho_s < 0$	Rejet de H_0 si $r_s < -r_s^*$	Rejet de H_0 si $Z < -z_\alpha$

Remarque. La seule condition d'application requise pour exécuter un test sur le coefficient de corrélation de rangs de Spearman est que l'on ait prélevé un échantillon aléatoire d'une population à deux dimensions dont les deux variables concernées sont indépendantes c.-à-d. que les classements de ces deux variables sur une échelle ordinale sont indépendants ($\rho_s = 0$).

Cette condition est donc beaucoup moins exigeante que celle associée au coefficient de corrélation linéaire de Pearson où l'on exige une population **normale** à deux dimensions. Pour cette raison, on dit que l'analyse de corrélation de rangs est une **méthode non paramétrique**, n'ayant aucune exigence restrictive sur la forme de la population.

EXEMPLE 8.   Calcul du coefficient de corrélation de rangs de Spearman et test d'indépendance des deux variables.

Utilisons les données de l'exemple 7 (l'entreprise NICOM), et calculons le coefficient de corrélation de rangs de Spearman. Nous testerons par la suite si les résultats obtenus à la simulation de gestion et la moyenne cumulative des participants sont indépendants ou s'ils présentent une liaison positive.

Calcul du coefficient de corrélation de Spearman

Les rangs pour chaque variable ont déjà été obtenus. Calculons r_s.

Participant i	$R(x_i)$	$R(y_i)$	$d_i = R(x_i) - R(y_i)$	d_i^2
1	10	12	- 2	4
2	3	3	0	0
3	5	5	0	0
4	8,5	9,5	- 1	1
5	2	4	- 2	4
6	1	1	0	0
7	6	7	- 1	1
8	11	9,5	1,5	2,25
9	12	11	1	1
10	8,5	6	2,5	6,25
11	7	8	- 1	1
12	4	2	2	4

$$\sum_{i=1}^{12} d_i^2 = 24,5$$

$$r_s = 1 - \frac{6 \sum d_i^2}{n(n^2 - 1)}$$

$$= 1 - \frac{(6)(24,5)}{(12)(144-1)}$$

$$= 1 - \frac{147}{1716}$$

$$= 1 - 0,0857 = 0,9143$$

Test sur l'indépendance des deux caractères

Testons maintenant s'il est vraisemblable d'affirmer que les résultats à la simulation de gestion et la moyenne cumulative des participants sont indépendants ou s'il est plus vraisemblable de considérer que ces deux variables sont liées positivement, c.-à-d. ceux ayant une forte moyenne cumulative ont tendance à obtenir de meilleurs résultats à la simulation de gestion.

Les valeurs numériques de ces deux variables ayant été converties en rangs, notre test portera sur le coefficient de corrélation de rangs de Spearman.

**Exécution du test d'indépendance entre
deux variables à l'aide du coefficient
de corrélation de rangs de Spearman**

1. **Hypothèses statistiques.**

   $H_0: \rho_s = 0$, $H_1: \rho_s > 0$.

2. **Seuil de signification.**

   $\alpha = 0,05$.

3. **Condition d'application du test.** On suppose que l'on a prélevé un échantillon aléatoire d'une population à deux dimensions dont les deux variables sont indépendantes ($\rho_s = 0$).

4. La **statistique** qui convient pour ce test est r_s, le coefficient de corrélation de rangs de Spearman.

5. **Règle de décision.** D'après H_1 et au seuil $\alpha = 0,05$, la valeur critique de r_s est $r_s^* = 0,4965$.

   On adoptera la règle de décision suivante:

   Rejeter H_0 si $r_s > 0,4965$.

6. **Calcul de la statistique r_s.**

   D'après les calculs précédents, on obtient $r_s = 0,9143$.

7. **Décision et conclusion.** Puisque $r_s = 0,9143 > 0,4965$, nous rejetons H_0. Le coefficient r_s est significatif au seuil $\alpha = 0,05$.

Les résultats observés semblent favoriser fortement l'hypothèse selon laquelle la moyenne cumulative et les résultats à la simulation de gestion sont liés positivement.

A noter que le coefficient de corrélation linéaire de Pearson donne pour les deux variables observées $r = 0,9082$.

PROBLÈMES

1. On donne les couples d'observations suivants:

x_i	2	4	5	7	8	10	12	16
y_i	12	17	20	28	31	35	40	57

a) Reporter sur un graphique les couples (x_i, y_i).

b) Est-ce que le nuage de points permet de déceler que ces deux variables sont en corrélation?

c) Que peut-on dire quant à la forme de la liaison statistique qui peut exister entre ces deux variables?

d) Calculer le coefficient de corrélation linéaire.

2. On donne les couples d'observations suivants:

x_i	2	4	6	7	8	10	11	12
y_i	40	32	28	25	16	11	5	3

a) Tracer le diagramme de dispersion.

b) L'examen du diagramme permet-il de considérer que les deux variables varient dans le même sens?

c) Est-ce que le diagramme suggère que la liaison entre Y et X est de forme linéaire?

d) Calculer le coefficient de corrélation linéaire.

3. On donne les couples d'observations suivants:

x_i	0	1	2	3	4	5	6	7	8
y_i	50	43	38	35	34	35	38	43	50

a) Reporter ces observations sur un graphique.

b) Calculer le coefficient de corrélation linéaire.

c) A partir de la valeur obtenue en b), peut-on déduire que ces deux variables sont indépendantes?

d) Est-ce que le calcul du coefficient de corrélation linéaire est approprié ici? Justifier votre conclusion.

4. On a observé chez des sujets adultes, la pression systolique (pression vasculaire maximale) en mm de mercure et la fréquence cardiaque en battements par minute. Les observations sont présentées dans le tableau suivant.

a) Calculer le coefficient de corrélation entre ces deux variables.

b) En utilisant la valeur critique de r, pour une taille d'échantillon $n = 12$ et un seuil $\alpha = 0,05$, peut-on conclure à la présence d'une corrélation linéaire positive entre ces deux variables?

c) Quelle indication donne le diagramme de dispersion?

Pression systolique	Fréquence cardiaque
120	88
162	68
112	72
112	62
158	80
132	60
136	72
132	72
126	72
152	75
164	72
130	75

5. On fait passer un examen écrit à 10 conducteurs pour vérifier leurs connaissances sur la conduite automobile (compréhension des signes routiers...).

Le tableau ci-contre indique le résultat obtenu à l'examen ainsi que le nombre d'années d'expérience de la conduite automobile.

Résultat (%)	Nombre d'années
60	6
65	4
70	7
67	9
75	4
75	10
80	6
78	7
85	4
82	8

a) Calculer le coefficient de corrélation linéaire entre ces deux variables.

b) Est-ce que la valeur de r est suffisamment élevée, au seuil $\alpha = 0,05$, pour conclure que ces deux variables sont corrélées?

6. Le responsable du bureau d'Organisation et Méthodes d'une entreprise a relevé le temps nécessaire en centiheures pour constituer un dossier en fonction du nombre de feuillets à établir. L'étude de 39 dossiers permet d'obtenir une corrélation r = 0,82 entre ces deux variables.

a) En supposant que les dossiers qui ont constitué l'étude représente un échantillon aléatoire parmi les nombreux dossiers que l'entreprise doit établir, estimer par intervalle, le coefficient de corrélation ρ, avec un niveau de confiance de 95%.

b) Est-ce que l'intervalle de confiance calculé en a) permet de supporter l'hypothèse $H_0 : \rho = 0$, au seuil $\alpha = 0,05$?

c) D'après cette étude, le temps requis pour constituer un dossier de 16 feuillets est-il inférieur, égal ou supérieur à un dossier comportant 12 feuillets. Motiver votre réponse.

7. Dans une pré-enquête sur les habitudes de consommation, on a obtenu, auprès d'un échantillon de 30 familles, les données suivantes concernant les dépenses (en centaines de dollars) pour les loisirs et le revenu annuel (en milliers de dollars).

Dépenses $X10^2$	Revenu $X10^3$	Dépenses $X10^2$	Revenu $X10^3$	Dépenses $X10^2$	Revenu $X10^3$
2,4	10	8,8	23	7,4	25
3,6	14	8,0	25	6,5	17
2,6	12	4,5	20	4,4	12
4,1	18	6,2	20	5,5	20
4,0	16	6,8	24	7,0	23
5,0	14	3,5	12	6,1	22
4,8	22	3,0	15	6,2	26
8,6	28	6,0	18	8,0	22
9,0	26	5,8	14	7,1	18
5,6	16	7,0	26	7,0	21

a) Calculer le coefficient de corrélation linéaire.

b) Est-ce que ces données permettent de supporter, au seuil de signification α = 0,05, l'hypothèse selon laquelle il y a absence de corrélation
   linéaire entre ces deux variables?

c) Pour cette taille d'échantillon, quelles sont les valeurs critiques que
   le coefficient de corrélation de l'échantillon doit dépasser pour s'avérer significatif au seuil α = 0,05? Avec la valeur r obtenue en a), que
   peut-on conclure?

d) Estimer par intervalle de confiance le coefficient de corrélation ρ de
   la population avec un niveau de confiance de 95%.

e) Est-ce que cet intervalle encadre la valeur ρ = 0? Que peut-on conclure
   alors?

f) D'après cette étude de corrélation, les dépenses pour les loisirs des
   familles de la population échantillonnée ayant un revenu annuel de
   $20 000 sont-elles inférieures, égales ou supérieures aux dépenses de
   familles ayant un revenu annuel de $16 000?

8. La responsable de l'agence immobilière Somax a comparé, pour un échantillon de 28 maisons situées dans la même municipalité, le prix de vente et
le montant annuel des taxes municipales. Les calculs conduisent à un coefficient de corrélation linéaire, r = +0,76.

a) Estimer par intervalle le coefficient de corrélation ρ. Utiliser un
   niveau de confiance de 95%.

b) Est-ce que cet intervalle permettrait de considérer comme plausible
   l'hypothèse selon laquelle le degré de corrélation linéaire entre ces
   deux variables pour l'ensemble des maisons de cette municipalité est
   ρ = 0,90?

9. Dans une étude sur l'efficience physique chez de jeunes enfants (9 à 11
ans), on a déterminé, lors d'un exercice sur un ergomètre (tapis roulant) le
rythme cardiaque maximum (battements/min) de chaque sujet. Pour permettre
d'apprécier le mécanisme anaérobique des sujets, une ponction veineuse a été
effectuée au bras de chaque sujet, deux minutes après l'effort maximal afin
d'obtenir la concentration sanguine d'acide lactique en mg/100 ml. Le tableau suivant présente les observations sur 32 sujets.

Rythme cardiaque	Acide lactique	Rythme cardiaque	Acide lactique	Rythme cardiaque	Acide lactique	Rythme cardiaque	Acide lactique
182	29,2	195	32,2	206	37,6	191	22,0
191	32,2	204	23,5	225	39,4	195	31,0
195	27,7	206	23,4	191	34,9	200	18,3
202	23,4	220	46,0	195	32,4	204	36,9
204	25,7	188	32,2	195	34,3	210	44,2
220	41,0	195	32,4	204	37,1	225	46,3
183	24,9	195	33,1	209	21,8	210	44,5
193	17,9	204	23,4	225	40,2	208	48,0

En dénotant par X, le rythme cardiaque et par Y, la concentration sanguine d'acide lactique, les calculs préliminaires conduisent à:

$n = 32$, $\sum x_i = 6470$, $\sum y_i = 1037,1$

$\sum x_i y_i = 211\ 395,9$, $\sum x_i^2 = 1\ 312\ 400$, $\sum y_i^2 = 35\ 869,81$.

a) Calculer le coefficient de corrélation linéaire.

b) Calculer, avec un niveau de confiance de 99%, un intervalle de confiance autour de ρ.

c) Avec cet intervalle, peut-on conclure que la corrélation est significative au seuil $\alpha = 0,01$?

10.   Une organisation gouvernementale a développé une batterie de tests mesurant diverses aptitudes.   Cette batterie de tests a été administrée à un échantillon d'étudiants(es) en ingénierie ainsi qu'à un échantillon d'étudiants(es) en gestion des affaires.   La corrélation entre les résultats associés à diverses aptitudes et la moyenne cumulative des participants a été calculée. Les diverses corrélations obtenues sont résumées dans le tableau ci-après.

Aptitudes	Ingénierie (n_1 = 47)	Gestion des affaires (n_2 = 33)
Aptitude verbale	0,40	0,59
Aptitude numérique	0,27	0,40
Aptitude spatiale	0,34	0,11
Perception des formes	0,36	0,25
Dextérité manuelle	0,04	-0,13

a) Déterminer, pour chaque échantillon, la valeur critique du coefficient de corrélation linéaire pour conclure à une corrélation linéaire significative au seuil $\alpha = 0,05$?

b) Indiquer, dans chaque cas, quelles sont les corrélations qui sont significatives d'après les valeurs critiques obtenues en a).

11. On peut tester l'égalité de deux coefficients de corrélation linéaire ($H_0 : \rho_1 = \rho_2$) à l'aide de l'écart réduit

$$ Z = \frac{z_1' - z_2'}{\sqrt{\dfrac{1}{n_1 - 3} + \dfrac{1}{n_2 - 3}}} $$

qui est distribué selon une loi normale centrée réduite pour des échantillons $n_1 \geq 25$, $n_2 \geq 25$.   Les valeurs z_1' et z_2' sont celles obtenues de la transformation de Fisher, pour les coefficients respectifs r_1 et r_2 de chaque échantillon.

Les règles de décision selon les hypothèses H_1 sont les suivantes, au seuil de signification α:

$H_1 : \rho_1 \neq \rho_2$: rejet de H_0 si $Z > z_{\alpha/2}$ ou $Z < -z_{\alpha/2}$

$H_1 : \rho_1 > \rho_2$: rejet de H_0 si $Z > z_\alpha$

$H_1 : \rho_1 < \rho_2$: rejet de H_0 si $Z < -z_\alpha$

a) En utilisant les corrélations présentées au problème 10, tester l'hypothèse $H_0 : \rho_1 = \rho_2$ contre l'hypothèse $H_1 : \rho_1 < \rho_2$ (l'indice 1 représentant le coefficient pour l'ingénierie et l'indice 2 celui pour gestion des affaires) pour la corrélation entre l'aptitude verbale et la moyenne cumulative. Utiliser $\alpha = 0,05$.

b) Tester cette fois l'hypothèse $H_0 : \rho_1 = \rho_2$ au seuil $\alpha = 0,05$ pour la corrélation entre la perception des formes et la moyenne cumulative.

12. Une revue se spécialisant dans l'évaluation de divers produits électroniques pour le bénéfice des consommateurs a évalué les récepteurs stéréophoniques de diverses marques. L'évaluation globale de chaque appareil sur une échelle de 0 (très mauvaise qualité) à 10 (excellente qualité) ainsi que le prix suggéré sont les suivants:

Marque	A	B	C	D	E	F	G	H	I	J
Appréciation globale	7,5	8,4	8,0	8,8	9,0	7,0	7,4	7,7	8,3	8,6
Prix	$270	$750	$600	$550	$400	$400	$900	$400	$215	$989

a) Transformer ces valeurs en rangs associant le rang 1 à l'appréciation globale la plus élevée; faire de même pour les prix en associant le rang 1 au prix le plus élevé et ainsi de suite jusqu'au rang 10 pour le prix le moins élevé.

b) Calculer le coefficient de corrélation de rangs.

c) Tester l'hypothèse selon laquelle l'appréciation globale et le prix sont indépendants contre l'hypothèse qu'ils sont liés positivement. Utiliser $\alpha = 0,05$.

13. Une entreprise oeuvrant dans le domaine alimentaire veut obtenir une évaluation de 12 nouveaux desserts qu'elle envisage de mettre sur le marché prochainement. Chaque dessert a été évalué par un groupe de consommateurs selon l'apparence et le goût sur une échelle de 1 (la plus faible préférence) à 5 (la plus forte préférence). On a par la suite déterminé, pour chaque dessert, le niveau moyen de préférence de chaque critère. Les résultats se présentent comme suit:

Dessert	A	B	C	D	E	F	G	H	I	J	K	L
Goût	4,03	3,92	3,88	3,83	3,82	3,70	3,60	3,50	3,35	3,32	3,04	2,59
Apparence	3,11	3,22	3,21	2,93	3,27	3,26	3,08	3,23	2,85	3,19	3,51	2,91

a) Transformer ces évaluations par ordre d'importance en associant le rang 1 au niveau moyen de préférence le plus élevé et le dernier rang au niveau moyen le plus faible.

b) Calculer le coefficient de corrélation de rangs entre les deux classements.

c) Tester, au seuil de signification α = 0,05, l'hypothèse selon laquelle le niveau de préférence associé au goût est indépendant de celui associé à l'apparence du produit.

14. Deux agents recruteurs de l'entreprise Quantek effectuent actuellement du recrutement pour combler certains postes dans le secteur de la micro-informatique à son bureau de Montréal.

Quatorze candidats(es) ont été interviewvés(es) indépendamment par chacun des agents recruteurs. L'évaluation respective des candidats(es) par chaque agent recruteur a été remise au responsable des ressources humaines de l'entreprise. Les évaluations respectives sous forme de rangs de chaque agent recruteur sont les suivantes:

Candidat	1	2	3	4	5	6	7	8	9	10	11	12	13	14
Agent A	8	7	9	6	5	14	4	3	10	13	2	12	11	1
Agent B	7	9	5	6	8	14	3	1	10	13	2	11	12	4

a) Calculer le coefficient de corrélation de rangs entre les évaluations des candidats(es) des deux agents recruteurs.

b) Est-ce que le responsable des ressources humaines peut conclure, au seuil de signification α = 0,01, que l'appréciation des agents recruteurs pour les candidats(es) va dans le même sens?

AUTO-ÉVALUATION DES CONNAISSANCES

Test 12

Répondre par Vrai ou Faux ou compléter s'il y a lieu. Dans le cas où c'est faux, indiquer la bonne réponse.

1. Rechercher s'il y a corrélation entre deux variables consiste à déterminer si les variations de deux variables sont liées entre elles.   V   F

2. Lorsque les variations de deux variables se produisent dans le sens contraire, on dit qu'il y a présence de corrélation positive.   V   F

3. L'existence d'une corrélation entre deux variables aléatoires peut être décelée graphiquement. Comment appelle-t-on le graphique correspondant aux couples d'observations (x_i, y_i)? _____.

4. Lorsque les points expérimentaux ont tendance à s'aligner selon une droite de pente positive ou négative, nous disons qu'il y a corrélation linéaire entre les variables observées.   V   F

5. Si Y croît en même temps que X, la corrélation est dite inverse ou négative.   V   F

6. Quelle quantité permet d'estimer l'intensité de la liaison linéaire entre deux variables? _____.

7. La valeur du coefficient de corrélation r peut varier entre 0 et 1.   V   F

8. Si la somme des produits $(x_i - \overline{x})(y_i - \overline{y})$ est de signe négatif, le coefficient de corrélation linéaire sera également de signe négatif.   V   F

9. Lorsque le coefficient de corrélation linéaire entre deux variables est nul, ceci implique nécessairement qu'il y a absence de liaison entre les variables.   V   F

10. Quel symbole est utilisé pour identifier le coefficient de corrélation linéaire de la population? _____.

11. Si deux variables aléatoires sont indépendantes, alors $\rho = 0$.   V   F

12. Si $\rho = 0$, on peut dire alors que les deux variables aléatoires concernées sont obligatoirement indépendantes.   V   F

13. Lorsqu'on veut tester l'hypothèse selon laquelle il y a absence de corrélation linéaire entre deux variables aléatoires, on pose comme hypothèse nulle $H_0 : \rho = 0$.   V   F

14. Nous disons que la valeur de r est statistiquement significative lorsque nous ne pouvons rejeter l'hypothèse nulle $H_0 : \rho = 0$.   V   F.

15. La distribution d'échantillonnage de r est symétrique dans le cas où $\rho = 0,5$.   V   F

16. Un test d'hypothèse sur ρ dont la valeur posée en H_0 est autre que 0 requiert l'utilisation de la distribution de Student dans l'exécution du test.   V   F

17. Le calcul d'un intervalle de confiance sur ρ nécessite toujours, en autant que $n \geq 25$, l'utilisation de la transformation de Fisher.   V   F

18. On peut évaluer le degré de dépendance entre deux caractères lorsque les valeurs de ces caractères sont observées ou transformées selon une échelle ordinale à l'aide du coefficient de corrélation de rangs de Spearman.   V   F

19. Dans le cas où les caractères sont mutuellement indépendants, le coefficient de rangs de Spearman est nul.   V   F

20. Dans le cas d'un test sur l'hypothèse $H_0 : \rho_s = 0$, il faut que l'échantillon ait été prélevé d'une population normale à deux dimensions.   V   F

LIAISON ENTRE DEUX VARIABLES QUANTITATIVES

CHAPITRE 13

Ajustement linéaire: régression approche descriptive

SOMMAIRE

- Objectifs pédagogiques

- Introduction

- Choix de la variable dépendante

- Détermination de la droite de régression: méthode des moindres carrés

- Décomposition de la variation

- La corrélation n'implique pas une relation de cause à effet

- La régression sur micro-ordinateur: Le programme "CORREG"

- Problèmes

- Auto-évaluation des connaissances - Test 13

Après avoir complété l'étude du chapitre 13, vous pourrez:

1. distinguer, dans le cas de l'ajustement linéaire, entre variable dépendante et variable explicative;

2. expliquer en quoi consiste la méthode d'ajustement dite méthode des moindres carrés;

3. calculer les coefficients de la droite de régression;

4. utiliser la droite de régression comme outil de prévision;

5. décomposer la variation existante dans la variable dépendante en variation expliquée par la droite de régression et en variation résiduelle;

6. calculer les sommes de carrés associées aux diverses sources de fluctuations;

7. calculer et interpréter le coefficient de détermination.

CHAPITRE 13
AJUSTEMENT LINÉAIRE: RÉGRESSION APPROCHE DESCRIPTIVE

INTRODUCTION

Comme nous l'avons vu dans le chapitre précédent, le coefficient de corrélation linéaire nous donne une indication de l'intensité de la liaison linéaire entre deux variables. Il permet d'obtenir une mesure de la tendance qu'ont les observations de deux variables concernées à varier dans le même sens ou dans le sens inverse.

Lorsque cette corrélation linéaire s'avère significative, on peut envisager, à l'aide d'une méthode d'ajustement appropriée, d'établir l'équation de la liaison linéaire existant entre les deux variables. Nous nous limiterons ici au cas de l'ajustement linéaire, c.-à-d. au cas où la forme de la liaison entre les deux variables s'exprime algébriquement par l'équation d'une droite. On recherche alors la droite qui s'ajuste le mieux aux observations et on l'appellera droite de régression.

CHOIX DE LA VARIABLE DÉPENDANTE

Cette recherche de l'équation de la droite qui met en relation deux variables permettra d'obtenir un outil de prévision: on pourra estimer ou prévoir, à l'aide de cette équation, les valeurs d'une variable à partir des valeurs prises par l'autre variable.

Il faut d'abord convenir de la variable que nous allons exprimer en fonction de l'autre. Ce choix est important et permettra d'identifier la variable dépendante ou expliquée que nous notons Y et la variable indépendante ou explicative que nous notons X.

Bien que sur le plan purement théorique, on peut établir une droite de régression de Y par rapport à X et une autre de X par rapport à Y, l'une peut être dénudée de tout sens pratique. Ainsi dans l'exemple 1 du chapitre précédent, il y aurait lieu de soupçonner que les fluctuations observées dans le temps requis pour compléter une tâche spécifique peuvent être attribuables (du moins en partie) au niveau de bruit dans l'environnement du poste de travail. Dans ce cas, il serait logique de choisir le temps comme variable dépendante (Y) et le niveau de bruit comme variable explicative (X) et d'établir par la suite, la droite de régression de Y par rapport à X. L'opération inverse serait dénudée de sens: essayer d'expliquer les fluctuations dans le niveau de bruit par le temps requis pour accomplir une certaine tâche aurait peu de signification pratique.

Le choix d'essayer d'expliquer les fluctuations d'une variable par une autre devra donc être dicté par l'aspect pratique, physique ou économique du phénomène étudié.

DÉTERMINATION DE LA DROITE DE RÉGRESSION: MÉTHODE DES MOINDRES CARRÉS

La droite de régression ne permet pas d'établir avec exactitude la relation fonctionnelle qui lie une variable dépendante à une variable explicative; elle n'en fournit qu'une approximation. On veut toutefois obtenir
une droite qui s'ajuste le mieux possible aux points du diagramme de dispersion. Plusieurs droites peuvent s'ajuster à un nuage de points mais parmi
toutes ces droites, on veut retenir celle qui jouit d'une propriété remarquable: **celle qui permet de rendre minimum la somme des carrés des écarts
des points observés y_i à la droite.**

Soit un échantillon de n couples
d'observations (x_i, y_i) dont la disposition des points pourrait être
celle de la figure ci-contre.   On
aurait pu tracer, à l'oeil, une
droite d'ajustement mais elle ne
jouira pas nécessairement de la
propriété remarquable de la droite
des moindres carrés.

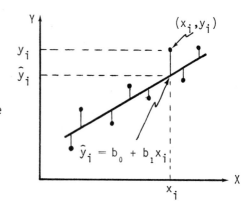

Notons par $\hat{y}_i = b_0 + b_1 x_i$, l'é-
quation de la droite où b_0 représente l'ordonnée à l'origine et b_1,
la pente de la droite.

$\hat{y}_i$ représente la valeur estimée (ou prévue) de la variable dépendante pour
une valeur particulière x_i de la variable explicative (indépendante).

Représentons par e_i l'écart vertical entre la valeur observée y_i et l'estimation $\hat{y}_i$ obtenue de la droite de régression à $X = x_i$:

$$e_i = y_i - \hat{y}_i = y_i - b_0 - b_1 x_i, \quad i = 1,\dots,n.$$

La somme des carrés de ces écarts pour l'ensemble des points est égale
à

$$S = e_1^2 + e_2^2 + \dots + e_n^2 = \sum e_i^2$$

$$S = \sum (y_i - \hat{y}_i)^2 = \sum (y_i - b_0 - b_1 x_i)^2$$

Somme des carrés des écarts

Il s'agit de déterminer les expressions de b_0 et de b_1 de telle sorte
que la somme S soit la plus petite possible (minimale).

Pour obtenir ces expressions, on applique la méthode d'ajustement dite
méthode des moindres carrés qui consiste à déterminer l'équation de la droite pour laquelle la somme des carrés des écarts verticaux des points observés
y_i à la droite est minimum. La droite ainsi obtenue est dite **droite des
moindres carrés** ou **droite de régression.**

Calcul de la droite de régression

Le calcul des coefficients b_0 et b_1 de la droite de régression $\hat{y}_i = b_0 + b_1 x_i$ s'obtient, pour un échantillon de n couples d'observations (x_i, y_i) à l'aide des expressions suivantes:

$$b_1 = \frac{\sum(x_i - \bar{x})(y_i - \bar{y})}{\sum(x_i - \bar{x})^2} = \frac{n\sum x_i y_i - (\sum x_i)(\sum y_i)}{n\sum x_i^2 - (\sum x_i)^2}$$

$$= \frac{\sum x_i y_i - \dfrac{(\sum x_i)(\sum y_i)}{n}}{\sum x_i^2 - \dfrac{(\sum x_i)^2}{n}}$$

$$b_0 = \bar{y} - b_1\bar{x} \quad \text{où} \quad \bar{y} = \frac{\sum y_i}{n} \quad \text{et} \quad \bar{x} = \frac{\sum x_i}{n}$$

Remarques. a) Pour ceux qui sont familiers avec les notions de calcul différentiel, il suffit, pour minimiser S, d'annuler les dérivées partielles de S par rapport à b_0 et à b_1. On obtient alors

$$\sum(y_i - b_0 - b_1 x_i) = 0 \qquad (\sum e_i = 0)$$

$$\sum x_i(y_i - b_0 - b_1 x_i) = 0 \qquad (\sum x_i e_i = 0)$$

et par la suite les deux équations

$$n b_0 + b_1 \sum x_i = \sum y_i$$

$$b_0 \sum x_i + b_1 \sum x_i^2 = \sum x_i y_i$$

dont la résolution permet d'obtenir les expressions de b_0 et b_1 énoncées précédemment.

b) L'écart $e_i = y_i - \hat{y}_i$ est appelé **résidu ou écart de prévision** et la somme de carrés $\sum_i e_i^2 = \sum(y_i - \hat{y}_i)^2$, la **somme de carrés résiduelle** ou **variation résiduelle**. Elle permettra d'obtenir une mesure de l'ampleur de l'éparpillement (la dispersion) des observations y_i autour de la droite de régression. Plus les points seront serrés autour de la droite de régression, plus la valeur de $\sum(y_i - \hat{y}_i)^2$ sera faible.

c) Le numérateur dans l'expression de b_1 est le même que le coefficient de corrélation r et on vérifie aisément que $b_1 = r \cdot \dfrac{s(X)}{s(Y)}$ où

$$s(X) = \sqrt{\frac{\sum(x_i - \bar{x})^2}{n-1}} \quad \text{et} \quad s(Y) = \sqrt{\frac{\sum(y_i - \bar{y})^2}{n-1}}$$

EXEMPLE 1.   Comparaison de diverses droites d'ajustement.

Pour illustrer que la droite obtenue par la méthode des moindres carrés est bien la meilleure droite d'ajustement (celle qui va minimiser les erreurs de prévision pour l'échantillon observé si la relation entre Y et X est linéaire), considérons les droites d'ajustement suivantes pour les couples d'observations présentés dans le tableau ci-contre.

y_i	x_i
24	10
40	20
36	30
45	40
55	50

Nous avons limité le nombre d'observations pour faciliter la manipulation.

Calculons pour chacune la somme des carrés résiduelle $\sum(y_i - \hat{y}_i)^2$.

a)   Droite d'ajustement

$$\hat{y}_i = \bar{y} = \frac{200}{5} = 40.$$

On utilise uniquement la moyenne $\bar{y}$ pour estimer les y_i, peu importe la valeur x_i.

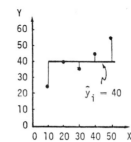

y_i	$\hat{y}_i$	$y_i - \hat{y}_i$	$(y_i - \hat{y}_i)^2$
24	40	-16	256
40	40	0	0
36	40	- 4	16
45	40	5	25
55	40	15	225
		$\sum(y_i - \hat{y}_i)^2 =$	522

b)   Droite d'ajustement

$$\hat{y}_i = 18 + 0,6\,x_i$$

passant par les points $(10,24)30,36)$.   Substituant dans cette équation chaque valeur x_i, on obtient les valeurs estimées $\hat{y}_i$ du tableau ci-contre.

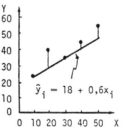

y_i	$\hat{y}_i$	$y_i - \hat{y}_i$	$(y_i - \hat{y}_i)^2$
24	24	0	0
40	30	10	100
36	36	0	0
45	42	3	9
55	48	7	49
		$\sum(y_i - \hat{y}_i)^2 =$	158

c)   Droite d'ajustement

$$\hat{y}_i = 35 + 0,25\,x_i$$

passant par les points $(20,40)(40,45)$.   Calculons avec cette équation le carré des écarts $y_i - \hat{y}_i$.

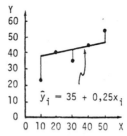

y_i	$\hat{y}_i$	$y_i - \hat{y}_i$	$(y_i - \hat{y}_i)^2$
24	37,5	-13,5	182,25
40	40,0	0	0
36	42,5	- 6,5	42,25
45	45,0	0	0
55	47,5	7,5	56,25
		$\sum(y_i - \hat{y}_i)^2 =$	280,75

Remarque.   Les droites b) et c) ont été obtenues à l'aide de la relation employée en géométrie analytique, soit $\dfrac{y - y_1}{x - x_1} = \dfrac{y_2 - y_1}{x_2 - x_1}$ où (x_1, y_1) et (x_2, y_2) sont deux points de la droite.

Parmi les trois droites d'ajustement a), b) et c), c'est la droite b) qui donne la plus faible valeur de $\sum(y_i - \hat{y}_i)^2$. On pourrait encore continuer le processus d'ajustement tel que nous l'avons fait. Toutefois la seule méthode qui garantit que $\sum(y_i - \hat{y})^2$ sera minimale est celle des moindres carrés.

y_i	x_i	$x_i y_i$	x_i^2
24	10	240	100
40	20	800	400
36	30	1080	900
45	40	1800	1600
55	50	2750	2500
$\sum$: 200	150	6670	5500

d) Droite des moindres carrés. Pour ajuster la droite de régression aux observations (x_i, y_i), par la méthode des moindres carrés, on se sert des expressions b_0 et b_1 mentionnées précédemment.

On obtient pour la pente b:

$$b_1 = \frac{n \sum x_i y_i - (\sum x_i)(\sum y_i)}{n \sum x_i^2 - (\sum x_i)^2}$$

$$= \frac{(5)(6670) - (150)(200)}{(5)(5500) - (150)^2}$$

$$= \frac{33\ 350 - 30\ 000}{27\ 500 - 22\ 500} = \frac{3350}{500}$$

$$= 0,67.$$

$\hat{y}_i = 19,9 + 0,67 x_i$

L'ordonnée à l'origine est $b_0 = \bar{y} - b_1 \bar{x} = \frac{200}{5} - (0,67)\frac{(150)}{5}$

$$= 40 - 20,1 = 19,9.$$

La droite des moindres carrés est donc:

$$\hat{y}_i = 19,9 + 0,67 x_i.$$

Droite des moindres carrés

Calculons la somme des carrés des écarts $(y_i - \hat{y}_i)$.

x_i	y_i	$\hat{y}_i$	$y_i - \hat{y}_i$	$(y_i - \hat{y}_i)^2$
10	24	26,6	- 2,6	6,76
20	40	33,3	6,7	44,89
30	36	40,0	- 4,0	16,00
40	45	46,7	- 1,7	2,89
50	55	53,4	1,6	2,56
		$\sum(y_i - \hat{y}_i)^2 =$		73,1

La droite des moindres carrés donne la plus faible somme de carrés résiduelle $(\sum e_i^2)$ parmi toutes les autres droites que l'on pourrait ajuster à cet ensemble d'observations.

Remarques.   a)   Seule la droite des moindres carrés satisfait aux restrictions $\sum e_i = 0$ et $\sum x_i e_i = 0$ et assure que $\sum(y_i - \hat{y}_i)^2$ est minimale. **Cette
droite est unique pour l'échantillon observé.**

b)   La droite de régression passe toujours par le point $(\overline{x},\overline{y})$ et
peut également s'écrire

$$\hat{y}_i = b_0 + b_1 x_i = \overline{y} - b_1 \overline{x} + b_1 x_i = \overline{y} + b_1 (x_i - \overline{x})$$

puisque $b_0 = \overline{y} - b_1 \overline{x}$. A $x_i = \overline{x}$, $\hat{y}_i = \overline{y} + b_1 (\overline{x} - \overline{x}) = \overline{y}$.

EXEMPLE 2.   Discussion sur l'utilité pratique de la droite de régression.

Le comptable de l'entreprise Samson et Fils a obtenu l'information suivante
sur le coût de la main-d'oeuvre (Y) associé à la fabrication de 12 lots
de diverses tailles (X) pour une pièce particulière. La machinerie utilisée
par les employés est assez complexe et nécessite souvent des ajustements
avant et durant la production, affectant ainsi les coûts de production.

a)   Traçons le diagramme de dispersion des couples (x_i, y_i). Peut-on soupçonner une liaison linéaire entre les coûts de la main-d'oeuvre (Y) et
la taille (X) des différents lots?

y_i	x_i
($) 982	46
855	34
941	42
920	40
1040	52
842	34
760	24
910	42
985	50
964	44
810	30
947	42

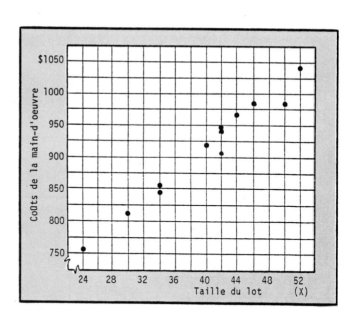

Une liaison linéaire entre les coûts de la main-d'oeuvre et la taille des
lots fabriqués semble très plausible. Les points ont tendance à s'aligner selon une droite de pente positive.

b)   Calculons les coefficients b_0 et b_1 de la droite de régression.

Les calculs préliminaires conduisent à:

b) Calculons les coefficients b_0 et b_1 de la droite de régression.

Les calculs préliminaires conduisent à:

$$\sum x_i = 480, \quad \sum y_i = 10\ 956, \quad \sum x_i y_i = 445\ 472, \quad \sum x_i^2 = 19\ 936.$$

Calcul de b_0 et de b_1

$$b_1 = \frac{n \sum x_i y_i - (\sum x_i)(\sum y_i)}{n \sum x_i^2 - (\sum x_i)^2} = \frac{5\ 345\ 664 - 5\ 258\ 880}{239\ 232 - 230\ 400} = \frac{86\ 784}{8832} = 9,826$$

$$b_0 = \overline{y} - b_1 \overline{x} = \frac{10\ 956}{12} - 9,826\ (\frac{480}{12}) = 913 - 393,04 = 519,96.$$

L'équation de la droite de régression peut donc d'écrire:

$$\hat{y}_i = b_0 + b_1 x_i \qquad = 519,96 + 9,82 x_i \qquad \text{ou}$$

$$\hat{y}_i = \overline{y} + b_1 (x_i - \overline{x}) \qquad = 913 + 9,826(x_i - 40).$$

Interprétation de b_1 et de la droite de régression

Pour le comptable, la valeur de b_1, pente de la droite, représente l'augmentation du coût de la main-d'oeuvre pour une augmentation unitaire de la taille d'un lot. La droite de régression quant à elle permet de rendre compte de l'évolution des coûts de la main-d'oeuvre en fonction de la taille des lots.

c) Prévision des coûts de la main-d'oeuvre pour un lot de 50 pièces. Le comptable veut utiliser la droite de régression pour prévoir les coûts de la main-d'oeuvre pour un lot de taille x = 50 pièces. Calculons cette prévision.

Prévision avec la droite de régression

$$\hat{y} = 519,96 + (9,826)(50) = 519,96 + 491,3 = \$1011,26.$$

Ceci lui paraît l'estimation la plus plausible, compte tenu de l'information qu'il a en main. La valeur qu'il observera (la réalisation de Y) lorsque le lot aura été fabriqué devrait être vraisemblablement voisine de cette estimation si l'intensité de la liaison linéaire est forte entre les deux variables et si les mêmes conditions de fabrication prévalent. Effectivement le calcul de r donne 0,986 (que l'on pourra vérifier).

d) Quel avantage a-t-il à utiliser la droite de régression pour estimer les coûts de la main-d'oeuvre à partir de la taille des lots?

Supposons que le comptable n'ait pas tenu compte de la variable explicative "taille du lot" dans son étude de la fluctuation des coûts de la main-d'oeuvre, quel aurait pu être son estimation des coûts de la main-d'oeuvre pour le prochain lot (qui en l'occurence sera de 50 pièces)? Indifféremment de la taille des lots, la meilleure estimation qu'il peut faire dans ce cas s'obtient de la moyenne $\overline{y}$ des coûts relevés dans son étude, soit

$$\overline{y} = \frac{10\ 956}{12} = \$913.$$

Mais comme nous avons constaté sur le diagramme de dispersion que les coûts de la main-d'oeuvre sont en corrélation linéaire avec la taille des lots, il aurait avantage à utiliser l'information que lui procure cette liaison pour améliorer son estimation des coûts de la main- d'oeuvre pour un lot de 50 pièces. Si on fait intervenir la droite de régression, on trouve alors, comme estimation des coûts de la main-d'oeuvre pour un lot de 50 pièces (x_i = 50),

$\hat{y} = \bar{y} + b_1(x_i - \bar{x}) = 913 + (9,826)(50) = 913 + 98,26 = \$1011,26$ qui est celle trouvée en c).

La connaissance de la taille des lots permet d'améliorer grâce à la droite de régression, l'estimation des coûts de la main-d'oeuvre. Pour ce lot en particulier, ceci apporte une correction de $b_1(x_i - \bar{x})$ = 9,826 (50 - 40) = \$98,26 à l'estimation $\bar{y}$ = \$913.

L'information apportée par la droite de régression est d'autant meilleure que la variation résiduelle qui résulte de la dispersion des points autour de la droite de régression est faible. Nous traitons de cet aspect dans la prochaine section.

Remarque. La droite de régression ne s'applique qu'à l'intérieur de l'étendue des valeurs expérimentales qui ont été observées pour la variable explicative. On devra donc éviter toute extrapolation en dehors de ce domaine à moins d'être certain que le phénomène se comporte de façon identique.

DÉCOMPOSITION DE LA VARIATION

Comme nous l'avons indiqué dans l'exemple précédent, la droite de régression peut permettre d'améliorer les estimations de la variable dépendante c.-à-d. réduire l'écart entre la prévision et la réalisation de cette variable. Nous voulons maintenant quantifier cette réduction attribuable à la connaissance de la variable explicative X et à l'utilisation de la droite de régression. Nous définirons un indice qui donne une mesure descriptive de la qualité de l'ajustement des points expérimentaux par la droite. Cet indice permettra également de compléter la signification du coefficient de corrélation r.

Décomposition de la variation dans les observations y_i

Pour fin de discussion (et réduire la manipulation) nous allons nous servir des couples d'observations ci-contre (ceux de l'exemple 1).

Considérons d'abord que l'on veut estimer Y sans tenir compte des valeurs prises par la variable explicative X. En d'autres mots, supposons que nous avons seulement un échantillon de taille n = 5 dont les valeurs observées de Y sont présentées dans le tableau ci-contre. La prévision de Y s'effectuera alors avec $\bar{y}$ c.-à-d. que la droite d'ajustement serait dans ce cas, $\hat{y}_i = \bar{y}$. L'écart inexpliqué, $y_i - \hat{y}_i = y_i - \bar{y}$ se visualise sur la figure suivante.

y_i	x_i
24	10
40	20
36	30
45	40
55	50

L'ampleur de la variabilité des points expérimentaux autour de la valeur servant d'estimation a déjà été calculée à l'exemple 1. En effet, on a trouvé que $\sum(y_i - \hat{y}_i)^2 = \sum(y_i - \overline{y})^2 = 552$. Peut-on réduire l'ampleur de cet écart c.-à-d. réduire l'incertitude associée à l'utilisation de $\overline{y}$ comme prévision de Y?

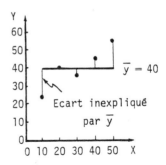

D'après le diagramme de dispersion, les points ont tendance à s'aligner selon une droite de pente positive. On aurait avantage à utiliser la connaissance de la variable explicative X et se servir dans le cas d'une liaison linéaire de la droite de régression pour réduire dans l'ensemble l'écart inexpliqué par $\overline{y}$. La droite de régression a déjà été calculée et s'établit à $\hat{y}_i = 19,9 + 0,67x_i$. Le tracé de cette droite nous indique clairement qu'il y aura une nette amélioration dans nos estimations (la prévision sera beaucoup plus près des réalisations) en faisant intervenir la droite de régression. Si nous calculons l'ampleur de la variabilité des points expérimentaux autour des estimations qu'on obtient avec la droite de régression, nous obtenons

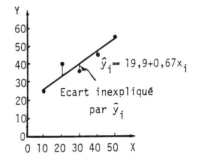

$$\sum(y_i - \hat{y}_i)^2 = 73,1 \quad \text{(valeur calculée à l'exemple 1)}$$

soit une réduction de $522 - 73,1 = 448,9$. Cette réduction représente la variation dans les observations y_i expliquée par la droite de régression. Par exemple, pour le point particulier (10, 24), l'écart total $y_i - \overline{y}$ est $y_i - \overline{y} = 24 - 40 = -16$.

Lorsque l'on fait intervenir la droite de régression $\hat{y}_i = 19,9 + 0,67x_i$, on trouve à $x = 10$, $y_i = 19,9 + (0,67)(10) = 26,6$. L'écart par rapport à y est maintenant de $\hat{y}_i - \overline{y} = 26,6 - 40 = -13,4$ qui représente l'écart expliqué par la droite de régression. L'écart inexpliqué devient alors

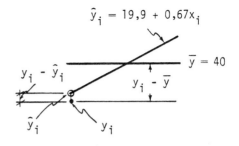

$$y_i - \hat{y}_i = 24 - 26,6 = -2,6.$$

De ce raisonnement, on peut déduire une expression générale:

L'écart total $(y_i - \bar{y})$ est la somme de deux composantes, soit

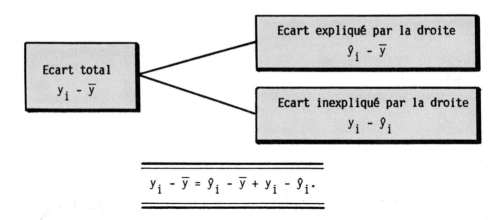

$$y_i - \bar{y} = \hat{y}_i - \bar{y} + y_i - \hat{y}_i.$$

Détermination de l'ampleur de la variabilité

Pour obtenir l'ampleur de la variabilité attribuable à chacune de ces composantes, il faut élever au carré les deux membres et effectuer la sommation de i = 1 jusqu'à i = n. On obtient alors (résultat que l'on peut démontrer):

$$\sum(y_i - \bar{y})^2 = \sum(\hat{y}_i - \bar{y})^2 + \sum(y_i - \hat{y}_i)^2$$

Variation totale	= variation expliquée par la droite	+ variation inexpliquée par la droite

Décomposition de la variation

La **variation totale** dans les observations y_i (autour de la moyenne $\bar{y}$) s'exprime donc comme la somme des variations de deux sources de fluctuations: une **variation expliquée** (attribuable à l'utilisation de la droite de régression) et une **variation inexpliquée** (variation résiduelle). On a donc, pour l'exemple que nous traitons

$$552 = 448,9 + 73,1$$
$$\sum(y_i - \bar{y})^2 = \sum(\hat{y}_i - \bar{y})^2 + \sum(y_i - \hat{y}_i)^2.$$

Le calcul de ces expressions peut toutefois être simplifié en utilisant les formes développées suivantes:

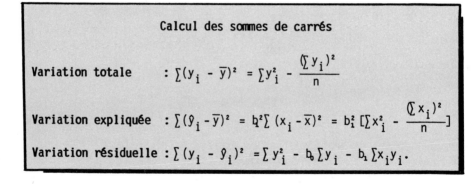

Calcul des sommes de carrés

Variation totale : $\sum(y_i - \bar{y})^2 = \sum y_i^2 - \dfrac{(\sum y_i)^2}{n}$

Variation expliquée : $\sum(\hat{y}_i - \bar{y})^2 = b^2\sum(x_i - \bar{x})^2 = b_1^2 \left[\sum x_i^2 - \dfrac{(\sum x_i)^2}{n}\right]$

Variation résiduelle : $\sum(y_i - \hat{y}_i)^2 = \sum y_i^2 - b_0\sum y_i - b_1\sum x_i y_i.$

Proportion de la variation totale expliquée par la droite de régression

Nous avons constaté une amélioration dans l'ajustement des points expérimentaux en utilisant la droite de régression $\hat{y}_i = b_0 + b_1 x_i = \overline{y} + b_1 (x_i - \overline{x})$ plutôt que $\overline{y}$. Cette amélioration peut se décrire par une mesure descriptive que nous appelons le coefficient de détermination et que nous définissons comme suit.

Coefficient de détermination *

La proportion de la variation totale dans la variable dépendante qui est expliquée par la droite de régression est donnée par le coefficient de détermination, noté r^2 et qui s'exprime comme le rapport de la variation expliquée à la variation totale:

$$r^2 = \frac{\text{variation expliquée}}{\text{variation totale}} = \frac{\sum(\hat{y}_i - \overline{y})^2}{\sum(y_i - \overline{y})^2}$$

C'est un indice de la qualité de l'ajustement de la droite aux points expérimentaux.

Ce coefficient varie entre 0 (aucun ajustement linéaire) et 1 (ajustement linéaire parfait): $0 \leq r^2 \leq 1$. Si les points se situent exactement sur une droite, alors la variation résiduelle $\sum(y_i - \hat{y}_i)^2$ est nulle et $\sum(\hat{y}_i - \overline{y})^2 = \sum(y_i - \overline{y})^2$ d'où $r^2 = 1$. D'autre part, s'il y a absence de liaison, les points sont complètement éparpillés et la variation expliquée est nulle, d'où $r^2 = 0$. Lorsque r est multiplié par 100, il donne le pourcentage de variation totale dans la variable dépendante qui est expliqué par la droite de régression.

> **Interprétation du r^2**

La proportion de la variation totale dans Y qui demeure inexpliquée par la droite de régression (c.-à-d. par la connaissance de la variable explicative X) est

$$(1 - r^2) = 1 - \frac{\text{variation expliquée}}{\text{variation totale}} = \frac{\text{variation résiduelle}}{\text{variation totale}}$$

Pour l'exemple que nous traitons, le pourcentage de variation totale dans la variable dépendante qui est expliqué par la droite de régression est

$$r^2 \% = \frac{\sum(\hat{y}_i - \overline{y})^2}{\sum(y_i - \overline{y})^2} \times 100 = \frac{448,9}{522} \times 100 = 86\%$$

Il demeure 14% de variation inexpliquée, $\frac{73,1}{522} \times 100$.

De la valeur de r^2, on peut déduire le coefficient de corrélation r.

---

* On utilise également coefficient d'explication.

En effet

$$r = \pm\sqrt{r^2} \ .$$

On lui attribue le même signe que le coefficient de régression b_1.

Le coefficient r^2 permet donc de déterminer dans quelle mesure une corrélation trouvée est d'importance.

Si un coefficient de corrélation $r = 0,50$, seulement $r^2 = (0,50)^2 \times 100 = 25\%$ de la variation totale dans Y est expliquée par la droite de régression.

Remarque. La valeur du r^2 peut être élevée sans toutefois que la forme linéaire soit la plus adéquate pour représenter la liaison statistique entre deux variables. Le diagramme de dispersion est donc très important pour nous renseigner sur la forme de liaison entre Y et X.

EXEMPLE 3. Calcul du coefficient r^2 et interprétation.

Nous avons constaté à l'exemple 2 qu'il y avait avantage pour le comptable de l'entreprise Samson et Fils d'utiliser la droite de régression (c.-à-d. de tenir compte de la taille des lots) pour estimer les coûts de la main-d'oeuvre.

a) En utilisant les calculs et les résultats obtenus à l'exemple 2, calculons la variation totale, la variation expliquée et la variation résiduelle.

Variation totale: $\sum(y_i - \bar{y})^2 = \sum y_i^2 - \dfrac{(\sum y_i)^2}{n} = 10\ 075\ 924 - \dfrac{(10\ 956)^2}{12}$

$$= 73\ 096$$

Variation expliquée: $\sum(\hat{y}_i - \bar{y})^2 = b_1^2\left[\sum x_i^2 - \dfrac{(\sum x_i)^2}{n}\right] = (9,826)^2\,(736)$

$$= 71\ 061$$

Variation résiduelle: $\sum(y_i - \hat{y}_i)^2 = \sum(y_i - \bar{y})^2 - \sum(\hat{y}_i - \bar{y})^2$

$$= 73\ 096 - 71\ 061 = 2035.$$

b) Calcul du coefficient de détermination et interprétation.

$$r^2\ \% = \dfrac{\sum(\hat{y}_i - \bar{y})^2}{\sum(y_i - \bar{y})^2} \times 100 = \dfrac{71\ 061}{73\ 096} \times 100 = 97,22\%.$$

La connaissance de la taille des lots et l'utilisation de la droite de régression permettent d'expliquer 97,22% de la variation totale dans les coûts de la main-d'oeuvre.

LA CORRÉLATION N'IMPLIQUE PAS UNE RELATION DE CAUSE À EFFET

Le coefficient de corrélation linéaire ne mesure aucunement une relation de cause à effet entre deux variables. Le fait que deux variables soient en corrélation n'implique pas nécessairement que les variations d'une variable entraîne les variations de l'autre mais simplement que les deux variables peuvent toutes deux être attribuables aux variations d'une cause commune extérieure. On pourrait possiblement montrer une forte corrélation entre les ventes d'huile pour bronzer et les ventes de crème glacée; il n'y a évidemment aucune relation de causalité mais les variations de chacune de ces variables sont plutôt attribuables à une cause commune d'ordre climatique. Un auteur américain a également démontré qu'il existait une forte corrélation positive entre les salaires versés aux ministres du culte de l'état de Massachusetts et le prix du rhum à la Havane... Le capitaine Haddock dirait évidemment qu'il est absolument absurde de conclure que le prix du rhum soit influencé par le salaire des ministres ou que les ministres reçoivent une augmentation de salaires parce que le prix du rhum a augmenté à la Havane. Le professeur Tournesol semble connaître la cause commune à ce phénomène plutôt étrange: l'inflation, mon cher capitaine, l'inflation.

On réalise facilement qu'il faut se montrer très prudent dans l'interprétation des résultats d'une étude de corrélation ou de régression. Une étude statistique ne permet pas de porter de jugements de cause à effets, seules des raisons physiques peuvent le permettre.

LA RÉGRESSION SUR MICRO-ORDINATEUR: LE PROGRAMME CORREG

On peut également effectuer une analyse de régression avec le programme que nous avons utilisé pour la corrélation linéaire. Dans l'exemple d'exécution qui suit, nous avons utilisé les données de l'exemple 2 (entreprise Samson).

```
*******************************************
              LE PROGRAMME
                CORREG

*******************************************
COEFFICIENT DE CORRELATION LINEAIRE,
DIAGRAMME DE DISPERSION, TEST D'HYPO-
THESE ET DROITE DE REGRESSION

IDENTIFICATION DU TRAVAIL EN COURS
?  EXEMPLE 2 - SAMSON

IDENTIFIEZ LA VARIABLE X (MAX. 10 CAR.)
? TAILLE-LOT
IDENTIFIEZ LA VARIABLE Y (MAX. 10 CAR.)
? COUT

COMBIEN D'OBSERVATIONS VOULEZ-VOUS
TRAITER ? (MAX. 100)   ? 12

AVEZ-VOUS FAIT UNE ERREUR DANS LE NOM-
BRE D'OBSERVATIONS?
OUI OU NON :  ? NON
```

```
VOUS POUVEZ ECRIRE VOS DONNEES.
OBS NO.  1
    VARIABLE X   ? 46
    VARIABLE Y   ? 982
OBS NO.  2
    VARIABLE X   ? 34
    VARIABLE Y   ? 855
OBS NO.  3
    VARIABLE X   ? 42
    VARIABLE Y   ? 941
OBS NO.  4
    VARIABLE X   ? 40
    VARIABLE Y   ? 920
OBS NO.  5
    VARIABLE X   ? 52
    VARIABLE Y   ? 1040
OBS NO.  6
    VARIABLE X   ? 34
    VARIABLE Y   ? 842
OBS NO.  7
    VARIABLE X   ? 24
    VARIABLE Y   ? 760
OBS NO.  8
    VARIABLE X   ? 42
    VARIABLE Y   ? 910
OBS NO.  9
    VARIABLE X   ? 50
    VARIABLE Y   ? 985
OBS NO.  10
    VARIABLE X   ? 44
    VARIABLE Y   ? 964
OBS NO.  11
    VARIABLE X   ? 30
    VARIABLE Y   ? 810
OBS NO.  12
    VARIABLE X   ? 42
    VARIABLE Y   ? 947

DESIREZ-VOUS CORRIGER UN COUPLE D'OB-
SERVATIONS?
OUI OU NON :  ? NON

VOULEZ-VOUS LA LISTE DE VOS OBSERVA-
TIONS?
OUI OU NON :  ? NON

*****************************************
     STATISTIQUES SUR LES VARIABLES
*****************************************
VARIABLE    MOYENNE   VARIANCE ECART-TYPE
-----------------------------------------
TAILLE-LOT 40          66.909    8.18
COUT         913      6645.09   81.517
```

```
DESIREZ-VOUS TRACER LE DIAGRAMME DE
DISPERSION ?
OUI OU NON :   ? OUI

LA GRADUATION DES AXES SE FERA D'APRES
LE MINIMUM, LE MAXIMUM ET LE NOMBRE
D'INTERVALLES QUE VOUS ALLEZ SPECIFIER
POUR CHACUNE DES VARIABLES (X ET Y).

VARIABLE TAILLE-LOT EN ABCISSE (AXE X).

LE MINIMUM OBSERVE EST :   24
QUEL EST VOTRE CHOIX   ? 20

LE MAXIMUM OBSERVE EST :   52
QUEL EST VOTRE CHOIX   ? 55

ATTENTION! VOUS DEVEZ FIXER LE NOMBRE
D'INTERVALLES SUR L'ABCISSE (MAX. 30)
? 20

VARIABLE COUT EN ORDONNEE (AXE Y)

LE MINIMUM OBSERVE EST :   760
QUEL EST VOTRE CHOIX   ? 750

LE MAXIMUM OBSERVE EST :   1040
QUEL EST VOTRE CHOIX   ? 1050

VOUS DEVEZ MAINTENANT FIXER LE NOMBRE
D'INTERVALLES SUR L'ORDONNEE (MAX. 20)
? 20

*******************************************
          DIAGRAMME DE DISPERSION
*******************************************
TRAVAIL : EXEMPLE 2 - SAMSON

  1050    I
  1035    I                        *
  1020    I
  1005    I
   990    I                     *
   975    I                   *
   960    I                  *
   945    I                 *
   930    I
   915    I          *  *
   900    I
   885    I
   870    I
   855    I        *
   840    I        *
   825    I
   810    I      *
   795    I
   780    I
   765    I  *
   750    I
          I+---+---+---+---+---+
            20      34      48
               27      41      55
```

```
DESIREZ-VOUS TRACER UN AUTRE DIAGRAMME
DE DISPERSION ?
OUI OU NON :  ? NON

DESIREZ-VOUS OBTENIR LA DROITE DE
REGRESSION ?
<OUI> OU <NON>  ? OUI

******************************************
     CALCUL DE LA DROITE DE REGRESSION
******************************************

ORDONNEE A L'ORIGINE :  519.957
PENTE DE LA DROITE   :  9.82609

******************************************
     CALCUL DES SOMMES DE CARRES
******************************************

VARIATION TOTALE      :  73096
VARIATION EXPLIQUEE   :  71062.3
VARIATION RESIDUELLE  :  2033.74
COEFFICIENT DE
DETERMINATION (EN %)  :  97.2177 %

******************************************
     ESTIMATION AVEC LA DROITE DE
     REGRESSION ET CALCUL DES RESIDUS
******************************************

VALEUR     VALEUR    ESTIMATION
DE Y       DE X        DE Y      RESIDUS
------------------------------------------
 982        46        971.957    10.0435
 855        34        854.043    .956522
 941        42        932.652    8.34783
 920        40        913.       7.
1040        52       1030.91     9.08696
 842        34        854.043   -12.0435
 760        24        755.783    4.21739
 910        42        932.652   -22.6522
 985        50       1011.26    -26.2609
 964        44        952.304    11.6957
 810        30        814.739   -4.73913
 947        42        932.652    14.3478
******************************************

FIN NORMALE DU TRAITEMENT
```

PROBLÈMES

1. On donne les couples d'observations suivants:

y_i	55	17	36	85	62	18	33	41	63	87
x_i	18	7	14	31	21	5	11	16	26	29

a) Tracer le diagramme de dispersion des couples (x_i, y_i). Peut-on soupçonner une liaison linéaire entre ces deux variables?

b) Déterminer pour ces observations la droite de régression.

c) Quelle est une estimation plausible de Y à $x_i = 21$?

d) Quel est l'écart entre la valeur observée de Y à $x_i = 21$ et la valeur estimée avec la droite de régression? Comment appelle-t-on cet écart?

e) Est-ce que la droite de régression obtenue en b) passe par le point $(\bar{x}, \bar{y})$? Peut-on généraliser cette conclusion à n'importe laquelle droite de régression?

2. On donne les couples d'observations suivants:

y_i	82	70	52	35	22	5
x_i	2	4	6	8	10	12

a) Déterminer l'équation de la droite de régression, $\hat{y}_i = b_0 + b_1 x_i$.

b) Calculer l'estimation $\hat{y}_i$ pour $x_i = 8$. Est-ce que la valeur de l'estimation augmente ou diminue en passant de $x_i = 6$ à $x_i = 8$?

c) Tracer le nuage de points correspondant aux couples d'observations et indiquer sur le même graphe le tracé de la droite de régression obtenue en a).

d) Est-ce que l'ajustement d'une droite à ces observations semble satisfaisant?

3. On donne les couples d'observations suivants:

y_i	11	14	12	8	8	13	16	6	12	10	8	14
x_i	10	11	12	13	14	15	16	17	17	18	20	20

De plus $\sum x_i = 183$ $\sum y_i = 132$ $\sum x_i y_i = 2001$

$\sum x_i^2 = 2913$ $\sum y_i^2 = 1554$ $n = 12$

a) Calculer les coefficients de la droite de régression.

b) Quelle est l'équation de régression?

c) Calculer la moyenne $\overline{y}$.

d) Quelle est l'estimation la plus plausible de Y, en utilisant la droite de régression, lorsque x_i = 15?

e) Tracer le nuage de points.

f) D'après la répartition des points est-ce que Y semble lié à X?

g) Que peut-on dire de l'utilité de la droite de régression?

4. La société de Transport Laviolette veut établir une politique d'entretien des camions de sa flotte. Tous sont de même modèle et utilisés à des transports semblables. La direction de la société est d'avis qu'une liaison statistique entre le coût direct de déplacement (cents par km) et l'espace de temps écoulé depuis la dernière inspection de ce camion serait utile. On a donc recueilli un certain nombre de données sur ces deux variables. On veut utiliser la régression comme outil statistique.

Coût direct	Nombre de mois	Coût direct	Nombre de mois
10	3	20	9
18	7	28	12
24	10	22	8
22	9	19	10
27	11	18	9
13	6	26	11
10	5	14	6
24	8	20	8
25	7	26	10
8	4	30	12
16	6	12	5

a) Quelle variable devrait-on identifier variable dépendante (Y) et laquelle devrait-on identifier variable explicative (X)?

b) Tracer le diagramme de dispersion de ces observations. Est-ce que le nuage de points suggère une forme de liaison particulière?

c) Les calculs préliminaires conduisent à : $\sum x_i$ = 176, $\sum y_i$ = 432, $\sum x_i y_i$ = 3768, $\sum x_i^2$ = 1546, $\sum y_i^2$ = 9348. Calculer les coefficients b_0 et b_1 de la droite de régression. Quelle est l'équation de la droite?

d) Avec cette équation, quelle est l'estimation la plus plausible du coût direct de déplacement pour des camions dont la dernière inspection remonte à 6 mois?

e) D'après les résultats de cette étude, un délai supplémentaire d'un mois pour l'inspection d'un camion occasionnera-t-il une augmentation ou une diminution du coût direct? Quelle sera vraisemblablement la valeur de cette variation de coût?

5. L'entreprise Microtek oeuvre dans le domaine de la micro-électronique et la fabrication de certains composants électroniques nécessite l'assemblage de montages complexes. L'entreprise doit augmenter dans les prochains mois sa main-d'oeuvre sur certaines chaînes d'assemblage. L'entreprise envisage d'utiliser comme critère de sélection un test développé par un bureau-conseil en sélection du personnel pour évaluer la dextérité manuelle. On veut examiner si ce test permettrait de prévoir d'une manière suffisamment fiable l'aptitude des employés à accomplir certaines tâches d'assemblage. A cette fin, trente employés de l'entreprise effectuant sensiblement les mêmes tâches furent choisis. On a relevé, sur chaque employé participant à cette évaluation, la quantité de pièces assemblées durant une certaine période de temps et le résultat obtenu au test de dextérité manuelle. Les résultats se présentent comme suit:

Employé no	Quantité de pièces ass.	Résultat au test de dextérité	Employé no	Quantité de pièces ass.	Résultat au test de dextérité
1	15	84	16	12	70
2	10	71	17	10	67
3	11	73	18	13	76
4	13	78	19	10	72
5	11	69	20	9	69
6	15	81	21	14	81
7	11	68	22	9	66
8	12	71	23	14	78
9	15	80	24	13	72
10	11	75	25	12	70
11	9	67	26	12	74
12	12	82	27	13	77
13	10	68	28	12	76
14	16	85	29	13	80
15	14	75	30	9	65

a) Quelle variable doit-on identifier comme variable dépendante (Y) et laquelle devrait-on identifier variable explicative?

b) Est-ce que le nuage de points suggère une liaison linéaire entre ces deux variables?

c) Les calculs préliminaires conduisent à: $\sum x_i = 2220$, $\sum y_i = 360$, $\sum x_i y_i = 26\ 924$, $\sum x_i^2 = 165\ 210$, $\sum y_i^2 = 4436$, n = 30. Calculer le coefficient de corrélation linéaire entre ces deux variables.

d) On formule les hypothèses suivantes:

H_0 : Il y a absence de corrélation linéaire entre le nombre de pièces assemblées et les résultats au test de dextérité.

H_1 : Il y a présence d'une corrélation linéaire positive entre ces deux variables.

   i) Préciser sous forme statistique ces hypothèses.

   ii) Laquelle des deux hypothèses semble la plus vraisemblable au seuil de signification $\alpha = 0,05$? Effectuer un test statistique approprié.

e) Calculer les coefficients de régression b_0 et b_1. Quelle est l'équation de la droite de régression?

f) D'après la droite de régression obtenue, quelle est l'estimation plausible du nombre de pièces assemblées pour les résultats suivants au test de dextérité manuelle:

Test de dextérité	70	76	80
Estimation du nombre de pièces assemblées	?	?	?

g) Si on ne tient pas compte de la variable "résultat au test de dextérité manuelle", quelle serait une bonne estimation du nombre de pièces assemblées, en moyenne, par les employés?

h) Pour chaque résultat de dextérité précisé en f, quelle correction peut-on apporter à l'estimation obtenue en g) en faisant intervenir la droite de régression entre le nombre de pièces assemblées et les résultats au test de dextérité manuelle?

6. On donne les couples d'observations suivants. L'équation de la droite de régression est alors: $\hat{y}_i = 10,06338 + 3,90704\, x_i$. De plus, $\sum y_i = 354$, $\sum y_i^2 = 18\ 388$, $\sum (x_i - \overline{x})^2 = 177,5$.

y_i	x_i
16	2
27	4
31	5
36	7
51	10
56	12
65	14
72	16

a) Quelle est la variation totale des y_i autour de la moyenne $\overline{y}$?

b) Quelle est la variation qui est expliquée par la droite de régression?

c) Quelle est la variation résiduelle?

d) Quelle proportion de la variation totale est expliquée par la droite de régression?

7. En utilisant les données de la société de Transport Laviolette (problème no 4), déterminer

a) la variation totale dans le coût direct de déplacement.

b) L'équation de régression pour les données de la société est $\hat{y}_i = 1,54941 + 2,26087\, x_i$. Calculer la variation qui est expliquée par la droite de régression.

c) Quelle est la variation résiduelle?

d) Calculer le coefficient r^2 et interpréter le résultat.

8. Dans une étude de régression, on a obtenu 0,95 comme proportion de la variation expliquée par la droite de régression. De plus, la variation totale donne 500.

a) Déterminer la somme de carrés due à la régression.

b) Déterminer la somme de carrés due à la variation résiduelle.

c) Supposons que les deux variables de cette étude varient en sens contraire, quelle est la valeur du coefficient de corrélation linéaire? Quel signe doit-on lui attribuer?

9. En utilisant les données de l'entreprise Microtek (problème no 5), déterminer

a) l'ampleur de la variation totale dans le nombre de pièces assemblées.

b) On obtient, pour le calcul des coefficients de régression, $b_0 = -10,59785$ et $b_1 = 0,30538$. Déterminer la variation résiduelle.

c) Quelle est l'ampleur de la variation qui est attribuable à la droite de régression?

d) Quelle proportion de la variation totale demeure inexpliquée par la droite de régression?

y_i	x_i
94	160
105	157
65	153
87	144
110	134
82	149
89	152
80	146
105	158
90	162
92	136
137	149
101	138
105	156
95	151
132	158

10. Dans une étude sur l'aptitude physique de sujets axée principalement sur des facteurs musculaires de force et d'endurance, on a établi pour chaque sujet un indice d'efficience physique appelé P.F.I. (Physical Fitness Index). Cet indice mesure la condition physique individuelle en tant qu'aptitude athlétique générale. Pour établir cet indice, le sujet doit subir six épreuves de force; on tient compte également du volume pulmonaire. Le tableau ci-contre nous donne la taille en cm (X) de chaque sujet ainsi que le P.F.I. (Y) obtenu pour chacun. Les calculs préliminaires conduisent à:

$\sum x_i = 2403$, $\sum y_i = 1569$, $\sum x_i y_i = 235\,778$,

$\sum x_i^2 = 362\,021$, $\sum y_i^2 = 158\,833$.

a) En supposant qu'il existe une liaison linéaire entre ces deux variables, déterminer l'équation de la droite de régression.

b) Estimer l'indice d'efficience physique pour un sujet ayant une taille de 150 cm.

c) D'après la droite obtenue, est-ce que l'indice d'efficience physique semble augmenter ou diminuer à mesure que la taille du sujet augmente?

d) Quelle est la variation totale des observations autour de la moyenne $\overline{y}$?

e) Quelle est la variation inexpliquée par la droite de régression? Quelle est la variation expliquée?

f) Quelle proportion de la variation totale dans l'indice d'efficience physique est expliquée par la droite de régression?

g) Peut-on remplacer les 6 épreuves de force et la mesure du volume pulmonaire qui servent à établir le P.F.I. par uniquement la connaissance de la taille des sujets? Commenter.

Volume	Aire
0,152	297
0,284	595
0,187	372
0,350	687
0,416	790
0,230	520
0,242	473
0,276	585
0,383	762
0,140	232

11. Un étudiant en techniques forestières veut utiliser la régression linéaire pour estimer le volume en bois utilisable d'un arbre debout en fonction de l'aire du tronc mesuré à 25 cm du sol. Il a choisi au hasard 10 arbres et a mesuré, à la base, l'aire correspondante (en cm²). Il a par la suite enregistré, une fois l'arbre coupé, le volume correspondant en m³. Les calculs préliminaires donnent:

$\sum x_i = 5313$, $\sum y_i = 2,66$, $n = 10$

$\sum x_i y_i = 1572,63$, $\sum x_i^2 = 3\,147\,509$, $\sum y_i^2 = 0,7882$.

a) Dans l'équation de régression $\hat{y}_i = b_0 + b_1 x_i$, le coefficient $b_1 = 0,00049$. Déterminer la valeur de b_0.

b) Calculer le coefficient de corrélation linéaire entre ces deux variables.

c) Tester les hypothèses suivantes:

$H_0 : \rho = 0$, $H_1 : \rho > 0$. Utiliser $\alpha = 0,05$.

d) Son professeur lui mentionne qu'il peut, à l'oeil, évaluer avec une assez bonne précision le volume d'un arbre. L'étudiant un peu perplexe lui lance un défi: "je gage \$1,00 que je fais mieux que vous avec mon équation de régression". "D'accord". Ayant justement un arbre tout près, le professeur lui dit, après une expertise de quelques minutes que cet arbre a un volume de 0,22 m³. Sans plus tarder, l'étudiant mesure l'aire de la base de l'arbre et obtient 465 cm². Calculer avec la droite, l'estimation la plus plausible du volume de l'arbre.

e) On s'acharne par la suite à couper l'arbre et le volume correspondant est 0,24 m³. Celui qui a le plus faible écart de prévision empoche le pari. Lequel s'est enrichi de \$1,00?

f) Est-ce que le volume moyen des arbres échantillonnés aurait donné une estimation aussi bonne qua la droite de régression pour cet arbre?

12. Une étudiante en sociologie veut analyser, dans le cadre d'un projet de fin de session, s'il existe une relation linéaire entre la densité de population dans les régions métropolitaines et le taux de criminalité correspondant dans ces régions. Le taux de criminalité (Y) est indiqué en nombre de crimes par 10 000 habitants et la densité de population (X) est mesurée en milliers d'habitants par km carré. Les calculs préliminaires conduisent à:

Régions	y_i	x_i
# 1	12	7,7
# 2	9	5,8
# 3	15	11,5
# 4	4	2,1
# 5	4	3,7
# 6	2	3,6
# 7	10	7,5
# 8	3	4,2
# 9	5	3,8
#10	11	10,3
#11	10	8,6
#12	11	7,2

$\sum x_i = 76$, $\sum y_i = 96$, $n = 12$

$\sum x_i y_i = 732,6$, $\sum x_i^2 = 576,46$, $\sum y_i^2 = 962$.

a) Calculer les coefficients de régression b_0 et b_1 et déterminer l'équation de la droite de régression.

b) Calculer le coefficient de corrélation linéaire entre ces deux variables.

c) Peut-on conclure que la corrélation linéaire entre le taux de criminalité et la densité de population est significative au seuil $\alpha = 0,05$?

d) A quelle augmentation du taux de criminalité peut-on s'attendre pour une variation unitaire (ici 1000 habitants par km²) de la densité de population.

e) Estimer le taux de criminalité le plus plausible pour une densité de population de 75 000 habitants par km².

f) A l'aide des calculs préliminaires, calculer la variation totale du taux de criminalité.

g) Calculer la variation qui est expliquée par la droite de régression.

h) Quelle proportion de la variation totale est expliquée par la droite de régression?

13. Problème de synthèse. L'entreprise INFORMATEX se spécialise dans l'analyse de systèmes et la programmation sur ordinateur de problèmes techniques et de gestion. Elle veut utiliser la régression dans une étude sur le temps requis, par ses analystes-programmeurs, pour programmer des projets complexes.

Cette étude pourrait permettre à la firme d'établir des normes quant au temps requis pour programmer certains projets et d'assurer éventuellement une meilleure planification des ressources humaines. Les données du tableau ci-contre représentent le temps total en heures requis pour programmer différents projets en fonction du nombre d'instructions dans chaque programme.

Temps total en heures	Nombre d'instructions
40	60
55	82
62	100
58	142
82	190
94	220
120	285
134	354
128	400
140	425
152	440
174	500
167	530
218	640

a) Si on veut expliquer les fluctuations dans le temps requis pour programmer les projets, quelle variable doit-on identifier comme variable dépendante? Comme variable explicative?

b) Qu'est-ce qui peut renseigner l'entreprise sur la forme de liaison statistique qui peut exister entre ces deux variables?

c) Quelle méthode d'ajustement doit-on utiliser pour obtenir les coefficients de la droite de régression?

d) Après quelques calculs préliminaires, on obtient

$$\sum x_i = 4368, \qquad \sum y_i = 1624, \qquad \sum x_i y_i = 631\ 852, \qquad \sum x_i^2 = 806\ 254$$

$$\sum y_i^2 = 224\ 526, \quad n = 14.$$

Calculer les coefficients de régression b_0 et b_1.

e) Quelle est l'équation de la droite de régression?

f) Calculer le coefficient de corrélation linéaire.

g) Peut-on conclure, au seuil $\alpha = 0,05$, en la présence d'une corrélation linéaire positive entre ces deux variables?

h) Si on ne tient pas compte du nombre d'instructions, quelle valeur pourrait-on utiliser comme estimation du temps moyen de programmation des projets?

i) Quelle correction peut-on apporter à l'estimation obtenue en h), en tenant compte du nombre d'instructions* par l'entremise de la droite de régression?

j) D'après la droite de régression, à quelle augmentation du temps de programmation peut-on s'attendre lorsque le nombre d'instructions augmente de 50?

k) Pour chaque nombre d'instructions suivant, estimer le temps de programmation à l'aide de la droite de régression:

Nombre d'instructions	100	220	440
Estimation du temps de programmation	?	?	?

ℓ) Selon les résultats observés, quels sont les écarts de prévision de l'équation de régression pour le nombre d'instructions en k)?

m) Si on avait utilisé l'estimation obtenue en h) au lieu de celles déduites de l'équation de régression pour effectuer les prévisions selon le nombre d'instructions spécifié en k), quels auraient été alors, dans chaque cas, les écarts de prévision?

n) Pour chaque valeur x_i spécifiée en k), vérifier la relation $y_i - \overline{y} = (\hat{y}_i - \overline{y}) + (y_i - \hat{y}_i)$.

o) Calculer la variation totale, la variation expliquée par la droite de régression et la variation résiduelle.

p) Quelle proportion de la variation totale dans le temps de programmation est expliquée par la droite de régression? Quelle proportion demeure inexpliquée par la droite?

q) On avait fixé le r^2 à 0,90 comme valeur minimale pour considérer la droite de régression d'utilité pratique. D'après les résultats obtenus, devrait-on utiliser la droite de régression comme outil de prévision?

AUTO-ÉVALUATION DES CONNAISSANCES

Test 13

Répondre par Vrai ou Faux ou compléter s'il y a lieu. Dans le cas où c'est faux,
indiquer la bonne réponse.

1. En régression linéaire, la lettre Y est habituellement utilisée pour identifier la variable indépendante ou explicative.   V   F

2. Dans le cas de l'ajustement linéaire, la droite qui s'ajuste le mieux aux
observations s'appelle droite de régression ou droite des moindres carrés.
V   F

3. Comment appelle-t-on la méthode d'ajustement qui consiste à déterminer l'é-
quation de la droite pour laquelle la somme des carrés des écarts verticaux
entre les points observés et la droite est minimum? _____.

4. Dans l'équation $\hat{y}_i = b_0 + b_1 x_i$, le terme b_0 représente la pente de la
droite.   V   F

5. La valeur de b_0 sera toujours une quantité positive.   V   F

6. L'écart $e_i = y_i - \hat{y}_i$ est appelé résidu.   V   F

7. Est-ce exact de dire que b_1 et r sont toujours de même signe? _____

8. Pour un échantillon donné, la droite d'ajustement qui donne la plus faible
somme de carrés résiduelle est la droite des moindres carrés.   V   F

9. Pour un échantillon donné, il peut exister plusieurs droites d'ajustement
qui permettent de minimiser $\sum (y_i - \hat{y}_i)^2$.   V   F

10. La droite de régression ne passe pas toujours par le point $(\overline{x}, \overline{y})$.   V   F

11. La variation totale dans les observations y_i autour de la moyenne $\overline{y}$ s'écrit:
$\sum (y_i - \overline{y})^2$.   V   F

12. La variation inexpliquée par la droite de régression se calcule à l'aide de
l'expression $\sum \hat{y}_i - \overline{y})^2$.   V   F

13. Est-ce que la relation suivante est exacte?
$\sum (y_i - \hat{y}_i)^2 = \sum (y_i - \overline{y})^2 - \sum (\hat{y}_i - \overline{y})^2$.   ____

14. Quelle quantité permet d'obtenir une idée de la qualité de l'ajustement de
la droite de régression? _____.

15. Le coefficient r^2 s'exprime comme le rapport de la variation inexpliquée à
la variation totale.   V   F

16. Le coefficient r^2 peut varier entre -1 et 1.   V   F

17. Si, sur le diagramme de dispersion, les points sont complètement éparpillés,
la valeur de r^2 sera alors élevée.   V   F

18. Le pourcentage de variation totale dans la variable dépendante qui est expliquée par la droite de régression est donné par $(1-r^2)$.   V   F

BIBLIOGRAPHIE

BAILLARGEON, G., **Introduction à la statistique descriptive**, Trois-Rivières, Les Editions SMG, 1981.

BAILLARGEON, G., **Introduction au calcul des probabilités**, Trois-Rivières, Les Editions SMG, 1981.

BAILLARGEON, G., **Introduction à l'inférence statistique**, Trois-Rivières, Les Editions SMG, 1982.

BAILLARGEON, G. et J. RAINVILLE, **Statistique appliquée**, tomes 1 et 2, Trois-Rivières, Les Editions SMG, 1977.

BOWEN, E.K. et M.K. STARR, **Basic statistics for Business and Economics**, New York, McGraw-Hill, 1982.

DRESS, F., **Calcul des probabilités pour les sciences de la nature et de la vie**, Paris, Dunod, 1980.

GRAIS, B., **Les techniques statistiques**, tome 2, Paris, Dunod, 1974.

LEVIN, R.I., **Statistics for Management**, Englewood Cliffs, N.J., Prentice-Hall, 1981.

MASON, R.D. **Statistical Techniques in Business and Economics**, Homewood, Ill. R.D. Irwin, 1970.

MENDENHALL, W. et J.E. REIMUTH, **Statistics for Management and Economics**, Belmont, Calif., Duxbury Press, 1971.

WALPOLE, R.E. et R.H. MYERS, **Probability and Statistics for Engineers and Scientists**, 2e éd., New York, The MacMillan Co., 1978.

WASSERMAN, W., J. NETER et G.A. WHITMORE, **Applied Statistics**, 2e éd., Boston, Allyn and Bacon, 1982.

LISTAGE DES PROGRAMMES BASIC

- Programme STATHIS
- Programme BINOM
- Programme POISSON
- Programme NORMALE
- Programme TTEST
- Programme COURBEF
- Programme TEST2
- Programme CORREG

LISTAGE DU PROGRAMME STATHIS

```
PROGRAM    STATHIS

00010 REM ** STATISTIQUE DESCRIPTIVE **
00020 REM PROGRAMMATION DE ROGER BLAIS
00030 DIM D1(100),F1(25),F2(25)
00040 REM *********************************************
00050 REM            VARIABLES UTILISEES
00060 REM A1 = AMPLITUDE DES CLASSES
00070 REM C  = CHOIX POUR LA LECTURE DES DONNEES
00080 REM C1 = COEFFICIENT DE VARIATION (%)
00090 REM C2 = COEFFICIENT D'ASYMETRIE
00100 REM D1(100)= VECTEUR DE DONNEES
00110 REM E1 = ECART-TYPE
00120 REM E2 = ETENDUE
00130 REM F1(25)= FREQUENCES OBSERVEES DES CLASSES
00140 REM F2(25)= FREQUENCES CUMULEES DES CLASSES
00150 REM I,J,T = INDICES OU VARIABLES TAMPONS
00160 REM K,K1= NBRE DE CLASSES D'APRES FORMULE STURGES
00170 REM L1 = LIMITE INFERIEURE DE LA PREMIERE CLASSE
00180 REM M0 = MOYENNE ARITHMETIQUE
00190 REM M1 = MEDIANE
00200 REM M2 = MINIMUM OBSERVE DANS LES OBSERVATIONS
00210 REM M3 = MAXIMUM OBSERVE DANS LES OBSERVATIONS
00220 REM N  = NOMBRE D'OBSERVATIONS
00230 REM T$ = IDENTIFICATION DU TRAVAIL
00240 REM V1 = VARIANCE
00250 REM *********************************************
00260 PRINT
00270 PRINT "********** PROGRAMME STATHIS **********"
00280 PRINT
00290 PRINT "CALCUL DE STATISTIQUES DESCRIPTIVES ET"
00300 PRINT "DISTRIBUTION DE FREQUENCES."
00310 PRINT
00320 PRINT "IDENTIFICATION DU TRAVAIL EN COURS : "
00330 INPUT T$
00340 PRINT
00350 PRINT "COMBIEN D'OBSERVATIONS VOULEZ-VOUS "
00360 PRINT "TRAITER? (MAX. 100)  ";
00370 INPUT N
00380 IF N>100 THEN 00340
00390 PRINT
00400 PRINT "AVEZ-VOUS FAIT UNE ERREUR DANS LE NOM-"
00410 PRINT "BRE D'OBSERVATIONS?"
00420 PRINT "<OUI> OU <NON> ";
00430 INPUT Z$
00440 IF Z$<>"OUI" AND Z$<>"NON" THEN 00390
00450 IF Z$="OUI" THEN 00340
00460 PRINT
00470 PRINT "CHOISISSEZ MAINTENANT LA FACON DE LIRE"
00480 PRINT "VOS DONNEES : "
00490 PRINT
00500 PRINT TAB(5);"AU CLAVIER...................1"
00510 PRINT TAB(5);"SUR FICHIER..................2"
00520 INPUT C
00530 IF C<>1 AND C<>2 THEN 00460
00540 ON C GOSUB 01830,02930
00550 PRINT
00560 PRINT "DESIREZ-VOUS CORRIGER UNE OBSERVATION?"
00570 PRINT "<OUI> OU <NON> ";
```

```
00580 INPUT Z$
00590 IF Z$<>"OUI" AND Z$<>"NON" THEN 00550
00600 IF Z$="NON" THEN 00740
00610 PRINT
00620 PRINT "QUEL EST LE NUMERO DE L'OBSERVATION A"
00630 PRINT "CORRIGER?  ";
00640 INPUT I
00650 IF I>N THEN 00610
00660 PRINT
00670 PRINT "QUELLE DOIT ETRE LA NOUVELLE VALEUR DE"
00680 PRINT "CETTE OBSERVATION?  ";
00690 INPUT D1(I)
00700 PRINT
00710 PRINT "DESIREZ-VOUS CORRIGER UNE AUTRE OBSER-"
00720 PRINT "VATION?"
00730 GOTO 00570
00740 REM
00750 REM ECRITURE DES DONNEES DANS LE FICHIER
00760 REM
00770 GOSUB 03060
00780 PRINT
00790 GOSUB 03230
00800 PRINT "*        OBSERVATIONS UTILISEES        *"
00810 GOSUB 03230
00820 PRINT
00830 REM ** ECRITURE DES DONNEES **
00840 GOSUB 01920
00850 REM ** TRI **
00860 GOSUB 02120
00870 REM ** CALCULS STATISTIQUES **
00880 GOSUB 02260
00890 PRINT
00900 GOSUB 03230
00910 PRINT "*    CALCUL DE DIVERSES STATISTIQUES   *"
00920 GOSUB 03230
00930 PRINT
00940 PRINT "TRAVAIL : ";T$
00950 PRINT
00960 PRINT "NOMBRE D'OBSERVATIONS  = ";TAB(28);N
00970 PRINT "MOYENNE ARITHMETIQUE   = ";TAB(28);M0
00980 PRINT "VARIANCE               = ";TAB(28);V1
00990 PRINT "ECART-TYPE             = ";TAB(28);E1
01000 PRINT "COEF. DE VARIATION (%) = ";TAB(28);C1
01010 PRINT "COEF. D'ASYMETRIE      = ";TAB(28);C2
01020 PRINT "MEDIANE                = ";TAB(28);M1
01030 PRINT "MINIMUM                = ";TAB(28);M2
01040 PRINT "MAXIMUM                = ";TAB(28);M3
01050 PRINT "ETENDUE                = ";TAB(28);E2
01060 PRINT
01070 PRINT
01080 PRINT "VOULEZ-VOUS UN TABLEAU DES OBSERVA-"
01090 PRINT "TIONS PAR VALEUR NON DECROISSANTES?"
01100 PRINT "<OUI> OU <NON> ";
01110 INPUT Z$
01120 IF Z$<>"OUI" AND Z$<>"NON" THEN 01070
01130 IF Z$="NON" THEN 01220
01140 PRINT
01150 GOSUB 03230
01160 PRINT "*    TABLEAU DES OBSERVATIONS PAR      *"
01170 PRINT "*      VALEURS NON DECROISSANTES       *"
```

```
01180 GOSUB 03230
01190 PRINT
01200 REM ** ECRITURE DES DONNEES **
01210 GOSUB 01920
01220 PRINT
01230 PRINT "DESIREZ-VOUS UN RESUME DES OBSERVA-"
01240 PRINT "TIONS SOUS FORME D'UNE DISTRIBUTION"
01250 PRINT "DE FREQUENCES?"
01260 PRINT "<OUI> OU <NON> ";
01270 INPUT Z$
01280 IF Z$<>"OUI" AND Z$<>"NON" THEN 01220
01290 IF Z$="NON" THEN 03260
01300 PRINT
01310 PRINT "VOULEZ-VOUS LE NOMBRE DE CLASSES SOU-"
01320 PRINT "HAITE PAR LA FORMULE DE STURGES?"
01330 PRINT "<OUI> OU <NON> ";
01340 INPUT Z$
01350 IF Z$<>"OUI" AND Z$<>"NON" THEN 01300
01360 IF Z$="NON" THEN 01560
01370 REM
01380 REM CALCUL AVEC LA FORMULE DE STURGES
01390 REM
01400 LET K1=1+3.322 * 0.43432945 * LOG(N)
01410 LET K=INT(K1)
01420 IF K < K1-0.49 THEN K=K+1
01430 PRINT
01440 PRINT "      D'APRES LA FORMULE DE STURGES"
01450 PRINT "(K = 1 + 3.222 LOG(N)), LE NOMBRE DE"
01460 PRINT "CLASSES SOUHAITABLES POUR LES ";N
01470 PRINT "OBSERVATIONS QUE VOUS VOULEZ DEPOUIL-"
01480 PRINT "LER SELON UNE DISTRIBUTION DE FREQUEN-"
01490 PRINT "CES PAR INTERVALLE DE CLASSES EST: ";K
01500 REM
01510 REM CALCUL DE L'AMPLITUDE
01520 LET A1=INT(E2/K*1000)/1000
01530 PRINT
01540 PRINT "      DANS CE CAS L'AMPLITUDE DE CHAQUE"
01550 PRINT "CLASSE DEVRAIT ETRE ENVIRON DE : ";A1
01560 PRINT
01570 PRINT "      ATTENTION!  VOUS DEVEZ MAINTENANT"
01580 PRINT "FIXER LA LIMITE INFERIEURE DE LA PRE-"
01590 PRINT "MIERE CLASSE."
01600 PRINT "NOUS VOUS RAPPELONS QUE LA PLUS PETITE"
01610 PRINT "VALEUR DANS VOTRE SERIE D'OBSERVATIONS"
01620 PRINT "EST : ";M2
01630 PRINT "QUEL EST VOTRE CHOIX?  ";
01640 INPUT L1
01650 IF L1>M2 THEN 01600
01660 PRINT
01670 PRINT "VOUS DEVEZ MAINTENANT FIXER L'AMPLITU-"
01680 PRINT "DE (L'ETENDUE) DE CHAQUE CLASSE."
01690 PRINT "QUEL EST VOTRE CHOIX?  ";
01700 INPUT A1
01710 PRINT
01720 GOSUB 03230
01730 PRINT "*        DISTRIBUTION DE FREQUENCES      *"
01740 PRINT "*             ET HISTOGRAMME             *"
01750 GOSUB 03230
01760 PRINT
01770 REM ** DISTRIBUTION ET HISTOGRAMME **
```

```
01780 GOSUB 02570
01790 PRINT
01800 PRINT "VOULEZ-VOUS RECOMMENCER LA DISTRIBUTION"
01810 PRINT "DE FREQUENCES?"
01820 GOTO 01260
01830 REM ----------------------
01840 REM ROUTINE DE LECTURE DES DONNEES
01850 PRINT
01860 PRINT "VOUS FOUVEZ FAIRE LIRE VOS DONNEES."
01870 FOR I=1 TO N
01880     PRINT "OBS NO. ";I;TAB(13);
01890     INPUT D1(I)
01900 NEXT I
01910 RETURN
01920 REM ----------------------
01930 REM ROUTINE D'ECRITURE DES DONNEES
01940 PRINT
01950 FOR I=1 TO N STEP 4
01960     IF N<I+1 THEN 02030
01970     IF N<I+2 THEN 02060
01980     IF N<I+3 THEN 02090
01990     PRINT D1(I);TAB(10);D1(I+1);TAB(20);D1(I+2);TAB(30);D1(I+3)
02000 NEXT I
02010 PRINT
02020 RETURN
02030 PRINT D1(I)
02040 PRINT
02050 RETURN
02060 PRINT D1(I);TAB(10);D1(I+1)
02070 PRINT
02080 RETURN
02090 PRINT D1(I);TAB(10);D1(I+1);TAB(20);D1(I+2)
02100 PRINT
02110 RETURN
02120 REM ----------------------
02130 REM ROUTINE DE TRI PAR INSERTION SIMPLE
02140 REM
02150 LET J=2
02160 LET T=D1(J)
02170 LET I=J-1
02180 IF T>=D1(I) THEN 02220
02190     LET D1(I+1)=D1(I)
02200     LET I=I-1
02210 IF I>0 THEN 02180
02220     LET D1(I+1)=T
02230     LET J=J+1
02240 IF J<=N THEN 02160
02250 RETURN
02260 REM ----------------------
02270 REM ROUTINE CALCULS STATISTIQUES
02280 LET M0=0
02290 LET V1=0
02300 LET C2=0
02310 FOR I=1 TO N
02320     LET M0=M0+D1(I)
02330 NEXT I
02340 REM M0=MOYENNE ARITHMETIQUE
02350 LET M0=M0/N
02360 LET M2=D1(1)
02370 LET M3=D1(1)
```

```
02380 FOR I=1 TO N
02390    LET V1=V1+(D1(I)-M0)^2
02400    LET C2=C2+(D1(I)-M0)^3
02410    REM M2=MINIMUM
02420    IF M2>D1(I) THEN M2=D1(I)
02430    REM M3=MAXIMUM
02440    IF M3<D1(I) THEN M3=D1(I)
02450 NEXT I
02460 LET V1=V1/(N-1)
02470 LET E1=SQR(V1)
02480 LET C2=(C2/N)/(E1^3)
02490 LET C1=ABS(E1/M0)*100
02500 LET E2=M3-M2
02510 LET J=INT(N/2)
02520 IF J=(N/2) THEN 02550
02530    LET M1=D1(J+1)
02540    RETURN
02550 LET M1=(D1(J)+D1(J+1))/2
02560 RETURN
02570 REM ---------------------
02580 REM ROUTINE DISTRIBUTION & HISTOGRAMME
02590 REM
02600 LET K=INT((M3-L1)/A1)+1
02610 PRINT
02620 PRINT "LIMITE";TAB(10);"LIMITE";TAB(20);"POINT"
02630 PRINT "INFER.";TAB(10);"SUPER.";TAB(20);"MILIEU";TAB(30);"FREQ"
02640 FOR I=1 TO K
02650    LET F1(I)=0
02660    FOR J=1 TO N
02670       REM FREQUENCE DES CLASSES
02680       IF D1(J)>=L1 AND D1(J)< L1+A1 THEN F1(I)=F1(I)+1
02690    NEXT J
02700    PRINT L1;TAB(10);L1+A1;TAB(20);L1+(A1/2);TAB(30);F1(I)
02710    LET L1=L1+A1
02720    LET F2(I)=F2(I-1)+F1(I)
02730 NEXT I
02740 PRINT
02750 PRINT
02760 PRINT "   %";TAB(9);"% CUM";TAB(20);"HISTOGRAMME"
02770 FOR I=1 TO K
02780    T=F1(I)/N
02790    IF INT(T*10000)<T*10000-0.49 THEN T=T+0.0001
02800    LET T=INT(T*10000)/100
02810    T1=F2(I)/N
02820    IF INT(T1*10000)<T1*10000-0.49 THEN T1=T1+0.0001
02830    LET T1=INT(T1*10000)/100
02840    PRINT T;TAB(9);T1;TAB(18);"I ";
02850    IF F1(I)=0 THEN 02890
02860    FOR J=1 TO F1(I)
02870       PRINT "*";
02880    NEXT J
02890    PRINT
02900 NEXT I
02910 PRINT
02920 RETURN
```

```
02930 REM ----------------------
02940 REM ROUTINE DE LECTURE DU FICHIER "DONNEES"
02950 REM POUR ORDINATEUR CYBER 171
02960 REM
02970 FILE#1="DONNEES"
02980 RESTORE#1
02990 INPUT#1,N
03000 FOR I=1 TO N
03010    INPUT#1,D1(I)
03020 NEXT I
03030 CLOSE#1
03040 GOSUB 01920
03050 RETURN
03060 REM ----------------------
03070 REM ROUTINE D'ECRITURE DU FICHIER "DONNEES"
03080 REM POUR ORDINATEUR CYBER 171
03090 REM
03100 FILE#1="DONNEES"
03110 RESTORE#1
03120 PRINT#1,N
03130 FOR I=1 TO N
03140    PRINT#1,D1(I)
03150 NEXT I
03160 CLOSE#1
03170 PRINT
03180 PRINT "POUR CONSERVER VOS DONNEES SUR FICHIER"
03190 PRINT "FAITES <REPLACE,DONNEES> LORSQUE VOUS"
03200 PRINT "AUREZ TERMINE."
03210 PRINT
03220 RETURN
03230 REM ----------------------
03240 PRINT "****************************************"
03250 RETURN
03260 PRINT
03270 PRINT "FIN NORMALE"
03280 END

READY.
```

LISTAGE DU PROGRAMME BINOM

```
PROGRAM    BINOM

100 REM ******************************************
110 REM ****CALCUL DES PROBABILITES BINOMIALES***
140 REM ******************************************
150 REM
160 REM IDENTIFICATION DES VARIABLES
170 REM     N....TAILLE DE L'ECHANTILLON
180 REM     P....PROBABILITE DE REALISATION
190 REM          A CHAQUE ESSAI
200 REM     Q....PROBABILITE 1-P
210 REM     W....RAPPORT P/Q
220 REM     V....VARIABLE SERVANT AU CALCUL
230 REM          DES PROBABILITES BINOMIALES
240 REM     P1( )....VECTEUR SERVANT A CONSERVER
250 REM          LES PROBABILITES BINOMIALES
260 REM     I....VARIABLE DE CONTROLE PRENANT LES
270 REM          VALEURS DE LA VARIABLE BINOMIALE
280 REM     P2( )....VECTEUR SERVANT A CALCULER
290 REM          LES PROBABILITES CUMULEES
300 REM
310 DIM P1(50),P2(50)
315 PRINT"****CALCUL DES PROBABILITES BINOMIALES****"
320 REM
330 REM LIRE N ET P
340 PRINT"QUELLE EST LA TAILLE DE L'ECHANTILLON";
350 INPUT N
360 PRINT"QUELLE EST LA VALEUR DE P";
370 INPUT P
380 IF N > 50 THEN GOTO 400
390 GOTO 430
400 PRINT"LA TAILLE DE L'ECHANTILLON NE"
410 PRINT"DOIT PAS DEPASSER 50"
420 GOTO 340
430 REM
440 GOSUB 1000
450 REM
460 GOSUB 2000
465 PRINT
470 PRINT"DESIREZ-VOUS EVALUER"
475 PRINT"UNE AUTRE DISTRIBUTION?"
480 PRINT"OUI OU NON?"
485 INPUT A$
490 IF A$<>"OUI" AND A$<>"NON" THEN GOTO 465
500 IF A$ = "OUI" THEN GOTO 315
510 PRINT
520 GOTO 9999
990 REM
1000 REM SOUS-PROGRAMME - PROB. BINOMIALES
1010 REM
1020 LET Q=1-P
1030 LET W=P/Q
1040 LET V=Q**N
1050 LET P1(0)=V
1060 LET N1= N + 1
1070 FOR I= 1 TO N
1080    LET V=((N1 - I)*W*V)/I
1090    LET P1(I)=V
1100 NEXT I
1110 REM
```

```
1120 REM CALCUL DES PROB. CUM.
1130 LET F=-1
1140 LET T=0
1150 FOR I=0 TO N
1160    LET T= T + P1(I)
1170    LET P2(I)=T
1180    LET F= F + 1
1190 IF P2(I)=1. THEN GOTO 1210
1200 NEXT I
1210 FOR J= F + 1 TO N
1220    LET P2(J)=1.
1230 NEXT J
1240 RETURN
1250 REM FIN DES CALCULS DE P(D<=I)
1999 REM
2000 REM AFFICHAGE DES RESULTATS
2020 REM
2030 GOSUB 2500
2035 PRINT
2040 PRINT"************* LOI    BINOMIALE *************"
2050 GOSUB 2500
2060 PRINT
2070 PRINT"TAILLE DE L'ECHANTILLON=";N
2080 PRINT"PROB. DE REALISATION A CHAQUE EPREUVE=";P
2090 PRINT
2100 PRINT"MOYENNE DE LA LOI BINOMIALE=";N*P
2110 PRINT"VARIANCE DE LA LOI BINOMIALE=";N*P*Q
2120 PRINT"ECART-TYPE DE LA LOI BINOMIALE=";SQR(N*P*Q)
2130 PRINT
2140 GOSUB 2500
2145 PRINT
2150 PRINT"VALEURS";TAB(13);"PROB.";TAB(25);"PROB. CUM."
2160 PRINT" DE X";TAB(13);"P(X=K)";TAB(25);"P(X<=K)"
2170 GOSUB 2500
2175 PRINT
2180 FOR I= 0 TO N
2182    LET P1(I)=P1(I) + .00005
2184    LET P2(I)=P2(I) + .00005
2186    LET P1(I)=INT(P1(I)*10000)/10000
2188    LET P2(I)=INT(P2(I)*10000)/10000
2190    PRINT TAB(3);I;TAB(12);P1(I);TAB(24);P2(I)
2200 NEXT I
2210 GOSUB 2500
2215 PRINT
2220 RETURN
2499 REM
2500 REM  ASTERISQUE
2510 FOR K1= 1 TO 39
2520 PRINT"*";
2530 NEXT K1
2540 RETURN
9999 END

READY.
```

LISTAGE DU PROGRAMME POISSON

```
PROGRAM    POISSON

00010 REM  *********************************************
00020 REM  APPROXIMATION DES PROBABILITES BINOMIALES
00030 REM  PAR LA LOI DE POISSON OU CALCUL DIRECT DES
00040 REM  PROBABILITES SELON LA LOI DE POISSON
00050 REM  *********************************************
00060 REM
00070 REM  IDENTIFICATION DES VARIABLES
00080 REM    N....TAILLE DE L'ECHANTILLON
00090 REM    P....PROBABILITE DE REALISATION A CHAQUE
00100 REM         EPREUVE
00110 REM    L....PRODUIT N*P OU VALEUR DE LAMBDA
00120 REM    K1...BORNE SUPERIEURE DE I
00130 REM    V....VARIABLE SERVANT AU CALCUL
00140 REM         DES PROBABILITES DE POISSON
00150 REM    P1( )....VECTEUR SERVANT A CONSERVER
00160 REM         LES PROBABILITES DE POISSON
00170 REM    I....VARIABLE DE CONTROLE PRENANT LES
00180 REM         VALEURS DE LA VARIABLE DE POISSON
00190 REM    P2( )....VECTEUR SERVANT A CALCULER
00200 REM         LES PROBABILITES CUMULEES
00210 REM
00220 DIM P1(50),P2(50)
00230 GOSUB 01450
00240 PRINT
00250 PRINT TAB(10);"PROGRAMME POISSON"
00260 PRINT
00270 GOSUB 01450
00280 PRINT
00290 PRINT "CHOISISSEZ UNE OPTION : "
00300 PRINT
00310 PRINT "1...POUR UNE APPROXIMATION DES PROBABI-"
00320 PRINT "    LITES BINOMIALES"
00330 PRINT "2...POUR LE CALCUL DIRECT DES PROBABI-"
00340 PRINT "    LITES SELON LA LOI DE POISSON"
00350 PRINT "3...POUR TERMINER LE TRAVAIL"
00360 INPUT O1
00370 IF O1<1 OR O1>3 OR O1<>INT(O1) THEN 00280
00380 ON O1 GOSUB 00490,00630,01510
00390 REM CALCULS DE PROBABILITES
00400 GOSUB 00800
00410 REM AFFICHAGE OU IMPRESSION DES RESULTATS
00420 GOSUB 01040
00430 ON O1 GOSUB 00750,00700
00440 PRINT"<OUI> OU <NON>?"
00450 INPUT A$
00460 IF A$<>"OUI" AND A$<>"NON" THEN GOTO 00430
00470 IF A$="OUI" THEN GOTO 00380
00480 GOTO 00280
00490 REM ---------------------
00500 REM LIRE N ET P
00510 PRINT
00520 PRINT"QUELLE EST LA TAILLE DE L'ECHANTILLON";
00530 INPUT N
00540 IF N<1 OR N<>INT(N) THEN 00510
00550 PRINT
00560 PRINT"QUELLE EST LA VALEUR DE P";
00570 INPUT P
00580 IF N*P<=20 THEN 00610
00590    PRINT "LE PRODUIT (NP) NE DOIT PAS DEPASSER 20"
```

```
00600 GOTO 00510
00610 LET L=N*P
00620 RETURN
00630 REM --------------------
00640 REM LIRE L (LAMBDA)
00650 PRINT
00660 PRINT "QUELLE EST LA VALEUR DE LAMBDA ";
00670 INPUT L
00680 IF L<=0 THEN 00650
00690 RETURN
00700 REM --------------------
00710 PRINT
00720 PRINT "DESIREZ-VOUS EVALUER UNE AUTRE "
00730 PRINT "DISTRIBUTION ?"
00740 RETURN
00750 REM --------------------
00760 PRINT
00770 PRINT "DESIREZ-VOUS EFFECTUER UNE AUTRE "
00780 PRINT "APPROXIMATION ?"
00790 RETURN
00800 REM --------------------
00810 REM SOUS-ROUTINE - POISSON
00820 LET P1(0)=EXP(-L)
00830 LET K1=40
00840 LET V=P1(0)
00850 FOR I= 1 TO K1
00860    LET P1(I)=L*V/I
00870    LET V=P1(I)
00880    IF INT(P1(I)*10000)/10000 = 0 AND I>5 THEN GOTO 00900
00890 NEXT I
00900 K1=I
00910 REM CALCUL DES PROB. CUM.
00920 LET F=-1
00930 LET T=0
00940 FOR I= 0 TO K1
00950    LET T= T + P1(I)
00960    LET P2(I)=T
00970    LET F= F + 1
00980 IF P2(I)=1. THEN GOTO 01000
00990 NEXT I
01000 FOR J= F + 1 TO K1
01010    LET P2(J)=1.
01020 NEXT J
01030 RETURN
01040 REM --------------------
01050 REM AFFICHAGE DES RESULTATS
01060 PRINT
01070 GOSUB 01450
01080 IF O1=1 THEN 01120
01090    PRINT"CALCUL DES PROBABILITES SELON LA LOI DE"
01100    PRINT"                    POISSON"
01110 GOTO 01140
01120    PRINT "    APPROXIMATION DES PROBABILITES"
01130    PRINT "   BINOMIALES PAR LA LOI DE POISSON"
01140 ON O1 GOSUB 01290,01360
01150 GOSUB 01450
01160 PRINT
01170 PRINT"VALEURS";TAB(13);"PROB.";TAB(25);"PROB. CUM."
01180 PRINT" DE X";TAB(13);"P(X=K)";TAB(25);"P(X<=K)"
01190 PRINT "--------------------------------------------"
```

```
01200 FOR I =0 TO K1
01210    LET P1(I)=P1(I) + .00005
01220    LET P2(I)=P2(I) + .00005
01230    LET P1(I)=INT(P1(I)*10000)/10000
01240    LET P2(I)=INT(P2(I)*10000)/10000
01250    PRINT TAB(3);I;TAB(12);P1(I);TAB(24);P2(I)
01260 NEXT I
01270 GOSUB 01450
01280 RETURN
01290 REM -----------------------
01300 REM SORTIES CAS APPROXIMATION
01310 PRINT
01320 PRINT"TAILLE DE L'ECHANTILLON=";N
01330 PRINT "PROBABILITE DE REALISATION A CHAQUE"
01340 PRINT "EPREUVE=";P
01350 RETURN
01360 REM -----------------------
01370 REM SORTIES CAS CALCUL DIRECT
01380 PRINT
01390 PRINT "VALEUR DE LAMBDA (L) ";L
01400 PRINT
01410 PRINT "MOYENNE DE LA LOI DE POISSON=";L
01420 PRINT"VARIANCE DE LA LOI DE POISSON=";L
01430 PRINT"ECART-TYPE DE LA LOI DE POISSON=";SQR(L)
01440 RETURN
01450 REM -----------------------
01455 REM ASTERISQUE
01460 FOR J= 1 TO 39
01470 PRINT"*";
01480 NEXT J
01490 PRINT
01500 RETURN
01510 REM -----------------------
01520 PRINT
01530 PRINT "FIN NORMALE DU TRAITEMENT"
01540 END

READY.
```

LISTAGE DU PROGRAMME NORMALE

```
PROGRAM    NORMALE

00010 REM CALCUL DE PROBABILITES SELON LA LOI NORMALE
00020 REM
00030 REM PROGRAMMATION DE ROGER BLAIS
00040 REM ********************************************
00050 REM            VARIABLES UTILISEES
00060 REM B(5)= COEFFICIENTS UTILISES POUR LE CALCUL
00070 REM K = VALEUR DE LA VARIABLE ALEATOIRE
00080 REM K1 = BORNE INFERIEURE DE L'INTERVALLE CALCULE
00090 REM K2 = BORNE SUPERIEURE DE L'INTERVALLE CALCULE
00100 REM F1,Y1,Z1 = VARIABLES UTILITAIRES POUR CALCULS
00110 REM O1 = OPTION CHOISIE DANS LE MENU
00120 REM P0 = ACCUMULATEUR
00130 REM P1,T1 = COEFFICIENTS UTILISES POUR CALCULS
00140 REM S = ECART-TYPE DE LA VARIABLE NORMALE
00150 REM T = VARIABLE TAMPON
00160 REM U = MOYENNE DE LA VARIABLE ALEATOIRE NORMALE
00170 REM Z2 = PROBABILITE OBTENUE <P(X<=K)>
00180 REM ********************************************
00190 REM INITIALISATION
00200 LET B(1)=1.330274429
00210 LET B(2)=-1.821255978
00220 LET B(3)=1.781477937
00230 LET B(4)=-.356563782
00240 LET B(5)=.319381530
00250 LET P1=.2316419
00260 PRINT
00270 GOSUB 01100
00280 PRINT
00290 PRINT TAB(12);"PROGRAMME NORMALE"
00300 PRINT
00310 GOSUB 01100
00320 PRINT
00330 PRINT "     CALCULS DE PROBABILITES D'APRES "
00340 PRINT "          LA LOI NORMALE."
00350 PRINT
00360 PRINT "CHOISISSEZ UNE OPTION : "
00370 PRINT "1.....POUR CALCULER  P(X <= K)"
00380 PRINT "2.....POUR CALCULER  P(X >= K)"
00390 PRINT "3.....POUR CALCULER  P(K1 <= X <= K2)"
00400 PRINT "4.....POUR TERMINER LE TRAVAIL"
00410 INPUT O1
00420 IF O1<1 OR O1>4 OR O1<>INT(O1) THEN 00350
00430 IF O1=4 THEN 01140
00440 PRINT
00450 PRINT "MOYENNE DE LA LOI NORMALE ";
00460 INPUT U
00470 PRINT
00480 PRINT "ECART-TYPE DE LA LOI NORMALE ";
00490 INPUT S
00500 IF O1=3 THEN 00570
00510 PRINT
00520 PRINT "VALEUR (K) DE LA VARIABLE ALEATOIRE ";
00530 INPUT K
00540 REM CALCULS
00550 GOSUB 00920
00560 GOTO 00740
00570 PRINT
00580 PRINT "VALEUR DE LA BORNE INFERIEURE POUR"
```

```
00590 PRINT "L'INTERVALLE A CALCULER DE LA VARIABLE"
00600 PRINT "ALEATOIRE ";
00610 INPUT K1
00620 PRINT
00630 PRINT "VALEUR DE LA BORNE SUPERIEURE POUR"
00640 PRINT "L'INTERVALLE A CALCULER DE LA VARIABLE"
00650 PRINT "ALEATOIRE ";
00660 INPUT K2
00670 IF K1>=K2 THEN 00570
00680 REM CALCULS
00690 LET K=K1
00700 GOSUB 00920
00710 LET T=Z2
00720 LET K=K2
00730 GOSUB 00920
00740 PRINT
00750 GOSUB 01100
00760 PRINT TAB(15);"RESULTAT"
00770 PRINT
00780 PRINT "MOYENNE DE LA LOI NORMALE =";U
00790 PRINT "ECART-TYPE DE LA LOI NORMALE =";S
00800 PRINT
00810 ON O1 GOSUB 00840,00860,00880
00820 GOSUB 01100
00830 GOTO 00350
00840 PRINT "P(X <=";K;") =";Z2
00850 RETURN
00860 PRINT "P(X >=";K;") =";Z2
00870 RETURN
00880 PRINT "P(";K1;"<= X <=";K2;") =";
00890 IF Z2>T THEN PRINT Z2-T
00900 IF Z2<=T THEN PRINT T-Z2
00910 RETURN
00920 REM --------------------
00930 REM CALCULS DES PROB. NORMALES
00940 LET Y1=(K-U)/S
00950 IF K<U THEN Y1=-Y1
00960 LET Z1=EXP(-Y1*Y1/2)/2.506628275
00970 LET F1=Z1/S
00980 LET T1=1/(1+P1*Y1)
00990 LET PO=0
01000 FOR I=1 TO 5
01010    LET PO=PO*T1+B(I)
01020 NEXT I
01030 LET PO=PO*T1
01040 LET Z2=Z1*PO
01050 IF K>=U AND O1<>2 THEN Z2=1-Z2
01060 IF K<U AND O1=2 THEN Z2=1-Z2
01070 IF INT(Z2*100000)<Z2*100000-0.49 THEN Z2=Z2+0.00001
01080 LET Z2=INT(Z2*100000)/100000
01090 RETURN
01100 REM --------------------
01110 REM ASTERISQUE
01120 PRINT "*****************************************"
01130 RETURN
01140 REM --------------------
01150 REM FIN DU PROGRAMME NORMALE
01160 PRINT
01170 PRINT "FIN NORMALE DU TRAITEMENT"
01180 END

READY.
```

LISTAGE DU PROGRAMME TTEST

```
PROGRAM    TTEST

00010 REM ***** PROGRAMME <TTEST>; T DE STUDENT *****
00020 REM
00030 REM PROGRAMMATION DE ROGER BLAIS
00040 REM ********************************************
00050 REM             VARIABLES UTILISEES
00060 REM A = SEUIL DE SIGNIFICATION DU TEST (ALPHA)
00070 REM C(5) = NIVEAU DE CONFIANCE
00080 REM D = DEGRES DE LIBERTE
00090 REM E = ERREUR-TYPE DE LA MOYENNE
00100 REM N = NOMBRE D'OBSERVATIONS
00110 REM O(100) = LISTE DES OBSERVATIONS
00120 REM R$ = VARIABLE CARACTERE POUR LA SORTE DE TEST
00130 REM S = VARIANCE DE L'ECHANTILLON
00140 REM SO = SOMME DE CARRES
00150 REM T$ = IDENTIFICATION DU TEST
00160 REM T1 = ECART REDUIT
00170 REM T(5) = T THEORIQUE
00180 REM T5,T6,Z$ = VARIABLES TAMPONS
00190 REM U = MOYENNE DE L'ECHANTILLON
00200 REM X = MOYENNE A TESTER
00210 REM Z(5) = DEVIATION NORMALE
00220 REM ********************************************
00230 DIM C(5),O(100),Z(5)
00240 PRINT
00250 GOSUB 02440
00260 PRINT
00270 PRINT TAB(10);"PROGRAMME TTEST"
00280 PRINT
00290 GOSUB 02440
00300 PRINT
00310 PRINT "INTERVALLES DE CONFIANCE POUR LA "
00320 PRINT "MOYENNE DE LA POPULATION AVEC LA LOI DE"
00330 PRINT "STUDENT ET TEST D'HYPOTHESE."
00340 PRINT
00350 PRINT "IDENTIFICATION DU TRAVAIL EN COURS "
00360 INPUT T$
00370 PRINT
00380 PRINT "QUEL EST LE NOMBRE D'OBSERVATIONS DANS"
00390 PRINT "L'ECHANTILLON ";
00400 INPUT N
00410 IF N<1 OR N>100 OR N<>INT(N) THEN 00370
00420 PRINT
00430 PRINT "ENTREZ MAINTENANT VOS DONNEES."
00440 FOR J=1 TO N
00450     PRINT "OBS. ";J;TAB(12);
00460     INPUT O(J)
00470 NEXT J
00480 PRINT
00490 PRINT "DESIREZ-VOUS CORRIGER UNE OBSERVATION"
00500 PRINT "<OUI> OU <NON> ";
00510 INPUT Z$
00520 IF Z$<>"OUI" AND Z$<>"NON" THEN 00480
00530 IF Z$="NON" THEN 00670
00540     PRINT
00550     PRINT "QUEL EST LE NUMERO DE L'OBSERVATION"
00560     PRINT "QUE VOUS DESIREZ CORRIGER ";
00570     INPUT J
00580     IF J<1 OR J>N OR J<>INT(J) THEN 00540
00590     PRINT
```

```
00600    PRINT "ENTREZ LA NOUVELLE DONNEE."
00610    PRINT "OBS. ";J;TAB(12);
00620    INPUT O(J)
00630    PRINT
00640    PRINT "DESIREZ-VOUS CORRIGER UNE AUTRE"
00650    PRINT "OBSERVATION "
00660    GOTO 00500
00670 REM CALCULS DES STATISTIQUES
00680 SO=0
00690 U=0
00700 FOR J=1 TO N
00710    U=U+O(J)
00720 NEXT J
00730 U=U/N
00740 FOR J=1 TO N
00750    SO=SO+(U-O(J))^2
00760 NEXT J
00770 D=N-1
00780 S=SO/D
00790 E=SQR(S)/SQR(N)
00800 PRINT
00810 GOSUB 02440
00820 PRINT TAB(4);"CALCUL DE DIVERSES STATISTIQUES"
00830 GOSUB 02440
00840 PRINT "TRAVAIL EN COURS : ";T$
00850 PRINT "----------------------------------------"
00860 PRINT "NOMBRE D'OBSERVATIONS = ";N
00870 PRINT "MOYENNE DE L'ECHANTILLON = ";U
00880 PRINT "SOMME DE CARRES = ";SO
00890 PRINT "DEGRES DE LIBERTE = ";D
00900 PRINT "VARIANCE DE L'ECHANTILLON = ";S
00910 PRINT "ECART-TYPE DE L'ECHANTILLON = ";SQR(S)
00920 PRINT "ERREUR-TYPE DE LA MOYENNE = ";E
00930 PRINT "----------------------------------------"
00940 PRINT
00950 PRINT "DESIREZ-VOUS OBTENIR DES INTERVALLES DE"
00960 PRINT "CONFIANCE POUR LA MOYENNE DE LA"
00970 PRINT "POPULATION ? "
00980 PRINT "<OUI> OU <NON> ";
00990 INPUT Z$
01000 IF Z$<>"OUI" AND Z$<>"NON" THEN 00940
01010 IF Z$="NON" THEN 01360
01020 REM INITIALISATION DU Z
01030 Z(1)=1.150
01040 Z(2)=1.645
01050 Z(3)=1.960
01060 Z(4)=2.576
01070 Z(5)=3.291
01080 REM INITIALISATION DES NIVEAUX DE CONFIANCE
01090 C(1)=75.
01100 C(2)=90.
01110 C(3)=95.
01120 C(4)=99.
01130 C(5)=99.9
01140 PRINT
01150 GOSUB 02440
01160 PRINT "INTERVALLE DE CONFIANCE POUR LA MOYENNE"
01170 PRINT "          DE LA POPULATION"
01180 GOSUB 02440
01190 PRINT
```

```
01200 PRINT "NIVEAU DE  LIMITE    LIMITE    VALEUR DU"
01210 PRINT "CONFIANCE  INFER.    SUPER.    T THEORI."
01220 PRINT "----------------------------------------"
01230 FOR J=1 TO 5
01240     T(J)=Z(J)*(1+(Z(J)^2+1)/(4*D)+((Z(J)^2+3)*(5*Z(J)^2+2)/(96*D^2)))
01250     IF INT(T(J)*10000)<T(J)*10000-0.49 THEN T(J)=T(J)+0.0001
01260     T(J)=INT(T(J)*10000)/10000
01270     T5=U-T(J)*E
01280     T6=U+T(J)*E
01290     IF INT(T5*1000)<T5*1000-0.49 THEN T5=T5+0.001
01300     T5=INT(T5*1000)/1000
01310     IF INT(T6*1000)<T6*1000-0.49 THEN T6=T6+0.001
01320     T6=INT(T6*1000)/1000
01330     PRINT C(J);"%";TAB(11);T5;TAB(21);T6;TAB(31);T(J)
01340 NEXT J
01350 PRINT "----------------------------------------"
01360 PRINT
01370 PRINT "DESIREZ-VOUS EFFECTUER UN TEST D'HYPO-"
01380 PRINT "THESE SUR LA MOYENNE DE LA POPULATION?"
01390 PRINT "<OUI> OU <NON> ";
01400 INPUT Z$
01410 IF Z$<>"OUI" AND Z$<>"NON" THEN 01360
01420 IF Z$="NON" THEN 02480
01430 PRINT
01440 PRINT "PRESSER"
01450 PRINT "1.....POUR TEST BILATERAL"
01460 PRINT "2.....POUR TEST UNILATERAL A GAUCHE"
01470 PRINT "3.....POUR TEST UNILATERAL A DROITE"
01480 INPUT O1
01490 IF O1<1 OR O1>3 OR O1<>INT(O1) THEN 01430
01500 PRINT
01510 GOSUB 02440
01520 ON O1 GOTO 01530,01550,01570
01530 PRINT TAB(14);"TEST BILATERAL"
01540 GOTO 01580
01550 PRINT TAB(8);"TEST UNILATERAL A GAUCHE"
01560 GOTO 01580
01570 PRINT TAB(8);"TEST UNILATERAL A DROITE"
01580 PRINT "    SUR LA MOYENNE DE LA POPULATION"
01590 GOSUB 02440
01600 PRINT
01610 PRINT "PRECISER LA MOYENNE A TESTER SOUS"
01620 PRINT "L'HYPOTHESE NULLE ";
01630 INPUT X
01640 PRINT
01650 PRINT "PRECISER LE SEUIL DE SIGNIFICATION DU"
01660 PRINT "TEST ?"
01670 PRINT "LES SEUILS PERMIS SONT : "
01680 PRINT TAB(20);"ALPHA = 0.05"
01690 PRINT TAB(20);"ALPHA = 0.01"
01700 INPUT A
01710 IF A<>0.05 AND A<>0.01 THEN 01670
01720 IF O1=1 THEN 01780
01730     IF A=0.05 THEN 01760
01740         Z(1)=2.33
01750     GOTO 01830
01760         Z(1)=1.645
01770     GOTO 01830
01780     IF A=0.05 THEN 01810
01790         Z(1)=2.576
```

```
01800    GOTO 01830
01810       Z(1)=1.96
01820 REM FIN SI
01830 T(1)=Z(1)*(1+(Z(1)^2+1)/(4*D)+((Z(1)^2+3)*(5*Z(1)^2+2)/(96*D^2))
01840 IF INT(T(1)*10000)<T(1)*10000-0.49 THEN T(1)=T(1)+0.0001
01850 T(1)=INT(T(1)*10000)/10000
01860 PRINT
01870 GOSUB 02440
01880 PRINT TAB(12);"EXECUTION DU TEST"
01890 GOSUB 02440
01900 PRINT "TRAVAIL : ";T$
01910 PRINT
01920 PRINT "*****  HYPOTHESES STATISTIQUES  *****"
01930 PRINT
01940 PRINT "HYPOTHESE NULLE : MU =";X
01950 PRINT "HYPOTHESE ALTERNATIVE : MU";
01960 ON O1 GOTO 01970,01990,02010
01970 PRINT "<>";X
01980 GOTO 02020
01990 PRINT "<";X
02000 GOTO 02020
02010 PRINT ">";X
02020 PRINT
02030 PRINT "*****  SEUIL DE SIGNIFICATION  *****"
02040 PRINT "ALPHA =";A
02050 PRINT
02060 PRINT "*****  REGLE DE DECISION  *****"
02070 PRINT "D'APRES L'HYPOTHESE ALTERNATIVE, AU "
02080 PRINT "SEUIL ALPHA =";A;"ET";D;"DEGRES DE"
02090 PRINT "LIBERTE, LA VALEUR CRITIQUE DE L'ECART"
02100 PRINT "REDUIT EST";T(1)
02110 PRINT
02120 T1=(U-X)/E
02130 IF INT(T1*1000)<T1*1000-0.49 THEN T1=T1+0.001
02140 T1=INT(T1*1000)/1000
02150 R$="NON-REJET"
02160 PRINT "REJETER L'HYPOTHESE NULLE SI "
02170 ON O1 GOTO 02180,02220,02250
02180 PRINT "T <";-T(1);" OU   T >";T(1)
02190 PRINT "(TEST BILATERAL)"
02200 IF T1>T(1) OR T1<-T(1) THEN R$="REJET"
02210 GOTO 02270
02220 PRINT "T <";-T(1);" (TEST UNILATERAL A GAUCHE)"
02230 IF T1<-T(1) THEN R$="REJET"
02240 GOTO 02270
02250 PRINT "T >";T(1);" (TEST UNILATERAL A DROITE)"
02260 IF T1>T(1) THEN R$="REJET"
02270 PRINT
02280 PRINT "*****  CALCUL DE L'ECART REDUIT  *****"
02290 PRINT "T =";T1
02300 PRINT
02310 PRINT "*****  DECISION  *****"
02320 PRINT "LA VALEUR CALCULEE DE L'ECART REDUIT"
02330 PRINT "SE SITUE DANS LA REGION DE ";R$;" DE"
02340 PRINT "L'HYPOTHESE NULLE AU SEUIL DE "
02350 PRINT "SIGNIFICATION ALPHA =";A
02360 PRINT
02370 PRINT "DESIREZ-VOUS EFFECTUER UN NOUVEAU TEST"
02380 PRINT "D'HYPOTHESE ? "
02390 PRINT "<OUI> OU <NON> ";
```

```
02400 INPUT Z$
02410 IF Z$<>"OUI" AND Z$<>"NON" THEN 02360
02420 IF Z$="OUI" THEN 01430
02430 GOTO 02480
02440 REM ---------------------
02450 REM ASTERISQUE
02460 PRINT "*************************************"
02470 RETURN
02480 REM ---------------------
02490 REM FIN DU PROGRAMME TTEST
02500 PRINT
02510 PRINT "FIN NORMALE DU TRAITEMENT"
02520 END

READY.
```

LISTAGE DU PROGRAMME COURBEF

```
PROGRAM    COURBEF

00010 REM ** PROGRAMME <COURBEF> POUR LE TRACE DE LA **
00020 REM ** COURBE D'EFFICACITE.
00030 REM PROGRAMMATION DE ROGER BLAIS
00040 REM *********************************************
00050 REM           VARIABLES UTILISEES
00060 REM A = NIVEAU DE SIGNIFICATION (ALPHA)
00070 REM B(5),F1 = COEFFICIENTS UTILISES POUR LE CALCUL
00080 REM E,F,J,J0,K,T = VARIABLES POUR TRACER LA COURBE
00090 REM T1(2) = POINTS A IMPRIMER SUR UNE MEME LIGNE
00100 REM P0,Z1,Z2 = VARIABLES POUR LE CALCUL DES PROB.
00110 REM X1,X2 = VALEURS CRITIQUES
00120 REM Z = DEVIATION NORMALE
00130 REM *********************************************
00140 DIM Z(15)
00150 PRINT
00160 GOSUB 02200
00170 PRINT
00180 PRINT TAB(12);"PROGRAMME COURBEF"
00190 PRINT
00200 GOSUB 02200
00210 PRINT
00220 PRINT "CE PROGRAMME PERMET DE TRACER LA COURBE"
00230 PRINT "D'EFFICACITE D'UN TEST SUR UNE MOYENNE."
00240 PRINT
00250 PRINT "IDENTIFICATION DU TRAVAIL EN COURS "
00260 INPUT T$
00270 PRINT
00280 PRINT "QUELLE EST LA MOYENNE DE LA POPULATION "
00290 INPUT U
00300 PRINT
00310 PRINT "QUEL EST L'ECART-TYPE DE LA POPULATION "
00320 INPUT S
00330 PRINT
00340 PRINT "QUELLE EST LA TAILLE DE L'ECHANTILLON"
00350 PRINT "PRELEVE ";
00360 INPUT N
00370 IF N<1 OR N<>INT(N) THEN 00330
00380 PRINT
00390 PRINT "PRECISER LE SEUIL DE SIGNIFICATION DU"
00400 PRINT "TEST."
00410 PRINT "LES SEUILS PERMIS SONT : "
00420 PRINT TAB(20);"ALPHA = 0.05"
00430 PRINT TAB(20);"ALPHA = 0.01"
00440 INPUT A
00450 IF A<>0.01 AND A<>0.05 THEN 00410
00460 REM INITIALISATION
00470 B(1)=1.330274429
00480 B(2)=-1.821255978
00490 B(3)=1.781477937
00500 B(4)=-.356563782
00510 B(5)=.319381530
00520 F1=.2316419
00530 REM CALCULS
00540 IF A=0.05 THEN Z=1.96
00550 IF A=0.01 THEN Z=2.576
00560 E=S/SQR(N)
00570 X1=U-E*Z
00580 X2=U+E*Z
```

```
00590 REM INTERVALLES EN ABCISSE DU GRAPHIQUE
00600 IF E>=100000 THEN 01060
00610 IF E<10000 THEN 00660
00620    IF E>=60000 THEN F=20000
00630    IF E<60000 AND E>=20000 THEN F=10000
00640    IF E<20000 THEN F=5000
00650 GOTO 01120
00660 IF E<1000 THEN 00710
00670    IF E>=6000 THEN F=2000
00680    IF E<6000 AND E>=2000 THEN F=1000
00690    IF E<2000 THEN F=500
00700 GOTO 01120
00710 IF E<100 THEN 00760
00720    IF E>=600 THEN F=200
00730    IF E<600 AND E>=200 THEN F=100
00740    IF E<200 THEN F=50
00750 GOTO 01120
00760 IF E<10 THEN 00810
00770    IF E>=60 THEN F=20
00780    IF E<60 AND E>=20 THEN F=10
00790    IF E<20 THEN F=5
00800 GOTO 01120
00810 IF E<1 THEN 00860
00820    IF E>=6 THEN F=2
00830    IF E<6 AND E>=2 THEN F=1
00840    IF E<2 THEN F=.5
00850 GOTO 01120
00860 IF E<0.1 THEN 00910
00870    IF E>=.6 THEN F=0.2
00880    IF E<.6 AND E>=.2 THEN F=0.1
00890    IF E<.2 THEN F=0.05
00900 GOTO 01120
00910 IF E<0.01 THEN 00960
00920    IF E>=.06 THEN F=0.02
00930    IF E<.06 AND E>=.02 THEN F=0.01
00940    IF E<.02 THEN F=0.005
00950 GOTO 01120
00960 IF E<0.001 THEN 01010
00970    IF E>=.006 THEN F=0.002
00980    IF E<.006 AND E>=.002 THEN F=0.001
00990    IF E<.002 THEN F=0.0005
01000 GOTO 01120
01010 IF E<.0001 THEN 01060
01020    IF E>=.0006 THEN F=0.0002
01030    IF E<.0006 AND E>=.0002 THEN F=0.0001
01040    IF E<.0002 THEN F=0.00005
01050 GOTO 01120
01060    PRINT
01070    PRINT "LE PROGRAMME NE PERMET PAS DE TRACER"
01080    PRINT "LA COURBE D'EFFICACITE POUR CES VALEURS"
01090    PRINT "DE MU ET DE SIGMA."
01100    PRINT "VOUS POUVEZ RECOMMENCER!"
01110 GOTO 00240
01120 REM IMPRESSION
01130 PRINT
01140 GOSUB 02200
01150 PRINT "    TRACE DE LA COURBE D'EFFICACITE"
01160 GOSUB 02200
01170 PRINT "TRAVAIL : ";T$
01180 PRINT
```

```
01190 PRINT "HO : MU =";U;TAB(20);"ALPHA =";A
01200 PRINT "H1 : MU <>";U;TAB(20);"N =";N
01210 PRINT
01220 PRINT "ECART-TYPE =";S
01230 PRINT "ECART-TYPE/SQR(N) =";S/SQR(N)
01240 PRINT "XC1 =";X1;TAB(20);"XC2 =";X2
01250 PRINT
01260 PRINT " MU1";TAB(10);"ZBETA 1";TAB(20);"ZBETA 2";TAB(31);"BETA"
01270 PRINT "----------------------------------------"
01280 REM CALCULS DE BETA
01290 J=U-(6*F)
01300 FOR J2=1 TO 13
01310     PRINT J;
01320     IF J<>U THEN 01350
01330         Z(J2)=1-A
01340     GOTO 01480
01350     Y1=(X1-J)/E
01360     PRINT TAB(10);Y1;
01370     K=J
01380     U1=X1
01390     GOSUB 02050
01400     T=Z2
01410     Y1=(X2-J)/E
01420     PRINT TAB(20);Y1;
01430     U1=X2
01440     GOSUB 02050
01450     Z(J2)=T-Z2
01460     IF K>=X2 THEN Z(J2)=Z2-T
01470     IF K<X2 AND K>X1 THEN Z(J2)=T+Z2
01480     IF J=U THEN PRINT TAB(10);(X1-J)/E;TAB(20);(X2-J)/E;
01490     PRINT TAB(30);Z(J2)
01500     J=J+F
01510 NEXT J2
01520 PRINT "----------------------------------------"
01530 PRINT
01540 REM IMPRESSION DE LA COURBE D'EFFICACITE
01550 J0=0
01560 PRINT "BETA"
01570 FOR I=1. TO 0.0 STEP -0.05
01580     J0=J0+1
01590     IF J0/2=INT(J0/2) THEN 01620
01600         PRINT I;TAB(8);"+";
01610     GOTO 01630
01620         PRINT TAB(8);"I";
01630     J=U-(6*F)
01640     J1=0
01650     FOR J2=1 TO 13
01660         IF Z(J2)<I-0.025 OR Z(J2)>=I+0.025 THEN 01690
01670             J1=J1+1
01680             T1(J1)=J
01690         J=J+F
01700     NEXT J2
01710     IF J1=0 THEN 01880
01720     IF J1<>1 THEN 01750
01730         PRINT TAB(10+(T1(1)-(U-(6*F)))/F*2);"*";
01740     GOTO 01880
```

```
01750     REM TRI DES POINTS A IMPRIMER (BUBBLE SORT)
01760     FOR J=1 TO J1-1
01770       FOR J2=J TO J1
01780         IF T1(J2)>=T1(J) THEN 01820
01790           T=T1(J)
01800           T1(J)=T1(J2)
01810           T1(J2)=T
01820       NEXT J2
01830     NEXT J
01840     REM IMPRESSION DES POINTS
01850     FOR J=1 TO J1
01860       PRINT TAB(10+(T1(J)-(U-(6*F)))/F*2);'*';
01870     NEXT J
01880     PRINT
01890 NEXT I
01900 PRINT TAB(8);'-';
01910 FOR I=1 TO 13
01920     PRINT '-+';
01930 NEXT I
01940 PRINT
01950 PRINT TAB(9);U-(6*F);TAB(15);U-(3*F);TAB(21);U;TAB(27);U+(3*F);TAB(33);U+(6*F)
01960 PRINT TAB(30);'MOYENNE'
01970 PRINT
01980 PRINT 'DESIREZ-VOUS TRACER UNE NOUVELLE'
01990 PRINT 'COURBE D'EFFICACITE ?'
02000 PRINT '<OUI> OU <NON> ';
02010 INPUT Z$
02020 IF Z$<>'OUI' AND Z$<>'NON' THEN 01970
02030 IF Z$='OUI' THEN 00240
02040 GOTO 02230
02050 REM ----------------------
02060 REM CALCULS DES PROBABILITES NORMALES
02070 IF K>U1 THEN Y1=-Y1
02080 Z1=EXP(-Y1*Y1/2)/2.506628275
02090 T1=1/(1+P1*Y1)
02100 PO=0
02110 FOR I=1 TO 5
02120     PO=PO*T1+B(I)
02130 NEXT I
02140 PO=PO*T1
02150 Z2=Z1*PO
02160 IF K<X2 AND K>X1 THEN Z2=0.5-Z2
02170 IF INT(Z2*100000)<Z2*100000-0.49 THEN Z2=Z2+0.00001
02180 Z2=INT(Z2*100000)/100000
02190 RETURN
02200 REM ASTERISQUE
02210 PRINT '*****************************************'
02220 RETURN
02230 REM FIN DU PROGRAMME <COURBEF>
02240 PRINT
02250 PRINT 'FIN NORMALE DU TRAITEMENT'
02260 END

READY.
```

LISTAGE DU PROGRAMME TEST2

```
PROGRAM    TEST2

00010 REM ***** PROGRAMME <TEST2>; TEST SUR DEUX MOYENNES *****
00020 REM
00030 REM PROGRAMMATION DE ROGER BLAIS
00040 REM ***************************************************
00050 REM              VARIABLES UTILISEES
00060 REM A = SEUIL DE SIGNIFICATION DU TEST (ALPHA)
00070 REM C(5) = NIVEAU DE CONFIANCE
00080 REM D(2) = DEGRES DE LIBERTE DES ECHANTILLONS
00090 REM D1 = DEGRES DE LIBERTE DE LA DIFFERENCE DES ECHANT.
00100 REM N = TAILLE D'ECHANTILLON LA PLUS GRANDE
00110 REM N1(2) = NOMBRE D'OBSERVATIONS DES ECHANTILLONS
00120 REM O(2,100) = OBSERVATIONS DES DEUX ECHANTILLONS
00130 REM R$ = VARIABLE CARACTERE POUR LA SORTIE DU TEST
00140 REM S(2) = VARIANCE DES ECHANTILLONS
00150 REM S0(2) = SOMME DE CARRES DES ECHANTILLONS
00160 REM T$ = IDENTIFICATION DU TRAVAIL
00170 REM T1 = ECART REDUIT
00180 REM T(5) = T THEORIQUE
00190 REM U(2) = MOYENNES DES ECHANTILLONS
00200 REM Z(5) = DEVIATION NORMALE
00210 REM T5,T6,Z$ = VARIABLES TAMPONS
00220 REM ***************************************************
00230 DIM O(2,100)
00240 PRINT
00250 GOSUB 02800
00260 PRINT
00270 PRINT TAB(12);"PROGRAMME TEST2"
00280 PRINT
00290 GOSUB 02800
00300 PRINT
00310 PRINT "CE PROGRAMME PERMET D'EFFECTUER UN TEST"
00320 PRINT "SUR DEUX MOYENNES."
00330 PRINT
00340 PRINT "IDENTIFICATION DU TRAVAIL EN COURS "
00350 INPUT T$
00360 PRINT
00370 PRINT "QUEL EST LE NOMBRE D'OBSERVATION DANS"
00380 PRINT "L'ECHANTILLON 1 ";
00390 INPUT N1(1)
00400 IF N1(1)<1 OR N1(1)>100 OR N1(1)<>INT(N1(1)) THEN 00360
00410 PRINT
00420 PRINT "QUEL EST LE NOMBRE D'OBSERVATION DANS "
00430 PRINT "L'ECHANTILLON 2 ";
00440 INPUT N1(2)
00450 IF N1(2)<1 OR N1(2)>100 OR N1(2)<>INT(N1(2)) THEN 00410
00460 PRINT
00470 PRINT "ENTREZ MAINTENANT VOS DONNEES."
00480 PRINT "ECHANTILLON 1 -";N1(1);"OBSERVATIONS."
00490 FOR J=1 TO N1(1)
00500 PRINT "OBS. ";J;TAB(12);
00510 INPUT O(1,J)
00520 NEXT J
00530 PRINT
00540 PRINT "ECHANTILLON 2 -";N1(2);"OBSERVATIONS."
00550 FOR J=1 TO N1(2)
00560    PRINT "OBS. ";J;TAB(12);
00570    INPUT O(2,J)
00580 NEXT J
```

```
00590 PRINT
00600 PRINT "VOICI LA LISTE DE VOS OBSERVATIONS."
00610 PRINT "OBS.      ECHANTILLON 1      ECHANTILLON 2"
00620 N=N1(1)
00630 IF N1(2)>N1(1) THEN N=N1(2)
00640 FOR J=1 TO N
00650    PRINT J;
00660    IF N1(1)>=J THEN PRINT TAB(12);O(1,J);
00670    IF N1(2)>=J THEN PRINT TAB(29);O(2,J);
00680    PRINT
00690 NEXT J
00700 PRINT
00710 PRINT "DESIREZ-VOUS CORRIGER UNE OBSERVATION"
00720 PRINT "<OUI> OU <NON> ";
00730 INPUT Z$
00740 IF Z$<>"OUI" AND Z$<>"NON" THEN 00700
00750 IF Z$="NON" THEN 00920
00760 PRINT
00770    PRINT "PRECISEZ POUR QUEL ECHANTILLON (1 OU 2)"
00780    INPUT J
00790    IF J<>1 AND J<>2 THEN 00760
00800    PRINT
00810    PRINT "QUEL EST LE NUMERO DE L'OBSERVATION QUE"
00820    PRINT "VOUS DESIREZ CORRIGER ";
00830    INPUT J1
00840    IF J1<1 OR J1>N1(J) OR J1<>INT(J1) THEN 00800
00850    PRINT
00860    PRINT "ANCIENNE DONNEE :";O(J,J1);"   NOUVELLE :";
00870    INPUT O(J,J1)
00880    PRINT
00890    PRINT "DESIREZ-VOUS CORRIGER UNE AUTRE "
00900    PRINT "OBSERVATION "
00910    GOTO 00720
00920 REM CALCULS STATISTIQUES
00930 S0(1)=0
00940 S0(2)=0
00950 U(1)=0
00960 U(2)=0
00970 FOR J=1 TO N1(1)
00980    U(1)=U(1)+O(1,J)
00990 NEXT J
01000 U(1)=U(1)/N1(1)
01010 FOR J=1 TO N1(2)
01020    U(2)=U(2)+O(2,J)
01030 NEXT J
01040 U(2)=U(2)/N1(2)
01050 FOR J=1 TO N1(1)
01060    S0(1)=S0(1)+(U(1)-O(1,J))^2
01070 NEXT J
01080 FOR J=1 TO N1(2)
01090    S0(2)=S0(2)+(U(2)-O(2,J))^2
01100 NEXT J
01110 D(1)=N1(1)-1
01120 D(2)=N1(2)-1
01130 S(1)=S0(1)/D(1)  .
01140 S(2)=S0(2)/D(2)
01150 PRINT
01160 GOSUB 02800
01170 PRINT TAB(4);"CALCULS DE DIVERSES STATISTIQUES"
01180 GOSUB 02800
01190 PRINT "TRAVAIL : ";T$
```

```
01200 PRINT
01210 PRINT "STATISTIQUES            ECHANTILLONS        "
01220 PRINT TAB(22);"NO. 1";TAB(32);"NO. 2"
01230 PRINT "-----------------------------------"
01240 PRINT "NOMBRE D'OBSERVATIONS";TAB(22);N1(1);TAB(31);N1(2)
01250 PRINT "MOYENNE";TAB(22);U(1);TAB(31);U(2)
01260 PRINT "SOMME DE CARRES";TAB(22);SO(1);TAB(31);SO(2)
01270 PRINT "DEGRES DE LIBERTE";TAB(22);D(1);TAB(31);D(2)
01280 PRINT "VARIANCE";TAB(22);S(1);TAB(31);S(2)
01290 PRINT "ECART-TYPE";TAB(22);SQR(S(1));TAB(31);SQR(S(2))
01300 PRINT
01310 PRINT "DIFFERENCE ENTRE LES MOYENNES";TAB(31);
01320 IF U(1)>U(2) THEN PRINT U(1)-U(2)
01330 IF U(2)>=U(1) THEN PRINT U(2)-U(1)
01340 E=SQR(((SO(1)+SO(2))/(N1(1)+N1(2)-2))*(1/N1(1)+1/N1(2)))
01350 PRINT "ERREUR-TYPE";TAB(31);E
01360 PRINT "-----------------------------------"
01370 PRINT
01380 REM INITIALISATION DU Z
01390 Z(1)=1.150
01400 Z(2)=1.645
01410 Z(3)=1.960
01420 Z(4)=2.576
01430 Z(5)=3.291
01440 REM INITIALISATION DES NIVEAUX DE CONFIANCE
01450 C(1)=75
01460 C(2)=90
01470 C(3)=95
01480 C(4)=99
01490 C(5)=99.9
01500 REM CALCUL DU T THEORIQUE ET DES INTERVALLES
01510 GOSUB 02800
01520 PRINT "    INTERVALLE DE CONFIANCE POUR LA"
01530 PRINT "         DIFFERENCE DES MOYENNES"
01540 GOSUB 02800
01550 PRINT
01560 PRINT "NIVEAU DE  LIMITE      LIMITE      T"
01570 PRINT "CONFIANCE  INFER.      SUPER.   THEORIQUE"
01580 PRINT "-----------------------------------"
01590 D1=N1(1)+N1(2)-2
01600 FOR J=1 TO 5
01610   T(J)=Z(J)*(1+(Z(J)^2+1)/(4*D1)+((Z(J)^2+3)*(5*Z(J)^2+2)/(96*D1^2)))
01620   IF INT(T(J)*10000)<T(J)*10000-0.49 THEN T(J)=T(J)+0.0001
01630   T(J)=INT(T(J)*10000)/10000
01640   T5=(U(1)-U(2))-T(J)*E
01650   T6=(U(1)-U(2))+T(J)*E
01660   IF INT(T5*1000)<T5*1000-0.49 THEN T5=T5+0.001
01670   T5=INT(T5*1000)/1000
01680   IF INT(T6*1000)<T6*1000-0.49 THEN T6=T6+0.001
01690   T6=INT(T6*1000)/1000
01700   PRINT C(J);"%";TAB(11);T5;TAB(21);T6;TAB(31);T(J)
01710 NEXT J
01720 PRINT "-----------------------------------"
01730 PRINT
01740 PRINT "DESIREZ-VOUS EFFECTUER UN TEST D'HYPO-"
01750 PRINT "THESE SUR LA DIFFERENCE ENTRE LES DEUX"
01760 PRINT "MOYENNES ?"
01770 PRINT "<OUI> OU <NON> ";
01780 INPUT Z$
```

```
01790 IF Z$<>"OUI" AND Z$<>"NON" THEN 01730
01800 IF Z$="NON" THEN 02830
01810 PRINT
01820 PRINT "PRESSER"
01830 PRINT "1.....POUR TEST BILATERAL"
01840 PRINT "2.....POUR TEST UNILATERAL A GAUCHE"
01850 PRINT "3.....POUR TEST UNILATERAL A DROITE"
01860 INPUT O1
01870 IF O1<1 OR O1>3 OR O1<>INT(O1) THEN 01810
01880 PRINT
01890 GOSUB 02800
01900 ON O1 GOTO 01910,01930,01950
01910 PRINT TAB(14);"TEST BILATERAL"
01920 GOTO 01960
01930 PRINT TAB(8);"TEST UNILATERAL A GAUCHE"
01940 GOTO 01960
01950 PRINT TAB(8);"TEST UNILATERAL A DROITE"
01960 GOSUB 02800
01970 PRINT
01980 PRINT "PRECISER LE SEUIL DE SIGNIFICATION DU"
01990 PRINT "TEST "
02000 PRINT "LES SEUILS PERMIS SONT :"
02010 PRINT TAB(20);"ALPHA = 0.05"
02020 PRINT TAB(20);"ALPHA = 0.01"
02030 INPUT A
02040 IF A<>0.05 AND A<>0.01 THEN 02000
02050 IF O1=1 THEN 02110
02060    IF A=0.05 THEN 02090
02070       Z(1)=2.33
02080    GOTO 02150
02090       Z(1)=1.645
02100    GOTO 02150
02110    IF A=0.05 THEN 02140
02120       Z(1)=2.576
02130    GOTO 02150
02140       Z(1)=1.96
02150 REM FIN SI
02160 D1=(S(1)/N1(1)+S(2)/N1(2))/((S(1)/N1(1))/(N1(1)+1)+((S(2)/N1(2))/(N1(2)+1)))-2
02170 IF INT(D1)<D1-0.49 THEN D1=D1+1
02180 D1=INT(D1)
02190 T(1)=Z(1)*(1+(Z(1)^2+1)/(4*D1)+((Z(1)^2+3)*(5*Z(1)^2+2)/(96*D1^2)))
02200 IF INT(T(1)*10000)<T(1)*10000-0.49 THEN T(1)=T(1)+0.0001
02210 T(1)=INT(T(1)*10000)/10000
02220 PRINT
02230 GOSUB 02800
02240 PRINT TAB(12);"EXECUTION DU TEST"
02250 GOSUB 02800
02260 PRINT "TRAVAIL : ";T$
02270 PRINT
02280 PRINT "*****  HYPOTHESES STATISTIQUES  *****"
02290 PRINT
02300 PRINT "HYPOTHESE NULLE : MU1=MU2"
02310 PRINT "HYPOTHESE ALTERNATIVE : MU1";
02320 ON O1 GOTO 02330,02350,02370
02330 PRINT "<>MU2"
02340 GOTO 02380
02350 PRINT "< MU2"
02360 GOTO 02380
02370 PRINT " >MU2"
02380 PRINT
```

```
02390 PRINT "*****  SEUIL DE SIGNIFICATION  *****"
02400 PRINT "ALPHA =";A
02410 PRINT
02420 PRINT "*****  REGLE DE DECISION  *****"
02430 PRINT "D'APRES L'HYPOTHESE ALTERNATIVE, AU"
02440 PRINT "SEUIL ALPHA =";A;"ET";D1;"DEGRES DE"
02450 PRINT "LIBERTE, LA VALEUR CRITIQUE DE L'ECART"
02460 PRINT "REDUIT EST";T(1)
02470 PRINT
02480 T1=(U(1)-U(2))/SQR(S(1)/N1(1)+S(2)/N1(2))
02490 IF INT(T1*1000)<T1*1000-0.49 THEN T1=T1+0.001
02500 T1=INT(T1*1000)/1000
02510 R$="NON REJET"
02520 PRINT "REJETER L'HYPOTHESE NULLE SI"
02530 ON O1 GOTO 02540,02580,02610
02540 PRINT "T <";-T(1);" OU T >";T(1)
02550 PRINT "(TEST BILATERAL)".
02560 IF T1>T(1) OR T1<-T(1) THEN R$="REJET"
02570 GOTO 02630
02580 PRINT "T <";-T(1);" (TEST UNILATERAL A GAUCHE)"
02590 IF T1<-T(1) THEN R$="REJET"
02600 GOTO 02630
02610 PRINT "T >";T(1);" (TEST UNILATERAL A DROITE)"
02620 IF T1>T(1) THEN R$="REJET"
02630 PRINT
02640 PRINT "*****  CALCUL DE L'ECART REDUIT  *****"
02650 PRINT "T =";T1
02660 PRINT
02670 PRINT "*****  DECISION  *****"
02680 PRINT "LA VALEUR CALCULEE DE L'ECART REDUIT"
02690 PRINT "SE SITUE DANS LA REGION DE ";R$;" DE"
02700 PRINT "L'HYPOTHESE NULLE AU SEUIL DE "
02710 PRINT "SIGNIFICATION ALPHA =";A
02720 PRINT
02730 PRINT "DESIREZ-VOUS EFFECTUER UN NOUVEAU TEST"
02740 PRINT "D'HYPOTHESE ?"
02750 PRINT "<OUI> OU <NON> ";
02760 INPUT Z$
02770 IF Z$<>"OUI" AND Z$<>"NON" THEN 02720
02780 IF Z$="OUI" THEN 01810
02790 GOTO 02830
02800 REM ASTERISQUE
02810 PRINT "****************************************"
02820 RETURN
02830 REM FIN DU PROGRAMME TEST2
02840 PRINT
02850 PRINT "FIN NORMALE DU TRAITEMENT"
02860 END

READY.
```

LISTAGE DU PROGRAMME CORREG

```
PROGRAM    CORREG

00010 REM ** CORRELATION LINEAIRE ET **
00020 REM **   DROITE DE REGRESSION   **
00030 REM PROGRAMMATION DE ROGER BLAIS
00040 DIM D1(2,100),T1(30)
00050 REM *****************************************
00060 REM          VARIABLES UTILISEES
00070 REM B0 = ORDONNEE A L'ORIGINE DE LA DROITE DE REG.
00080 REM B1 = PENTE DE LA DROITE DE REGRESSION
00090 REM C = CODE DE LECTURE DU FICHIER 'DATAXY'
00100 REM D = DEGRES DE LIBERTE
00110 REM D1(I,J) = TABLEAUX DES DONNEES X ET Y
00120 REM I,J,J1,J2,J3 = INDICES ET COMPTEURS
00130 REM I1 = DEMI-INTERVALLE SUR L'AXE X
00140 REM I2 = DEMI-INTERVALLE SUR L'AXE Y
00150 REM I3 = NOMBRE D'INTERVALLES SUR L'ABCISSE
00160 REM I4 = NOMBRE D'INTERVALLES SUR L'ORDONNEE
00170 REM M1 = MOYENNE DES X
00180 REM M2 = MOYENNE DES Y
00190 REM N = NOMBRE DE COUPLES DE DONNEES
00200 REM R = COEFFICIENT DE CORRELATION LINEAIRE
00210 REM R2 = COEFFICIENT DE DETERMINATION
00220 REM S1 = VARIATION TOTALE
00230 REM S2 = VARIATION EXPLIQUEE
00240 REM S3 = VARIATION RESIDUELLE
00250 REM T = VARIABLE TAMPON
00260 REM T1 = T DE STUDENT CALCULE
00270 REM T1(10) = EMPLACEMENT DES POINTS D'UNE LIGNE
00280 REM            DU DIAGRAMME DE DISPERSION
00290 REM T2 = T DE STUDENT THEORIQUE
00300 REM T$ = NOM DU TRAVAIL EN COURS
00310 REM V1 = VARIANCE DES X
00320 REM V2 = VARIANCE DES Y
00330 REM X = SOMMATION DES X
00340 REM Y = SOMMATION DES Y
00350 REM X1 = SOMMATION DES X*Y
00360 REM X5 = MINIMUM OBSERVE SUR LA VARIABLE EN X
00370 REM X2 = SOMMATION DES X CARRES
00380 REM X6 = MAXIMUM OBSERVE SUR LA VARIABLE EN X
00390 REM X3 = MINIMUM ETABLIT PAR L'USAGER EN X
00400 REM X4 = MAXIMUM DEFINIT PAR L'USAGER EN X
00410 REM Y0 = VALEUR ESTIMEE DE Y
00420 REM Y1 = MINIMUM OBSERVE SUR LA VARIABLE EN Y
00430 REM Y2 = SOMMATION DES Y CARRES
00440 REM Y6 = MAXIMUM OBSERVE SUR LA VARIABLE EN Y
00450 REM Y3 = MINIMUM DEFINIT PAR L'USAGER EN Y
00460 REM Y4 = MAXIMUM DEFINIT PAR L'USAGER EN Y
00470 REM X$ = NOM DE LA VARIABLE X
00480 REM Y$ = NOM DE LA VARIABLE Y
00490 REM *****************************************
00500 PRINT
00510 GOSUB 04170
00520 PRINT
00530 PRINT TAB(13);"LE PROGRAMME"
00540 PRINT TAB(17);"CORREG"
00550 PRINT
00560 GOSUB 04170
00570 PRINT
```

```
00580 PRINT "COEFFICIENT DE CORRELATION LINEAIRE, "
00590 PRINT "DIAGRAMME DE DISPERSION, TEST D'HYPO-"
00600 PRINT "THESE ET DROITE DE REGRESSION"
00610 PRINT
00620 PRINT "IDENTIFICATION DU TRAVAIL EN COURS "
00630 INPUT T$
00640 PRINT
00650 PRINT "IDENTIFIEZ LA VARIABLE X (MAX. 10 CAR.)"
00660 INPUT X$
00670 IF LEN(X$)>10 THEN 00650
00680 PRINT "IDENTIFIEZ LA VARIABLE Y (MAX. 10 CAR.)"
00690 INPUT Y$
00700 IF LEN(Y$)>10 THEN 00680
00710 PRINT
00720 PRINT "COMBIEN D'OBSERVATIONS VOULEZ-VOUS"
00730 PRINT "TRAITER ? (MAX. 100)  ";
00740 INPUT N
00750 IF N>100 THEN 00710         .
00760 PRINT
00770 PRINT "AVEZ-VOUS FAIT UNE ERREUR DANS LE NOM-"
00780 PRINT "BRE D'OBSERVATIONS?"
00790 PRINT "OUI OU NON : ";
00800 INPUT Z$
00810 IF Z$<>"OUI" AND Z$<>"NON" THEN 00760
00820 IF Z$="OUI" THEN 00710
00830 REM ENTREE DES DONNEES AU CLAVIER
00840 GOSUB 01450
00850 PRINT
00860 PRINT "DESIREZ-VOUS CORRIGER UN COUPLE D'OB-"
00870 PRINT "SERVATIONS?"
00880 PRINT "OUI OU NON : ";
00890 INPUT Z$
00900 IF Z$<>"OUI" AND Z$<>"NON" THEN 00850
00910 IF Z$="NON" THEN 01050
00920 PRINT
00930 PRINT "QUEL EST LE NUMERO DU COUPLE D'OBSER-"
00940 PRINT "VATIONS A CORRIGER ";
00950 INPUT I
00960 IF I>N THEN 00920
00970 PRINT "QUEL EST LA NOUVELLE VALEUR DE X ";
00980 INPUT D1(1,I)
00990 PRINT "QUEL EST LA NOUVELLE VALEUR DE Y ";
01000 INPUT D1(2,I)
01010 PRINT
01020 PRINT "DESIREZ-VOUS CORRIGER UN AUTRE COUPLE"
01030 PRINT "D'OBSERVATIONS?"
01040 GOTO 00880
01050 PRINT
01060 PRINT "VOULEZ-VOUS LA LISTE DE VOS OBSERVA-"
01070 PRINT "TIONS?"
01080 PRINT "OUI OU NON : ";
01090 INPUT Z$
01100 IF Z$<>"OUI" AND Z$<>"NON" THEN 01050
01110 IF Z$="NON" THEN 01180
01120 PRINT
01130 GOSUB 04170
01140 PRINT "           OBSERVATIONS UTILISEES"
01150 GOSUB 04170
01160 PRINT
01170 GOSUB 01570
```

```
01180 PRINT
01190 GOSUB 04170
01200 PRINT "    STATISTIQUES SUR LES VARIABLES"
01210 GOSUB 04170
01220 PRINT "VARIABLE   MOYENNE  VARIANCE ECART-TYPE"
01230 PRINT "----------------------------------------"
01240 GOSUB 01660
01250 PRINT
01260 PRINT "DESIREZ-VOUS TRACER LE DIAGRAMME DE"
01270 PRINT "DISPERSION ? "
01280 PRINT "OUI OU NON : ";
01290 INPUT Z$
01300 IF Z$<>"OUI" AND Z$<>"NON" THEN 01250
01310 IF Z$="NON" THEN 01370
01320 GOSUB 02360
01330 PRINT
01340 PRINT "DESIREZ-VOUS TRACER UN AUTRE DIAGRAMME"
01350 PRINT "DE DISPERSION ? "
01360 GOTO 01280
01370 PRINT
01380 PRINT "DESIREZ-VOUS OBTENIR LA DROITE DE"
01390 PRINT "REGRESSION ? "
01400 PRINT "<OUI> OU <NON> ";
01410 INPUT Z$
01420 IF Z$<>"OUI" AND Z$<>"NON" THEN 01380
01430 IF Z$="OUI" THEN GOSUB 03760
01440 GOTO 04210
01450 REM --------------------
01460 REM ROUTINE DE LECTURE DES DONNEES
01470 PRINT
01480 PRINT "VOUS POUVEZ ECRIRE VOS DONNEES."
01490 FOR I=1 TO N
01500     PRINT "OBS NO. ";I
01510     PRINT TAB(5);"VARIABLE X ";
01520     INPUT D1(1,I)
01530     PRINT TAB(5);"VARIABLE Y ";
01540     INPUT D1(2,I)
01550 NEXT I
01560 RETURN
01570 REM --------------------
01580 REM ROUTINE D'ECRITURE DES DONNEES
01590 PRINT "TRAVAIL : ";T$
01600 PRINT
01610 PRINT TAB(10);X$;TAB(21);Y$
01620 FOR I=1 TO N
01630     PRINT I;TAB(9);D1(1,I);TAB(20);D1(2,I)
01640 NEXT I
01650 RETURN
01660 REM --------------------
01670 REM ROUTINE POUR CALCULER LE COEFFICIENT
01680 REM DE CORRELATION LINEAIRE
01690 REM
01700 FOR I=1 TO N
01710     LET X=X+D1(1,I)
01720     LET Y=Y+D1(2,I)
01730     LET X2=X2+D1(1,I)^2
01740     LET Y2=Y2+D1(2,I)^2
01750     LET X1=X1+D1(1,I)*D1(2,I)
01760 NEXT I
```

```
01770 REM CALCUL DES MOYENNES
01780 LET M1=X/N
01790 LET M2=Y/N
01800 REM CALCUL DES VARIANCES
01810 FOR I=1 TO N
01820     LET V1=V1+(D1(1,I)-M1)^2
01830     LET V2=V2+(D1(2,I)-M2)^2
01840 NEXT I
01850 LET V1=V1/(N-1)
01860 LET V2=V2/(N-1)
01870 REM ECRITURE DES STATISTIQUES
01880 LET T=INT(M1*1000)/1000
01890 IF T < M1-0.00049 THEN T=T+0.001
01900 LET M1=T
01910 LET T=INT(V1*1000)/1000
01920 IF T < V1-0.00049 THEN T=T+0.001
01930 LET V1=T
01940 LET T=INT(SQR(V1)*1000)/1000
01950 IF T < SQR(V1)-0.00049 THEN T=T+0.001
01960 LET E1=T
01970 PRINT X$;TAB(11);M1;TAB(20);V1;TAB(29);E1
01980 LET T=INT(M2*1000)/1000
01990 IF T < M2-0.00049 THEN T=T+0.001
02000 LET M2=T
02010 LET T=INT(V2*1000)/1000
02020 IF T < V2-0.00049 THEN T=T+0.001
02030 LET V2=T
02040 LET T=INT(SQR(V2)*1000)/1000
02050 IF T < SQR(V2)-0.00049 THEN T=T+0.001
02060 LET E2=T
02070 PRINT Y$;TAB(11);M2;TAB(20);V2;TAB(29);E2
02080 PRINT
02090 GOSUB 04170
02100 PRINT TAB(10);"TEST BILATERAL SUR RHO"
02110 GOSUB 04170
02120 REM FORMULE POUR CALCULER R
02130 LET R=(X1-(X*Y/N))/(SQR(X2-(X^2/N))*SQR(Y2-(Y^2/N)))
02140 PRINT
02150 PRINT "CORRELATION LINEAIRE ENTRE : "
02160 PRINT X$;" ET ";Y$
02170 PRINT
02180 PRINT "NOMBRE D'OBSERVATIONS : ";N
02190 PRINT "COEFFICIENT DE CORRELATION = ";R
02200 REM TEST D'HYPOTHESE AVEC LE T DE STUDENT
02210 LET T1=(R*SQR(N-2))/(SQR(1-R^2))
02220 LET Z=1.96
02230 LET D=N-2
02240 LET T2=Z*(1+(Z^2+1)/(4*D)+((Z^2+3)*(5*Z^2+2)/(96*D^2)))
02250 IF R<0 THEN T2=-T2
02260 PRINT "DEGRES DE LIBERTE = ";D
02270 PRINT "T CALCULE = ";T1
02280 PRINT "T THEORIQUE = ";T2
02290 IF R>0 THEN T=T1-T2
02300 IF R<=0 THEN T=T2-T1
02310 IF T>0 THEN PRINT "CORRELATION SIGNIFICATIVE AU SEUIL 5 %"
02320 IF T<=0 THEN PRINT "CORRELATION NON SIGNIFICATIVE AU SEUIL"
02330 IF T<=0 THEN PRINT "5 %"
02340 GOSUB 04170
02350 RETURN
```

```
02360 REM --------------------
02370 REM ROUTINE DIAGRAMME DE DISPERSION
02380 REM
02390 REM MINIMUM ET MAXIMUM DES VARIABLES X ET Y
02400 LET X5=D1(1,1)
02410 LET X6=D1(1,1)
02420 LET Y1=D1(2,1)
02430 LET Y6=D1(2,1)
02440 FOR I=1 TO N
02450    IF X5>D1(1,I) THEN X5=D1(1,I)
02460    IF X6<D1(1,I) THEN X6=D1(1,I)
02470    IF Y1>D1(2,I) THEN Y1=D1(2,I)
02480    IF Y6<D1(2,I) THEN Y6=D1(2,I)
02490 NEXT I
02500 PRINT
02510 PRINT "LA GRADUATION DES AXES SE FERA D'APRES"
02520 PRINT "LE MINIMUM, LE MAXIMUM ET LE NOMBRE "
02530 PRINT "D'INTERVALLES QUE VOUS ALLEZ SPECIFIER"
02540 PRINT "POUR CHACUNE DES VARIABLES (X ET Y)."
02550 PRINT
02560 PRINT "VARIABLE ";X$;" EN ABCISSE (AXE X)."
02570 PRINT
02580 PRINT "LE MINIMUM OBSERVE EST : ";X5
02590 PRINT "QUEL EST VOTRE CHOIX ";
02600 INPUT X3
02610 IF X3>X5 THEN 02570
02620 PRINT
02630 PRINT "LE MAXIMUM OBSERVE EST : ";X6
02640 PRINT "QUEL EST VOTRE CHOIX ";
02650 INPUT X4
02660 IF X4<X6 THEN 02620
02670 PRINT
02680 PRINT "ATTENTION! VOUS DEVEZ FIXER LE NOMBRE"
02690 PRINT "D'INTERVALLES SUR L'ABCISSE (MAX. 30)"
02700 INPUT I3
02710 IF I3<2 OR I3>30 OR I3<>INT(I3) THEN 02670
02720 PRINT
02730 PRINT "VARIABLE ";Y$;" EN ORDONNEE (AXE Y)"
02740 PRINT
02750 PRINT "LE MINIMUM OBSERVE EST : ";Y1
02760 PRINT "QUEL EST VOTRE CHOIX ";
02770 INPUT Y3
02780 IF Y3>Y1 THEN 02740
02790 PRINT
02800 PRINT "LE MAXIMUM OBSERVE EST : ";Y6
02810 PRINT "QUEL EST VOTRE CHOIX ";
02820 INPUT Y4
02830 IF Y4<Y6 THEN 02790
02840 PRINT
02850 PRINT "VOUS DEVEZ MAINTENANT FIXER LE NOMBRE"
02860 PRINT "D'INTERVALLES SUR L'ORDONNEE (MAX. 20)"
02870 INPUT I4
02880 IF I4<2 OR I4>20 OR I4<>INT(I4) THEN 02840
02890 PRINT
02900 GOSUB 04170
02910 PRINT "        DIAGRAMME DE DISPERSION"
02920 GOSUB 04170
02930 PRINT "TRAVAIL : ";T$
02940 PRINT
```

```
02950 LET I1=(X4-X3)/I3
02960 LET I2=(Y4-Y3)/I4
02970 REM IMPRESSION DU GRAPHIQUE
02980 FOR I=Y4 TO Y3 STEP -I2
02990    REM IMPRESSION DE L'ECHELLE EN ORDONNEE
03000    GOSUB 03520
03010 FOR J=1 TO 30
03020    LET T1(J)=0
03030 NEXT J
03040    LET J1=0
03050    FOR J=1 TO N
03060       IF D1(2,J)>I-(I2/2) AND D1(2,J)<=I+(I2/2) THEN GOSUB 03610
03070    NEXT J
03080    IF J1<2 THEN 03200
03090    REM TRI PAR INSERTION SIMPLE
03100    LET J=2
03110    LET T=T1(J)
03120    LET J3=J-1
03130    IF T>=T1(J3) THEN 03170
03140       LET T1(J3+1)=T1(J3)
03150       LET J3=J3-1
03160       IF J3>0 THEN 03130
03170    LET T1(J3+1)=T
03180    LET J=J+1
03190    IF J<=J1 THEN 03110
03200    REM IMPRESSION DES POINTS
03210    IF J1=0 THEN 03250
03220    FOR J=1 TO J1
03230       PRINT TAB(9+T1(J));"*";
03240    NEXT J
03250    PRINT
03260 NEXT I
03270 REM IMPRESSION DE L'ECHELLE EN ABCISSE
03280 PRINT TAB(8);"I+";
03290 FOR I=1 TO I3
03300    IF INT(I/4)=I/4 THEN 03330
03310       PRINT "-";
03320    GOTO 03340
03330    PRINT "+";
03340 NEXT I
03350 PRINT
03360 IF I3<=20 AND INT(I3/4)=I3/4 THEN I3=I3+4
03370 FOR I=1 TO I3 STEP 8
03380    LET T=X3+(I1*(I-1))
03390    IF INT(T*1000)<T*1000-0.49 THEN T=T+0.001
03400    LET T=INT(T*1000)/1000
03410    PRINT TAB(7+I);T;
03420 NEXT I
03430 PRINT
03440 FOR I=5 TO I3 STEP 8
03450    LET T=X3+(I1*(I-1))
03460    IF INT(T*1000)<T*1000-0.49 THEN T=T+0.001
03470    LET T=INT(T*1000)/1000
03480    PRINT TAB(7+I);T;
03490 NEXT I
03500 PRINT
03510 RETURN
```

```
03520 REM IMPRESSION DE LA GRADUATION EN ORDONNEE
03530 LET T=I
03540 IF I<1000 THEN 03580
03550     IF INT(I)<I-0.49 THEN T=T+1
03560     PRINT INT(T);TAB(8);"I";
03570 RETURN
03580     IF INT(I*100)<I*100-0.49 THEN T=T+0.01
03590     PRINT INT(T*100)/100;TAB(8);"I";
03600 RETURN
03610 REM DISTANCE DU POINT DU DEBUT DE L'ABCISSE
03620 LET J1=J1+1
03630 FOR K=1 TO I3
03640     LET J2=K*I1+X3
03650     IF D1(1,J)<=J2-(I1/2) OR D1(1,J)>J2+(I1/2) THEN 03740
03660         LET T1(J1)=K
03670         IF J1=1 THEN RETURN
03680         FOR J3=1 TO J1-1
03690             IF T1(J3)<>T1(J1) THEN 03720
03700                 LET J1=J1-1
03710             RETURN
03720         NEXT J3
03730     RETURN
03740 NEXT K
03750 RETURN
03760 REM --------------------
03770 REM DROITE DE REGRESSION
03780 PRINT
03790 GOSUB 04170
03800 PRINT "   CALCUL DE LA DROITE DE REGRESSION"
03810 GOSUB 04170
03820 B1=(N*X1-X*Y)/(N*X2-X^2)
03830 B0=M2-B1*M1
03840 S1=Y2-Y^2/N
03850 S2=B1*(X1-(X*Y)/N)
03860 S3=S1-S2
03870 R2=S2/S1
03880 PRINT
03890 PRINT "ORDONNEE A L'ORIGINE : ";B0
03900 PRINT "PENTE DE LA DROITE   : ";B1
03910 PRINT
03920 GOSUB 04170
03930 PRINT "      CALCUL DES SOMMES DE CARRES"
03940 GOSUB 04170
```

```
03950 PRINT
03960 PRINT "VARIATION TOTALE      :  ";S1
03970 PRINT "VARIATION EXPLIQUEE   :  ";S2
03980 PRINT "VARIATION RESIDUELLE  :  ";S3
03990 PRINT "COEFFICIENT DE"
04000 PRINT "DETERMINATION (EN %) :  ";R2*100;"%"
04010 PRINT
04020 GOSUB 04170
04030 PRINT "      ESTIMATION AVEC LA DROITE DE "
04040 PRINT "   REGRESSION ET CALCUL DES RESIDUS"
04050 GOSUB 04170
04060 PRINT
04070 PRINT "VALEUR     VALEUR    ESTIMATION "
04080 PRINT " DE Y       DE X       DE Y      RESIDUS"
04090 PRINT "-----------------------------------"
04100 FOR I=1 TO N
04110     Y0=B0+B1*D1(1,I)
04120     PRINT D1(2,I);TAB(10);D1(1,I);TAB(20);Y0;TAB(30);D1(2,I)-Y0
04130 NEXT I
04140 GOSUB 04170
04150 PRINT
04160 RETURN
04170 REM ---------------------
04180 REM ASTERISQUE
04190 PRINT "****************************************"
04200 RETURN
04210 REM ---------------------
04220 REM FIN DU PROGRAMME CORREG
04230 PRINT
04240 PRINT "FIN NORMALE DU TRAITEMENT"
04250 END

READY.
```

■ RÉPONSES AUX PROBLÈMES ■

➤ CHAPITRE 1. Dépouillement et représentations graphiques ■

1. a) Montant des comptes-clients. c) 118,77. d) 6; 19,79. f) 325≤X<350.
2. c) Fortran: classe 895 ≤ X < 930; Cobol: classe 725 ≤ X < 770. d) Non.
3. c) 7. g) 200 ≤ X < 250. **4.** a) temps requis. b) On la considère continue. e) 59; 69. g) 2. i) 64 ≤ X < 66. j) ≃ 65. **5.** f) 2. i) 70%;
94%. j) 300. **6.** g) 74%. h) 2%. i) 26%. ℓ) 92%. m) 39%.
7. c) 3; 14. d) 10. h) 35%. **8.** d) 60%. e) près de $15 500.
f) Non. **9.** ≃ 87%; ≃ 37%; 3%. d) 17,5%. e) $15 600. **10.** e) Non.

f)

	< $20 000	< $24 000
Main-d'oeuvre	39,82%	89,82%
Employés de bureau	65,53%	96,56%
Cadres	18,69%	59,81%

11. c) 165 ≤ X < 170, 170 ≤ X < 175. d) 72. e) 25%. g) entre 159 et 183.
12. e) ≃14; 44 joueurs. **13.** b) 30; 81. c) 11 classes. d) 7. g) 50
≤ X < 60. h) 6%. **14.** 35,30; 236,90; 2,90; 850. **15.** a) 43%; 17%; 20%;
12%; 8%. b) 154,80; 61,20; 720; 43,20; 28,80. **16.** a) travaux de programmation soumis pour traitement. b) durée de service en minutes. c) 156.
d) 8. f) fermées. g) 10 ≤ X < 30. i) Non, les classes ont toutes la même
amplitude. k) 44%; 88,67%; 95%. ℓ) ≃ 35 min.

➤ CHAPITRE 2. Caractéristiques de tendance centrale et de dispersion ■

1. a) $\bar{x}$ = 43,8, $\bar{x}$ = 190. c) CV = 3,59%; CV = 1,48%. d) 0,533; 0,667.
2. a) 78. b) s = 4,78. c) 0,95. d) 6,13%. **3.** a) 6. b) 1,1.
c) s^2 = 0,082. d) Non. **4.** a) Fortran: $\bar{x}$ = 894,28; Cobol: $\bar{x}$ = 704,96.
b) Fortran: s^2 = 2193,63; Cobol: s^2 = 3164,46. c) CV = 5,24%; CV = 7,98%.
d) Oui. **5.** a) 15 420. e) 706 891; 840,768; dollars. f) 5,45%. **6.**
a) 4,93. b) 0,9. c) 0,2043. d) acceptable. e) Oui.

7.

	Marque A	Marque B	Marque C
a)	$\bar{x}$ = 52,98	$\bar{x}$ = 58,32	$\bar{x}$ = 51,86
	E = 3,6	E = 5,2	E = 3,7
b)	s = 1,548	s = 2,236	s = 1,591
c)	CV = 2,42%	CV = 3,834%	CV = 3,07%

d) Marque B.

8.

	Revues	Rapports	Communiqués
a)	$\bar{x}$ = 8,33	$\bar{x}$ = 10,79	$\bar{x}$ = 7,31
b)	s^2 = 24,24	s^2 = 18,62	s^2 = 13,98
c)	CV = 59%	CV = 40%	CV = 51%

d) Rapports
e) Celui ayant le CV le moins élevé.

9.

	Québec	Ontario
a)	$8470	$8780
b)	s = $281,21	s = $294,08
d)	$8485	$8789
e)	$338 800	$263 400

c) Oui.

10. a) 9,25 jours. b) 10 jours. c) 10 jours. d) $\bar{x}$ = $15 600, s =
$1316,56. e) $15 693,85. f) Oui. **11.** Mauvais choix, porte à confusion.
12. c) 1,56. d) s = 1,366. e) Les deux valeurs sont voisines. f)
0,312/min. g) 2,88. h) 2. i) s_k = 1,027. j) 576 min.

13. a) garçons: $\bar{x}$ = 19,13 b) 2,32. c) $52,35. d) $53,67. e) Non.
        filles : $\bar{x}$ = 19,02
g) garçons: 0,025; filles; 0,01. h) boutiques spécialisées. i) boutiques
spécialisées. j) $5 758 500. k) 185 600 personnes. **14.** b) Revue A: 32,4;
Revue B: 41,55. c) 31,67; 41,74. d) Revue A. **15.** a) **Société** A: s_k =
-1,85; société B: s_k = +0,978. b) Société A: $44 200; Société B: $39 000.
c) Non.

━━━━━━━━ RÉPONSES AUX PROBLÈMES ━━━━━━━━

━━ CHAPITRE 2 (suite) ━━━━━━━━━

16.   Tech. adm.   Info

a) $\overline{x}$ = 72 $\overline{x}$ = 68,77
    CV = 15,43%   CV = 17,02%

e) M_e ≃ 72,35 M_e = 67,76

f) s_k = -0,0945 s_k = +0,2587

g) M_0 ≃ 73,05 M_0 ≃ 65,74

h) Q_1 = 64 Q_1 = 61
    Q_3 = 79 Q_3 = 77

i) 15   16

j) ≃ 50%   ≃50%

k) 72,35; 86   67,76; 86

ℓ) 64; 72,35   61; 67,76
    79; 86   76; 86

d) Un peu moins homogène pour Info.

17. d) $\overline{x}$ = 192; s^2 = 1268,69; s = 35,62.

e) 192.   f) ≃ 96%.

g) Moins de 175 mg:≃ 32%
    Faible risque: 48%
    Risque mod. élevé: 19%
    Risque élevé: 1%

h) 7%.

━━ CHAPITRE 3. Calcul des probabilités ━━━━━━━━

1. a) S = {01, 02,03,04,10,12,13,14,20,21,23,24,30,31,32,34,40,41,42,43}.   b) 1/20.   c) 0.   d) 4/20.   e) 10/20.   f) 12/30.   2. a) 0,50. b) 0,30.   c) 0,81.   d) 0,19.   3. a) 0,1555.   b) 0,437.   c) 0,2597. d) 0.   4. a) 0,3104.   b) 0,5323.   c) 0,375.   d) 0,5784.   5. b) 0,20; 0,05.   c) 0,11.   d) 0,62.   e) 190.   6. a) 0,44.   b) i) 0,32. ii) 0,40909.   iii) 0,75.   7. b) 0,50.   c) 1/6.   d) 0,20.   8. a) 0,30.   b) 0,86.   c) 0,66.   d) 0,14.   e) 0,46875.   9. 0,523. 10. a) 0,1167.   b) 0,35.   c) 0,95.   d) 0,32.   e) 0,3908.   f) 0,3025. g) 0,9048.   11. a) 0,63.   b) 0,7412.   12. 1/36 soit 2,77 sur 100. 13. a) P(G) = 3/4, P(D) = 1/5, P(N) = 1/20.   b) $(0,75)^3$.   c) $(0,09)^3$.   d) $(0,05)^3$. e) 0,512.   14. 0,999875.   15. 0,54.   16. a) 0,22.   b) 55,5% sont des hommes.   c) 0,236.   17. a) 0,578.   b) 0,422.   18. a) 0,72.   b) 0,04. c) 0,4286.   19. 0,96 > 0,85; oui.   20. a) 15/1365.   b) 126/1365.   c) 141/1365.   d) 540/1365.

━━ CHAPITRE 4. Variables aléatoires et lois de probabilité ━━━━━━━━

1. a) S = { RRRR, RRRN, RRNR, RRNN, RNRR, RNRN, RNNR, RNNN
              NRRR, NRRN, NRNR, NRNN, NNRR, NNRN, NNNR, NNNN }

b)
x_i	0	1	2	3	4
$P(X=x_i)$	0,2401	0,4116	0,2646	0,0756	0,0081

d) F(1) = 0,6517; F(3) = 0,9919.   e) 1.

2. a) k = 1/450.   c) $F(x) = \begin{cases} 0 & , x < 0 \\ \frac{1}{450}(30x - \frac{x^2}{2}) & , 0 \le x < 30 \\ 1 & , x \ge 30 \end{cases}$

d) i) 0,25; ii) 0,333; iii) 0,64.   3. a) k = 100.   c) 0,75.

d) $F(x) = \begin{cases} x^2/200 & , 0 < x < 10 \\ \frac{-x^2+40x-200}{200} & , 10 \le x < 20 \\ 1 & , x \ge 20 \end{cases}$ e) F(10) = 0,50; P(X ≤ 10) = 0,50.

f) Puisque la courbe est symétrique, 10 = moyenne = médiane = mode.   4. a) $41,72.   b) ≃ 4794.   5. -$0,128.   6. Inférieure à 75%.   7. Profit espéré de $229 000.   8. $3600.   9. a) 19,75%.   b) Écart-type = 6,8218, CV = 34,54%.   c) CV = %.   10. a) Discrète.

RÉPONSES AUX PROBLÈMES

CHAPITRE 4 (suite)

b)

x_i	0	1	2	3	4	5	6
$P(X = x_i)$	0,07	0,14	0,18	0,30	0,19	0,07	0,05

c) 2,81.   d) 1,5013 unités.   e) 0,67.   **11.** a) 600.   b) 10 000.
c) 100.   d) 16,66%.   **12.** a) Projet A: \$32 750;   Projet B: \$28 500.
b) $\sigma(X_A)$ = \$6417,75; $\sigma(X_B)$ = \$5937,17.   c) CV_A = 19,6%; CV_B = 20,83%.
d) $E(X_A^!)$ = \$31 750; $E(X_B^!)$ = \$27 500.   **13.** a) Y = 200 + 50X.   b) \$280/jour.
c) \$63,25.   **14.** 0,25.   **15.** (\$20 705, 28 295).   **16.** a) (271,74,
428,26).   b) $\simeq$ 0,11.

CHAPITRE 5. La loi binomiale

1. a) 0,0047.   b) 0,2131.   c) 0,7734.   d) 6.   **2.** a) 0,5905.
b) 0,0729.   c) 0.   **3.** a) 0,0001.   b) $\simeq$ 2 sur 100.   c) 4,2.   **4.**
a) x = 0,1,...,16.   b) 0,40.   c) 0,60.   d) $P(X = x) = \binom{16}{x} \cdot (0,40)^x$
$(0,60)^{16-x}$, x = 0,1,...,16.   e) 0,1014.   f) x = 6.   **5.** a) binomiale.
b) 0,05.   c) 0,5987.   d) 0,9884.   e) 0,50.   **6.** a) 0,1216.   b)
0,9569.   c) 0,0898.   **7.** 0,3036.   **8.** a) 0,25.   b) 0,0625.   c) 2.
9. a) 0,5585.   b) 0,0277.   **10.** a) 0,0016.   b) 0,0047.   c) 0,0328.
11. a) 0,0133.   b) 0,9975.   c) 0,0000.   d) 1.   e) 1.   f) 0,0158.
12. a) 0,3915.   b) 0,8352.   **13.** a) 0,0768.   b) 0,0102.   c) 0,0778.

14. a) 153.   b) 1/153.   c) x = 0,1,2.   d) $P(X = x) = \dfrac{\binom{10}{x} \binom{8}{2-x}}{\binom{18}{2}}$,

x = 0,1,2.   e) 0,2941.   **15.** a) 17 296/19 600.   b) E(X) = 6/50;
Var(X) = 0,1105.   **16.** 0,19 369.

CHAPITRE 6. La loi de Poisson

1. b) 0,1653.   c) 0,1087 $\simeq$ 11%.   **2.** b) 8,8.   c) 0,0002.   d) 0,0621$\simeq$6%.
e) 8.   f) $\simeq$ 29.   **3.** a) 0,9048.   b) 0,7619.   **4.** a) 0,3679.   b) 0,9856.
c) 0,9512.   **5.** Le nombre de pannes ne doit pas excéder 800/240 = 3,33 soit 3
et P(X $\leq$ 3) = 0,4335.   **6.** Avec un taux de 2,5 voitures/minute, on trouve k = 5
(probabilité = 0,958).   **7.** b) 0,113455.   c) 0,093445 .   d) 0,146819.

e) $P(W = w) = \dfrac{e^{-3,4}(3,4)^w}{w!}$.   f) 3,4.   g) 0,1479 si on utilise la table.

8. a) 0,0988.   b) 0,1839.   c) 0,2707.   d) 0,6; 1; 2.

9. b) $P(X = x) = \binom{150}{x} (0,01)^2 (0,99)^{150-x}$, x = 0,1,...,150.   d) 0,0186.

e) $\simeq$5 sur 100.   **10.** a) 0,1755.   b) 0,2506.   c) 0,0136.   d) 0,1183.
11. a) 0,4335.   b) 0,75.   c) 0,9787.   **12.** c) 0,1680.   **13.** a)
0,713.   b) 0,5313.   c) 0,2866.   d) Non.   **14.** 0,594 soit $\simeq$ 59 sur 100.
15. b) i) 0,2707.   ii) 0,1804.   iii) 0,0120.   c) 0,6767 $\simeq$ 68% du temps.
d) P(X $\leq$ k|λ = 2) $\simeq$ 0,95, soit k = 4.   e) 9 appels/min.   **16.** b) 10;10.   c) 9
ou 10.   d) 0,5538.

CHAPITRE 7. La loi normale et applications

1. a) 0,1915.   b) 0,4821.   c) 0,0264.   d) 0,0314.   e) 0,7905.   f)
0,0099.   g) 0,0505.   h) 0,8413.   i) 0,1359.   j) 0,1915.   **2.** a)
k = -0,5.   b) k = 1,96.   c) k = -1,0.   d) k = 2,58.   e) k = 2.   f) k = 0.

RÉPONSES AUX PROBLÈMES

CHAPITRE 7 (suite)

3. a) 0,44. b) 2,075. **4.** a) 10%. b) 0,50. c) 466,5. d) 0,6826. e) 564.
5. $\simeq$ 68 sem. **6.** a) 0,1587. b) 2493,5 $\simeq$ 2494 unités. **7.** a) 68,26%.
b) 465. c) (183,138 $\leq$ X $\leq$ 216,862). d) 0,26%. **8.** 80,24. **9.**
155,55 min. **10.** a) 10 km/h. b) 55. c) $\simeq$ 7%. d) Entre 48,25 et
61,75. **11.** μ = 74,139, σ = 6,1318. **12.** μ = 62 925,36, σ = 16 465,42.
13. a) 0,1587. b) $\simeq$ 1 chance sur 100. c) l'affirmation est plutôt exacte. **14.** a) 40,12. b) 0,0039. c) 20,304 $\simeq$ 20 mois. **15.** Oui, puisque P(X > 15 000) = 0,8238. **16.** a) 0,0099. b) 0,5732. c) 153.
17. a) E(Y) = 130, Var(Y) = 148. b) E(Y) = 190, Var(Y) = 100. c) E(Y) =
63,33, Var(Y) = 11,11. **18.** a) E(Y) = 10 800, Var(Y) = 216. b) μ = 450,
σ^2 = 9/24. **19.** a) μ = 1000, σ^2 = 4900. b) Oui puisque la probabilité
est 0,9838. c) Non, la probabilité est inférieure à 0,95. **20.** i) 0,0823.
ii) 0,5162. iii) 0,0006. **21.** 0,0735. **22.** 0,0015. **23.** a) 15.
b) 0. c) 0,9115. **24.** a) 0,9997. b) 0,465. c) 49. **25.** 0,9155.
26. a) i) x = 0,1,...,270. ii) b(x; n = 270, p = 0,90). c) 0,9357. d)
0,9066. e) 0,6915. f) 0,0643. g) 22.

CHAPITRE 8. Echantillonnage et estimation de paramètres

1. a) N = 5, μ = 30/5 = 6, $\sigma^2 = \dfrac{\sum (x_i - \mu)^2}{N}$ = 40/5 = 8. b) $\binom{5}{2}$ = 10.

c)

Eléments	Moyennes
(2,4)	3
(2,6)	4
(2,8)	5
(2,10)	6
(4,6)	5
(4,8)	6
(4,10)	7
(6,8)	7
(6,10)	8
(8,10)	9

d) E($\overline{X}$) = μ = 6

$\sigma^2 (\overline{X}) = \dfrac{\sum (\overline{x}_i - \mu)^2}{\text{No. d'échantillons}}$

$= \dfrac{\sum (\overline{x}_i - 6)^2}{10} = \dfrac{30}{10} = 3$

e) Var($\overline{X}$) = $\dfrac{\sigma^2}{n} \cdot \dfrac{N-n}{N-1} = \dfrac{8}{2} \cdot \dfrac{5-2}{5-1}$

$= (4) \dfrac{(3)}{4} = 3$

f) $\dfrac{n}{N} = \dfrac{2}{5}$ = 0,40; Non.

2. a) Distribution normale, E($\overline{X}$) = 600, Var($\overline{X}$) = $\dfrac{\sigma^2}{n} = \dfrac{(50)^2}{25}$ = 100.

b) P(590 $\leq$ $\overline{X}$ $\leq$ 610) = P(-1 $\leq$ Z $\leq$ 1) = 0,6826. c) P($\overline{X}$ < 585) = P(Z $\leq$ -1,5) = 0,0668.
d) 600 $\pm$ (1,96)(10) soit entre 580,4 et 619,6. **3.** a) 0,0026. b) μ +
1,96 $\sigma/\sqrt{n}$. c) 1,96 $\sigma/\sqrt{n}$. d) + 3 $\sigma/\sqrt{n}$. e) μ. f) $\pm$ 3 $\sigma/\sqrt{n}$. **4.**
a) P(X < 63) = P(Z < -1,5) = 0,0668. b) i) Normale. ii) E($\overline{X}$) = 72, σ(X) =
$\sigma/\sqrt{n}$ = 1,2. c) P($\overline{X}$ < 63) = P(Z < -7,5) = 0. d) P(69 $\leq$ $\overline{X}$ $\leq$ 75) = P(-2,5 $\leq$ Z
$\leq$ 2,5) = 0,9876. e) P($\overline{X}$ - μ > +3) = P(Z > 2,5) = 0,0062. **5.** a) n = 4.
b) n = 16. c) n = 100. **6.** a) 1 - P(μ-5 $\leq$ $\overline{X}$ $\leq$ μ+5)=1-P(-2,793 $\leq$ $\overline{X}$ $\leq$ 2,793).
= 1 - 0,9948 = 0,0052. b) 0,0124. **7.** a) 70,6. b) 62,86 $\leq$ μ $\leq$ 78,34.
8. a) 250. b) sans biais, efficace. c) [247,06, 252,94]. **9.** a) app.
normale. b) [63,73, 64,27]; [63,342, 64,658]; [62,97, 65,03]. c) 50%, 10%,
1%. **10.** a) Non, puisque 150 observations. b) 8,995 $\leq$ μ $\leq$ 10,005. c) Entre 64 764 min et 72 036 min. **11.** a) n = 121 foyers. b) $\dfrac{n}{N} = \dfrac{121}{2057}$ = 0,0588.

c) 17. d) 0031, 0048, 0065, 0082, 0099, 0116, 0133, 0150, 0167, 0184. **12.**
a) 74,48 $\simeq$ 75 comptes. b) 0,30. c) $1025 $\pm$ $50. d) $243 750 $\leq$ montant
total $\leq$ $268 750. **13.** a) 65 questionnaires. b) 65/325 = 0,20. c) Mar-
ge d'erreur $\leq$ $10,89 soit 1,96 $\dfrac{\sigma}{\sqrt{n}} \sqrt{\dfrac{N-n}{N-1}}$. d) 5. e) Numéro est 44124 donc
004. f) 009, 014, 019, 024, 029; 324. **14.** iii) **15.** [196,2345, 213,7655].
16. a) 396,125. b) s^2 = 45,45; s($\overline{X}$) = 1,685. c) [392,533, 399,717].

RÉPONSES AUX PROBLÈMES

CHAPITRE 8 (suite)

17. a) 400. b) [180,81, 203,19]. c) Oui. **18.** a) 998. b) $s(\bar{X})$ = 1,5543. c) [993,553, 1002,447] **19.** 0,0863. **20.** a) 0,58. b) 0,20; oui. c) [0,466, 0,694]. d) 0,114. **21.** a) 0,037. b) $0,506 \le p \le 0,58$. **22.** a) 0,81. b) [0,786, 834]. **23.** 2500. **24.** a) 385. b) [0,3664, 0,4648]. **25.** 801. **26.** a) [0,3017, 0,3383]. b) [452 550, 507 450]. **27.** a) 0,25. b) [0,215, 0,285]. c) 0,035. d) 201; 451; 1801. **28.** a) $67,61\% \le p \le 76,39\%$. b) 22,4 ± 3,512 h. **29.** 240. **30.** a) 542. b) 2401.

CHAPITRE 9. Test sur une moyenne et une proportion

1. a) $H_0 : \mu = 28 \, (\le)$, $H_1 : \mu > 28$. b) $H_0 : \mu = 35$, $H_1 : \mu \ne 35$. c) $H_0 : \mu = 12$, $H_1 : \mu \ne 12$. d) $H_0 : \mu = 48\,000$, $H_1 : \mu \ne 48\,000$. e) $H_0 : \mu = 200$, $H_1 : \mu \ne 200$. f) $H_0 : p = 0,05$, $H_1 : p > 0,05$. g) $H_0 : p = 2/5$, $H_1 : p \ne 2/5$. h) $H_1 : p = 0,25$, $H_1 : p > 0,25$. **2.** a) Rejeter H_0 si $\bar{X} < 48,864$ ou $\bar{X} > 55,14$. b) Non. **3.** a) $H_0 : \mu = 6$, $H_1 : \mu \ne 6$. b) $5,755 \le \bar{X} \le 6,245$. c) $5,8775 \le \bar{X} \le 6,1225$; Non. **4.** Rejet de H_0 puisque $Z = -8$. **5.** Non puisque $t = 0,9$. **6.** $t = 5$. **7.** a) $t = -2,299$; Non. b) $392,5326 \le \mu \le 399,7144$. **8.** $t = 3,1016 > 1,7109$. **9.** a) $\alpha = 0,01$; risque de rejeter à tort H_0 vraie. b) 0,8194. **10.** a) $\alpha = 0,05$. b) 0,0457. **11.** a) 0,0456; risque de première espèce. b) 0,9544. c) 0,7728; risque de deuxième espèce (ß). d) 0,2272. e) Non. **12.** b) 0,05. c) 0,05.

d)

Valeurs de μ	750	760	770	780	790	800
ß	0,0004	0,0093	0,0877	0,3613	0,7405	0,95

f) Rejeter H_0 si $\bar{X} < 786,292$.

g)

Valeurs de μ	750	760	770	780	790	800
ß	0	0,0008	0,0253	0,2251	0,6718	0,95

h) La courbe est plus discriminante. **13.** Oui puisque $z = 3,16 > 1,645$. **14.** $z = -1,4134$, l'affirmation est vraisemblable. **15.** $z = -2,165$; oui. **16.** $z = 0,69$. **17.** a) 0,0228. b) 0,3936. **18.** a) 0,0456. b) 0,2524. 0,3311; 0. **19.** a) 0,0363. b) Oui. c) 0,0793; risque de 2e espèce (ou risque du consommateur).

CHAPITRE 10. Tests sur deux moyennes et deux proportions

1. a) 3. b) 4; 4. c) 2,8284. d) normale. e) Non. g) 1,061. h) Favorise H_0. i) $P(\bar{X}_1 - \bar{X}_2 \ge 3 | H_0 : \mu_1 - \mu_2 = 0) = 0,1446 > 0,025$. **2.** $H_0 : \mu_A = \mu_B$, $H_1 : \mu_A < \mu_B$, $z = -1,7516$. **3.** a) Oui, $z = -1,679$. b) (-10,403 + 0,803). c) $\mu_1 - \mu_2 = 0$ est dans l'intervalle. **4.** $H_0 : \mu_A = \mu_B$. $H_1 : \mu_A < \mu_B$, $z = -7,376$, oui. **5.** $H_0 : \mu_1 = \mu_2$, $H_1 : \mu_1 < \mu_2$, $z = -40,754$. Oui. **6.** $H_0 : \mu_1 = \mu_2$, $H_1 : \mu_1 < \mu_2$, $z = -1,261$, non. **7.** a) A: $\bar{x}_1 = 220$. B: $\bar{x}_2 = 219$. b) 6,444. c) 1. d) 0,6444. e) 1,1353. f) Non. h) $t = 0,8808$, l'hypothèse est vraisemblable. **8.** a) $H_0 : \mu_1 = \mu_2$, $H_1 : \mu_1 > \mu_2$. b) $t = 2,8559$. **9.** a) $H_0 : \mu_1 = \mu_2$, $H_1 : \mu_1 \ne \mu_2$, $t = 0112$. b) $-0,0918 \le \mu_1 - \mu_2 \le 0,2718$. c) Non, puisque $\mu_1 - \mu_2 = 0$ est dans l'inter-valle. **10.** a) $H_0 : \mu_1 = \mu_2$, $H_1 : \mu_1 > \mu_2$, $t = 11,4681$. **11.** c) (Au début-après 2 mois), $H_0 : \mu_d = 0$, $H_1 : \mu_d < 0$, $t = -7,4728$. **12.** $t = 0,3811 > -1,7531$, aucun effet significatif. **13.** $H_0 : \mu_d = 0$, $H_1 : \mu_d \ne 0$, $t = 3,5857$, Oui.

14. a) $H_0 : \mu = 1,8$, $H_1 : \mu < 1,8$, $t = -16,44$, oui. b) $H_0 : \mu_d = 0$, $H_1 : \mu_d \ne 0$, $t = 2,432$, non. c) Oui. **15.** $H_0 : p_1 = p_2$, $H_1 : p_1 < p_2$, $z = -0,3491$, non. **16.** a) $H_0 : p_A = p_B$, $H_1 : p_A < p_B$, $z = -0,6037$, non.

RÉPONSES AUX PROBLÈMES

CHAPITRE 10 (suite)

b) 222.   c) z = 0,6, l'hypothèse est vraisemblable.   **17.** a) -0,032.
b) 0,0445.   d) -0,1192 ≤ p_1 - p_2 ≤ 0,0552.   e) non, puisque p_1 - p_2 = 0.
18. $H_0 : p_1 = p_2$, $H_1 : p_1 \neq p_2$, z = -0,2949, écart non significatif.

CHAPITRE 11. Comparaison de distributions de fréquences

1. a) χ^2_{cal} = 7,2073.   b) 0,4922 ≤ p ≤ 0,5778.   c) Oui.   **2.** a) 0,201.
b) χ^2_{cal} = 3,6865.   **3.** a) 1,01.   b) 0,0505.   d) χ^2_{cal} = 1,1297.   **4.**
Oui, χ^2_{cal} = 11,2542.   **5.** χ^2_{cal} = 5,7739.   **6.** a) 1,196.   d) χ^2 = 53,729.
7. Non, χ^2_{cal} = 12,5069.   **8.** χ^2_{cal} = 12,7407.   **9.** b) 12 pour chaque classe.   c) χ^2_{cal} = 3,497.   **10.** a) χ^2 = 3,08.   b) Oui.   **11.** b) $\chi^2_{cal} \simeq$ 6,77.
c) Oui.   **12.** b) χ^2_{cal} = 2,9807.   c) Oui.   **13.** b) ν = 4; $\chi^2_{0,05;4}$ = 9,4877;
l'hypothèse d'indépendance est acceptable.   **14.** a) χ^2 = 2,4323; on ne peut
favoriser l'hypothèse posée.   b) χ^2 = 2,602.   **15.** 822,01 ≤ σ^2 ≤ 2342,11.
16. χ^2 = 23,75 < 30,14; on ne peut rejeter $H_0 : \sigma^2$ = 10 000.

CHAPITRE 12. Corrélation linéaire simple et corrélation de rangs

1. d) 0,9947.   **2.** d) -0,9899.   **3.** b) 0.   c) Non.   **4.** a)
0,0884.   b) Non.   **5.** a) -0,0359.   b) Non.   **6.** a) 0,68 ≤ ρ ≤ 0,90.
b) Non.   c) supérieur.   **7.** a) 0,8145.   b) Non.   c) $|r_c|$ = 0,361,
rejet de H_0.   f) supérieures.   **8.** a) 0,54 ≤ ρ ≤ 0,88.   b) Non.   **9.**
a) 0,5513.   b) 0,14 ≤ ρ ≤ 0,80.   c) Oui.   **10.** a) test bilatéral,
r_{c_1} = |0,2876|, r_{c_2} = |0,3439|.   **11.** a) Z = -1,03, on ne peut rejeter H_0 :
$\rho_1 = \rho_2$.   b) Z = 0,515, on ne peut rejeter $H_0 : \rho_1 = \rho_2$.   **12.** a) r_s = 0,163.
c) r_s = 0,163 < 0,5513, on ne peut rejeter $H_0 : \rho_s$ = 0.   **13.** b) r_s = -0,0833.
c) -0,5804 < r_s = -0,0833 < 0,05804, on ne peut rejeter $H_0 : \rho_s$ = 0 (indépendant).
14. a) r_s = 0,8989.   b) $H_0 : \rho_s$ = 0, $H_1 : \rho_s$ > 0, puisque r_s = 0,8989 > 0,622,
nous rejetons H_0 et favorisons H_1.   L'appréciation des agents va dans le même
sens.

CHAPITRE 13. Ajustement linéaire: régression

1. a) Oui.   b) $\hat{y}_i$ = 1,0213 + 2,73476 x_i.   c) 58,4512.   d) 3,5488.
e) Oui, puisque $\hat{y}_i = \bar{y} + b_1 (x_i - \bar{x})$ et à $x_i = \bar{x}$, $\hat{y}_i = \bar{y}$.   **2.** a) $\hat{y}_i$ =
98,9333 - 7,8 x_i.   b) 36,5333; diminue, pente négative.   d) L'ajustement est
très satisfaisant.   **3.** b) $\hat{y}_i$ = 12,49694 - 0,09816 x_i.   c) 11.   f) Non.
g) aucune utilité.   **4.** a) Y: coût direct, X: nombre de mois.   b) liaison
linéaire positive.   c) $\hat{y}_i$ = 1,5484 + 2,261 x_i.   d) 15,114.   e) augmentation; 2,261.   **5.** a) Y: quantité de pièces assemblées, X: résultat au test
de dextérité.   b) Oui, liaison linéaire positive.   c) r = 0,8647.   d)
i) $H_0 : \rho$ = 0, $H_1 : \rho$ > 0.   ii) t = 9,109, on favorise H_1.   e) $\hat{y}_i$ = -10,59785
+ 0,3053 x_i.   f) A x_i = 70, $\hat{y}_i$ = 10,7785; à x_i = 76, $\hat{y}_i$ = 12,6108; à x_i = 80,
$\hat{y}_i$ = 13,8323.   g) $\bar{y}$ = 12.   h) -1,22152; 0,61076; 1,83228.   **6.** a) 2723,5.
b) 2709,53.   c) 13,97.   d) r^2 = 0,9449.   **7.** a) 865,09.   b) 705,39.

RÉPONSES AUX PROBLÈMES

CHAPITRE 13 (suite)

c) 159,7.   d) 0,8154.   8. a) 475.   b) 25.   c) r = -0,97467.
9. a) 116.   b) 29,272.   c) 86,728.   d) 0,2523.   10. a) $\hat{y}_i$ = 80,12579
+ 0,11943 x_i.   b) 98,04.   c) Augmente.   d) 4972,940.   e) 4956,673;
16,267.   f) 0,00327.   g) Non.   11. a) 0,00523.   b) r = 0,9848.
c) r_c = 0,549, nous rejetons H_0 et favorisons H_1.   d) 0,23308.   e) l'étudiant puisqu'il a le plus faible écart de prévision, soit 0,007 < 0,02.   f) volume moyen = 0,266, écart = -0,026, non.   12. $\hat{y}$ = -0,2956 + 1,30983x_i.
b) r = 0,9172.   c) Oui puisque r = 0,9172 > 0,576.   d) 1,30983.   e) 9,528.
f) 194.   g) 163,21.   h) 0,84.   13. a) temps total en heures; nombre
d'instructions.   b) diagramme de dispersion.   c) méthode des moindres carrés.
e) $\hat{y}_i$ = 27,93488 + 0,28226x_i.   f) = 0,9887.   g) t = 22,8292, oui.   h) $\bar{y}$ =
116 heures.   i) 0,28226 (x_i - 312).   j) 14,113 heures.   k) 56,2080,
90,12; 152,305. l) 5,7912; 3,88 ; -0,305.   m) -54; -22; 36.   o) 36 142;
35 329,02; 812,98.   p) 0,9775; 0,0225.   q) oui puisque r^2 = 0,9775 > 0,90.

CORRIGÉ DES TESTS D'AUTO-ÉVALUATION

===== Test 1 =====

1. Faux, unités statistiques.   2. Vrai.   3. Vrai.   4. Modalités.   5. variable statistique.   6. Quantitative.   7. discrète.   8. échantillon.   9. Effectif ou fréquence absolue.

10.

Programme	Temps d'exécution	Quantitative	Continue
Ouvriers	Jours absent	Quantitative	Discontinue
Employé	Type de classification ou catégorie	Qualitative	————

11. Vrai.   12. Vrai.   13. étendue.   14. diagramme en bâtons; histogramme.   15. Vrai.   16. Faux, on peut avoir également des classes ouvertes.   17. Vrai.   18. Lorsque les classes sont d'amplitude inégale.   19. relatives.   20. Interpolation linéaire à l'intérieur des classes.   21. Vrai.   22. Fonction de répartition.   23. Diagramme à secteurs et diagramme à rectangles horizontaux.   24. Vrai.

===== Test 2 =====

1. de tendance centrale.   2. de dispersion, de forme.   3. moyenne arithmétique; $\bar{x}$.   4. variance; l'écart-type.   5. Faux, coefficient de variation.   6. Vrai.   7. Vrai.   8. Vrai.   9. Faux, $\sum x_i + nk$.   10. ii).   11. ii).   12. Vrai.   13. Vrai.   14. Faux.   15. Faux.   16. ii).   17. Faux, celle qui a la plus grande fréquence.   18. Faux, quartiles.   19. Vrai.   20. Vrai.   21. Faux, 50%.   22. Vrai.   23. Faux, 60%.   24. Vrai.   25. Vrai.

===== Test 3 =====

1. expérience aléatoire.   2. espace échantillonnal.   3. Faux, événement simple.   4. 0 et 1.   5. 1; 0.   6. incompatibles; ne s'excluant pas.   7. Faux, indépendants.   8. $P(A \cap B)$; a) 0.   b) $P(A \cap B) = P(A) \cdot P(B)$.   9. $P(B|A)$, $P(B|A) = P(A \cap B)/P(A)$.   10. $P(A \cup B)$, a) $P(A \cup B) = P(A) + P(B) - P(A \cap B)$.   b) $P(A) + P(B)$, 0.   11. Faux, inférieure ou égale.   12. Vrai.   13. $P(A \cap B)$; $P(A)$.   14. $P(A) \cdot P(B)$. $P(A') \cdot P(B)$; $P(B)$

15. a)

	A	B	C	
D	0,08	0,36	0,16	0,60
E	0,32	0,04	0,04	0,40
	0,40	0,40	0,20	

15. b) 0,20; 0,08; 0,16.   c) 0,40; 0,8; 0,2667; 0,92.   16. formule de Bayes.   17. arrangement.   18. Faux, combinaison.   19. a) 1/3.   b) 4/10.   c) 2/30 + 3/30 + 4/30 = 9/30.   d) 2/30/9/30 = 2/9.

===== Test 4 =====

1. Vrai.   2. Fonction qui associe, à chaque résultat d'une épreuve aléatoire, un nombre réel.   3. Faux, discrète.   4. continue.   5. i) discrète.   ii) continue.   iii) continue.   iv) discrète.   6. Faux.   7. Vrai.   8. Faux, égale 1.   9. Faux, fonction de répartition.   10. Vrai.   11. Vrai.   12. Faux.   13. Faux, elle peut être négative si la variable aléatoire comporte des valeurs négatives.   14. Faux, permet de caractériser l'étalement des valeurs de la variable autour de l'espérance.   15. Faux, $\sigma(X) \geq 0$.   16. i) Faux, $E(X) + c$.   ii) Faux, $Var(X)$ ne change pas.   17. i) Faux, $aE(X) + c$.   ii) Vrai.   18. Faux, 0.   19. Faux, on peut utiliser l'inégalité de Tchebycheff.   20. i)

x	$0	$100	$500	$5000
$P(X = x)$	0,9969	0,002	0,001	0,0001

ii) 0,9969.   iii) $1,20.   iv) -2 + 1,20 = -$0,80; -$8.   21. 0,75.

CORRIGÉ DES TESTS D'AUTO-ÉVALUATION

Test 5

1. Vrai.   2. Variable de Bernouilli.   3. binomiale, n et p.   4. 1 jusqu'à n.
5. Faux, np.   6. Vrai.   7. Vrai.   8. Vrai.   9. Vrai.   10 b)   11. c)
12. a) 0,2340.   b) 0,0995.   c) $P(X \geq 4) = 0,734$, l'affirmation est inexacte.

Test 6

1. Vrai.   2. $E(X) = Var(X) = \lambda$.   3. Vrai.   4. Faux, $\lambda > 0$.   5. Vrai.   6.
Faux, plutôt des petites valeurs.   7. Faux, symétrique.   8. de Poisson avec $\lambda = 6.9.5$.
10. Vrai.   11. a) 5,8.   b) A $x_i = 5$, probabilité = 0,1656.   c) 0,4784   d) 0,035.
12. 0,2240.

Test 7

1. Vrai.   2. Faux, c'est σ.   3. Vrai.   4. Faux, 1.   5. Vrai.   6. 0,5.   7.
Vrai.   8. $Z = \dfrac{X - \mu}{\sigma}$.   9. 0; 1.   10. Vrai.   11. Vrai.   12. 0,95.   13. Vrai.
14. $P(Z \leq z)$.   15. $z = 1$.   16. i) normale.   ii) $E(Y) = 90$, $Var(Y) = 141$.
17. 28.   18. $23 484.   19. Vrai.   20. i) $\mu = 20$. $\sigma^2 = 16$.   ii) 0,8697.

Test 8

1. Estimation de paramètres et tests d'hypothèse.   2. échantillon aléatoire.   3. Vrai.
4. base de sondage.   5. Vrai.   6. tirage au sort et tirage systématique.   7. distribution d'échantillonnage.   8. μ, σ^2/n; μ, $\sigma^2/n(1-n/N)$.   9. moyenne ou l'erreur-
type de la moyenne.   10. 5%, 10%.   11. Théorème central limite; grand échantil-
lon, $n \geq 30$.   12. Normale; non.   13. Faux, ce sont des constantes.   14. Vrai.
15. Vrai.   16. Vrai.   17. Faux, une variable aléatoire.   18. Vrai.   19. Vrai.
20. Vrai.   21. intervalle de confiance.   22. Vrai,   23. Faux, ce sont des variables aléatoires.   24. niveau de confiance.   25. Faux, à l'intervalle de confiance.
26. Vrai.   27. Faux, plus l'intervalle est grand.   28. Vrai.   29. Vrai.   30. continue.   31. 0, normale centrée réduite.   32. degrés de liberté.   33. Vrai.
34. b) Variance σ^2 inconnue.   c) Petit échantillon $(n < 30)$.   35. n-1.   36. Vrai.
37. $\hat{P}$.   38. Vrai.   39. Vrai.   40. Faux, à 0,50.

Test 9

1. Vrai.   2. test d'hypothèse.   3. Faux, l'hypothèse nulle.   4. H_0.   5. seuil
de signification; α.   6. Faux, région de non-rejet de H_0.   7. Faux, une variable
aléatoire.   8. Vrai.   9. Faux, test unilatéral à gauche.   10. 2.   11. Vrai.
12. Faux, $1-\alpha$.   13. a) $\bar{X}$.   b) $Z = (\bar{X} - 70)/2$, normale centrée réduite.   c) Rejeter H_0 si $Z > 1,96$ ou $Z < -1,96$, sinon ne pas rejeter H_0.   d) $z = 2,5 > 1,96$, on
favorise H_1.   e) $t = \dfrac{\bar{X} - \mu}{s/\sqrt{n}}$, Student avec 24 dℓ.   f) Rejeter H_0 si $t > t_{0,025;24}$
$= 2,0639$ ou $t < -2,0639$.   14. i) Vrai.   ii) Faux, centré sur μ_0.   15. Vrai.
16. Faux, erreur de deuxième espèce.   17. Vrai.   18. Vrai.   19. Vrai.   20. Faux,
risque β diminue.   21. Faux, élargit la zone de non-rejet de H_0.   22. Vrai.   23.
Vrai.   24. $\hat{P}$.   25. 5 et 5.   26. Rejet de H_0 si $Z > 2,33$, on obtient $z = 2,067 < 2,33$,
l'hypothèse la plus vraisemblable est H_0 : $p = 0,02$.

___ CORRIGÉ DES TESTS D'AUTO-ÉVALUATION ___

_____ Test 10 _____

1. $\bar{X}_1 - \bar{X}_2$.   2. Forme, moyenne et écart-type.   3. normale; $\mu_1 - \mu_2$.

3. $\sigma(\bar{X}_1 - \bar{X}_2) = \sigma_1^2(\bar{X}_1) + \sigma_2^2(\bar{X}_2)$; non, puisque les populations sont normales.

$$Z = \frac{(\bar{X}_1 - \bar{X}_2) - (\mu_1 - \mu_2)}{\sqrt{\dfrac{\sigma_1^2}{n_1} + \dfrac{\sigma_2^2}{n_2}}}$$
, normale centrée réduite.   4. $n_1 \geq 30$, $n_2 \geq 30$.

5. $\bar{x}_1 - \bar{x}_2 - z_{\alpha/2}\sqrt{\dfrac{s_1^2}{n_1} + \dfrac{s_2^2}{n_2}} \leq \mu_1 - \mu_2 \leq \bar{x}_1 - \bar{x}_2 + z_{\alpha/2}\sqrt{\dfrac{s_1^2}{n_1} + \dfrac{s_2^2}{n_2}}$.   6. au hasard et indépendamment.   7. a) populations normales.   b) supposées égales.
8. a) -5.   b) $s^2(\bar{X}_1) = 100/40$, $s^2(\bar{X}_2) = 121/35$.   c) 2,44.   d) appr. normale puisque $n_1 \geq 30$ et $n_2 \geq 30$.   e) $Z = \dfrac{(\bar{X}_1 - \bar{X}_2) - (\mu_1 - \mu_2)}{\sqrt{\dfrac{s_1^2}{n_1} + \dfrac{s_2^2}{n_2}}}$, normale centrée réduite.   f) $z = -2,04$.   g) Un seuil de signification et une règle de décision basée sur les valeurs critiques de l'écart réduit Z.   h) $z_{0,025} = 1,96$, $\bar{x}_1 - \bar{x}_2 = -5$, $s(\bar{X}_1 - \bar{X}_2) = 2,44$, Limite inférieure = $-9,78$, Limite supérieure = $-0,22$; $-9,784 \leq \mu_1 - \mu_2 \leq -0,22$; $-9,784$ et $-0,22$.   9. a) $\bar{X}_1 - \bar{X}_2$.   b) $H_0 : \mu_1 = \mu_2$.
c) $H_1 : \mu_1 \neq \mu_2$ ou $H_1 : \mu_1 < \mu_2$ ou $H_1 : \mu_1 > \mu_2$.   10. Vrai.   11. Faux, $\mu_d = 0$.

12. $\hat{P}_1 - \hat{P}_2$.   13. app. normale; $p_1 - p_2$. $\sigma(\hat{P}_1 - \hat{P}_2) = \sqrt{\dfrac{p_1(1-p_1)}{n_1} + \dfrac{p_2(1-p_2)}{n_2}}$

14. $H_0 : p_1 = p_2$; $\hat{p} = \dfrac{n_1\hat{p}_1 + n_2\hat{p}_2}{n_1 + n_2}$.   15. $n_1(1-\hat{p})$, $n_2\hat{p}$, $n_2(1-\hat{p}) \geq 5$.

_____ Test 11 _____

1. Vrai.   2. Faux, continue.   3. Du nombre de degrés de liberté.   4. Faux, il en existe une infinité.   5. Normale.   6. α et ν (seuil de signification et degrés de liberté).   7. a) La loi de khi-deux avec 1 degré de liberté.   9. fréquence observée; fréquence théorique.   10. A cause de la restriction $\sum f_{o_i} = \sum f_{t_i} = N$.   11. Non, $\chi^2 \geq 0$.   12. $f_{t_i} \geq 5$.   13. Suivent une distribution théorique particulière.   14. Faux, plus grande.   15. La valeur 0.

16. a)

p_i	f_{t_i}
0,6703	335,15
0,2681	134,05
0,0536	26,8
0,008	4

Nombre d'interruptions	$(f_{o_i} - f_{t_i})^2 / f_{t_i}$
0	0,3709
1	1,4517
2 et plus	0,2545
$\chi^2 = 2,77$	

c) $\chi^2_{0,05;2} = 5,9914$.   d) $\chi^2 = 2,077 < 5,9914$, alors H_0 est l'hypothèse la plus vraisemblable.

_____ CORRIGÉ DES TESTS D'AUTO-ÉVALUATION _____

_____ Test 12 _____

1. Vrai.   2. Faux, corrélation négative.   3. Diagramme de dispersion.   4. Vrai.
5. Faux, directe ou positive.   6. Coefficient de corrélation linéaire r.   7. Faux,
entre –1 et +1.   8. Vrai.   9. Faux, il peut exister une liaison autre que linéaire.
10. ρ ou ρ_{XY}.   11. Vrai.   12. Faux, elles ne sont pas obligatoirement indépendantes.   13. Vrai.   14. Faux, lorsque nous rejetons H_0.   15. Faux, seulement
lorsque $\rho = 0$.   16. Faux, on a recours à la transformation de Fisher, puis à la normale centrée réduite (n   25).   17. Vrai.   18. Vrai.   19. Vrai.   20. Faux,
population à deux dimensions dont les deux variables concernées sont supposées indépendantes.

_____ Test 13 _____

1. Faux, variable dépendante ou expliquée.   2. Vrai.   3. Méthode des moindres
carrés.   4. Faux, l'ordonnée à l'origine.   5. Faux, elle peut être négative.   6.
Vrai. 7. Oui.   8. Vrai.   9. Faux, seule la droite des moindres carrés minimise
$\sum (y_i - \hat{y}_i)^2$.   10. Faux, elle passe toujours par $(\overline{x}, \overline{y})$.   11. Vrai.   12. Faux, avec
$\sum (y_i - \hat{y}_i)^2$.   13. Oui.   14. le coefficient de détermination r^2.   15. Faux, rapport
de la variation expliquée à la variation totale.   16. Faux, entre 0 et 1.   17. Faux,
très faible, voir 0.   18. Faux, par r^2.

TABLES STATISTIQUES

TABLE 1. Distribution binomiale

TABLE 2. Distribution de Poisson

TABLE 3. Loi normale centrée réduite

TABLE 4. Distribution de Student

TABLE 5. Distribution du khi-deux

TABLE 6. Transformation de Fisher

TABLE 7. Table de nombres aléatoires

TABLE 8. Valeurs critiques r_S^* - Corrélation de Spearman

TABLE 1.   Distribution binomiale

n	x	0,05	0,10	0,15	0,20	0,25	0,30	0,35	0,40	0,45	0,50
1	0	0,9500	0,9000	0,8500	0,8000	0,7500	0,7000	0,6500	0,6000	0,5500	0,5000
	1	0,0500	0,1000	0,1500	0,2000	0,2500	0,3000	0,3500	0,4000	0,4500	0,5000
2	0	0,9025	0,8100	0,7225	0,6400	0,5625	0,4900	0,4225	0,3600	0,3025	0,2500
	1	0,0950	0,1800	0,2550	0,3200	0,3750	0,4200	0,4550	0,4800	0,4950	0,5000
	2	0,0025	0,0100	0 0225	0,0400	0,0625	0,0900	0,1225	0,1600	0,2025	0,2500
3	0	0,8574	0,7290	0,6141	0,5120	0,4219	0,3430	0,2746	0,2160	0,1664	0,1250
	1	0,1354	0,2430	0,3251	0,3840	0,4219	0,4410	0,4436	0,4320	0,4084	0,3750
	2	0,0071	0,0270	0,0574	0,0960	0,1406	0,1890	0,2389	0,2880	0,3341	0,3750
	3	0,0001	0,0010	0,0034	0,0080	0,0156	0,0270	0,0429	0,0640	0,0911	0,1250
4	0	0,8145	0,6561	0,5220	0,4096	0,3164	0,2401	0,1785	0,1296	0,0915	0,0625
	1	0,1715	0,2916	0,3685	0,4096	0,4219	0,4116	0,3845	0,3456	0,2995	0,2500
	2	0,0135	0,0486	0,0975	0,1536	0,2109	0,2646	0,3105	0,3456	0,3675	0,3750
	3	0,0005	0,0036	0,0115	0,0256	0,0469	0,0756	0,1115	0,1536	0,2005	0,2500
	4	0,0000	0,0001	0,0005	0,0016	0,0039	0,0081	0,0150	0,0256	0,0410	0,0625
5	0	0,7738	0,5905	0,4437	0,3277	0,2373	0,1681	0,1160	0,0778	0,0503	0,0312
	1	0,2036	0,3280	0,3915	0,4096	0,3955	0,3602	0,3124	0,2592	0,2059	0,1562
	2	0,0214	0,0729	0,1382	0,2048	0,2637	0,3087	0,3364	0,3456	0,3369	0,3125
	3	0,0011	0,0081	0,0244	0,0512	0,0879	0,1323	0,1811	0,2304	0,2757	0,3125
	4	0,0000	0,0004	0,0022	0,0064	0,0146	0,0284	0,0488	0,0768	0,1128	0,1562
	5	0,0000	0,0000	0,0001	0,0003	0,0010	0,0024	0,0053	0,0102	0,0185	0,0312
6	0	0,7351	0,5314	0,3771	0,2621	0,1780	0,1176	0,0754	0,0467	0,0277	0,0156
	1	0,2321	0,3543	0,3993	0,3932	0,3560	0,3025	0,2437	0,1866	0,1359	0,0938
	2	0,0305	0,0984	0,1762	0,2458	0,2966	0,3241	0,3280	0,3110	0,2780	0,2344
	3	0,0021	0,0146	0,0415	0,0819	0,1318	0,1852	0,2355	0,2765	0,3032	0,3125
	4	0,0001	0,0012	0,0055	0,0154	0,0330	0,0595	0,0951	0,1382	0,1861	0,2344
	5	0,0000	0,0001	0,0004	0,0015	0,0044	0,0102	0,0205	0,0369	0,0609	0,0938
	6	0,0000	0,0000	0,0000	0,0001	0,0002	0,0007	0,0018	0,0041	0,0083	0,0156
7	0	0,6983	0,4783	0,3206	0,2097	0,1335	0,0824	0,0490	0,0280	0,0152	0,0078
	1	0,2573	0,3720	0,3960	0,3670	0,3115	0,2471	0,1848	0,1306	0,0872	0,0547
	2	0,0406	0,1240	0,2097	0,2753	0,3115	0,3177	0,2985	0,2613	0,2140	0,1641
	3	0,0036	0,0230	0,0617	0,1147	0,1730	0,2269	0,2679	0,2903	0,2918	0,2734
	4	0,0002	0,0026	0,0109	0,0287	0,0577	0,0972	0,1442	0,1935	0,2388	0,2734
	5	0,0000	0,0002	0,0012	0,0043	0,0115	0,0250	0,0466	0,0774	0,1172	0,1641
	6	0,0000	0,0000	0,0001	0,0004	0,0013	0,0036	0,0084	0,0172	0,0320	0,0547
	7	0,0000	0,0000	0,0000	0,0000	0,0001	0,0002	0,0006	0,0016	0,0037	0,0078
8	0	0,6634	0,4305	0,2725	0,1678	0,1001	0,0576	0,0319	0,0168	0,0084	0,0039
	1	0,2793	0,3826	0,3847	0,3355	0,2670	0,1977	0,1373	0,0896	0,0548	0,0312
	2	0,0515	0,1488	0,2376	0,2936	0,3115	0,2965	0,2587	0,2090	0,1569	0,1094
	3	0,0054	0,0331	0,0839	0,1468	0,2076	0,2541	0,2786	0,2787	0,2568	0,2188
	4	0,0004	0,0046	0,0185	0,0459	0,0865	0,1361	0,1875	0,2322	0,2627	0,2734
	5	0,0000	0,0004	0,0026	0,0092	0,0231	0,0467	0,0808	0,1239	0,1719	0,2188
	6	0,0000	0,0000	0,0002	0,0011	0,0038	0,0100	0,0217	0,0413	0,0703	0,1094
	7	0,0000	0,0000	0,0000	0,0001	0,0004	0,0012	0,0033	0,0079	0,0164	0,0312
	8	0,0000	0,0000	0,0000	0,0000	0,0000	0,0001	0,0002	0,0007	0,0017	0,0039

TABLE 1. Distribution binomiale (suite)

n	x	p=0,05	0,10	0,15	0,20	0,25	0,30	0,35	0,40	0,45	0,50
9	0	0,6302	0,3874	0,2316	0,1342	0,0751	0,0404	0,0277	0,0101	0,0046	0,0020
	1	0,2985	0,3874	0,3679	0,3020	0,2253	0,1556	0,1004	0,0605	0,0339	0,0176
	2	0,0629	0,1722	0,2597	0,3020	0,3003	0,2668	0,2162	0,1612	0,1110	0,0703
	3	0,0077	0,0446	0,1069	0,1762	0,2336	0,2668	0,2716	0,2508	0,2119	0,1641
	4	0,0006	0,0074	0,0283	0,0661	0,1168	0,1715	0,2194	0,2508	0,2600	0,2461
	5	0,0000	0,0008	0,0050	0,0165	0,0389	0,0735	0,1181	0,1672	0,2128	0,2461
	6	0,0000	0,0001	0,0006	0,0028	0,0087	0,0210	0,0424	0,0743	0,1160	0,1641
	7	0,0000	0,0000	0,0000	0,0003	0,0012	0,0039	0,0098	0,0212	0,0407	0,0703
	8	0,0000	0,0000	0,0000	0,0000	0,0001	0,0004	0,0013	0,0035	0,0083	0,0176
	9	0,0000	0,0000	0,0000	0,0000	0,0000	0,0000	0,0001	0,0003	0,0008	0,0020
10	0	0,5987	0,3487	0,1969	0,1074	0,0563	0,0282	0,0135	0,0060	0,0025	0,0010
	1	0,3151	0,3874	0,3474	0,2684	0,1877	0,1211	0,0725	0,0403	0,0207	0,0098
	2	0,0746	0,1937	0,2759	0,3020	0,2816	0,2335	0,1757	0,1209	0,0763	0,0439
	3	0,0105	0,0574	0,1298	0,2013	0,2503	0,2668	0,2522	0,2150	0,1665	0,1172
	4	0,0010	0,0112	0,0401	0,0881	0,1460	0,2001	0,2377	0,2508	0,2384	0,2051
	5	0,0001	0,0015	0,0085	0,0264	0,0584	0,1029	0,1536	0,2007	0,2340	0,2461
	6	0,0000	0,0001	0,0012	0,0055	0,0162	0,0368	0,0689	0,1115	0,1596	0,2051
	7	0,0000	0,0000	0,0001	0,0008	0,0031	0,0090	0,0212	0,0425	0,0746	0,1172
	8	0,0000	0,0000	0,0000	0,0001	0,0004	0,0014	0,0043	0,0106	0,0229	0,0439
	9	0,0000	0,0000	0,0000	0,0000	0,0000	0,0001	0,0005	0,0016	0,0042	0,0098
	10	0,0000	0,0000	0,0000	0,0000	0,0000	0,0000	0,0000	0,0001	0,0003	0,0010
11	0	0,5688	0,3138	0,1673	0,0859	0,0422	0,0198	0,0088	0,0036	0,0014	0,0005
	1	0,3293	0,3835	0,3248	0,2362	0,1549	0,0932	0,0518	0,0266	0,0125	0,0054
	2	0,0867	0,2131	0,2866	0,2953	0,2581	0,1998	0,1395	0,0887	0,0513	0,0269
	3	0,0137	0,0710	0,1517	0,2215	0,2581	0,2568	0,2254	0,1774	0,1259	0,0806
	4	0,0014	0,0158	0,0536	0,1107	0,1721	0,2201	0,2428	0,2365	0,2060	0,1611
	5	0,0001	0,0025	0,0132	0,0388	0,0803	0,1231	0,1830	0,2207	0,2360	0,2256
	6	0,0000	0,0003	0,0023	0,0097	0,0268	0,0566	0,0985	0,1471	0,1931	0,2256
	7	0,0000	0,0000	0,0003	0,0017	0,0064	0,0173	0,0379	0,0701	0,1128	0,1611
	8	0,0000	0,0000	0,0000	0,0002	0,0011	0,0037	0,0102	0,0234	0,0462	0,0806
	9	0,0000	0,0000	0,0000	0,0000	0,0001	0,0005	0,0018	0,0052	0,0126	0,0269
	10	0,0000	0,0000	0,0000	0,0000	0,0000	0,0000	0,0002	0,0007	0,0021	0,0054
	11	0,0000	0,0000	0,0000	0,0000	0,0000	0,0000	0,0000	0,0000	0,0002	0,0005
12	0	0,5404	0,2824	0,1422	0,0687	0,0317	0,0138	0,0057	0,0022	0,0008	0,0002
	1	0,3413	0,3766	0,3012	0,2062	0,1267	0,0712	0,0368	0,0174	0,0075	0,0029
	2	0,0988	0,2301	0,2924	0,2835	0,2323	0,1678	0,1088	0,0639	0,0339	0,0161
	3	0,0173	0,0852	0,1720	0,2362	0,2581	0,2397	0,1954	0,1419	0,0923	0,0537
	4	0,0021	0,0213	0,0683	0,1329	0,1936	0,2311	0,2367	0,2128	0,1700	0,1208
	5	0,0002	0,0038	0,0193	0,0532	0,1032	0,1585	0,2039	0,2270	0,2225	0,1934
	6	0,0000	0,0005	0,0040	0,0155	0,0401	0,0792	0,1281	0,1766	0,2124	0,2256
	7	0,0000	0,0000	0,0006	0,0033	0,0115	0,0291	0,0591	0,1009	0,1489	0,1934
	8	0,0000	0,0000	0,0001	0,0005	0,0024	0,0078	0,0199	0,0420	0,0762	0,1208
	9	0,0000	0,0000	0,0000	0,0001	0,0004	0,0015	0,0048	0,0125	0,0277	0,0537
	10	0,0000	0,0000	0,0000	0,0000	0,0000	0,0002	0,0008	0,0025	0,0068	0,0161
	11	0,0000	0,0000	0,0000	0,0000	0,0000	0,0000	0,0001	0,0003	0,0010	0,0029
	12	0,0000	0,0000	0,0000	0,0000	0,0000	0,0000	0,0000	0,0000	0,0001	0,0002

TABLE 1. Distribution binomiale
(suite)

n	x	0,05	0,10	0,15	0,20	0,25	0,30	0,35	0,40	0,45	0,50
13	0	0,5133	0,2542	0,1209	0,0550	0,0238	0,0097	0,0037	0,0013	0,0004	0,0001
	1	0,3512	0,3672	0,2774	0,1787	0,1029	0,0540	0,0259	0,0113	0,0045	0,0016
	2	0,1109	0,2448	0,2937	0,2680	0,2059	0,1388	0,0836	0,0453	0,0220	0,0095
	3	0,0214	0,0997	0,1900	0,2457	0,2517	0,2181	0,1651	0,1107	0,0660	0,0349
	4	0,0028	0,0277	0,0838	0,1535	0,2097	0,2337	0,2222	0,1845	0,1350	0,0873
	5	0,0003	0,0055	0,0266	0,0691	0,1258	0,1803	0,2154	0,2214	0,1989	0,1571
	6	0,0000	0,0008	0,0063	0,0230	0,0559	0,1030	0,1546	0,1968	0,2169	0,2095
	7	0,0000	0,0001	0,0011	0,0058	0,0186	0,0442	0,0833	0,1312	0,1775	0,2095
	8	0,0000	0,0000	0,0001	0,0011	0,0047	0,0142	0,0336	0,0656	0,1089	0,1571
	9	0,0000	0,0000	0,0000	0,0001	0,0009	0,0034	0,0101	0,0243	0,0495	0,0873
	10	0,0000	0,0000	0,0000	0,0000	0,0001	0,0006	0,0022	0,0065	0,0162	0,0349
	11	0,0000	0,0000	0,0000	0,0000	0,0000	0,0001	0,0003	0,0012	0,0036	0,0095
	12	0,0000	0,0000	0,0000	0,0000	0,0000	0,0000	0,0000	0,0001	0,0005	0,0016
	13	0,0000	0,0000	0,0000	0,0000	0,0000	0,0000	0,0000	0,0000	0,0000	0,0001
14	0	0,4877	0,2288	0,1028	0,0440	0,0178	0,0068	0,0024	0,0008	0,0002	0,0001
	1	0,3593	0,3559	0,2539	0,1539	0,0832	0,0407	0,0181	0,0073	0,0027	0,0009
	2	0,1229	0,2570	0,2912	0,2501	0,1802	0,1134	0,0634	0,0317	0,0141	0,0056
	3	0,0259	0,1142	0,2056	0,2501	0,2402	0,1943	0,1366	0,0845	0,0462	0,0222
	4	0,0037	0,0349	0,0998	0,1720	0,2202	0,2290	0,2022	0,1549	0,1040	0,0611
	5	0,0004	0,0078	0,0352	0,0860	0,1468	0,1963	0,2178	0,2066	0,1701	0,1222
	6	0,0000	0,0013	0,0093	0,0322	0,0734	0,1262	0,1759	0,2066	0,2088	0,1833
	7	0,0000	0,0002	0,0019	0,0092	0,0280	0,0618	0,1082	0,1574	0,1952	0,2095
	8	0,0000	0,0000	0,0003	0,0020	0,0082	0,0232	0,0510	0,0918	0,1398	0,1833
	9	0,0000	0,0000	0,0000	0,0003	0,0018	0,0066	0,0183	0,0408	0,0762	0,1222
	10	0,0000	0,0000	0,0000	0,0000	0,0003	0,0014	0,0049	0,0136	0,0312	0,0611
	11	0,0000	0,0000	0,0000	0,0000	0,0000	0,0002	0,0010	0,0033	0,0093	0,0222
	12	0,0000	0,0000	0,0000	0,0000	0,0000	0,0000	0,0001	0,0005	0,0019	0,0056
	13	0,0000	0,0000	0,0000	0,0000	0,0000	0,0000	0,0000	0,0001	0,0002	0,0009
	14	0,0000	0,0000	0,0000	0,0000	0,0000	0,0000	0,0000	0,0000	0,0000	0,0001
15	0	0,4633	0,2059	0,0874	0,0352	0,0134	0,0047	0,0016	0,0005	0,0001	0,0000
	1	0,3658	0,3432	0,2312	0,1319	0,0668	0,0305	0,0126	0,0047	0,0016	0,0005
	2	0,1348	0,2669	0,2856	0,2309	0,1559	0,0916	0,0476	0,0219	0,0090	0,0032
	3	0,0307	0,1285	0,2184	0,2501	0,2252	0,1700	0,1110	0,0634	0,0318	0,0139
	4	0,0049	0,0428	0,1156	0,1876	0,2252	0,2186	0,1792	0,1268	0,0780	0,0417
	5	0,0006	0,0105	0,0449	0,1032	0,1651	0,2061	0,2123	0,1859	0,1404	0,0916
	6	0,0000	0,0019	0,0132	0,0430	0,0917	0,1472	0,1906	0,2066	0,1914	0,1527
	7	0,0000	0,0003	0,0030	0,0138	0,0393	0,0811	0,1319	0,1771	0,2013	0,1964
	8	0,0000	0,0000	0,0005	0,0035	0,0131	0,0348	0,0710	0,1181	0,1647	0,1964
	9	0,0000	0,0000	0,0001	0,0007	0,0034	0,0116	0,0298	0,0612	0,1048	0,1527
	10	0,0000	0,0000	0,0000	0,0001	0,0007	0,0030	0,0096	0,0245	0,0515	0,0916
	11	0,0000	0,0000	0,0000	0,0000	0,0001	0,0006	0,0024	0,0074	0,0191	0,0417
	12	0,0000	0,0000	0,0000	0,0000	0,0000	0,0001	0,0004	0,0016	0,0052	0,0139
	13	0,0000	0,0000	0,0000	0,0000	0,0000	0,0000	0,0001	0,0003	0,0010	0,0032
	14	0,0000	0,0000	0,0000	0,0000	0,0000	0,0000	0,0000	0,0000	0,0001	0,0005
	15	0,0000	0,0000	0,0000	0,0000	0,0000	0,0000	0,0000	0,0000	0,0000	0,0000
16	0	0,4401	0,1853	0,0743	0,0281	0,0100	0,0033	0,0010	0,0003	0,0001	0,0000
	1	0,3706	0,3294	0,2097	0,1126	0,0535	0,0228	0,0087	0,0030	0,0009	0,0002
	2	0,1463	0,2745	0,2775	0,2111	0,1336	0,0732	0,0353	0,0150	0,0056	0,0018

TABLE 1. Distribution binomiale
(suite)

						p					
n	x	0,05	0,10	0,15	0,20	0,25	0,30	0,35	0,40	0,45	0,50
16	3	0,0359	0,1423	0,2285	0,2463	0,2079	0,1465	0,0888	0,0468	0,0215	0,0085
	4	0,0061	0,0514	0,1311	0,2001	0,2252	0,2040	0,1553	0,1014	0,0572	0,0278
	5	0,0008	0,0137	0,0555	0,1201	0,1802	0,2099	0,2008	0,1623	0,1123	0,0667
	6	0,0001	0,0028	0,0108	0,0550	0,1101	0,1649	0,1982	0,1983	0,1684	0,1222
	7	0,0000	0,0004	0,0045	0,0197	0,0524	0,1010	0,1524	0,1889	0,1969	0,1746
	8	0,0000	0,0001	0,0009	0,0055	0,0197	0,0487	0,0923	0,1417	0,1812	0,1964
	9	0,0000	0,0000	0,0001	0,0012	0,0058	0,0185	0,0442	0,0840	0,1318	0,1746
	10	0,0000	0,0000	0,0000	0,0002	0,0014	0,0056	0,0167	0,0392	0,0755	0,1222
	11	0,0000	0,0000	0,0000	0,0000	0,0002	0,0013	0,0049	0,0142	0,0337	0,0667
	12	0,0000	0,0000	0,0000	0,0000	0,0000	0,0002	0,0011	0,0040	0,0115	0,0278
	13	0,0000	0,0000	0,0000	0,0000	0,0000	0,0000	0,0002	0,0008	0,0029	0,0085
	14	0,0000	0,0000	0,0000	0,0000	0,0000	0,0000	0,0000	0,0001	0,0005	0,0018
	15	0,0000	0,0000	0,0000	0,0000	0,0000	0,0000	0,0000	0,0000	0,0001	0,0002
	16	0,0000	0,0000	0,0000	0,0000	0,0000	0,0000	0,0000	0,0000	0,0000	0,0000
17	0	0,4181	0,1668	0,0631	0,0225	0,0075	0,0023	0,0007	0,0002	0,0000	0,0000
	1	0,3741	0,3150	0,1893	0,0957	0,0426	0,0169	0,0060	0,0019	0,0005	0,0001
	2	0,1575	0,2800	0,2673	0,1914	0,1136	0,0581	0,0260	0,0102	0,0035	0,0010
	3	0,0415	0,1556	0,2359	0,2393	0,1893	0,1245	0,0701	0,0341	0,0144	0,0052
	4	0,0076	0,0605	0,1457	0,2093	0,2209	0,1868	0,1320	0,0796	0,0411	0,0182
	5	0,0010	0,0175	0,0668	0,1361	0,1914	0,2081	0,1849	0,1379	0,0875	0,0472
	6	0,0001	0,0039	0,0236	0,0680	0,1276	0,1784	0,1991	0,1839	0,1432	0,0944
	7	0,0000	0,0007	0,0065	0,0267	0,0668	0,1201	0,1685	0,1927	0,1841	0,1484
	8	0,0000	0,0001	0,0014	0,0084	0,0279	0,0644	0,1143	0,1606	0,1883	0,1855
	9	0,0000	0,0000	0,0003	0,0021	0,0093	0,0276	0,0611	0,1070	0,1540	0,1855
	10	0,0000	0,0000	0,0000	0,0004	0,0025	0,0095	0,0263	0,0571	0,1008	0,1484
	11	0,0000	0,0000	0,0000	0,0001	0,0005	0,0026	0,0090	0,0242	0,0525	0,0944
	12	0,0000	0,0000	0,0000	0,0000	0,0001	0,0006	0,0024	0,0081	0,0215	0,0472
	13	0,0000	0,0000	0,0000	0,0000	0,0000	0,0001	0,0005	0,0021	0,0068	0,0182
	14	0,0000	0,0000	0,0000	0,0000	0,0000	0,0000	0,0001	0,0004	0,0016	0,0052
	15	0,0000	0,0000	0,0000	0,0000	0,0000	0,0000	0,0000	0,0001	0,0003	0,0010
	16	0,0000	0,0000	0,0000	0,0000	0,0000	0,0000	0,0000	0,0000	0,0000	0,0001
	17	0,0000	0,0000	0,0000	0,0000	0,0000	0,0000	0,0000	0,0000	0,0000	0,0000
18	0	0,3972	0,1501	0,0536	0,0180	0,0056	0,0016	0,0004	0,0001	0,0000	0,0000
	1	0,3763	0,3002	0,1704	0,0811	0,0338	0,0126	0,0042	0,0012	0,0003	0,0001
	2	0,1683	0,2835	0,2556	0,1723	0,0958	0,0458	0,0190	0,0069	0,0022	0,0006
	3	0,0473	0,1680	0,2406	0,2297	0,1704	0,1046	0,0547	0,0246	0,0095	0,0031
	4	0,0093	0,0700	0,1592	0,2153	0,2130	0,1681	0,1104	0,0614	0,0291	0,0117
	5	0,0014	0,0218	0,0787	0,1507	0,1988	0,2017	0,1664	0,1146	0,0666	0,0327
	6	0,0002	0,0052	0,0316	0,0816	0,1436	0,1873	0,1941	0,1655	0,1181	0,0708
	7	0,0000	0,0010	0,0091	0,0350	0,0820	0,1376	0,1792	0,1892	0,1657	0,1214
	8	0,0000	0,0002	0,0022	0,0120	0,0376	0,0811	0,1327	0,1734	0,1864	0,1669
	9	0,0000	0,0000	0,0004	0,0033	0,0139	0,0386	0,0794	0,1284	0,1694	0,1855
	10	0,0000	0,0000	0,0001	0,0008	0,0042	0,0149	0,0385	0,0771	0,1248	0,1669
	11	0,0000	0,0000	0,0000	0,0001	0,0010	0,0046	0,0151	0,0374	0,0742	0,1214
	12	0,0000	0,0000	0,0000	0,0000	0,0002	0,0012	0,0047	0,0145	0,0354	0,0708
	13	0,0000	0,0000	0,0000	0,0000	0,0000	0,0002	0,0012	0,0045	0,0134	0,0327
	14	0,0000	0,0000	0,0000	0,0000	0,0000	0,0000	0,0002	0,0011	0,0039	0,0117

TABLE 1. Distribution binomiale
(suite)

n	x	0,05	0,10	0,15	0,20	0,25	0,30	0,35	0,40	0,45	0,50
	15	0,0000	0,0000	0,0000	0,0000	0,0000	0,0000	0,0000	0,0002	0,0009	0,0031
	16	0,0000	0,0000	0,0000	0,0000	0,0000	0,0000	0,0000	0,0000	0,0001	0,0006
	17	0,0000	0,0000	0,0000	0,0000	0,0000	0,0000	0,0000	0,0000	0,0000	0,0001
	18	0,0000	0,0000	0,0000	0,0000	0,0000	0,0000	0,0000	0,0000	0,0000	0,0000
19	0	0,3774	0,1351	0,0456	0,0144	0,0042	0,0011	0,0003	0,0001	0,0000	0,0000
	1	0,3774	0,2852	0,1529	0,0685	0,0268	0,0093	0,0029	0,0008	0,0002	0,0000
	2	0,1787	0,2852	0,2428	0,1540	0,0803	0,0358	0,0138	0,0046	0,0013	0,0003
	3	0,0533	0,1796	0,2428	0,2182	0,1517	0,0869	0,0422	0,0175	0,0062	0,0018
	4	0,0112	0,0798	0,1714	0,2182	0,2023	0,1491	0,0909	0,0467	0,0203	0,0074
	5	0,0018	0,0266	0,0907	0,1636	0,2023	0,1916	0,1468	0,0933	0,0497	0,0222
	6	0,0002	0,0069	0,0374	0,0955	0,1574	0,1916	0,1844	0,1451	0,0949	0,0518
	7	0,0000	0,0014	0,0122	0,0443	0,0974	0,1525	0,1844	0,1797	0,1443	0,0961
	8	0,0000	0,0002	0,0032	0,0166	0,0487	0,0981	0,1489	0,1797	0,1771	0,1442
	9	0,0000	0,0000	0,0007	0,0051	0,0198	0,0514	0,0980	0,1464	0,1771	0,1762
	10	0,0000	0,0000	0,0001	0,0013	0,0066	0,0220	0,0528	0,0976	0,1449	0,1762
	11	0,0000	0,0000	0,0000	0,0003	0,0018	0,0077	0,0233	0,0532	0,0970	0,1442
	12	0,0000	0,0000	0,0000	0,0000	0,0004	0,0022	0,0083	0,0237	0,0529	0,0961
	13	0,0000	0,0000	0,0000	0,0000	0,0001	0,0005	0,0024	0,0085	0,0233	0,0518
	14	0,0000	0,0000	0,0000	0,0000	0,0000	0,0001	0,0006	0,0024	0,0082	0,0222
	15	0,0000	0,0000	0,0000	0,0000	0,0000	0,0000	0,0001	0,0005	0,0022	0,0074
	16	0,0000	0,0000	0,0000	0,0000	0,0000	0,0000	0,0000	0,0001	0,0005	0,0018
	17	0,0000	0,0000	0,0000	0,0000	0,0000	0,0000	0,0000	0,0000	0,0001	0,0003
	18	0,0000	0,0000	0,0000	0,0000	0,0000	0,0000	0,0000	0,0000	0,0000	0,0000
	19	0,0000	0,0000	0,0000	0,0000	0,0000	0,0000	0,0000	0,0000	0,0000	0,0000
20	0	0,3585	0,1216	0,0388	0,0115	0,0032	0,0008	0,0002	0,0000	0,0000	0,0000
	1	0,3774	0,2702	0,1368	0,0576	0,0211	0,0068	0,0020	0,0005	0,0001	0,0000
	2	0,1887	0,2852	0,2293	0,1369	0,0669	0,0278	0,0100	0,0031	0,0008	0,0002
	3	0,0596	0,1901	0,2428	0,2054	0,1339	0,0716	0,0323	0,0123	0,0040	0,0011
	4	0,0133	0,0898	0,1821	0,2182	0,1897	0,1304	0,0738	0,0350	0,0139	0,0046
	5	0,0022	0,0319	0,1028	0,1746	0,2023	0,1789	0,1272	0,0746	0,0365	0,0148
	6	0,0003	0,0089	0,0454	0,1091	0,1686	0,1916	0,1712	0,1244	0,0746	0,0370
	7	0,0000	0,0020	0,0160	0,0545	0,1124	0,1643	0,1844	0,1659	0,1221	0,0739
	8	0,0000	0,0004	0,0046	0,0222	0,0609	0,1144	0,1614	0,1797	0,1623	0,1201
	9	0,0000	0,0001	0,0011	0,0074	0,0271	0,0654	0,1158	0,1597	0,1771	0,1602
	10	0,0000	0,0000	0,0002	0,0020	0,0099	0,0308	0,0686	0,1171	0,1593	0,1762
	11	0,0000	0,0000	0,0000	0,0005	0,0030	0,0120	0,0336	0,0710	0,1185	0,1602
	12	0,0000	0,0000	0,0000	0,0001	0,0008	0,0039	0,0136	0,0355	0,0727	0,1201
	13	0,0000	0,0000	0,0000	0,0000	0,0002	0,0010	0,0045	0,0146	0,0366	0,0739
	14	0,0000	0,0000	0,0000	0,0000	0,0000	0,0002	0,0012	0,0049	0,0150	0,0370
	15	0,0000	0,0000	0,0000	0,0000	0,0000	0,0000	0,0003	0,0013	0,0049	0,0148
	16	0,0000	0,0000	0,0000	0,0000	0,0000	0,0000	0,0000	0,0003	0,0013	0,0046
	17	0,0000	0,0000	0,0000	0,0000	0,0000	0,0000	0,0000	0,0000	0,0002	0,0011
	18	0,0000	0,0000	0,0000	0,0000	0,0000	0,0000	0,0000	0,0000	0,0000	0,0002
	19	0,0000	0,0000	0,0000	0,0000	0,0000	0,0000	0,0000	0,0000	0,0000	0,0000
	20	0,0000	0,0000	0,0000	0,0000	0,0000	0,0000	0,0000	0,0000	0,0000	0,0000

TABLE 2. Distribution de Poisson

x	λ									
	0,1	0,2	0,3	0,4	0,5	0,6	0,7	0,8	0,9	1,0
0	0,9048	0,8187	0,7408	0,6703	0,6065	0,5488	0,4966	0,4493	0,4066	0,3679
1	0,0905	0,1637	0,2222	0,2681	0,3033	0,3293	0,3476	0,3595	0,3659	0,3679
2	0,0045	0,0164	0,0333	0,0536	0,0758	0,0988	0,1217	0,1438	0,1647	0,1839
3	0,0002	0,0011	0,0033	0,0072	0,0126	0,0198	0,0284	0,0383	0,0494	0,0613
4	0,0000	0,0001	0,0002	0,0007	0,0016	0,0030	0,0050	0,0077	0,0111	0,0153
5	0,0000	0,0000	0,0000	0,0001	0,0002	0,0004	0,0007	0,0012	0,0020	0,0031
6	0,0000	0,0000	0,0000	0,0000	0,0000	0,0000	0,0001	0,0002	0,0003	0,0005
7	0,0000	0,0000	0,0000	0,0000	0,0000	0,0000	0,0000	0,0000	0,0000	0,0001

x	λ									
	1,1	1,2	1,3	1,4	1,5	1,6	1,7	1,8	1,9	2,0
0	0,3329	0,3012	0,2725	0,2466	0,2231	0,2019	0,1827	0,1653	0,1496	0,1353
1	0,3662	0,3614	0,3543	0,3452	0,3347	0,3230	0,3106	0,2975	0,2842	0,2707
2	0,2014	0,2169	0,2303	0,2417	0,2510	0,2584	0,2640	0,2678	0,2700	0,2707
3	0,0738	0,0867	0,0998	0,1128	0,1255	0,1378	0,1496	0,1607	0,1710	0,1804
4	0,0203	0,0260	0,0324	0,0395	0,0471	0,0551	0,0636	0,0723	0,0812	0,0902
5	0,0045	0,0062	0,0084	0,0111	0,0141	0,0176	0,0216	0,0260	0,0309	0,0361
6	0,0008	0,0012	0,0018	0,0026	0,0035	0,0047	0,0061	0,0078	0,0098	0,0120
7	0,0001	0,0002	0,0003	0,0005	0,0008	0,0011	0,0015	0,0020	0,0027	0,0034
8	0,0000	0,0000	0,0000	0,0001	0,0001	0,0002	0,0003	0,0005	0,0006	0,0009
9	0,0000	0,0000	0,0000	0,0000	0,0000	0,0000	0,0001	0,0001	0,0001	0,0002

x	λ									
	2,1	2,2	2,3	2,4	2,5	2,6	2,7	2,8	2,9	3,0
0	0,1225	0,1108	0,1003	0,0907	0,0821	0,0743	0,0672	0,0608	0,0550	0,0498
1	0,2572	0,2438	0,2306	0,2177	0,2052	0,1931	0,1815	0,1703	0,1596	0,1494
2	0,2700	0,2681	0,2652	0,2613	0,2565	0,2510	0,2450	0,2384	0,2314	0,2240
3	0,1890	0,1966	0,2033	0,2090	0,2138	0,2176	0,2205	0,2225	0,2237	0,2240
4	0,0992	0,1082	0,1169	0,1254	0,1336	0,1414	0,1488	0,1557	0,1622	0,1680
5	0,0417	0,0476	0,0538	0,0602	0,0668	0,0735	0,0804	0,0872	0,0940	0,1008
6	0,0146	0,0174	0,0206	0,0241	0,0278	0,0319	0,0362	0,0407	0,0455	0,0504
7	0,0044	0,0055	0,0068	0,0083	0,0099	0,0118	0,0139	0,0163	0,0188	0,0216
8	0,0011	0,0015	0,0019	0,0025	0,0031	0,0038	0,0047	0,0057	0,0068	0,0081
9	0,0003	0,0004	0,0005	0,0007	0,0009	0,0011	0,0014	0,0018	0,0022	0,0027
10	0,0001	0,0001	0,0001	0,0002	0,0002	0,0003	0,0004	0,0005	0,0006	0,0008
11	0,0000	0,0000	0,0000	0,0000	0,0000	0,0001	0,0001	0,0001	0,0002	0,0002
12	0,0000	0,0000	0,0000	0,0000	0,0000	0,0000	0,0000	0,0000	0,0000	0,0001

x	λ									
	3,1	3,2	3,3	3,4	3,5	3,6	3,7	3,8	3,9	4,0
0	0,0450	0,0408	0,0369	0,0344	0,0302	0,0273	0,0247	0,0224	0,0202	0,0183
1	0,1397	0,1304	0,1217	0,1135	0,1057	0,0984	0,0915	0,0850	0,0789	0,0733
2	0,2165	0,2087	0,2008	0,1929	0,1850	0,1771	0,1692	0,1615	0,1539	0,1465
3	0,2237	0,2226	0,2209	0,2186	0,2158	0,2125	0,2087	0,2046	0,2001	0,1954
4	0,1734	0,1781	0,1823	0,1858	0,1888	0,1912	0,1931	0,1944	0,1951	0,1954

TABLE 2. Distribution de Poisson
(suite)

x	λ									
	3,1	3,2	3,3	3,4	3,5	3,6	3,7	3,8	3,9	4,0
5	0,1075	0,1140	0,1203	0,1264	0,1322	0,1377	0,1429	0,1477	0,1522	0,1563
6	0,0555	0,0608	0,0662	0,0716	0,0771	0,0826	0,0881	0,0936	0,0989	0,1042
7	0,0246	0,0278	0,0312	0,0348	0,0385	0,0425	0,0466	0,0508	0,0551	0,0595
8	0,0095	0,0111	0,0129	0,0148	0,0169	0,0191	0,0215	0,0241	0,0269	0,0298
9	0,0033	0,0040	0,0047	0,0056	0,0066	0,0076	0,0089	0,0102	0,0116	0,0132
10	0,0010	0,0013	0,0016	0,0019	0,0023	0,0028	0,0033	0,0039	0,0045	0,0053
11	0,0003	0,0004	0,0005	0,0006	0,0007	0,0009	0,0011	0,0013	0,0016	0,0019
12	0,0001	0,0001	0,0001	0,0002	0,0002	0,0003	0,0003	0,0004	0,0005	0,0006
13	0,0000	0,0000	0,0000	0,0000	0,0001	0,0001	0,0001	0,0001	0,0002	0,0002
14	0,0000	0,0000	0,0000	0,0000	0,0000	0,0000	0,0000	0,0000	0,0000	0,0001

x	λ									
	4,1	4,2	4,3	4,4	4,5	4,6	4,7	4,8	4,9	5,0
0	0,0166	0,0150	0,0136	0,0123	0,0111	0,0101	0,0091	0,0082	0,0074	0,0067
1	0,0679	0,0630	0,0583	0,0540	0,0500	0,0462	0,0427	0,0395	0,0365	0,0337
2	0,1393	0,1323	0,1254	0,1188	0,1125	0,1063	0,1005	0,0948	0,0894	0,0842
3	0,1904	0,1852	0,1798	0,1743	0,1687	0,1631	0,1574	0,1517	0,1460	0,1404
4	0,1951	0,1944	0,1933	0,1917	0,1898	0,1875	0,1849	0,1820	0,1789	0,1755
5	0,1600	0,1633	0,1662	0,1687	0,1708	0,1725	0,1738	0,1747	0,1753	0,1755
6	0,1093	0,1143	0,1191	0,1237	0,1281	0,1323	0,1362	0,1398	0,1432	0,1462
7	0,0640	0,0686	0,0732	0,0778	0,0824	0,0869	0,0914	0,0959	0,1002	0,1044
8	0,0328	0,0360	0,0393	0,0428	0,0463	0,0500	0,0537	0,0575	0,0614	0,0653
9	0,0150	0,0168	0,0188	0,0209	0,0232	0,0255	0,0280	0,0307	0,0334	0,0363
10	0,0061	0,0071	0,0081	0,0092	0,0104	0,0118	0,0132	0,0147	0,0164	0,0181
11	0,0023	0,0027	0,0032	0,0037	0,0043	0,0049	0,0056	0,0064	0,0073	0,0082
12	0,0008	0,0009	0,0011	0,0014	0,0016	0,0019	0,0022	0,0026	0,0030	0,0034
13	0,0002	0,0003	0,0004	0,0005	0,0006	0,0007	0,0008	0,0009	0,0011	0,0013
14	0,0001	0,0001	0,0001	0,0001	0,0002	0,0002	0,0003	0,0003	0,0004	0,0005
15	0,0000	0,0000	0,0000	0,0000	0,0001	0,0001	0,0001	0,0001	0,0001	0,0002

x	λ									
	5,1	5,2	5,3	5,4	5,5	5,6	5,7	5,8	5,9	6,0
0	0,0061	0,0055	0,0050	0,0045	0,0041	0,0037	0,0033	0,0030	0,0027	0,0025
1	0,0311	0,0287	0,0265	0,0244	0,0225	0,0207	0,0191	0,0176	0,0162	0,0149
2	0,0793	0,0746	0,0701	0,0659	0,0618	0,0580	0,0544	0,0509	0,0477	0,0446
3	0,1348	0,1293	0,1239	0,1185	0,1133	0,1082	0,1033	0,0985	0,0938	0,0892
4	0,1719	0,1681	0,1641	0,1600	0,1558	0,1515	0,1472	0,1428	0,1383	0,1339
5	0,1753	0,1748	0,1740	0,1728	0,1714	0,1697	0,1678	0,1656	0,1632	0,1606
6	0,1490	0,1515	0,1537	0,1555	0,1571	0,1584	0,1594	0,1601	0,1605	0,1606
7	0,1086	0,1125	0,1163	0,1200	0,1234	0,1267	0,1298	0,1326	0,1353	0,1377
8	0,0692	0,0731	0,0771	0,0810	0,0849	0,0887	0,0925	0,0962	0,0998	0,1033
9	0,0392	0,0423	0,0454	0,0486	0,0519	0,0552	0,0586	0,0620	0,0654	0,0688

TABLE 2. Distribution de Poisson
(suite)

x	5,1	5,2	5,3	5,4	5,5	5,6	5,7	5,8	5,9	6,0
					λ					
10	0,0200	0,0220	0,0241	0,0262	0,0285	0,0309	0,0334	0,0359	0,0386	0,0413
11	0,0093	0,0104	0,0116	0,0129	0,0143	0,0157	0,0173	0,0190	0,0207	0,0225
12	0,0039	0,0045	0,0051	0,0058	0,0065	0,0073	0,0082	0,0092	0,0102	0,0113
13	0,0015	0,0018	0,0021	0,0024	0,0028	0,0032	0,0036	0,0041	0,0046	0,0052
14	0,0006	0,0007	0,0008	0,0009	0,0011	0,0013	0,0015	0,0017	0,0019	0,0022
15	0,0002	0,0002	0,0003	0,0003	0,0004	0,0005	0,0006	0,0007	0,0008	0,0009
16	0,0001	0,0001	0,0001	0,0001	0,0001	0,0002	0,0002	0,0002	0,0003	0,0003
17	0,0000	0,0000	0,0000	0,0000	0,0000	0,0001	0,0001	0,0001	0,0001	0,0001

x	6,1	6,2	6,3	6,4	6,5	6,6	6,7	6,8	6,9	7,0
					λ					
0	0,0022	0,0020	0,0018	0,0017	0,0015	0,0014	0,0012	0,0011	0,0010	0,0009
1	0,0137	0,0126	0,0116	0,0106	0,0098	0,0090	0,0082	0,0076	0,0070	0,0064
2	0,0417	0,0390	0,0364	0,0340	0,0318	0,0296	0,0276	0,0258	0,0240	0,0223
3	0,0848	0,0806	0,0765	0,0726	0,0688	0,0652	0,0617	0,0584	0,0552	0,0521
4	0,1294	0,1249	0,1205	0,1162	0,1118	0,1076	0,1034	0,0992	0,0952	0,0912
5	0,1579	0,1549	0,1519	0,1487	0,1454	0,1420	0,1385	0,1349	0,1314	0,1277
6	0,1605	0,1601	0,1595	0,1586	0,1575	0,1562	0,1546	0,1529	0,1511	0,1490
7	0,1399	0,1418	0,1435	0,1450	0,1462	0,1472	0,1480	0,1486	0,1489	0,1490
8	0,1066	0,1099	0,1130	0,1160	0,1188	0,1215	0,1240	0,1263	0,1284	0,1304
9	0,0723	0,0757	0,0791	0,0825	0,0858	0,0891	0,0923	0,0954	0,0985	0,1014
10	0,0441	0,0469	0,0498	0,0528	0,0558	0,0588	0,0618	0,0649	0,0679	0,0710
11	0,0245	0,0265	0,0285	0,0307	0,0330	0,0353	0,0377	0,0401	0,0426	0,0452
12	0,0124	0,0137	0,0150	0,0164	0,0179	0,0194	0,0210	0,0227	0,0245	0,0264
13	0,0058	0,0065	0,0073	0,0081	0,0089	0,0098	0,0108	0,0119	0,0130	0,0142
14	0,0025	0,0029	0,0033	0,0037	0,0041	0,0046	0,0052	0,0058	0,0064	0,0071
15	0,0010	0,0012	0,0014	0,0016	0,0018	0,0020	0,0023	0,0026	0,0029	0,0033
16	0,0004	0,0005	0,0005	0,0006	0,0007	0,0008	0,0010	0,0011	0,0013	0,0014
17	0,0001	0,0002	0,0002	0,0002	0,0003	0,0003	0,0004	0,0004	0,0005	0,0006
18	0,0000	0,0001	0,0001	0,0001	0,0001	0,0001	0,0001	0,0002	0,0002	0,0002
19	0,0000	0,0000	0,0000	0,0000	0,0000	0,0000	0,0000	0,0001	0,0001	0,0001

x	7,1	7,2	7,3	7,4	7,5	7,6	7,7	7,8	7,9	8,0
					λ					
0	0,0008	0,0007	0,0007	0,0006	0,0006	0,0005	0,0005	0,0004	0,0004	0,0003
1	0,0059	0,0054	0,0049	0,0045	0,0041	0,0038	0,0035	0,0032	0,0029	0,0027
2	0,0208	0,0194	0,0180	0,0167	0,0156	0,0145	0,0134	0,0125	0,0116	0,0107
3	0,0492	0,0464	0,0438	0,0413	0,0389	0,0366	0,0345	0,0324	0,0305	0,0286
4	0,0874	0,0836	0,0799	0,0764	0,0729	0,0696	0,0663	0,0632	0,0602	0,0573
5	0,1241	0,1204	0,1167	0,1130	0,1094	0,1057	0,1021	0,0986	0,0951	0,0916
6	0,1468	0,1445	0,1420	0,1394	0,1367	0,1339	0,1311	0,1282	0,1252	0,1221
7	0,1489	0,1486	0,1481	0,1474	0,1465	0,1454	0,1442	0,1428	0,1413	0,1396
8	0,1321	0,1337	0,1351	0,1363	0,1373	0,1382	0,1388	0,1392	0,1395	0,1396
9	0,1042	0,1070	0,1096	0,1121	0,1144	0,1167	0,1187	0,1207	0,1224	0,1241
10	0,0740	0,0770	0,0800	0,0829	0,0858	0,0887	0,0914	0,0941	0,0967	0,0993
11	0,0478	0,0504	0,0531	0,0558	0,0585	0,0613	0,0640	0,0667	0,0695	0,0722

TABLE 2. Distribution de Poisson
(suite)

x	λ 7,1	7,2	7,3	7,4	7,5	7,6	7,7	7,8	7,9	8,0
12	0,0283	0,0303	0,0323	0,0344	0,0366	0,0388	0,0411	0,0434	0,0457	0,0481
13	0,0154	0,0168	0,0181	0,0196	0,0211	0,0227	0,0243	0,0260	0,0278	0,0296
14	0,0078	0,0086	0,0095	0,0104	0,0113	0,0123	0,0134	0,0145	0,0157	0,0169
15	0,0037	0,0041	0,0046	0,0051	0,0057	0,0062	0,0069	0,0075	0,0083	0,0090
16	0,0016	0,0019	0,0021	0,0024	0,0026	0,0030	0,0033	0,0037	0,0041	0,0045
17	0,0007	0,0008	0,0009	0,0010	0,0012	0,0013	0,0015	0,0017	0,0019	0,0021
18	0,0003	0,0003	0,0004	0,0004	0,0005	0,0006	0,0006	0,0007	0,0008	0,0009
19	0,0001	0,0001	0,0001	0,0002	0,0002	0,0002	0,0003	0,0003	0,0003	0,0004
20	0,0000	0,0000	0,0001	0,0001	0,0001	0,0000	0,0001	0,0001	0,0001	0,0002
21	0,0000	0,0000	0,0000	0,0000	0,0000	0,0000	0,0000	0,0000	0,0001	0,0001

x	λ 8,1	8,2	8,3	8,4	8,5	8,6	8,7	8,8	8,9	9,0
0	0,0003	0,0003	0,0002	0,0002	0,0002	0,0002	0,0002	0,0002	0,0001	0,0001
1	0,0025	0,0023	0,0021	0,0019	0,0017	0,0016	0,0014	0,0013	0,0012	0,0011
2	0,0100	0,0092	0,0086	0,0079	0,0074	0,0068	0,0063	0,0058	0,0054	0,0050
3	0,0269	0,0252	0,0237	0,0222	0,0208	0,0195	0,0183	0,0171	0,0160	0,0150
4	0,0544	0,0517	0,0491	0,0466	0,0443	0,0420	0,0398	0,0377	0,0357	0,0337
5	0,0882	0,0849	0,0816	0,0784	0,0752	0,0722	0,0692	0,0663	0,0635	0,0607
6	0,1191	0,1160	0,1128	0,1097	0,1066	0,1034	0,1003	0,0972	0,0941	0,0911
7	0,1378	0,1358	0,1338	0,1317	0,1294	0,1271	0,1247	0,1222	0,1197	0,1171
8	0,1395	0,1392	0,1388	0,1382	0,1375	0,1366	0,1356	0,1344	0,1332	0,1318
9	0,1256	0,1269	0,1280	0,1290	0,1299	0,1306	0,1311	0,1315	0,1317	0,1318
10	0,1017	0,1040	0,1063	0,1084	0,1104	0,1123	0,1140	0,1157	0,1172	0,1186
11	0,0749	0,0776	0,0802	0,0828	0,0853	0,0878	0,0902	0,0925	0,0948	0,0970
12	0,0505	0,0530	0,0555	0,0579	0,0604	0,0629	0,0654	0,0679	0,0703	0,0728
13	0,0315	0,0334	0,0354	0,0374	0,0395	0,0416	0,0438	0,0459	0,0481	0,0504
14	0,0182	0,0196	0,0210	0,0225	0,0240	0,0256	0,0272	0,0289	0,0306	0,0324
15	0,0098	0,0107	0,0116	0,0126	0,0136	0,0147	0,0158	0,0169	0,0182	0,0194
16	0,0050	0,0055	0,0060	0,0066	0,0072	0,0079	0,0086	0,0093	0,0101	0,0109
17	0,0024	0,0026	0,0029	0,0033	0,0036	0,0040	0,0044	0,0048	0,0053	0,0058
18	0,0011	0,0012	0,0014	0,0015	0,0017	0,0019	0,0021	0,0024	0,0026	0,0029
19	0,0005	0,0005	0,0006	0,0007	0,0008	0,0009	0,0010	0,0011	0,0012	0,0014
20	0,0002	0,0002	0,0002	0,0003	0,0003	0,0004	0,0004	0,0005	0,0005	0,0006
21	0,0001	0,0001	0,0001	0,0001	0,0001	0,0002	0,0002	0,0002	0,0002	0,0003
22	0,0000	0,0000	0,0000	0,0000	0,0001	0,0001	0,0001	0,0001	0,0001	0,0001

x	λ 9,1	9,2	9,3	9,4	9,5	9,6	9,7	9,8	9,9	10
0	0,0001	0,0001	0,0001	0,0001	0,0001	0,0001	0,0001	0,0001	0,0001	0,0000
1	0,0010	0,0009	0,0009	0,0008	0,0007	0,0007	0,0006	0,0005	0,0005	0,0005
2	0,0046	0,0043	0,0040	0,0037	0,0034	0,0031	0,0029	0,0027	0,0025	0,0023
3	0,0140	0,0131	0,0123	0,0115	0,0107	0,0100	0,0093	0,0087	0,0081	0,0076
4	0,0319	0,0302	0,0285	0,0269	0,0254	0,0240	0,0226	0,0213	0,0201	0,0189

TABLE 2. Distribution de Poisson
(suite)

x	λ 9,1	9,2	9,3	9,4	9,5	9,6	9,7	9,8	9,9	10
5	0,0581	0,0555	0,0530	0,0506	0,0483	0,0460	0,0439	0,0418	0,0398	0,0378
6	0,0881	0,0851	0,0822	0,0793	0,0764	0,0736	0,0709	0,0682	0,0656	0,0631
7	0,1145	0,1118	0,1091	0,1064	0,1037	0,1010	0,0982	0,0955	0,0928	0,0901
8	0,1302	0,1286	0,1269	0,1251	0,1232	0,1212	0,1191	0,1170	0,1148	0,1126
9	0,1317	0,1315	0,1311	0,1306	0,1300	0,1293	0,1284	0,1274	0,1263	0,1251
10	0,1198	0,1210	0,1219	0,1228	0,1235	0,1241	0,1245	0,1249	0,1250	0,1251
11	0,0991	0,1012	0,1031	0,1049	0,1067	0,1083	0,1098	0,1112	0,1125	0,1137
12	0,0752	0,0776	0,0799	0,0822	0,0844	0,0866	0,0888	0,0908	0,0928	0,0948
13	0,0526	0,0549	0,0572	0,0594	0,0617	0,0640	0,0662	0,0685	0,0707	0,0729
14	0,0342	0,0361	0,0380	0,0399	0,0419	0,0439	0,0459	0,0479	0,0500	0,0521
15	0,0208	0,0221	0,0235	0,0250	0,0265	0,0281	0,0297	0,0313	0,0330	0,0347
16	0,0118	0,0127	0,0137	0,0147	0,0157	0,0168	0,0180	0,0192	0,0204	0,0217
17	0,0063	0,0069	0,0075	0,0081	0,0088	0,0095	0,0103	0,0111	0,0119	0,0128
18	0,0032	0,0035	0,0039	0,0042	0,0046	0,0051	0,0055	0,0060	0,0065	0,0071
19	0,0015	0,0017	0,0019	0,0021	0,0023	0,0026	0,0028	0,0031	0,0034	0,0037
20	0,0007	0,0008	0,0009	0,0010	0,0011	0,0012	0,0014	0,0015	0,0017	0,0019
21	0,0003	0,0003	0,0004	0,0004	0,0005	0,0006	0,0006	0,0007	0,0008	0,0009
22	0,0001	0,0001	0,0002	0,0002	0,0002	0,0002	0,0003	0,0003	0,0004	0,0004
23	0,0000	0,0001	0,0001	0,0001	0,0001	0,0001	0,0001	0,0001	0,0002	0,0002
24	0,0000	0,0000	0,0000	0,0000	0,0000	0,0000	0,0000	0,0001	0,0001	0,0001

x	λ 11	12	13	14	15	16	17	18	19	20
0	0,0000	0,0000	0,0000	0,0000	0,0000	0,0000	0,0000	0,0000	0,0000	0,0000
1	0,0002	0,0001	0,0000	0,0000	0,0000	0,0000	0,0000	0,0000	0,0000	0,0000
2	0,0010	0,0004	0,0002	0,0001	0,0000	0,0000	0,0000	0,0000	0,0000	0,0000
3	0,0037	0,0018	0,0008	0,0004	0,0002	0,0001	0,0000	0,0000	0,0000	0,0000
4	0,0102	0,0053	0,0027	0,0013	0,0006	0,0003	0,0001	0,0001	0,0000	0,0000
5	0,0224	0,0127	0,0070	0,0037	0,0019	0,0010	0,0005	0,0002	0,0001	0,0001
6	0,0411	0,0255	0,0152	0,0087	0,0048	0,0026	0,0014	0,0007	0,0004	0,0002
7	0,0646	0,0437	0,0281	0,0174	0,0104	0,0060	0,0034	0,0018	0,0010	0,0005
8	0,0888	0,0655	0,0457	0,0304	0,0194	0,0120	0,0072	0,0042	0,0024	0,0013
9	0,1085	0,0874	0,0661	0,0473	0,0324	0,0213	0,0135	0,0083	0,0050	0,0029
10	0,1194	0,1048	0,0859	0,0663	0,0486	0,0341	0,0230	0,0150	0,0095	0,0058
11	0,1194	0,1144	0,1015	0,0844	0,0663	0,0496	0,0355	0,0245	0,0164	0,0106
12	0,1094	0,1144	0,1099	0,0984	0,0829	0,0661	0,0504	0,0368	0,0259	0,0176
13	0,0926	0,1056	0,1099	0,1060	0,0956	0,0814	0,0658	0,0509	0,0378	0,0271
14	0,0728	0,0905	0,1021	0,1060	0,1024	0,0930	0,0800	0,0655	0,0514	0,0387
15	0,0534	0,0724	0,0885	0,0989	0,1024	0,0992	0,0906	0,0786	0,0650	0,0516
16	0,0367	0,0543	0,0719	0,0866	0,0960	0,0992	0,0963	0,0884	0,0772	0,0646
17	0,0237	0,0383	0,0550	0,0713	0,0847	0,0934	0,0963	0,0936	0,0863	0,0760
18	0,0145	0,0256	0,0397	0,0554	0,0706	0,0830	0,0909	0,0936	0,0911	0,0844
19	0,0084	0,0161	0,0272	0,0409	0,0557	0,0699	0,0814	0,0887	0,0911	0,0888
20	0,0046	0,0097	0,0177	0,0286	0,0418	0,0559	0,0692	0,0798	0,0866	0,0888
21	0,0024	0,0055	0,0109	0,0191	0,0299	0,0426	0,0560	0,0684	0,0783	0,0846
22	0,0012	0,0030	0,0065	0,0121	0,0204	0,0310	0,0433	0,0560	0,0676	0,0769
23	0,0006	0,0016	0,0037	0,0074	0,0133	0,0216	0,0320	0,0438	0,0559	0,0669
24	0,0003	0,0008	0,0020	0,0043	0,0083	0,0144	0,0226	0,0328	0,0442	0,0557

TABLE 2. Distribution de Poisson
(suite)

x	λ									
	11	12	13	14	15	16	17	18	19	20
25	0,0001	0,0004	0,0010	0,0024	0,0050	0,0092	0,0154	0,0237	0,0336	0,0446
26	0,0000	0,0002	0,0005	0,0013	0,0029	0,0057	0,0101	0,0164	0,0246	0,0343
27	0,0000	0,0001	0,0002	0,0007	0,0016	0,0034	0,0063	0,0109	0,0173	0,0254
28	0,0000	0,0000	0,0001	0,0003	0,0009	0,0019	0,0038	0,0070	0,0117	0,0181
29	0,0000	0,0000	0,0001	0,0002	0,0004	0,0011	0,0023	0,0044	0,0077	0,0125
30	0,0000	0,0000	0,0000	0,0001	0,0002	0,0006	0,0013	0,0026	0,0049	0,0083
31	0,0000	0,0000	0,0000	0,0000	0,0001	0,0003	0,0007	0,0015	0,0030	0,0054
32	0,0000	0,0000	0,0000	0,0000	0,0001	0,0001	0,0004	0,0009	0,0018	0,0034
33	0,0000	0,0000	0,0000	0,0000	0,0000	0,0001	0,0002	0,0005	0,0010	0,0020
34	0,0000	0,0000	0,0000	0,0000	0,0000	0,0000	0,0001	0,0002	0,0006	0,0012
35	0,0000	0,0000	0,0000	0,0000	0,0000	0,0000	0,0000	0,0001	0,0003	0,0007
36	0,0000	0,0000	0,0000	0,0000	0,0000	0,0000	0,0000	0,0001	0,0002	0,0004
37	0,0000	0,0000	0,0000	0,0000	0,0000	0,0000	0,0000	0,0000	0,0001	0,0002
38	0,0000	0,0000	0,0000	0,0000	0,0000	0,0000	0,0000	0,0000	0,0000	0,0001
39	0,0000	0,0000	0,0000	0,0000	0,0000	0,0000	0,0000	0,0000	0,0000	0,0001

TABLE 3. Loi normale centrée réduite

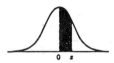

z	0,00	0,01	0,02	0,03	0,04	0,05	0,06	0,07	0,08	0,09
0,0	0,0000	0,0040	0,0080	0,0120	0,0160	0,0199	0,0239	0,0279	0,0319	0,0359
0,1	0,0398	0,0438	0,0478	0,0517	0,0557	0,0596	0,0636	0,0675	0,0714	0,0753
0,2	0,0793	0,0832	0,0871	0,0910	0,0948	0,0987	0,1026	0,1064	0,1103	0,1141
0,3	0,1179	0,1217	0,1255	0,1293	0,1331	0,1368	0,1406	0,1443	0,1480	0,1517
0,4	0,1554	0,1591	0,1628	0,1664	0,1700	0,1736	0,1772	0,1808	0,1844	0,1879
0,5	0,1915	0,1950	0,1985	0,2019	0,2054	0,2088	0,2123	0,2157	0,2190	0 2224
0,6	0,2257	0,2291	0,2324	0,2357	0,2389	0,2422	0,2454	0,2486	0,2517	0,2549
0,7	0,2580	0,2611	0,2642	0,2673	0,2703	0,2734	0,2764	0,2794	0,2823	0,2852
0,8	0,2881	0,2910	0,2939	0,2967	0,2995	0,3023	0,3051	0,3078	0,3106	0,3133
0,9	0,3159	0,3186	0,3212	0,3238	0,3264	0,3289	0,3315	0,3340	0,3365	0,3389
1,0	0,3413	0,3438	0,3461	0,3485	0,3508	0,3531	0,3554	0,3577	0,3599	0,3621
1,1	0,3643	0,3665	0,3686	0,3708	0,3729	0,3749	0,3770	0,3790	0,3810	0,3830
1,2	0,3849	0,3869	0,3888	0,3907	0,3925	0,3944	0,3962	0,3980	0,3997	0,4015
1,3	0,4032	0,4049	0,4066	0,4082	0,4099	0,4115	0,4131	0,4147	0,4162	0,4177
1,4	0,4192	0,4207	0,4222	0,4236	0,4251	0,4265	0,4279	0,4292	0,4306	0,4319
1,5	0,4332	0,4345	0,4357	0,4370	0,4382	0,4394	0,4406	0,4418	0,4429	0,4441
1,6	0,4452	0,4463	0,4474	0,4484	0,4495	0,4505	0,4515	0,4525	0,4535	0,4545
1,7	0,4554	0,4564	0,4573	0,4582	0,4591	0,4599	0,4608	0,4616	0,4625	0,4633
1,8	0,4641	0,4649	0,4656	0,4664	0,4671	0,4678	0,4686	0,4693	0,4699	0,4706
1,9	0,4713	0,4719	0,4726	0,4732	0,4738	0,4744	0,4750	0,4756	0,4761	0,4767
2,0	0,4772	0,4778	0,4783	0,4788	0,4793	0,4798	0,4803	0,4808	0,4812	0,4817
2,1	0,4821	0,4826	0,4830	0,4834	0,4838	0,4842	0,4846	0,4850	0,4854	0,4857
2,2	0,4861	0,4864	0,4868	0,4871	0,4875	0,4878	0,4881	0,4884	0,4887	0,4890
2,3	0,4893	0,4896	0,4898	0,4901	0,4904	0,4906	0,4909	0,4911	0,4913	0,4916
2,4	0,4918	0,4920	0,4922	0,4925	0,4927	0,4929	0,4931	0,4932	0,4934	0,4936
2,5	0,4938	0,4940	0,4941	0,4943	0,4945	0,4946	0,4948	0,4949	0,4951	0,4952
2,6	0,4953	0,4955	0,4956	0,4957	0,4959	0,4960	0,4961	0,4962	0,4963	0,4964
2,7	0,4965	0,4966	0,4967	0,4968	0,4969	0,4970	0,4971	0,4972	0,4973	0,4974
2,8	0,4974	0,4975	0,4976	0,4977	0,4977	0,4978	0,4979	0,4979	0,4980	0,4981
2,9	0,4981	0,4982	0,4982	0,4983	0,4984	0,4984	0,4985	0,4985	0,4986	0,4986
3,0	0,4987	0,4987	0,4987	0,4988	0,4988	0,4989	0,4989	0,4989	0,4990	0,4990
3,1	0,4990	0,4991	0,4991	0,4991	0,4992	0,4992	0,4992	0,4992	0,4993	0,4993
3,2	0,4993	0,4993	0,4994	0,4994	0,4994	0,4994	0,4994	0,4995	0,4995	0,4995
3,3	0,4995	0,4995	0,4995	0,4996	0,4996	0,4996	0,4996	0,4996	0,4996	0,4997
3,4	0,4997	0,4997	0,4997	0,4997	0,4997	0,4997	0,4997	0,4997	0,4997	0,4998
3,5	0,4998	0,4998	0,4998	0,4998	0,4998	0,4998	0,4998	0,4998	0,4998	0,4998
3,6	0,4998	0,4998	0,4999	0,4999	0,4999	0,4999	0,4999	0,4999	0,4999	0,4999
3,7	0,4999	0,4999	0,4999	0,4999	0,4999	0,4999	0,4999	0,4999	0,4999	0,4999
3,8	0,4999	0,4999	0,4999	0,4999	0,4999	0,4999	0,4999	0,4999	0,4999	0,4999
3,9	0,5000	0,5000	0,5000	0,5000	0,5000	0,5000	0,5000	0,5000	0,5000	0,5000

TABLE 4. Distribution de Student

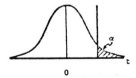

0

ν \ α	0,25	0,10	0,05	0,025	0,01	0,005
1	1,0000	3,0777	6,3138	12,7062	31,8207	63,6574
2	0,8165	1,8856	2,9200	4,3027	6,9646	9,9248
3	0,7649	1,6377	2,3534	3,1824	4,5407	5,0409
4	0,7407	1,5332	2,1318	2,7764	3,7469	4,6041
5	0,7267	1,4759	2,0150	2,5706	3,3649	4,0322
6	0,7176	1,4398	1,9432	2,4469	3,1427	3,7074
7	0,7111	1,4149	1,8946	2,3646	2,9980	3,4995
8	0,7064	1,3968	1,8595	2,3060	2,8965	3,3554
9	0,7027	1,3830	1,8331	2,2622	2,8214	3,2498
10	0,6998	1,3722	1,8125	2,2281	2,7638	3,1693
11	0,6974	1,3634	1,7959	2,2010	2,7181	3,1058
12	0,6955	1,3562	1,7823	2,1788	2,6810	3,0545
13	0,6938	1,3502	1,7709	2,1604	2,6503	3,0123
14	0,6924	1,3450	1,7613	2,1448	2,6245	2,9768
15	0,6912	1,3406	1,7531	2,1315	2,6025	2,9467
16	0,6901	1,3368	1,7459	2,1199	2,5835	2,9208
17	0,6892	1,3334	1,7396	2,1098	2,5669	2,8982
18	0,6884	1,3304	1,7341	2,1009	2,5524	2,8784
19	0,6876	1,3277	1,7291	2,0930	2,5395	2,8609
20	0,6870	1,3253	1,7247	2,0860	2,5280	2,8453
21	0,6864	1,3232	1,7207	2,0796	2,5177	2,8314
22	0,6858	1,3212	1,7171	2,0739	2,5083	2,8188
23	0,6853	1,3195	1,7139	2,0687	2,4999	2,8073
24	0,6848	1,3178	1,7109	2,0639	2,4922	2,7969
25	0,6844	1,3163	1,7081	2,0595	2,4851	2,7874
26	0,6840	1,3150	1,7056	2,0555	2,4786	2,7787
27	0,6837	1,3137	1,7033	2,0518	2,4727	2,7707
28	0,6834	1,3125	1,7011	2,0484	2,4671	2,7633
29	0,6830	1,3114	1,6991	2,0452	2,4620	2,7564
30	0,6828	1,3104	1,6973	2,0423	2,4573	2,7500
31	0,6825	1,3095	1,6955	2,0395	2,4528	2,7440
32	0,6822	1,3086	1,6939	2,0369	2,4487	2,7385
33	0,6820	1,3077	1,6924	2,0345	2,4448	2,7333
34	0,6818	1,3070	1,6909	2,0322	2,4411	2,7284
35	0,6816	1,3062	1,6896	2,0301	2,4377	2,7238
36	0,6814	1,3055	1,6883	2,0281	2,4345	2,7195
37	0,6812	1,3049	1,6871	2,0262	2,4314	2,7154
38	0,6810	1,3042	1,6860	2,0244	2,4286	2,7116
39	0,6808	1,3036	1,6849	2,0227	2,4258	2,7079
40	0,6807	1,3031	1,6839	2,0211	2,4233	2,7045
41	0,6805	1,3025	1,6829	2,0195	2,4208	2,7012
42	0,6804	1,3020	1,6820	2,0181	2,4185	2,6981
43	0,6802	1,3016	1,6811	2,0167	2,4163	2,6951
44	0,6801	1,3011	1,6802	2,0154	2,4141	2,6923
45	0,6800	1,3006	1,6794	2,0141	2,4121	2,6896

TABLE 4. Distribution de Student
(suite)

ν \ α	0,25	0,10	0,05	0,025	0,01	0,005
46	0,6799	1,3002	1,6787	2,0129	2,4102	2,6870
47	0,6797	1,2998	1,6779	2,0117	2,4083	2,6846
48	0,6796	1,2994	1,6772	2,0106	2,4066	2,6822
49	0,6795	1,2991	1,6766	2,0096	2,4049	2,6800
50	0,6794	1,2987	1,6759	2,0086	2,4033	2,6778
51	0,6793	1,2984	1,6753	2,0076	2,4017	2,6757
52	0,6792	1,2980	1,6747	2,0066	2,4002	2,6737
53	0,6791	1,2977	1,6741	2,0057	2,3988	2,6718
54	0,6791	1,2974	1,6736	2,0049	2,3974	2,6700
55	0,6790	1,2971	1,6730	2,0040	2,3961	2,6682
56	0,6789	1,2969	1,6725	2,0032	2,3948	2,6665
57	0,6788	1,2966	1,6720	2,0025	2,3936	2,6649
58	0,6787	1,2963	1,6716	2,0017	2,3924	2,6633
59	0,6787	1,2961	1,6711	2,0010	2,3912	2,6618
60	0,6786	1,2958	1,6706	2,0003	2,3901	2,6603
61	0,6785	1,2956	1,6702	1,9996	2,3890	2,6589
62	0,6785	1,2954	1,6698	1,9990	2,3880	2,6575
63	0,6784	1,2951	1,6694	1,9983	2,3870	2,6551
64	0,6783	1,2949	1,6690	1,9977	2,3860	2,6549
65	0,6783	1,2947	1,6686	1,9971	2,3851	2,6536
66	0,6782	1,2945	1,6683	1,9966	2,3842	2,6524
67	0,6782	1,2943	1,6679	1,9960	2,3833	2,6512
68	0,6781	1,2941	1,6676	1,9955	2,3824	2,6501
69	0,6781	1,2939	1,6672	1,9949	2,3816	2,6490
70	0,6780	1,2938	1,6669	1,9944	2,3808	2,6479
71	0,6780	1,2936	1,6666	1,9939	2,3800	2,6469
72	0,6779	1,2934	1,6663	1,9935	2,3793	2,6459
73	0,6779	1,2933	1,6660	1,9930	2,3785	2,6449
74	0,6778	1,2931	1,6657	1,9925	2,3778	2,6439
75	0,6778	1,2929	1,6654	1,9921	2,3771	2,6430
76	0,6777	1,2928	1,6652	1,9917	2,3764	2,6421
77	0,6777	1,2926	1,6649	1,9913	2,3758	2,6412
78	0,6776	1,2925	1,6646	1,9908	2,3751	2,6403
79	0,6776	1,2924	1,6644	1,9905	2,3745	2,6395
80	0,6776	1,2922	1,6641	1,9901	2,3739	2,6387
81	0,6775	1,2921	1,6639	1,9897	2,3733	2,6379
82	0,6775	1,2920	1,6636	1,9893	2,3727	2,6371
83	0,6775	1,2918	1,6634	1,9890	2,3721	2,6364
84	0,6774	1,2917	1,6632	1,9886	2,3716	2,6356
85	0,6774	1,2916	1,6630	1,9883	2,3710	2,6349
86	0,6774	1,2915	1,6628	1,9879	2,3705	2,6342
87	0 6773	1,2914	1,6626	1,9876	2,3700	2,6335
88	0,6773	1,2912	1,6624	1,9873	2,3695	2,6329
89	0,6773	1,2911	1,6622	1,9870	2,3690	2,6322
90	0,6772	1,2910	1,6620	1,9867	2,3685	2,6316

TABLE 5. Distribution du khi-deux

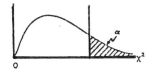

ν \ α	0,995	0,990	0,975	0,950	0,900	0,750	0,500
2	0,0100	0,0201	0,0506	0,1025	0,2107	0,5753	1,3362
3	0,0717	0,1148	0,2157	0,3518	0,5843	1,2125	2,3659
4	0,2069	0,2971	0,4844	0,7107	1,0636	1,9225	3,3567
5	0,4117	0,5543	0,8312	1,1454	1,6103	2,6746	4,3514
6	0,6757	0,8720	1,2373	1,6353	2,2041	3,4546	5,3481
7	0,9892	1,2390	1,6898	2,1673	2,8331	4,2548	6,3458
8	1,3444	1,6464	2,1797	2,7326	3,4895	5,0706	7,3441
9	1,7349	2,0879	2,7003	3,3251	4,1681	5,8988	8,3428
10	2,1558	2,5582	3,2469	3,9403	4,8651	6,7372	9,3418
11	2,6032	3,0534	3,8157	4,5748	5,5777	7,5841	10,3410
12	3,0738	3,5705	4,4037	5,2260	6,3038	8,4384	11,3403
13	3,5650	4,1069	5,0087	5,8918	7,0415	9,2990	12,3398
14	4,0746	4,6604	5,6287	6,5706	7,7895	10,1653	13,3393
15	4,6009	5,2293	6,2621	7,2609	8,5467	11,0365	14,3389
16	5,1422	5,8122	6,9076	7,9616	9,3122	11,9122	15,3385
17	5,6972	6,4077	7,5641	8,6717	10,0852	12,7919	16,3381
18	6,2648	7,0149	8,2307	9,3904	10,8649	13,6753	17,3379
19	6,8439	7,6327	8,9065	10,1170	11,6509	14,5620	18,3376
20	7,4338	8,2604	9,5908	10,8508	12,4426	15,4518	19,3374
21	8,0336	8,8972	10,2829	11,5913	13,2396	16,3444	20,3372
22	8,6427	9,5424	10,9823	12,3380	14,0415	17,2396	21,3370
23	9,2604	10,1956	11,6885	13,0905	14,8479	18,1373	22,3369
24	9,8862	10,8564	12,4011	13,8484	15,6587	19,0372	23,3367
25	10,5197	11,5240	13,1197	14,6114	16,4734	19,9393	24,3366
26	11,1603	12,1981	13,8439	15,3791	17,2919	20,8434	25,3364
27	11,8076	12,8786	14,5733	16,1513	18,1138	21,7494	26,3363
28	12,4613	13,5648	15,3079	16,9279	18,9392	22,6572	27,3363
29	13,1211	14,2565	16,0471	17,7083	19,7677	23,5666	28,3362
30	13,7867	14,9535	16,7908	18,4926	20,5992	24,4776	29,3360
40	20,7065	22,1643	24,4331	26,5093	29,0505	33,6603	39,3354
50	27,9907	29,7067	32,3574	34,7642	37,6886	42,9421	49,3349
60	35,5346	37,4848	40,4817	43,1879	46,4589	52,2938	59,3347
70	43,2752	45,4418	48,7576	51,7393	55,3290	61,6983	69,3344
80	51,1720	53,5400	57,1532	60,3915	64,2778	71,1445	79,3343
90	59,1963	61,7541	65,6466	69,1260	73,2912	80,6247	89,3342
100	67,3276	70,0648	74,2219	77,9295	82,3581	90,1332	99,3341

TABLE 5. Distribution du khi-deux
(suite)

ν \ α	0,250	0,100	0,050	0,025	0,010	0,005	0,001
1	1,3233	2,7055	3,8414	5,0238	6,6349	7,8794	10,828
2	2,7725	4,6051	5,9914	7,3777	9,2103	10,5966	13,816
3	4,1082	6,2513	7,8147	9,3484	11,3449	12,8381	16,266
4	5,3852	7,7794	9,4877	11,1433	13,2767	14,8602	18,467
5	6,6256	9,2363	11,0705	12,8325	15,0863	16,7496	20,515
6	7,8408	10,6446	12,5916	14,4494	16,8119	18,5476	22,458
7	9,0371	12,0170	14,0671	16,0128	18,4753	20,2777	24,322
8	10,2188	13,3616	15,5073	17,5346	20,0902	21,9550	26,125
9	11,3887	14,6837	16,9190	19,0228	21,6660	23,5893	27 877
10	12,5489	15,9871	18,3070	20,4831	23,2093	25,1882	29,588
11	13,7007	17,2750	19,6751	21,9200	24,7250	26,7569	31,264
12	14,8454	18,5494	21,0261	23,3367	26,2170	28,2995	32,909
13	15,9839	19,8119	22,3621	24,7356	27,6883	29,8194	34,528
14	17,1170	21,0642	23,6848	26,1190	29,1413	31,3193	36,123
15	18,2451	22,3072	24,9958	27,4884	30,5779	32,8013	37,697
16	19,3688	23,5418	26,2962	28,8454	31,9999	34,2672	39,252
17	20,4887	24,7690	27,5871	30,1910	33,4087	35,7185	40,790
18	21,6049	25,9894	28,8693	31,5264	34,8053	37,1564	42,312
19	22,7178	27,2036	30,1435	32,8523	36,1908	38,5822	43,820
20	23,8277	28,4120	31,4104	34,1696	37,5662	39,9968	45,315
21	24,9348	29,6151	32,6705	35,4789	38,9321	41,4010	46,797
22	26,0393	30,8133	33,9244	36,7807	40,2894	42,7956	48,268
23	27,1413	32,0069	35,1725	38,0757	41,6384	44,1813	49,728
24	28,2412	33,1963	36,4151	39,3641	42,9798	45,5585	51,179
25	29,3389	34,3816	37,6525	40,6465	44,3141	46,9278	52,620
26	30,4345	35,5631	38,8852	41,9232	45,6417	48,2899	54,052
27	31,5284	36,7412	40,1133	43,1944	46,9630	49,6449	55,476
28	32,6205	37,9159	41,3372	44,4607	48,2782	50,9933	56,892
29	33,7109	39,0875	42,5569	45,7222	49,5879	52,3356	58,302
30	34,7998	40,2560	43,7729	46,9792	50,8922	53,6720	59,703
40	45,6160	51,8050	55,7585	59,3417	63,6907	66,7659	73,402
50	56,3336	63,1671	67,5048	71,4202	76,1539	79,4900	86,661
60	66,9814	74,3970	79,0819	83,2976	88,3794	91,9517	99,607
70	77,5766	85,5271	90,5312	95,0231	100,425	104,215	112,317
80	88,1303	96,5782	101,879	106,629	112,329	116,321	124,839
90	98,6499	107,565	113,145	118,136	124,116	128,299	137,208
100	109,141	118,498	124,342	129,561	135,807	140,169	149,449

TABLE 6. Transformation de Fisher

$$z' = \frac{1}{2} \ln \frac{1 + r}{1 - r}$$

r	z'	r	z'	r	z'	r	z'
0,00	0,000	0,25	0,255	0,50	0,549	0,75	0,973
0,01	0,010	0,26	0,266	0,51	0,563	0,76	0,996
0,02	0,020	0,27	0,277	0,52	0,576	0,77	1,020
0,03	0,030	0,28	0,288	0,53	0,590	0,78	1,045
0,04	0,040	0.29	0,299	0,54	0,604	0,79	1,071
0,05	0,050	0,30	0,310	0,55	0,618	0,80	1,099
0,06	0,060	0,31	0,321	0,56	0,633	0,81	1,127
0,07	0,070	0,32	0,332	0,57	0,648	0,82	1,157
0,08	0,080	0,33	0,343	0,58	0,662	0,83	1,188
0,09	0,090	0,34	0,354	0,59	0,678	0,84	1,221
0,10	0,100	0,35	0,365	0,60	0,693	0,85	1,256
0,11	0,110	0,36	0,377	0,61	0,709	0,86	1,293
0,12	0,121	0,37	0,388	0,62	0,725	0,87	1,333
0,13	0,131	0,38	0,400	0,63	0,741	0,88	1,376
0,14	0,141	0,39	0,412	0,64	0,758	0,89	1,422
0,15	0,151	0,40	0,424	0,65	0,775	0,90	1,472
0,16	0,161	0,41	0,436	0,66	0,793	0,91	1,528
0,17	0,172	0,42	0,448	0,67	0,811	0,92	1,589
0,18	0,182	0,43	0,460	0,68	0,829	0,93	1,658
0,19	0,192	0,44	0,472	0,69	0,848	0,94	1,738
0,20	0,203	0,45	0,485	0,70	0,867	0,95	1,832
0,21	0,213	0,46	0,497	0,71	0,887	0,96	1,946
0,22	0,224	0,47	0,510	0,72	0,908	0,97	2,092
0,23	0,234	0,48	0,523	0,73	0,929	0,98	2,298
0,24	0,245	0,49	0,536	0,74	0,950	0,99	2,647

TABLE 7. Table de nombres aléatoires

12651	61646	11769	75109	86996	97669	25757	32535	07122	76763
81769	74436	02630	72310	45049	18029	07469	42341	98173	79260
36737	98863	77240	76251	00654	64688	09343	70278	67331	98729
82861	54371	76610	94934	72748	44124	05610	53750	95938	01485
21325	15732	24127	37431	09723	63529	73977	95218	96074	42138
74146	47887	62463	23045	41490	07954	22597	60012	98866	90959
90759	64410	54179	66075	61051	75385	51378	08360	95946	95547
55683	98078	02238	91540	21219	17720	87817	41705	95785	12563
79686	17969	76061	83748	55920	83612	41540	86492	06447	60568
70333	00201	86201	69716	78185	62154	77930	67663	29529	75116
14042	53536	07779	04157	41172	36473	42123	43929	50533	33437
59911	08256	06596	48416	69770	68797	56080	14223	59199	30162
62368	62623	62742	14891	39247	52242	98832	69533	91174	57979
57529	97751	54976	48957	74599	08759	78494	52785	68526	64618
15469	90574	78033	66885	13936	42117	71831	22961	94225	31816
18625	23674	53850	32827	81647	80820	00420	63555	74489	80141
74626	68394	88562	70745	23701	45630	65891	58220	35442	60414
11119	16519	27384	90199	79210	76965	99546	30323	31664	22845
41101	17336	48951	53674	17880	45260	08575	49321	36191	17095
32123	91576	84221	78902	82010	30847	62329	63898	23268	74283
26091	68409	69704	82267	14751	13151	93115	01437	56945	89661
67680	79790	48462	59278	44185	29616	76531	19589	83139	28454
15184	19260	14073	07026	25264	08388	27182	22557	61501	67481
58010	45039	57181	10238	36874	28546	37444	80824	63981	39942
56425	53996	86245	32623	78858	08143	60377	42925	42815	11159
82630	84066	13592	60642	17904	99718	63432	88642	37858	25431
14927	40909	23900	48761	44860	92467	31742	87142	03607	32059
23740	22505	07489	85986	74420	21744	97711	36648	35620	97949
32990	97446	03711	63824	07953	85965	87089	11687	92414	67257
05310	24058	91946	78437	34365	82469	12430	84754	19354	72745
21839	39937	27534	88913	49055	19218	47712	67677	51889	70926
08833	42549	93981	94051	28382	83725	72643	64233	97252	17133
58336	11139	47479	00931	91560	95372	97642	33856	54825	55680
62032	91144	75478	47431	52726	30289	42411	91886	51818	78292
45171	30557	53116	04118	58301	24375	65609	85810	18620	49198
91611	62656	60128	35609	63698	78356	50682	22505	01692	36291
55472	63819	86314	49174	93582	73604	78614	78849	23096	72825
18573	09729	74091	53994	10970	86557	65661	41854	26037	53296
60866	02955	90288	82136	83644	94455	06560	78029	98768	71296
45043	55608	82767	60890	74646	79485	13619	98868	40857	19415
17831	09737	79473	75945	28394	79334	70577	38048	03607	06932
40137	03981	07585	18128	11178	32601	27994	05641	22600	86064
77776	31343	14576	97706	16039	47517	43300	59080	80392	63189
69605	44104	40103	95635	05635	81673	68657	09559	23510	95875
19916	52934	26499	09821	87331	80993	61299	36979	73599	35055
02606	58552	07678	56619	65325	30705	99582	53390	46357	13244
65183	73160	87131	35530	47946	09854	18080	02321	05809	04898
10740	98914	44916	11322	89717	88189	30143	52687	19420	60061
98642	89822	71691	51573	83666	61642	46683	33761	47542	23551
60139	25601	93663	25547	02654	94829	48672	28736	84994	13071

SOURCE: The Rand Corporation, *A Million Random Digits with 100,000 Normal Deviates.*

TABLE 8.   Valeurs critiques r_S^* - Corrélation de Spearman

n	α = 0,100	0,050	0,025	0,010	0,005	0,001
4	0,8000	0,8000				
5	0,7000	0,8000	0,9000	0,9000		
6	0,6000	0,7714	0,8286	0,8857	0,9429	
7	0,5357	0,6786	0,7450	0,8571	0,8929	0,9643
8	0,5000	0,6190	0,7143	0,8095	0,8571	0,9286
9	0,4667	0,5833	0,6833	0,7667	0,8167	0,9000
10	0,4424	0,5515	0,6364	0,7333	0,7818	0,8667
11	0,4182	0,5273	0,6091	0,7000	0,7455	0,8364
12	0,3986	0,4965	0,5804	0,6713	0,7273	0,8182
13	0,3791	0,4780	0,5549	0,6429	0,6978	0,7912
14	0,3626	0,4593	0,5341	0,6220	0,6747	0,7670
15	0,3500	0,4429	0,5179	0,6000	0,6536	0,7464
16	0,3382	0,4265	0,5000	0,5824	0,6324	0,7265
17	0,3260	0,4118	0,4853	0,5637	0,6152	0,7083
18	0,3148	0,3994	0,4716	0,5480	0,5975	0,6904
19	0,3070	0,3895	0,4579	0,5333	0,5825	0,6737
20	0,2977	0,3789	0,4451	0,5203	0,5684	0,6586
21	0,2909	0,3688	0,4351	0,5078	0,5545	0,6455
22	0,2829	0,3597	0,4241	0,4963	0,5426	0,6318
23	0,2767	0,3518	0,4150	0,4852	0,5306	0,6186
24	0,2704	0,3435	0,4061	0,4748	0,5200	0,6070
25	0,2646	0,3362	0,3977	0,4654	0,5100	0,5962
26	0,2588	0,3299	0,3894	0,4564	0,5002	0,5856
27	0,2540	0,3236	0,3822	0,4481	0,4915	0,5757
28	0,2490	0,3175	0,3749	0,4401	0,4828	0,5660
29	0,2443	0,3113	0,3685	0,4320	0,4744	0,5567
30	0,2400	0,3059	0,3620	0,4251	0,4665	0,5479

INDEX ALPHABÉTIQUE